高等学校食品专业系列教

U0891042

食品化学

主　　编　马永昆　刘晓庚
副 主 编　周存六　刘延奇　王文君
　　　　　王淑军　钟耀广
编写人员　（按姓氏笔画为序）
　　　　　赵希荣　钟先锋　马永昆

东南大学出版社

内容提要

全书共分11章，内容包括绪论，水和冰，碳水化合物，脂类，氨基酸、肽和蛋白质，维生素，矿物质，酶，色素，食品风味物和食品内源性有害成分。本书系统阐明了食品基本的化学组成成分，重点强调食品成分结构与性质、结构与功能、成分组成与品质的相互关系和影响；对食品加工贮藏过程中发生的典型的化学变化进行了较全面的介绍，并着重介绍了这些变化对食品品质的作用影响及调控措施；本书增加了食品内源性有害成分的内容，旨在增强学习者的食品安全意识和提高学习者利用食品化学知识解决食品安全问题的能力。

本书可作为高等院校食品科学与工程及其相近专业的教材，也可供研究生和食品企业的研发人员、产品品质及安全控制人员学习参考。

图书在版编目(CIP)数据

食品化学/马永昆，刘晓庚主编. —南京：东南大学出版社，2007.2（2020.8 重印）
ISBN 978-7-5641-0396-5

Ⅰ.食... Ⅱ.①马...②刘... Ⅲ.食品—化学
Ⅳ.TS201.2

中国版本图书馆CIP数据核字(2007)第019719号

食 品 化 学

出版发行	东南大学出版社
出 版 人	江建中
责任编辑	顾金亮 史建农
地　　址	南京市四牌楼2号(210096)
电　　话	025-83795801(发行科)/025-83362442(传真)
经　　销	江苏省新华书店
印　　刷	虎彩印艺股份有限公司
开　　本	787mm×1092mm 1/16
字　　数	536千字 22.25印张
版　　次	2007年3月第1版 2020年8月第4次印刷
书　　号	ISBN 978-7-5641-0396-5/TS·19
印　　数	5001—5300册
定　　价	49.00元

*若有印装质量问题，请直接向读者服务部调换。电话：025-83792328

高等学校食品专业系列教材

编 写 委 员 会

（以姓氏笔画为序）

总　　序

受编辑之托，为我等所著的高等学校食品专业系列教材作序，真是诚惶诚恐，迟迟难以下笔。苏轼《与孙子思》云："……余空纸两幅，留与五百年后跋尾也！"此一戏语道出了作序之尴尬。回想起当时来自各地高校食品院系的学者们共同讨论系列教材时认真而热烈的场景，我就勉为其难，介绍一下我们编写这套系列教材的来龙去脉和想法。

2005年11月18—20日，经东南大学出版社和江南大学食品学院的联合组织，在江苏无锡召开了"普通高等教育'十一五'国家级教材规划·食品专业系列教材"编写和申报研讨会，来自江南大学、南昌大学、南京农业大学、合肥工业大学、江苏大学、内蒙古农业大学、福建农林大学、河南工业大学、郑州轻工业学院、河南农业大学、河南科技大学、浙江工商大学、扬州大学、华南农业大学、南京工业大学、南京财经大学、南京师范大学、淮阴工学院、淮海工学院等19所大学食品院系的30余名学者参加了会议。在两天的会议中，学者们探讨了近几年来食品专业教育的得失，研讨了新形势下为进一步推进食品学科创新型人才培养的系列教材的编写要求、体例和分工，明确了31部教材的编写任务。时间过去不到一年，硕果满园的金秋季节在望，这31部教材中已有5部列入普通高等教育"十一五"国家级教材规划，第一部教材《食品添加剂》将正式付梓，其他多部教材也将孕育而生，在近期内陆续出版，真是欣慰之极。

古人曰：教人以道者，师也。作为教师，不仅要教会学生如何掌握知识，更重要的是要教会学生如何运用知识和创造知识。这套系列教材的编者们，少则有十多年、多则有二十年左右从事相应课程教学和本专业领域科研的经历。我们一致的想法是希望把多年实践中的感悟和积累融入到这套教材中，使本系列教材的阅读者在理解和掌握知识的同时，也能对知识的运用和创造有所领悟。

食品工业的GDP在我国国民经济中已连续几年居首位，现已接近2万亿元，食品科技进步与产业发展在国民经济发展中越来越发挥举足轻重的作用。目前全国约有200所高校办有食品专业，每年招收学生2万多人，食品专业的教育教学在一定程度上关系到我国食品工业的健康和可持续发展，编写一套反映当今科技发展现状，符合创新创业型人才培养要求的食品专业系列教材，是我们所有编者的愿望，也是我们义不容辞的责任和义务。

愿我们的国家明天更美好，愿我们的食品工业发展更健康，愿我们在着力创建的和谐社会中享用的食品更安全。让我们所有编写和阅读本系列教材的同仁们共同为此尽绵薄之力！

张 灏

2006年8月3日晚于无锡

前　言

《食品化学》是食品科学与工程专业的一门核心基础课程。食品化学研究食品原料组成、食品加工处理过程与食品贮藏过程的化学变化及其与食品营养、食品功能、食品品质和食品安全等关系的一门应用性、综合性较强的学科。食品化学已形成了系统的理论体系和未来发展延伸的方向，其发展离不开其他学科理论与技术的支持，并将与其他学科进一步交叉融合。

本书的编写借鉴了诸多国内外食品化学的最新专著、教材，在编写形式上力求体现教材的系统性和新颖性，在内容上力求反映食品化学的最新研究成果和发展趋势。多门学科知识的交叉融合是本书的一个特点，力求使食品化学理论与食品加工生产实际紧密结合是本书追求的目标，对教师和学生而言都要求用新的知识观和新的视角来进行食品化学的教学、研究和学习。

本书的编写教师在食品化学课程的教学和研究中积累了丰富的经验，在认真听取并征求食品科学与工程专业教师和学生建议的基础上，分析形成了较合理的编写思路，强化了食品风味物、色素、酶、维生素、矿物质及食品内源性有害成分等内容，强调了食品组分、加工与食品品质的关系并提出了调控的技术和方法。同时介绍了一些相关的分析检测方法和技术，这是指导食品化学教学和学习的一个重要思路。

全书共分 11 章，江苏大学马永昆编写第 1 章绪论及第 10 章食品风味物；淮阴工学院赵希荣编写第 2 章冰和水；郑州轻工业学院刘延奇编写第 3 章碳水化合物；合肥工业大学周存六编写第 4 章脂类及第 5 章氨基酸、肽和蛋白质；淮海工学院王淑军编写第 6 章维生素；河南科技大学钟先锋编写第 7 章矿物质；江西农业大学王文君编写第 8 章酶；南京财经大学刘晓庚编写第 9 章色素；上海水产大学钟耀广编写第 11 章食品内源性有害成分。全体编写教师在《食品化学》大纲制定、内容编排等方面进行了积极的讨论研究，并反复核校了编写稿，本书的出版得到了东南大学出版社的大力支持和关心，在此一并表示感谢。全书由马永昆教授统稿。

由于编者知识水平有限，书中难免有疏漏之处，敬请读者批评指正。

编　者

2006 年 5 月

目　录

1 绪 论

1.1 什么是食品化学

总体上讲，食品化学是研究食品原料组成、食品加工处理过程与食品贮藏过程的化学变化及其与食品营养、食品功能、食品品质和食品安全等关系的一门应用性、综合性较强的学科。

食品的基本成分有水、糖类、蛋白质、脂类、维生素、矿物质、膳食纤维、色素与风味物等，研究食品原料是指研究食品的基本成分构成、结构、性质、功能及其加工的特性。食品从田间到餐桌，经过了原料处理、加工生产、运输、贮藏等复杂的环节和过程，这些过程都可能发生食品化学变化。研究食品加工与贮藏过程的化学变化是指研究食品成分在加工处理与贮藏过程中的化学变化、变化的机理及其控制方法。这些研究都与食品的营养、质量与安全密切相关，并涉及食品生物化学、食品营养学、食品质量管理及食品安全等多门学科，尤其与生命科学的联系更加紧密，它们的交叉融合是未来发展的必然趋势，其与食品化学最终的研究目标是一致的。

根据食品原料与产品的种类分类，食品化学可分为牛乳化学、肉品化学、谷物化学、葡萄酒化学和白酒化学等；根据食品的基本组成分类，食品化学可分为碳水化合物化学、油脂化学、蛋白质化学、食品酶学、食品风味化学、食品色素化学和食品毒物化学等；而根据食品加工技术与方法的不同，食品化学可分为气调食品化学、冷冻食品化学、辐照食品化学、超高压食品化学和转基因食品化学等。

食品化学的研究涉及面较广，能为食品新资源的利用、食品新产品的开发、食品新工艺与新技术的应用、食品品质的改善及食品安全性的保证提供理论依据。食品化学是食品科学的基础核心课程，它已逐步成为一门富有活力、包容性强、发展快且应用前景广阔的学科。

1.2 食品化学的理论体系

食品化学是根据现代食品工业发展的需要，在多门相关学科理论与技术发展的基础上形成和发展起来的，它具有显著的多源性、综合性及应用性。在理论、方法和技术诸方面通过广泛的吸收、消化和创造过程，食品化学成为食品科学理论和食品工业技术发展与进步的支柱学科之一。

食品化学既吸收了无机化学、有机化学、分析化学、生理学、动植物学、生物化学和物理化学等相关的理论和内容，又独立地发展并形成了食品化学的理论。食品化学理论体系的形成是在经历了大量的食品基础研究、食品加工与实践及相关的多技术融合与应用的基础上逐步发展形成的。

食品化学的理论研究涉及食品中的水、蛋白质、脂类、糖类、矿物质、维生素、色素、酶、风味及食品的有害成分。它通过对食品的营养价值、质量、安全性和风味特征的研究，阐明食品组成、性质、特征、结构和功能，以及食品成分在储藏加工过程中的化学和生物化学变化，乃至食品成分与人体健康和疾病的相关性。食品化学即是围绕上述内容展开研究的。如水是许多食品中的主要成分，具有良好的流动性、突出的迁移能力及有与大部分其他食品物质良好的结合能力；小分子碳水化合物有吸湿、保湿、增稠、增塑、结晶和易溶的功能；脂类在焙烤食品中发挥着重要的起酥功能和抗老化功能；蛋白质有良好的两亲性，可发挥水化、凝胶化、乳化、起泡、成膜、增稠、稳定、组织形成和保护风味物等多种功能；矿物质可调节水分活度、pH、离子平衡和离子强度；维生素 C 有改良面粉品质的功能，维生素 B_1 有转变为风味物的功能；天然色素类胡萝卜素可抗氧化及分解生成风味物；大蒜、洋葱破碎后在酶的催化下会产生浓郁的刺激风味；苦杏仁用柠檬酸酸液加热可脱出有害物氢氰酸等。

食品化学理论内容还涉及食品在加工贮藏过程中的各类反应及营养与安全的评价，如美拉德反应、焦糖化反应、自动氧化反应、酶促褐变、淀粉的糊化与老化、多糖水解反应、蛋白质水解反应、蛋白质变性反应、脂肪水解、色素变色与褪色反应、维生素降解反应、风味物的产生途径和分解变化、食品加工过程产物的吸收与安全性(如丙烯酰胺、反式脂肪酸、类胡萝卜素顺反异构体等)、原料改性反应、食品体系的分散系与流变性、食品的特性与食品原料组织的特性等。

1.3 食品化学的历史与应用发展

食品化学是 20 世纪初随着化学、生物化学的发展以及食品工业的兴起而形成的一门独立学科。它的出现可追溯到 18～19 世纪。当时，食品的化学本质成为化学家研究的一个方面，如研究食品的组成，已认识到糖类、蛋白质和脂肪是人体必需的三大营养素。这为食品化学的发展奠定了基础。著名的瑞典化学家 Schecle (1742—1786)分离出乳酸并研究了其性质，还用乳糖制成乳酸；从柠檬汁和醋栗中分离出柠檬酸；从苹果中分离出苹果酸；对 12 种水果中的柠檬酸和酒石酸进行了检验。他还对动、植物中新发现的一些成分做了定量分析，被认为是食品化学定量研究的先驱。法国化学家 Lavoisier (1743—1794)确定了燃烧有机分析的原理，首先提出用化学方程式表达发酵过程，发表了第一篇有关水果中有机酸的研究论文。此后，法国化学家 Nicolas 进一步将干灰化方法用于植物中矿物质含量的测定，用燃烧分析法定量测定了乙醇的元素组成。法国化学家 Gay-Lussac 和 Thenarde 提出植物材料中碳、氢、氧、氮四种元素的定量测定方法。英国化学家 Davy(1778—1829)撰写的《农业化学原理》论述了有关食品化学的内容。1847 年，德国科学家 J. von 李比希发表了第一本食品化学专著《食品化学的研究》，标志着食品化学自身已初步形成体系。

到 20 世纪 50 年代末，欧美等工业发达国家的食品工业有了较快的发展，为了改善食品的感官质量和品质，在食品储藏加工过程中，逐渐使用天然的或人工合成的化学物质作为食品添加剂，并得到政府法律的许可。另外，由于农业生产中广泛应用农药，给食物带来不同程度的污染，食品安全性问题已成为食品化学研究的重要问题。

色谱和色质联用等现代分析技术的出现，分子生物学研究的快速发展，以及与结构化学理论的结合，使食品化学在理论和应用研究方面都得到了发展。而在具体研究食品储藏加工过程中的化学或生物化学反应机制，食品各组分的性质、结构和功能，以及食品储藏加工新技术、新产品的开发，食品资源的利用等方面又为食品化学的发展提供了机遇和发展的空间。

长远看，食品化学的发展离不开其他学科理论与技术的支持，并将与其他学科进一步交叉融合。食品化学对食品工业的发展和贡献仍将是积极的、持久的和不可忽略的。表 1-1 举例介绍了食品化学在食品工业中的应用和产生的影响。

表 1-1　食品化学对各食品行业技术进步的影响

食品工业	影 响 方 面
果蔬加工储藏	化学去皮，护色，质构控制，维生素保留，脱涩脱苦，打蜡涂膜，化学保鲜，气调储藏，活性包装，酶促榨汁，过滤和澄清及化学防腐等
肉品加工储藏	宰后处理，保汁和嫩化，护色和发色，提高肉糜乳化力、凝胶性和黏弹性，超市鲜肉包装，熏烟剂的生产和应用，人造肉的生产，内脏的综合利用等
饮料工业	速溶，稳定蛋白饮料，稳定带肉果汁，果汁护色，控制澄清度，提高风味，啤酒澄清，啤酒泡沫和苦味改善，果汁脱涩，大豆饮料脱腥等
乳品工业	稳定酸乳和果汁乳，开发凝乳酶代用品及再制乳酪，乳清的利用等
焙烤工业	生产高效膨松剂，增加酥脆性，改善面包呈色和质构，防止产品老化和霉变等
食用油脂工业	精炼，脂肪改性，DHA、EPA 及 MCT 的开发利用，食用乳化剂生产，抗氧化剂，减少油炸食品吸油量等
调味品工业	生产肉味汤料、核苷酸鲜味剂、碘盐和有机硒盐等
发酵食品工业	发酵产品的后处理，后发酵期间的风味变化，菌体和残渣的综合利用等
基础食品工业	面粉改良，精谷制品营养强化，水解纤维素与半纤维素，生产高果糖浆，改性淀粉，生产新型甜味料，生产新型低聚糖，改性油脂，分离植物蛋白质，生产功能性肽，开发微生物多糖和单细胞蛋白质，食品添加剂生产和应用等
食品检验	检验标准的制定，快速分析，生物传感器的研制等

1.4 食品化学研究的内容和方法

食品化学主要研究食品组成及其与食品加工、食品品质及食品安全有关的化学变化。随着食品化学的发展，其研究的内容也在发生较大的改变，如出现了葡萄酒化学、食品风味化学、食品毒物化学、辐照食品化学和转基因食品化学等。食品化学的基本研究内容主要有：

(1) 研究食品原料与产品的组成、营养价值、功能性、食品的品质和有害成分与食品的安全性；

(2) 研究涉及食品原料收获、加工、贮藏、运输、销售等环节与过程中发生的各种化学反应、环境条件及反应机理与控制方法；

(3) 分析评价食品新技术、新工艺、新包装和新产品的安全性。

对此，O. R. Fennema 教授给出了食品中重要的反应类别、条件及其造成的品质变化，见表 1-2、表 1-3、表 1-4 和表 1-5。

表 1-2　在食品加工或储藏中可发生的变化分类

属　　性	变　　化
质地	失去溶解性、失去持水量、质地变坚韧、质地软化
风味	出现酸败、出现焦味、出现异味、出现美味和芳香
颜色	褐变(暗色)、漂白(褪色)、出现异常颜色、出现诱人色彩
营养价值	蛋白质、脂类、维生素和矿物质的降解或损失及生物利用性改变
安全性	产生毒物、钝化毒物、产生有调节生理机能作用的物质

表 1-3　改变食品品质的一些化学反应和生物化学反应

反应类型	例　　子
非酶与酶促褐变	焙烤食品表皮成色，切开的水果迅速变褐
氧化	脂肪产生异味、维生素降解、色素褪色、蛋白质营养损失
水解	脂类、蛋白质、维生素、碳水化合物、色素水解
脂类异构化	顺⟶反异构化、不共轭脂⟶共轭脂
脂类环化与聚合	产生单环脂肪酸，深锅油炸中油起沫
蛋白质变性与交联	卵清凝固、酶失活，在碱性条件下加工蛋白质使营养性降低

表 1-4　食品储藏或加工中变化的因果关系

初期变化	二 次 变 化	影　　响
脂类水解	游离脂肪酸与蛋白质反应	质地、风味、营养价值
多糖水解	糖与蛋白质反应	质地、风味、颜色、营养价值
脂类氧化	氧化产物与许多其他成分反应	质地、风味、颜色、营养、毒物产生
水果破碎	细胞打破、酶释放、氧气进入	质地、风味、颜色、营养价值
绿色蔬菜加热	细胞完整性破坏、酸释放、酶失活	质地、风味、颜色、营养价值
肌肉组织加热	蛋白质变性凝聚、酶失活	质地、风味、颜色、营养价值
脂类的顺-反异构化	在深锅油炸中热聚合	起泡沫，降低油脂的营养价值

表 1-5　决定食品在储藏加工中稳定性的重要因素

产品自身的因素	各组成成分(包括催化剂)的化学性质、氧气含量、pH、水分活度(a_w)、玻璃化温度(T_g)、玻璃化温度时的水含量
环境因素	温度(T)，处理时间(t)，大气成分，经受的化学、物理和生物处理，见光、污染、极端的环境

食品化学的研究方法与有机化学、分析化学、物理化学、仪器分析化学、生物化学等基础

化学的联系密不可分，它们是食品化学建立与发展的基础。同时，组分提取分离技术、色谱技术、光谱技术、生物传感技术、微电子技术以及分子生物学等现代实验技术的迅速发展又丰富了食品化学的研究内容和方法。它们在应用上往往已没有明显的区别和界限。例如：食品香气的前处理技术和鉴定技术涉及固相微萃取(SPME)、同时蒸馏萃取(SDE)、超临界流体萃取(SFE)、溶剂辅助萃取(SAFE)、气谱质谱联用技术(GC-MS)、核磁共振技术(NRM)、红外技术(IR)、电子鼻技术(E-nose)和嗅探技术(GC-O)等。正是这些技术的快速发展与交叉融合，给食品化学的快速发展注入了新的活力元素，拓展了食品化学的研究手段和范围。

学习食品化学应注重其体系的完整、系统和融会贯通，将食品化学理论与实践紧密结合才能学得扎实和灵活。以下几条学习方法是值得借鉴的：

(1) 注重食品成分的结构、性质与加工特性的内在联系。如类胡萝卜素和不饱和脂肪酸都有数目不等的双键，在遇光、氧和热时易氧化，它们在食品的加工中既具有抗氧化剂的性质，但又需要其他还原剂的保护，同时在加工过程中还需要注意其顺反异构体的转化、吸收、生理效价、稳定性与安全性等。

(2) 注重食品成分特性的普遍性与其加工处理过程的特殊性。如食品中的束缚水与游离水、食品的水分活度与食品的品质控制、水的加工方法与水分子簇和水的吸收等都是从水的特殊性方面进行学习和理解的。

(3) 从食品化学的角度，善于从日常生活、经验和研究中提炼出科学问题，并积极设法解决。如大蒜的辛辣刺激味是由于生大蒜破碎时蒜氨酸酶催化蒜氨酸而产生的，能否加工出既保持大蒜脆性、形状，又没有大蒜刺激味的产品呢？如采用冷加工超高压处理是否能既灭活蒜氨酸酶，又能保持大蒜组织结构的完整和脆性呢？

(4) 注重食品质量控制与食品加工中的安全性。食品的质量包括食品的色、香、味、形和营养等，如苹果汁的加工涉及酶促褐变、镇江香醋加工涉及微生物产香和美拉德反应、馒头加工涉及淀粉的糊化和老化等，而淀粉的高温油炸和油脂的氢化则产生丙烯酰胺和反式脂肪酸，它们对食品的营养和安全构成不利的影响。

(5) 注重食品化学与其他学科的交叉、融合和相互促进。食品化学与化学、生物化学、生理化学、植物学、动物学、临床医学、食品营养学、食品安全、高分子化学、毒理学、分子生物学、仪器分析检测和感官评价技术等有着密切而广泛的联系，要有意识地将它们紧密联系起来学习。

思考与练习

1. 什么是食品化学？它的理论体系包含哪些内容？
2. 试举例说明食品化学(如香气)研究的内容、技术和方法。
3. 如何理解食品化学与食品的品质、营养和安全的关系？
4. 食品化学的历史、发展与应用给了我们哪些启示？

2 水和冰

2.1 引言

在人体内，水不仅是构成机体的主要成分，而且是维持生命活动、调节代谢过程不可缺少的重要物质。水也是维持动植物和人类生存必不可少的物质之一。

水的生理功用包括：水的溶解能力很强，食物中各种无机及有机物质都很容易溶于水中，即使不溶于水的物质如脂肪和某些蛋白质，也能在适当条件下分散于水中，成为乳浊液或胶体溶液；水是体内输运各种物质的载体；水的比热容及蒸发潜热大，能使生物体温维持恒定；水是体内关节、肌肉等摩擦的润滑剂；吞咽食物需水的帮助。

水也是食品中的主要成分，各种食品都有能显示其品质特性的水分含量。水的含量、分布和定向对食品的结构、外观、质地、风味、新鲜程度和腐败变质的敏感性产生极大的影响；它是食品加工工艺需考虑的重要因素；水可为生物化学反应提供一个物理环境，在食品贮藏加工过程中可作为化学和生物化学反应的介质，也是水解过程的反应物；水与蛋白质、碳水化合物和脂类通过物理作用而影响食品的质构，食品中水分含量的变化还常引起食品物理性质的变化，如面包和饼类烘烤后变硬不仅是失水干燥，而且是由于水分含量的变化使得淀粉结构发生了变化；通过干燥或增加食盐、糖的浓度，可使食品中的水分除去或被结合，从而有效地抑制很多反应的发生和微生物的生长，延长食品的货架期；食品的水分含量与其风味及腐败等有极大关系。

2.2 水与冰的性质

水由具有相同相对分子质量或相似原子构成的分子如 CH_4、NH_3、HF、H_2S、H_2Se 和 H_2Te 等的物理性质相比，除了黏度外，其他性质均有显著差异。冰的熔点(0℃)、水的沸点(100℃)比这些氢化物要高得多，介电常数、表面张力、比热容和相变热(熔化热、蒸发热和升华热)等物理常数也都异常高，但密度(1 g/cm^3)较低。此外，水结冰时体积增大，表现出异常的膨胀特性。冰的热导率在 0℃时约为同一温度下水的 4 倍，这表明冰的热传导速率比生物组织中非流动水要快得多。冰的热扩散速率约为水的 9 倍，即在一定的环境条件下，冰的温度变化速率比水大得多。由于水和冰的热导率或热扩散速率存在着相当大的差异，在温差相等的情况下，生物组织的冷冻速率比解冻速率要快。

2.3 水的结构

2.3.1 水分子的结构

水的异常物理性质表明,水分子之间存在着很强的吸引力和不寻常的结构。为了解释这些特性,首先研究单个水分子的性质。水分子中氧的 6 个价电子参与杂化,形成 4 个 sp^3 杂化轨道,两个氢原子接近氧的两个 sp^3 成键轨道形成了两个 σ 共价键[由于氧的高电负性,O—H 共价键具有部分离子特征(具有 40%离子特性)],即形成一个水分子,每个键的离解能为 4.614×10^2 kJ/mol (110.2 kcal/mol),氧的两个定域分子轨道对称地定向在原来轨道轴的周围,因此,形成一个近似四面体结构(图 2-1)。由于受到氧未成键孤电子对的排斥作用,单个水分子(气态)的键角被压缩为 104.5°,但是仍然非常接近于正四面体的角度 109°28′,O—H 核间距为 0.096 nm,氢和氧的范德华半径分别为 0.12 nm 和 0.14 nm。

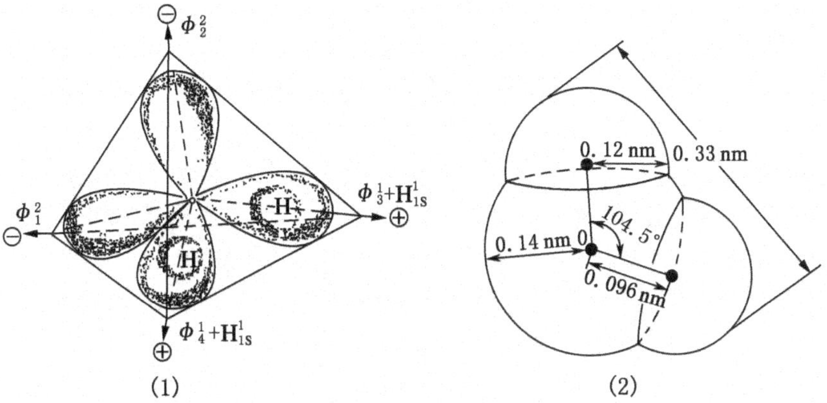

图 2-1 单个水分子的结构示意图

(1) sp^3 构型;(2) 处于蒸汽状态的一个 HOH

纯水中除含普通的水分子外,还存在许多其他微量成分,除了普通的 ^{16}O 和 ^{1}H 外,还存在同位素 ^{17}O、^{18}O、^{2}H(氘)和 ^{3}H(氚),产生 18 种水分子同位素变体的 HOH。此外,水中还有氢离子(以 H_3O^+ 存在)、氢氧根离子以及它们的同位素变体,因此,实际上水中总共有 33 种以上 HOH 的化学变体。由于同位素变体仅少量存在于水中,因此大多数情况可以忽略不计。

2.3.2 水分子的缔合作用

水分子呈 V 字形,O—H 键的极性导致分子内电荷分布不对称。在蒸汽状态下,纯水分子的偶极矩为 6.14 C·m,这种极性使分子间产生吸引力,因此水分子能以相当大的强度缔合。但是水分子有大的偶极矩仍然不能充分解释水分子间为什么存在着如此之大的吸引力,因为偶极矩并不能反映电荷暴露的程度和分子的几何形状。事实上,更重要的原因是水分子具有在三维空间形成氢键的能力。

由于水分子中氧原子的电负性远大于氢原子,O—H 键的共用电子对严重地偏向于氧原子，使氢原子几乎成为带有一个正电荷的裸露质子，极易与另一水分子中氧原子外层上的孤对电子形成氢键，水分子间便通过这种氢键产生较强的缔合作用。水分子在氢键缔合时，一方面以分子中近乎裸露的氢原子与相邻水分子中的氧原子的孤对电子形成氢键，另一方面又以分子中氧原子的孤对电子与另一个相邻水分子中近乎裸露的氢原子形成氢键。上述两类氢键，对处于中心的水分子而言是不同的，前一类氢键，中心的水分子为氢键授体，在形成氢键时提供氢原子；在后一类氢键中，中心的水分子是氢键受体，形成氢键时接受氢原子。从理论上说，每一个水分子(在界面上的除外)都可以作为中心水分子，沿分子内氧原子外层的4个 sp^3 杂化轨道的方向与相邻的4个水分子同时形成4个氢键，得到如图2-2中表示的四面体结构。在其中的两个氢键中，它是氢键授体；在另两个氢键中，它是氢键受体。由于每个水分子具有相等数目的氢键授体和受体，并且这些排列可以形成三维氢键。因此，水分子间的吸引力比同样靠氢键结合在一起的其他小分子(如 NH_3 和HF)要大得多。氨分子有三个氢键授体和一个氢键受体形成四面体排列，氟化氢的四面体排列只有一个氢键授体和三个氢键受体，说明它们没有相同数目的氢键授体和受体。因此，它们只能形成二维氢键，并且每个分子都比水分子含有较少的氢键数目。由于水具有形成三维氢键的能力，可以从理论上解释水的许多异常性质。例如，水的热容量、熔点、沸点、表面张力和相变热都很大，这些都与破坏水分子间氢键需要额外的能量有关。水的介电常数也受到氢键的影响，虽然水是偶极分子，但单凭偶极这一点还不能满意地解释水的介电常数的大小。水分子之间靠氢键键合而形成的水分子簇显然会产生多分子偶极，这将使水的介电常数明显增大。

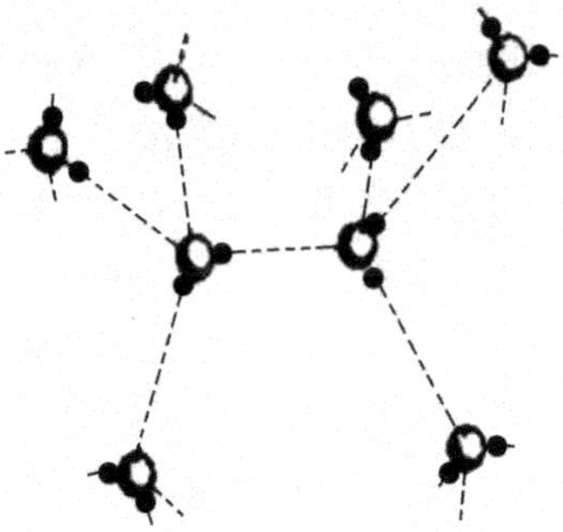

图2-2 四面体构型中水分子的氢键

(虚线表示氢键)

2.3.3 冰的结构

冰是由水分子有序排列形成的结晶，是水分子之间靠氢键连接在一起形成的开放(低密度)结构。可通过X射线衍射、中子衍射、电子衍射、红外和拉曼光谱分析研究得以解释。冰中最邻近的O—O核间距为0.276 nm，O—O—O键角约为109°，非常接近于理想四面体的键角109°28′。从图2-3可以看出，每个水分子如W能够缔合4个水分子，即与1、2、3和W′形成四面体结构，所以配位数等于4。

从顶部沿着 c 轴观察几个晶胞结合在一起的晶胞群时，非常清楚地观察到冰的正六角形对称结构，如图2-4所示。图2-4(1)中W和最邻近的另外4个分子显示出冰的四面体亚结构，其中W、1、2、3四个水分子可以清楚地看见，第四个水分子正好位于W分子所在纸平面的下面。当在三维空间观察图2-4(1)时即可得到如图2-4(2)所示的图形，平面堆积起来便得到冰的扩

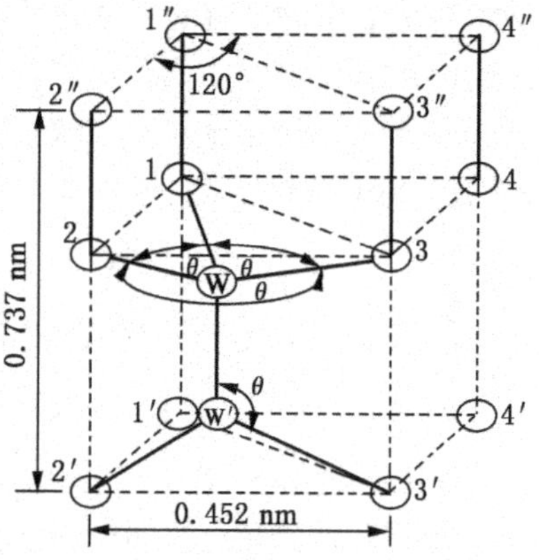

图2-3 在0℃时普通冰的晶胞

(圆圈表示水分子中的氧原子)

展结构。图 2-5 表示 3 个基础平面结合在一起形成的结构，沿着平行 c 轴的方向观察，可以看出它的外形跟图 2-4(1)所表示的完全相同，这表明基础平面有规则地排列成一行。沿着这个方向观察的冰是单折射的，而所有其他方向都是双折射的，因此称 c 轴为冰的光轴。

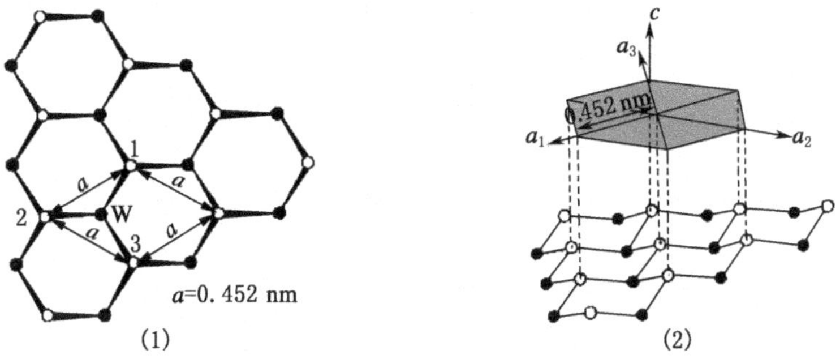

图 2-4　冰的基面(由高度略有不同的两个平面组成)

(1) 平行于 c 轴观察到的六方形结构　(2) 基面的立体图

(圆圈表示水分子的氧原子，空心和实心圆圈分别表示上层和下层的氧原子)

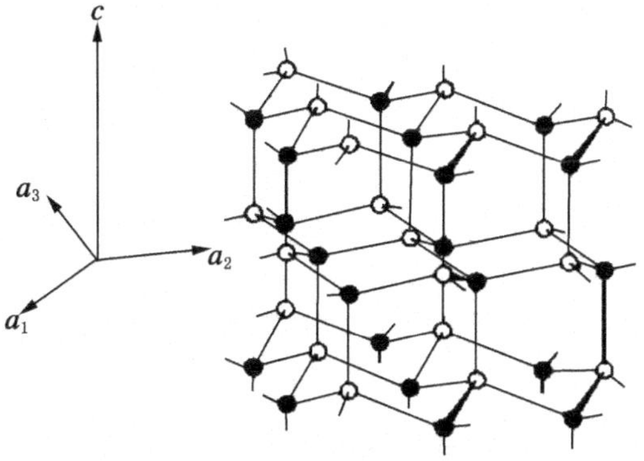

图 2-5　冰的伸展结构

(空心圆圈与实心圆圈分别表示上层基面和下层基面的氧原子)

冰有 11 种结晶类型，从结晶的对称性看，普通冰属于六方晶系中的双六方双锥体形。在常压和温度 0℃时，这 11 种结构中只有六方形冰结晶是稳定的形式。

冰不是一种静态或均匀的体系，冰的 HOH 分子在接近 −180℃或更低的温度时，不会发生氢键断裂，全部氢键保持原来完整的状态。随着温度的上升，由于热运动体系混乱程度大，原来的氢键平均数将会逐渐减少。食品和生物材料在低温下储藏时的变质速率与冰的“活动”程度有关。

六方形晶型是大多数食品中唯一的重要结晶形式，这是一种高度有序的结构。只有当样品在适度的低温冷却剂中进行缓慢冷冻，且溶质的性质及浓度均不严重干扰水分子的迁移时，才有可能形成六方形冰结晶。然而，高浓度明胶水溶液冷冻时，则形成比六方形晶型具有更大无序性的冰结构。尽管在食品和生物材料物质中除形成六方晶体外，也能形成其他形式的冰晶，但这些晶型并不常见。

水的冰点为 0℃，可是纯水并不在 0℃就结冻，常常首先被冷却至过冷状态，只有当温度降低到开始出现稳定性晶核或在振动的促进下才会立即向冰晶体转化并放出潜热，同时促使温度回升到0℃。开始出现稳定晶核时的温度称之为过冷温度，若外加晶核，不必达到过冷温度就能结冰，但是生成的冰晶粗大，因为冰晶主要围绕有限的晶核长大。

食品中含有一定的水溶性组分，这将使食品的冻结温度(冻结点)持续下降到更低，直到食品到了低共熔点。低共熔点一般在－55～－65℃之间，我国冷冻食品的保藏温度常常为－18℃，因此，冻藏食品的水分实际上并未完全凝结固化。尽管如此，在这一温度下绝大多数水已冻结了，并且是在－1～－4℃之间完成了大部分冰的形成过程。现代冻藏工艺提倡速冻，速冻工艺下形成细小的针状冰晶，冻结时间缩短且微生物活动受到限制，因而食品品质能保持得较好。

2.3.4 水的结构

液体水具有一定的结构，但还不足以形成有序的刚性结构。但是液态水的分子排列远比气态水更为有序，在液态水中，水分子不是以单个分子形式排列，而是由若干个分子通过氢键缔合形成水分子簇 $(H_2O)_n$，因此水分子的定向和运动受到周围其他水分子的明显影响。

大量事实可以证明液态水具有规则结构：① 液态水是一种“稀疏”液体，其密度仅相当于由紧密堆积的非结构液体推算值的60%。原因是氢键键合形成了规则排列的四面体，这种四面体结构导致水的密度降低。从冰的结构也可以解释水密度降低的原因。② 冰的融化热异常高，但是融化能量也只能破坏冰中15%左右的氢键。尽管并不一定需要85%氢键保留在水内(例如，可能有更多的氢键破坏，能量变化被同时增大的范德华相互作用力所补偿)，很可能液体水中仍然有相当多的氢键存在和保持广泛的缔合。③ 根据水的许多异常性质和X射线衍射、核磁共振、红外和拉曼光谱分析测定的结果，以及水的计算机模拟体系的研究，均进一步验证了水分子具有这种缔合作用。

研究结果证明，在室温或低于室温下，液态水中含有连续的三维氢键成键轨道，这种由氢键构成的网络结构为四面体形状，其中有很多为变形的和断裂的键。水分子的这种排列是动态的，它们之间的氢键可迅速断裂，同时通过彼此交换又形成新的氢键，因此能很快地改变各个分子氢键键合的排列方式，但在恒温时整个体系保持着氢键键合程度不变的完整网络。

氢键的键合程度与温度有关，0℃时冰中水分子的配位数为4，最邻近的水分子间的距离为0.276 nm。冰融化时一部分氢键断裂(最邻近水分子间的距离增大)。同时，刚性结构受到破坏，水分子自身以更紧密的网络结构重新排列，这与大量氢键的扭曲变形和融化潜热的输入有关。随着温度的升高，水的配位数增加。例如，0℃冰中水分子的配位数为4，水在1.5℃和83℃时的配位数分别为4.4和4.9。最邻近水分子之间的距离随温度升高而增大，即从0℃时的0.276 nm增至1.5℃时的0.29 nm和83℃时的0.305 nm。

显然，冰-水相变伴随着最邻近分子间距离的增大(使密度减少)与最邻近水分子平均数的增多(使密度增加)，由于后一因素占优势，当冰转化成水时，净密度增大；当继续加热至3.98℃时，密度可达到最大值。而后随着温度的继续上升，密度又逐渐下降。在温度0℃和3.98℃之间水分子配位数的增加效应占据优势，而温度超过3.98℃，由于热膨胀使最邻近水分子间距离增大的效应占据优势。

水的低黏度与上述提出的结构类型有关，由于氢键网络是高度动态的，当水分子在纳秒甚至皮秒这样短暂的时间间隔内改变它们与邻近分子之间的氢键键合关系时，会增大分子的流动性。

2.4 水与溶质间的相互作用

2.4.1 一般概念

向水中添加各种不同的物质，不仅会改变被添加物质的性质，水本身的性质也会发生明显的变化。亲水性物质靠离子-偶极或偶极-偶极相互作用同水强烈地相互作用，因而改变了水的结构和流动性，以及亲水性物质的结构和反应性。被添加物质的疏水基团与邻近的水分子仅产生微弱的相互作用，邻近疏水基团的水比纯水的结构更为有序。这种热力学上不利的变化过程，是由于熵减小的原因引起的。为使这种热力学上不利的变化降低到最小的程度，必须尽可能使疏水基团聚集，以便让它们同水分子的接触机会减小至最低限度，这种过程称为疏水相互作用。表 2-1 列出了常见的水与溶质的相互作用类型。

表 2-1 水-溶质相互作用的分类

种 类	实 例	相互作用的强度(与水-水氢键比较)
偶极-离子	H_2O-游离离子 H_2O-有机分子上的带电基团	较强
偶极-偶极	H_2O-蛋白质 NH H_2O-蛋白质 CO H_2O-蛋白质侧链 OH	近乎相等
疏水水合	$H_2O + R \longrightarrow R$(水合)	远低于($\Delta G>0$)
疏水相互作用	R(水合)+R(水合)$\longrightarrow R_2$(水合)$+H_2O$	不可比较($\Delta G<0$)

2.4.2 水与离子和离子基团的相互作用

与离子或有机分子的离子基团相互作用的水是食品中结合得最紧密的一部分水。由于水中添加了可解离的溶质，使纯水靠氢键键合形成的四面体排列的正常结构遭到破坏。对于既不具有氢键受体，又没有氢键授体的简单无机离子，它们与水相互作用时仅仅是离子-偶极的极性结合。图 2-6 表示 NaCl 邻近的水分子(图 2-6 仅指出了纸平面上的第一层水分子)可能出现的排列方式。这种作用通常称为离子水合作用。例如，Na^+、Cl^- 靠所带的电荷与水分子的偶极矩产生静电的相互作用，Na^+ 与水分子的结合能大约是水分子间氢键键能的 4 倍，然而低于共价键键能。有机化合物中氨基和羧基也可以发生解离得到解离基团—COO^-、—NH_3^+，同样可与水分子偶极矩产生静电相互作用。

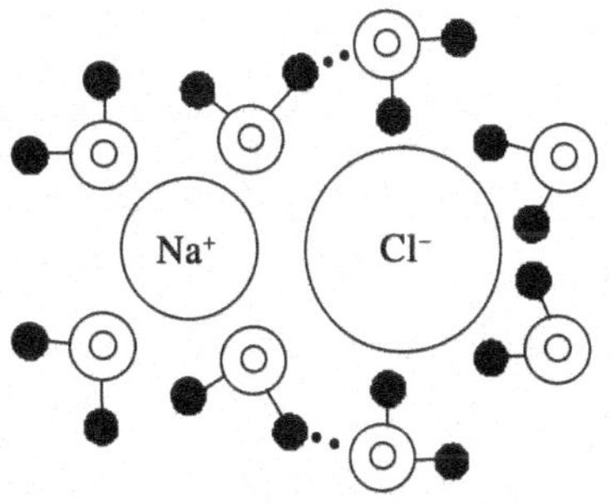

图 2-6 NaCl 的水分子可能的排列方式

在稀盐溶液中，离子的周围存在着多层水，离子对最内层和最外层的水产生的影响相反，因而使水的结构遭到破坏，以至最内层的邻近水（即第二层水）和最外层的体相水的某些物理性质不同，第二层水由于受到第一层水（最内层水）和更远的体相水在结构上相反的影响，因而水分子的结构被扰乱，最外层的体相水与稀溶液中水的性质相似。在高浓度的盐溶液中不可能存在体相水，这种溶液中水的结构与邻近离子的水相同，也就是水的结构完全由离子所控制。在稀盐溶液中，离子对水结构的影响是不同的。一类是离子半径小或多价的离子，产生较强的电场强度，它们可与 4 个或 6 个第一层水分子发生强烈的相互作用，有助于水形成网状结构，因此这类离子的水溶液比纯水的流动性小且堆积更紧密，如 Li^+、Na^+、H_3O^+、Ca^{2+}、Mg^{2+}、Al^{3+}、F^- 和 OH^- 等属于这一类。另一类离子，大多数是电场强度较弱的负离子和离子半径大的正离子，它们阻碍水形成网络结构，这类盐溶液的流动性比纯水的更大，例如 K^+、Rb^+、Cs^+、NH_4^+、Cl^-、Br^-、I^-、NO_3^-、BrO_3^-、IO_3^- 和 ClO_4^- 等。实际上，从水的正常结构来看，所有的离子对水的结构都起到破坏作用，因为它们能阻止水在 0℃下结冰。

离子对水的效应显然不仅是通过它们的不同水合能力，改变水的结构，影响水的介电常数和胶体粒子的双电层厚度，同时离子还显著地影响水对非水溶质和原介质中悬浮物的“好客”程度。因而，离子的种类和数量对蛋白质的构象和胶体的稳定性有显著的影响。

2.4.3 水与具有氢键键合能力的中性基团的相互作用

水与溶质之间的氢键键合弱于水与离子之间的相互作用，氢键作用的强度与水分子之间的氢键相近。与溶质氢键键合的水，按其所在的特定位置可分为化合水和邻近水（第一层水），与体相水比较，它们的流动性极小。溶质周围的邻近水是否比体相水流动性低或者改变其他性质，取决于溶质-水氢键的强度。凡能够产生氢键键合的溶质可以强化纯水的结构，至少不会破坏这种结构。然而在某些情况下，溶质氢键键合的部位和取向在几何构型上与正常水不同，因此，这些溶质通常对水的正常结构也会产生破坏。像尿素这种具有较小氢键键合的溶质，由于几何构型的原因，对水的正常结构有明显的破坏作用。同样，可以预料大多数具有氢键键合能力的溶质都会阻碍水的结冰。但也应该看到，当体系中添加具有氢键键合能力的溶质时，每摩尔溶液中的氢键总数不会发生明显的改变。这可能是因为已断裂的水-水氢键被水-溶质氢键所代替，因此这类溶质对水原有的网状结构几乎没有影响。

水还能与某些基团，如羟基、氨基、羰基、酰氨基和亚氨基等极性基团发生氢键键合。另外，在生物大分子的两个部位或两个大分子之间可形成由几个水分子所构成的“水桥”。

2.4.4 水与非极性物质的相互作用

把疏水物质，如烃类、稀有气体、脂肪酸、氨基酸以及蛋白质的非极性基团加入水中，由于熵的减少，在热力学上是不利的。熵的减少是由于邻近非极性部分的水-水氢键的增加（水结构增加）所造成的。水对非极性溶质的结构有相互的影响，其中有两个方面特别值得注意：笼形水合物的形成和蛋白质中的疏水相互作用。

笼形水合物是像冰一样的包合物，水通过氢键形成类似于笼的结构，通过物理方式将非极性物质截留在笼中；水称为“主人”，而被截留的疏水物质称为“客人”。笼形水合物一般由 20～74 个水分子形成，具体多少视“客人”的几何尺寸而定；而“客人”通常是一些低相对分子质量的化合物，如烃类、稀有气体、短链的胺类、卤代烃、二氧化碳等。

笼形水合物的结构与冰相似，同样具有一定的稳定性。已证明生物物质中天然存在的类似晶体的笼形水合物结构，它们很可能对蛋白质等生物大分子的构象、反应性和稳定性有影响。这种结构在海水脱盐、溶液浓缩和防止氧化等方面可能具有应用前景。

由于在大多数蛋白质中，40%的氨基酸具有非极性侧链，因此，疏水相互作用，即在水溶液环境中确实存在着非极性基团的缔合，是十分重要的。这些侧链包括丙氨酸的甲基、苯基丙氨酸的苯基、缬氨酸的异丙基、半胱氨酸的巯甲基、异亮氨酸的第二丁基和亮氨酸的异丁基。其他化合物，例如醇、脂肪酸和游离氨基酸的非极性基团也能参与疏水相互作用，但是这些疏水相互作用的结果不如涉及蛋白质的疏水相互作用那样重要。疏水基、疏水性物质在水中的作用见图 2-7、图 2-8。

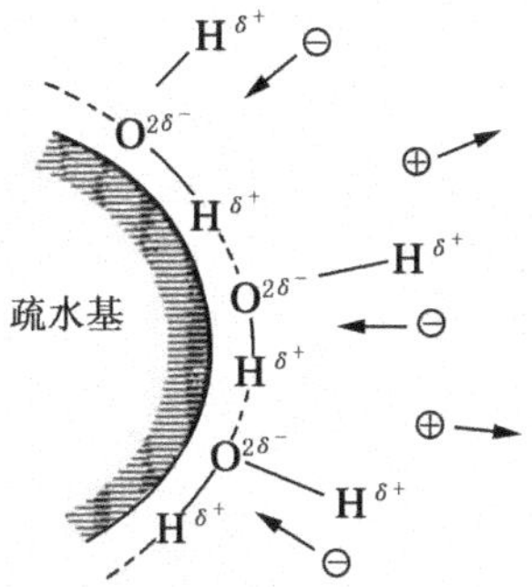

图 2-7　设想的水在疏水表面上的定向

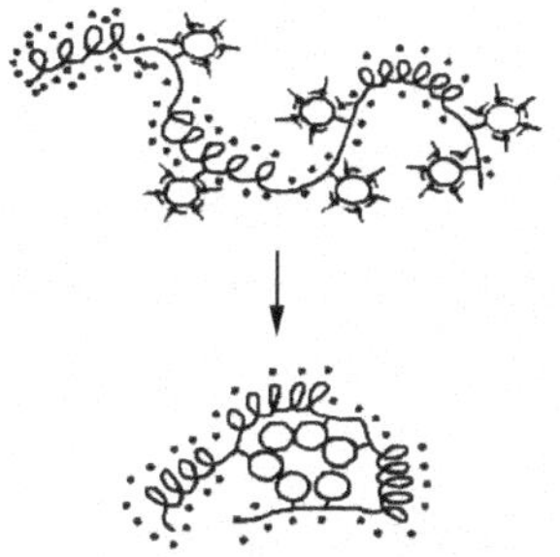

图 2-8　球状蛋白质的疏水相互作用

有趣的是，在水溶液的环境中才存在疏水相互作用，而且尽管存在着疏水相互作用，蛋白质中总的疏水基团的 1/3 仍然暴露在水中，这些都是很有意义的。疏水相互作用被认为是维持大多数蛋白质三级结构的最重要因素，因此，水与水的结构在蛋白质的构象中起着重要的作用。

2.4.5　水的存在状态

新鲜的动植物组织和某些固态食品如果冻中常常含有大量水分，但在切开或挤压时一般不会大量流失；对某些食品如软糖进行水分测定时，不同的测定方法误差会很大。上述现象表明食品中的水分并不是简单地以游离形式存在，而是以相当复杂的形式存在。

在食品这样的复杂体系中，根据水分的存在状态，可将食品的水分分为结合水和自由水。

(1) 结合水

结合水，又称为束缚水、固定水，通常是指存在于溶质或其他非水组分附近的、与溶质分子之间通过化学键结合的那一部分水。依据它们的结合强度差异，又将结合水分成构成水、邻近水和多层水。

构成水为结合得最牢固的水，已成为非水物质的整体部分，它占高水分食品中很小的一部分。例如，位于蛋白质空隙中或者作为化学水合物中的水。其主要特点表现为是非水物质的必要组分，−40℃不结冰，无溶剂能力，不能被微生物所利用。

邻近水处在非水组分亲水性最强的基团周围的第一层位置，与离子或离子基团缔合的水是结合最紧密的邻近水。主要的结合力是水-离子和水-偶极作用，其次是一些具有呈电离或电离状态的基团的中性分子与水形成的水-溶质氢键。其主要特征是−40℃不结冰，无溶剂能力，不能被微生物所利用。

构成水和邻近水构成了单分子层水，约占食品中总水分含量的0.5%。

多层水是指位于以上所说的第一层的剩余位置的水和邻近水的外层形成的几个水层。尽管多层水不像邻近水那样牢固地结合，但仍然与非水组分结合得非常紧密，且性质也发生了明显的变化，所以与纯水的性质也不相同。多层水主要是靠水-水和水-溶质间氢键而形成，其主要特征是有一定厚度(多层)，－40℃基本不结冰，溶剂能力下降，可被蒸发，约占食品总质量的5%。

由于诸多因素影响水的结合程度，因此结合水的每一类中以及类与类之间也不相同。水分子与其他物质分子之间的结合方式随着体系中总的水分含量(特别在低水分食品中)的改变而变化；结合水不应看成是完全不流动的，尽管随着水的结合程度增大，水分子与邻近的水分子之间相互交换位置的速率也随着降低，但通常不会降低到零；与亲水物质相结合的水，比普通水更为有序，但它不同于普通冰的结构。虽然食品中的结合水很重要，但大多数高水分食品中结合水的含量较少。例如，每克干蛋白质中结合水的含量从0.3～0.5 g不等。就低水分食品而言，水分活度是一个比结合水更有意义的概念，在下面将会介绍到。

(2) 自由水

自由水，又称体相水，是指没有被非水物质化学结合的水。自由水可分为三类：滞化水、毛细管水和自由流动水。

滞化水，又称不移动水，是指被组织中的显微和亚显微结构或膜滞留的水。其特点是不能自由流动，与非水物质无关。如100 g肉中总水分含量为70～75 g，除去近10 g结合水外，还有60～65 g水，这部分水极大部分是滞化水。

毛细管水是指在生物组织的细胞间隙和制成食品的结构组织中存在的一种由毛细管力所系留的水，在生物组织中又称为细胞间水，其物理和化学性质与滞化水相同。如大量毛细管的半径小于0.1 μm时，蒸汽压和水分活度将会显著降低。然而在大多数食品中毛细管的半径范围为10～100 μm，因此，排除这种作用可作为降低食品水分活度的一种重要方法。

常常用持水容量来描述基质分子(一般是指大分子化合物)截留大量水以防止渗出的能力。例如，含果胶和淀粉的凝胶以及动植物组织中，少量的有机物以物理方式截留大量的水。

尽管对细胞和大分子基质所截留的水的结构尚未确定，但是食品体系中这种水的特性及其对食品品质的重要性已非常清楚了。即使食品受到相当严重的机械损伤，被截留的水也不会从食品中流出。另外，截留水在食品加工中表现的特性几乎与纯水相似，即在干燥时容易除去，冻结时容易转变成冰。所不同的是流动性质受到很大的限制，而单个水分子的运动特性与稀盐溶液中的水分子的运动特性基本相同。

细胞和凝胶中的水大部分是截留水，截留水含量即持水容量的变化对食品品质的影响极大。例如，凝胶在贮藏过程中因持水容量的下降引起品质下降，即所谓的脱水收缩。生物组织在冷冻保藏过程中通常会导致持水容量下降，这可以从解冻时有大量水渗出得以证明。此外，动物屠宰后伴随肌肉的生理变化，pH下降也可以引起持水容量减少，这种变化对肉类食品(如香肠)的品质产生不利的影响。

自由流动水，指动物的血浆、淋巴和尿液，植物的导管和细胞内液泡中的水，其特点是可以自由流动，可正常结冰，具有溶剂能力，可被微生物利用。

结合水和自由水之间很难进行严格的区分，只能根据物理、化学性质作定性的区分。

2.5 水分活度

2.5.1 水分活度的定义

食物的腐败变质与水分含量之间存在着密切的联系，食品单元操作中无论是干燥、浓缩或脱水过程，目的都是为了通过降低食品的水分含量，以提高溶质的浓度和降低食品易腐败的敏感性。水分含量相同的不同种类食品，其腐败变质的难易程度存在着显著差异性，这表明以水分含量作为判断食品稳定性的指标是不完全可靠的。部分原因是食品中各种非水组分与水的氢键键合的能力和大小均不相同，与非水组分牢固结合的水不可能被食品的微生物生长和化学水解反应所利用。因此，采用了水分活度作为食品易腐败性的指标。

路易斯(Lewis)提出的水分活度表达式可由式(1)表示：

$$a_w = \frac{f}{f_0} \tag{2-1}$$

式中：a_w——水分活度；

f——溶剂逸度(溶剂从溶液中逸出的趋势)；

f_0——纯溶剂逸度。

由于在低温时(如室温下)，f/f_0和p/p_0之间差值很小(低于1%)，可测定的蒸汽压来表述水分活度更加直观，因此目前常用式(2)来表示：

$$a_w = \frac{p}{p_0} \tag{2-2}$$

式中：p——某种食品在密闭容器中达到平衡状态时的蒸汽分压；

p_0——在同一温度下纯水的饱和蒸汽压。

水分活度与环境平衡相对湿度(%)和拉乌尔(Raoult)定律的关系如下：

$$a_w = \frac{p}{p_0} = \frac{\mathrm{ERH}}{100} = N = \frac{n_1}{n_1 + n_2} \tag{2-3}$$

式中：ERH(Equilibrium Relative Humidity)——样品周围环境的平衡相对湿度，%；

N——溶剂(水)摩尔分数；

n_1——溶剂物质的量；

n_2——溶质物质的量。

n_2可通过测定样品的冰点降低，然后按式(2-4)计算求得：

$$n_2 = \frac{G\Delta T_f}{1\,000\,K_f} \tag{2-4}$$

式中：G——样品中溶剂的量，g；

ΔT_f——冰点降低，℃；

K_f——水的摩尔冰点降低常数(1.86)。

注意点：

(1) 上述公式成立的前提是溶液为理想溶液，并达到热力学平衡，食品体系一般不符合这个条件，因此严格地讲，上式只是近似的表达。水分活度是样品的固有特性，而平衡相对湿度是与样品中的水蒸气达到平衡时大气所具有的性质。当样品数量很少(小于 1 g)时，样品和环境之间达到平衡需要相当长的时间。对于大量样品，在温度低于 50℃时，与环境几乎不可能达到平衡。

(2) 公式中的前两项，即 $a_w = p/p_0 = \mathrm{ERH}/100$，是根据水分活度定义给出的；而后两项是拉乌尔定律所确定的，其前提是稀溶液。所以前两项和后两项之间也应该是近似的关系。蒸汽压是溶液的基本特性之一，非电解质溶质挥发性低，不显示蒸汽压，因此溶液的蒸汽压可看成是全部由溶剂分子产生的。随着溶液中溶质浓度增大，溶剂浓度减小，蒸汽压降低。根据拉乌尔定律，在理想溶液中，溶剂分子的蒸汽压与溶剂的物质的量成比例。

(3) 食品的水分活度可以用食品中水的摩尔分数表示，但食品中的水和溶质的相互作用或水和溶质分子相接触时，会释放或接受热量，这与拉乌尔定律不相符合。当溶质为非电解质并且摩尔质量浓度小于 1 时，a_w 与理想溶液相差不大，但溶质是电解质时便出现大的差异。由于纯溶质水溶液的 a_w 值与按拉乌尔定律预测的值不尽相同，更不用说复杂的食品体系中组分种类多且含量各异，因此用食品的组分和水分含量计算食品中的 a_w 是不可行的。

2.5.2 水分活度的测定方法

由于样品的水分含量与水分活度之间存在着很重要的关系，因此常常通过测定水分含量来间接地获得水分活度值，食品的 a_w 值在 0～1 之间。下面介绍测定水分活度的常见方法。

(1) 冰点测定法

先测定样品的冰点降低(ΔT_f)和水分含量(求出 n_1)。然后带入式(2-4)计算水分活度(a_w)，采用在低温下测定的冰点而计算较高温度时的 a_w 值所引起的误差很小(<0.001 a_w/℃)。

(2) 相对湿度传感器测定法

将已知水分含量的样品置于恒温的密闭小容器中，使其蒸汽压和环境蒸汽充分作用，达到平衡；然后用电子或湿度测量仪测定样品和环境空气平衡的相对湿度，即可获得样品的水分活度。

(3) 康维氏微量扩散器测定法

分隔并相通的两个小室分别放入样品和饱和盐溶液，样品量一般为 1 g，恒定温度一般为 25℃，平衡时间为 20 min；分别测定水分活度高的饱和盐溶液和水分活度低的饱和盐溶液和样品达平衡时样品吸收或失去水的质量，利用下式求算样品的水分活度：

$$a_w = \frac{A_x + B_y}{x + y} \tag{2-5}$$

式中：A_x——活度低的盐溶液活度；

B_y——活度高的盐溶液活度；

x——使用 B 时的净增值；

y——使用 A 时的净减值。

2.5.3 水分活度与温度的关系

由于 a_w 值随温度的改变而变化，所以在测定样品的水分活度时，必须标明温度。经修改的克劳修斯-克拉贝龙(Clausius-Clapeyron)方程，精确地描述了 a_w 与温度的关系：

$$\frac{d\ln a_w}{d\left(\frac{1}{T}\right)}=-\frac{\Delta H}{R} \tag{2-6}$$

式中：T——绝对温度；

R——摩尔气体常数；

ΔH——样品中水分的等量净吸附热。

此处的 ΔH 可用纯水的汽化潜热表示，为常数，其值为 40 537.2 J/mol。

式(2-6)经过整理，得到线性方程：

$$\ln a_w=-\frac{\Delta H}{R}\left(\frac{1}{T}\right) \tag{2-7}$$

由式(2-7)可知，$\ln a_w$ 与 $-1/T$ 之间为一直线关系，其意义在于：一定样品水分活度的对数在不太宽的温度范围内随绝对温度的升高而正比例升高。图 2-9 表示不同水分含量的天然马铃薯淀粉的水分活度与温度之间的关系，图 2-9 可以说明两者间存在着良好的线性关系，且水分活度对温度的相依性是水分含量的函数。当水分活度起始值为 0.5 时，在 2～40℃范围内，温度系数为 0.003 4/℃。根据另一些研究报道，富含碳水化合物或蛋白质的食品，当温度范围在 5～50℃和起始 a_w 为 0.5 时，温度系数为(0.003～0.02)/℃，水分活度与产品的种类有关。一般说来，温度每变化 10℃，a_w 变化 0.03～0.2。因此，温度变化对水分活度的影响能够改变密封袋装或罐内食品的稳定性。

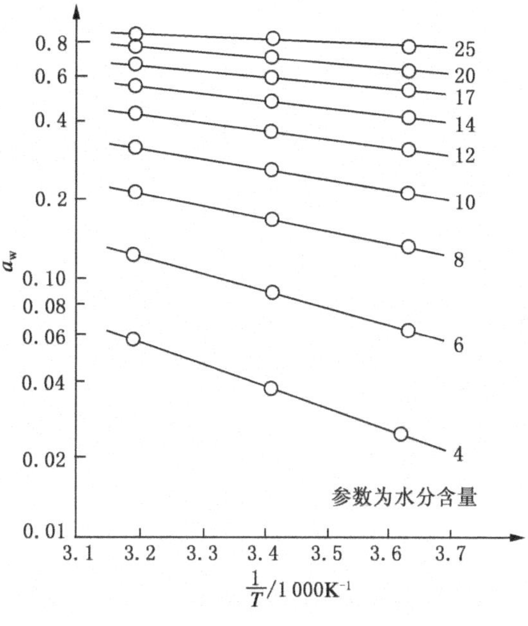

图 2-9 天然马铃薯淀粉的水分活度与温度之间的 Clausius-Clapeyron 关系

[水分含量用(g 水/g 干淀粉)表示]

但在较大的温度范围内，$\ln a_w$ 与 $-1/T$ 之间并非始终为直线关系；当冰开始形成时，$\ln a_w$ 与 $-1/T$ 曲线中出现明显的折点，冰点以下 $\ln a_w$ 与 $-1/T$ 的变化率明显加大了，并且不再受样品中非水物质的影响，因此对于冰点温度以下的水分活度需要重新定义。这时的 p_0 应该是过冷纯水的蒸汽压还是冰的蒸汽压呢？实验结果证明，用过冷纯水的蒸汽压来表示 p_0 是正确的。原因在于：① 只有在这时，冰点温度以下的 a_w 值才能与冰点温度以上的 a_w 值进行精确的比较；② 如果冰的蒸汽压用

p_0表示，那么含有冰晶的样品在冰点温度以下是没有意义的，因为在冰点温度以下的 a_w 值都是相同的。另外，冷冻食品中水的蒸汽压与同一温度下冰的蒸汽压相等(过冷纯水的蒸汽压是在温度降低至－15℃时测定的，而测定冰的蒸汽压、温度比前者要低得多)，所以能够准确地计算冷冻食品的水分活度值，即

$$a_w = \frac{p_{ff}}{p_{0(scw)}} = \frac{p_{ice}}{p_{0(scw)}} \tag{2-8}$$

式中：p_{ff}——部分冷冻食品中水的蒸汽分压；

$p_{0(scw)}$——纯的过冷水的蒸汽压；

p_{ice}——纯冰的蒸汽压。

图 2-10 表示以 $\ln a_w$对 $1/T$ 作图所得的直线，图 2-10 中说明：① 在低于冻结温度时呈线性关系；② 在低于冻结温度时，温度对水分活度的影响比在冻结温度以上要大得多；③ 样品在冰点时，图中直线陡然不连续并出现断点。

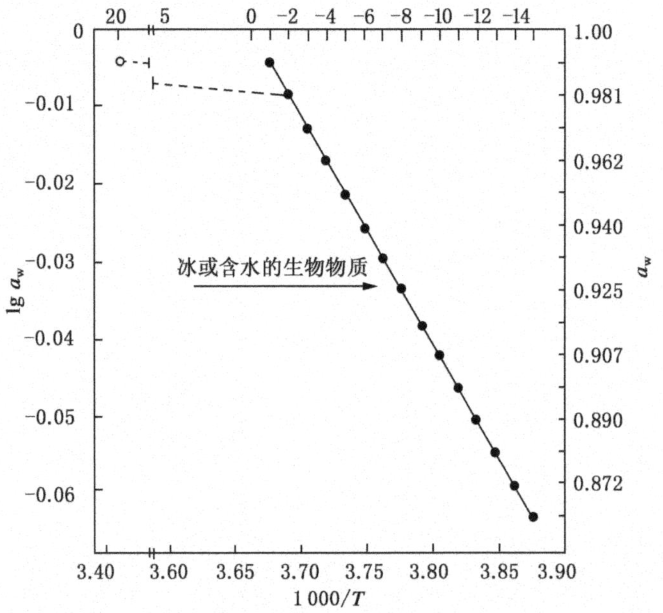

图 2-10　在冰点以上及以下时样品的水分活度与温度之间的关系

在比较高于和低于冻结温度的水分活度时应注意三个重要的区别。第一，在冻结温度以上，a_w 是样品组分和温度的函数，前者是主要的因素。但在冻结温度以下时，a_w与样品的组分无关，只取决于温度，也就是说，在有冰相存在时，a_w不受体系中所含溶质种类和比例的影响。因此，不能根据水分活度准确地预测在低于冻结温度时体系中溶质的种类及其含量对体系变化所产生的影响。所以，在低于冻结温度时用 a_w值作为食品体系中可能发生的物理化学和生理变化的指标，远不如在冻结温度以上更有应用价值。第二，冻结温度以上和冻结温度以下水分活度对食品稳定性的影响是不同的。例如，一种食品在－15℃和 a_w为 0.86 时，微生物不生长，化学反应进行缓慢，可是，在 20℃，a_w同样为 0.86 时，则出现相反的情况，有些化学反应将迅速地进行，某些微生物也能生长。第三，低于冻结温度时的 a_w不能用来

预测冻结温度以上的同一食品的 a_w，因为低于冻结温度时 a_w 值与样品的组成无关，而只取决于温度。

2.6 水分吸附等温线

在恒定温度下，以食品的水分含量(用每单位干物质质量中水的质量表示，表达为 g 水/g 干物质)对水分活度绘图形成的曲线，称为水分吸附等温线(Moisture Sorption Isotherm，MSI)。水分吸附等温线对于获取以下信息是十分有益的：① 在浓缩和干燥过程中，样品除去水分的难易程度与水分活度有关；② 配制混合食品必须避免水分在配料之间的转移；③ 测定包装材料的阻湿性；④ 测定什么样的水分含量能够抑制微生物的生长，可评定食品的生物稳定性；⑤ 预测食品的化学和物理稳定性与水分含量的关系。

2.6.1 定义和区间

图 2-11 为高水分含量食品的水分吸附等温线，它表示食品脱水时各种食品的水分含量范围，但低水分区一些最重要的数据并未十分详细地表示出来，如果扩大低水分含量范围，就得到如图 2-12 所示的更实用的吸附等温线图，图 2-13 表示具有不同形状等温线的物质的真实吸附等温线。向经过干燥的样品中添加水，即可绘制出图中的这些回吸等温线(或吸附等温线)，它们有共同的解吸等温线，大多数食品的等温线呈 S 形，而水果、糖制品、含有大量糖和其他可溶性小分子的咖啡提取物以及多聚物含量不高的食品的吸附等温线为 J 形，见图 2-13 中曲线 1。吸附等温线形状和位置与试样的组成、物理结构(如结晶或无定形)、预处理、温度和制作方法等因素有关。

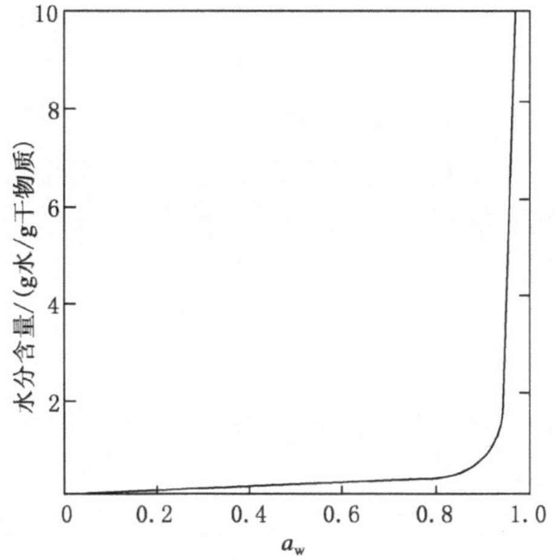

图 2-11 高水分含量范围食品的水分吸附等温线

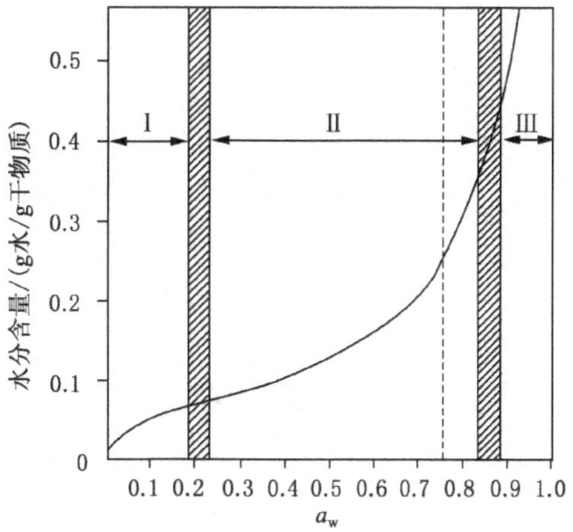

图 2-12 低水分含量范围食品的水分吸附等温线

为了深入理解吸附等温线的含义和实际应用，可将图 2-12 中的曲线分成 3 个区间，因回吸作用而被重新结合的水从区间Ⅰ(干燥的)向区间Ⅱ(高水分)移动时，水的物理性质发生变化。下面分别叙述每个区间水的主要特性。

等温线区间Ⅰ中的水，是食品中吸附最牢固和最不容易移动的水，是水分子和食品组分中的羧基、氨基和羟基等基团通过水-离子或水-偶极相互作用吸附在极性部位，蒸发焓比纯

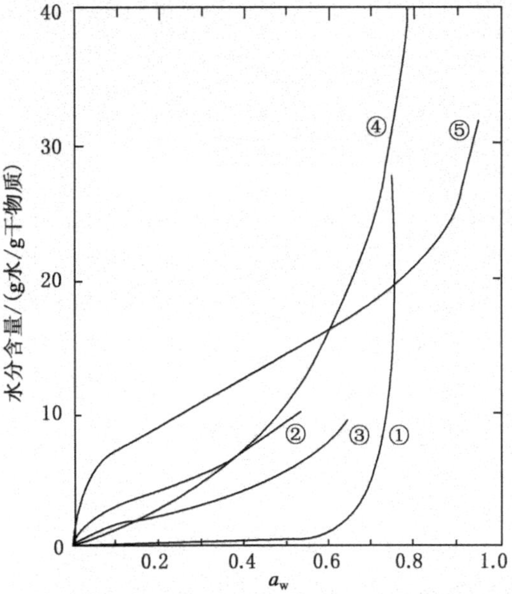

图 2-13 各种食品与生物物质的回吸等温线

① 糖果(主要成分为粉末状蔗糖,40℃) ② 喷雾干燥菊苣根提取物(20℃) ③ 焙烤咖啡(20℃) ④ 猪胰脏提取物粉末(20℃) ⑤ 天然大米淀粉

水大得多,所以水分活度值一般在 0～0.25 之间,相当于物料含水量(0～0.07)g 水/g 干物质。该区间水在 −40℃时不结冰,不能溶解溶质,对食品固形物不产生增塑效应,相当于固形物的组成部分。

在区间Ⅰ的高水分末端(区间Ⅰ和区间Ⅱ的分界线)位置的这部分水相当于食品的"BET 单分子层"水含量。目前对分子水平 BET 的单分子层的确切含义还不完全了解,最恰当的解释是把单分子层值看成是在干物质可接近的强极性基团周围形成 1 个单分子层所需水的近似量。对于淀粉,此量相当于每个脱水葡萄糖残基结合 1 个水分子。从另一种意义上来说,单分子层值相当于与干物质牢固结合的最大数量的水,相当于化合水和邻近水。属于区间Ⅰ的水只占高水分食品中总水量的很小一部分。近来用核磁共振技术研究了蛋白质中结合水的存在状态,证明其中一种是直接与蛋白质结合的水分子,它的旋转运动速率为纯水水分子的百万分之一,属于单分子层水;另一种是位于单分子层水外层的邻近水,邻近水的水分子旋转运动速率为纯水水分子的千分之一,蛋白质分子中的结合水大部分属于这一种。

等温线区间Ⅱ的水包括区间Ⅰ的水加上区间Ⅱ内增加的水(回吸作用),区间Ⅱ增加的水占据固形物表面第一层的剩余位置和亲水基团周围的另外几层位置,这一部分水即多分子层水。多分子层水主要靠水-水和水-溶质的氢键键合作用与邻近的分子缔合,同时包括直径小于 1 μm 的毛细管中的水。水分活度值一般在 0.25～0.8 之间,相当于物料含水量 0.07 g水/g 干物质至(0.14～0.33)g 水/g 干物质。流动性比体相水稍差,其蒸发焓比纯水大,相差范围从很小到中等程度不等,主要取决于水与非水组分的缔合程度。

向含有相当于等温线区间Ⅰ和区间Ⅱ边界位置水含量的食品中增加水,所增加这一部分水将会使溶解过程开始,并且具有增塑剂和促进基质溶胀的作用。由于溶解作用的开始,引起体系中反应物移动,使大多数反应的速率加快。在含水量高的食品中,属于等温线区间Ⅰ和区间Ⅱ的水一般占总水量的 5%以下。

等温线区间Ⅲ的水包括区间Ⅰ和区间Ⅱ的水加上区间Ⅲ边界内增加的水(回吸作用)。区间Ⅲ范围内增加的水是食品中结合最不牢固和最容易流动的水(分子状态),即为体相水。该区间水的水分活度值一般在 0.8～0.99 之间,相当于物料含水量(0.14～0.33)g 水/g 干物质,最高为 20 g 水/g 干物质。在凝胶和细胞体系中,因为体相水以物理方式被截留,所以宏观流动性受到阻碍,但它与稀盐溶液中水的性质相似。假定区间Ⅲ增加一个水分子,它将会被区间Ⅰ和区间Ⅱ的几个水分子层所隔离,所以不会受到非水物质分子的作用。从区间

Ⅲ增加或被蒸出去的水，其蒸发焓基本上与纯水相同，这部分水既可以结冰也可以作为溶剂，并且还有利于化学反应的进行和微生物的生长，区间Ⅱ的体相水不论是截留的或游离的，它们在高水分含量的食品中一般占总水量的95%以上。

虽然等温线划分为3个区间，但还不能准确地确定区间的分界线，而且除化合水外，等温线每一个区间内和区间与区间之间的水都能发生交换。另外，向干燥物质中增加水虽然能够稍微改变原来所含水的性质，即基质的溶胀和溶解过程。但是当等温线的区间Ⅱ增加水时，区间Ⅰ水的性质几乎保持不变。同样，在区间Ⅲ内增加水，区间Ⅱ水的性质也几乎保持不变。从而可以说明，食品中结合得最不牢固的那部分水对食品的稳定性起着重要的作用。

2.6.2 滞后现象

采用向干燥样品中添加水(回吸作用)的方法绘制水分吸附等温线和按解吸过程绘制的解吸等温线并不完全相互重叠，这种不重叠性称为滞后现象(hysteresis)，见图2-14。很多种食品的水分吸附等温线都表现出滞后现象。滞后作用的大小、曲线的形状和滞后回线的起始点和终止点都不相同，它们取决于食品的性质和食品除去或添加水分时所发生的物理变化，以及温度、解吸速率和解吸时的脱水程度等多种因素，在a_w一定时，食品的解吸过程一般比回吸过程含水量更高。

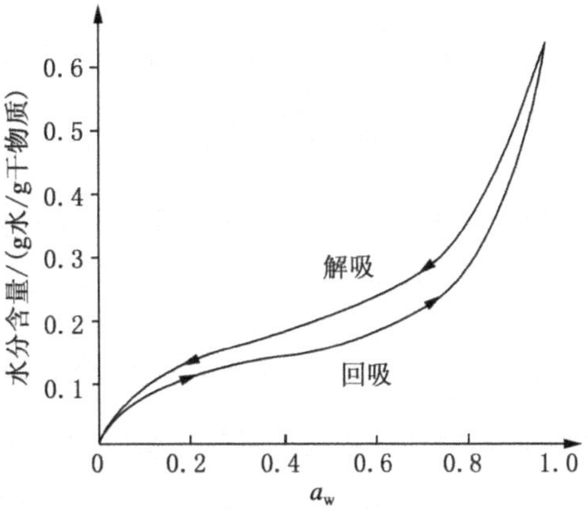

图2-14 水分吸附等温线的滞后现象

在实践中，水分吸附等温线作为用于吸着制品的研究，而水分解吸等温线用于调研干燥过程。引起食品水分解吸滞后于水分吸附的原因大致是：解吸过程中一些水分与非水溶液成分作用而无法放出水分；不规则形状产生毛细管现象的部位，欲填满或抽空水分需不同蒸汽压(要抽出需要$p>p_{外}$，要填满需要$p_{外}>p$)；解吸作用时，因组织改变，当再吸水时无法紧密结合水分，由此导致回吸相同水分含量时处于较高的水分活度。

如果食物样品采用解吸而不是回吸方法调整到所要求的a_w值，例如鸡肉和猪肉的a_w值在0.7～0.84范围时，脂类的氧化作用将进行得更快。如上所述，在给定的a_w时，样品解吸比样品回吸过程含有更多的水分。因此，高水分样品的黏性较低，催化剂的流动性变大，基质发生溶胀而暴露出来的催化位点增加，与低水分(回吸)样品比较，氧的扩散作用也略微提高，结果是脂类氧化速率加快。然而，对吸附滞后现象的确切解释还有待于进一步研究。

2.7 食品原料中水的分布与加工和贮藏中水分的变化

2.7.1 食品原料中水的分布

水是食品中非常重要的一种成分，也是构成大多数食品的主要组分，各种食品都有能显示其品质特性的含水量(表2-2)。

食品的含水量除谷物和豆类等种子外(12%～16%),一般都比较高(60%～90%),水是食物各种组分中数量最多的组分,表2-2列出各种食品的水分含量。

表2-2 各种食品的水分含量

食品	水分含量/%
肉类	
猪肉	53～60
牛肉(碎块)	50～70
鸡(无皮肉)	74
鱼(肌肉蛋白)	65～81
水果	
香蕉	75
浆果、樱桃、梨、葡萄、猕猴桃、柿子、菠萝	80～85
苹果、桃、橘、葡萄柚、甜橙、李子、无花果	85～90
草莓、杏、椰子、西瓜	90～95
蔬菜	
青豌豆、甜玉米	74～80
甜菜、硬花甘蓝、胡萝卜、马铃薯	80～90
芦笋、青大豆、大白菜、红辣椒、花菜、莴苣、番茄	90～95
谷物	
全粒谷物	10～12
面粉、粗燕麦粉、粗面粉	12～13
乳制品	
奶油	15
山羊奶	87
奶酪(含水量与品种有关)	40～75
奶粉	4
冰淇淋	65
焙烤食品	
面包	35～45
饼干	5～8
糖及其制品	
蜜蜂	20
果冻、果酱	≤35
蔗糖、硬糖、纯巧克力	≤1

水的含量、分布和取向不仅对食品的结构、外观、质地、风味、新鲜度和腐败变质的敏感性产生极大的影响,而且对生物组织的生命过程也起着至关重要的作用。水在食品储藏加工过程中是化学和生物化学反应的介质,又是水解过程的反应物。通过干燥或增加食盐、糖的浓度,可使食品中的水分除去或被结合,从而有效地抑制很多反应的发生和微生物的生长,以延长食品的货架期。水与蛋白质、多糖和脂类通过物理相互作用影响食品的质构,在大多数新鲜食品中,水是最重要的成分,当希望长期储藏这类食品,只要采取有效的储藏方法控制水分就能延长保藏期。无论采用普通方法脱水或是低温冷冻干燥脱水,食品和生物材料的固有特性都会发生很大的变化,任何使脱水食品恢复到原来状态的尝试都未获得

成功。

2.7.2 食品在加工和贮藏中水分的变化

(1) 美拉德(Maillard)反应

干制蛋品在贮藏过程中会发生颜色的变化，这一现象激发了人们对水分含量影响褐变的相关研究。研究人员观察了在含有不同量盐酸和水的甲醇中，预先形成的D-葡基胺是如何转变成色素的实验现象，发现当酸浓度一定时，无水条件下褐变速度最高；随着水分含量的增加，褐变速度降低。在含有D-木糖和甘氨酸粉末的体系中，在相对湿度(RH)为0或100%时，处于固态的体系没有发生褐变；在相对湿度30%时，体系发生了最大限度的褐变。若考虑到褐变反应包括若干步骤，可以预料在中等水分含量的条件下，体系发生褐变的反应速度达到最大。将水分含量降到很低就可以抑制褐变现象。

(2) 淀粉的糊化

在食品体系中，水不仅是反应介质，而且也是控制反应、质构以及物理和生物性质的活性成分。水分活度受到盐、糖以及其他能强烈结合水的组分的影响。这些组分大量存在时能与水强烈结合，水分活度将降低，导致淀粉不能进行糊化或糊化的程度非常低。

(3) 脂肪的氧化速度

脂类和各种含脂食品的氧化速度很大程度上取决于水分活度。在水分含量很低(a_w值小于0.1)的干燥食品中，氧化进行得非常快。水分含量增加到a_w值约为0.3时，脂类氧化减慢，并达到一个最低速度；水分活度(a_w=0.55～0.85)较高时，氧化速度再度增加，这可能是提高了体系中催化剂的流动性而造成的。

(4) 蛋白质的变性

从蛋白质溶液中除去部分水分会导致所有非水组分浓度的增加，即提高了蛋白质-蛋白质、蛋白质-碳水化合物和蛋白质-盐之间的相互作用，从而显著地改变了蛋白质的功能性质，若在较高温度下除去水分，情况就尤为如此。在乳品加工中为了除去水，常常采取超滤从而得到了溶解性优越的浓缩蛋白质。在制备浓缩乳清蛋白时，超滤的程度(或渗透，即在超滤时将水加入到保留物中)决定着乳糖-蛋白质和盐-蛋白质的比例，从而影响乳清蛋白的热凝胶作用性质。

将水几乎完全地除去往往会导致蛋白质广泛的聚集(蛋白质-蛋白质相互作用)。如果采用高温以提供除去水所需的能量，那么情况更是如此，这可能会造成蛋白质溶解度和表面活性的严重损失。由于干燥是制备蛋白质制品的最后一道操作，因此，它对蛋白质功能性质的影响不能忽视。

干燥条件影响着蛋白质粉末颗粒的大小以及表面和内部的多孔性，因而也影响着蛋白质粉末的吸湿性、吸水性、分散性和(或)碳水化合物向干燥表面的移动。在这种情况下，通常可以得到多孔性的粉末颗粒，如在冷冻干燥和喷雾干燥中就会出现这样的情况。在干燥前预先将气泡并入蛋白质溶液和干燥蛋白质颗粒的有效控制聚集都能被用来提高颗粒的多孔性。

(5) 酶的活力

尽管在干燥食品中，水分含量已相当低，但是酶还能发挥着作用。例如在干燥前蔬菜没有进行热烫，那么经干燥的蔬菜就很快产生青草似风味。此外，对于干燥燕麦产品，除非先加热使酶失活,否则它们在保藏期间就会很快地变苦。

在完整组织中酶是区域化分布的,因此,它们与底物处在彼此有效分离的状态。例如,谷粒在13%水分含量下能保藏几个月甚至几年而没有显著败坏,然而,在同样的水分含量下机械损伤的谷粒会很快地败坏。当然除了内源酶外,还应该考虑到来自微生物的外源酶,这些酶对于谷物以及蛋品十分重要,因为在干燥前微生物可能已经增殖。

水分活度还影响非水解酶的活力。在含有葡萄糖氧化酶或多酚氧化酶的模拟体系中,以及在含有脂肪氧合酶的小麦浓缩蛋白质中,已观察到这个特性。水可以作为反应的介质和底物的媒介物,当水被紧紧地结合,酶反应或者减缓或者不可能进行。

酶在干燥状态时较耐热。当水分含量增加时,酶对于热失活的敏感性提高。这一点对于谷物或麦芽的干燥以及焙烤过程具有实际意义。

在干藏中,继续存在的酶活力并非总是不利的。经长期保藏后的烧煮大米比未经保藏的具有较低的黏性,据推测这是由于淀粉酶作用于大米淀粉中直链淀粉的结果。细菌性淀粉酶继续作用于焙烤食品中的淀粉能改进口感。在一些干制食品中,因内源酶的继续作用而产生了期望的风味成分。在生产高质量的枣子和脱水甘薯中,继续存在的酶活力也是重要的。

(6) 水溶性营养素

水溶性营养素损失的主要途径之一是从切面或其他易受影响的表面流失,导致水溶性营养素丢失的食品加工操作包括洗涤、经水槽运送、热烫、冷却和烹饪,水溶性营养素损失的程度和性质取决于pH、温度、水与食品的比例、食品表面与体积的比例、成熟度以及其他因素。

由于抗坏血酸能溶解于水,很容易从食品切面或擦伤面经沥滤而损失,然而,在加工食品中最大的损失还是因化学降解而引起的。富含抗坏血酸的食品如水果制品,抗坏血酸的损失常与非酶促褐变有关。虽然在水分活度很低的情况下,抗坏血酸仍能降解,但是降解速度变得如此之低,以至于能长期贮存产品而无过多的抗坏血酸损失。

与其他水溶性维生素一样,在烹调过程中和谷类磨粉时,由于沥滤而造成硫胺素的大量损失。对脱水玉米豆奶的研究表明,水分含量强烈地影响着硫胺素的降解。例如当体系的水分含量保持在10%以下时,在38℃贮藏182天没有造成硫胺素的损失,然而,当体系水分含量为13%时,则硫胺素的损失相当严重。由于存在着物理分离和化学性降解的多种可能性,因此,除非在处理、贮存和加工过程中非常谨慎,否则很多食品中的硫胺素会有相当大的损失。

与脂类的氧化相似,维生素A损失的速度受到水分活度的影响。因此,预期的损失量依赖于脱水条件的剧烈程度以及贮藏时的保护程度。虽然虾中维生素A的损失速度随水分含量的增加而降低,但是其他食品(玉米)显示了较复杂的性质。

食品与水接触,特别在烹饪和热烫过程中,矿物质会有相当大的损失。损失的范围变化很大,且与矿物质的溶解度有关。

(7) 色素的损失

在食品加工中,热烫和灭菌可使叶绿素的损失率高达80%~100%。因此,在绿色果蔬的加工和贮藏中,都要保护叶绿素的正常绿色。这方面的研究很多,但似乎还没有找到非常成功的方法。

2.8 食品中水分活度的调控

水分活度是控制食品中反应速度的一种较重要的可变因素。在酶反应、脂类氧化、非酶促褐变、蔗糖水解、叶绿素降解、花色苷降解和许多其他反应中水分活度都是一个重要因素。当水分活度低于相当于中等水分食品的水分活度范围(0.75～0.85)时,大多数反应倾向于速度减缓,主要是由于水相减少后溶剂容量降低的缘故。但是,脂类氧化及相关的次级作用如类胡萝卜素脱色,不遵循此规律,即在水分活度的低限,此类反应的速度反而加快了。

2.8.1 水分活度与食品稳定性的关系

在大多数情况下,食品的稳定性与水分活度之间存在着密切关系,表 2-3 列出了适合于各种普通微生物生长的水分活度范围,还举出了按照水分活度分类的部分常见食品。

表 2-3 食品中水分活度与微生物生长的关系

a_w 范围	在此范围内的最低 a_w 值一般能抑制的微生物	在此水分活度范围内的食品
1.00～0.95	假单胞菌属、埃希氏杆菌属、变形杆菌属、志贺杆菌属、芽孢杆菌属、克雷伯氏菌属、梭菌属、产气荚膜梭状杆菌、酵母	极易腐败变质的新鲜食品、水果、蔬菜、肉、鱼和乳制品罐头、熟香肠和面包;含约 40%(质量分数)的蔗糖或 7%NaCl 的食品
0.95～0.91	沙门氏杆菌属、副溶血红蛋白弧菌、肉毒梭状芽孢杆菌、沙雷氏杆菌、乳酸杆菌属、足球菌属、某些霉菌、酵母(红酵母、毕赤酵母属)	干酪、腌制肉(咸肉和火腿)、某些浓缩水果汁、含有 55%(质量分数)蔗糖或 12%NaCl 的食品
0.91～0.87	许多酵母(假丝酵母、球拟酵母、汉逊氏酵母属)、微球菌	发酵香肠、松蛋糕、干奶酪、人造奶油及含 65%(质量分数)蔗糖或 15% NaCl 的食品
0.87～0.80	大多数霉菌(产毒素的青霉菌)、金黄色葡萄球菌、大多数酵母菌属、德巴利氏酵母菌	大多数浓缩果汁、甜炼乳、巧克力糖浆、枫糖浆和水果糖浆、面粉、大米、含 15%～17%水分的豆类、水果糕点、火腿、软糖
0.80～0.75	大多数嗜盐杆菌、产真菌毒素的曲霉	果酱、马茉兰、橘子果酱、杏仁软糖、果汁软糖、某些棉花糖
0.75～0.65	嗜干性霉菌、双孢子酵母	含 10%水分的燕麦片、牛轧糖、勿奇糖、果冻、棉花糖、糖蜜、某些干果、坚果、粗蔗糖
0.65～0.60	嗜高渗酵母、少数霉菌(刺孢曲霉、二孢红曲霉)	含 15%～20%水分的干果、太妃糖和焦糖、蜂蜜
0.50	微生物不繁殖	含水分约 12%的面条和水分含量为 10%的调料
0.40	微生物不繁殖	含约 5%水分的全蛋粉
0.30	微生物不繁殖	含 3%～5%水分的曲奇饼、脆点心和面包屑

2.8.2 水分活度与食品化学反应的关系

图 2-15 表示在 25～45℃温度范围几类重要反应的转化速率与 a_w之间的关系,图 2-15(f)表示了典型的吸附等温线。曲线的形状和位置因样品的组成、物理状态和结构(毛细现象)以及环境中气体的组成(特别是氧)、温度、滞后现象等因素的影响而改变。

从图 2-15 可以看出，所有的化学反应在解吸过程中第一次出现最低转化速率是在等温线区间Ⅰ和区间Ⅱ的边界(a_w=0.20～0.30)，除氧化反应外，其他反应均随着 a_w的降低保持着最低的转化速率。在解吸过程中，最初出现最低转化速率的水分含量相当于“BET 单分子层”水分含量。

图 2-15(c)表示脂类氧化和 a_w之间的相互关系，当 a_w值非常小时，脂类的氧化和 a_w之间出现异常的相互关系，从等温线的左端开始加入水至 BET 水分子层，脂类氧化速率随着 a_w值的增加而降低，若进一步增加水，直至 a_w值达到接近区间Ⅱ和区间Ⅲ分界线时，氧化速率逐渐增大，一般脂类氧化的速率最低点在 a_w为 0.35 左右。因为十分干燥的样品中最初添加的那部分水(在区间Ⅰ)能与氢过氧化物结合并阻止其分解，从而阻碍氧化的继续进行。此外，这类水还能与催化氧化反应的金属离子发生水合，使催化效率明显降低。当水的增加量超过区间Ⅰ和区间Ⅱ的边界时，氧化速率增大，因为在等温线的这个区间内增加的水可促使氧的溶解度增加和大分子溶胀，并暴露更多的催化位点。当 a_w大于 0.80 时，氧化速率缓慢，这是由于水的增加对体系中的催化剂产生稀释效应。

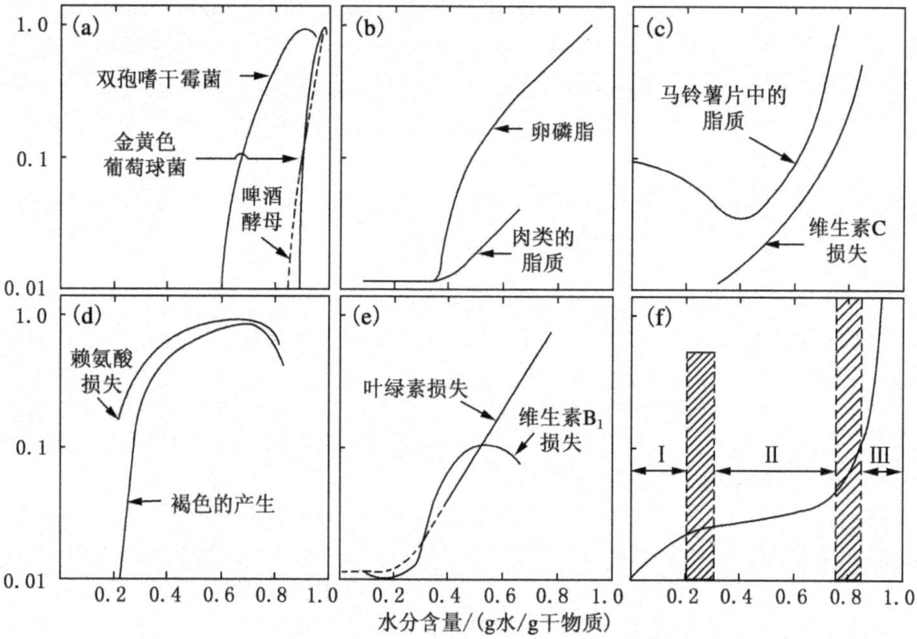

图 2-15 水分活度、食品稳定性与吸附等温线之间的关系

(a) 微生物生长与 a_w 的关系 (b) 酶水解与 a_w 的关系 (c) 氧化反应(非酶)与 a_w 的关系 (d) 美拉德反应与 a_w 的关系 (e) 其他反应速率与 a_w 的关系 (f) 水分含量与 a_w 的关系 除(f)外，其他图的纵坐标均表示相对速率

从图 2-15(d)和(e)可见，在中等至高 a_w值范围时，美拉德褐变反应和维生素 B_1降解反应显示出最大转化速率。但在有些情况下，在中等至高含水量食品中，随着水分活度增大，转化速率反而降低。例如，在水是生成物的反应中，增加水的含量可阻止反应的进行，其结果抑制了水的产生，所以转化速率降低。另一种情况是，当样品中水的含量对溶质的溶解度、大分子表面的可及性和反应物的迁移率等不再是限速因素时，进一步增加水的含量，将会对提高转化速率的组分产生稀释效应，其结果是转化速率降低。

图 2-15 表示中等含水量(a_w=0.7～0.9)食品中的化学转化速率,对食品的稳定性显然是不利的。

图 2-15 表示食品中水分在解吸过程中,水分活度值相当于等温线区间Ⅰ和区间Ⅱ的边界位置(a_w为 0.2～0.3)时,许多化学反应速率最小。进一步降低水分活度,除氧化反应外,其余所有的反应仍然保持最小的转化速率,人们把相当于解吸过程中出现的最小转化速率时食品所含的这部分水称为 BET 单分子层水。用食品的 BET 单分子层水的值可以准确预测干燥产品最大稳定性时的含水量。利用吸附等温线数据按布伦奥尔(Brunauer)等提出的方程可以计算出食品的单分子层水值:

$$\frac{a_w}{m(1-a_w)}=\frac{1}{m_1C}+\frac{C-1}{m_1C}a_w \quad (2-9)$$

式中:a_w——水分活度;

m——水分含量,g 水/g 干物质;

m_1——单分子层值;

C——常数。

根据此方程,显然以 $a_w/[m(1-a_w)]$对 a_w作图应得到一条直线,称为 BET 直线。图 2-16 表示马铃薯淀粉的 BET 图。在 a_w值大于 0.35 时,线性关系开始出现偏差。

单分子层值计算公式如下:

$$\text{单分子层值}(m_1)=\frac{1}{(Y\text{ 截距})+\text{斜率}}$$

根据图 2-16 查得,Y 截距为 0.6,斜率等于 10.7,于是可求出

$$m_1=\frac{1}{0.6+10.7}=0.088\text{ g 水/g 干物质}$$

在这个例子中,单分子层值对应的 a_w为 0.2。

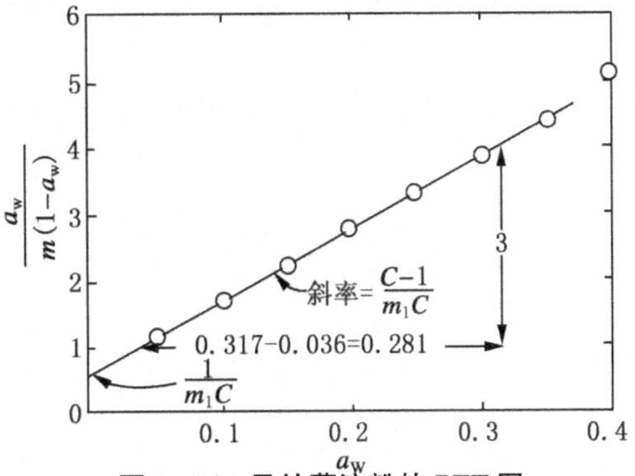

图 2-16 马铃薯淀粉的 BET 图

(回吸温度为 20℃)

水分活度 a_w值除影响化学反应和微生物生长外,还影响干燥和半干燥食品的质地。例如,欲保持饼干、膨化玉米花和油炸马铃薯薯片的脆性,防止砂糖、奶粉和速溶咖啡的结块,以及硬糖果、蜜饯等黏结,均应保持适当的低的 a_w值。

2.8.3 低于结冰温度时冰对食品稳定性的影响

冷冻是保藏大多数食品最理想的方法,其作用主要在于低温,而不是因为形成冰。具有细胞结构的食品和食品凝胶中的水结冰时,将出现两个非常不利的后果,即水结冰后,食品中非水组分的浓度将比冷冻前变大;同时水结冰后其体积比结冰前增加 9%。

水溶液、细胞悬浮液或生物组织在冻结过程中,溶液中的水可以转变为高纯度的冰晶,因此非水组分几乎全部都浓集到未结冰的水中,其最终效果类似于食品的普通脱水。食品冻结的浓缩程度主要受最终温度的影响,而食品中溶质的低共熔温度以及搅拌和冷却速率对其影响较小。

食品冻结出现的浓缩效应，使非结冰相的 pH、可滴定酸度、离子强度、黏度、冰点、表面和界面张力、氧化-还原电位等都将发生明显的变化。此外，还将形成低共熔混合物，溶液中有氧和二氧化碳逸出，水的结构和水与溶质之间的相互作用也剧烈地改变，同时大分子更紧密地聚集在一起，使之相互作用的可能性增大。上述所发生的这些变化常常有利于提高转化速率。由此可见，冷冻对转化速率有两个相反的影响，即降低温度使反应变得非常缓慢，而冷冻所产生的浓缩效应有时却又导致转化速率的增大。

食品冷冻可加速非酶催化转化速率，如氧化反应可使蛋白质溶解度降低，对食品质量产生特别重要的影响。对蛋白质在低于结冰温度的各种不同温度下，经过 30 天时间形成的不溶性蛋白质的量研究数据可以说明：① 一般是在刚好低于样品起始冰点几度时冷冻速率明显加快；② 正常冷冻储藏温度(−18℃)时的转化速率要比 0℃时快得多。

在冷冻过程中细胞体系的某些酶催化转化速率也同样加快，一般认为是冷冻诱导酶底物和(或)酶激活剂发生移动所引起的，而不是因溶质浓缩产生的效应。

总之，水不仅是食品中最丰富的组分，而且对食品固有性质有很大的影响。水也是引起食品易腐败的原因，通过水能控制许多化学和生物化学反应的速率，有助于防止食品冷冻时产生的副作用。水与非水食品组分以非常复杂的方式联系在一起，一旦由于某些原因例如干燥或冷冻，破坏了它们之间的关系，将不可能完全恢复到原来的状态。

思考与练习

1. 水的理化性质与其类似物比较有何显著差异？试解释之。
2. 为什么说不能用冰点以下食品水分活度预测冰点以上水分活度的性质？
3. 当水分含量一定时，可以选择哪些物质作为果蔬脯水分活度降低剂？
4. 将食品中的非水物质可以分作几种类型？水与非水物质之间如何相互作用？
5. 水分活度与水分含量存在着何种关系？在判断食品稳定性时哪个更准确？
6. 不同食品的水分吸附等温线是不同的，其曲线形状受到哪些因素的影响？

3 碳水化合物

碳水化合物是自然界中最丰富的有机物，它主要存在于植物中，占植物干重的50%～80%。动物体内它的含量虽然不多，但它却是动物取得生命运动所需能量的主要来源。

碳水化合物这一名词来源于此类物质由C、H、O三种元素组成，而且它们的经验式都符合通式 $C_mH_{2n}O_n$ 即 $C_m(H_2O)_n$，其中氢和氧的比例与水分子中氢和氧的比例相同，就好像是碳同水的化合物，因而得名。后来发现一些不属于碳水化合物的分子也有同样的元素组成比例，如乙酸 $C_2H_4O_2$，而一些碳水化合物如脱氧核糖($C_5H_{10}O_4$)则不符合这一比例。但由于沿用习惯，碳水化合物一词仍被广泛使用。

碳水化合物可分为单糖、低聚糖和多糖三类。

单糖：不能被水解的简单碳水化合物，如葡萄糖、果糖、甘露糖、半乳糖。

低聚糖：单糖聚合度≤10的碳水化合物(以双糖最为多见)，如蔗糖、麦芽糖、乳糖、纤维二糖。

多糖：单糖聚合度>10的碳水化合物，淀粉、纤维素、果胶、糖原、半纤维素及糊精等都属于多糖。

碳水化合物与食品的加工、烹调和保藏有密切的关系，例如，食品的褐变就与还原糖有关，食品的黏性及弹性也与淀粉和果胶等多糖分不开。至于蔗糖、果糖等作为甜味剂，更是人类饮食中不可缺少的物质。

3.1 单糖

糖类化合物中不能被水解为更小单位的糖称为单糖。从分子结构看，单糖为多羟基醛类或多羟基酮类化合物，它们具有开链式和环式结构(五碳以上的糖)。根据单糖分子中碳原子的数目可将单糖分为丙糖(trioses，三碳糖)，丁糖(tetroses，四碳糖)，戊糖(pentoses，五碳糖)，已糖(hexoses，六碳糖)等；根据其分子中所含羰基官能团的结构又分为醛糖(aldoses)和酮糖(ketoses)。常见的单糖是葡萄糖(glucose)和果糖(fructose)。

3.1.1 单糖的结构和构象

碳水化合物分子中含有手性碳原子，即不对称碳原子，它连接4个不同的原子或基团，在空间形成两种不同的构型，这两种异构体呈镜面对称，如图3-1。

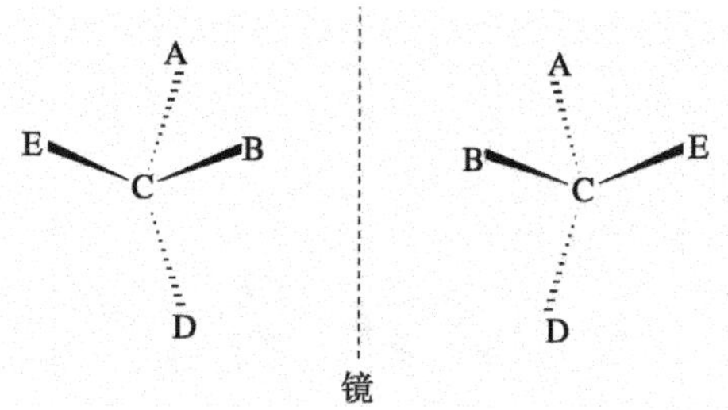

图 3-1　手性碳原子 C,A、B、D、E 分别代表 4 个不同的原子或基团

单糖是甘油醛的衍生物,从 D-甘油醛可以得到 8 种 D-己糖,如图 3-2 所示。

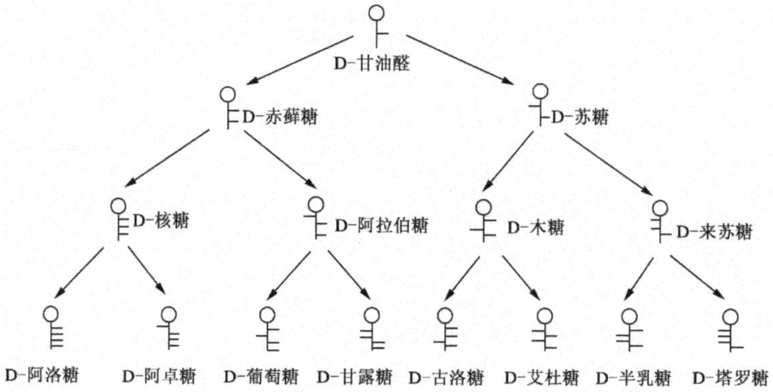

图 3-2　由 D-甘油醛产生的 8 种 D-己糖的示意图

单糖可以形成缩醛和缩酮,糖分子中的羰基可以与糖分子本身的一个醇羟基反应,形成半缩醛或半缩酮,分子内的半缩醛或半缩酮,主要形成五元呋喃糖环或更稳定的六元吡喃糖环。例如,葡萄糖分子的 C-5 羟基和 C-1 醛基反应(图 3-3),C-5 旋转 180°使氧原子位于环的主平面,而 C-6 处于平面的上方,当葡萄糖分子的 C-1 成为半缩醛结构中的成分时,它连接 4 个不同的基团,因而 C-1 是手性碳原子,可形成立体构型不同的 α 和 β 两种异头物。

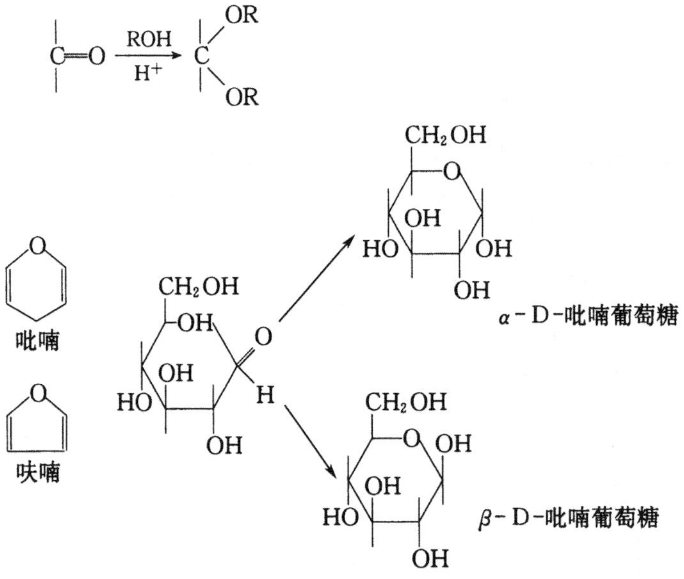

图 3-3　D-葡萄糖的环形和异头结构

天然葡萄糖属于D异构系列，它还有一个镜像分子L异构系列。α-D-型中异头碳原子C-1连接的半缩醛羟基与C-6在环平面的异侧，而β-D-型结构中，C-1连接的半缩醛羟基与C-6处在环平面的同一侧。除C-1外的任何一种手性构型有差别的糖都称为差向异构体，例如，D-甘露糖是D-葡萄糖的C-2差向异构体，D-半乳糖为D-葡萄糖的C-4差向异构体。因此，一个6碳醛糖有16种异构体，其中8种为D异构系列，另8种是它们的差向异构体L异构系列。在自然界中L-糖系列比D异构系列少很多，但具有重要的生化作用。L-阿拉伯糖和L-半乳糖是食品中存在的两种L-糖，均为一些多糖的糖基单元。三种糖的哈沃斯(Haworth)平面环状结构式(～OH表示半缩醛羟基)如下：

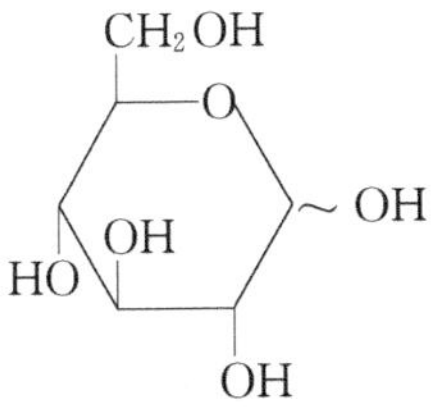

D-葡萄糖

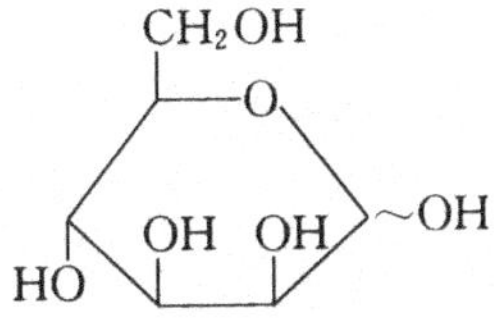

D-甘露糖

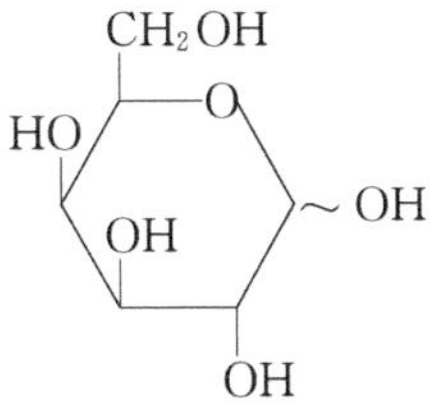

D-半乳糖

天然存在的糖环结构实际上并不像哈沃斯(Haworth)表示的投影式平面图，吡喃糖有如下所示的椅式和船式两种不同构象。

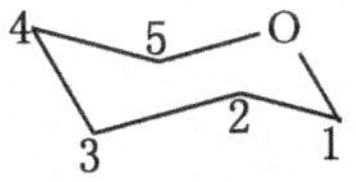

(椅式)

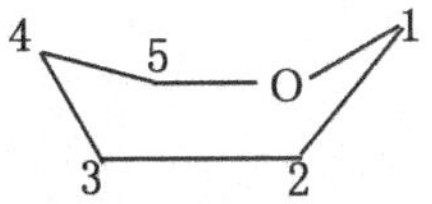

(船式)

很多己糖以相当刚性的且在热力学上稳定的椅式构象存在，只有少数是韧性的船式构象，还有其他几种构象，例如半椅式和邻位交叉式构象，但都因能量较高而不常见。

一般规律是，稳定的环构象其全部或大多数庞大基团相对环轴为平伏键，而环的最小取代成分(氢)为竖直键。

呋喃糖比吡喃糖稳定性低，可迅速出现所谓信封式和扭曲式的平衡混合物。呋喃糖和吡喃糖环的构象已经用核磁共振波谱法(NMR)测定，NMR提供了很多关于单糖在溶液中的构象知识，其结构模型有助于观察和了解它的三维空间结构。

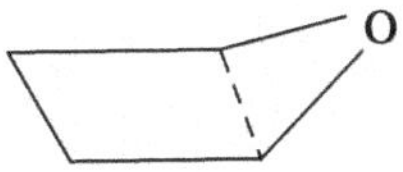

信封式

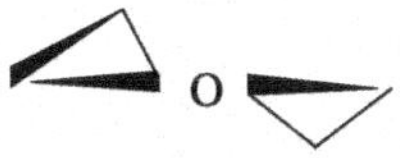

扭曲式

3.1.2 单糖的物理性质

1) 甜度

甜味是糖的重要物理性质，甜味的强弱一般采用感官比较法来衡量，所得出的值称为甜度，一般以10%或15%的蔗糖水溶液在20℃时的甜度为1.00，其他糖类在相同条件下与之相比得出该糖的甜度。由于这种甜度是相对的，所以又称为比甜度。例如，果糖的比甜度为1.50，葡萄糖的比甜度为0.70。几种单糖的比甜度见表3-1。

表 3-1 单糖的比甜度

糖类名称	比甜度	糖类名称	比甜度
蔗糖	1.00	α-D-半乳糖	0.27
α-D-葡萄糖	0.70	α-D-甘露糖	0.59
β-D-呋喃果糖	1.50	α-D-木糖	0.50

甜味是由物质分子的结构所决定的，糖甜度的高低与糖的分子结构、相对分子质量、分子存在状态及外界因素有关。相对分子质量越大，溶解度越小，则甜度也小。单糖都有甜味，绝大多数二糖和一些三糖也有甜味，多糖则无甜味，结构类似的糖，相对分子质量越大，甜度越低。糖分子在溶液中的构型也影响糖的甜度，D-葡萄糖的 α 型比 β 型甜度高，β 型的甜度是 α 型的 2/3 左右。结晶葡萄糖是 α 型，溶于水后一部分转化为 β 型，所以刚溶解的葡萄糖溶液最甜。果糖与之相反，其 α 型的甜度只有 β 型果糖甜度的 1/3 左右，结晶的果糖是 β 型，溶解后，一部分变为 α 型，达到平衡时甜度下降。

优质糖应具备甜味纯正，甜感反应快，消失得也迅速的特点。例如与蔗糖和葡萄糖相比，果糖的甜味感觉反应快，达到最高甜味的速度快，持续时间短。

2）旋光性

旋光性是一种物质使偏振光的振动平面发生旋转的特性，使偏振光平面向右旋转的称右旋糖，表示符号为 D-或(+)，使偏振光平面向左旋转的称左旋糖，表示符号为 L-或(−)。除丙酮糖外，单糖分子中都含有不对称碳原子，因此其溶液都具有旋光性。旋光度是在一定条件下一定浓度的糖液使平面偏振光旋转的角度，比旋光度是指 1 mL 含有 1 g 糖的溶液在其透光层为 0.1 m 时使偏振光旋转的角度，通常用$[\alpha]_{\lambda}^{t}$表示。t 为测定时的温度，λ 为测定时的波长，采用钠光时用 D 表示。糖的旋光度随着测试浓度、溶液厚度和测试时的温度等因素的变化而变化，而糖的比旋光度对一定的物质则是定值。各种糖的比旋光度见表3-2。

表 3-2 一些单糖、低聚糖和多糖在 20℃（钠光）时的比旋光度值$[\alpha]_{D}^{20}$

单糖	比旋光度	低聚糖和多糖	比旋光度
D-果糖	−92.4°	麦芽糖	+130.4°
D-葡萄糖	+52.2°	蔗糖	+66.5°
D-半乳糖	+80.2°	乳糖	+55.4°
D-木糖	+18.8°	糊精	+195.0°
D-甘露糖	+14.2°	淀粉	>196.0°
L-阿拉伯糖	+104.5°	转化糖	−19.8°
D-阿拉伯糖	−105.0°		

糖溶液具有变旋现象。糖溶液在放置一定时间后，其比旋光度发生改变。这是因为糖分子在溶液中发生了构型的部分转化，从 α-型转化成 β-型，或从 β-型转化成 α-型，当达到转化平衡时，α-型和 β-型的比例达到一定值，此时旋光度也稳定在一恒定值。例如，α-葡萄糖和 β-D-葡萄糖的比旋光度分别为+112.2°和+18.7°，α-果糖和 β-D-果糖的比旋光度分别为−21°和−133.5°，因此测定时需要使糖液静置一定时间以使旋光度稳定在一恒定值。

3）溶解性

单糖分子中含有羰基和多个羟基，易溶于水，不溶于乙醚和丙酮等有机溶剂。糖的溶解度大小与分子结构和温度等有关。糖分子结构中极性大的基团越多或极性越强，其溶解度就越高，果糖中酮羰基的极性大于葡萄糖中醛羰基的极性，因而果糖在水中的溶解度较高。在水溶液中，一般随温度升高，糖的溶解度增大，在同一温度下，果糖的溶解度最高，为蔗糖的1.88～3.1倍。果糖和葡萄糖在不同温度下的溶解度见表3-3。

表3-3 果糖和葡萄糖在不同温度下的溶解度

糖类	20℃		30℃		40℃		50℃	
	浓度/%	溶解度/(g/100 g水)	浓度/%	溶解度/(g/100 g水)	浓度/%	溶解度/(g/100 g水)	浓度/%	溶解度/(g/100 g水)
果糖	78.94	374.78	81.54	441.70	84.34	538.63	86.94	665.58
葡萄糖	46.71	87.67	54.64	120.46	61.89	162.38	70.91	243.76

对于某种糖溶液，其渗透压随着浓度增高而增大；在相同浓度下，溶质的相对分子质量越小，分子数目就越多，其渗透压力越大。渗透压力越高的糖对食品的保存效果越好。糖液的渗透压对于抑制不同微生物的生长是有差别的。50%的蔗糖溶液能抑制一般酵母的生长，但抑制细菌和霉菌则分别需要65%和80%的浓度。有些酵母菌和霉菌能耐高浓度糖液，如蜂蜜的败坏就是由于耐高渗透压酵母的作用。

4）吸湿性与保湿性

吸湿性是指在较高空气湿度的条件下吸收水分的性质。保湿性是指在较低空气湿度条件下保持样品中水分的性质。糖的这种性质对于保持食品弹柔性和储存稳定性等有着重要的作用。果糖的吸湿性较强，葡萄糖次之，含有果糖和葡萄糖的转化糖浆、果葡糖浆和蜂蜜都具有较高的吸湿性。利用糖的吸湿和保湿性，可使面包、蛋糕、软糖等食品保持柔软。

5）结晶性

单糖中葡萄糖易结晶，双糖中蔗糖易结晶；葡萄糖的晶体较细小，果糖和转化糖则难结晶；淀粉糖浆是葡萄糖、低聚糖和糊精的混合物，因此淀粉糖浆不会结晶，并具有防止蔗糖结晶的功能。在生产糖果时，一般可根据糖结晶性质的差别，合理选用糖的种类。

6）黏度

糖溶液都具有一定的黏度，糖的黏度与糖相对分子质量的大小成正比。葡萄糖和果糖溶液的黏度较蔗糖溶液的黏度低，淀粉糖浆的黏度较高，其黏度随淀粉转化程度增高而降低。葡萄糖溶液的黏度随着温度升高而增大，而蔗糖溶液的黏度则随着温度升高而减小。在罐头、果汁饮料和食用糖浆中，常用淀粉糖浆或果葡糖浆来增加黏稠感，提高食品的稠度和适口性。

7）抗氧化性

单糖溶液具有抗氧化性，这是由于氧气在糖溶液中的溶解度较在水溶液中低得多的缘故，溶氧量的降低有利于保持水果的风味、颜色和食品中的维生素C。

8）冰点降低作用

单糖的水溶液与其他溶液一样，具有使冰点降低的特点。糖溶液冰点降低的程度取决于溶液的浓度和糖的相对分子质量的大小。溶液浓度越高,相对分子质量越小,其冰点降低得就越多。葡萄糖冰点降低的程度大于蔗糖,而淀粉糖浆冰点降低的程度则取决于其转化程度,转化程度增高,冰点降低得多。在冰淇淋的生产中,一般适合用冰点降低小的糖类,如低转化糖浆、混合使用淀粉糖浆和蔗糖都能使冰点降低得小,同时使用低转化度的淀粉糖浆还有促使冰晶颗粒细腻、黏稠度提高、甜味温和、可口等效果。

3.1.3 单糖的化学性质

单糖分子中具有羰基和多个羟基,因此单糖具有羰基和羟基的化学性质。

1)与碱作用

单糖分子中的羰基在稀碱溶液中不稳定,随温度升高,易发生异构化反应、分解反应和加成聚合反应等。影响反应程度的因素是:产物的比例、糖的种类和结构、碱的种类和浓度、作用的温度和时间等。如在稀碱作用下,D-葡萄糖醛基的 α-碳原子上的氢原子被碱夺去,通过形成烯醇式中间体转化得到 D-葡萄糖、D-甘露糖和 D-果糖三种差向异构体的平衡混合物,如图 3-4。果葡糖浆生产中酶解之前即利用此反应处理葡萄糖溶液。

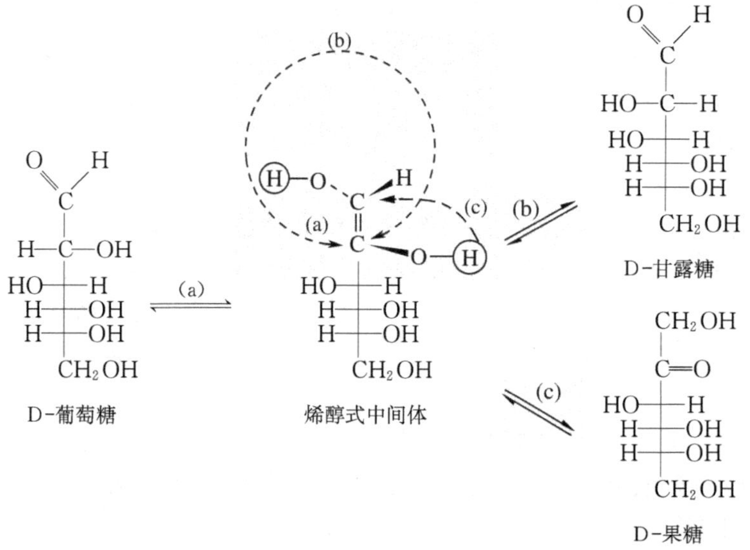

图 3-4 D-葡萄糖的烯醇化和异构化作用

(a) 还原反应 (b) 顺式异构化 (c) 反式异构化

糖在浓碱作用下,分解产物较复杂,除分解生成较小分子的糖、酸、醇和醛等化合物外,随碱浓度的增加,或加热时间的延长,糖也可能发生分子内氧化与重排作用生成羧酸。

2)与酸作用

不同的酸种类、浓度和温度对糖的作用不同。很弱的酸能促进 α-异构体和 β-异构体的转化。室温时,稀酸不影响糖的稳定性,但在较高温度下,酸与糖可发生复合反应生成低聚糖;糖与强酸共热脱水生成糠醛,如戊糖生成糠醛,己糖生成 5-羟甲基糠醛,己酮糖较己醛糖更易发生此反应,糠醛与 5-羟甲基糠醛能与酚类作用生成有色的化合物,利用这个性质可以鉴定糖类。如间二苯酚加盐酸遇酮糖呈红色,遇醛糖则呈较浅的颜色,这种反应称为西利万诺夫试验,可用于鉴别食品中的酮糖和醛糖。

3）氧化反应

单糖含有游离的羰基，其中的酮羰基在稀碱溶液中能转化为醛基，因此单糖具有醛的通性，既可被氧化成酸，又可被还原成醇。单糖在弱氧化剂（如多伦试剂或费林试剂）中，可被氧化成糖酸，反应式如图 3-5。

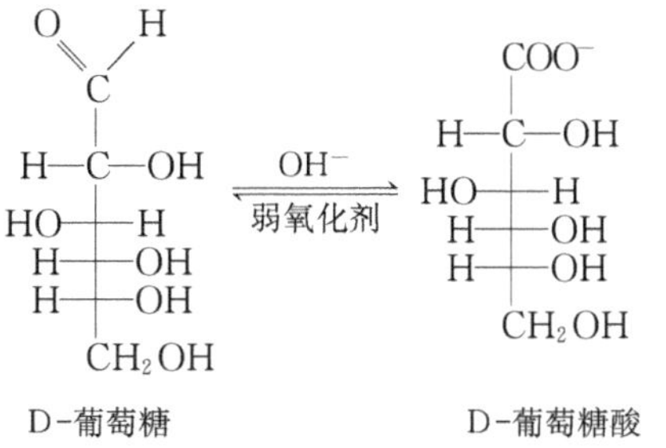

图 3-5　葡萄糖在弱氧化剂存在下的氧化反应

在溴水中醛糖的醛基被氧化成糖酸，作为多羟基酸，糖酸加热可发生分子内脱水而生成 γ-内酯和 δ-内酯。酮糖与溴水不起作用，可利用该反应区别食品中酮糖和醛糖。

D-葡萄糖在葡萄糖氧化酶的作用下，氧化成 D-葡萄糖酸，氧化过程见图 3-6。利用此反应可以测定食品和其他生物材料中 D-葡萄糖含量，也可以测定血液中葡萄糖含量。该反应也用于制造商品 D-葡萄糖酸及其内酯产品。果汁和蜂蜜中含有 D-葡萄糖酸。

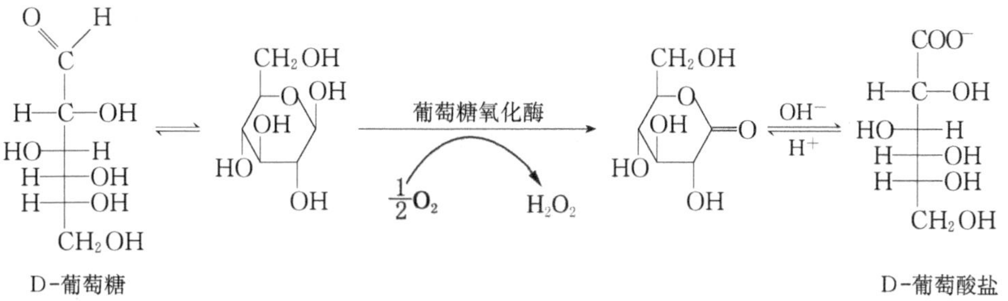

图 3-6　D-葡萄糖在葡萄糖氧化酶催化下的氧化反应

在室温条件下，D-葡萄糖-γ-内酯在水中完全水解需要 3 h，随着水解不断进行，pH 逐渐下降。D-葡萄糖-γ-内酯是一种温和的酸化剂，主要适用于肉制品、乳制品和焙烤食品中，特别是在焙烤食品中可以作为化学膨松剂的组分，在内酯豆腐的生产中可作为凝固剂。

4）还原反应

分子中含有自由醛基或半缩醛结构的糖都具有还原性，称为还原糖。单糖分子中的游离酮羰基在溶液中易重排为醛基结构，故单糖又都是还原糖。还原糖是指糖具有还原性，能被氧化剂氧化。糖分子结构中的羰基又具有氧化性，它们本身又能够被还原，从而发生还原反应。D-葡萄糖的羰基在一定压力下与催化剂镍作用，加氢还原成羟基，得到 D-葡萄糖醇（又称山梨糖醇），如图 3-7。山梨糖醇是生产抗坏血酸的原料，具有保湿性，同时又是一种功能性甜味剂，甜度仅是蔗糖的一半。果糖还原后可得到葡萄糖醇与甘露糖醇的混合物，见图 3-8。这是因为果糖还原时，其第 2 碳原子上的—H 和—OH 有两种可能的排列方式。甘露糖醇的甜度是蔗糖的 65%，被广泛应用于糖果中。木糖经氢化后得到木糖醇，如图 3-9。木糖醇的甜度是蔗糖的 70%，可防止龋齿的发生，在糖果中常替代蔗糖使用。

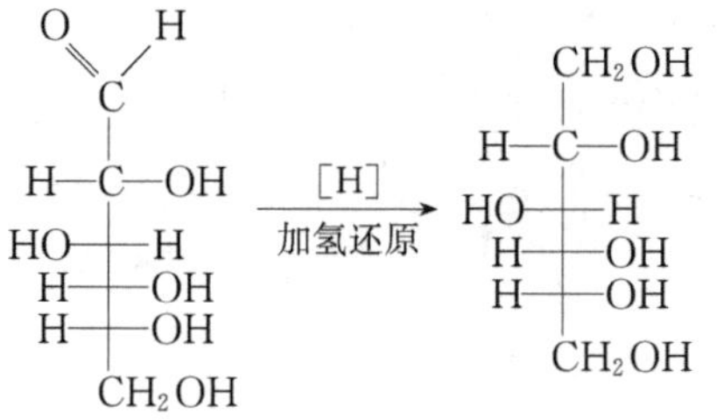

D-葡萄糖　　D-葡萄糖醇

图 3-7　D-葡萄糖还原

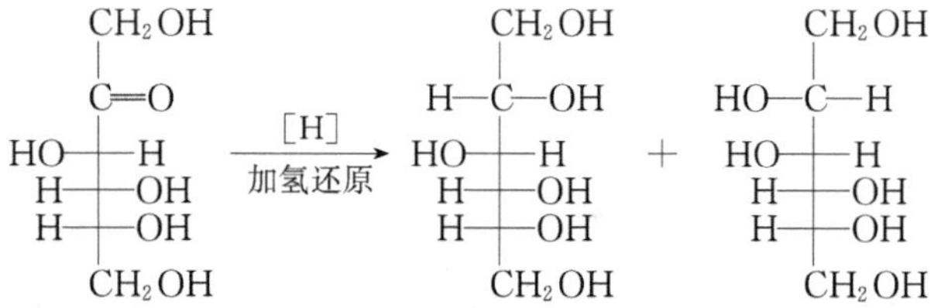

D-果糖　　D-葡萄糖醇　　D-甘露糖醇

图 3-8　D-果糖还原

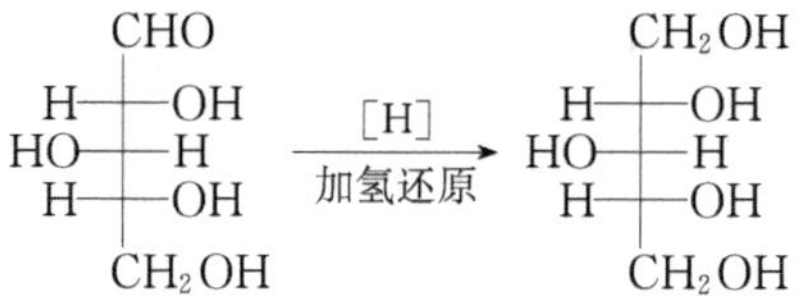

木糖　　木糖醇

图 3-9　木糖还原

5）酯化与醚化

糖中的羟基与有机酸或无机酸相互作用可以生成酯。天然多糖中存在醋酸酯和其他羧酸酯，例如马铃薯淀粉中含有少量的磷酸酯基，卡拉胶中含有硫酸酯基。人工合成的蔗糖脂肪酸酯是一种常用的食品乳化剂。

糖中羟基除了形成酯外，还能形成醚。多糖经醚化后，可以改良其功能特性，提高其使用价值。例如，纤维素的羟丙基醚、纤维素羧甲基醚、淀粉羟丙基醚、淀粉羧甲基醚等，都可以在食品中使用。

还有一种特殊的醚是内醚，如琼脂胶、κ-卡拉胶及 L-卡拉胶中的 D-半乳糖基 C-3 与 C-6 间形成内醚，见图 3-10。这种内醚被称为 3,6-脱水环，它是经分子内脱去水分子形成的。

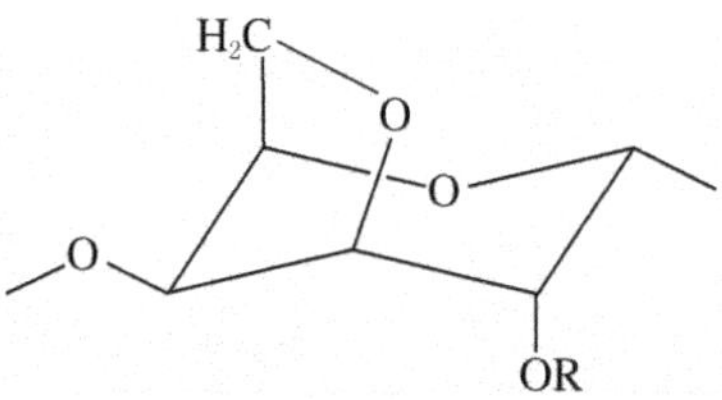

图 3-10　3,6-脱水-α-D-半乳糖吡喃基

3.1.4 食品中的主要单糖

1）葡萄糖

在室温下，从水溶液结晶析出的葡萄糖，是含有一分子结晶水的单斜晶系晶体，构型为α-D-葡萄糖，在50℃以上则失水变为无水葡萄糖。在98℃以上的热水溶液或酒精溶液中析出的葡萄糖，是无水的斜方晶体，构型为β-D-葡萄糖。

葡萄糖的甜度为蔗糖甜度的56%～75%，其甜味有凉爽之感，适宜食用。葡萄糖加热后逐渐变为褐色，温度在170℃以上时则生成焦糖。葡萄糖液能被多种微生物发酵，是发酵工业的重要原料。工业上是用淀粉为原料，经酸法或酶法水解来生产葡萄糖的。

2）果糖

果糖通常与葡萄糖共存于果实及蜂蜜中。果糖易溶于水，在常温下难溶于酒精。果糖吸湿性强，因而从水溶液中结晶较困难，但果糖从酒精中析出的是无水结晶，熔点为102～104℃，果糖为左旋糖。在所有的糖类中，果糖的甜度最高，尤其是β-果糖的甜度最大，其甜度随温度而变，为蔗糖的1.03（热时）～1.73（冷时）倍。果糖易于消化，适于幼儿和糖尿病患者食用，它不需要胰岛素的作用。在常温常压下使用异构化酶可使葡萄糖转化为果糖。

3.1.5 食品中单糖的衍生物

1）氨基糖

单糖中一个或多个羟基被氨基取代而生成的化合物称为氨基糖。分子中氨基的位置由名称面前的数字或表达位次的符号来表示。重要的氨基糖有D-葡萄糖胺（2-氨基-2-脱氧-D-葡萄糖）和D-半乳糖胺（2-氨基-2-脱氧-D-半乳糖）两种。这两种氨基糖都存在于黏多糖、血型物质、软骨和糖蛋白中。在天然化合物中，氨基糖多数以N-乙酰基的衍生物存在，而很少以N-磺酰基的衍生物存在（图3-11）。

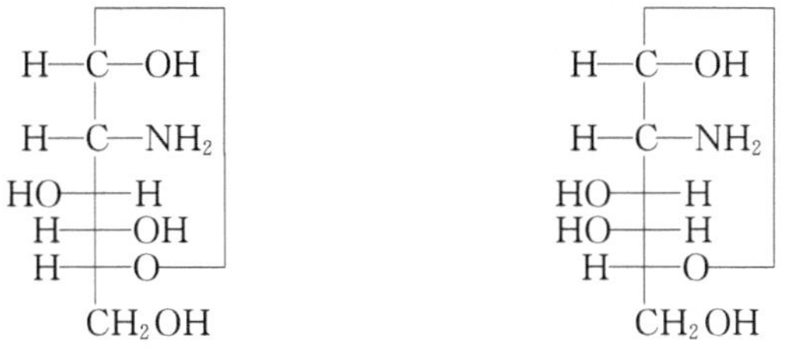

α-D-葡萄糖胺（壳糖胺）　　α-D-半乳糖胺（软骨糖胺）

图3-11 两种氨基糖的结构

2）糖苷

单糖的羰基与同一糖分子上的醇羟基形成半缩醛或半缩酮，原来的羰基则转化为一个新的羟基，这个羟基特别活泼，称为半缩醛羟基。

在酸性条件下，半缩醛羟基可以与其他醇分子的羟基或酚羟基结合，分子间脱去一分子水生成糖苷（类似醚）。糖苷一般以呋喃糖苷或吡喃糖苷的形式存在。结合到分子上的物质称为糖苷配基，如果这个结合的物质本身也是糖，生成物不再为糖苷，而称为二糖。多个糖分子之间相互以糖苷键相连，就可以得到低聚糖和多糖。反应中为了得到较高产量的糖苷，在反应过程中必须除去生成的水分，如图 3-12。

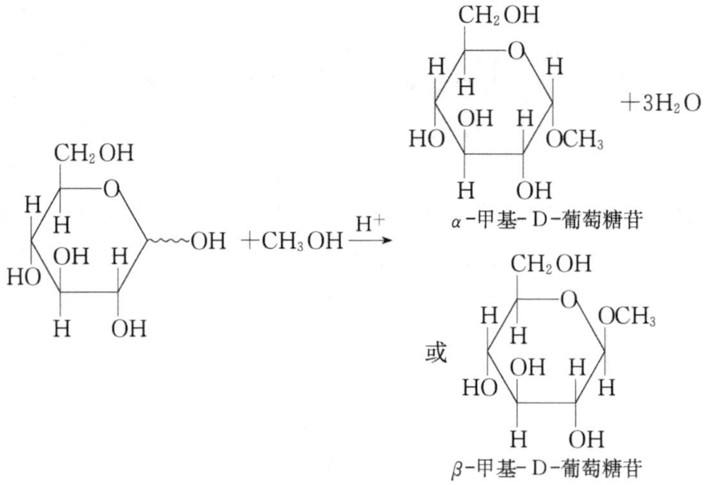

图 3-12　α-甲基-D-葡萄糖苷和 β-甲基-D-葡萄糖苷

根据组成糖苷的糖的种类的不同，糖苷可分为葡萄糖苷、果糖苷、阿拉伯糖苷、半乳糖苷、芸香糖苷等。根据不同的糖苷配基，可将天然糖苷分为醇糖苷、酚糖苷、*N*-糖苷、芥子油糖苷和生氰糖苷等。

糖苷是有机醚类化合物，没有还原性，通常易溶于水。能被无机酸和糖苷酶水解，但在碱性中较为稳定。普通糖苷的水解产物是糖和糖苷配基，但苦杏仁糖苷、蜀黍苷、巢菜苷和野黑樱皮苷等属于生氰糖苷，其完全水解后，除产生糖之外，还会产生氢氰酸，在自然界中这些糖苷存在于杏仁、木薯、高粱、竹和菜豆中。为防止氰化物中毒，最好不食用或少食用这类氰化物含量高的食品，也可在收获后将这些食品经过一段时期储存，并经过蒸煮后充分洗涤以除去氰化物，然后才可食用。

许多作为香料和兴奋剂的植物中，也含有相当数量的糖苷。在加工过程中，它们会分解成特定的需要组分，如绿茶中的香草醛-β-D-葡萄糖苷是一种无臭的糖苷，当用 β-葡萄糖苷酶进行水解时，香草醛才游离出来，如图 3-13。

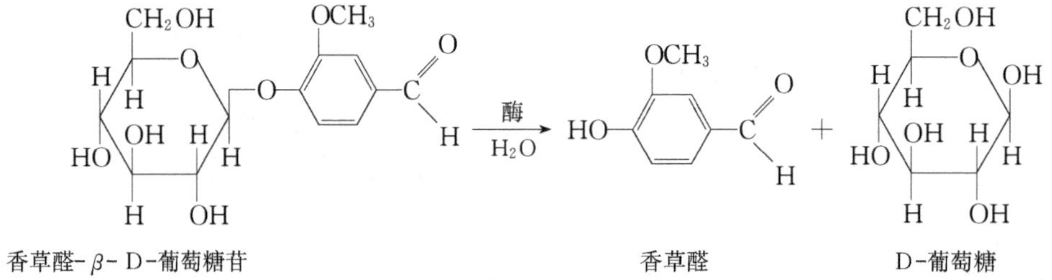

图 3-13　香草醛-β-D-葡萄糖苷的水解

3）糖醇

多羟基醛或多羟基酮（糖）经过催化还原后得到糖醇，糖醇是多元醇，实际应用中主要有 D-山梨糖醇、D-甘露糖醇、半乳糖醇、阿拉伯糖醇和木糖醇等。它与糖结构的不同是分子中不含羰基，且无还原性，见图 3-14。

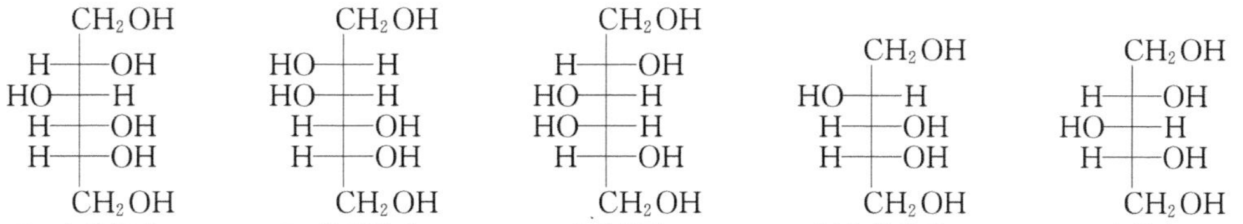

D-山梨糖醇　D-甘露糖醇　半乳糖醇　阿拉伯糖醇　木糖醇

图 3-14　糖醇的结构

低温时，山梨糖醇对稀酸、稀碱和空气中的氧是稳定的，它不能还原费林试剂，也不被酵母发酵和细菌分解，能长期保存。在酸催化剂存在下加热，会脱去水分子同时生成内醚，见图 3-15。山梨糖醇易溶于水，微溶于甲醇、乙醇和乙酸，其水溶液可以与甲醇、乙醇和甘油任意混溶。除了在糖果业中用于保鲜和保软外，山梨糖醇还适合糖尿病人食用，在人体代谢中，它首先被酶催化氧化，转化为果糖，果糖对糖尿病人的影响小。

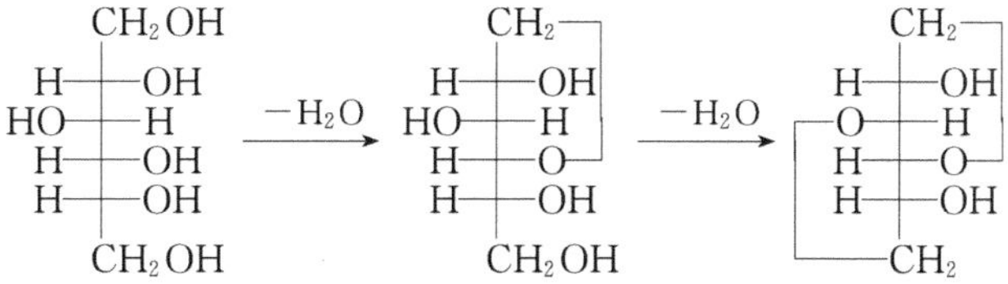

图 3-15　山梨糖醇的分子内脱水

由木糖还原而成的木糖醇，与蔗糖具有相同的甜度，是一种非旋光性的戊糖醇。用作糖尿病人的食糖代用品，其作用类似于山梨糖醇，能为人体充分利用而无生理危害。

4）脱氧糖

单糖分子中的一个或多个羟基被氢原子取代生成的化合物称为脱氧糖。自然界中存在最多的是 α-脱氧-D-核糖（脱氧核糖），它是脱氧核糖核酸的糖组分，除此之外还有 6-脱氧-L-甘露糖（L-鼠李糖）和 6-脱氧-L-半乳糖（L-岩藻糖），见图 3-16。

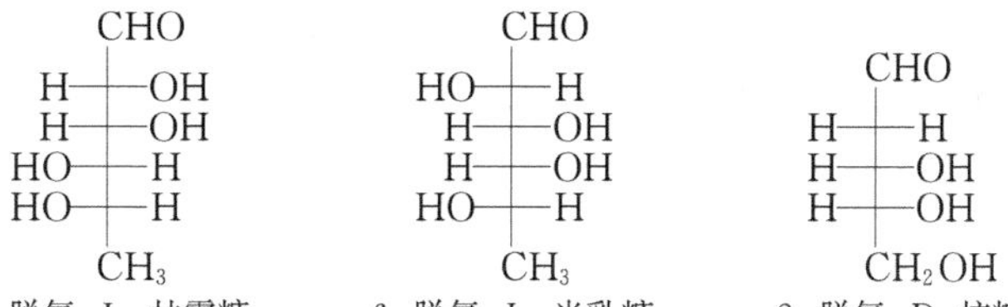

6-脱氧-L-甘露糖　6-脱氧-L-半乳糖　2-脱氧-D-核糖

图 3-16　脱氧糖的结构

3.2　低聚糖

低聚糖又称寡聚糖，是由 2～10 个单糖通过糖苷键连接形成的直链或支链的低聚合糖类。它可溶于水，普遍存在于自然界中。按水解后所生成单糖分子的数目，低聚糖分为二糖、三糖、四糖、五糖等，其中以二糖最为常见，如蔗糖、麦芽糖等。根据组成低聚糖的单糖分子的相同与否分为均低聚糖和杂低聚糖，前者是以同种单糖聚合而成，如麦芽糖、环糊精等，后者由不同单糖聚合而成，如蔗糖、棉子糖。根据还原性质的不同，低聚糖又可分为还原性低聚糖与非还原性低聚糖。低聚糖种类繁多，有关资料表明，具有一定化学结构的低聚糖，包括各种结晶衍生物，已有588种，其中二糖314种，三糖157种，四糖52种，五糖23种，六糖23种，七糖12种，八糖7种等。

3.2.1 结构和构象

低聚糖的糖残基单位几乎全部都是由己糖构成的，除果糖为呋喃糖环结构外，葡萄糖、甘露糖和半乳糖等均是吡喃环结构，见图3-17。

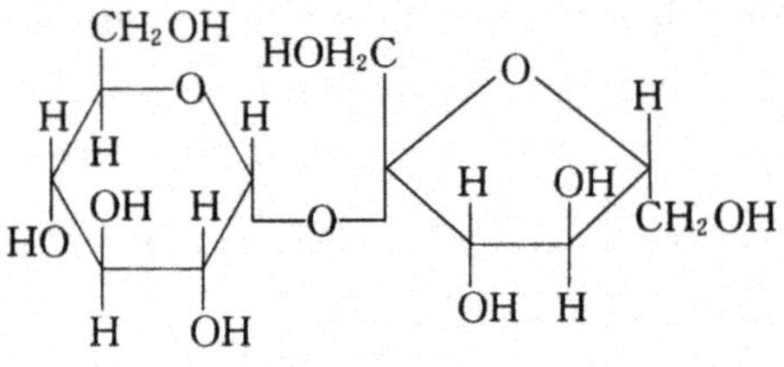

O-*β*-D-呋喃果糖基-(2→1)-*α*-D-吡喃葡萄糖

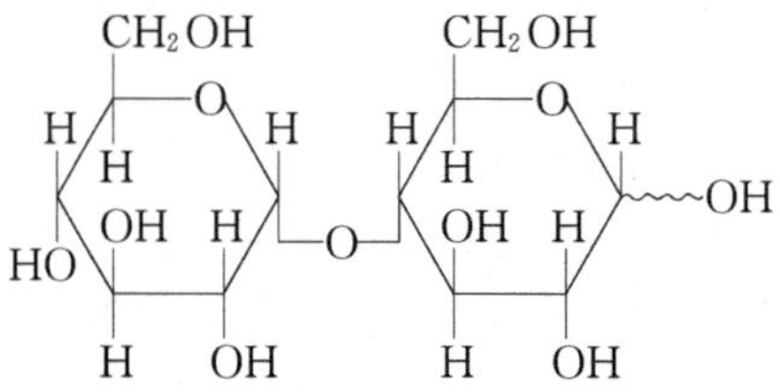

O-*α*-D-吡喃葡萄糖基-(1→4)-D-吡喃葡萄糖

图3-17 呋喃环结构和吡喃环结构

低聚糖也同样存在分支，一个单糖分子同另一个单糖分子结合形成二糖时可有若干种不同的连接方式，因而就可以形成几种不同的二糖分子。一个单糖分子同二糖分子残基结合时，可形成的三糖分子结构的变化则会更多。低聚糖的构象主要靠氢键维持稳定，纤维二糖、麦芽糖、蔗糖和乳糖的构象如图3-18。

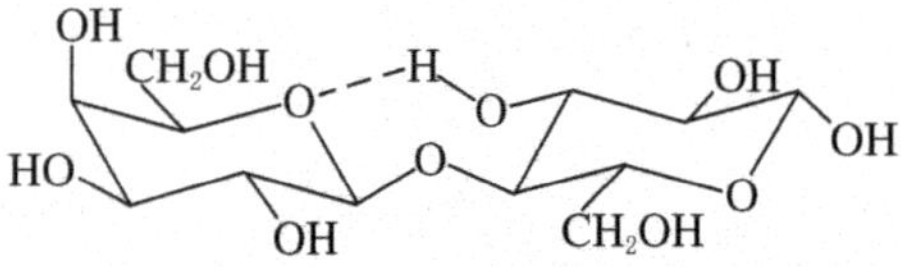

O-*β*-D-吡喃葡糖基-(1→4)-D-吡喃葡萄糖
（纤维二糖）

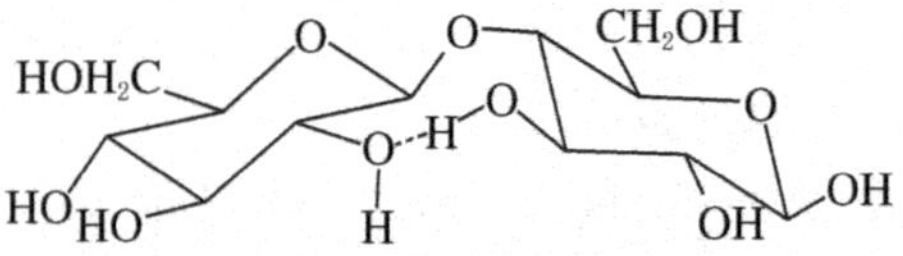

O-*α*-D-吡喃葡糖基-(1→4)-D-吡喃葡萄糖
（麦芽糖）

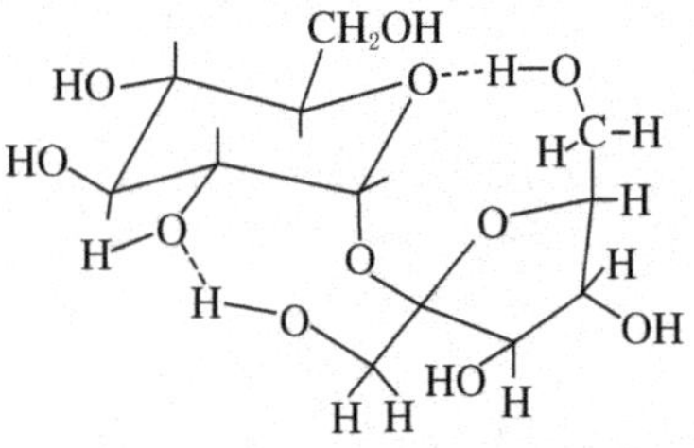

O-*α*-D-呋喃果糖基-(1→2)-*β*-D-吡喃葡萄糖
（蔗糖）

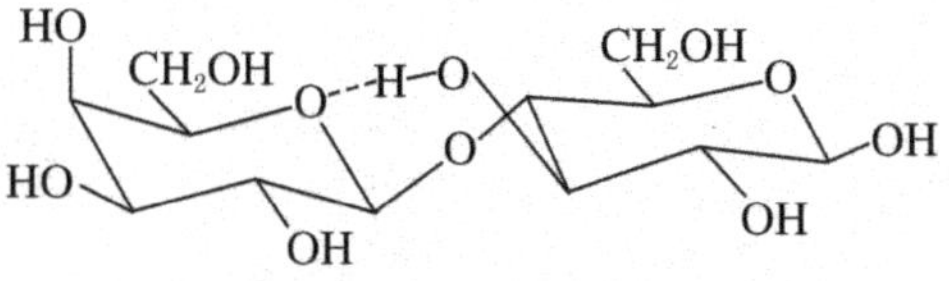

O-*β*-D-吡喃半乳糖基-(1→4)-D-吡喃葡萄糖
（乳糖）

图3-18 纤维二糖、麦芽糖、蔗糖和乳糖的构象

纤维二糖和乳糖的构象主要靠糖残基C-3羟基与糖残基环氧原子之间形成氢键保持稳定，在水溶液中的构象与结晶态的构象相似。而麦芽糖在结晶和非水溶液中则是葡萄糖残基C-3和葡萄糖基C-2的羟基之间形成氢键，但在水溶液中则是葡萄糖残基的CH_2OH基与葡萄糖残基的C-3羟基之间建立氢键，使部分存在的构象异构体保持稳定状态，见图3-19。这两种构象都符合能量最低的原则。

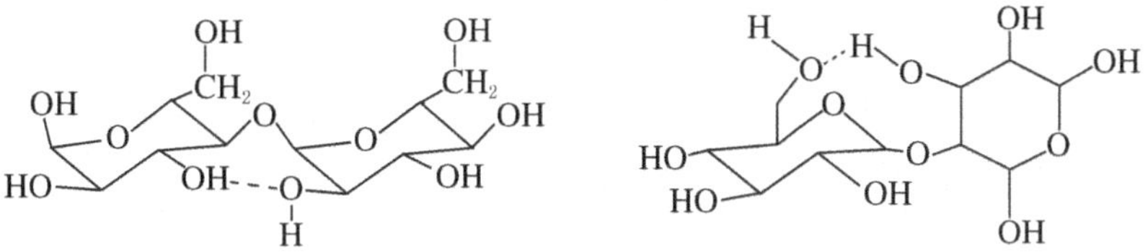

图 3-19 麦芽糖的两种结合形式

3.2.2 低聚糖的性质

1）褐变反应

食品在加热处理中常发生色泽与风味的变化，均与食品中的糖类，尤其是单糖与氨基酸、蛋白质之间发生的美拉德反应及糖在高温下产生的焦糖化反应密切相关，如蛋白饮料、焙烤食品、油炸食品和酿造食品中的褐变现象。低聚糖发生褐变的程度比单糖小。

烘烤食品、酿造食品等为了增加色泽和香味，适度的褐变是必要的，但牛奶、豆奶等蛋白饮品和果蔬脆片则应控制褐变反应，以防止变色对质量产生不利影响。

2）黏度

糖浆的黏度特征性对食品加工具有现实的生产意义。低聚糖的黏度多数高于蔗糖，蔗糖的黏度高于单糖，糖浆在一定黏度范围可使由糖浆熬煮而成的糖膏具有可塑性，以适应糖果工艺中的拉条和成型的需要。在搅拌蛋糕蛋白时，加入熬好的糖浆，就是利用其黏度来包裹稳定蛋白中的气泡。

3）抗氧化性

低聚糖与单糖一样，其糖液都具有抗氧化性，抗氧原因也一样，都是因为氧气在糖溶液中的溶解度大大减少的缘故，如 20℃时，60％的蔗糖溶液中，氧气溶解度约为纯水中的 1/6。糖液可以延缓糕饼中油脂的氧化酸败，也可用于果蔬的抗氧化，它可隔绝水果与大气中氧的接触，使氧化作用大为降低，同时还可防止水果挥发性脂类的损失。若在糖液中加入少许抗坏血酸和柠檬酸则可以增强其抗氧化效果。

此外，糖和氨基酸发生美拉德反应的中间产物也具有明显的抗氧化作用。如将葡萄糖与赖氨酸的混合物加入焙烤食品中，对成品的油脂有较好的稳定效果。

4）渗透压

糖浆在较高浓度时能够产生较高的渗透压，食品加工中常利用此性质来降低食品的水分活度，抑制微生物的生长繁殖，从而提高食品的贮藏性并改善风味。

5）发酵性

在实际生产中，酵母菌能使葡萄糖、果糖、麦芽糖、蔗糖和甘露糖等发酵生成酒精，同时产生 CO_2，这是酿酒工业及制作疏松面包的基础。各种糖的发酵速度不一样，大多数酵母发酵糖的顺序为：葡萄糖＞果糖＞蔗糖＞麦芽糖。大多数低聚糖却不能被酵母菌和乳酸菌等直接发酵，而必须要在水解产生单糖后才能被发酵。由于蔗糖具有发酵性，故在某些食品的生产中，可用其他甜味剂代替，以避免微生物生长繁殖而引起食品变质或汤汁混浊等现象发生。

6）吸湿性、保湿性与结晶性

多数低聚糖吸湿性较小，可作为糖衣材料，或用于制作硬糖，或用作酥性饼干的甜味剂。

蔗糖易结晶，晶体粗大；淀粉糖浆则不能结晶，并可防止蔗糖结晶。在糖果生产中，就需利用糖结晶性质的差别，例如生产硬糖不能单独使用蔗糖，否则，当熬煮到水分小于3%时冷却下来，就会出现蔗糖结晶破裂而得不到透明坚韧的产品。如果在生产硬糖时添加适量的淀粉糖浆（DE值为42），则会得到相当好的效果。这是因为淀粉糖浆不含果糖，吸湿性较小，糖果保存性好，同时因淀粉糖浆中糊精不结晶，能增加糖果的黏性、韧性和强度，糖果不易破裂。水分含量较高的淀粉糖浆也可用来制作软糖，这是因为糖浆中的低聚糖还具有一定的保湿性，其中的醇羟基和醛基以氢键结合水的能力较强，限制了水分的挥发。

蜜饯的加工需要较高的低聚糖浓度，若使用蔗糖则易产生返砂现象，不仅会影响外观且防腐效果降低，因此可利用果糖或果葡糖浆的不易结晶性，适当添加果糖或果葡糖浆替代蔗糖，可大大改善产品的品质。

3.2.3 食品中重要的低聚糖

低聚糖存在于多种粮食、蔬菜作物中，如果蔬、谷物、豆科类等。此外在牛奶、蜂蜜等天然食物中含量也很高。食品加工中最常见、最重要的低聚糖是双糖，包括蔗糖、麦芽糖和乳糖等，它们作为甜味剂使用效果良好，但其生理功能性质一般。此外，大多数低聚糖因其具有显著的生理功能，在机体胃肠道内不被消化吸收而直接进入大肠优先为双歧杆菌利用，是双歧杆菌的增殖因子，属功能性低聚糖，它们开发应用的前景非常广阔。

1）双糖

双糖是低聚糖中最重要的一类，它们均溶于水，有甜味，具有旋光性，可结晶。根据还原性质，双糖还分为还原性双糖和非还原性双糖。

（1）蔗糖

蔗糖（sucrose, cane sugar）是由一分子α-D-吡喃葡萄糖与一分子β-D-呋喃果糖通过α,β-1,2糖苷键结合而成的非还原糖，见图3-20。在自然界中，蔗糖广泛地分布于植物的果实、根、茎、叶、花及种子内，尤以甘蔗和甜菜中居多。蔗糖是人类需求最大也是食品工业中最重要的能量型甜味剂，在人类营养上起着巨大作用。制糖工业中常用甘蔗（sugar cane）、甜菜（sugar beet）为原料提取。

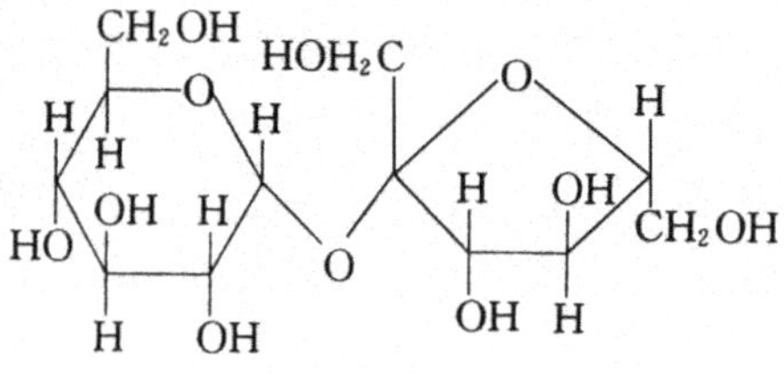

图3-20 蔗糖的结构

蔗糖味很甜，易溶于水，溶解度随温度上升而增大，但当$CaCl_2$存在时，溶解度反而减小。蔗糖在乙醇、氯仿、醚等有机溶剂中难溶解。纯净的蔗糖为无色透明的单斜晶体，相对密度为1.588(25℃)，熔点为160℃，加热到熔点便形成玻璃样晶体，加热到200℃以上形成棕褐色的焦糖。

蔗糖的比旋光度$[\alpha]_D^{20}=+66.5°$，当其水解后，因所生成的果糖和葡萄糖其比旋光度分别为$-92.4°$和$+52.2°$，最终水解平衡时，蔗糖水解液的比旋光度$[\alpha]_D^{20}=-19.9°$，这种变化称为转化(inversion),蔗糖水解液称为转化糖浆。

(2) 麦芽糖

麦芽糖(maltose, malt sugar)是由两分子吡喃葡萄糖通过 α-(1→4)糖苷键结合而成的双糖,见图 3-21,分子中有游离的半缩醛存在,故属于还原性双糖,能被酵母发酵。麦芽糖易于消化,在糖类中它的营养最为丰富。常温下,纯麦芽糖为透明针状晶体,易溶于水,微溶于酒精,不溶于醚。其熔点为 102～103℃ ,甜度为蔗糖的 1/3,味爽,口感柔和。麦芽糖具有还原性,能与过量苯肼形成糖脎,工业上将淀粉用麦芽糖化后加酒精使糊精沉淀除去,再经结晶即可制得纯净麦芽糖。麦芽糖存在于麦芽、花粉、花蜜、树蜜及大豆植株的叶柄、茎和根部,是淀粉在 β-淀粉酶作用下的最终水解产物。面团发酵和甘薯蒸烤时就有麦芽糖产生,生产啤酒所用的麦芽汁中所含糖的主要成分就是麦芽糖。

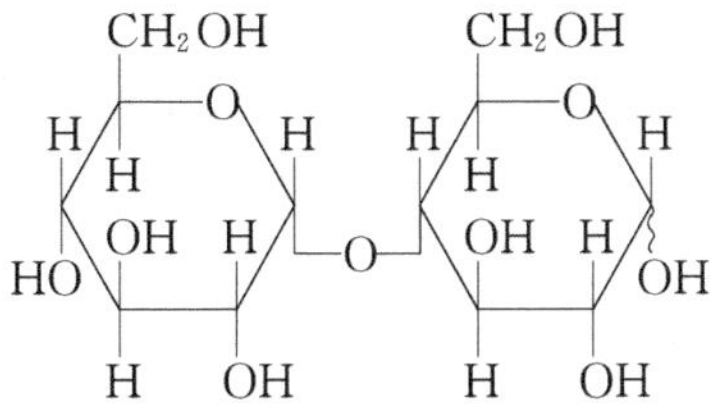

图 3-21　麦芽糖[α-D-吡喃葡萄糖基-(1→4)-D-吡喃葡萄糖苷]的结构

(3) 乳糖

乳糖分子是由 β-吡喃半乳糖与 D-吡喃葡萄糖以 β-(1→4)糖苷键结合而成,见图 3-22。乳糖的溶解度较小,甜度仅为蔗糖的 1/6,具有还原性,能形成脎,含有 α 和 β 两种立体异构体,α 型乳糖的熔点为 223℃,β 型乳糖的熔点为 252℃。乳糖有旋光性,其比旋光度 $[\alpha]_D^{20}=+55.4°$,常温下,乳糖为白色固体。

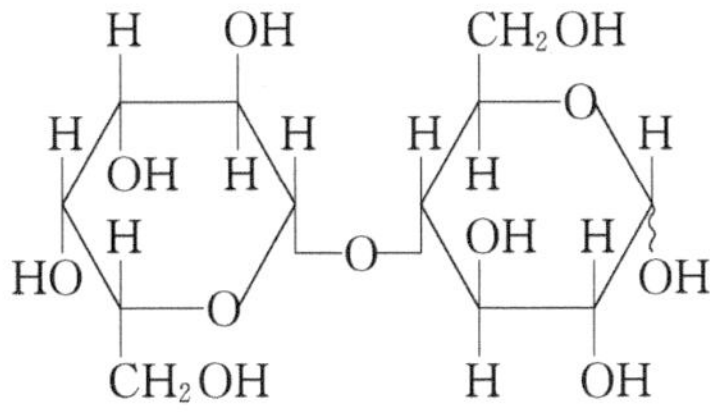

图 3-22　乳糖的结构

乳糖是哺乳动物乳汁中的主要成分,牛乳中含乳糖4.6%～5.0%,人乳中含有 5%～7%。乳糖在植物界十分罕见,但曾发现连翘属的花药中含有少量乳糖。工业上主要是采用从乳清中结晶的方法制备乳糖。

乳糖有助于机体内钙的代谢和吸收,但对体内缺乳糖酶的人群,它可导致乳糖不耐症。

(4) 纤维二糖和海藻糖

纤维二糖是纤维素的基本结构组分,在自然界中无游离状态,由两分子吡喃葡萄糖以 β-1,4 糖苷键结合,是典型的 β 型葡萄糖苷。纤维二糖有 α 和 β 两种立体异构体,其化学性质类似于麦芽糖。

海藻糖,旧称茧蜜糖,是 D-葡萄糖基-D-葡萄糖苷三种异构体的共同名称。它们属于非还原性二糖,由两个葡萄糖残基以半缩醛羟基相结合,组成相应的三种海藻糖。分别称:海藻糖(α,α)、异海藻糖(β,β)和新海藻糖(α,β),其中葡萄糖残基均是吡喃糖环。

海藻糖作为储存形式的糖类，广泛存在于海藻、真菌、蕨、麦角等高级植物以及酵母、无脊椎动物及昆虫的血液中。

(5) 果葡糖浆

果葡糖浆，又称高果糖浆或异构糖浆。生产上它是以酶法糖化淀粉所得的糖化液经葡萄糖异构酶的异构化，将其中一部分葡萄糖异构成果糖，得到由葡萄糖和果糖为主要成分组成的混合糖浆。

果葡糖浆中果糖含量为42%(质量分数)的，称为果葡糖浆，简称F_{42}；果糖含量为55%的称为高果糖浆，简称F_{55}；果糖含量达90%以上的，称为纯果糖浆，简称F_{90}。目前已有更高程度的结晶果糖问世，但应用最广泛的仍为F_{42}和F_{55}。这三种产品的甜度分别为蔗糖的1.0、1.4、1.7倍。

果葡糖浆是淀粉糖中甜度最高的糖品，除可代替蔗糖用于各种食品加工外，还具备许多优良特性。如甜味纯正、渗透压高、吸湿性强、发酵性好和优良的抗结晶性能等，而且这些性质随果糖含量的增加而更加突出。果糖作为甜味剂对糖尿病患者而言，不需胰岛素辅助就能进行正常的能量代谢。果糖在体内转化为肝糖的生成量是葡萄糖的三倍，有助于各种肝功能低下者使用。由于果糖在体内能稳步释放能量，因此可作为配制运动饮料的理想甜味剂。果糖因其独具特色的优越性，目前作为蔗糖的替代品在食品加工领域中应用日趋广泛。

2) 棉子糖

棉子糖分子是由α-D-吡喃半乳糖、α-D-吡喃葡萄糖、β-D-呋喃果糖组成，见图3-23。纯净的棉子糖为白色或淡黄色长针状结晶体，结晶体一般带有5分子结晶水，其水溶液的比旋光度$[\alpha]_D^{20}=+105°$，无水棉子糖比旋光度$[\alpha]_D^{20}=+123.1°$，带结晶水的棉子糖熔点为80℃，不带结晶水的为118～119℃。棉子糖易溶于水，微溶于乙醇，不溶于石油醚，甜度为蔗糖的20%～40%。其吸湿性是所有低聚糖中最低的，即使在相对湿度为90%的环境中也不吸水结块。棉子糖属非还原糖，参与美拉德反应的程度小，热稳定性较好。

棉子糖是除蔗糖外的另一种广泛存在于植物界的低聚糖，在棉子、甜菜、豆科植物种子、马铃薯、各种谷物粮食、蜂蜜、酵母及胺树干分泌物中均含有棉子糖。

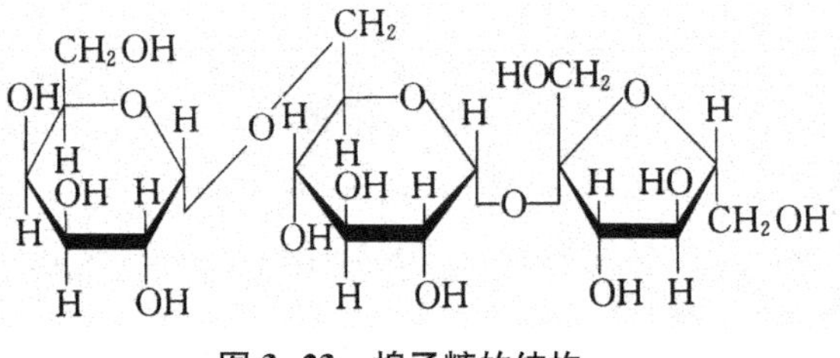

图3-23 棉子糖的结构

3.2.4 功能性低聚糖

食品中的功能性低聚糖主要有低聚异麦芽糖、低聚果糖、低聚木糖、低聚半乳糖、大豆低聚糖和甲壳低聚糖等，大部分功能性低聚糖具有低甜度、低热量的特点，难以被人体消化，食用后基本上不增加血糖和血脂，但有润肠通便作用。

1) 低聚果糖

低聚果糖又称寡果糖或蔗果三糖族低聚糖，是蔗糖分子中的D-果糖以β-(1,2)糖苷键连接1～3个果糖基而成的蔗果三糖、蔗果四糖和蔗果五糖及其混合物，属于果糖和葡萄糖构成的直链杂低聚糖，其结构见图3-24。低聚果糖的黏度、保湿性、吸湿性、甜味特性及在中性条件下的热稳定性与蔗糖相似，甜度较蔗糖低。低聚果糖不具有还原性，参与美拉德反应程度小，但其有明显的抑制淀粉回生的作用。可应用于淀粉食品、乳制品、乳酸饮料、焙烤食品、膨化食品及冷饮食品等，也可应用于医药和保健品。

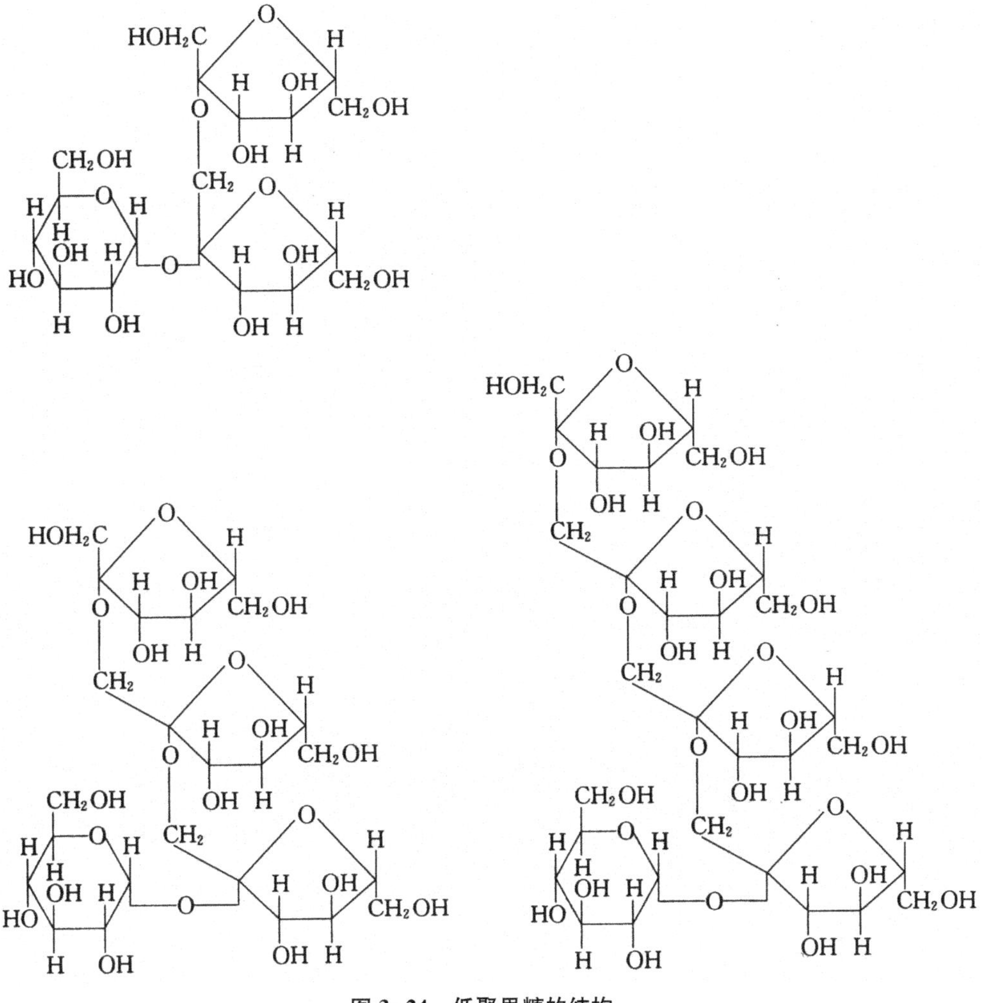

图3-24 低聚果糖的结构

低聚果糖的热量低，能被大肠内双歧杆菌选择性地利用，增加体内双歧杆菌的数量，同时能抑制肠内沙门氏菌和腐败菌的生长，促进肠胃功能，防止龋齿。

低聚果糖多存在于天然植物中，如：菊芋、芦笋、洋葱、香蕉、西红柿、大蒜、牛蒡、蜂蜜及某些草本植物中。目前低聚果糖多采用适度酶解菊芋粉来获得。此外也有以蔗糖为原料，采用β-D-呋喃果糖苷酶的转果糖基作用，在蔗糖分子上以β-(1,2)糖苷键与1～3个果糖分子相结合而成，该酶多由米曲霉和黑曲霉生产得到。

2）低聚木糖

低聚木糖是由2～7个木糖以β-(1,4)糖苷键连接而成的低聚糖，其中以木二糖为主要有效成分，木二糖含量越多，其产品质量越好，木二糖结构见图 3-25。低聚木糖的甜度为蔗糖的 50%，甜味特性类似于蔗糖，其最大的特点是稳定性好，耐酸、耐热及不分解性，适合添加到酸性饮料及发酵食品中。

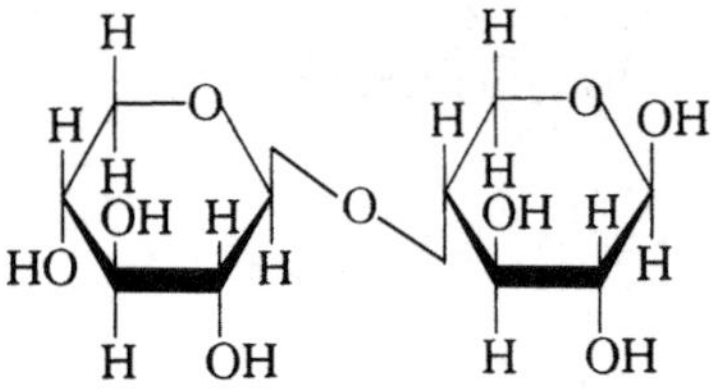

图 3-25　木二糖的结构

低聚木糖(包括单糖、木二糖、木三糖)有显著的功能特性：① 显著的双歧杆菌增殖作用，它是使双歧杆菌增殖所需用量最少的低聚糖；② 对肠道菌群有明显的改善作用；③ 可促进机体对钙的吸收；④ 有抗龋齿作用；⑤ 在体内它的代谢不依赖胰岛素。

低聚木糖的生产原料有玉米芯、棉子壳、甘蔗渣、麸皮等，其生产技术包括从原料中提取木聚糖和木聚糖的酶法水解两部分，低聚木糖是通过内切型木聚糖酶水解得到的。自然界中很多霉菌和细菌都能产生木聚糖酶，但往往不止产一种酶，如还产 β-1,4 木糖苷酶，β-1,4 木糖苷酶会水解木聚糖为木糖。工业上多用球毛壳酶产生内切型木聚糖酶进行木聚糖的水解，然后分离提纯而制得低聚木糖。

3) 甲壳低聚糖

甲壳低聚糖是一类由 *N*-乙酰-D-氨基葡萄糖或 D-氨基葡萄糖通过 β-(1,4)糖苷键连接起来的低聚合度水溶性氨基葡萄糖，结构见图 3-26。

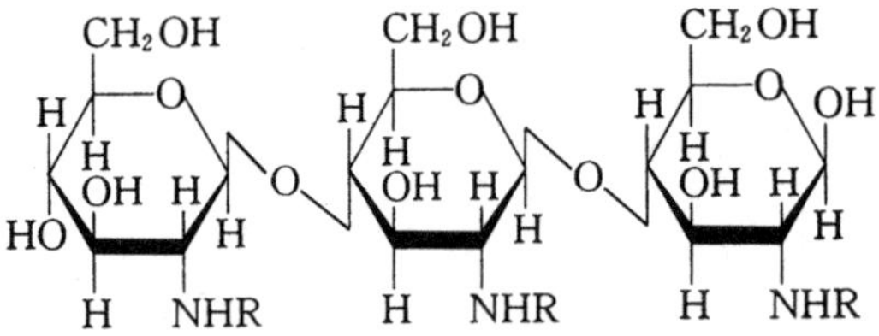

R=H，氨基葡萄糖　R=—$COCH_3$，*N*-乙酰氨基葡萄糖

图 3-26　甲壳低聚糖的结构

甲壳低聚糖分子中有游离氨基，在酸性溶液中形成铵盐，呈阳离子性质。随着游离氨基含量的增加，其氨基特性越显著，这是甲壳低聚糖的独特性质，而许多功能性质和生物学特性都与此密切相关。

甲壳低聚糖具有如下的生理活性：① 它能降低肝脏和血清中的胆固醇；② 提高机体免疫功能，增强机体的抗病和抗感染能力；③ 具有强的抗肿瘤作用，聚合度 5～7 的甲壳低聚糖具有直接攻击肿瘤细胞的作用，对肿瘤细胞的生长和癌细胞的转移有很强的抑制效果；④ 甲壳低聚糖是双歧杆菌的增殖因子，可增殖肠道内有益菌如双歧杆菌和乳杆菌；⑤ 亦可使乳糖分解酶活性升高以及防治胃溃疡，治疗消化性溃疡和胃酸过多症。

制备甲壳低聚糖可采用盐酸将壳聚糖水解至一定程度，然后经过中和、脱盐以及脱色等步骤得到，其聚合度为 1～7。也可采用壳聚糖酶水解壳聚糖，再经过分离和纯化制备甲壳低聚糖。目前用微生物方法生产的壳聚糖酶的活力偏低，因此酶法或酸-酶法是制备甲壳低聚糖的主要方法。

4）环状低聚糖

环状低聚糖是一类比较独特的碳水化合物，它是由 D-吡喃葡萄糖通过 α-(1,4)糖苷键连接而成的环糊精，又称沙丁格糊精或环状淀粉，它的聚合度有 6,7,8 三种，依次称为α-，β-，γ-环糊精，其物理性质见表 3-4。

表 3-4 环糊精的结构与性质

	α-环糊精	β-环糊精	γ-环糊精葡
萄糖残基数	6	7	8
相对分子质量	972	1 135	1 297
水中溶解度(g/100 mL,25℃)	14.5	18.5	23.2
比旋光度$[\alpha]_D^{20}$	+150.5°	+162.5°	+177.4°
空穴内径(Å)	4.5	~7.0	~8.5
空穴高(Å)	6.7	~7.0	~7.0

环糊精是由软化芽孢杆菌作用于淀粉的产物，为白色粉末状结晶，无臭，微甜，熔点为 300～350℃。β-环糊精是食品工业中应用较多的一种。

环糊精结构如图 3-27 所示。环糊精具有高度对称性，分子中糖苷氧原子是共平面的。环糊精分子是环形和中间具有空穴的圆柱结构。在β-环糊精分子中 7 个葡萄糖基的 C-6 上的伯醇羟基都排列在环的外侧，而空穴内壁则由呈疏水性的 C—H 键和环氧组成，使中间的空穴是疏水区域，环的外侧是亲水的。由于中间具有疏水的空穴，因此可以包合脂溶性物质，如风味物、香精油、胆固醇等，也可以作微胶囊的壁材。

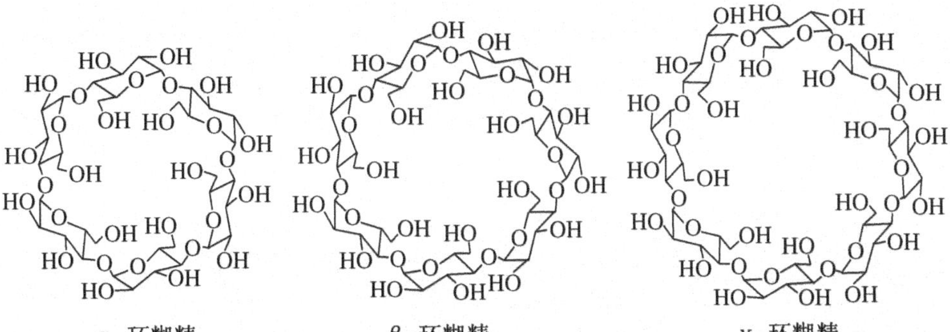

α-环糊精 β-环糊精 γ-环糊精

图 3-27 α-环糊精、β-环糊精、γ-环糊精的结构

由于环糊精结构上的特性，在食品加工与保藏中可起到保香、保色和减少维生素损失的作用，对油脂起乳化作用，有防止芳香物质挥发的作用；对易氧化和易光解的物质有保护作用，同时也可除去一些食品中的苦味和异味。环糊精还可以提高难溶于水的物质的溶解度，改善其物理、化学性质。

3.3 淀粉

淀粉是大多数植物的主要储备物，主要存在于植物的种子、根和茎中。淀粉是许多食品的组分之一，它也是人类营养最重要的碳水化合物来源。制备淀粉所用的原料来源主要有玉米、小麦、马铃薯、甘薯等农作物，此外栗、稻、豆类和藕也用作淀粉生产的原料。

淀粉一般由两种葡聚糖即直链淀粉和支链淀粉构成。普通淀粉含20%～39%的直链淀粉，有的玉米新品种中直链淀粉含量可达50%～85%，称为高直链淀粉玉米。有些淀粉仅由支链淀粉组成，例如糯玉米、糯大麦、粳稻和糯米淀粉等。

在食品工业中，淀粉是重要的增稠剂、黏合剂，在水果、蔬菜加工中常用于外层涂布和防止发黏及稳定剂，淀粉也大量用于制作布丁、汤汁、沙司、色拉调味汁、婴儿食品、饼馅、蛋黄酱等。

3.3.1 淀粉的颗粒特性

淀粉以淀粉颗粒的形式存在，不同来源的淀粉其颗粒形状、大小各不相同，多数淀粉颗粒的形状与其源粮食作物种子的形状相类似，如图3-28。淀粉颗粒的大小一般在2～150 μm之间，如马铃薯淀粉的颗粒较大，小麦淀粉颗粒粒径很小。淀粉粒有双折射性，不同种类的淀粉粒其偏光十字出现的位置、形状和清晰程度均不相同，说明它具有结晶结构。从X-射线衍射、小角中子扫描和小角X-射线衍射分析也可以证明，淀粉粒具有半结晶结构的特点，结晶区与无定形区呈现交替的层状排列结构(图3-29)。在淀粉粒中约有70%的淀粉处在无定形区，30%为结晶状态，无定形区中主要是直链淀粉，但也含少量支链淀粉；结晶区主要为支链淀粉，支链与支链彼此间形成螺旋结构，并再缔合成束状。图3-29表明直链淀粉与支链淀粉在淀粉粒中呈径向排列。淀粉颗粒在生长过程中在其颗粒内部形成了相应的生长环结构，这种现象可以从图3-30中淀粉颗粒的切面图中直观地观测到。在溶液中直链淀粉以双螺旋形式存在，甚至在淀粉粒中也是以这种形式存在。从淀粉粒中分离出的直链淀粉能形成具有一定强度的透明薄膜和纤维，在外观和性质上与用纤维制成的相似。直链淀粉的聚合度为350～1 000，而支链淀粉聚合度可达到几千甚至更大，支链淀粉在淀粉粒中的排列见图3-31。

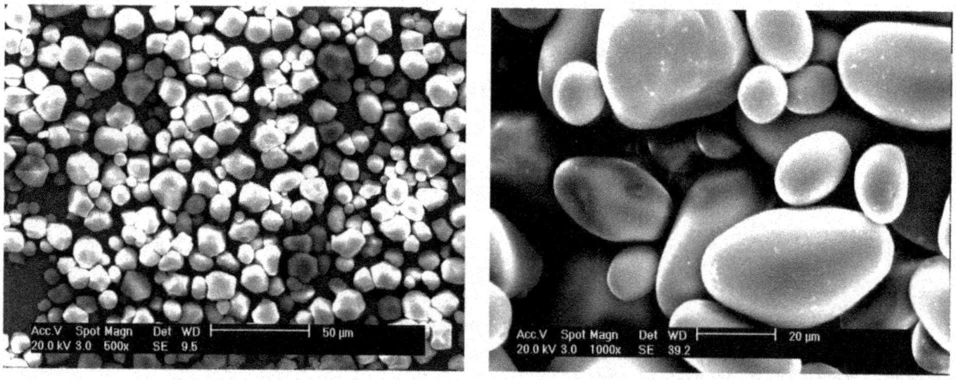

玉米淀粉(放大倍数为500)　　马铃薯淀粉(放大倍数为1 000)

图3-28 玉米淀粉和马铃薯淀粉的扫描电子显微镜照片

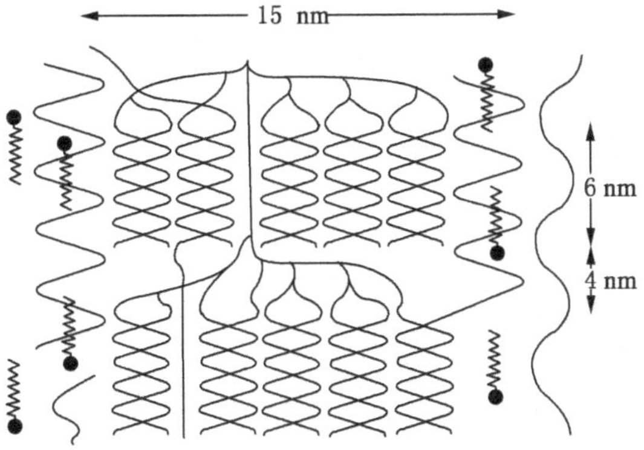

图 3-29 淀粉粒的结晶区模型

支链淀粉双螺旋 直链淀粉和支链淀粉的混合双螺旋结构

直链淀粉的 V-螺旋和螺旋中包含的脂 游离脂 游离直链淀粉

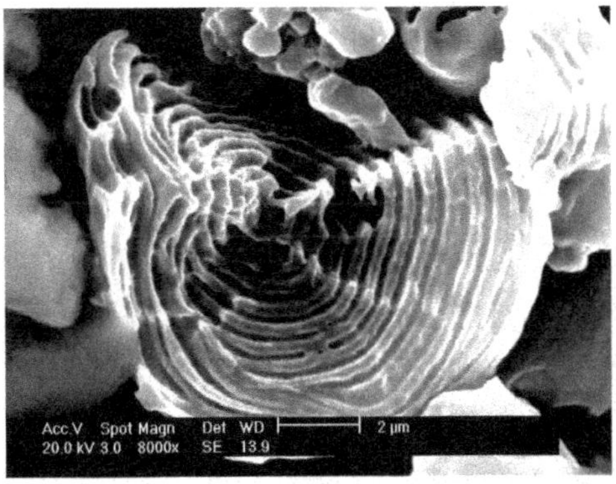

酶解玉米淀粉的切面图

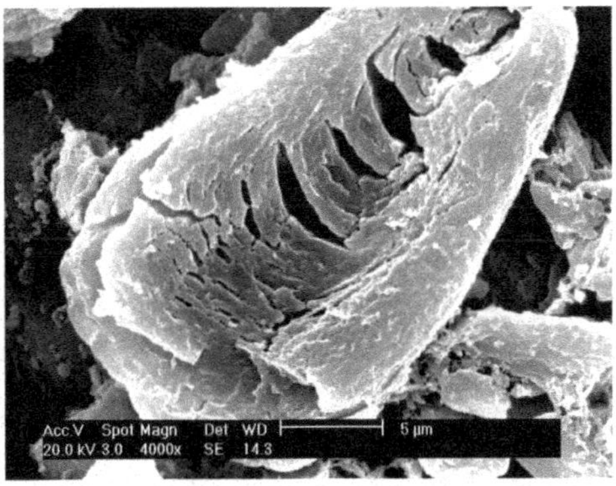

酸解马铃薯淀粉的切面图

图 3-30 玉米淀粉和马铃薯淀粉的切面生长环结构

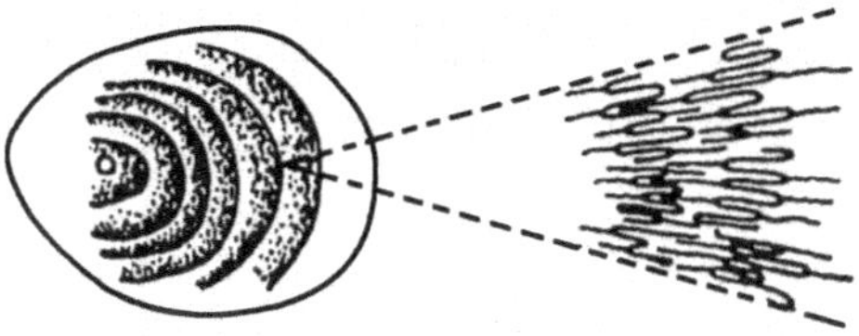

图 3-31 支链淀粉在淀粉粒中的排列示意图

3.3.2 淀粉的化学结构

淀粉是由葡萄糖组成的多糖，糖残基之间存在两种不同的连接方式，形成两种不同的淀粉结构，即直链淀粉和支链淀粉。直链淀粉是由 α-D-吡喃葡萄糖残基以 1→4 键连接而成的线型聚合物，相对分子质量为 10^6 左右(图 3-32)。

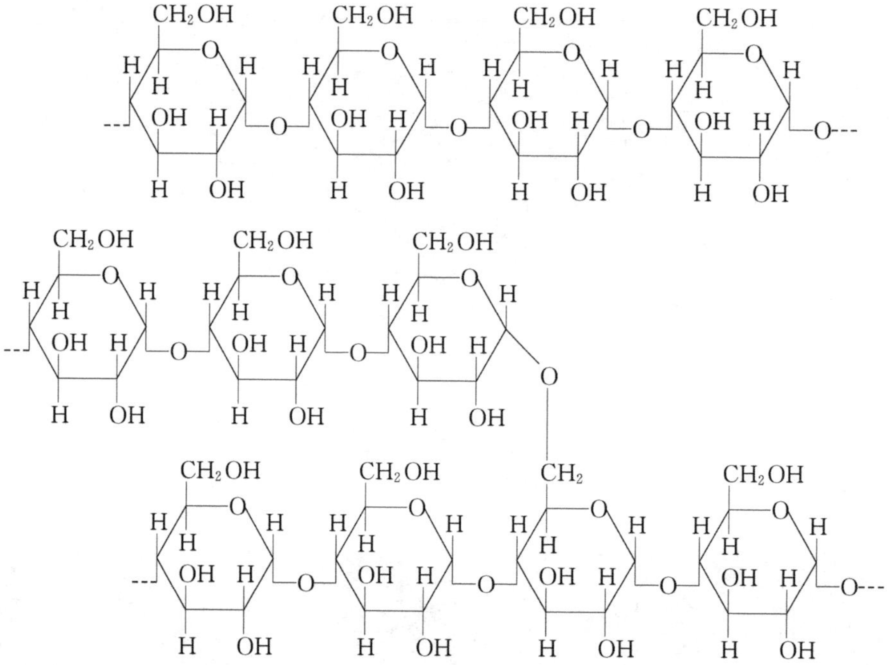

图 3-32 直链淀粉和支链淀粉的结构

大多数分子链上还存在很少量的 α-D-(1→6)键分支，有的支链很长，有的则很短，然而支链和支链之间的距离相隔很远，平均每 180～320 个糖单位有一个支链，支链占直链淀粉的 0.3%～0.5%，因此，直链淀粉的性质基本上同线型大分子一样。

直链淀粉的分子是一个右手螺旋或螺旋形构象，螺旋的内部仅含氢原子，具有亲脂性，所有羟基分布在线圈的外侧。按 X-射线衍射图形的差别可将天然淀粉分为 A 型、B 型和 C 型三大类，这三种衍射图形分别与不同的淀粉植物来源相联系：A 型主要来源于谷类淀粉，如玉米淀粉、小麦淀粉等；B 型来源于块茎类淀粉，如马铃薯淀粉、芭蕉芋淀粉等；C 型包含有 A、B 型两种晶型，如香蕉中的淀粉和多数豆类淀粉。另外还有一种 V 型结构则是由直链淀粉和脂肪酸、乳化剂、丁醇以及碘等物质混合得到的，在天然淀粉中很少发现。A 型和 B 型都是双螺旋结构，每个螺旋含有 6 个葡萄糖残基，螺旋的轴向是在 1→4 键偶合的赤道方向。

支链淀粉是一种非常大的、支化度很高的大分子(图 3-32 和图 3-33)。

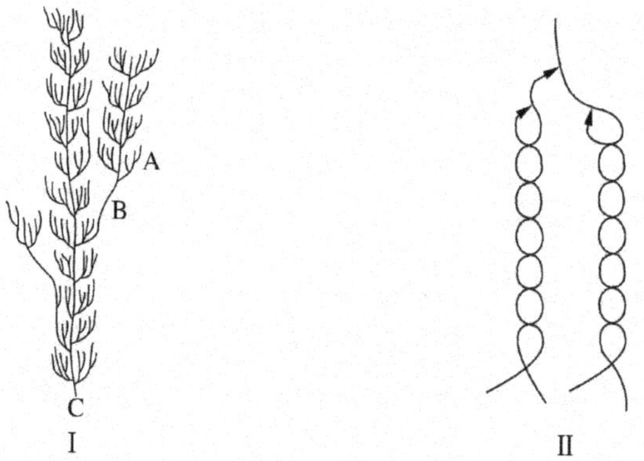

图 3-33 支链淀粉分子结构(Ⅰ)双螺旋(Ⅱ)示意图

葡萄糖通过α-(1→4)糖苷键连接构成主链，支链通过α-(1→6)糖苷链与主链连接，支链部分占总淀粉的4%～5%。在支链淀粉中将含有末端还原基的线型主链称为C链，无分支的淀粉链称为A链，连接在其他淀粉链上同时又被另外的淀粉链相连的链称为B链。支链淀粉具有平行排列的双螺旋分支而成簇状，因此，一般认为淀粉粒的主要结晶部分是由支链淀粉的侧链相互结合形成的，例如蜡质玉米淀粉同样存在结晶区。支链淀粉的相对分子质量很大，为1×10^7～5×10^8。

大多数淀粉中含有大约75%的支链淀粉(表3-5)，蜡质淀粉中几乎完全为支链淀粉。马铃薯淀粉是唯一含有磷酸酯基的淀粉，其中60%～70%是在O-6位酯化，其余的在O-3位酯化。平均每215～560个α-D-吡喃葡萄糖基含有一个磷酸酯基，大约88%在B链上。马铃薯淀粉略带负电荷，在水中加热可形成非常黏的透明溶液，一般不易老化。

表3-5 一些淀粉中直链淀粉与支链淀粉的比例

淀粉来源	直链淀粉/%	支链淀粉/%	淀粉来源	直链淀粉/%	支链淀粉/%
高直链玉米	50～85	15～50	米	17	83
玉米	26	74	马铃薯	21	79
蜡质玉米	1	99	木薯	17	83
小麦	25	75			

3.3.3 淀粉的糊化和其他性质

完整的淀粉粒不溶于冷水，但能可逆地吸水并略微溶胀。淀粉粒吸水溶胀时，直径增大百分数从普通玉米淀粉的9.1%到糯质玉米淀粉的22.7%，随着温度上升淀粉分子的振动加剧，淀粉链之间的氢键断裂，使淀粉分子有更多的位点可以和水分子发生氢键缔合。水渗入淀粉粒，使更多和更长的淀粉分子链分离，结晶区的数目和大小均减小，继续加热，淀粉则发生不可逆溶胀，此时支链淀粉由于水合作用而出现无规卷曲，淀粉分子的有序结构受到破坏，最后完全成为无序状态，双折射和结晶结构也完全消失，淀粉的这个过程称为糊化(gelatinization)，可以利用偏光显微镜和X-射线衍射分析测定。双折射开始消失时的温度为糊化点或糊化初始温度；双折射完全消失的温度为糊化末端温度。实际上糊化一般是在较窄的温度范围内进行的，先是大颗粒糊化，其后是小颗粒，各种不同来源的淀粉糊化温度不尽相同(表3-6)。

表3-6 几种淀粉的糊化温度

淀粉	开始糊化的温度/℃	完全糊化的温度/℃	淀粉	开始糊化的温度/℃	完全糊化的温度/℃
粳米	59	61	玉米	64	72
糯米	58	63	荞麦	69	71
大麦	58	63	马铃薯	59	67
小麦	65	68	甘薯	70	76

淀粉粒糊化时是充分溶胀的。在冷水中，1%淀粉粒匀浆的黏度低，而加热形成黏稠的糊，这时大量的水渗入到淀粉粒内，引起淀粉粒溶胀并像蜂窝一样紧密地相互推挤。扩张的淀粉粒流动受阻使糊产生黏稠性，这可用Brabender仪记录淀粉糊的黏度-温度曲线(图

3-34)。随着温度升高,黏度增加,当在95℃恒定一段时间后,则黏度急剧下降。淀粉糊冷却时,一些淀粉分子重新缔合形成不可逆凝胶(图3-35)。

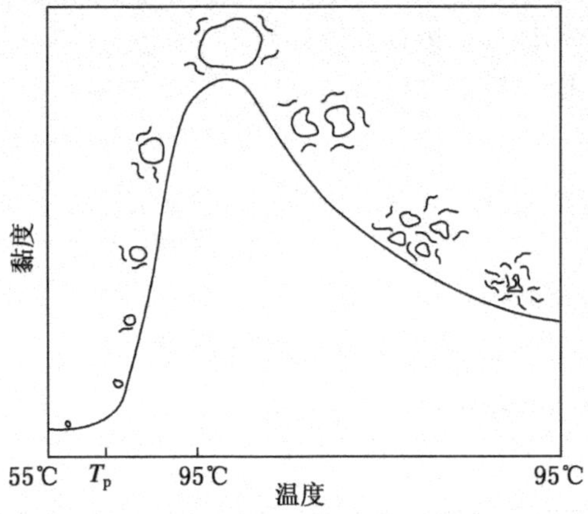

图3-34 淀粉颗粒悬浮液加热到90℃并恒定在95℃的黏度变化曲线

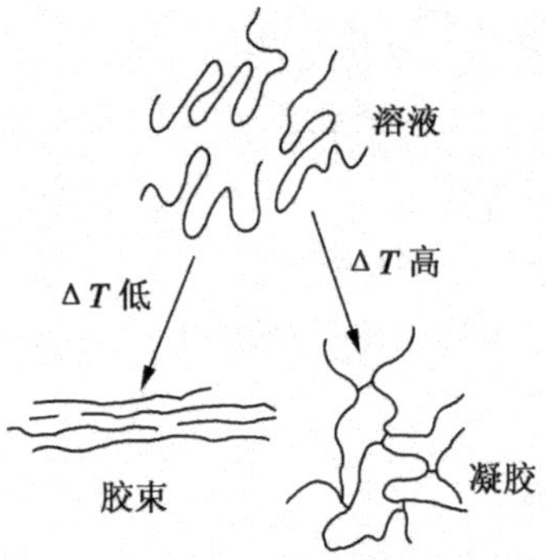

图3-35 淀粉的凝胶和老化形成示意图

淀粉糊化是一个吸热过程,因而也可以通过差示扫描量热计(DSC)测定糊化温度(即玻璃化转变温度T_g)和糊化焓,但是不同方法测定的结果存在一定差异。此外,还可以根据直链淀粉粒与脂肪形成单螺旋结构的配合物,在DSC图中出现熔融温度T_m(100~120℃)峰,以此与蜡质玉米淀粉区别,后者由于不含直链淀粉,因此不出现熔融峰。

以淀粉为原料的食品在加工过程中,由于直链淀粉和支链淀粉发生部分分离,会影响淀粉糊和加工食品的特性。已糊化的淀粉混合物在温度约65℃以下贮存时,因直链淀粉和支链淀粉分离,老化现象更严重。淀粉因能形成黏稠的糊,所以是许多食品加工中的重要原料。直链淀粉和支链淀粉的性质概括于表3-7。

表3-7 直链淀粉和支链淀粉的性质

性　　质	直链淀粉	支链淀粉
相对分子质量	$10^5 \sim 10^6$	$1\times10^7 \sim 5\times10^8$
糖苷键	主要是α-D-(1→4)	α-D-(1→4),α-D-(1→6)
对老化的敏感性	高	低
β-淀粉酶作用的产物	麦芽糖	麦芽糖,β-极限糊精
葡糖淀粉酶作用的产物	D-葡萄糖	D-葡萄糖
分子形状	主要为线型	灌木型

淀粉的糊化不仅与淀粉粒中直链淀粉与支链淀粉的含量和结构有关,而且温度、水活性、淀粉中其他共存物质、pH等都将影响淀粉的糊化温度、达到最大黏度的时间以及淀粉糊的最大黏度和糊化速率。

淀粉的糊化、淀粉溶液的黏稠性和淀粉的凝胶特性不仅依赖于温度,而且还与共存的其他成分的种类和含量有关,因为在很多情况下,淀粉与糖、蛋白质、脂肪、食用酸、酚类化合物和水等共存于食品中。

3.3.4 淀粉的老化

热的淀粉糊冷却时，通常产生黏弹性的稳定刚性凝胶，凝胶中联结区的形成表明淀粉分子开始结晶，并失去溶解性。淀粉糊冷却或贮藏时，淀粉分子通过氢键相互作用的再缔合产生沉淀或不溶解的现象称淀粉的老化（图 3-35）。淀粉的老化实质上是一个再结晶过程。直链淀粉比支链淀粉老化的速度大得多。因此，淀粉老化速度与淀粉中直链淀粉和支链淀粉分子的结构、二者的比例、淀粉的来源、淀粉的浓度，以及食品中其他组分的组成（如表面活性剂和盐）和含量有关。许多食品在贮藏过程中品质变差，如面包的陈化（staling）、米汤的黏度下降并产生白色沉淀等，都是淀粉老化的结果。

糊化淀粉在有单糖、二糖和糖醇存在时则不易老化，因此可用于阻止淀粉分子链的缔合。这类化合物之所以能防止淀粉老化主要是它们能进入淀粉分子的末端链之间，妨碍淀粉分子缔合并且本身吸水性强能夺取淀粉凝胶中的水，使溶胀的淀粉成为稳定的状态。表面活性剂或具有表面活性的极性脂如单酰甘油及其衍生物硬脂酰-α-乳酸钠（SSL）添加到面包和其他食品中，可延长货架期。直链淀粉的疏水螺旋结构，使之可与极性脂分子的疏水部分相互作用形成配合物，从而影响淀粉糊化和抑制淀粉分子的重新排列，推迟了淀粉的老化过程。

3.3.5 淀粉的水解

目前淀粉水解的方法有：酸水解法、酶水解法和酸酶水解法。利用此反应工业上生产淀粉糖浆。淀粉水解的程度通常用 DE 值表示，DE 值是指还原糖（按葡萄糖计）所占干物质的百分数。DE<20 的产品为麦芽糊精，DE 值在 20～60 之间的为淀粉糖浆。

1）酸水解法

酸水解法一般用盐酸或硫酸处理淀粉溶液（含 30%～40%的淀粉），在 140～160℃条件下加热15～20 min，使淀粉发生水解反应生成糊精和葡萄糖等。工业上生产最多的是中等转化糖浆，其 DE 值为 38～42。

当水解结束时，停止加热，用碳酸钠中和至 pH 为 4.0～5.5，经离心、过滤浓缩后获得纯的酸转化糖浆。淀粉在酸、热的作用下，不仅水解生成葡萄糖，而且有一部分葡萄糖会发生复合反应和分解反应，不利于葡萄糖的生产，增加糖化液精制的困难，所以工业生产上应尽可能降低这两种反应。

2）酶水解法

酶水解淀粉的最终生成物是葡萄糖。工业生产中常用玉米淀粉采用 α-淀粉酶、葡萄糖淀粉酶在一定条件下进行水解，得到的糖化液纯度高，DE 值可达 95～100，颜色浅，再使用葡萄糖异构酶将葡萄糖异构成果糖，最后可得到含果糖和葡萄糖组成的高果糖玉米糖浆（HFCS），其中的果糖含量达 55%。HFCS 是软饮料的甜味剂，甜味温和，口感好。相对酸法水解淀粉，酶法水解淀粉的条件温和，反应容易控制，反应速度也很快。

3）酸酶水解法

酸酶水解法是指把酸法和酶法水解相结合的一种淀粉水解法。先酸法液化，后酶法糖化，可应用于不易液化的某些淀粉。例如生产高麦芽糖浆，先用酸法将淀粉水解成 DE 值为 20，然后用 β-淀粉酶水解到预定的 DE 值。

表 3-8 给出了淀粉水解产品的功能性质，a 指高 DE 值玉米糖浆；b 指低 DE 值玉米糖浆

和麦芽糊精。

表 3-8　淀粉水解产品的功能性质

水解度较大的产品 *a*	水解度较小的产品 *b*	水解度较大的产品 *a*	水解度较小的产品 *b*
甜味	黏稠性	风味增强剂	抑制糖结晶
吸湿性和保湿性	形成质地	褐变反应	阻止冰晶生长
降低冰点	泡沫稳定性	可发酵性	

3.3.6　变性淀粉

淀粉通过物理、化学或生物化学的方法改性，可改善天然淀粉的性能，得到适合于食品特殊用途的变性淀粉。

1）预糊化淀粉

淀粉悬浮液在高于糊化温度下加热，而后进行干燥即得到可溶于冷水和能发生胶凝的淀粉产品，常用于方便食品和焙烤食品助剂。

2）酸变性淀粉

低于糊化温度时的酸水解，在淀粉粒的无定形区发生，剩下较完整的结晶区。玉米淀粉的支链淀粉比直链淀粉酸水解更完全，淀粉经酸处理后，生成在冷水中不易溶解而易溶于沸水的产品。这种产品称为低黏度变性淀粉或酸变性淀粉，其热糊黏度、特性黏度和凝胶强度均有所降低，而糊化温度提高，不易发生老化，可用于增稠和制成膜。

市售酸变性淀粉是用 40%玉米或糯玉米淀粉浆与硫酸或盐酸在温度 25～55℃条件下反应制成的，按黏度降低的程度确定处理时间，从 6～24 h 不等，水解物用碳酸钠或稀氢氧化钠溶液中和，然后过滤、干燥。酸变性淀粉可形成热的黏稠状物，放冷可转变成硬凝胶，用于生产糖果和口香糖。

3）淀粉醚

淀粉含有大量的羟基，在修饰过程中仅有非常少的羟基参加反应，生成取代度(Degree of Substitution，DS)很低的酯基、醚基，一般为 0.002～0.2。虽然只有很少的羟基被修饰，但淀粉的性质却发生了相当大的变化，使淀粉的用途也得到了很大的拓展。

30%～40%的淀粉悬乳液和环氧乙烷(或环氧丙烷)在 50℃、pH 11～13 条件下，反应生成取代度为 0.05～0.10 的羟乙基(或羟丙基)淀粉醚，这种淀粉衍生物容易过滤，产品纯净且成本低。反应如下：

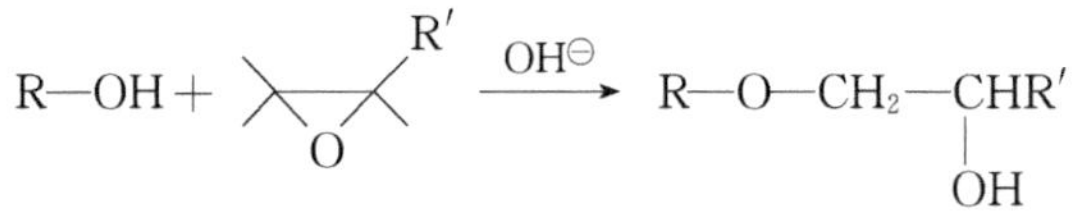

淀粉　　　　淀粉醚　　　　$R'=H,CH_3$

低取代度羟乙基淀粉的物理特性是糊化温度降低，淀粉颗粒的溶胀速度加快，淀粉糊形成凝胶和老化的趋势减弱。羟烷基淀粉如羟丙基淀粉可作为色拉调味汁、馅饼食品的添加剂和其他食品的增稠剂。

淀粉与一氯醋酸在碱性溶液中反应生成羧甲基淀粉，在冷水和乙醇中亦能溶胀。用

1%～3%的羧甲基淀粉配制的悬浮液具有像香脂一样的稠性，若浓度达到 3%～4%则为类似凝胶的黏稠性。这类产品可作为增稠剂和凝胶的胶凝剂。反应如下：

$$R—OH + ClCH_2COO^- \xrightarrow{OH^{\ominus}} R—O—CH_2—COO^{\ominus}$$

4）淀粉酯

淀粉和酸式磷酸盐、酸式焦磷酸盐以及三聚磷酸盐的混合物在一定温度范围内反应可制成淀粉磷酸单酯，取代度一般低于 0.25，制备较高取代度的衍生物需提高温度和磷酸盐浓度并延长反应时间。淀粉磷酸单酯也可在 120～175℃干法加热淀粉和碱性磷酸盐或碱性三聚磷酸盐制得。

$$R—OH \xrightarrow[POCl_3/\text{碱性磷酸盐}]{OH^{\ominus}} R—OPO_3H^{\ominus}$$

淀粉磷酸单酯和未改性的淀粉比较，糊化温度更低，取代度 0.07 或更高的淀粉磷酸酯在冷水中可发生溶胀，与其他淀粉衍生物比较，淀粉磷酸酯糊状物的黏度和透明度增大，老化现象减弱。

淀粉磷酸单酯因具有极好的冷冻-解冻稳定性，所以适合于加工冷冻食品，通常作为冷冻肉汁和冷冻奶油馅饼的增稠剂，在这类食品中，使用淀粉磷酸单酯优于未改性淀粉。预糊化淀粉磷酸酯在冷水中易分散，适用于速溶甜食粉和糖霜的加工。

淀粉可与有机酸在加热条件下反应生成酯，例如与醋酸、长链脂肪酸（C_6～C_{26}）、琥珀酸、己二酸或柠檬酸反应生成的淀粉有机酸酯，其增稠性、糊的透明性和稳定性均优于天然淀粉，可用作焙烤食品、汤汁粉料、沙司、布丁、冷冻食品的增稠剂和稳定剂，以及脱水水果的保护涂层和保香剂、微胶囊包被剂。

低取代度的淀粉醋酸酯可形成稳定的溶液，因为这种淀粉只含有几个乙酰基，所以能够抑制直链淀粉分子和支链淀粉的外层长链发生缔合。在有（或无）催化剂存在下（例如醋酸或碱性水溶液），用醋酸或醋酐处理粒状淀粉便可得到低取代度的淀粉醋酸酯。

低取代度淀粉醋酸酯的糊化温度低，形成的糊冷却后具有良好的抗老化性能，这种淀粉的糊透明而且稳定，可用于冷冻水果馅饼、焙烤食品、速溶布丁、馅饼和肉汁。取代度较高的淀粉醋酸酯能降低凝胶生成的能力。表 3-9 列举了各种淀粉性质。

表 3-9　各种玉米淀粉的性质

种　类	直链淀粉：支链淀粉	糊化温度范围/℃	性　　质
普通淀粉	1∶3	62～72	冷却解冻稳定性不好
糯质淀粉	0∶1	63～70	不易老化
高直链淀粉	(3∶2)～(4∶1)	66～92	颗粒双折射小于普通淀粉
酸变性淀粉	可变	69～79	与未变性淀粉相比，热糊的黏性降低
羟乙基化	可变	58～68 ($DS_{0.04}$)	增加糊的透明性，降低老化作用
磷酸单酯	可变	56～66	降低糊化温度和老化作用
交联淀粉	可变	高于未改性的淀粉，取决于交联度	峰值黏度减小，糊的稳定性增大
乙酰化淀粉	可变	55～65	糊状物透明，稳定性好

5）交联淀粉

交联淀粉是由淀粉与含有双或多官能团的试剂反应生成的衍生物。常用的交联试剂有三偏磷酸钠、氧氯化磷、表氯醇或醋酸与二元羧酸酐的混合物等。

与淀粉磷酸单酯比较，淀粉磷酸二酯有两个被磷酸酯化的羟基，通常是两条相邻的淀粉链各有一个羟基被酯化，因此，在毗邻的淀粉链之间可形成一个化学桥键，这类淀粉称为交联淀粉。这种由淀粉链之间形成的共价键能阻止淀粉粒溶胀，对热和振动的稳定性更大。

$$2R—OH + R'CO—O—CO—(CH_2)_n—CO—O—COR' \longrightarrow R—O—CO—(CH_2)_n—CO—O—R$$

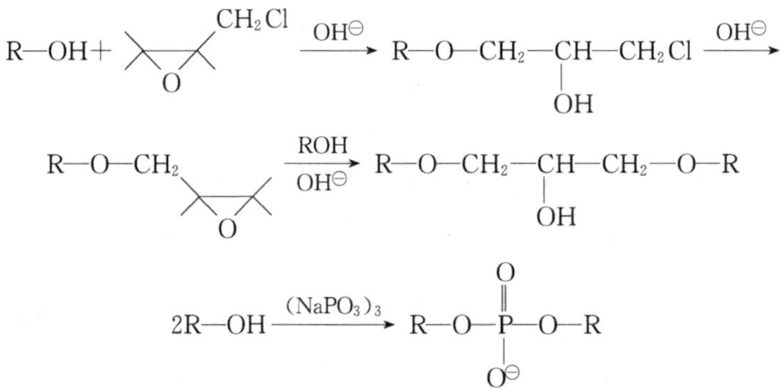

磷酸交联键能增强溶胀淀粉粒的稳定性，与淀粉磷酸单酯相反，二酯的糊不透明。交联度大的淀粉在高温、低 pH 和机械振动条件下都非常稳定，淀粉糊化温度随交联度加大而增大。若淀粉高度交联则可抑制溶胀，甚至在沸水中也不溶胀。

交联淀粉主要用于婴儿食品、色拉调味汁、水果馅饼和奶油型玉米食品，作为食品增稠剂和稳定剂，淀粉磷酸二酯优于未改性的淀粉，因为它能使食品在煮过以后仍然保持悬浮状态，能阻止胶凝和老化，有良好的冷冻-解冻稳定性，放置后也不发生脱水收缩。

6）氧化淀粉

淀粉水悬浮液与次氯酸钠在低于糊化温度下反应发生水解和氧化，生成的氧化产物平均每 25～50 个葡萄糖残基有一个羧基，如图 3-36。氧化淀粉用于色拉调味料和蛋黄酱等较低黏度的填充料，但它不同于低黏度变性淀粉，既不易老化也不能凝结成不透明的凝胶。

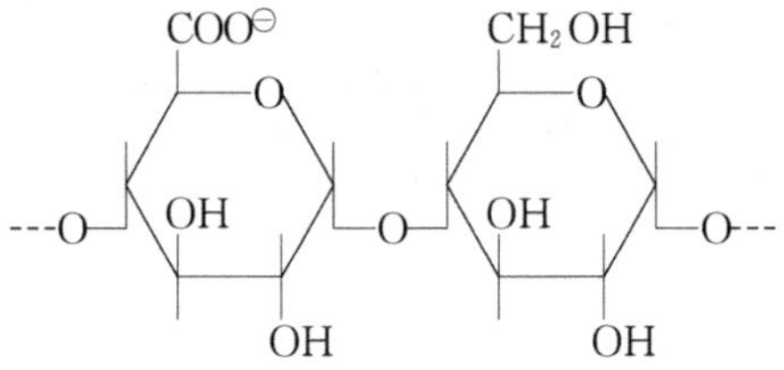

图 3-36 氧化淀粉

3.4 多糖

3.4.1 多糖的结构

多糖是单糖的聚合物。多糖与低聚糖相似，均是由糖基以直链或侧链方式排列而成的，但大多数是超过 20 个单糖的低聚物。多糖中单糖的个数称为聚合度(DP),DP<100 的多糖是很少见的,大多数多糖的 DP 为 200~3 000。纤维素的 DP 最大,达 7 000~15 000。估计自然界中 90%以上的碳水化合物是以多糖形式存在的,多糖可能是直链的也可能是侧链的,多糖的一般科学名称为聚糖。

由相同的糖基单位组成的多糖称为均多糖,如纤维素、直链淀粉、支链淀粉等都是均多糖。

由两种或多种不同的单糖单位组成的多糖称为杂多糖。由两种不同单糖单位组成的多糖称为二杂多糖,由三种不同单糖单位组成的多糖称为三杂多糖,以此类推。二杂多糖一般是由相似糖单元组成块并沿着直链交替出现的线性聚合物,如海藻酸钠;或者是由一种类型的糖基单位组成的直链,另一种糖基单位以侧链形式存在,如瓜尔豆胶和刺槐豆胶。食品中常见的多糖见表 3-10。

表 3-10(1)　食品中常见的多糖(同多糖)

名　　称	结构单糖	结　　构	相对分子质量	溶解性	存　　在
直链淀粉 (amylose)	D-葡萄糖	α-(1→4)葡聚糖直链上形成支链	10^4~10^5	稀碱溶液	谷物和其他植物
支链淀粉 (amylopectin)	D-葡萄糖	直链淀粉的直链上连有α-(1→6)键构成的支链	10^5~10^6	水	淀粉的主要组成成分
纤维素 (cellulose)	D-葡萄糖	聚β-(1→4)葡聚糖直链,有支链	10^4~10^5		植物结构多糖
几丁质 (chitin)	*N*-乙酰-D-葡糖胺	β-(1→4)键形成的直链状聚合物,有支链		稀、浓盐酸或硫酸、碱溶液	甲壳类动物的壳,昆虫的表皮
葡聚糖 (右旋糖酐) (dextran)		α-(1→6)葡聚糖为主链,α-(1→4)(0%~50%),α-(1→2)(0%~0.3%),α-(1→3)(0%~0.6%)。键结合在主链上构成支链,形成网状结构	10^4~10^6		肠膜状明串珠菌(*Leuceuconostoc mesenteroides*)产生的微生物多糖
糖原 (glycogen)	D-葡萄糖	类似支链淀粉的高度支化结构α-(1→4)和α-(1→6)键	3×10^5~4×10^6	水	动物肝脏内的贮藏多糖
菊糖 (inulin)	D-果糖	β-(2→1)键结合构成直链结构	3×10^3~7×10^3	热水	菊科植物大量存在的多聚果糖,大理菊、菊芋的块茎和菊苣的根中最多
甘露聚糖 (manna)	D-甘露糖	种子甘露聚糖:β-(1→4)键连接成主链,α-(1→6)键结合在主链上构成支链;酵母甘露聚糖:α-(1→4)键结合成主链,具有高度支化结构		碱	棕榈科植物如椰子种子胚乳,酵母

（续表）

名　称	结构单糖	结　构	相对分子质量	溶解性	存　在
木聚糖 (xylan)	D-木糖	β-(1→4)键结合构成直链结构	1×10^4～2×10^4	稀碱溶液	玉米芯等植物的半纤维素
出芽短梗孢糖或茁霉胶 (pulluan)	D-葡萄糖	⁅(1→6)α-D-吡喃葡萄糖-(1→4)α-D-吡喃葡萄糖-(1→4)-α-D-吡喃葡萄糖⁆$_n$-	～2×10^5	水	一种类酵母真菌茁霉(*Pullularia pulluans*)作用于蔗糖、葡萄糖、麦芽糖而产生的孢外胶质多糖
果胶 (pectin)	D-半乳糖醛酸	⁅(1→4)-α-D-吡喃半乳糖⁆$_n$-	2×10^4～4×10^5	水	植物

表 3-10(2)　食品中常见的多糖(杂多糖)

名　称	结构单糖与结构	相对分子质量	溶解性	存　在
海藻酸 (alginic acid)	D-甘露糖醛酸和 L-古洛糖醛酸的共聚物	～10^5	碱	褐藻细胞壁的结构多糖
琼脂糖 (agarose)	由 D-半乳糖和 3,6-脱水-L-半乳糖以β-(1→3)键相间隔联结而成的-(1→3)⁅β-D-吡喃半乳糖(1→4)-3,6-无水α-L-吡喃半乳糖-(1→3)⁆$_n$；主链上连接硫酸、丙酮酸和葡萄糖醛酸残基称为琼胶；琼脂为琼脂糖和琼胶的混合物	1×10^4～2×10^5	热水	红藻类细胞的黏性多糖
阿拉伯树胶 (arabic gum)	是由 D-半乳糖、D-葡萄糖醛酸、L-鼠李糖、L-阿拉伯糖组成的	10^5～10^6	水	金合欢属植物树皮的渗出物
鹿角藻胶 (carrageenan)	3,6-脱水-D-半乳糖及其 2-或 6-硫酸酯、D-半乳糖-2,6-二硫酸酯、2,4-和 6-硫酸酯构成复杂的支化结构，有 κ、ι、λ、μ 四种		热水	红藻类鹿角藻细胞壁结构多糖

3.4.2　多糖的构象

从单糖的结构单位在链中的构象、位置和类型可确定多糖的链构象，除不规则构象外，有规则的构象在多糖链中至少存在部分周期性序列，下面以葡聚糖和几种其他多糖为例解释某些有代表性的链构象。

1）伸长或拉伸螺条构象

伸长或拉伸螺条构象是β-D-吡喃葡萄糖残基以 1→4 糖苷键连接成的多糖的特征，例如纤维素中存在的构象。某些β-D-葡聚糖链构象见图 3-37。

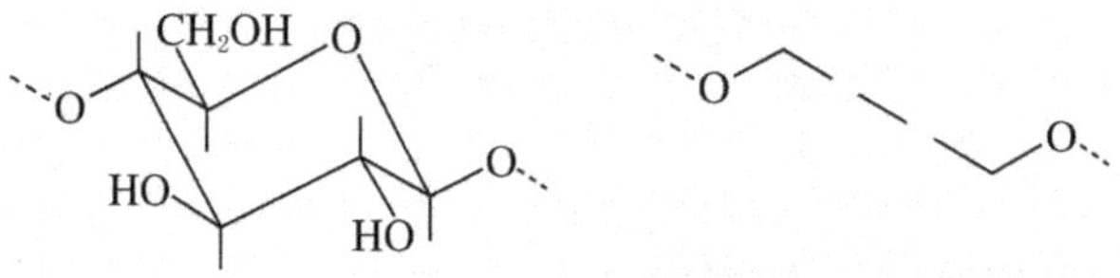

图 3-37　以(1→4)-β-D-吡喃葡萄糖单位的多糖周期构象

从以上结构可看出，某些多糖的拉伸链构象是由于单糖以氧桥连接的锯齿形结构所引起的，而且链略微缩短或压缩，这样就可以使邻近残基间形成氢键以维持构象的稳定。葡聚糖(例如纤维素)属于这种构象。

另一种链构象的代表是果胶和海藻酸盐的强褶裥螺条构象(plated ribbon-type conformation)(图 3-38)。果胶链段是由 1→4 连接的 α-D-吡喃半乳糖醛酸单位组成，海藻酸盐链段由 1→4 连接的 α-L-吡喃古洛糖醛酸单位构成。

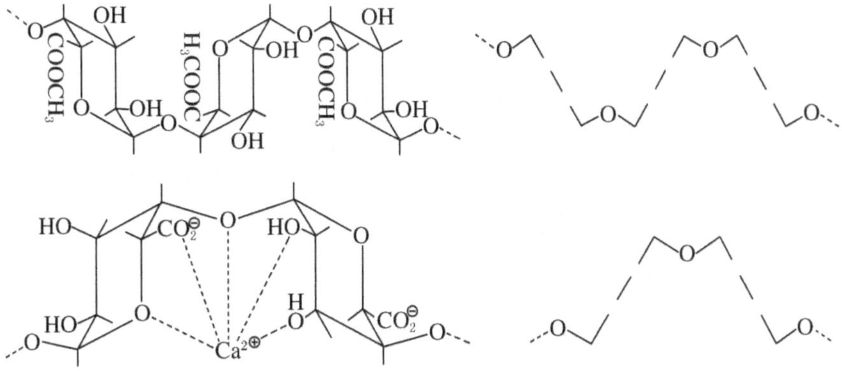

图 3-38　果胶和海藻酸盐的褶裥螺条构象链段

从图 3-38 的链段结构可看出，Ca^{2+} 和部分高价金属离子能使该构象保持稳定，两个海藻酸链装配成类似蛋箱的构象，通常称为蛋箱形构象。例如：

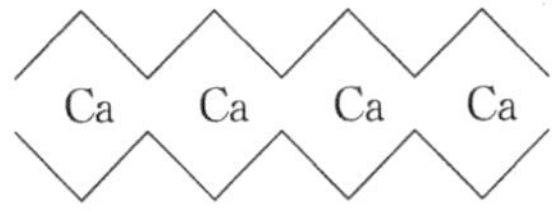

上述举例可看出，线性螺条链构象的共同特征是具有锯齿形几何形状。

2) 空心螺旋构象

地衣多糖是由 1→3 连接的 β-D-吡喃葡萄糖单位组成，它具有空心螺旋形特征构象(图 3-39)，这种链构象的形式与单体连接的 U 形几何形状有关。直链淀粉就具有这种几何形状，所以直链淀粉呈现螺旋构象(图 3-40)。

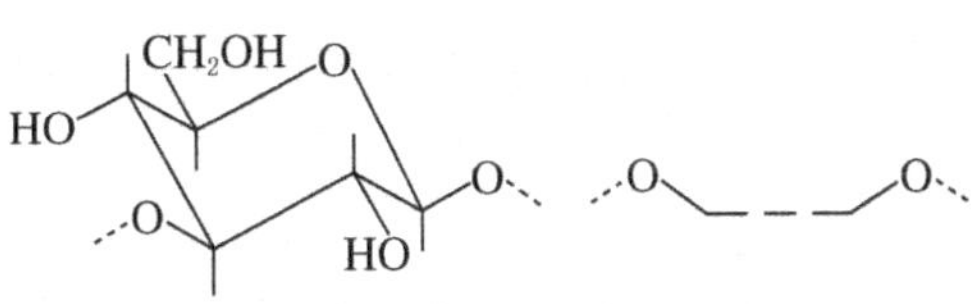

图 3-39　地衣多糖的链构象

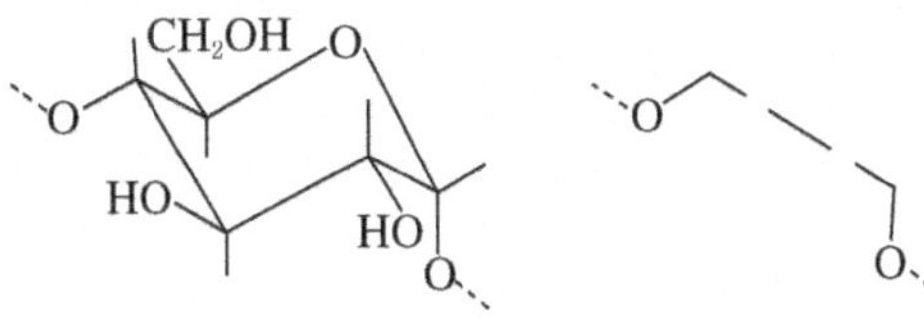

图 3-40　直链淀粉链构象

空心螺旋构象的每一圈单体数目(n)和每个残基轴间螺距(h)因多糖的种类不同而异，n 值在 2±10 之间，h 值可接近极限值 0。在 β-(1→3)-葡聚糖的构象中 n=5.6 和 h=0.316 nm。螺旋构象可通过各种不同的方式保持稳定。当螺旋直径大时能形成笼形物，螺旋直径较小时将产生更大的伸展或拉伸链，形成双股或三股螺旋，而强拉伸链的构象一般是由锯齿和褶裥缔合的稳定作用，而不是形成股绳式螺旋。图 3-41 为螺旋构象的稳定作用。

图 3-41 螺旋构象的稳定作用

(a) 笼形化合物 (b) 双股或三股螺旋线团 (c)“筑巢”

3) 弯曲构象

弯曲型构象是由于单体以氧桥连接呈现皱纹的几何形状所引起的，1→2 连接的 β-D-吡喃葡萄糖多糖属于这种构象，$n=2\sim4$ 和 $h=0.2\sim0.3$ nm，但在自然界该聚多糖不具有重要性(图 3-42)。

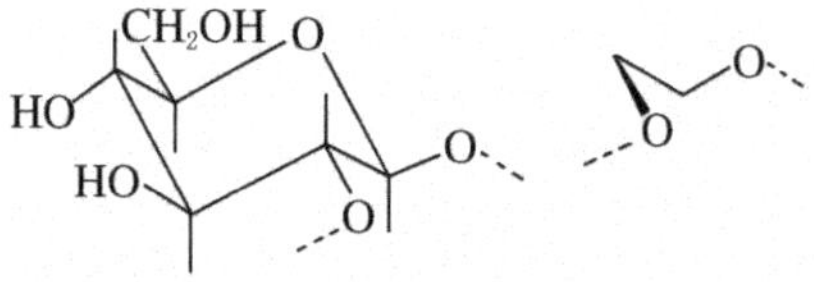

图 3-42 弯曲构象

4) 松散结合构象

由 1→6 连接的 β-D-吡喃葡萄糖单位构成的葡聚糖，其结构中的连接桥有三个能自由旋转的键，而且糖残基之间相隔较远，因此其构象表现出特别大的易变性。葡聚糖的这种构象(图 3-43)具有很大的柔顺性。

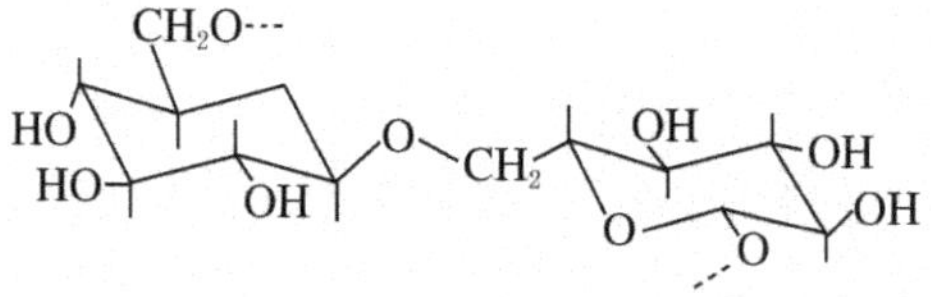

图 3-43 β-(1→6)-D-吡喃葡聚糖构象

5) 杂聚糖构象

从上述的例子可以知道，根据多糖中的单体、单位键和氧桥的几何形状，可以预计同聚糖的构象，但是却很难预计包含不同构象的几个单体周期序列的杂聚糖构象，例如 L-鹿角藻胶中的 β-D-吡喃半乳糖-4-硫酸酯单位呈 U 形几何形状，而其中的 3,6-脱水-α-D-吡喃半乳糖-2-硫酸酯残基是锯齿形(图 3-44)。

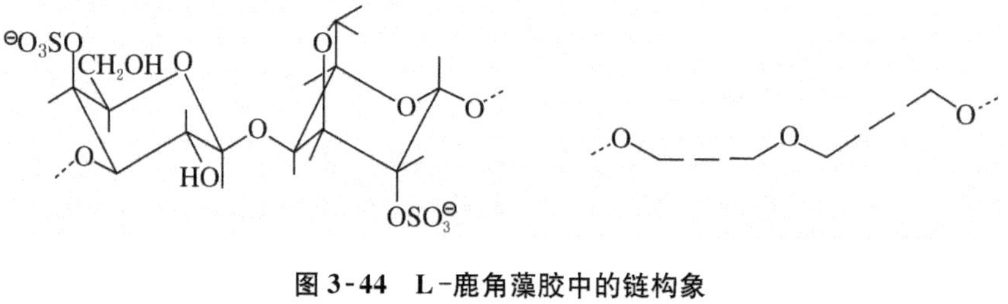

图 3-44 L-鹿角藻胶中的链构象

计算结果表明，L-鹿角藻胶的构象从短的压缩螺条形到拉伸的螺旋形不等，但实际上

X-射线衍射分析结果证明 L-鹿角藻胶存在拉伸螺旋，而且是稳定的双股螺旋构象。计算结果的较大偏差，主要是对分子中的氢键及糖链的旋转构象等因素考虑不全造成的。

6）链间的相互作用

多糖结构中以周期排列的单糖序列可因非周期链段的嵌入而中断，这种由序列引起的干扰会导致构象无序。

L-鹿角藻胶的构象可以更详细地解释上述现象，因此它将能阐明大分子胶凝形成凝胶的机制。L-鹿角藻胶在其生物合成反应中最初得到的是 β-D-吡喃半乳糖-4-硫酸酯（$^4C_1$，Ⅰ）和 α-D-吡喃半乳糖-2,6-二硫酸酯（$^4C_1$，Ⅱ）单位相互交替构成的周期序列（图 3-45）。当链生物合成完全时，由于受到酶催化反应，α-D-吡喃半乳糖-2,6-二硫酸酯（Ⅱ）大部分去掉了一个硫酸基，转变成 3,6-脱水-α-D-吡喃半乳糖-2-硫酸酯（$^1C_4$，Ⅲ），这种转变与链的几何形状变化有联系。某些已脱去一个硫酸酯的残基单位，在链序列中起到干扰部位的作用。而一个链中未发生这种转变的有序链段，可以与另一个链的相同链段发生缔合，形成双螺旋。非周期或无序的链段则不能参与这种缔合，见图 3-46。

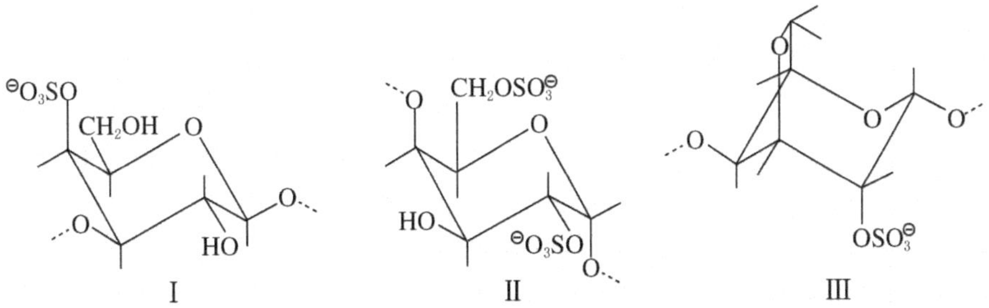

图 3-45　L-鹿角藻胶的结构单元

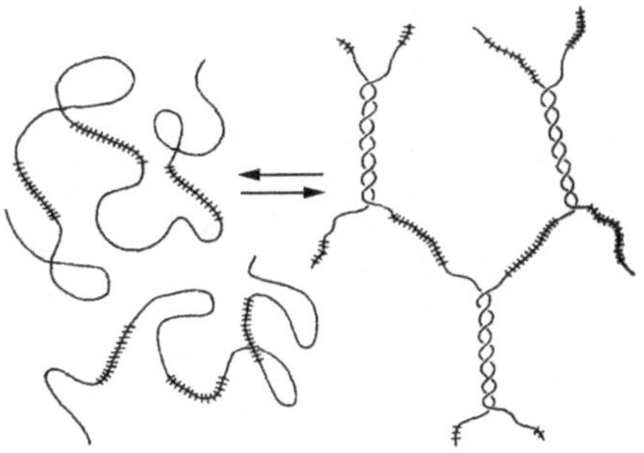

图 3-46　凝胶的胶凝过程示意图

L-鹿角藻胶的链与链之间的相互作用，使之形成具有三维网络结构的凝胶，溶剂被截留在网络之中，凝胶强度受 α-D-吡喃半乳糖-2,6-二硫酸酯残基数和分布的影响。L-鹿角藻胶形成凝胶的机制同样可用来解释其他大分子凝胶的凝结过程。因此，多糖要形成凝胶，除分子链应有足够的长度外，同时要求大分子链结构必须存在周期序列或有规则的构象断续出现（即部分有序），这种断续的产生一般是由于多糖链上嵌入不同几何形状键合的糖残基（例如鹿角藻胶、海藻酸盐、果胶），或者链中适当分布有游离的或酯化的羧基（糖醛酸），或者是嵌入了侧链的结果。当多糖胶凝时，分子的有序链段间发生缔合则可形成双螺旋、多双螺旋族，或者拉伸螺条形构象缔合成蛋箱形(见图 3-47)。此外，还有某些其他的类似缔合[图 3-47(d)]，或者是如图 3-47(e)所示的双股螺旋和螺条两者结合所构成的形式。

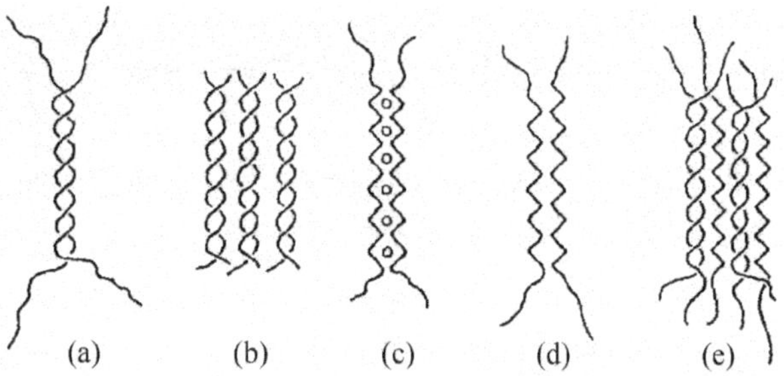

图 3-47　正规构象间链的聚集

(a) 双螺旋　(b) 双螺旋族　(c) 蛋箱形　(d) 螺条-螺条　(e) 双螺旋、螺条相互作用

3.4.3　多糖的特性

1) 多糖的溶解性

多糖分子链一般是由己糖和戊糖基单位构成，链中的每个糖基单位大多数平均含有 3 个羟基，每个羟基均可与一个或多个水分子形成氢键。此外，环上的氧原子以及糖苷键上的氧原子也可与水形成氢键，因此，结构中的每个单糖单位均能够完全被溶剂化，使之具有较强的持水能力和亲水性，也使整个多糖分子成为水溶性的。

在食品体系中，多糖与水的结合能改变水的流动性，也能改善食物的持水性，食品的许多功能性质，包括质地都与多糖和水有关。水与多糖的羟基是通过氢键结合的，在结构上产生了显著的改变，这部分水由于使多糖分子溶剂化而自身运动受到限制，通常称这种水为塑化水，在多糖中起着增塑剂的作用。它们仅占凝胶和新鲜组织食品中总含水量的一小部分，这部分水能自由地与其他水分子迅速发生交换。

多糖由于自身的属性而不能增加水的渗透性和显著降低水的冰点，因而在低温下仅能作为低温稳定剂，而不具有低温保护剂的效果。例如淀粉溶液冻结时形成了两相体系，其中一相为结晶水(冰)，另一相是由大约 70%淀粉与 30%非冻结水组成的玻璃态。高浓度的多糖溶液由于黏度特别高，因而体系中的非冻结水的流动性受到限制。多糖在低温时产生的冷冻浓缩效应，不仅使分子的流动性受到了极大的限制，而且使水分子不能被吸附到晶核和结合在晶体生长的活性位置上，从而抑制了冰晶的生长。多糖在低温下冻藏(−18℃)，无论是高相对分子质量或低相对分子质量的多糖，均能有效阻止食品的质地和结构受到破坏。

完全线性高度有序的多糖在大分子碳水化合物中只占少数，其分子链因相互紧密结合而形成结晶结构，最大限度地减少了同水接触的机会，因此不溶于水。它们仅在剧烈条件下，例如在碱或其他适当的溶剂中，使分子链间氢键断裂才能增溶。例如，纤维素结构中 β-D-吡喃葡萄糖基单位的有序排列和线性伸展，使得纤维素分子的长链和另一个纤维素分子中相同的部分相结合，导致纤维素分子在结晶区平行排列，使得水不能与纤维素的这些部位发生氢键键合，所以纤维素的结晶区不溶于水，而且非常稳定。大部分多糖不具有结晶，易在水中溶解或溶胀。

2）黏度与稳定性

可溶性大分子多糖都可以形成黏稠溶液。在天然多糖中，阿拉伯树胶溶液（按单位体积中同等质量分数计）的黏度最小，而瓜尔胶（guargum）或瓜尔聚糖（guaran）及魔芋葡甘聚糖溶液的黏度最大。多糖（胶或亲水胶体）在食品中的主要功能是它们的增稠性和胶凝性，此外，多糖还可控制液体食品及饮料的流动性与质地，改变半固体食品的形态及 O/W（水包油型）乳浊液的稳定性。在食品加工中，0.25%～0.50%的多糖即可产生很高的黏度甚至形成凝胶。

多糖溶液的黏度取决于糖分子的大小、形状、所带净电荷和其在溶液中的构象。多糖分子在溶液中的形状是围绕糖基连接键振动的结果，一般呈无序状态的构象有较大的可变性。多糖的链是柔顺性的，在溶液中为紊乱或无规线团状态（图 3-48）。但是大多数多糖所形成的线团是刚性的，有时紧密，有时伸展，线团的性质与单糖的组成和连接方式紧密相关。

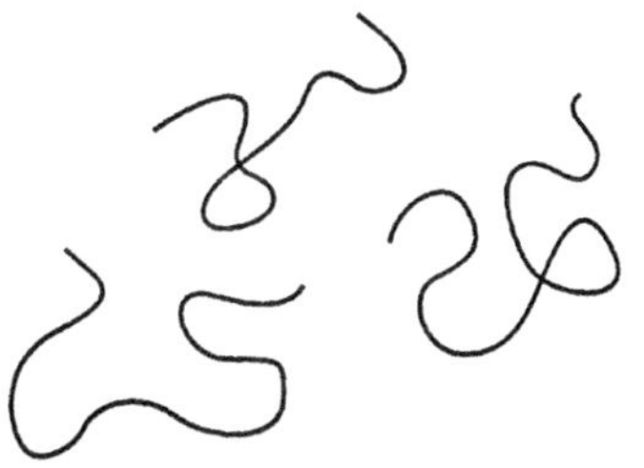

图 3-48　多糖分子的无规线团

线形多糖在溶液中具有较大的屈绕回转空间，其“有效体积”和流动产生的阻力一般都比相同相对分子质量的支链多糖大，分子链段之间相互碰撞的频率也较高。分子间由于碰撞产生摩擦而消耗能量，因此，线形多糖即使在低浓度时也能产生很高的黏度（如魔芋葡甘聚糖）。其黏度大小取决于多糖的聚合度 DP（相对分子质量）、伸展程度和刚性，也与多糖链溶剂化后的形状和柔顺性有关。

支链多糖在溶液中链与链之间的相互作用不太明显，因而分子的溶剂化程度较线形多糖高，更易溶于水。特别是高度支化的多糖“有效体积”的回转空间比相对分子质量相同的线性分子小得多（图 3-49），分子之间相互碰撞的几率也较低，这意味着支链多糖溶液的黏度远低于 DP 相同的线形多糖。

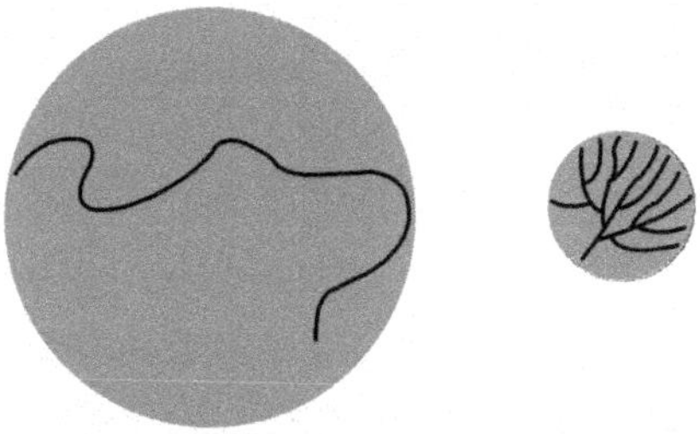

图 3-49　相同相对分子质量的线形多糖和高度支链多糖在溶液中占有的相对体积

分子链上连接有阴离子的线形多糖，由于产生静电排斥作用，使得分子伸展，链长增加和阻止分子间缔合，这类多糖溶液都呈现高的黏度，而且 pH 对其黏度大小有较显著的影响。含羧基的多糖在 pH 2.8 时电荷效应最小，这时羧基电离受到了抑制，这种聚合物的行为如同不带电荷的分子。

由于立体化学的原因，所有线形分子无论是带电荷或不带电荷，都比相对分子质量相同的支链分子或灌木丛状分子具有更多的回转空间。多糖在食品中主要是产生黏稠性、结构或胶凝作用，所以线形多糖一般是最实用的。

一般而言，不带电荷的线形均一多糖，如纤维素或直链淀粉，分子链间倾向于相互缔合和形成部分结晶，这些结晶区非常稳定且不溶于水，当在剧烈条件下加热时，多糖分子在水中形成不稳定的分散体系，随后分子链间又相互作用形成有序排列。通常构象非常有规律时会出现部分结晶态，这是中性线形多糖形成沉淀和凝胶的必备条件。例如直链淀粉在加热后溶于水，分子链伸长，当溶液冷却时，分子链段相互碰撞形成氢键相互缔合，成为有序的结构，在重力的作用下形成的颗粒就产生沉淀。淀粉中出现的这种不溶解效应，称为“老化”。伴随着老化的发生，多糖分子中的结合水被排除，称为“脱水收缩”。面包和其他焙烤食品，均会因直链淀粉分子缔合而老化变硬。支链淀粉在长期储藏后，分子间也可能发生缔合。带电荷的线形多糖会因库仑斥力阻止分子链段相互接近，同时引起链伸展，产生高黏度，形成稳定的溶液，很难发生老化现象。例如海藻酸钠、黄原胶和鹿角藻胶，在鹿角藻胶分子中存在很多的硫酸半酯基，是带负电荷的线形混合物，即使溶液的 pH 很低时也不会出现沉淀，因为鹿角藻胶分子中的硫酸根在适合的 pH 范围都是完全处于电离状态。

3）凝胶

胶凝作用是多糖的又一重要特性。在食品加工中，多糖或蛋白质等大分子可通过氢键、离子桥接(ionic cross bridges)、范德华引力、疏水相互作用、缠结或共价键等相互作用，在多个分子间形成多个联结区。这些分子与分散的溶剂水分子缔合，最终形成由水分子布满的连续的三维空间网络结构(图 3-50)。

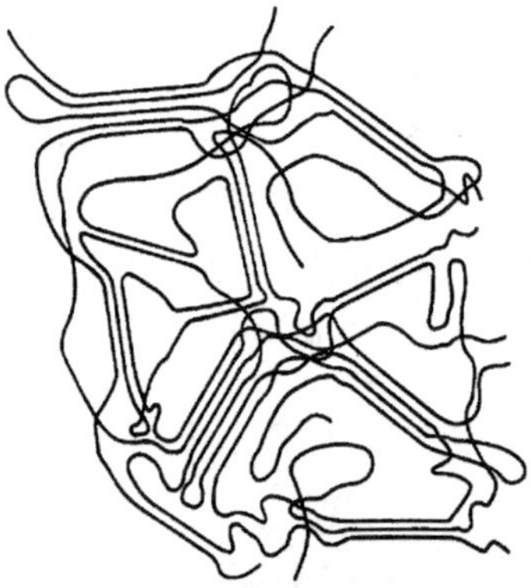

图 3-50 多糖的三维网络凝胶结构示意图

当大分子链间的相互作用超过分子链长的时候，每个多糖分子可参与两个或多个分子联结区的形成，这种作用的结果使原来流动的液体转变为有弹性的、类似为海绵的三维空间网络结构的凝胶。凝胶兼有固体和液体的某些特性，它不像连续液体那样完全具有流动性，也不像有序固体那样具有明显的刚性，而是一种能保持一定形状，可显著抵抗外界应力作用，具有黏性液体某些特性的黏弹性半固体。凝胶中含有大量的水，有时甚至高达 99%，例如带果块的果冻、肉冻、鱼冻等。

凝胶强度依赖于联结区结构的强度，如果联结区不长，链与链不能牢固地结合在一起，那么，当压力或温度升高时，聚合物链的运动增大，导致分子分开，这样的凝胶属于易破坏和热不稳定凝胶。若联结区包含长的链段，且链与链之间的作用力非常强，足可耐受所施加的压力或热的刺激，这类凝胶硬而且稳定。支链分子或杂聚糖分子间不能很好地结合，因此不能形成足够大的联结区和一定强度的凝胶。这类多糖分子只形成黏稠、稳定的溶胶。同样，带电荷基团的分子，例如含羧基的多糖，链段之间的负电荷可产生库仑斥力，因而能阻止联结区的形成。

4）水解

多糖在食品加工和贮藏过程中不如蛋白质稳定。在酸或酶的催化下，低聚糖和多糖的糖苷键易发生水解，并伴随着食品黏度降低。

糖苷、低聚糖和多糖水解的难易程度，除了同它们的结构有关外，还受 pH、时间、温度和酶的活力等因素的影响。在某些食品加工和保藏过程中，碳水化合物的水解能使食品出现非需要的颜色变化，并使多糖失去胶凝能力。

一般认为糖苷的酸水解是按图 3-51 所示的机制进行的，其中失去 ROH 与产生共振稳定的正碳离子是反应速度决定步骤，酸在这里只起到了催化作用。

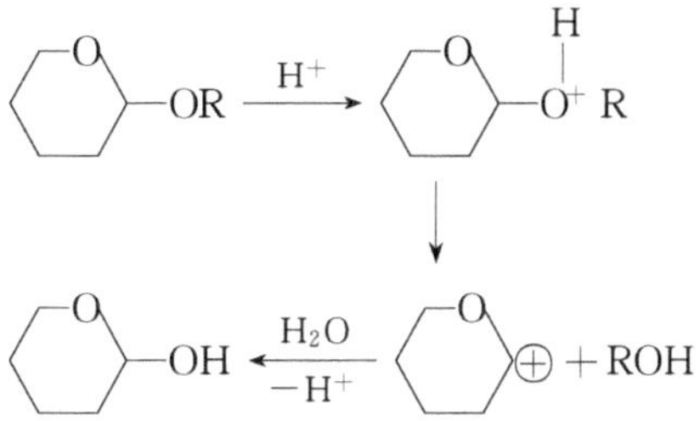

图 3-51　烷基吡喃糖苷的酸催化水解机制

5）多糖的生理活性

很多多糖具有某种特殊的生理活性，如纤维素、真菌多糖和木质素等不被人体消化吸收的多糖，统称为膳食纤维。糖蛋白、角质、蜡和多酚酯等，也属于膳食纤维范畴。膳食纤维的化学组成一般包括三部分：① 纤维状碳水化合物（纤维素）；② 基料碳水化合物（果胶类物质、半纤维素和糖蛋白等）；③ 填充类化合物。

膳食纤维具有以下特性：① 很高的持水力；② 对阳离子有结合交换能力；③ 对有机化合物有吸附螯合作用；④ 具有类似填充的容积；⑤ 可改变肠道系统中的微生物群组成。

真菌多糖在生理功能方面也具有某些独特的性质，很多研究表明，存在于香菇、金针菇、猴头菇、黑木耳、银耳、灵芝、蘑菇等食用药用真菌中的某些多糖成分，具有通过活化巨噬细胞刺激抗体产生从而达到提高人体免疫力的功能。

6）多糖的风味结合能力

大分子糖类化合物是一类很好的风味固定剂，应用最普遍和最广泛的是阿拉伯胶。阿拉伯胶可以在风味物颗粒的周围形成一层厚膜，可以防止水分的吸收、蒸发和化学氧化造成的损失，从而有效保护食品的食用品质不受影响。阿拉伯胶和明胶的混合物常作微胶囊的制作材料，这也是固定风味物质的一大技术进展。

3.4.4 食品中的多糖

多糖在自然界中分布极为广泛，而且在食品加工和贮藏过程中有着重要的意义。食品加工中利用的多糖有天然的或改性的产物，可作为增稠剂、胶凝剂、结晶抑制剂、澄清剂、稳定剂（用作泡沫、乳胶体和悬浮液的稳定）、成膜剂、絮凝剂、缓释剂、膨胀剂和胶囊剂等。

1）纤维素

纤维素是植物细胞壁的主要成分，通常与半纤维素、果胶和木质素结合在一起，其结合方式和程度对植物食品的质地有很大的影响。人体消化道中不存在纤维素酶，纤维素连同某些其他惰性多糖构成植物性食品，如蔬菜、水果和谷物中的不可消化的碳水化合物(称为膳食纤维)。

纤维素是由 D-吡喃葡萄糖通过 β-D-(1→4)糖苷键连接构成的(图 3-52)。纤维素不溶于水，对稀酸和稀碱特别稳定，几乎不还原费林试剂。用高浓度的酸(60%～70%硫酸或 41%盐酸)或稀酸在高温处理下才能分解纤维素，其分解的最后产物是葡萄糖，该反应用于从木材中直接生产葡萄糖(木材糖化)，用针叶树糖化产生己糖，落叶树糖化则产生戊糖。

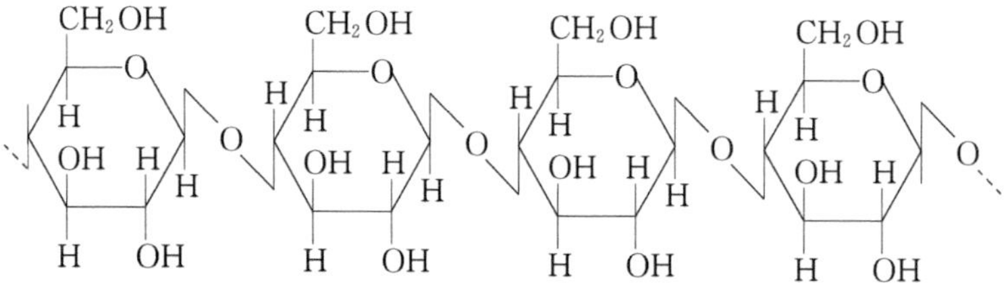

图 3-52 纤维素的结构

纤维素的线型构象使分子容易按平行并排的方式牢固地缔合，形成单斜棒状结晶，链按平行纤维的方向取向，并略微折叠，以便在 O-4 和 O-6 以及 O-3 和 O-5 之间形成链内氢键。纤维素有无定形区和结晶区之分，无定形区容易受溶剂和化学试剂的作用，利用无定形区和结晶区在反应性质上的这种差别，可以制成微晶纤维素。用酸将无定形区水解掉，剩下很小的耐酸结晶区，这种产物商业上叫做微晶纤维素，相对分子质量一般在 30 000～50 000，仍然不溶于水，在低热量食品加工中作填充剂和流变控制剂。

纤维素的聚合度(DP)取决于植物的来源和种类，聚合度可从 1 000 至 14 000(相当于相对分子质量 162 000～2 268 000)。纤维素由于相对分子质量大且具有结晶结构，所以不溶于水，而且溶胀性和吸水性都很小。纤维素和改性纤维素均为膳食纤维，它们不能被人体消化，也不能提供营养和热量，但具有重要的功能作用。纯化的纤维素常作为配料添加到面包等食品中，增加食品的持水力，延长货架期，并提供一种低热量食品。

(1) 羧甲基纤维素

纤维素经化学改性，可制成纤维素基食物胶。应用最广泛的纤维素衍生物是羧甲基纤维素钠(Carboxymethyl Cellulose,CMC)，它是用氢氧化钠和氯乙酸处理纤维素制成的，一般产物的取代度 DS 为0.3～0.9，聚合度为 500～2 000，其反应如图 3-53 所示。

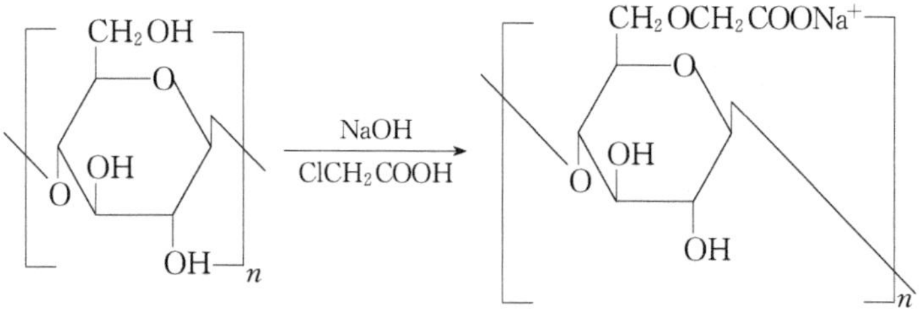

纤维素　　　　羧甲基纤维素钠盐

图 3-53 羧甲基纤维素的制备反应

羧甲基纤维素分子链长，具有刚性，带负电荷，在溶液中因静电排斥作用使之呈现高黏度和稳定性，它的这些性质与取代度和聚合度密切相关。

低取代度(DS≤0.3)的产物不溶于水而溶于碱性溶液；高取代度(DS>0.4)羧甲基纤维素易溶于水。此外，溶解度和黏度还取决于溶液的 pH。取代度 0.7～1.0 的羧甲基纤维素可用来增加食品的黏性，溶于水可形成非牛顿流体，其黏度随着温度上升而降低，pH 5～10 时溶液较稳定，pH 7～9 时稳定性最大。

羧甲基纤维素有助于食品蛋白质的增溶，例如明胶、干酪素和大豆蛋白等。在增溶过程中，羧甲基纤维素与蛋白质形成复合物。特别在蛋白质的等电点 pH 附近，可使蛋白质保持稳定的分散体系。

羧甲基纤维素具有适宜的流变学性质、无毒以及不被人体消化等特点，因此，在食品中得到广泛的应用，如在馅饼、牛奶蛋糊、布丁、干酪涂抹料中作为增稠剂和黏合剂。因为羧甲基纤维素对水的结合容量大，在冰淇淋和其他食品中用以阻止冰晶的生成，防止糖果、糖衣和糖浆中产生糖结晶。此外，还用于增加蛋糕及其他焙烤食品的体积和延长货架期，保持色拉调味汁乳胶液的稳定性，使食品疏松、增加体积，并改善蔗糖的口感。在低热量碳酸饮料中羧甲基纤维素用于阻止 CO_2 的逸出。

(2) 甲基纤维素和羟丙基纤维素

在强碱性条件下将纤维素同氯甲烷反应即得到甲基纤维素(Methylcelluose, MC)，取代度依反应条件而定，商业产品的取代度一般为 1.1～2.2。甲基纤维素是纤维素的醚化衍生物。

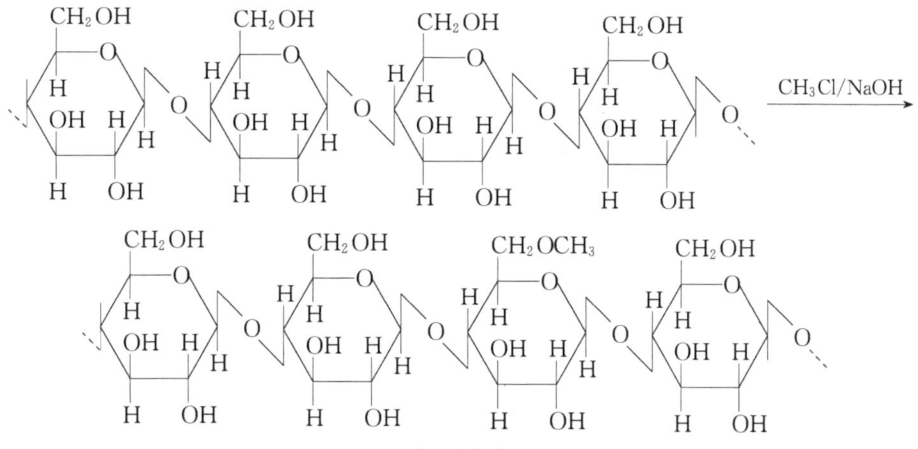

甲基纤维素

甲基纤维素的特点是热胶凝性，即溶液加热时形成凝胶，冷却后又恢复溶液状态。甲基纤维素溶液加热时，最初黏度降低，然后迅速增大并形成凝胶，这是由于各个分子周围的水合层受热后破裂，聚合物之间的疏水键作用增强引起的。电解质(如 NaCl)和非电解质(如蔗糖或山梨醇)均可使胶凝温度降低，因为它们争夺水分子的作用很强。甲基纤维素不能被人体消化，是膳食中无热量多糖。

羟丙基甲基纤维素(Hydroxypropyl Methyl Cellulose, HPMC)是纤维素与氯甲烷和环氧丙烷在碱性条件下反应制备的，取代度通常在 0.002～0.3 范围。同甲基纤维素一样，可溶于冷水，这是因为在纤维素分子链中引入了甲基和羟丙基两个基团，从而干扰了羟丙基甲基纤维素分子链的结晶堆积和缔合，因此有利于链的溶剂化，增加了纤维素的水溶性，但由于极性羟基减少，其水合作用降低。纤维素被醚化后，使分子具有一些表面活性且易在界面吸附，这有助于乳浊液和泡沫稳定。反应如下：

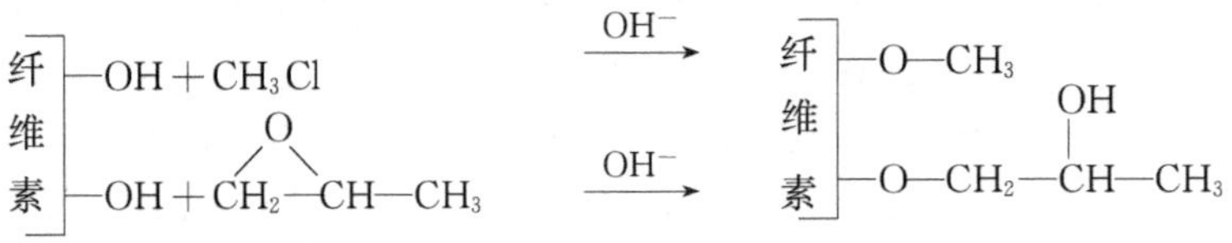

甲基纤维素和羟丙基纤维素的起始黏度随着温度上升而下降，在特定温度下可形成可逆性凝胶，胶凝温度和凝胶强度与取代基的种类和取代度及水溶胶的浓度有关，羟丙基可以使大分子周围的水合层稳定，从而提高胶凝温度。改变甲基与羟丙基的比例，可使凝胶在较广的温度范围内凝结。

甲基纤维素和羟丙基甲基纤维素可增强食品对水的吸收和保持，使油炸食品不过度吸收油脂。在某些保健食品中甲基纤维素起脱水收缩抑制剂和填充剂的作用。在不含面筋的加工食品中作为质地和结构物质。在冷冻食品中用于抑制脱水收缩，特别是沙司、肉、水果、蔬菜以及在色拉调味汁中可作为增稠剂和稳定剂。此外，甲基和羟丙基甲基纤维素还用于各种食品的可食涂布料和代脂肪。

2）半纤维素

半纤维素是一类聚合物，水解时生成大量的戊糖、葡萄糖醛酸和某些脱氧糖。食品中最普遍存在的半纤维素是由 β-(1→4)-D-吡喃木糖单位组成的木聚糖，这种聚合物通常含有连接在某些 D-木糖基 3-碳位上的 β-L-呋喃阿拉伯糖基侧链，其他特征成分是 D-葡萄糖醛酸 4-*O*-甲基醚，D-或 L-半乳糖和乙酰酯基，以下是有代表性的结构：

-β-(1→4)-D-吡喃木糖基-(1→4)-β-D-吡喃木糖基-(1→4)-4-*O*-甲基-α-D-吡喃葡糖醛酸

3↓

β-L-呋喃阿拉伯糖基

半纤维素在焙烤食品中最主要的作用是提高面粉对水的结合能力，改善面包面团的混合品质，降低混合所需能量，有助于蛋白质的掺和，增加面包体积。含植物半纤维素的面包可推迟变干硬的时间。

半纤维素对人体的重要性还不十分了解，但它作为食物纤维的来源之一，在体内能促进胆汁酸的消除和降低血清中胆固醇含量，有利于肠道蠕动和粪便排泄。包括半纤维素在内的食物纤维素对减少心血管疾病和结肠失调的危险有一定的作用，特别是结肠癌的预防。糖尿病人采用高纤维膳食可减少病人对胰岛素的需要量。但是，多糖树胶和纤维素对某些维生素和必需微量矿物质在小肠内的吸收会产生不利的影响。

3）果胶

果胶广泛分布于植物体内，是由 α-(1→4)-D-吡喃半乳糖醛酸单位组成的聚合物，主链上还存在 α-L-鼠李糖残基，在鼠李糖富集的链段中，鼠李糖残基呈现毗连或交替的位置。果胶的伸长侧链还包括少量的半乳聚糖和阿拉伯聚糖。

果胶存在于植物细胞的胞间层，各种果胶的主要差别是它们的甲氧基含量或酯化度不相同。植物成熟时甲氧基和酯化度略微减少，酯化度(DE)用D-半乳糖醛酸残基总数中D-半乳糖醛酸残基的酯化分数×100表示。例如酯化度50%的果胶物质的结构如下所示。

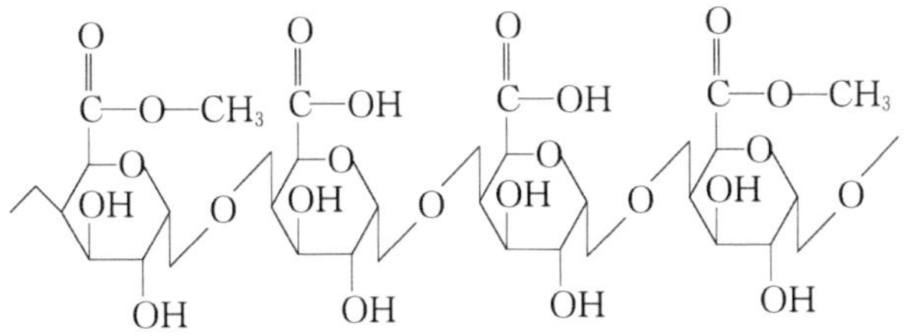

通常将酯化度大于50%的果胶称为高甲氧基果胶(high-methoxyl pectin)，酯化度低于50%的是低甲氧基果胶(low-methoxyl pectin)。原果胶是未成熟的果实、蔬菜中高度甲酯化且不溶于水的果胶，它使果实、蔬菜具有较硬的质地。

原果胶在原果胶酶和果胶甲酯酶的作用下转变成果胶酯酸，果胶酯酸(pectinic acid)是甲酯化程度不太高的果胶。因聚合度和甲酯化程度的不同，果胶酯酸可以是胶体形式或水溶性的，水溶性果胶酯酸又称为低甲氧基果胶，果胶酯酸在果胶甲酯酶的持续作用下，甲酯基可全部脱去，形成果胶酸。果胶酶有助于植物后熟过程中产生良好的质地，在此期间，原果胶酶使原果胶转变成胶态果胶或水溶性果胶酯酸。果胶甲酯酶(果胶酶)裂解果胶的甲酯，生成多聚-D-半乳糖醛酸(poly-D-galacturonic acid)或果胶酸，然后被多聚半乳糖醛酸酶部分降解为D-半乳糖醛酸单位。上述酶在果实成熟期共同起作用，对改善水果和蔬菜的质地起着重要的作用。

果胶能形成具有弹性的凝胶，不同酯化度类型的果胶形成凝胶的机制是有差别的，高甲氧基果胶必须在低pH和高糖浓度中方可形成凝胶，一般要求果胶含量<1%、蔗糖浓度58%～75%、pH 2.8～3.5。因为在pH 2.0～3.5时可阻止羧基离解，使高度水合作用和带电的羧基转变为不带电荷的分子，从而使其分子间的斥力减小，分子的水合作用降低，结果有利于分子间的结合和三维网络结构的形成。由于高浓度蔗糖争夺水分子，致使中性果胶分子溶剂化程度大大降低，有利于形成分子间氢键和凝胶。果胶凝胶加热至温度接近100℃时仍能保持其特性。果胶分子间存在如下所示的羟基-羟基、羧基-羧基和羟基-羧基氢键键合。

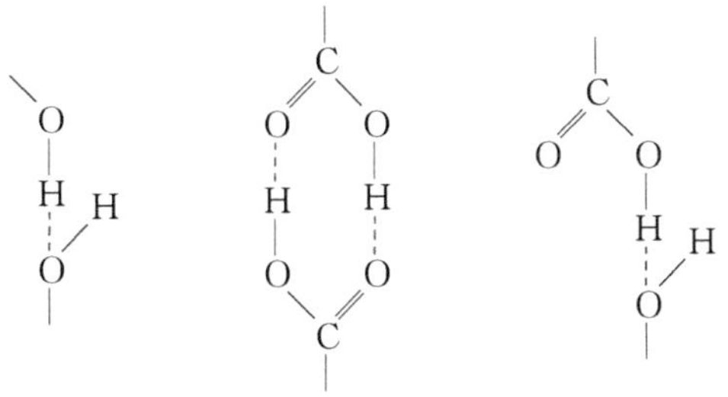

果胶的胶凝作用不仅与其浓度有关，而且因果胶的种类而异，普通果胶在浓度1%时可形成很好的凝胶。果胶的高凝胶强度与相对分子质量和分子间缔合呈正相关。一般说来，果胶酯化度从30%增加到50%将会延长胶凝时间，因为甲酯基的增加，使果胶分子间氢键键合的立体干扰增大。酯化度为50%～70%时，可缩短胶凝时间（表3-11）。

表 3-11 果胶酯化度对形成凝胶的影响

酯化度%①	形成凝胶的条件			凝胶形成的快慢
	pH	糖/%	二价离子	
>70	2.8～3.4	65	无	快
50～70	2.8～3.4	65	无	慢
<50	2.5～2.6	无	有	快

注：① 酯化度=(酯化的 D-半乳糖醛酸残基数/D-半乳糖醛酸残基总数)×100。

低酯化度(低甲氧基)果胶在没有糖存在时也能形成稳定的凝胶，但必须有二价金属离子(M^{2+})存在。例如钙离子，在果胶分子间形成交联键，随着 Ca^{2+} 浓度的增加，胶凝温度和凝胶强度也增加，这同褐藻酸钠形成蛋箱形结构的凝胶机理类似，常用来加工不含糖或低糖营养果酱或果冻。低甲氧基果胶在 pH 2.5～6.5 范围内可以形成凝胶，普通果胶在 pH 2.7～3.5 范围内形成凝胶。低甲氧基果胶添加 10%～20%的蔗糖却可明显改善凝胶的质地。低甲氧基果胶凝胶中不添加糖或增塑剂，则比普通果胶的凝胶更容易脆裂，且弹性小。钙离子对凝胶的硬化作用适用于增加番茄、酸黄瓜罐头的硬度，以及制备含低甲氧基果胶的营养果酱和果冻。

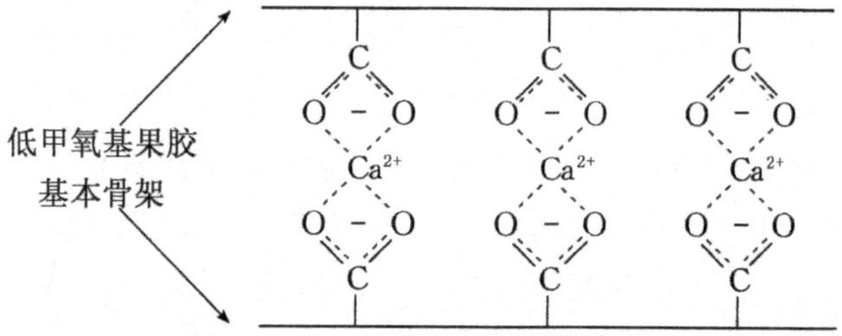

商业上生产果胶主要是以橘子皮和压榨后的苹果渣为原料，在 pH 1.5～3 及温度 60～100℃提取，然后用离子(如 Al^{3+})使果胶形成不溶于水的果胶盐沉淀，沉淀用酸性乙醇洗涤后除去添加的离子。果胶常用于制作果酱和果冻的胶凝剂，以及饮料和冰淇淋的稳定剂与增稠剂。

4) 瓜尔豆胶和角豆胶

瓜尔豆胶和角豆胶都是半乳甘露聚糖，它们是重要的增稠多糖，广泛应用于食品工业和其他工业。瓜尔豆胶或称瓜尔聚糖是豆科植物瓜尔豆种子中的胚乳多糖，它是所有天然胶和商品胶中黏度最高的一种。瓜尔豆胶是由(1→4)-β-D-吡喃甘露糖单位构成主链，主链上每间隔一个糖单位连接一个(1→6)-α-D-吡喃半乳糖单位侧链。其相对分子质量约 220 000，是一种较大的聚合物，分子结构见图 3-54。

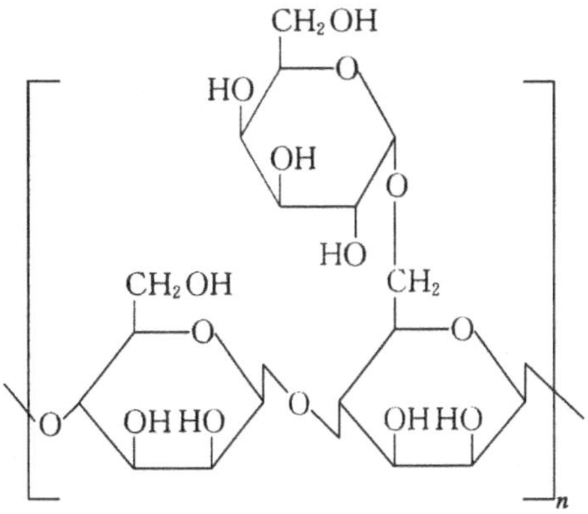

图 3-54 瓜尔聚糖重复单位

瓜尔聚糖能结合大量的水，在冷水中迅速水合生成高度黏稠和触变的溶液，黏度大小与体系温度、离子强度和其他食品成分有关。由于这种树胶能形成非常黏稠的溶液，通常在食品中的添加量不超过 1%。瓜尔豆胶溶液呈中性，黏度几乎不受 pH 变化的影响，可以和大多数其他食品成分共存于体系中。盐类对溶液黏度的影响不大，但大量蔗糖可降低黏度并推迟达到最大黏度的时间。

瓜尔豆胶与小麦淀粉和某些其他树胶可显示出黏度的协同效应，在冰淇淋中可防止冰晶生成，并在稠度、咀嚼性和抗热刺激等方面都起着重要作用。焙烤食品添加瓜尔豆胶可延长货架期；能降低点心糖衣中蔗糖的吸水性；可用于阻止干酪脱水收缩；还可用于改善肉食品品质，例如提高香肠肠衣馅料的品质；沙司和调味料中加入 0.2%～0.8%瓜尔豆胶，能增加黏稠性和产生良好的口感。

角豆胶又名刺槐豆胶，存在于豆科植物角豆树种子中，这种树胶的主要结构与瓜尔豆胶相似，是由 β-D-吡喃甘露糖残基以 β-(1→4)键连接成主链，通过(1→6)键连接 α-D-半乳糖残基构成侧链，甘露糖与半乳糖的比为(3～6)：1（图 3-55）。但 D-吡喃半乳糖单位为非均一分布，保留一长段没有 D-吡喃半乳糖基单位的甘露聚糖链，这种结构导致它产生特有的增效作用，特别是和海藻的鹿角藻胶合并使用时可通过两种交联键形成凝胶。角豆胶与瓜尔豆胶都不能单独形成凝胶。

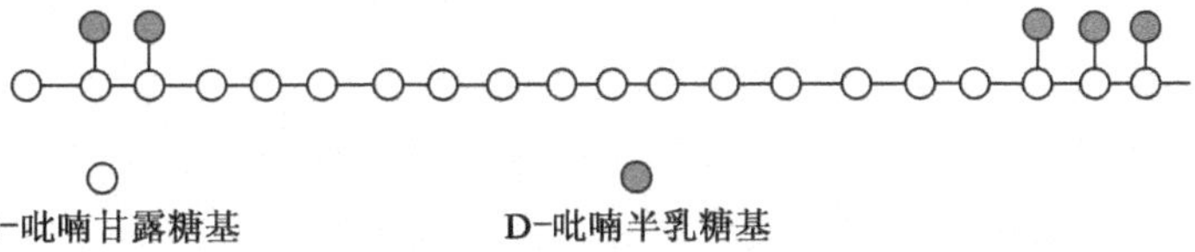

图 3-55 角豆胶示意结构

在冷冻甜食中，角豆胶可保持水分并作为增稠剂和稳定剂，一般添加量为 0.15%～0.85%。在软干酪加工中，它可以加快凝乳的形成和减少固形物损失。在混合肉制品中，可以作为肉糕、香肠等食品的黏结剂。在低面筋含量面粉中添加角豆胶，可提高面团的水结合量，同能产生胶凝的多糖合并使用可产生增效作用，例如 0.5%琼脂和 0.1%角豆胶的溶液混合，所形成的凝胶比单独琼脂生成的凝胶强度提高 5 倍。

5）阿拉伯树胶

阿拉伯树胶是一种复杂的蛋白杂聚糖，相对分子质量为 260 000～1 160 000，多糖部分一般由L-阿拉伯糖(3.5 mol)、L-鼠李糖(1.1 mol)、D-半乳糖(2.9 mol)和D-葡萄糖醛酸(1.6 mol)组成，占总树胶的70%左右。多糖分子的主链由β-D-吡喃半乳糖残基以1→3键连接构成，残基部分C-6位置连有侧链，其部分结构如图3-56所示。

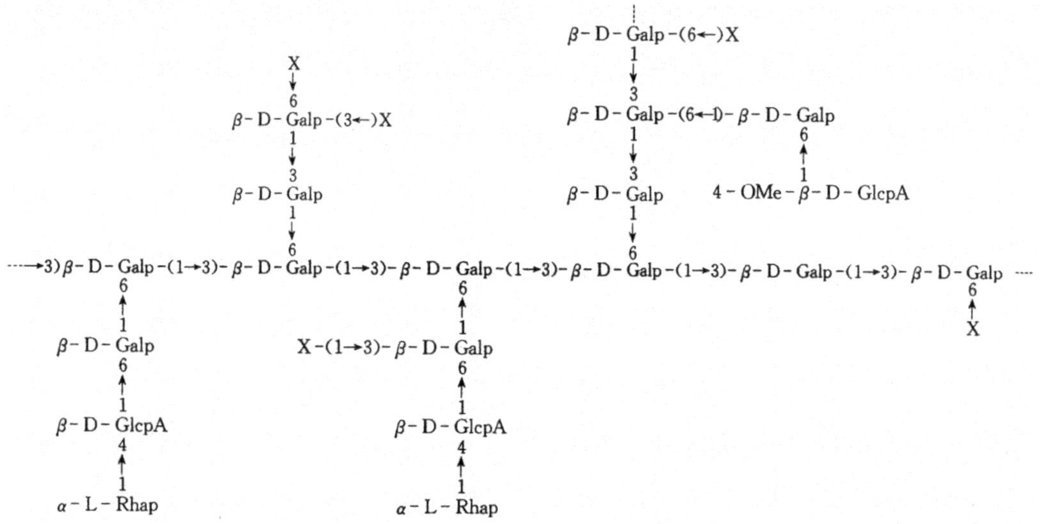

X=L-Araf-(1→;

或α-D-Galp-(1→3)-L-Araf-(1→

或β-L-Arap-(1→3)-L-Araf-(1→

或L-Araf-(1→3)-L-Araf-(1→

或L-Araf-(1→3)-L-Araf-(1→3)-L-Araf-(1→

或β-L-Arap-(1→3)-L-Araf-(1→3)-L-Araf-(1→

D-GlcpA=D-吡喃葡萄糖醛酸

D-Galp=D-吡喃半乳糖

L-Araf=L-呋喃阿拉伯糖

L-Arap=L-吡喃阿拉伯糖

L-Rhap=L-吡喃鼠李糖

图3-56 阿拉伯树胶中多糖的部分结构

阿拉伯树胶以中性或弱酸性盐形式存在，组成盐的阳离子有Ca^{2+}、Mg^{2}和K^{+}。蛋白质部分约占总树胶的2%，特殊品种可达25%，多糖通过共价键与蛋白质肽链中的羟脯氨酸和丝氨酸相连接。阿拉伯树胶易溶于水形成低黏度溶液，只有在高浓度时黏度才开始急剧增大，这一点与其他许多多糖的性质不相同，最大的特点是溶解度高，可达到50%(质量分数)。高质量的树胶可形成无色无味的液体。若有离子存在时，阿拉伯树胶溶液的黏度随pH改变而变化，在低和高pH时黏度小，但pH 6～8时黏度最大。添加电解质时黏度随阳离子的价数和浓度成比例降低。阿拉伯树胶和明胶、海藻酸钠是配伍禁忌的，但可以与大多数其他树胶合并使用。阿拉伯树胶能防止糖果结晶，稳定乳胶液并使之产生黏性，在冰淇淋、冰水饮料、冰冻果子露中有助于小冰晶的形成和稳定。

在粉末或固体饮料中，它能起到固定风味的作用，特别是在喷雾干燥的柑橘固体饮料中能够保留挥发性香味成分。阿拉伯树胶与高浓度糖具有相溶性，可广泛用于高糖或低糖含量的糖果，如太妃糖、果胶软糖和软果糕等，以防止蔗糖结晶和脂肪从表面析出产生“白霜”。

6）魔芋葡甘露聚糖

魔芋葡甘露聚糖是由D-吡喃甘露糖与D-吡喃葡萄糖通过β-(1→4)糖苷键连接构成的多糖，在主链的D-甘露糖C-3位上存在由β-(1→3)糖苷键连接的支链，每32个糖残基约有3个支链，支链由几个糖单位组成，每19个糖基有1个乙酰基，是具有一定刚性的半柔顺性分子，结构如图3-57，魔芋葡甘露聚糖分子中D-甘露糖与D-葡萄糖的物质的量比为(1∶1.6)～(1∶1.8)，重均相对分子质量与魔芋品种有关，一般为1×10^5～1×10^6。

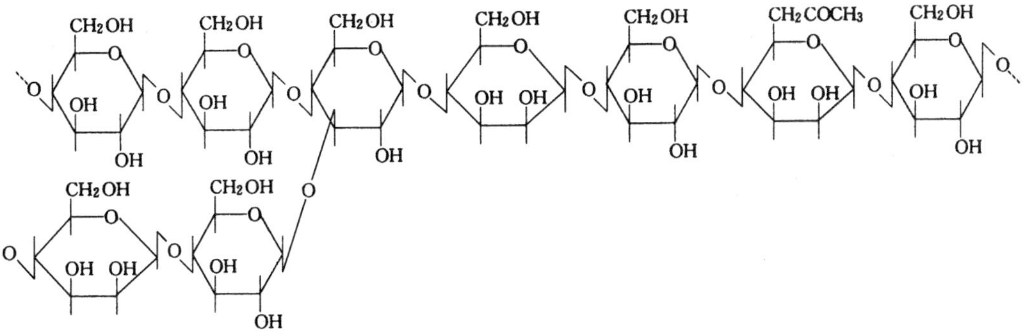

图3-57 魔芋葡甘露聚糖结构图

魔芋葡甘露聚糖能溶于水形成高黏度假塑性流体，在碱性条件下可发生脱乙酰反应，分子间相互聚集成三维网络结构，形成强度较高的热不可逆弹性凝胶。能与黄原胶产生协同效应，生成热可逆性凝胶。

魔芋葡甘露聚糖的高度亲水性、胶凝性和成膜性常用于制作魔芋食品和仿生食品，也可用于生产果冻、果酱、糖果，在乳制品、冰淇淋、肉制品和面包中作为增稠剂和稳定剂，也可以用于制作食品保鲜膜。

7）琼脂

琼脂来自红水藻的各种海藻，食品中重要的海藻胶包括琼脂、鹿角藻胶和褐藻胶。琼脂是一个非均匀的多糖混合物，可分离成为琼脂聚糖和琼脂胶两部分。琼脂糖的基本二糖重复单位是由β-D-吡喃半乳糖(1→4)或(1→3)连接3,6-脱水α-L-吡喃半乳糖基单位构成的，如下所示。

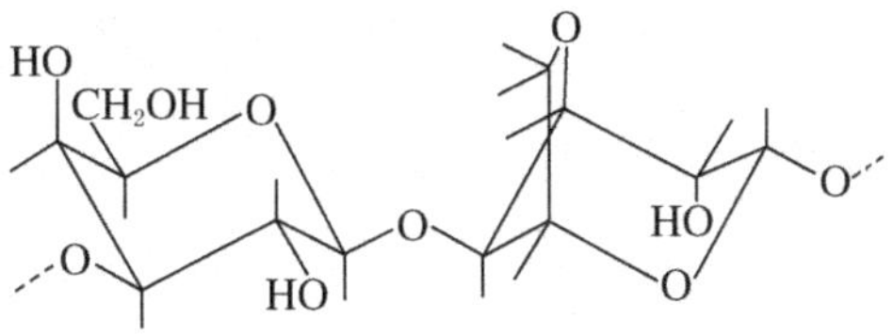

琼脂糖链的半乳糖残基约每10个有1个被硫酸酯化。琼脂胶的重复单位与琼脂糖相似，但酯化程度较高，含有5%～10%的硫酸酯，一部分D-葡萄糖醛酸残基和丙酮酸以缩醛形式结合，琼脂中琼脂糖和琼脂胶的含量比因来源不同相差很大，但糖醛酸含量一般不超过1%。

琼脂凝胶最独特的性质是当温度大大超过胶凝起始温度时仍能保持凝胶的稳定性，例如，琼脂的1.5%水分散液在温度30℃形成凝胶，琼脂凝胶具有热可逆性，是一种最稳定的凝胶。

在食品加工中，琼脂可防止冷冻食品脱水收缩和提供需要的质地，在加工的干酪和奶油干酪中使之具有稳定性和需宜的质地，对焙烤食品和糖霜可控制水活性和阻止其变硬。此外，还用于肉制品罐头。琼脂通常可与其他聚合物例如黄蓍胶、角豆胶或明胶合并使用。用量一般为0.1%～1%。

8）鹿角藻胶

鹿角藻胶又名卡拉胶，是从鹿角藻中提取的一种多糖。鹿角藻胶是一种结构复杂的混合物，至少含有被定为κ-、λ-、μ-、ι-和υ-等五种在性质上截然不同的聚合物，其中κ-、ι-和λ-鹿角藻胶在食品中是比较重要的三种，鹿角藻胶是由D-半乳糖和3,6-脱水半乳糖残基以1→3和1→4键交替连接，部分糖残基的C-2、C-4和C-6羟基被硫酸酯化形成硫酸单酯和2,6-二硫酸酯。多糖中硫酸酯含量为15%～40%。

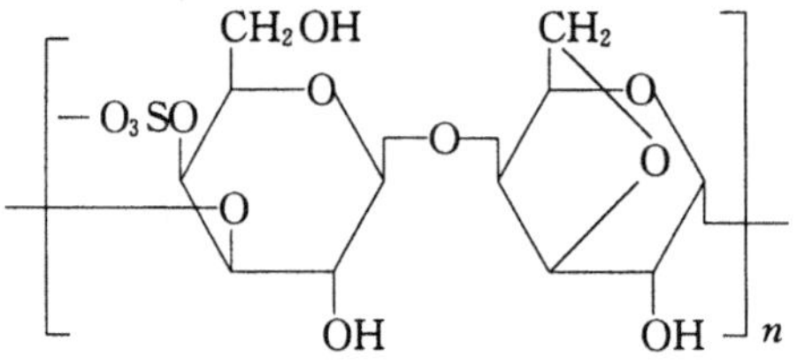

κ-鹿角藻胶重复单位

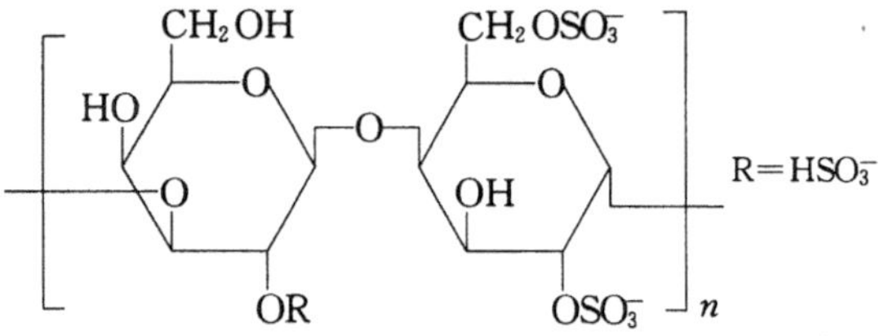

λ-鹿角藻胶重复单位

鹿角藻胶硫酸酯聚合物如同所有其他带电荷的线形大分子一样，具有较高的黏度，受pH波动影响较小，溶液的黏度随着浓度增大呈指数增加。聚合物的性质明显依赖于硫酸酯的含量和位置，以及被结合的阳离子，例如κ-和ι-鹿角藻胶，与K^+和Ca^{2+}结合，通过双螺旋交联形成三维网络结构的热可塑性凝胶（图3-58），这种凝胶有着较高的浓度和稳定性，即使聚合物浓度低于0.5%，也能产生胶凝作用。

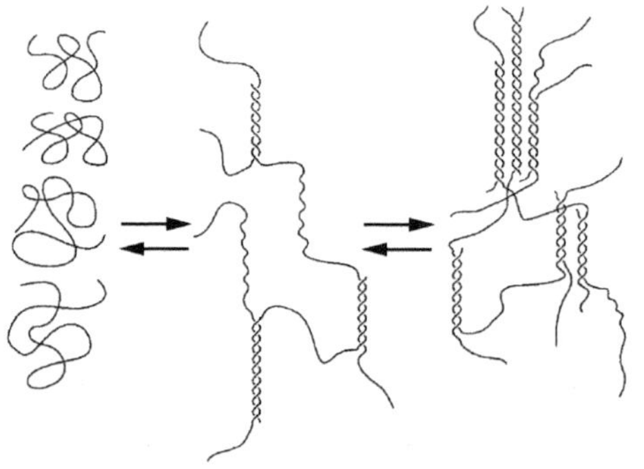

图3-58　κ-和ι-鹿角藻胶形成凝胶的机理

鹿角藻胶能和许多其他食用树胶产生协同效应，能增加黏度、凝胶强度和凝胶的弹性，特别是角豆胶，这种协同效应与浓度有关。在高浓度时，鹿角藻胶能提高瓜尔豆胶凝胶的强度；低浓度时仅增加黏度，鹿角藻胶在以水或牛奶为基料的食品中可以对悬浮体起到稳定作用。λ-鹿角藻胶的所有盐都是可溶性的，但不能形成凝胶。

鹿角藻胶商品是混合物，含大约60%κ-（胶凝）和40%λ-（非胶凝）。κ-鹿角藻胶的钾盐是最好的胶凝剂，但生成的凝胶易碎裂并容易脱水收缩，添加少量角豆胶可以降低易碎裂性。

鹿角藻胶阴离子和牛奶中的酪蛋白反应，可形成稳定的胶态悬浮体蛋白质-鹿角藻胶盐复合物，例如κ-鹿角藻胶与酪蛋白反应形成易流动的弱触变凝胶。在牛奶中的增稠效果为水中的5～10倍。因此，可利用鹿角藻胶的这种特性，在巧克力牛奶中添加0.03%鹿角藻胶以阻止脂肪球分离和巧克力沉淀，也可用作冰淇淋、牛奶布丁和牛奶蛋糊的稳定剂。在干酪产品中鹿角藻胶具有稳定乳胶液的作用，在冷冻甜食中能抑制冰晶形成。这些食品中鹿角藻胶一般与羧甲基纤维素、角豆胶或瓜尔豆胶配合使用。此外，鹿角藻胶还可作为面团结构促进剂，使焙烤产品增大体积，改善蛋糕的外观质量和质地，减少油炸食品对脂肪的吸收，阻止新鲜干酪的脱水收缩。在低脂肉糜制品中 κ-和 ι-鹿角藻胶可以改善质构和提高汉堡包的质量。

9）褐藻胶

褐藻胶即褐藻酸盐或称海藻酸盐（alginates），是从褐藻门植物褐藻中提取得到的多糖。褐藻胶的主要来源为巨藻。褐藻胶含 D-吡喃甘露糖醛酸单位（M）和 L-吡喃古洛糖醛酸单位（G），以 β-(1→4)键连接。M/G 的比例因来源不同而异，一般为 1.5，它影响藻褐胶溶液的性质。褐藻胶经部分水解，主要生成由甘露糖醛酸和古洛糖醛酸组成的链碎片，以及两种糖醛酸残基以 1∶1 比例交替出现的碎片，褐藻胶为线形多糖，具有以下结构单位：

$$[\rightarrow 4)-\beta-\mathrm{D}-\mathrm{ManpA}(1\rightarrow 4)-\beta-\mathrm{D}-\mathrm{ManpA}(1\rightarrow]_n$$
$$[\rightarrow 4)-\alpha-\mathrm{L}-\mathrm{GulpA}(1\rightarrow 4)-\alpha-\mathrm{L}-\mathrm{GulpA}(1\rightarrow]_m$$
$$[\rightarrow 4)-\beta-\mathrm{D}-\mathrm{ManpA}(1\rightarrow 4)-\alpha-\mathrm{L}-\mathrm{GulpA}(1\rightarrow]_p$$

褐藻胶的相对分子质量为 30 000～200 000，聚合度相当于 180～930，羧基 pK 值为 3.4～4.4，褐藻胶的碱金属盐、铵盐和低相对分子质量胺盐易溶于热水或冷水，褐藻酸钠溶液具有黏稠性，而二价或三价金属离子的盐类不溶于水，这是因为褐藻酸盐的两条 G 链段区间很容易与 Ca^{2+} 反应自动结合成蛋箱形结构所致（图 3-59）。

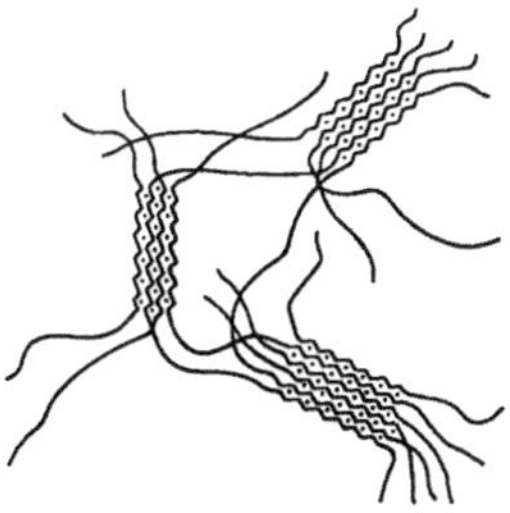

图 3-59　褐藻酸盐与钙交联形成蛋箱形凝胶结构示意图

褐藻胶溶液的黏稠性，依赖于 M/G 的比例、相对分子质量和溶液中的电解质，其黏度随温度上升而降低，在 pH 4～10 范围内变化不大，pH 5～10 的褐藻酸盐溶液于室温下可长期保持稳定状态。在室温下有少量 Ca^{2+} 或其他二价、三价金属离子存在，或者在pH≤3 和没有金属离子存在时，褐藻胶可形成凝胶，其凝胶强度随着褐藻胶的浓度和聚合度增加而变大。

冰淇淋中添加褐藻胶后，可赋予产品一定的黏性和质地，并可阻止形成大的冰晶。在焙烤食品中用于糖霜、糕饼馅料、蛋白酥皮、糖衣和饼馅的加工，主要用以改善质地和形成凝胶。褐藻胶还用于冰冻食品调味料的增稠和使乳胶液稳定，以及作为甜点心布丁的增稠剂和啤酒泡沫的稳定剂等，一般用量为 0.25%～0.5%。褐藻酸丙二醇酯（Propylene Glycol Alginate，PGA）是褐藻酸的重要衍生物，在 pH 为 2 和有 Ca^{2+} 存在时，能形成柔软、有弹性、不易脆裂的凝胶，PGA 溶液相当稳定，在乳制品中起着乳化和稳定乳浊液的作用。

10）微生物多糖

微生物多糖是由微生物合成的食用胶。葡聚糖是由 α－D－吡喃葡萄糖单位构成的多糖，各种葡聚糖的糖苷键结构和数量都不相同，例如由肠膜状明串珠菌 NRRL B512（*L. mesenteroides* NRRL B512）产生的葡聚糖（1→6）键约为 95%，其余是（1→3）和（1→4）键。由于这些多糖分子在结构上的差别，使有些葡聚糖是水溶性的，而另一些则不溶于水。

葡聚糖可提高糖果的保湿性、黏度和抑制糖结晶，在口香糖和软糖中作为胶凝剂，以及防止糖霜发生糖结晶，在冰淇淋中抑制冰晶的形成，对布丁混合物可提供适宜的黏性和口感。

黄原胶（xanthan）是几种黄杆菌所合成的细胞外多糖，生产上用的菌种是甘蓝黑腐病黄杆菌（*X. campestris*）。黄原胶的结构是连接有低聚糖基的纤维素链，主链在 O-3 位置上连接有一个 β－D－吡喃甘露糖－(1→4)－β－D 吡喃葡萄糖醛酸－(1→2)－α－D－吡喃甘露糖三个糖基侧链，平均每隔一个葡萄糖残基出现一个三糖基侧链，如图 3-60。

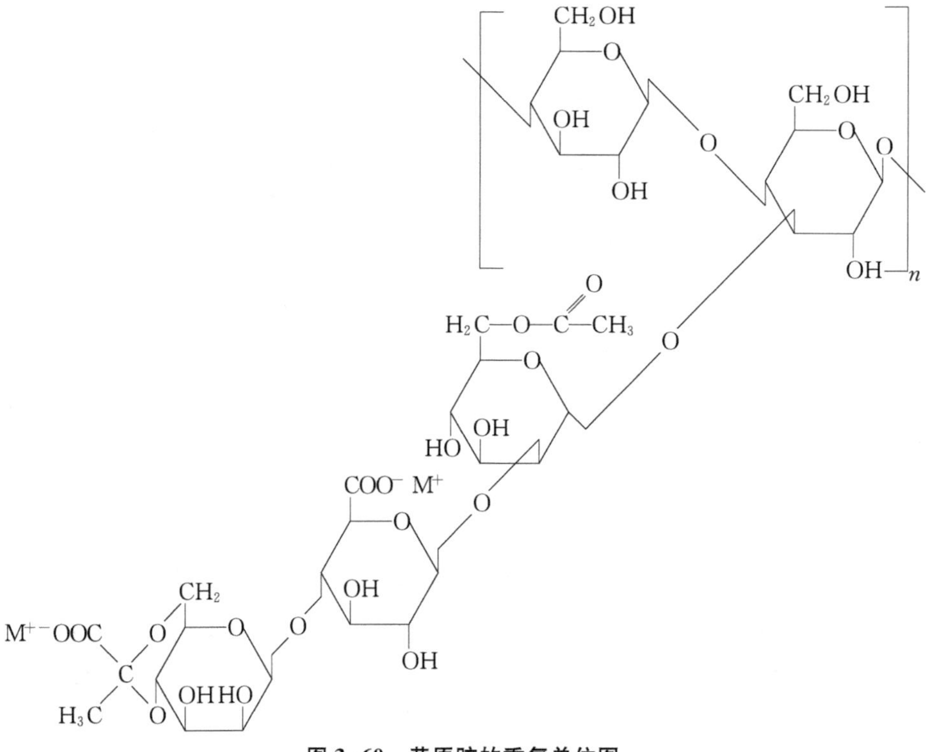

图 3-60 黄原胶的重复单位图

黄原胶易溶于热水或冷水，在低浓度时可以形成高黏度的溶液，但在高浓度时胶凝作用较弱，它是一种假塑性黏滞悬浮体，并显示出明显的剪切稀化作用，温度在 60～70℃范围内变化对黄原胶的黏度影响不大，在 pH 6～9 范围内甚至 pH 超过这个范围黏度变化仍然很小。黄原胶能够和大多数食用盐和食用酸共存于食品体系之中，与瓜尔豆胶共存时产生协同效应，黏性增大，与角豆胶合并使用则形成热可逆性凝胶（图 3-61）。

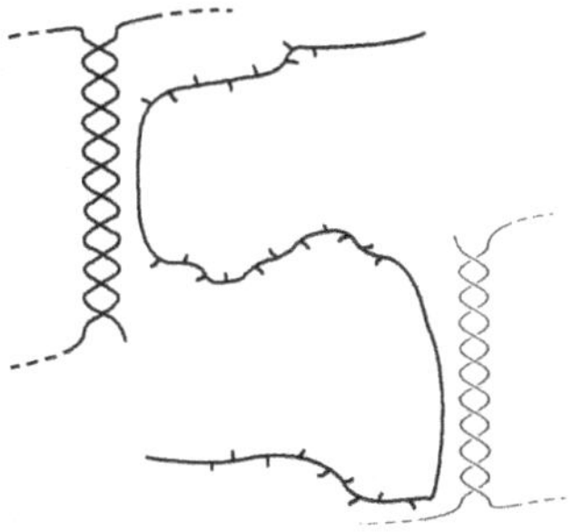

图 3-61 黄原胶或鹿角藻胶的双螺旋和角豆胶分子相互作用形成三维网络结构和胶凝机制

黄原胶可广泛应用在食品工业中,如用于饮料可增强口感和改善风味,在橙汁中能稳定混浊果汁。在各种罐头食品中用作悬浮剂和稳定剂。在淀粉增稠的冷冻食品例如水果饼馅中添加黄原胶,能够明显提高冷冻-解冻稳定性和降低脱水收缩作用。黄原胶也可用于含高盐分或酸的调味料。黄原胶-角豆胶形成的凝胶可以用来生产以牛奶为主料的速溶布丁。

11) 膳食纤维

膳食纤维并不一定是纤维,它包括两类化合物,一类是不溶性的植物细胞壁材料,主要是纤维素和木质素;另一类为非淀粉可溶性多糖。这些物质都是不能被消化的大分子聚合物,同样经过修饰的胶如羧甲基纤维素、羟丙基甲基纤维素、甲基纤维素等都是不被消化的改性多糖,也属于膳食纤维。

已知水溶性 β-D-葡聚糖是膳食纤维中的一种天然化合物,在燕麦和大麦中含量较高。燕麦中的 β-D-葡聚糖通常被作为食物配料使用,它能有效地降低血清胆固醇。燕麦 β-D-葡聚糖是由 β-D-吡喃葡萄糖连接而成的直链多糖,其中 70%以 β-(1→4)糖苷键连接,约 30%为 β-(1→3)糖苷键连接。(1→3)键可以单独存在,也可被 2~3 个 (1→4)连接键分开,通常称这种(1→4,1→3)-β-葡聚糖为混合连接葡聚糖。

水溶性膳食纤维不仅能提供体积,改善食品的质地,同时还具有多种生理功能,其他水溶性多糖也具有类似的功能,仅是程度上的差异。

3.5 食品中碳水化合物的分布与形态

自然界的生物物质中,糖类化合物约占 3/4,从细菌到高等动物都含有糖类化合物,植物体中含量最丰富,占其干重的 85%~90%,其中又以纤维素最为丰富。其次是节肢动物,如昆虫、蟹和虾外壳中的壳多糖(甲壳质)。

大多数植物只含少量蔗糖,大量膳食蔗糖来自经过加工的食品。在加工食品中添加的蔗糖量一般是比较多的(表 3-12)。蔗糖是从甜菜或甘蔗中分离得到的,果实和蔬菜中只含少量蔗糖、D-葡萄糖和 D-果糖(表 3-13,表 3-14 和表 3-15)。

表 3-12　普通食品中的糖含量

食　品	糖的百分含量/%	食　品	糖的百分含量/%
可口可乐	9	蛋糕(干)	36
脆点心	12	番茄酱	29
冰淇淋	18	果冻(干)	83
橙　汁	10		

表 3-13　豆类中游离糖含量(以鲜重计)/%

豆　类	D-葡萄糖	D-果糖	蔗糖	豆　类	D-葡萄糖	D-果糖	蔗糖
利马豆	0.04	0.08	2.59	青豌豆	0.32	0.23	5.27
嫩荚青刀豆	1.08	1.20	0.25				

表 3-14　水果中游离糖含量(以鲜重计)/%

水　果	D-葡萄糖	D-果糖	蔗糖	水　果	D-葡萄糖	D-果糖	蔗糖
苹果	1.17	6.04	3.78	甜柿肉	6.20	5.41	0.81
葡萄	6.86	7.84	2.25	枇杷肉	3.52	3.60	1.32
桃子	0.91	1.18	6.92	杏子	4.03	2.00	3.04
梨子	0.95	6.77	1.61	香蕉	6.04	2.01	10.03
樱桃	6.49	7.38	0.22	西瓜	0.74	3.42	3.11
草莓	2.09	2.40	1.03	番茄	1.52	1.51	0.12
温州蜜橘	1.50	1.10	6.01				

表 3-15　蔬菜中游离糖含量(以鲜重计)/%

蔬　菜	D-葡萄糖	D-果糖	蔗　糖	蔬　菜	D-葡萄糖	D-果糖	蔗糖
甜菜	0.18	0.16	6.11	洋葱	2.07	1.09	0.89
硬花甘蓝	0.73	0.67	0.42	菠菜	0.09	0.04	0.06
胡萝卜	0.85	0.85	4.24	甜玉米	0.34	0.31	3.03
黄瓜	0.86	0.86	0.06	甘薯	0.33	0.30	3.37
莴苣	0.07	0.16	0.07				

谷物等粮食作物中只含少量的游离糖，大部分游离糖被输送至种子中并转变为淀粉。玉米粒含0.2%～0.5%的D-葡萄糖、0.1%～0.4%的D-果糖和1%～2%的蔗糖；小麦粒中这几种糖的含量分别小于0.1%、0.1%和1%。淀粉是植物中最普通的糖类化合物，甚至树木的木质部分中也存在淀粉，而以种子、根和块茎中含量最丰富。

动物产品所含的糖类化合物比其他食品少，肌肉和肝脏中的糖原是一种葡聚糖，结构与支链淀粉相似，以与淀粉代谢相同的方式进行代谢。

乳糖存在于乳汁中，牛奶中含4.8%，人乳中含6.7%，市售液体乳清中为5%。工业上是采取从乳清中结晶的方法制备乳糖。

人类膳食中除低聚糖和多糖外，还有少量糖苷存在。天然糖苷是糖基从核苷酸衍生物(例如腺苷二磷酸和尿苷二磷酸)中转移至适当的配基上形成的产物，所生成的糖苷可以是 α 或 β 型的，这决定于酶的催化专一性。它们的含量虽然不多，但具有重要的生理效应，例如天然存在的强心苷(毛地黄苷和毛地黄毒苷)、皂角苷(三萜或甾类糖苷)，都是强泡沫形成剂和稳定剂，类黄酮糖苷使食品产生苦味或其他风味和颜色，植物中形成糖苷有利于那些不易溶解的配基变成可溶于水的物质，这对类黄酮和甾类糖苷特别重要，因为糖苷形式有利于它们在水介质中输送。食品中常见的糖类化合物见表 3-16。

表 3-16(1)　食品中存在的糖类(戊糖类)

名　称	结构式	相对分子质量	熔点/℃	$[\alpha]_D^{①}$	存　在
L-阿拉伯糖 (L-arabinose)	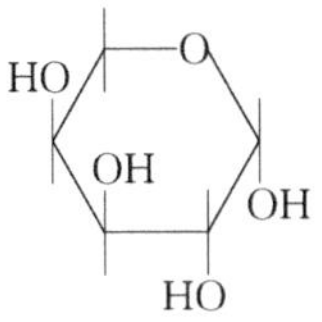 (β)	150.1	158(α) 160(β)	+190.6°(α) →+104.5°	植物树胶中戊聚糖的结构单糖
D-木糖 (D-xylose)	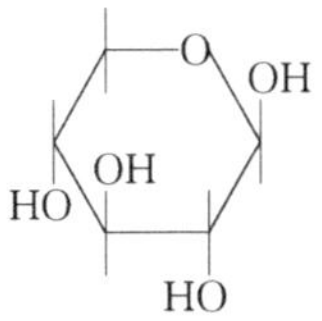 (β)	150.1	145.8	+93.6°(α) →+18.8°	竹笋、木聚糖(秸秆、玉米)、植物黏性物质的结构单糖
D-2-脱氧核糖 (D-2-deoxyribose)	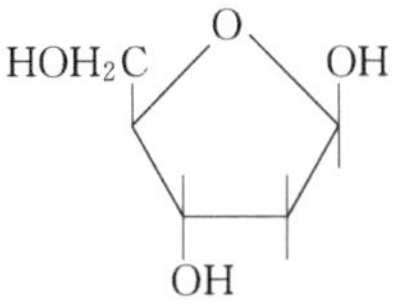	134.1	87~91	−56°(最终)	脱氧核糖核酸(DNA)
D-核糖	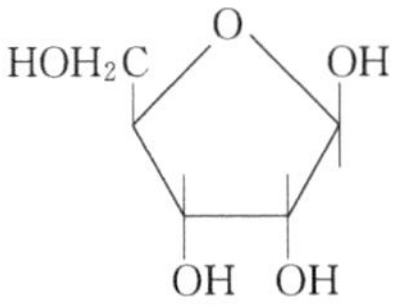	150.1	86~87	−23.1° →+23.7°	核糖核酸(RNA)、腺苷三磷酸(ATP)

注：① 温度为 20~25℃。

表 3-16(2)　食品中存在的糖类(己糖类)

名　称	结构式	相对分子质量	熔点/℃	$[\alpha]_D^{①}$	存　在
D,L-半乳糖 (D,L-galactose)	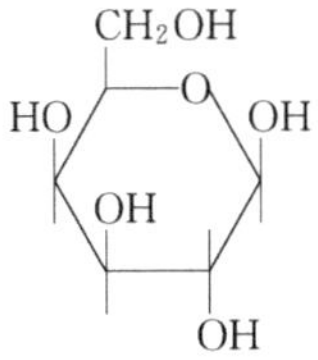	180.1	168(无水) 118~120 (结晶水)	+150.7°(α) +52.5°(β) →+80.2°	广泛存在于动植物中，多糖和乳糖的结构单糖

（续表）

名　　称	结构式	相对分子质量	熔点/℃	$[\alpha]_D^{20}$	存　　在
D-葡萄糖 (D- glucose)	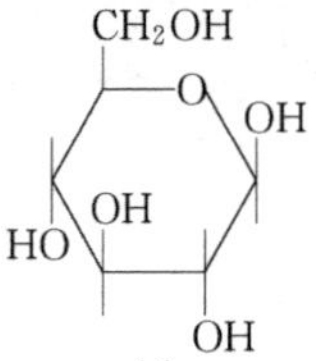 (β)	180.1	83(α,含结晶水) 146(无水) 148～150(β)	+113.4°(α) +19.0°(β) →+52.5°	以单糖、低聚糖、多糖、糖苷形式广泛分布于自然界
D-甘露糖 (D- mannose)	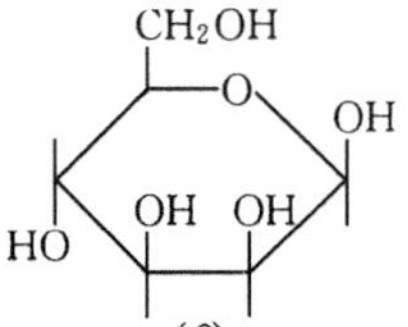 (β)	180.1	133(α)	+29.3°(α) −17.0°(β) →+14.2°	棕榈、象牙果(lvory-nut)、椰子、魔芋等多糖
D-果糖 (D- fructose)	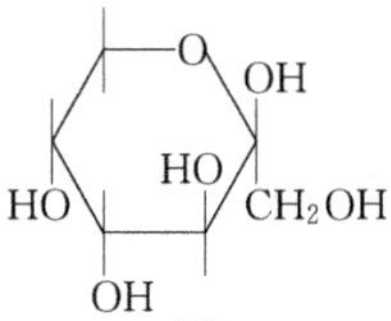 (β)	180.1	102～104 (分解)	−132°(β) →−92°	蔗糖、菊糖(inulin)的结构单糖、果实、蜂蜜、植物体
L-山梨糖 (L- sovbose) (L-木己酮糖)	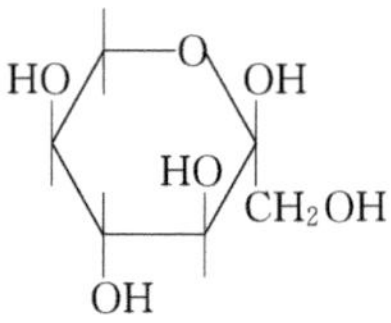 (α)	180.1	165	−43.4°(最终)	由弱氧化醋酸杆菌作用于山梨糖醇而得到，为果胶的结构单糖
L-鼠李糖 (L- rhammnose) (6-脱氧-甘露糖)	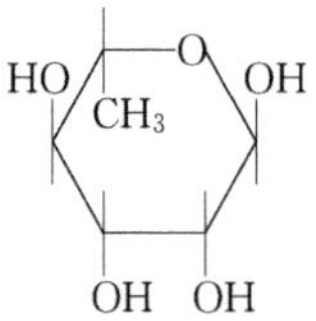	164.2	123～128(β) (无水)	+38.4°(β) →+8.91°	主要以糖苷的形式存在于黄酮类化合物、植物黏性物多糖中
D-半乳糖醛酸 (D- galacturonic acid)	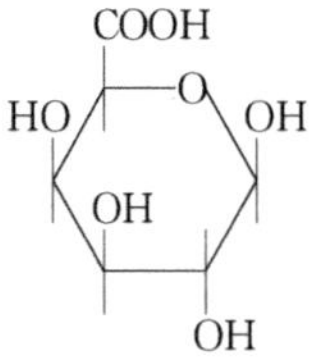 (β)	194.1	160(β)分解	+31°(β) →+56.7°	果胶、植物黏性物质多糖
D-葡糖醛酸 (D- glucuronic acid)	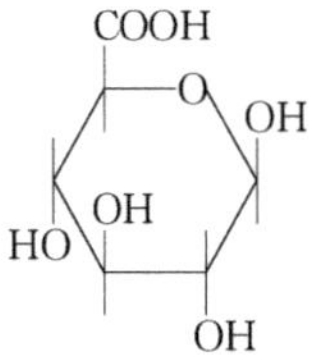 (β)	194.1	165 分解	+11.7°(β) →+36.3°	糖苷、植物树胶、半纤维素、黏多糖等

（续表）

名　　称	结构式	相对分子质量	熔点/℃	$[\alpha]_D$①	存　　在
D-甘露糖醛酸 (D-manuronic acid)	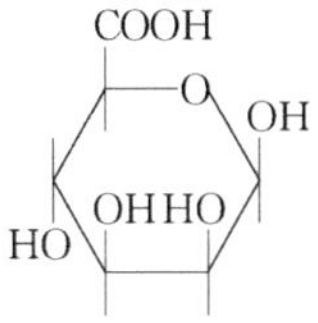 (β)	194.1	165～167(β)	−47.9°(β) →23.9°	海藻酸、微生物多糖
D-山梨(糖)醇 (D-sorbitol) (葡糖醇)	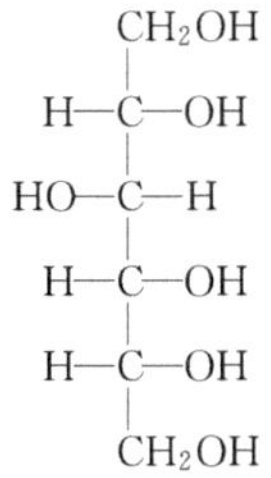	182.1	110～112	−2.0°	浆果、果实、海藻类
D-甘露(糖)醇 (D-mannitol)	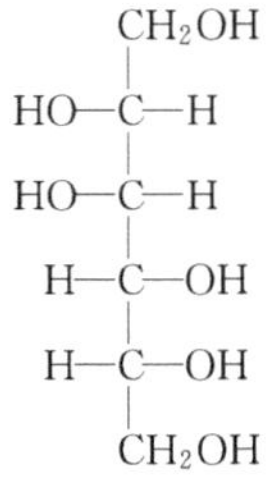	182.1	166～168	+23°～+24°	广泛存在于植物的渗出液甘露聚糖、海藻类
半乳糖醇 (galactitol)	$C_6H_{14}O_6$	182.1	188～189		马达加斯加甘露聚糖

注：① 温度为 20～25℃。

3.6　碳水化合物在食品加工贮藏中的变化

3.6.1　美拉德反应

美拉德反应(Maillard)(羰氨反应)是指羰基与氨基经缩合、聚合反应生成类黑色素和某些风味物质的反应。食品中均含有还原糖或羰基化合物，同时也含有丰富的蛋白质，在加工或保藏过程中，这些官能团之间会发生美拉德反应。

1) 美拉德反应机理

美拉德反应一般分为下面几个阶段。

(1) 初始阶段

美拉德反应开始于一个非解离氨基(如赖氨酸 $\varepsilon-NH_2$ 或 N 端的 $\alpha-NH_2$)和一个还原糖的缩合。在 pH 4～9 时，还原性羰基和氨基首先发生加成反应，生成羰胺化合物，然后相邻的羟基和氨基之间脱去一分子水生成席夫(Schiff)碱，由于席夫碱的 C═N 双键是一个极性不饱和共价键，遇到分子内的其他位置合适的羟基则反应形成醛糖基胺或酮糖基胺，最后

这些含 α-羟基的糖基胺分别经过分子重排生成氨基酮糖或氨基醛糖。一般情况下，醛糖生成的是氨基酮糖，酮糖则生成氨基醛糖。

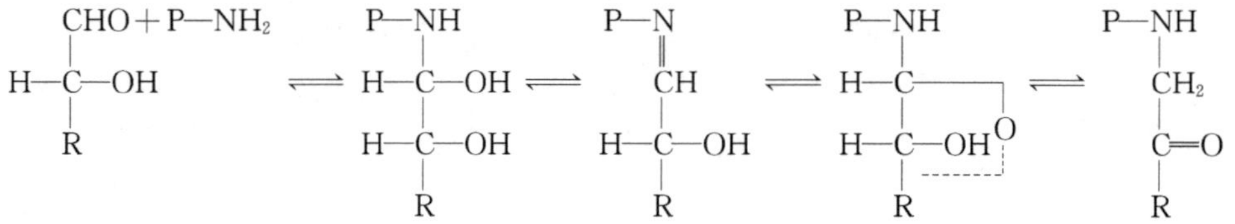

醛糖　　羰胺　　席夫碱　　醛糖基胺　　氨基酮糖

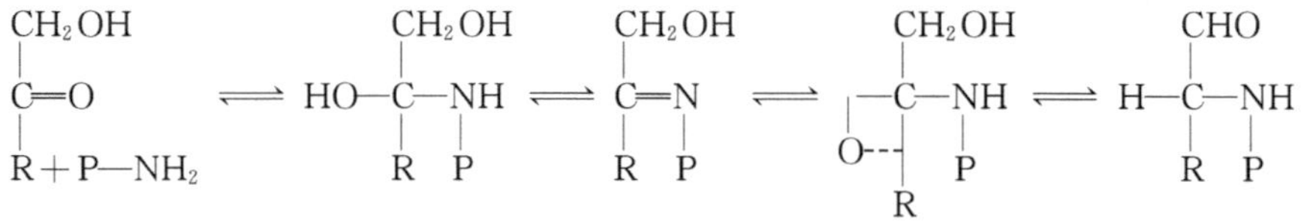

酮糖　　氨基醛糖

(2) 中间阶段

氨基酮糖或氨基醛糖进一步发生反应，生成许多的羰基或羰基衍生物如羟甲基糠醛和还原酮。羟甲基糠醛的积累与褐变速度关系密切，还原酮的性质活泼，能与氨基酸反应，生成新的羰基化合物，这种反应称作斯特克勒尔(Strecker)反应。α-氨基酸与 α-二羰基化合物反应时，α-氨基酸氧化脱羧生成比原来氨基酸少一个碳原子的醛，氨基与二羰基化合物结合并缩合成吡嗪。在食品加热和烹调过程中斯特克勒尔反应可产生风味化合物。斯特克勒尔反应生成吡嗪的反应过程如下。

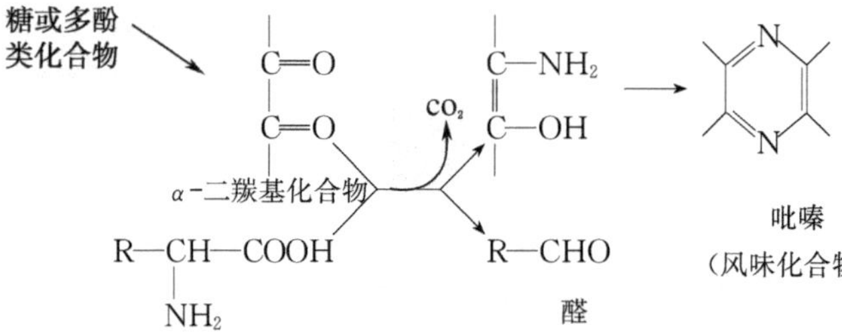

(3) 最后阶段

多羰基不饱和衍生物(如还原酮)一方面进行裂解反应，产生挥发性化合物，另一方面又进行聚合反应，产生褐黑色的类黑精，从而完成整个美拉德反应。

一般来说，糖的种类、氨基所处位置都会影响美拉德反应的活性，五碳糖大于六碳糖，醛糖大于酮糖，ε-NH_2远远大于 α-NH_2，因此在美拉德反应中赖氨酸损失严重。

2) 食品褐变与品质的关系

美拉德反应是食品贮藏加工中最普通的一类反应，该反应过程较复杂，并对食品的色泽、营养、风味均有影响。

(1) 色泽：美拉德反应生成的类黑精有很好的抗氧化性质，也赋予食品特有的色泽。

(2) 营养：还原糖与赖氨酸结合后的重排产物不能被人体吸收，降低了食品的营养价值，使赖氨酸生物效价有所损失；类黑精与蛋白质、重金属结合后，对消化系统产生不利影响。

(3) 风味：控制斯特克勒尔降解反应能赋予食品良好的风味，但过度反应会产生焦糊味。

3）褐变反应条件及其抑制

褐变初期是食品在热加工过程产生风味所必需的反应阶段，但褐变反应对食品的保藏不利，同时还会损害食品的营养品质。

防止食品褐变，一般采用隔氧法，以阻止由于与氧接触发生氧化而引起的褐变，例如：选用隔氧的包装材料和采用吸氧剂等。由非氧化（如因高温加热）所引起的褐变，一般称为热褐变，热褐变可通过低温冷藏来加以抑制。对食品褐变有重要影响的另一因素是水活性，食品的水活性值在 0.6 左右时最容易引起褐变，中等水分食品能阻止微生物繁殖和脂肪氧化，但很容易发生褐变。干蛋白粉在贮藏过程中由于赖氨酸与葡萄糖产生糖胺反应而褐变，若预先添加葡萄糖氧化酶于蛋白粉中，使葡萄糖氧化成酸则可防止褐变。用于抑制食品非酶褐变常用的添加剂有亚硫酸及其钠盐、硫醇化合物（如半胱氨酸）。亚硫酸化合物抑制褐变反应的机理是它可与褐变中间体羰基化合物相结合，从而阻止其发生聚合反应。

3.6.2 碳-碳键不发生断裂的反应

1）正位异构化反应（α-β 平衡）

还原糖在加热时，由于有足够的能量来源，分子中的半缩醛键会发生断裂，并重新进行结合，就导致了正位异构化反应的进行。如纯 α-D-葡萄糖或纯 β-D-葡萄糖加热熔融时，会生成 α-和 β-异构体的平衡混合物，反应如下。

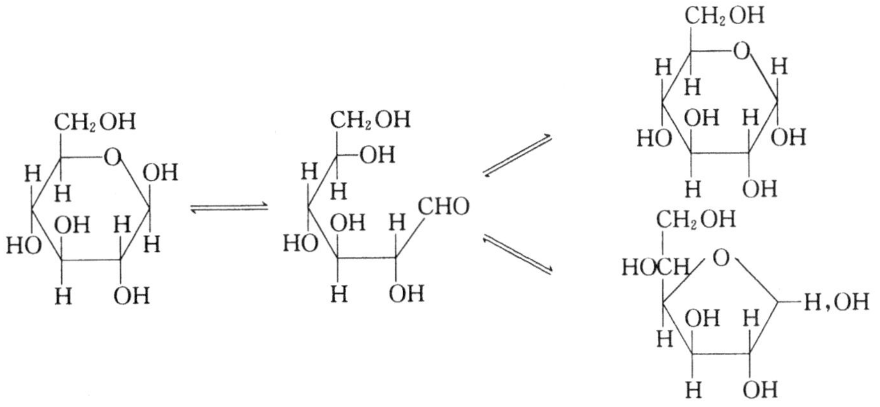

还原糖通过形成非环状结构，达到 α-和 β-异构体的平衡。在开环和关环过程中，也会形成五元环的糖——呋喃糖，因此它也可以用来解释吡喃糖←→呋喃糖的异构化。D-吡喃葡萄糖加热时生成 D-呋喃葡萄糖。D-木糖、D-甘露糖和 D-半乳糖加热熔融时同样也发生正位异构化，而纤维二糖这类双糖仅在其还原末端糖基能发生 α-β 互变。正位异构化是糖在加热和食品焙烤时的重要初始反应。

2）醛糖-酮糖异构化

醛糖-酮糖在碱溶液中的异构化反应与糖熔融时的变化相类似，例如 D-葡萄糖于 150℃下加热可生成 D-果糖，并且只有在碱性催化剂存在时才能发生逆反应，但未发现 D-甘露糖因加热熔融而发生异构化反应。

3）分子间、分子内脱水反应

各种单糖、低聚糖和多糖加热可形成挥发性产物。游离的单糖加热超过熔点温度时，发生分子间脱水缩合，并进而聚合成低聚糖。D-葡萄糖于真空和150℃下加热2.5 h，产物中约有40%四糖以上的聚合物。分子内的脱水和糖基的转移都可以生成呋喃衍生物和1,6-脱水糖，并进一步经过开环和聚合形成聚合物。在高温下加热时，由糖苷键均裂所生成的糖游离基在相互进行反应时将会形成新的C—C键。

糖在熔化后，继续加热，将会按下述反应进行分子内的脱水，并形成二糖基化合物。D-葡萄糖、D-木糖在温度超过150℃时，加热所得到的反应物有3-脱氧-D-葡萄糖、3-脱氧-D-木糖。这几种糖形成的挥发性产物或褐变反应物中间有5-羟甲基糠醛和糠醛。分子内脱水反应形成分子内的双键，相对于起始反应物的羰基处于β-位，因β消除反应变成脱氧结构，生成的二羰基化合物则按下述反应进行分子内脱水和环化形成5-羟甲基糠醛或2-呋喃基羟甲基酮。

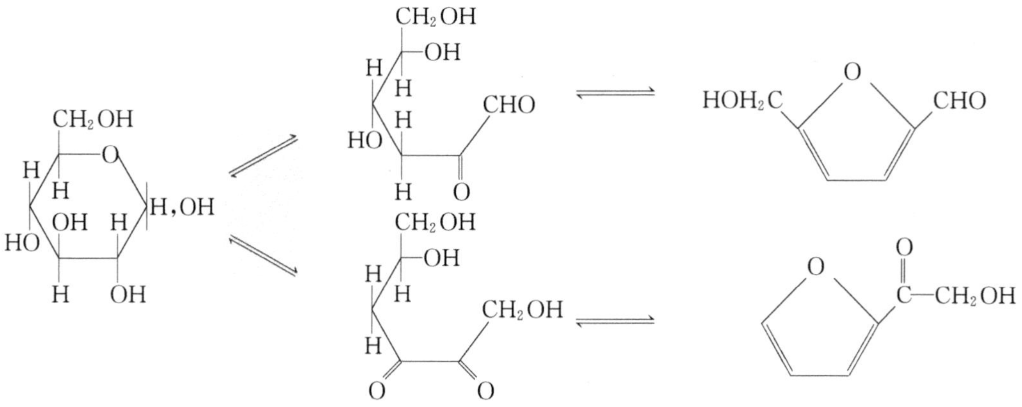

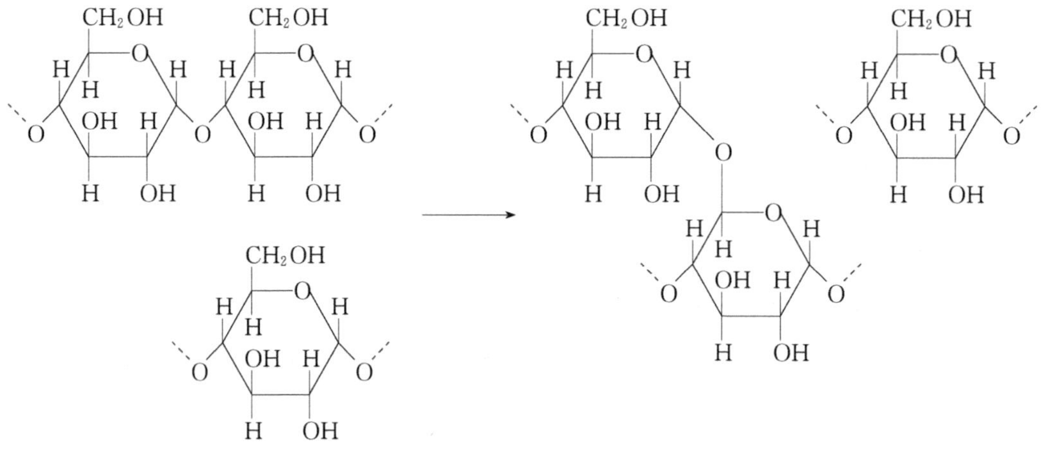

低聚糖、淀粉在加热时除生成5-羟甲基糠醛或2-呋喃基羟甲基酮外，由于分子间糖基的转移和糖苷键断裂，还可以生成另一种单糖。呋喃环的形成是分子内脱水生成醚键的一个实例。纤维素、直链淀粉和支链淀粉等在加热时引起分子内的脱水，也可以生成脱水糖。

4) 分子间糖基的转移和水解

二糖及其他低聚糖、多糖类在加热过程中由于糖苷键进行配基交换，由一种结合形式的糖苷键形成另一种结合形式的糖苷键。α-(1→4)糖苷键结合的糖类被加热，糖苷键转移生成α-(1→6)、β-(1→6)和β-(1→2)糖苷键糖类，从而使α-(1→4)糖苷键结合的糖类减少。

例如，直链淀粉转变成糊精的过程就是一个很复杂的反应，其主要反应是如上述的分子间和分子内脱水反应以及分子间糖基的转移(见下图)。分子间糖基的转移时较快地发生反应，这是各种糖苷、葡萄糖双糖和葡萄糖低聚糖在热分解时的特点。其他糖苷和吡喃木糖苷类在配基脱去的同时，通过糖基的转移发生聚合。

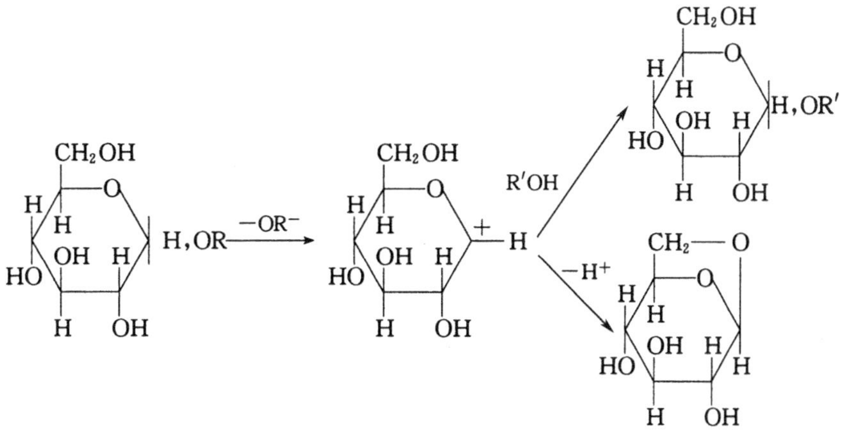

双糖、低聚糖或糖苷在温度 200～300℃加热能较快地进行分子间糖基的转移，但纤维素由于它具有非常牢固的结晶结构，所以不能发生这种反应。

5) 分子内糖基的转移

水化合物在减压或惰性气体中加热时所得到的焦油状物质中含有脱水糖，它们大部分是由于分子内糖基的转移而生成的。D-葡萄糖和含有 D-吡喃葡萄糖基的糖均可形成 1，6-脱水-β-D-吡喃葡萄糖(a)、1，6-脱水-β-D-呋喃葡萄糖(b)、1，4；3，6-二脱水-α-呋喃葡萄糖(c)和 1，6-脱水 3，4-二羟基-β-D-不饱和呋喃葡萄糖(d)。此外，还有其他己醛糖类所产生的脱水糖。

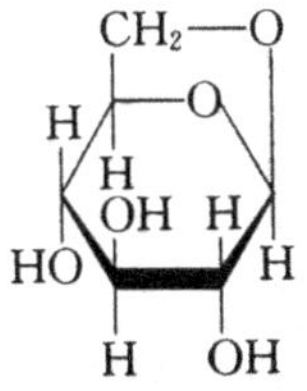

a. 左旋葡聚糖

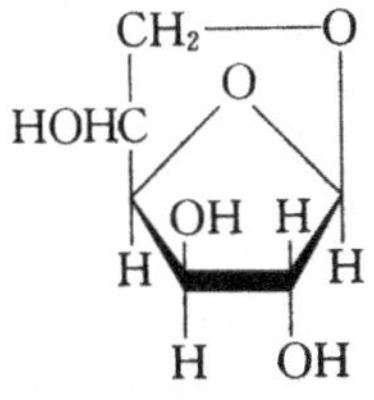

b. 1，6-脱水-β-呋喃葡萄糖

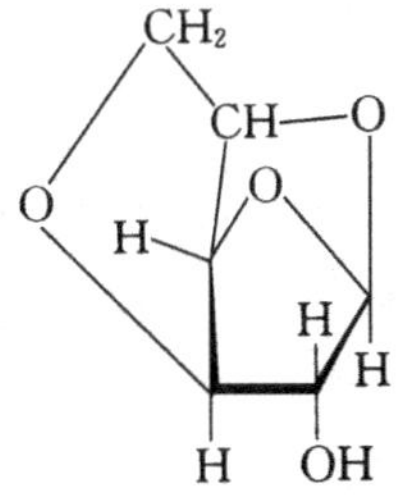

c. 1，4；3，6-二脱水-α-D-呋喃葡萄糖

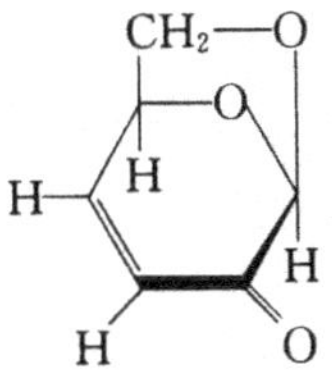

d. 左旋葡糖烯酮

6）碳水化合物的裂解反应

碳水化合物的碳-碳键断裂反应称为热裂解。该反应生成的产物大多是热不稳定的，可进一步发生分解、缩合而形成各种挥发性物质和气体。单糖、低聚糖和多糖裂解时生成的产物相似，加热温度超过 100℃生成某些挥发性物质和非挥发性酸，如 CO、CO_2、甲醛、丁烯醛、丙酮、甲酸、乙酸、乙酰丙酸、甲醇、乙醇、呋喃、2-乙基呋喃、苯酚等。

7）焦糖化反应

在无水（或浓溶液）条件下加热糖或糖浆，用酸或铵盐作催化剂，糖发生脱水与降解，生成深色物质的过程，称为焦糖化反应。

糖的正位异构化导致糖苷键的断裂形成新的糖苷键，热解引起脱水，生成内酐环（如左旋葡萄糖）或把双键引入糖环产生不饱和环状体系，不饱和环缩合，使体系聚合化，这就产生了良好的焦糖色和风味。商业上利用糖的这一性质来生产焦糖色素，采用的原料为蔗糖或糖蜜等。生产出的焦糖色素分为三类：一类是耐酸焦糖色素，用于可乐饮料；一类是啤酒用的焦糖色素；还有一类是焙烤食品用的焦糖色素。焦糖色素是我国传统使用的天然色素之一，无毒性。但近来研究发现，加铵盐制成的焦糖含 4-甲基咪唑，有强致惊厥作用，含量高时对人体有毒，我国食品卫生法规定添加量不得超过 200 mg/kg。焦糖色素含有酸度不同的羟基、羰基、烯醇基和酚羟基，是结构不清楚的大分子聚合物。

3.7 碳水化合物与食品的品质

3.7.1 淀粉及变性淀粉

1）淀粉玻璃化转变对食品品质的影响

大多数谷物食品都是以淀粉为原料，如焙烤食品、小吃食品等。淀粉的性质和结构也随着食品加工和贮藏条件的不同而呈现出多样性。这些食品体系的玻璃化转变对其质构和货架寿命都有显著的影响。

（1）面包的老化

面包在保藏中发生的显著变化是“老化”，淀粉的结晶化是面包老化的主要因素，随着结晶的形成，可溶性淀粉减少，面包质构变硬，一般认为，面包的老化是由支链淀粉分子结晶引起的，而直链淀粉分子在面包冷却时就已经结晶。当温度低于 T_g时，淀粉不再结晶，所以将面包在玻璃态保藏，对防止老化是有效的。实验表明，新鲜面包的 T_g 一般在 0℃以下，但随着面包的失水干瘪，T_g可能增大到室温，完全干瘪的面包的 T_g甚至在 60℃，所以淀粉制品的 T_g对食品货架寿命是至关重要的。

（2）小吃食品的松脆性

松脆，对谷物早餐食品和小吃食品是至关重要的。当这些食品处于玻璃态时，质构松脆，但如果水分含量增加，则水的增塑作用加大，T_g下降。当玻璃态转化为橡胶态时，松脆性下降甚至丧失，食品质构湿软。所以控制水分，使这些食品在较高 T_g下保藏，以保证其松脆性。

（3）微胶囊包埋

在微胶囊包埋中，淀粉可以作为壁材的成分，用于包埋一些易于分解或挥发的组分如风味物质、脂类等。当壁材处于玻璃态时，能起到很好的包埋效果，被包埋组分不会释出或被氧化。但当温度高于 T_g 时出现结晶后，则被包埋组分将会释出。

2）淀粉磷酸酯

淀粉的磷酸单酯分散液具有透明、黏度高、抗老化、稳定性好、保水性和冻融性强的性能，在食品中起到增黏和保型的作用。淀粉磷酸酯的水溶性均较好，并具有较高的糊透明度和稳定性，在食品工业中均可用做增稠剂、稳定剂及乳化剂。淀粉磷酸酯在橙汁生产中代替价格较高的阿拉伯胶作稳定剂。淀粉磷酸二酯用于挂面、方便面中，对改良其品质具有显著的效果。在面条加工中，淀粉磷酸二酯作为增稠剂，由于具有良好的黏附性能，当加入面粉中和面时，能使面筋与淀粉颗粒、淀粉颗粒与淀粉颗粒以及它们与破碎的面筋片段能很好地黏和起来，形成具有良好黏弹性和延伸性的面团。添加了淀粉磷酸二酯的面条强度大，断条率低，口感嫩滑，有咬劲。在方便面中，使用淀粉磷酸二酯可降低 2%～3%的耗油量。

3）氧化玉米淀粉磷酸酯

食品中添加适量的氧化玉米淀粉磷酸酯后，能使面糊的析水率降低、冻融稳定性增强。在 5%～7.5%区间内析水率降低比较快，稳定性提高迅速；在 7.5%～10%区间内稳定性提高较缓慢。氧化玉米淀粉磷酸酯化后，增加亲水基团，能改善淀粉颗粒的吸水性，并有持水性，由于大分子聚集体的存在，有利于空间网络结构的形成，具有类似于凝胶的空间三维网络结构。这种结构防止结成过大的冰晶，能使面糊在冻结过程中生成的冰晶细微化。

同时，氧化玉米淀粉磷酸酯可以防止产品炸制时水分蒸发，口感变硬。因此，添加适量的氧化玉米淀粉磷酸酯还可有效地改善样品的弹性、韧性和硬度。

4）麦芽糊精

麦芽糊精广泛应用在糖果、麦乳精、果茶、奶粉、冰淇淋、饮料、罐头及其他食品中，它是各类食品的填充料和增稠剂。在麦乳精、咖啡饮料、奶茶等方面应用麦芽糊精，可以突出天然风味，提高溶解性能，增强稠度，改善口感，降低甜度等。在各种食品中应用适当麦芽糊精，可以预防龋齿、肥胖症、高血压、糖尿病等。一般各种饮料用的麦芽糊精 pH 在 4.0～5.5，各种食品、奶粉用的麦芽糊精的 pH 为 5.5～6.5。

5）醋酸木薯淀粉

醋酸化木薯变性淀粉具有糊化温度低、糊丝长、透明度好、膜柔软光亮等特性，用于方便面中可赋予面条光洁平滑的外表、爽滑的口感并可提高面身的筋斗性，且不浑汤，不断条。

6）抗性淀粉

抗性淀粉是指不能被人体消化吸收的淀粉类物质，其在食品中的作用类似于食用纤维。抗性淀粉的糊化温度特别高（超过 150℃），几乎可以添加到任何热加工食品中而不影响其难消化性。抗性淀粉的基本特性与淀粉相似，添加到食品中后，它也不会像膳食纤维一样影响食品的感官和质地。抗性淀粉的添加量在 20%以内时，对混合面粉的吸水率变化影响不大。

在饼干制品中添加一定量的抗性淀粉（低于 15%），产品疏松度增加，饼干的口感、风味均较好，断面结构均匀无色变，而且抗性淀粉的稳定性和起酥性提高了饼干的品质。在软糖生产中，氧化淀粉可以用来代替琼脂和果胶等食物胶，延长产品的储存期。低度氧化淀粉包裹在油炸食品的表面，可以增加调料的附着性，改善口味。

3.7.2 天然多糖

1）壳聚糖

壳聚糖是一种天然多糖，主要含于蟹虾等甲壳类动物的壳内，经盐酸处理除去 $CaCO_3$ 等灰分，再经 NaOH 处理蛋白质，再用 40%～50%浓度 NaOH 高温脱乙酰反应得到。

壳聚糖有很强的抗菌作用，能作用于微生物细胞表层部，供霉菌等细胞表层细胞受损菌体成分漏出。壳聚糖还有抗 *Fusarium* 属真菌、*Entervoballer aerogenes* 细菌等作用。0.05%左右的壳聚糖能抑制金黄色葡萄球菌（*S. aureus*）、粪链球菌（*S. faecalis*）、枯草芽孢杆菌（*B. subtilis*）等革兰氏阳性菌。壳聚糖能提高调味食品渍物的保存性，使用时溶解于醋酸或乳酸等有机酸中。由于壳聚糖是蛋白质凝集剂，适用于含蛋白少及 pH 偏酸性的腌渍物如腌白菜、胡瓜等食品的保存。

2）聚葡萄糖

聚葡萄糖是以葡萄糖为主原料制得的难消化多糖，人体摄入后有一半以上随粪便排出，具有整肠作用，热量极低。经进一步精制可得聚葡萄糖Ⅱ和聚葡萄糖Ⅲ，大大改善聚葡萄糖的味、色和稳定性。聚葡萄糖制品的性质见表 3-17。

表 3-17 聚葡萄糖制品性质比较

	聚葡萄糖	聚葡萄糖Ⅱ	聚葡萄糖Ⅲ
酸味	略有酸味	基本没有	完全没有
甜味	略甜	稍甜	稍甜
葡萄糖含量/%	≤4	≤4	≤0.5
pH(10%水溶液)	3.0～4.5	3.5～5.0	4.5～6.5
水溶液稳定性	相当稳定	稳定	非常稳定
色(5%水溶液)	淡黄色	淡黄色	无色透明

在冰淇淋的原料中添加 20.0%聚葡萄糖和 4.2%麦芽糖醇，可得到低热量的冰淇淋，热量仅为其他冰淇淋的一半，并且口感浓厚滑爽，是具有鲜乳本身风味的高级冰淇淋产品。

3）魔芋多糖

魔芋（Amorphophallus konjac K. Koch）系天南星科（Araceae）魔芋属（Amorphophallus Blame）多年生草本植物，又称为花伞把、蛇包谷、鬼头、花连杆等。全世界目前共发现魔芋属植物 160 种以上，中国已发现并命名的有 21 种，其中有 12 种为我国所特有。魔芋是一种能大量合成葡甘聚糖的植物，其含量占干基的 50%左右，魔芋葡甘聚糖具有多种独特的理化性质，在食品、医药、化工、纺织、石油钻探等工业中均有很好的应用价值。

将魔芋多糖添加到茶饮料中，较好地解决了茶饮料生产中急需解决的茶“冷后浑”或冷后沉淀问题，使产品质量能让消费者普遍接受。

4）乳酸菌胞外多糖

乳酸菌胞外多糖是乳酸菌在生长代谢过程中分泌到细胞壁外的黏液或荚膜多糖，其生物合成是由糖基的供体、糖基的受体和糖基转移酶这三类分子协调完成的，和碳源的代谢密切相关。胞外多糖可以分为两类：同型多糖是由一种单糖聚合而成；异型多糖是由不同的糖基聚合而成。

在食品中，乳酸菌胞外多糖可作为生物增稠剂，例如用于酸奶、饭后甜点、汤、沙司和色拉敷料剂，其与水结合后表现出触变性或假塑性，即其流变性在震摇、搅拌或灌装时应该显著降低，当这些剪切力除去后又能完全恢复。该多糖也可以用作凝胶剂，它能够通过形成多糖链相互交连的三维网络结构而成为多糖胶体。

5）戊聚糖

戊聚糖是一种非淀粉多糖，主要由戊糖——阿拉伯糖和木糖组成。戊聚糖具有很高的吸水、持水特性和高黏度特性，并具有氧化交联形成凝胶、乳化稳定等作用。由于戊聚糖所具有的这些重要的理化性质，使其在食品加工中对面团特性及面制品的品质有非常重要的影响，主要表现为可增加面粉的吸水率及改善面制品的质构。对戊聚糖的研究的另一个重点是将其开发为增稠剂、保湿剂、乳化稳定剂应用于食品工业和化妆品工业，戊聚糖可作为功能性添加剂使用。

6）阿拉伯胶

阿拉伯胶能广泛地应用于糖果点心制造工业，主要在于其具有防止糖分结晶的能力，另外它具有增稠、增浓的能力。用于糖果中作抗结晶剂，防止蔗糖晶体析出，也能有效地乳化奶糖中的乳脂，避免溢出。还用于巧克力表面上光，使巧克力只溶于口，不溶于手。阿拉伯胶可作为蜜饯的透明糖衣，咀嚼糖、止咳糖和菱形糖的成分。独特的胶姆糖就是由阿拉伯胶制造的。

阿拉伯胶在冷冻食品（例如，冰淇淋、不含乳脂的冰冻甜食中）中可作为稳定剂，这主要是因为阿拉伯胶有很强的吸水性，加入的阿拉伯胶可结合大量的水并以水化的形式保持这些水分，固定在冰淇淋内部形成更精细的结构，以防止冰晶的析出。

在香精香料工业的生产中，它最显著的特性是优等的乳化和稳定作用。在喷雾干燥的固体香精工业中，它是喷雾香精粉的乳化剂和包裹剂，它能非常有效地防止成品香精中精炼香精油的氧化。应用于上述工业中的阿拉伯树胶是经过特别纯净化的粉末状产品。

7）结冷胶

结冷胶是一种微生物代谢胶，又称生物合成胶，过去称为杂多糖 PS60。结冷胶最初是从水百合上分离所得的一种革兰氏阴性菌——伊东藻假单胞菌（*Pseudomonaselodea*）所产生的胞外多糖。结冷胶在乳制品中主要用于提供优质的凝胶和稠度，如酸乳制品中加入结冷胶有消除絮凝及改进口感的作用，但必须加入另一种水溶胶充当胶体保护剂。冰淇淋中添加 0.1%～0.2%的结冷胶可提高其保型性。在软性蛋糕中添加量为 0.1%～0.2%的结冷胶，可起到保湿、保鲜和保型效果，还可防止冷藏时发生老化现象。在碳酸饮料中加入 0.05%～0.07%的结冷胶制得的胶化碳酸饮料含有大小适度的结冷胶块，该胶块入口即化，是口感极佳的新一代碳酸饮料。

8）黄原胶

黄原胶是食品工业中应用较多的一种微生物多糖。黄原胶由 D-葡萄糖、D-甘露糖、D-葡萄糖醛酸、乙酸和丙酮酸聚合而成。黄原胶易溶于水，在冷水、热水中分散性稳定，在低浓度下能产生很高的黏度，增稠性良好，水溶液呈透明胶状，具有较高的假塑性、良好的稳定性、良好的分散和乳化作用。黄原胶在食品工业中可用作稳定剂、乳化剂、悬浮剂、增稠剂、泡沫增强剂和加工辅助剂。

9）生物活性多糖

生物活性多糖主要由葡萄糖基单体构成，具有较大的相对分子质量，溶于水，易形成凝胶，除赋予食品特定功能外，还能利用其流变学特性改善食品质构。

生物活性多糖是研发保健饮料的重要原料之一，它们大多具有良好的水溶性，在饮料中能起到一定的保健功能，还可起到增稠、稳定和提高口感的作用。生物活性多糖具有热凝胶性等一系列的独特食品加工性能，不仅可增强面制品保健功能，还可有效防止挂面、中式汤面糊汤和软烂现象，并提高面条弹性。添加0.1%～0.3%结冷胶于中华面、荞麦面、切面中，可抑制热水溶胀，减少断条等。生物活性多糖可作为冰淇淋、果冻等食品的品质改良剂，主要是利用其稳定性、凝胶性、耐热冷性、保形性等。生物活性多糖还有其他许多应用领域，如用于蛋糕、奶酪中增强保湿、保鲜和保型效果。

思考与练习

1. 论述碳水化合物的种类及其在食品中的应用。

2. 还原糖具有什么结构特点？常见的一些糖中，哪些是还原糖？哪些是非还原糖？

3. 比较单糖与多糖在性质上的异同。

4. 简述果胶的性能及其凝胶形成原理。

5. 简述多糖的结构与性能的关系。

6. 一般采用哪些办法防止食品的非酶褐变？各种方法的作用原理是什么？

7. 简述淀粉糊化和老化的机理。

8. 简述非酶褐变和焦糖化反应。

9. 简述碳水化合物对食品品质有哪几方面的影响。

4 脂 类

4.1 引言

脂类是食品中重要的营养成分。术语“脂类”是指不溶于水而溶于有机溶剂(如氯仿、乙醚、丙酮、苯等)的一类重要有机化合物。

脂类主要包括脂肪(三酰甘油酯)、磷脂、糖脂、固酯等,其中三酰甘油酯最为重要,占动植物脂类的99%左右。根据在室温下存在的状态,习惯上将固体状态的三酰甘油酯称为脂肪,液体状态称为油。三酰甘油酯是一个分子甘油和三个分子脂肪酸脱水结合而成的酯。若三个脂肪酸分子是相同的则称为单纯甘油酯,若不相同则称为混合甘油酯。

这些脂类不但化学结构有差异,而且具有不同的生物功能。它们是生物体内重要的贮存能量的形式,提供必需脂肪酸,作为脂溶性维生素载体并增加食品的风味。在机体表面的脂类有防止机械损伤和防止热量散发的作用。磷脂、糖脂、固酯等是构成生物膜的重要物质。

在食品中脂类所表现出的独特的物理和化学性质对于食品加工十分重要。如脂类的组成、熔融和固化行为以及它同水或与其他非脂类分子的缔合作用,使食品具有各种不同的质地,这些性质在焙烤食品、制造糖果点心和烹调食品中都是特别重要的;另一方面,脂类经过复杂的化学变化或与食品中的其他组分相互作用,会形成很多有利于食品品质或有害的化合物。

4.2 脂类的结构与命名

4.2.1 三酰甘油酸的组成与命名

在结构上,三酰甘油酯是甘油与脂肪酸经过酯化而形成甘油一酯、二酯、三酯。一般天然存在的主要是甘油三酯。因此,与甘油酯化的脂肪酸的种类、数量和位置决定甘油酸酯的存在状态和性质。

1) 脂肪酸的命名

脂肪酸常用俗名或系统命名法命名。

(1) 脂肪酸俗名命名法

俗名命名法通常是根据来源命名,例如蚁酸、肉桂酸、酪酸、棕榈酸、月桂酸、硬脂酸和油酸。

(2) 脂肪酸的系统命名法

脂肪酸是天然脂肪水解得到的脂肪族一元羧酸。通常可以把羧酸看作是烃分子中的氢原子被羧基取代后的化合物。根据分子中烃基是否饱和，脂肪酸可以分为饱和脂肪酸和不饱和脂肪酸。饱和脂肪酸的烃链完全为氢所饱和，如软脂酸、硬脂酸等。不饱和脂肪酸的烃链含有双键，如油酸含一个双键，亚油酸含两个双键，亚麻酸含三个双键，花生四烯酸含四个双键。因此，脂肪酸的命名与母体的脂肪烃的命名密切相关。一般脂肪酸的系统命名法主要包括以下步骤。

① 选择含有羧基最长的碳链为主链，按照与其相同碳原子数的烃定名为某酸，例如：

$$CH_3CH_2CH_2CH_2CH_2CH_2CH_3$$

烷烃：庚烷

$$CH_3CH_2CH_2CH_2CH_2CH_2COOH$$

羧酸：庚酸

若是含两个羧基的酸，选择含两个羧基最长的碳链为主链，例如：

$$HOOCCH_2CH_2CH_2CH_2CH_2CH_2COOH$$

辛二酸

② 主链的碳原子数及编号从按羧基的编号数最小为原则，羧基碳编号为1，用天干甲、乙、丙、丁等来表示。

$$\overset{8}{C}H_3\overset{7}{C}H_2\overset{6}{C}H_2\overset{5}{C}H_2\overset{4}{C}H_2\overset{3}{C}H_2\underset{\displaystyle CH_3}{\overset{2}{C}H}\overset{1}{C}OOH$$

2-甲基辛酸

主链碳原子编号除以上方法外，也常用希腊字母把原子的位置定为 α、β、γ、δ 和 ε 表示碳原子的位置，如上述脂肪酸也可命名为 α-甲基辛酸。

③ 若含有双键(三键)，则选择含羧基和双键最长碳链为主链，定名为某烯(炔)酸，并把双键位置写在某烯(炔)酸前面。例如油酸也可命名为9-十八烯酸，亚油酸也可命名为9，12-十八二烯酸。

酸的命名也可以用数字标记表示碳原子数和双键数，数字与数字之间有一冒号。冒号前面的数字表示碳原子数，冒号后的数字表示双键数，因此亚油酸也可命名为18:2。

④ 双键的几何构型通常有两种，烃基在双键的同侧，用顺式(*cis*)表示；烃基在双键的异侧，用反式(*trans*)来标明。如：

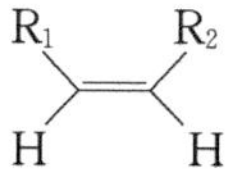

顺式或 *cis*-

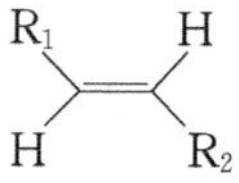

反式或 *trans*-

2）酰基甘油的命名

天然脂肪是甘油与脂肪酸的一酯、二酯和三酯，分别称单(一)酰甘油、二酰甘油和三酰甘油。不提倡使用甘油一酯、甘油二酯和甘油三酯等老的命名。例如，下面的化合物可以用下列任何一种名称：三硬脂酰甘油、甘油三硬脂酸酯、三硬脂酸甘油酯或 StStSt。

$$\begin{array}{l} \quad CH_2OOC(CH_2)_{16}CH_3 \\ \quad | \\ HCCOO(CH_2)_{16}CH_3 \\ \quad | \\ \quad CH_2OOC(CH_2)_{16}CH_3 \end{array}$$

甘油本身是完全对称的分子，但如果一个伯羟基被酯化或两个伯羟基被不同的脂肪酸所酯化，则中心碳原子获得手性（不对称性）。下述两条原则用于确定甘油衍生物的绝对构型。

（1）R/S 体系

堪思（Cahn）等曾提出用 R 和 S 表示绝对构型，用 D 和 L 表示对映体的绝对构型，这种方法的缺陷在于要确定一对映体与已知 D 化合物的关系需要经过 5～6 步才能得到验证，与同一化合物的 L 对映体的关系又需经过另外的 5～6 步。所以，对 D 和 L 的确定无疑是很繁琐的。目前，除糖类化合物和氨基酸仍旧采用 D、L 体系外，其他的化合物已很少使用。

在 R/S 体系中，首先按原子序数大小确定与手性碳连接的 4 个原子或原子团的排列顺序，原子序数最大的原子最优先排列，原子序数或基团最小的远离观察者，其余基团则以三足鼎立的形式面向观察者。如果按顺序排列的其他基团是顺时针方向的，用 R 表示；若按逆时针方向定位的则以 S 表示。这种体系表示的酰基甘油构型如图 4-1 所示。

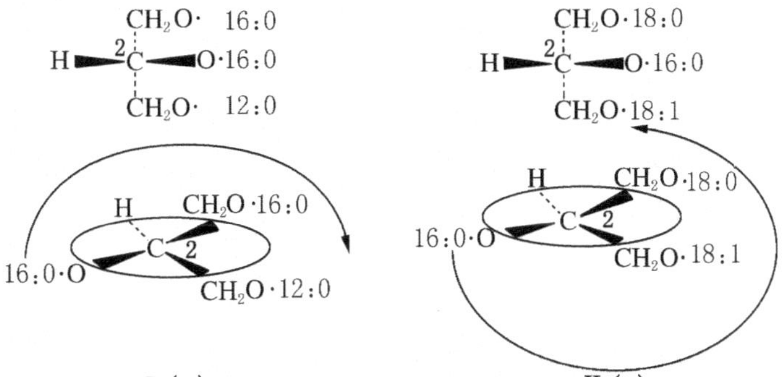

Ⅰ（R）　　Ⅱ（S）

图 4-1　三酰基甘油 R/S 体系命名

无论在 R 或 S 构型中，不对称碳 2 上的氢原子是排位最小的取代成分，因此，在图中位于纸平面的下面。碳 2 的取代成分中氧的排位最高，应优先排列，不对称中心碳原子连接的其余两个取代基是—CO—（CCH 排位较高，可不考虑碳 1 和碳 3 上的氢），这样，必须对连接在—CO—基团上的原子作比较，长链饱和酰基比短链的排位高，不饱和碳链的排位比饱和的高，双键比支链高，两个双键的比一个的高，顺式比反式高，有支链的比没有支链的高。因而，构型Ⅰ按优先顺序逐渐降低的顺时针方向排列，是 R 构型，同样构型Ⅱ为 S 型。

显然 R/S 体系能表示酰基甘油的立体化学构型，但用图形表示结构还必须考虑三酰甘油分子的 1 和 3 位置上的酰基是否相同。因而，这种体系不适用于这些位置上脂肪酸种类不相同时的情况。

（2）立体定向编号

赫尔斯曼（Hirschmann）提出的 Sn-系统既简单又能应用于合成和天然脂肪。甘油的 Fisher 平面投影式中位于中间的羟基写在中心碳原子左边，习惯上将碳原子按照从顶部到底部的顺序编号为 1～3。

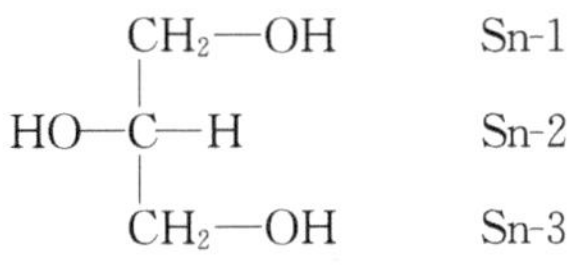

例如，如果硬脂酸在 Sn-1 位置酯化，油酸在 Sn-2 位置酯化，而肉豆蔻酸在 Sn-3 位置酯化，则三酰基甘油可表示为：

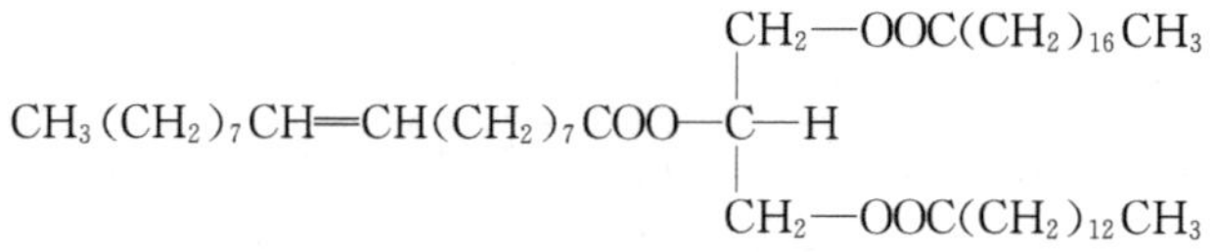

可将它命名为下列任何一种：

1-硬酯酰-2-油酰-3-肉豆蔻酰-Sn-甘油；

Sn-甘油-1-硬酯酰-2-油酰-3-肉豆蔻酸酯；

Sn-StOM 或 Sn-18:0-18:1-14:0。

下面的词头前缀指明脂肪酸在三酰基甘油分子中分布的位置。

Sn 使用在“甘油”一词前面，指明了 Sn-1、Sn-2 和 Sn-3 的位置。

rac 表示两个对映体的外消旋混合物，缩写中的中间碳原子酰基连接在 Sn-2 位置，而其余两种脂肪酸位置是等量地分布在 Sn-1 和 Sn-3 之间，即 rac-StOM 表示等量的酸Sn-StOM 和 Sn-MOSt。

β 表示缩写符号中间的脂肪酸酰基在 Sn-2 位置，而其余两种酸的位置可能是 Sn-1 或 Sn-3，例如，*β*-StOM 表示任何比例的 Sn-StOM 和 Sn-MOSt 的混合物。

单酸酰基甘油(例如 MMM)中，或者酸的分布位置是未知的，也可以不用词头，可能是各种异构体的混合物，例如 StOM 用来表示 Sn-StOM、Sn-MOSt、Sn-OStM、Sn-MStO、Sn-StMO 和 Sn-OMSt 的混合物。

4.2.2 磷脂的组成与命名

磷脂是含磷酸的脂类，主要是磷酸甘油酯和神经鞘磷脂。前者以甘油为骨架，甘油的 1 位和 2 位的两个羟基与两条脂肪酸链生成酯，3 位羟基与磷酸生成酯，这是最简单的磷酸甘油酯，称为磷脂酸。磷脂酸中的磷酸基团又可与其他的酸进一步酯化，生成多种磷脂，例如磷脂酰胆碱、磷脂酰乙醇胺、磷脂酰丝氨酸、磷脂酰肌醇、二磷脂酰甘油及缩醛磷脂等。甘油磷脂中含有与甘油残基连接的 *O*-酰基、*O*-烷烃基或 *O*-烯烃基的连接方式，普通甘油磷脂是磷脂酸衍生物，例如 3-Sn 磷脂酸胆碱(俗名卵磷脂)。或者按与三酰甘油相类似的系统名称命名，磷酸基表示磷酸二酯桥，例如下述化合物可称为 1-棕榈酰-2-亚油酰-Sn-甘油基-3-磷酸胆碱。

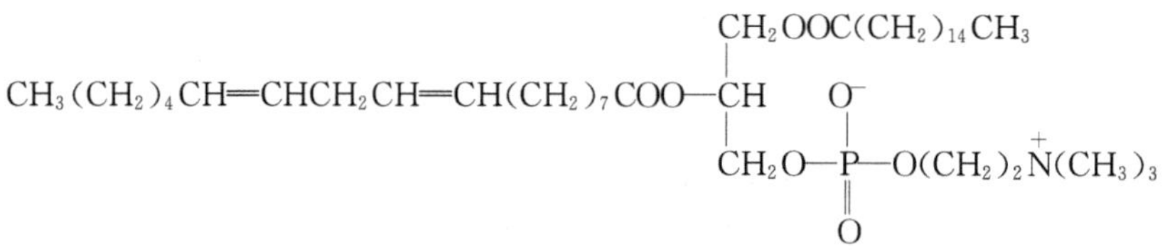

神经鞘磷脂以神经鞘氨醇为骨架。神经鞘氨醇的第二位碳原子上的氨基与长链脂肪酸以酰胺键连接成神经酰胺。神经酰胺的羟基与磷酸连接，再与极性头胆碱式乙醇胺相连接生成如下的神经鞘磷脂。

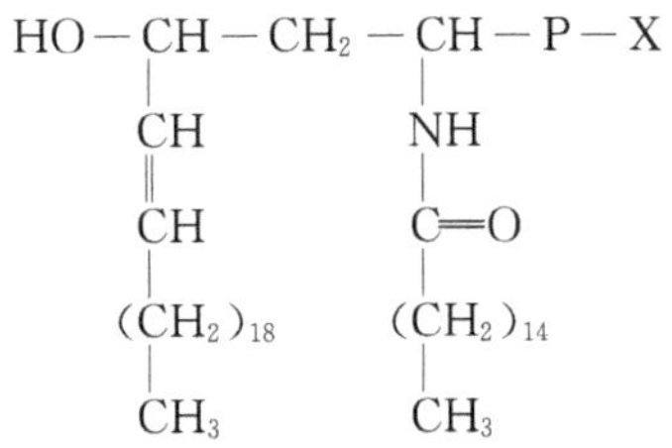

P：磷酸，X：胆碱或乙醇胺

4.3 脂类的物理性质

纯净的脂肪是无色无味的，天然油脂中略带黄绿色是由于含有脂溶性色素（如类胡萝卜素、叶绿素等）所致。油脂精炼脱色后，色泽变浅。多数油脂无挥发性，少数油脂中含有短链脂肪酸，会引起臭味。油脂的气味大多是由非脂成分引起的，如芝麻油的香气是由乙酰吡嗪引起的，椰子油的香气是由壬基甲酮引起的，而菜油受热时产生的刺激性气味，则是由所含的黑芥子苷分解所致。

1）熔点和沸点

由于天然油脂是由各种酰基甘油组成的混合物，所以没有确定的熔点（melting point）和沸点（boiling point），仅有一定的熔点和沸点范围。另外，油脂存在同质多晶现象也是油脂无确定熔沸点的原因之一。游离脂肪酸、一酰基甘油、二酰基甘油、三酰基甘油的熔点依次降低，这是因为它们的极性依次降低，分子间的作用力依次减小的缘故。

油脂的最高熔点一般在 40～55℃之间，与脂肪酸的碳链长度、饱和度和双键的结构有关。一般的，酰基甘油中脂肪酸的碳链越长，饱和度越高，则熔点越高；反式结构脂肪酸的熔点比顺式结构的高；双键共轭脂肪酸的熔点比非共轭双键的高。可可脂及陆生动物油脂相对其他植物油而言，饱和脂肪酸含量较高，在室温下常呈固态；植物油在室温下呈液态。油脂的熔点与其消化率有关。一般油脂的熔点低于 37℃时，其消化率达 96%以上；熔点高于 37℃以上，熔点越高越不易消化。油脂的熔点与消化率的关系见表 4-1。

表 4-1　几种常用食用油脂的熔点与消化率的关系

脂　肪	熔点/℃	消化率/%	脂　肪	熔点/℃	消化率/%
大豆油	8～18	97.5	猪油	36～50	94
花生油	0～3	98.3	牛脂	42～50	89
向日葵油	−16～19	96.5	羊脂	44～55	81
棉子油	3～4	98	人造黄油	—	87
奶油	28～36	98			

油脂的沸点一般在 180～200℃之间，也与脂肪酸的组成有关。沸点随脂肪酸碳链增长而增高，但碳链长度相同、饱和度不同的脂肪酸，其沸点变化不大。油脂在贮藏和使用过程中随着游离脂肪酸增多，油脂变得易冒烟，此时发烟点低于沸点。

2）烟点、闪点和着火点

油脂的烟点（smoking point）、闪点（flash point）和着火点（fire point）是油脂在接触空气加热时的热稳定性指标。烟点是指在不通风的情况下观察到试样发烟时的温度。闪点是试样挥发的物质能被点燃但不能维持燃烧的温度。着火点是试样挥发的物质能被点燃并能维持燃烧不少于 5 s 的温度。

各种油脂的上述指标差异不大，精炼后油脂的烟点在 240℃左右，但未精炼的油脂，特别是游离脂肪酸含量高的油脂，其烟点、闪点和着火点都大大下降，如玉米油、棉子油和花生油的烟点、闪点和着火点分别为 240℃、340℃和 370℃左右，但当游离脂肪酸含量为 100%时分别下降为 100℃、200℃和 250℃。

3）晶体特性

目前，关于脂肪晶体结构和特性的知识大部分来自 X 射线衍射研究，应用其他技术，例如核磁共振、红外光谱、量热法、显微观察法、膨胀测定法和差热分析法等，也获得一些重要的发现。

（1）晶胞

在任何一种物质的晶体结构中，原子或分子在它固定的位置形成一个可重复和高度有序的三维结构，一般把这种三维结构的空间排列称为空间点阵。完整的晶体是由晶胞空间并列堆积成的。每个晶胞都含有空间点阵的全部要素(element)，用来描述晶体结构的基本单位，如图 4-2 所示。图所示的简单晶胞，其每个角上有一个原子（或分子），由于每个角为八个其他邻近的晶胞所共有（如点 d），所以每个晶胞只含有一个原子（或分子），由此可见，空间晶胞的每个点与它周围所有其他的点是相似的。轴比率 $a:b:c$ 以及晶轴 OX、OY 和 OZ 之间的角度均为定值，通常以此来区分不同的空间点阵。长链有机化合物在晶体中并排堆积可产生最大的范德华相互作用力。如上所述，晶胞中存在三个间距，两个短的和一个长的。长间距随着直链烷烃的碳原子数目的增加而逐渐增大，而短间距仍保持不变。分子末端基团（例如甲基或羧基）彼此连接成为平面。若链对晶胞底面倾斜，则长间距因倾斜角度而略微变小。由于羧基之间共享氢键，脂肪酸倾向于形成最适于头与头相接的双分子结构（图 4-3），因而脂肪酸的长间距比碳原子数相同的烃类大一倍。

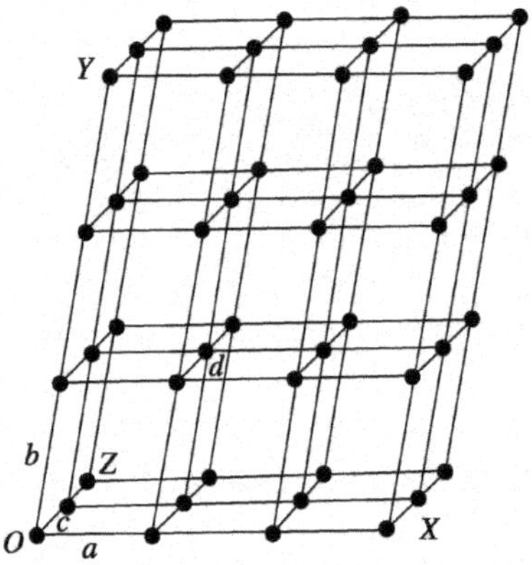

图 4-2　晶体结构

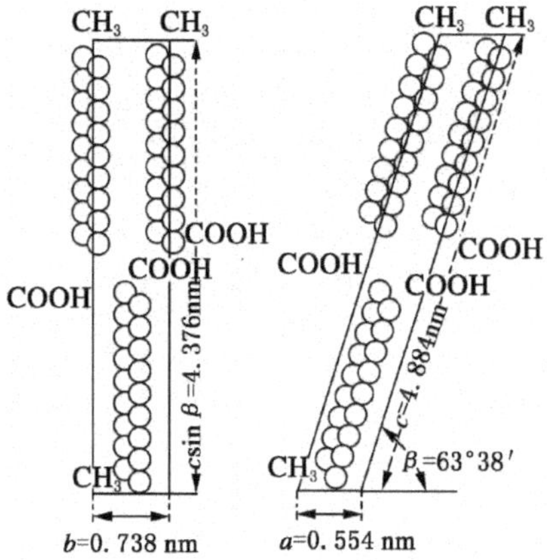

图 4-3　硬脂酸晶胞结构

通常，脂类化合物由多种相似的混合物共存，可以形成多种分子的晶体。在链长只相差一个碳原子的中等或低相对分子质量脂肪酸所形成的复合结晶中，一对脂肪酸靠羧基和羧基相结合。另外，由一种酸排列形成的结晶，分子可无规分布在另一分子的晶格内形成固体溶液。在某些条件下，缓慢冷却可使一种结晶层沉积在另一种结晶表面形成层状结晶。

(2) 同质多晶

化学组成相同的物质，可以有不同的结晶结构，但熔化后生成相同的液相，这些不同的结晶结构互称为同质多晶(polymorphism)，这种现象称为同质多晶现象。有时，同质多晶又称为同质多晶变体。石墨和金刚石是最典型的同质多晶体。同质多晶变体通常具有某些特殊性质，从而可以与同一种化合物的其他形式相区别，这些性质包括X射线间距、比体积和熔点等。固体脂中也存在同质多晶现象。脂类的纯度、温度、冷却速率、晶核的存在和溶剂的种类等因素可以决定待定化合物在结晶时所出现的同质多晶类型。

不同的同质多晶体具有不同的稳定性，亚稳态的同质多晶体在未熔化时会自发地转变为稳定态，这种转变具有单向性。而当两种同质多晶变体均较稳定时，则可双向转变，转向何方则取决于温度。天然脂肪多为单向转变。

(3) 亚晶胞

烃链的不同堆积排列以及排列的倾斜角导致长碳链化合物的同质多晶现象。可以用亚晶胞来描述堆积方式，亚晶胞是晶胞内沿链轴方向重复的最小空间单元。脂肪酸烃链中的最小重复单位是亚乙基(—CH_2CH_2—)。图4-4表示脂肪酸晶体的亚晶胞点阵，在这种情况下，每个亚晶胞包含一个亚乙基，亚晶胞高度等于烃链中交链的碳原子之间的距离，即0.254 nm，甲基和羧基不属于亚晶胞晶格的组成部分。

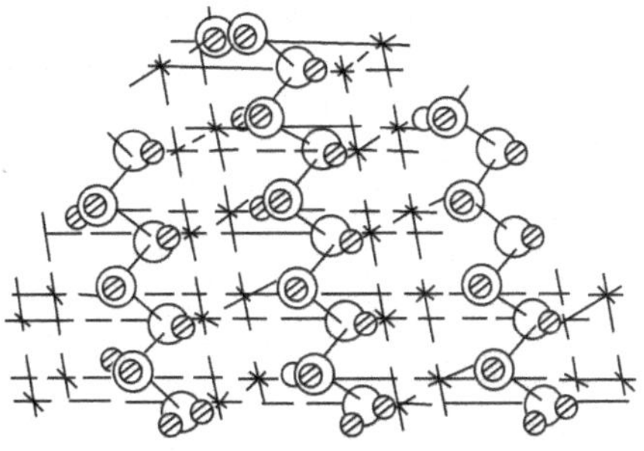

图4-4 脂肪酸晶体中的亚晶胞晶格

烃的亚晶胞有七种堆积方式，其中最常见的有如下三种，如图4-5。

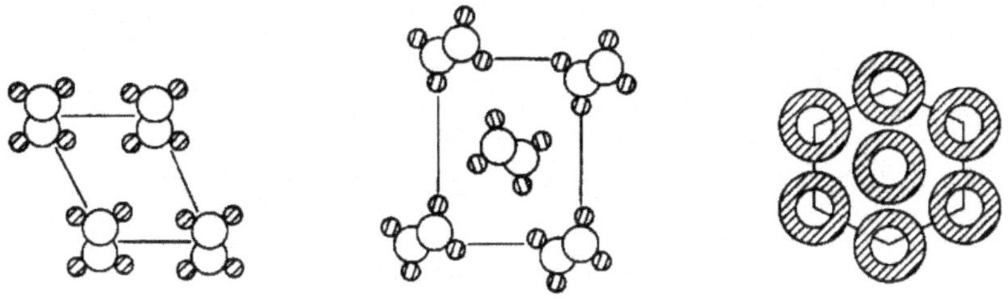

(a) 三斜晶系堆积　(b) 普通正交堆积　(c) 正六方堆积

图4-5 烃亚晶胞堆积的普通类型

三斜晶系堆积(T//)又称为β型，每个亚晶胞含有一个亚乙基重复单元并且所有的齿形平面都是平行的。直链烃、脂肪酸和三酰甘油中均存在这种亚晶胞堆积。

普通正交堆积(O⊥)又称为β'型，每个亚晶胞中含有两个亚乙基单位，交错的链平面与它相连的平面垂直，直链烷烃和脂肪酸及其酯类物质中存在这类亚晶胞堆积。

正六方形堆积(H)一般称为α型，链无规则取向，并可绕其长垂直轴旋转。在烃、酸和乙酯中可观测到这种亚晶胞堆积。

(4) 三酰甘油的结晶结构

一般说来，三酰甘油由于它们碳链较长，表现出烃类的许多特征。它们存在三种主要的同质多晶型，即 α、β′和 β 型，表 4-2 中列出每种晶型的熔点。由一种脂肪酸构成的三酰基甘油，例如 StStSt，当其熔融物冷却时，可结晶成密度最小、熔点最低的 α 型。若进一步冷却，侧链更紧密地堆积，使 α 型逐渐转变为 β 型。如果 α 型加热至熔点，可迅速转变成最稳定的 β 型。α 型熔融物冷却并保持温度高于熔点几度，也可直接得到 β′型，加热 β′型至熔点温度，则发生熔融，并转变成稳定的 β 型。X 射线衍射结果表明，α 型脂肪酸侧链为无序排列，β 型和 β′型显示有规则的排列，β 型是按同一方向排列的。

表 4-2　三酰甘油同质多晶的熔点

化合物	同质多晶的熔点/℃		
	α	β′	β
StStSt	55	63.2	73.5
PPP	44.7	56.6	66.4
OOO	32	−12	4.5～5.7
PPO	18.5	29.8	34.8
POP	20.8	33	37.3
POSt	18.2	33	39
PStO	26.3	40.2	
StPO	25.3	40.2	

一般单酸三酰甘油易形成稳定的 β 型结晶，甘油基 1,3 位置上的脂肪酸链和 2 位置上的方向相反，图 4-6 所示的是三月桂酸甘油酯的分子排列。

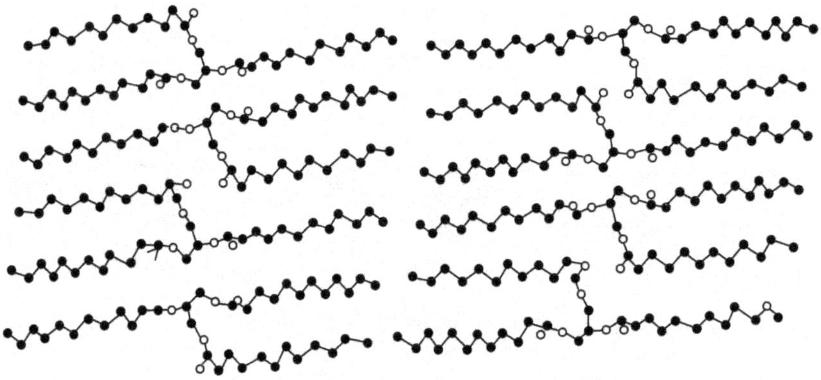

图 4-6　三月桂酸甘油酯的分子排列

由于三酰甘油的 Sn-1、Sn-3 位与 Sn-2 位上的脂肪酸方向相反，在晶格中三酰甘油分子排列成椅式。并且在三酰甘油的 β-晶型排列方式中，脂肪酸以两种方式交错排列，一种是两倍碳链长(DCL)方式，一种是三倍碳链长(TCL)方式，如图 4-7 所示，分别记作 β-2 和 β-3。

易结晶为 β 型的脂肪有：大豆油、花生油、椰子油、橄榄油、玉米油、可可脂和猪油。易结晶为 β′型的脂肪有：棉子油、棕榈油、菜子油、乳脂、牛脂及改性猪油。β′型的油脂适合于制造起酥油和人造奶油。

在实际应用中，若期望得到某种晶型的产品，可通过“调温”即控制结晶温度、时间和速度来达到目的。调温是一种加工手段，即利用结晶方式改变油脂的性质，得到理想的同质多晶型和物理状态，从而增加油脂的利用性和应用范围。例如，生产巧克力的原料可可脂中，有两种主要的甘油酯是 Sn-StOSt 和 Sn-POSt，存在的同质多晶体是 $\alpha-2$ 型熔点为 23.3℃，$\beta'-2$ 型熔点为 27.5℃，$\beta-3$Ⅴ型熔点为33.8℃，$\beta-3$Ⅵ型熔点为 36.2℃。要得到外观光滑、口感细腻（口活性好，33.8℃）的巧克力，应避免可可脂的 $\beta-3$Ⅴ型结晶转变为 $\beta-3$Ⅵ型，否则会产生粗糙的口感和巧克力表面起白霜。

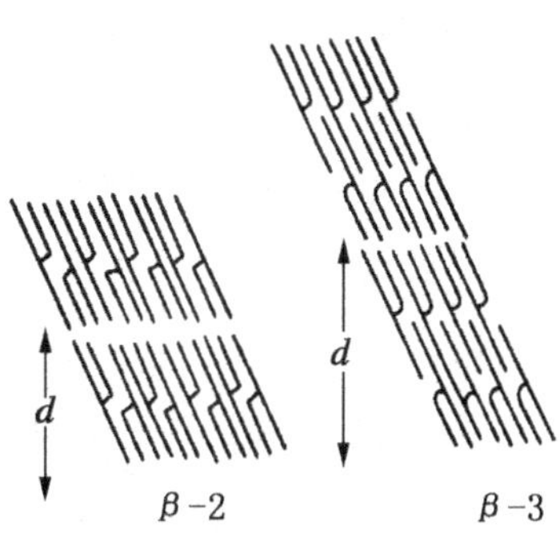

图 4-7　三酰基甘油 β 型的排列

4）介晶相

油脂中存在多种相态，除固态、液态外，还有一种物理特性介于固态和液态之间的相态，称为液晶态或介晶相。

油脂的液晶态结构中存在非极性的烃链和极性的基团（如酯基、羧基），烃链之间仅存在较弱的色散力，相互作用力较小；而油脂中的极性基团之间除存在色散力外，还存在诱导力、取向力，甚至还存在氢键，相互作用力较大。油脂加热时，在未达到真正的熔点之前，烃链区首先开始熔化，此时极性区尚未熔化，形成液晶相。乳化剂是典型的两亲化合物，易形成液晶相。在脂类-水体系中，液晶结构主要有三种（图 4-8），即层状结构、六方结构及立方结构。层状结构类似生物双层膜，排列有序的两层脂中夹一层水。在六方Ⅰ型结构中，非极性基团朝着六方柱内，极性基团朝外，水处在六方柱之间的空间中；而在六方Ⅱ型结构中，水被包裹在六方柱内部，油的极性端包围着水，非极性的烃区朝外。立方结构中也是如此。在生物体内，介晶态会影响细胞膜的可渗透性。

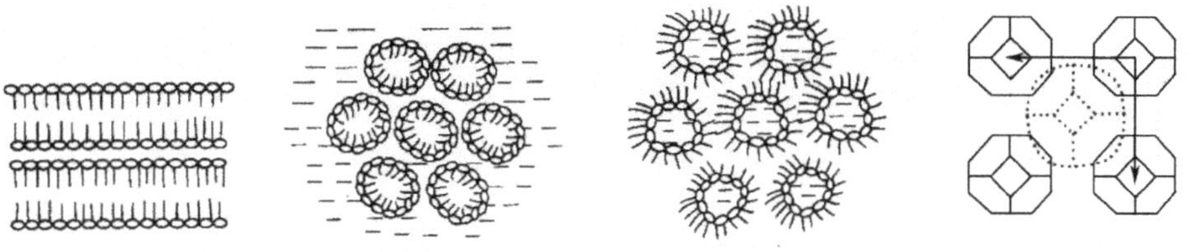

图 4-8　六方Ⅰ型脂类介晶结构

(a) 层状　(b) 六方Ⅰ型　(c) 六方Ⅱ型　(d) 立方

5）油脂的乳化特性

乳浊液是由两种互不相溶的液体组成的体系，其中一相是以直径 0.1～50 μm 的小液滴分散在另一相中。以小液滴形式存在的液相称为“内”相或分散相，使小液滴分散的相称为“外”相或连续相。在乳浊液中，液滴和（或）液晶分散在液体中，一般用缩写 O/W 和 W/O 分别表示油在水中和水在油中的分散。

分散的小液滴的形成使两种液体之间的界面面积增大，并随着液滴的直径变小，界面面积成指数关系增加。例如 1 mL 油在水中被分散成直径为 1 μm 的小油珠，可形成 1.9×10^{12} 个小球，其总界面面积为 6 m^2。

分散相体积百分数的变化范围很大，例如牛奶中为2.3%，蛋黄酱中为65%～80%，在乳浊液中甚至可达99%。当大小均一的完整小球达到最大密度时，可占乳浊液体积的75%。因为液滴的大小和(或)液滴变形的能力各不相同，所以只有分散相的体积大于74%的乳浊液才能存在。

乳浊液是热力学不稳定体系，在一定条件下会出现分层、絮凝，甚至聚结。乳浊液失稳的主要因素有下面几种情况。

(1) 分层或沉降：由于重力作用，密度不相同的相会产生分层或沉降，沉降速度遵循斯托克斯(Stokes)定律。

(2) 絮凝或群集：乳浊液絮凝时，脂肪球是成群的而不是各自的运动。未均质的牛奶，脂肪球容易絮凝，絮凝能够加快其分层速度，但不能使被包围的脂肪球界面膜破裂，因此，脂肪球原来的大小不会改变。球表面的静电荷量不足是引起絮凝的主要原因。

(3) 聚结：聚结过程时脂肪球先互相接触，然后通过絮凝、分层或沉降以及布朗运动最终发生聚结。在聚结过程中，界面膜破裂，脂肪球相互结合，界面面积减小，严重时导致均匀的脂相和均匀水相之间产生平面界面。这是乳浊液失去稳定性的最重要的途径。

乳浊液和乳化剂在食品加工中是很重要的。牛奶、鲜奶油、蛋黄酱、色拉调味汁、冰淇淋和蛋糕奶油属O/W型乳浊液，而黄油和人造奶油为W/O型乳浊液。肉乳浊液包含更复杂的体系，这种体系中的分散相是细小的脂肪固体颗粒，连续相是含有盐及可溶性和不溶性蛋白质、肌肉纤维和结缔组织颗粒的水溶液。

添加乳化剂可阻止乳浊液聚结。乳化剂是表面活性物质，界面吸附时能使乳浊液表面张力降低，阻碍聚结的产生，同时还能增加表面电荷。

食品工业中目前可利用的乳化剂，其结构和性质都不相同。乳化剂按结构和性质可分为阴离子型、阳离子型或非离子型，按来源可分为天然乳化剂和人工合成乳化剂，按作用可分为表面活性剂、黏度增强剂或固体吸附剂等。乳化剂的疏水性和亲水性是其最主要的性质。

选择乳化剂配置成混合乳化剂的方法很多，其中较重要的一种是根据分子的亲水-亲脂平衡(Hydrophilie-lipophilie Balance，HLB)性质选择乳化剂。乳化剂是含有疏水和亲水基团的一类化合物，易溶解于连续相，所以根据乳化剂的相对亲水-疏水性质可预测形成的乳浊液的类型(O/W或W/O)。根据亲水-亲脂平衡概念，每种表面活性利的HLB值可以用一个数值表示，可用实验方法测得，也可用一些方法计算。表4-3列出HLB值及其适用性。

表4-3　HLB值及其适用性

HLB值	适用性	HLB值	适用性
1.5～3	消泡性	8～18	O/W型乳化剂
3.5～6	W/O型乳化剂	13～15	洗涤剂
7～9	湿润剂	15～18	乳化剂

乳化剂在水中的溶解度取决于其HLB值的大小。通常，HLB值范围在3～6之间的乳化剂可形成W/O型乳浊液，数值在8～18之间则有利于形成O/W型乳浊液。HLB值的计算方法很多，可以用简单的计算方法即可得到两种或更多种乳化剂混合物的HLB值，并且可以确定乳浊液产生最大稳定性时乳化剂混合物的组成。虽然HLB值可用来比较乳浊液的稳定性，但它仍然受许多因素的限制。商品乳化剂通常不是单一的成分，HLB法并未考

虑乳化剂的浓度、液晶特性(mesomorphic behavior)、温度、乳化剂的电离、体系中其他化合物的相互作用以及油和水相的性质、相对浓度等,根据化学性质直接计算商品乳化剂 HLB 值是非常困难的。例如,纯单酰甘油酯的 HLB 值近似为 3.8,因此它只能形成 W/O 型乳浊液。但是当乳化剂浓度达到能够在小脂肪球周围形成保护性液晶层时,单酰甘油酯便形成 O/W 型乳浊液。另外,通常用混合乳化剂制成的 O/W 型乳浊液要比用 HLB 值相同的单一的乳化剂制成的乳浊液更稳定。

根据乳浊液的相变温度(Phase Inversion Temperature,PIT) 选择乳化剂,温度是一个很重要的因素。乳化剂在较低的温度下,优先溶解于水,而在较高温度时则会优先溶解于油,并且表现出极强的疏水相互作用。测定相变时的温度可以为乳化剂的选择提供依据。乳化剂的相变温度和乳浊液的稳定性之间存在着良好的正相关。

乳化剂在食品中的应用,其安全性也是一项主要指标。根据毒理学研究,包括动物实验和短期及长期饲养实验,联合国粮农组织(FAO)和世界卫生组织(WHO)食品标准委员会确定了人体对大多数食品乳化剂的每日允许摄入量(ADI)。某些乳化剂的 HLB 值和 ADI 值见表 4-4。

表 4-4 一些常见食品乳化剂的 HLB 值和 ADI 值

乳化剂	HLB 值	ADI 值/(mg/kg 体重)
一硬脂酸甘油酯	3.8	无限量
双甘油硬脂酸一酯	5.5	0～25
四甘油硬脂酸一酯	9.1	0～25
琥珀酰甘油一酯	5.3	
双乙酰琥珀酰甘油一酯	9.2	0～50
硬脂酰-2-乳酸钠	21.0	0～20
脱水山梨醇硬脂酸三酯	2.1	0～25
脱水山梨醇硬脂酸一酯	4.7	0～25
脱水山梨醇硬油酸一酯	4.3	
聚氧乙烯脱水山梨醇硬脂酸一酯	14.9	0～25
聚氧乙烯脱水山梨醇油酸一酯	15.0	0～25
丙二醇硬脂酸一酯	3.4	0～25

乳化剂在食品中的作用是多方向的:用在冰淇淋中除乳化作用外,还可减少气泡,使冰晶变小,赋予冰淇淋细腻滑爽的口感;用在巧克力中,可抑制可可脂由 β～3Ⅴ型转变成 β～3Ⅵ型同质多晶变体,即抑制巧克力表面起霜;用在焙烤面点食品中,可增大制品的体积,防止淀粉老化;用在人造奶油中可作为晶体改良剂,调节稠度。

4.4 食品加工与贮藏中脂类的变化

食品脂类具有独特的物理化学性质。它们的组成、晶体结构、熔化性质以及同水和其他非脂分子的相互作用能力都与其在许多食品中的功能性质有关。在食品加工、储存以及精制过程中,脂类经历了复杂的化学变化以及与其他食品成分的相互作用,产生了许多化合物，其中有的可改善食品质量，有的则是有害物质。

4.4.1 水解反应

脂类化合物在酶作用或加热条件下发生水解，释放出游离脂肪酸。

成熟的油菜种子在收获时油脂将发生明显水解，并产生游离脂肪酸，因此大多数植物油在精炼时需用碱中和。在油炸食品时，食品中大量水分进入油脂，油脂又处在较高温度条件下，因此脂类水解成为较重要的反应。在油炸过程中，游离脂肪酸含量的增加，通常引起油脂烟点和表面张力降低，以及油炸食品品质变劣。游离脂肪酸比甘油酯对氧化作用更为敏感。

而活体动物组织中的脂肪实际上不存在游离脂肪酸。然而，由于酶的作用，动物在宰杀后其脂肪可生成游离脂肪酸。因此，动物脂肪在加热精炼过程中使脂肪水解酶失活，以减少游离脂肪酸的生成。

乳脂水解释放出低级脂肪酸，使牛奶产生酸败味。但添加特定微生物的乳脂肪能产生某些典型的干酪风味。选择和控制脂类水解也应用于其他食品的加工，例如酸牛奶和面包的加工。

酶催化脂类水解是广泛用于脂类研究的一种分析方法。胰脂肪酶和蛇毒磷酸二酯酶被用来确定脂肪酸在酰基甘油分子中的位置和分布，这些酯的专一性在某些脂类化学合成中制备中间产物是特别有用的。

4.4.2 自动氧化

自动氧化(autoxidation)作用是脂类分子与氧之间的反应，是脂类氧化变质的主要原因。脂类氧化是食品败坏的主要原因之一，它使食用油脂和含脂肪食品产生各种异味和臭味，称为酸败。另外，氧化反应能降低食物的营养价值，某些氧化产物可能具有毒性。在某些情况下，脂类进行有限度的氧化是需要的，例如干酪或油炸食品产生的典型的香气。

对脂类氧化产物和氧化机理已做过广泛研究。食品脂类的氧化非常复杂，用较简单的模拟体系虽然可查明例如油酸酯、亚油酸酯和亚麻酸酯的氧化反应机理，但更复杂的食品脂类体系的氧化反应机理需要更广泛和深入的实验研究。

脂类氧化与许多因素有关，在对脂类氧化产物和脂类氧化机理的研究过程中，人们认识到光敏氧化反应的作用及其与自动氧化之间的相互关系，同时，在食品中，酶的存在对脂类氧化也有显著的影响。

1）自动氧化反应的一般特性

大量证据表明，脂肪自动氧化是典型的游离基反应历程，并具有以下特征：凡能干扰游离基反应的化学物质，都将明显地抑制氧化反应速度；光和产生游离基的物质对反应起催化作用，氢过氧化物 ROOH 产率高；光引发氧化反应时量子产率超过 1；用纯底物时，有较长的诱导期。

油脂自动氧化是活化的含烯底物(如不饱和油脂)与基态氧发生的游离基反应，包括链引发、链传递和链终止三个阶段。在链引发阶段不饱和脂肪酸及其甘油酯 RH 在金属催化或光、热作用下，易使与双键相邻的 α-亚甲基脱氢，引发烷基游离基(R·)；在链传递阶段，R·与空气中的氧结合形成过氧游离基(ROO·)，ROO·又夺取另一分子 RH 中的 α-亚甲基氢，生成氢过氧化物(ROOH)，同时产生新的 R·，如此循环下去；链终止阶段，游离基之间反应生成非游离基化合物。

(1) 链引发(诱导期):

$$RH \xrightarrow{\text{引发剂}} R\cdot + H\cdot$$

游离基的引发通常需要较高的活化能,故这一步反应相对较慢。

(2) 链传递:

$$R\cdot + O_2 \longrightarrow ROO\cdot$$
$$ROO\cdot + RH \longrightarrow ROOH + R\cdot$$

链传递的活化能较低,故此步骤进行得很快。反应过程中产生大量的氢过氧化物。

(3) 链终止:

$$R\cdot + R\cdot \longrightarrow R{-}R$$
$$R\cdot + ROO\cdot \longrightarrow ROOR$$
$$ROO\cdot + ROO\cdot \longrightarrow ROOR + O_2$$

链传递反应中的氧是能量较低的基态氧,即所谓的三线态氧($^3O_2$)。其电子排布如下:在两个π* 轨道中分别填充 1 个电子,且它们自旋平行。根据泡利(Pauli)不相容原理,这种填充方式能量较低,较稳定。由于自旋平行,则电子的总角动量为 $2s+1=2(1/2+1/2)+1=3$,故称为三线态氧(triplet)。链引发反应的活化能高达 146~273 kJ/mol,油脂直接与$^3O_2$反应生成 ROOH 是很难的,所以自动氧化反应中最初游离基的产生需引发剂的帮助。当$^3O_2$受到激发(如光照)时,其电子排布将发生如下的改变:π* 轨道中的电子可采用自旋反平行填充,此时电子的总角动量为 $2s+1=2[1/2+(-1/2)]+1=1$,故这种激发态氧称为单线态氧($^1O_2$)。单线态氧(singlet)反应活性高,可参与光敏氧化,生成氢过氧化物并产生游离自由基。此外,过渡金属离子、某些酶及加热等也可产生游离自由基。

2) 氢过氧化物的形成

目前,用油酸酯、亚油酸酯和亚麻酸酯的模拟体系对油脂的自动氧化反应进行了模拟,并且已采用定性和定量分析方法证明来自上述物质的氢过氧化物的异构体。这里分别介绍上述研究结果,说明简单体系的自动氧化反应机制。

(1) 油酸酯

油酸在 C-9、C-10 有一碳碳双键,由于 α-H 活泼,所以首先在双 α-C 处形成游离基,可以生成 C-8、C-11 两种烯丙基型游离基。

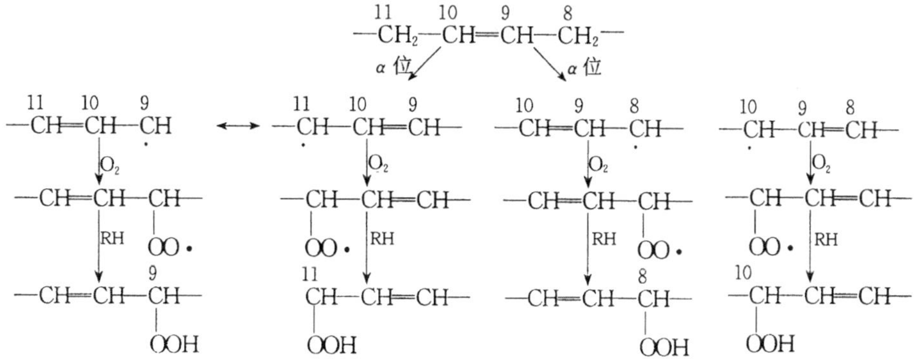

此种结构中，电子是高度离域，上述两种游离基又可异构生成 C-9、C-10 游离基，同时双键发生位移，体系中共有 4 种游离基，其含量及性质基本相同，分别与$^3O_2$作用生成相应的 ROO·，进一步生成 4 种氢过氧化物。由于反式产物较稳定，产物中反式异构体占 70%以上，而顺式异构体占 30%左右。

(2) 亚油酸酯

亚油酸在 C-9、C-10 和 C-12、C-13 处有两个碳碳双键，C-11 上的氢由于同时受到两个双键的双重激活而最容易失去，生成戊二烯基自由基，在与分子氧反应生成等量的共轭 9 -和 13 -二烯氢过氧化物混合物。它们发生几何异构化，因此两种氢过氧化物中的每一种都有顺、反和反、反异构体存在，即

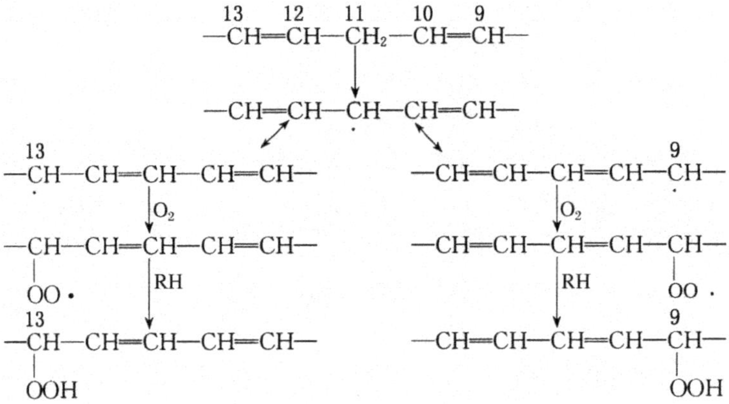

(3) 亚麻酸酯

亚麻酸酯分子中存在两个 1,4 -戊二烯结构，C-11 和 C-14 两个活性亚甲基最易脱氢产生两个戊二烯基游离基，即

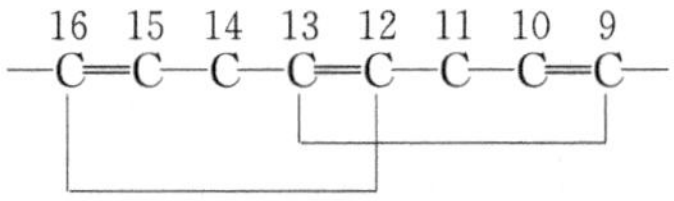

氧攻击每个基团的末端碳，结果生成异构 9 -，12 -，13 -和 16 -氢过氧化物混合物，这四种氢过氧化物中的每种都发生几何异构化，因此每种都具有顺式、反式或反式、反式异构体。氧优先与 C-9 和 C-16 反应，12 -和 13 -氢过氧化物较快地分解，9，16 -氢过氧化物明显多于 12 -和13 -异构体。12 -和 13 -氢过氧化物通过 1，4 环化生成六元环氢过氧化物，或通过 1，3 环化形成像前列腺素的环氢过氧化物，即

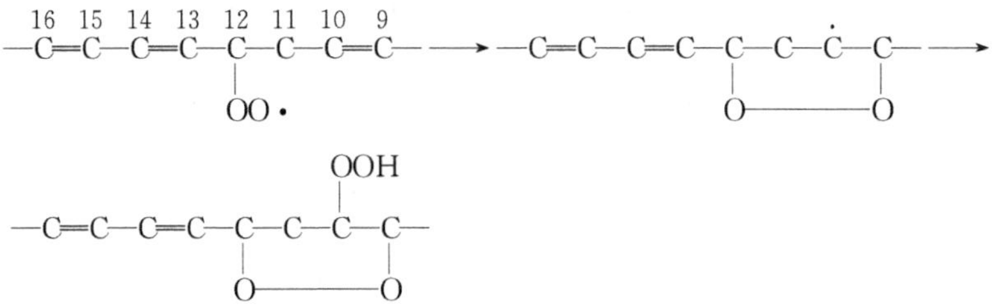

3）氢过氧化物的分解

氢过氧化物是不稳定的，易裂解产生许多分解产物。每种氢过氧化物产生一批初始裂解产物，它们的特征与其在母体分子的位置有关。这些分解产物本身进一步氧化和分解，产生大量的各种不同的游离基。可能的反应途径是多样的，自动氧化产物的产生模式非常复杂。目前，在大多数情况下，尚无法了解氢过氧化物的来源。

氢过氧化物一经形成就开始分解。在自动氧化的第一步，生成速度超过分解速度，而在随后的几步反应中则相反。

氢过氧化物的分解经历多个步骤。其分解的第一步是氧-氧键的断裂，产生一个烷氧游离基和羟基游离基。反应如下：

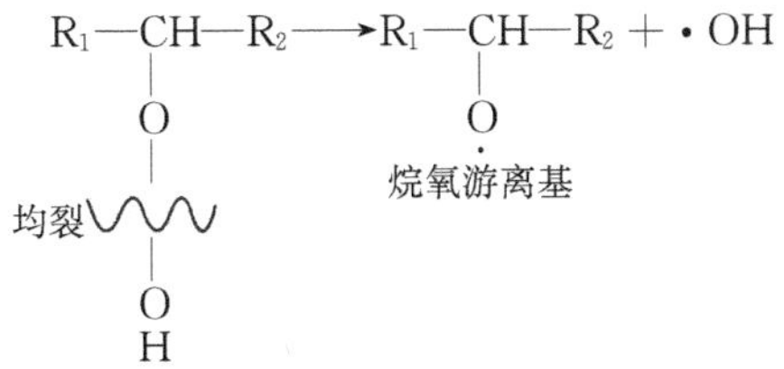

其分解的第二步是烷氧游离基两端任一端的碳-碳键位置发生断裂，反应如下：

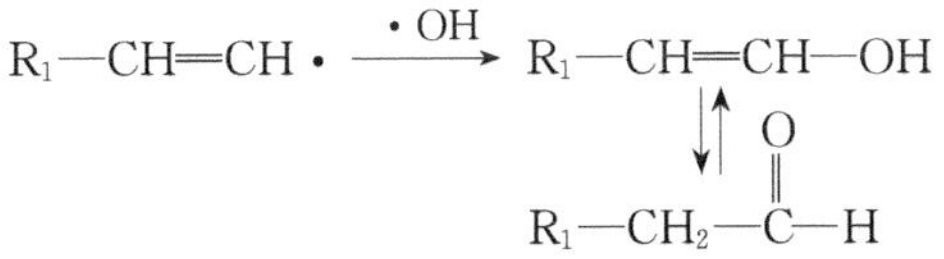

一般说来，酸性一侧（羧基或酯）断裂生成醛和酸（或酯），在烃（或甲基）一边断裂生成烃和含氧酸（或氧代酸酯）。但如果这种断裂产生的是乙烯基，则形成醛官能团。

例如，油酸甲酯的 8-氢过氧化物异构体，在烃基一侧(a)断裂即生成癸醛和 8-氧代辛酸甲酯，在酯基一侧(b)断裂则形成 2-十一烯醛和庚酸甲酯。

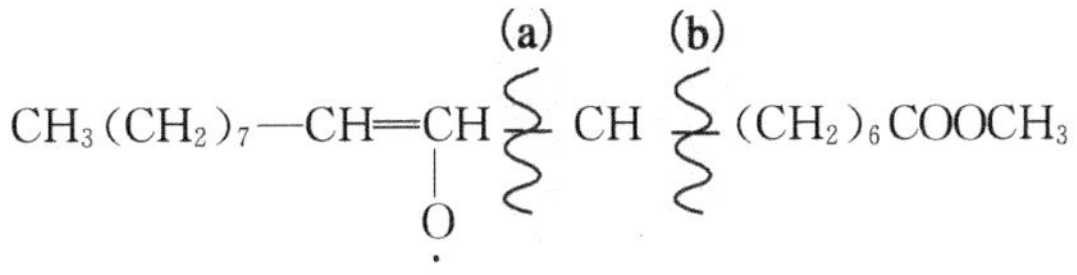

可以预测其他三种油酸酯的氢过氧化物都各自按同样方式产生四种典型的产物，即 9-氢过氧化物：

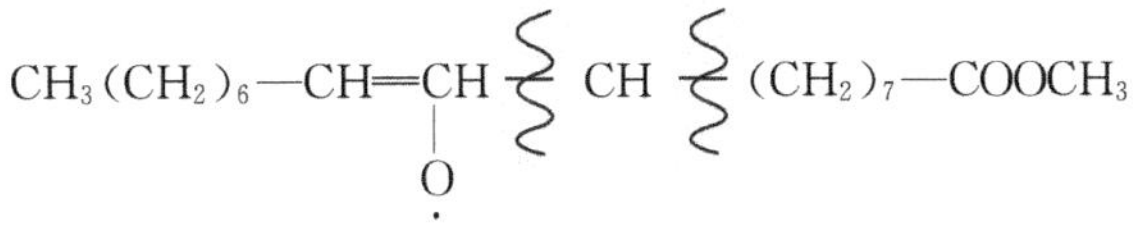

将产生壬醛、9-氧代壬酸甲酯、2-癸烯醛和辛酸甲酯。

10-氢过氧化物生成辛烷、10-氧代-8-壬烯酸甲酯、壬醛和 9-氧代壬酸甲酯：

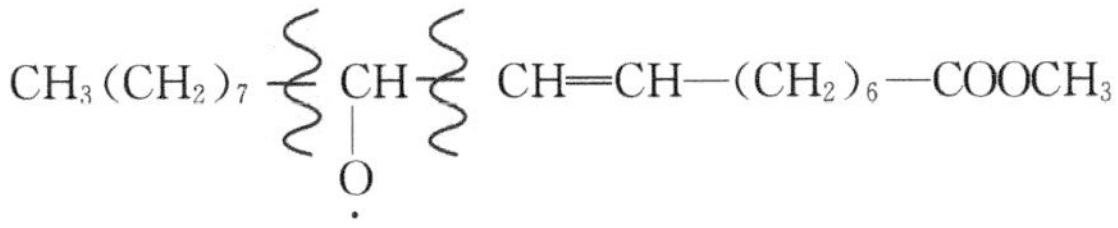

11-氢过氧化物可产生庚烷、11-氧代-9-十一烯酸甲酯、辛醛和 10-氧代癸酸甲酯：

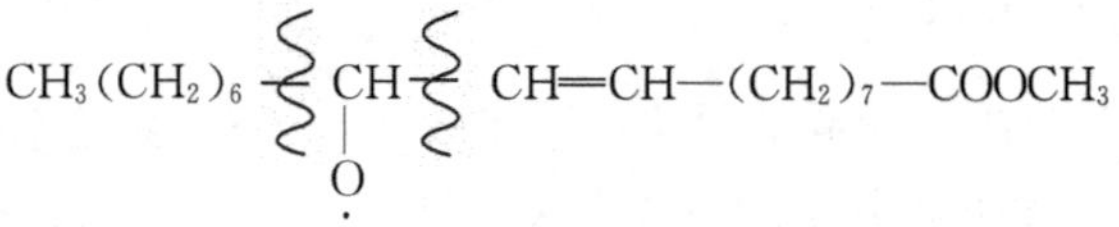

在特殊条件下，油酸酯可在氢过氧化物和双键之间发生异裂。

4）二聚和多聚化合物的形成

脂类在加热过程中进行氧化反应时，二聚和多聚反应是主要的反应，通常还伴随碘值降低以及相对分子质量、黏度和折光指数的增大。

在低氧压时脂类的两个烯键之间可以按不同的方式形成碳-碳键。

(1) 双键和共轭二烯通过 Diels-Alder 反应生成四取代环己烯。

例如，亚油酸酯在热氧化时产生一个共轭双键，然后与另一个亚油酸酯分子(或油酸酯)反应，形成环状二聚物。

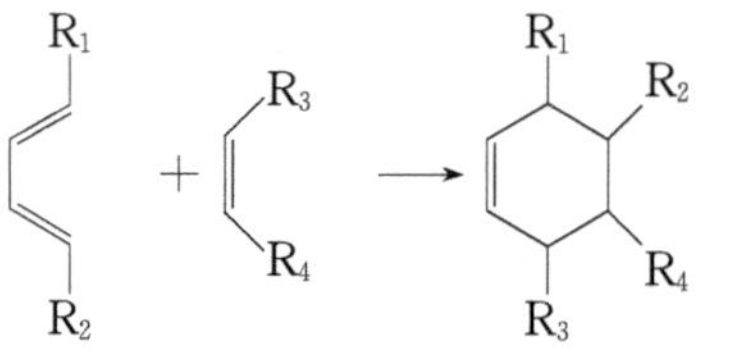

就酰基甘油而言，两个三酰基甘油分子的烯键或者分子内的两个烯键发生二聚反应：

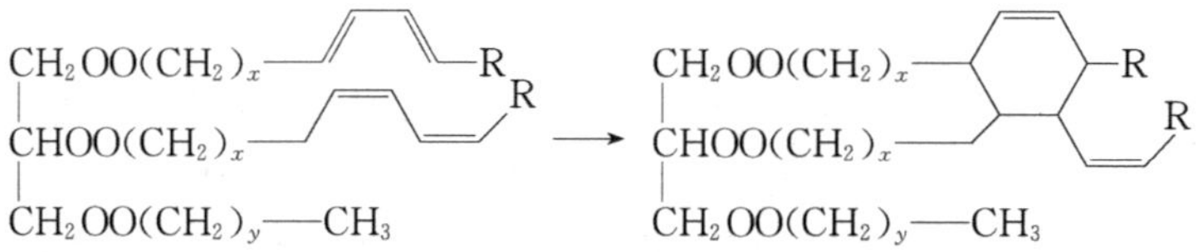

(2) 游离基结合成非环状二聚物，例如油酸酯形成 8-，9-，10-或 11-碳位偶联的二聚物(脱氢二聚物)的混合物。

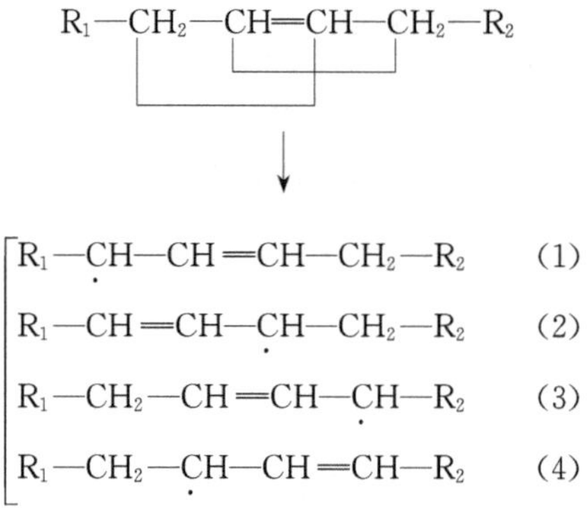

可能形成(1)(1)，(1)(2)，(1)(3)，(1)(4)，(2)(2)，(2)(3)，(2)(4)，(3)(3)，(3)(4)或(4)(4)游离基与双键加成的多种二聚物。

(3) 游离基和双键发生加成反应还可以生成二聚游离基，这种二聚游离基能够夺取另一个分子的氢原子，或者攻击另一个双键，形成无环或环状化合物。油酸酯的二聚反应如下：

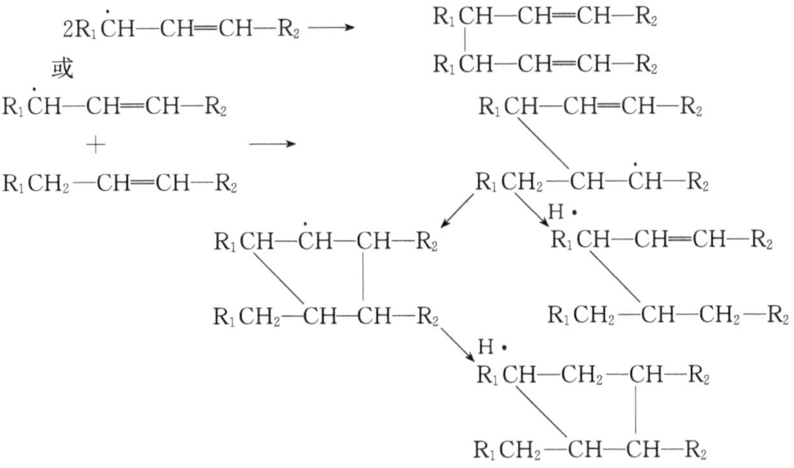

在不同酰基甘油的酰基之间也可以发生类似的反应，生成二聚和三聚三酰基甘油。

5）醛类进一步分解

在脂肪氧化产物中存在着多种醛类化合物，醛类是脂肪氧化过程中一类主要化合物。饱和醛容易氧化成对应的酸，以及发生二聚和多聚反应，例如三个己醛分子可结合成三戊基三噁烷。

亚油酸酯的次级氧化产物三烷基三噁烷具有较强的气味。在油酸和壬醛的研究中，曾有一种推测的机理用来解释油酸自动氧化生成醛、醇、烷基甲酸酯和烃的历程，即油酸酯的16-氢过氧化物生成的壬醛脱氢后，在两种羰基游离基之间产生共振平衡，导致过酸(peracid)和α-氢过氧基醛的形成，碳-碳键和氧-氧键的裂解可以产生能够引发链反应的各种游离基。

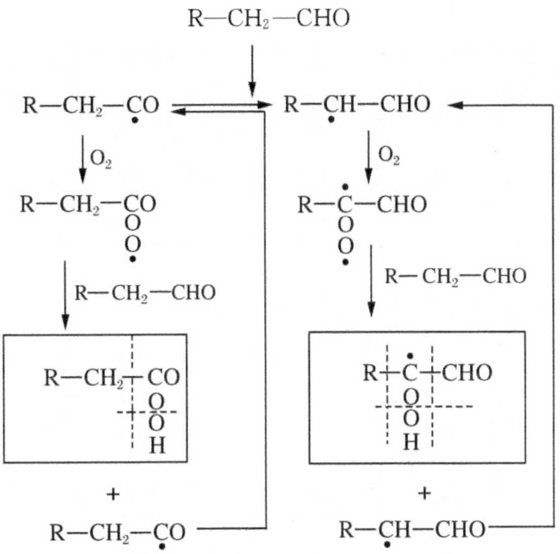

不饱和醛的α-亚甲基受到氧的攻击，可发生典型的自动氧化反应，生成短链烃、醛和二醛化合物。

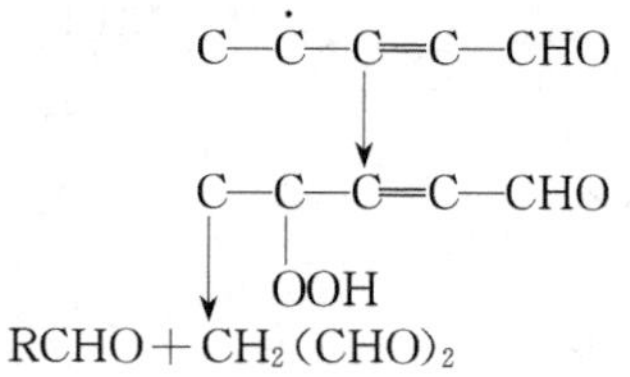

上述反应形成的丙二醛，可用硫代巴比妥酸（TBA）法测定。

关于含共轭双键的酸类的氧化机理，可能是由于氧攻击烯的中心位置生成环氧化物。以亚麻酸酯的 9-氢过氧化物生成的主要醛 2,4-癸二烯醛为例，产生 2,3-环氧或 4,5-环氧衍生物中间产物，2,3-环氧化物的形成和分解反应如下：

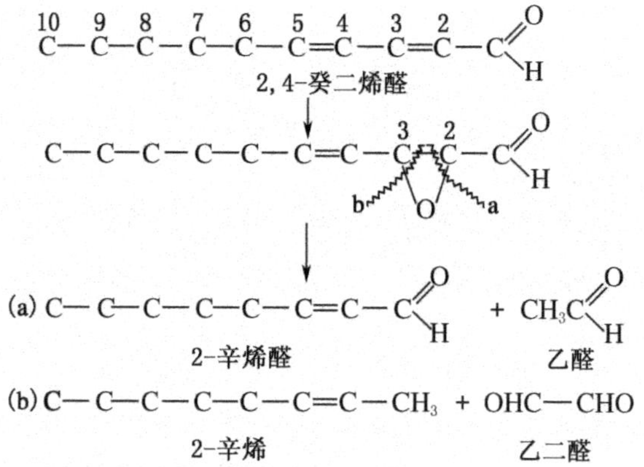

同样，4,5-环氧化物分解生成己醛、2-丁烯醛、己烷和 2-丁烯-1,4 二醛。

6）烷基游离基和烷氧游离基的其他反应

当烷氧游离基是从甲基的一侧裂解时，生成的烷基游离基可参与多种反应。与羟基结合生成醇，脱氢则形成 1-烯烃，氧化生成末端氢过氧化物，氢过氧化物再分解成对应的烷氧游离基，烷氧游离基还能形成醛，或者进一步裂解生成另一种烷基游离基，反应如下：

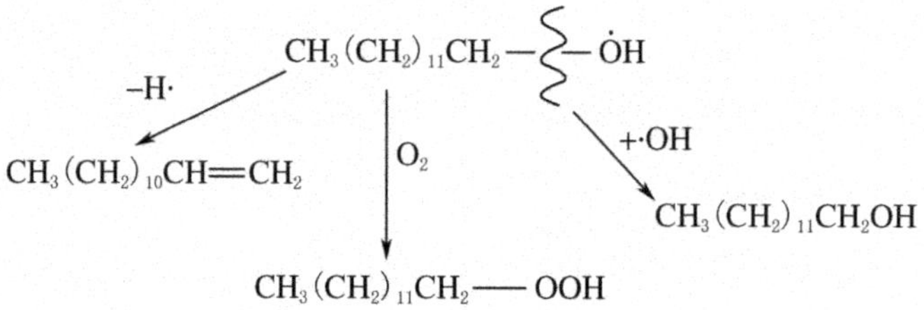

烷氧游离基若夺取另一个分子的 α-亚甲基的氢原子则生成羟基酸，失去氢原子则形成酮酸，即

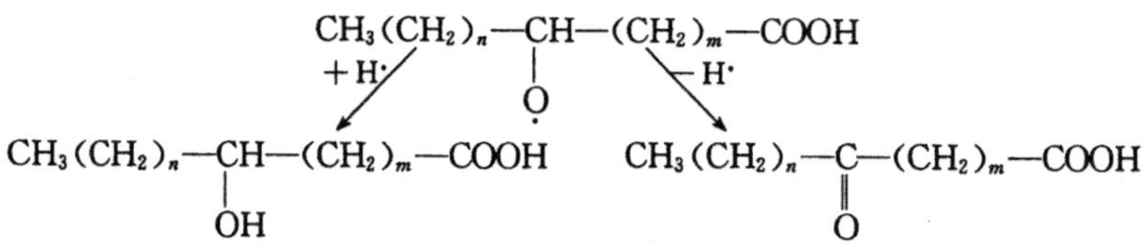

烷氧游离基或过氧游离基与双键起反应形成下述环氧化物：

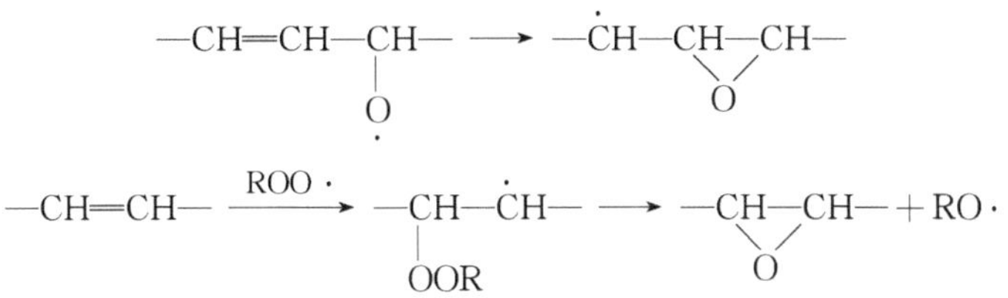

7）脂类氧化的测定

脂类氧化是一个非常复杂的过程，包括氧化引起的各种各样的化学和物理变化，这些反应往往是同时进行和相互竞争的，而且受到多个变量的影响。由于氧化性分解对食品加工产品的可接受性和营养品质有较重要的意义，因此需要评价脂类的氧化程度。

（1）过氧化值

过氧化物是脂类自动氧化的主要初级产物。过氧化物使碘化物释放出单质碘，碘可将亚铁氧化成为高价铁。据此可测定过氧化物的含量，一般用每千克脂肪中氧的毫摩尔数表示。过氧化值用于表示氧化初期产生的过氧化物，但上述分析方法对温度的变化非常敏感，结果随操作条件而变化，并不十分准确可靠。

如果将油脂的过氧化值与酸败味联系在一起考查，有时可得到良好的相关性。但是产生酸败所吸收的氧或形成的过氧化物数量与油脂的组成、抗氧化剂和微量金属离子的存在以及氧化条件等各种因素有关，所以多数情况并非如此。

（2）硫代巴比妥酸（TBA）测定

TBA 法是广泛用于评价脂类氧化程度的方法之一。不饱和体系的氧化产物通常与 TBA 反应生成有颜色的化合物，因而可用于比色法测定其浓度。例如，两分子 TBA 与一分子丙二醛反应形成红色物质，在 530 nm 处有吸收。很多链烷醛、链烯醛和 2，4 -二烯醛也能与 TBA 试剂反应产生黄色物质，在 450 nm 处有吸收。因此，实际测量需要在两个最大吸收波长（黄色 450 nm，红色 530 nm）下进行测定。

一般说来，只有含三个或更多个碳-碳双键的脂肪酸才能产生足够量与 TBA 反应的物质，丙二醛至少有一部分是多不饱和脂肪酸自动氧化的产物。

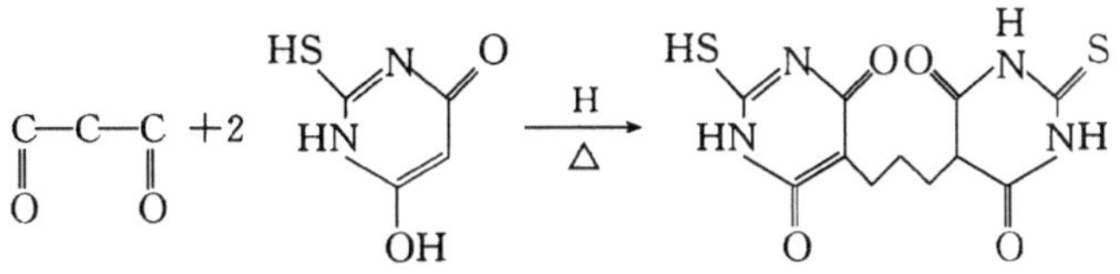

除了脂肪氧化产物外，还发现其他化合物也能够和 TBA 试剂反应生成特征红色色素，因而干扰测定。例如蔗糖及木材熏烟中的某些化合物与 TBA 反应显红色。因此，腌制和熏制的鱼肉加工品用 TBA 试剂检测脂肪的氧化程度时应进行校正。若一部分丙二醛已经与氧化体系中的蛋白质发生反应，则分析值偏小。此外，风味评分与 TBA 值往往不一致，原因是一定量的油脂氧化所产生的 TBA 相对值因食品种类而异。但是，在很多情况下，TBA 检验法仍可用来对一种试样的不同氧化状态进行比较。

（3）总羰基化合物和挥发性羰基化合物的测定

脂类的氧化产物醛和酮能与 2，4 -二硝基苯胺反应生成腙，可以用于总羰基化合物的测定。但是，在检验条件下，不稳定底物如氢过氧化物的分解也可产生羰基化合物，导致测定值偏高。为使这种干扰降低至最低程度，应在低温下进行测定，或测定前预先使氢过氧化物还原为非羰基化合物。

在氧化的脂肪中，羰基化合物主要部分是相对分子质量较大的，可采用各种分离技术将相对分子质量较小的和相对分子质量较大的羰基化合物分离，前者有挥发性，对风味和测定有影响。最普通的方法是在常压或减压下蒸馏回收挥发性分解产物，然后将蒸馏组分与适当的试剂反应测定羰基化合物的含量。

(4) 茴香胺(甲氧基苯胺)值

有醋酸存在时，茴香胺与醛反应显黄色，如果醛化合物含有一个和羰基共轭的双键，则350 nm 波长处摩尔吸光系数增大，因此，茴香胺值主要是测定2-链烯醛。一般用氧化值(OV)(即2×过氧化值+茴香胺值)评价油脂的氧化。

(5) 克雷斯实验(Kreis test)

在酸性条件下，脂肪的氧化产物1,2-环氧丙醛和间苯三酚反应显红色。克雷斯实验是商业、卫生监督部门最初用于评价脂肪氧化的一种检验方法。但本方法存在缺点，如加入Kreis 试剂后，无氧化异味的新鲜油脂试样也能出现颜色，并且各个实验室之间很难得到一致的检验结果。

(6) 紫外光谱法

用紫外光谱在234 nm(共轭双烯)和268 nm(共轭三烯)波长处测定油脂吸收值，有时被用来监测油脂的氧化过程。但是，除脂肪氧化初期外，吸收值的变化和脂肪的氧化程度没有多大联系。

(7) 环氧己烷检验法

环氧化物也是油脂氧化的重要产物，可以根据卤化氢和环氧乙烷基团发生加成反应原理测定。在醋酸溶液中，油脂试样用 HBr 滴定至结晶紫指示剂转变至蓝绿色为滴定终点，根据 HBr 的浓度和所消耗的体积计算出试样中环氧化物的含量。但是卤化氢试剂还能与α,β-不饱和羰基和共轭二烯醇等化合物发生反应，所以这种检验方法缺乏专一性，且不够灵敏。同时，对于某些反式环氧化物，这种反应并不是定量的。另外，也可根据环氧乙烷和苦味酸反应的原理，用比色法测定环氧乙烷，其优点是灵敏度高，干扰小。

(8) 碘值

碘值用来表示油脂的不饱和程度，碘值降低说明油脂已发生氧化，所以有时用这种方法监测油脂自动氧化过程中二烯酸含量下降的趋势。碘值用所吸收碘的百分数表示。

(9) 荧光法

脂类氧化生成的羰基化合物与具有游离氨基的某些细胞组分相互作用，形成有荧光的化合物，因而用荧光法检测生物组织中的油脂氧化产物是一种较灵敏的方法。

(10) 色谱法

液相色谱、气相色谱、薄层色谱、高效液相色谱和凝胶渗透色谱等多种色谱技术已用于测定油脂或含脂类食品中的氧化产物。色谱法对挥发性、极性或聚合的化合物能同时完成分离和定量测定。例如，戊烷或已醛是油脂自动氧化过程中产生的特征化合物，可用气相色谱法测定。

(11) 感官评价

最终判断食品的氧化风味需要进行感官检验。风味评价通常是由有经验的人组成品尝小组，采用特殊的风味评分方式进行的。

另外，几种快速试验方法也可用于测量脂类在不同条件下耐氧化的能力，现介绍如下。

(1) Schaal 烘箱试验法

置油脂试样于65℃左右的烘箱内,定期取样检验,直至出现氧化性酸败为止。可以采用感官检验或测定过氧化值的方法判断油脂是否已经酸败。

(2) 活性氧法(AOM)

油脂试样保持在(97.82±0.2)℃条件下,不断通入恒定流速空气,然后测定油脂达到一定过氧化值所需的时间,目前该法是一种广泛采用的检验方法。

(3) 氧弹法

将油脂试样分散在滤纸浆中,放在有玻璃衬垫和氧压为1 662 390 Pa的密闭氧弹中,置氧弹于沸水中加热,记录氧压降低至6 649.6 Pa所需要的时间,这种试验方法比活性氧法速度更快,结果精确。

(4) 吸氧法

按密闭容器内出现一定的压力降所需的时间测定油脂试样的吸氧量,或在一定氧化条件下测定油脂吸收预先确定的氧量的时间,作为衡量油脂稳定性的方法。这种检验特别适用于抗氧化剂的活性研究。

8) 影响食品中脂类氧化速率的因素

不同结构的脂肪酸对氧化敏感性明显不同,同时食品中还存在许多对脂类氧化速率有影响的非脂类成分,这些组分的相互作用,以及它们对各种不同自动氧化进程的影响,使得食品中脂类的自动氧化十分复杂。影响脂类氧化的主要因素有以下几方面。

(1) 脂肪酸组成

脂肪酸的双键位置、数目和几何形状都会影响氧化速率。花生四烯酸、亚麻酸、亚油酸和油酸的相对氧化速率近似为40∶20∶10∶1。顺式比对应的反式异构体更容易氧化,含共轭双键的比非共轭双键的活性更高,饱和脂肪酸性质相对稳定,室温下难以氧化,但在高温下将发生明显的氧化。

(2) 游离脂肪酸与对应的酰基甘油的比例

游离脂肪酸的氧化速率略大于甘油酯中结合型脂肪酸,天然脂肪中脂肪酸的无规分布使其氧化速率降低。脂肪和油中存在少量游离脂肪酸并不会明显影响氧化稳定性,但是,当商品油脂中存在较大量游离脂肪酸时,将使炼油设备或贮存槽中具有催化作用的微量金属与脂肪酸的结合量增加,从而加快脂类的氧化速率。

(3) 氧浓度

如前所述,当油脂体系中氧分压很低时,氧化速率与氧压成正比;而供氧充分时,氧分压对氧化速率没有影响。另外,氧分压对速率的影响还与其他因素有关,例如温度、表面积等。

(4) 温度

一般的,温度升高,脂类的氧化速率也随着温度升高而增加。但温度的升高,氧的溶解度降低,因此,当温度较高时,氧化速率随温度的升高而增加的趋势不明显。

(5) 表面积

脂类和空气接触的表面积与其的氧化速率成正比关系。随着比表面积增大,通过降低氧分压来降低氧化速率效果不大。在水包油乳浊液中,氧化速率决定于氧向油相中的扩散速率。

(6) 水分

在模拟的脂类体系和各种含脂食品中,脂类氧化速率主要取决于水活性。在含水量很低

(a_w 值约低于 0.1)的干燥食品中,脂类氧化反应很迅速。当水分含量增加到 a_w 值为 0.3 时,脂类氧化速率降低至最小。这说明水的保护效应可降低金属催化剂的催化活性,同时可以消灭游离基,促进非酶褐变反应(产生具有抗氧化作用的化合物)和(或)阻止氧同食品接触。在水活性较高时(a_w=0.55~0.85),氧化速率又加快进行,可能是增加了体系中催化剂的流动性引起的。

(7) 助氧化剂

一些过渡金属元素,特别是具有氧化-还原电势的二价或多价金属元素如 Co、Cu、Fe、Mn 和 Ni 等,对脂类氧化起助催化作用。如果体系中有这些元素存在,甚至浓度低至 0.1 μg/g时,也可以使诱导期缩短和氧化速率增大。大多数食用油脂中都含有微量的重金属,主要来自油料作物生长的土壤、动物体以及加工、贮存所用的金属设备和包装容器。所有食品包括流体食品(蛋、奶、果汁)中均存在游离的和结合形式的微量金属。

9) 油脂自动氧化的控制

抗氧化剂是一类能减慢油脂自动氧化的物质。从来源可以分为天然和合成抗氧化剂。目前在食品中允许使用的主要抗氧化剂是一元或多元酚类化合物。使用时,通常是将抗氧化剂和其他酚类抗氧化剂或各种金属螯合剂混合在一起使用,这样可以对脂类产生很好的抗氧化效果,允许使用的抗氧化剂和金属螯合剂见表 4-5。

表 4-5 食品中允许使用的抗氧化剂和金属螯合剂

主要抗氧化剂	增效剂
生育酚	柠檬酸与柠檬酸异丙酯
愈创树脂	磷酸
丁基化羟基茴香醚(BHA)	
丁基化羟基甲苯(BHT)	抗坏血酸和抗坏血酸棕榈酸酯
2,4,5-三羟基苯丁酮(THBP)	酒石酸
4-羟基-2,6-二叔丁基酚	
叔丁基氢醌(TBHQ)	卵磷脂

(1) 抗氧化效力和作用机理

抗氧化剂作用机理是阻止油脂氧化过程中链的引发和中断游离基的链传递。过氧化物分解剂、金属螯合剂和单重态氧抑制剂都可以阻止游离基的引发。由于不能从体系中完全消除微量过氧化物和金属引发剂,目前仍集中对游离基受体所起的作用进行研究。

Bolland 详细地研究了含有氢醌抑制剂的亚油酸乙酯自动氧化模拟体系的动力学,他们假定抗氧化剂是通过氢给体或游离基受体作用来抑制链反应,并断定游离基受体(AH)主要是与 ROO· 而不是和 R· 基起反应,即

$$ROO\cdot + AH \longrightarrow ROOH + A\cdot$$

还认为一个抑制剂分子最多可能终止的氧化链数目是 2,因此可将反应分两步表示,即

$$ROO\cdot + AH_2 \longrightarrow ROOH + AH\cdot$$
$$AH\cdot + AH\cdot \longrightarrow A + AH_2$$

也有一些学者对此提出过不同看法:游离基中间体 AH· 与 ROO· 基反应形成稳定产物,或者 ROO· 基与抑制剂(inh·)形成复合物,然后这种复合物再同另一个 ROO· 基反应生成稳定的产物,即

$$ROO\cdot + inh \longrightarrow [ROO\text{-}inh\cdot]$$
$$[ROO\text{-}inh\cdot] + ROO\cdot \longrightarrow \text{稳定产物}$$

以上这些反应都可能发生。但 Bolland 等人最初的观点仍然是最重要的，抗氧化剂的抗氧机理可看成是抑制剂反应(1)和链传递反应(2)之间相互竞争。

$$ROO\cdot + AH \longrightarrow ROOH + A\cdot \qquad (1)$$
$$ROO\cdot + RH \longrightarrow ROOH + R\cdot \qquad (2)$$

抗氧化剂的抗氧化效果与多种因素有关，包括活化能、速率常数、氧化-还原电位、抗氧化剂损失或破坏的程度和溶解性质等。若抗氧化剂具有良好的抗氧化效果，反应(1)应为主要反应，活化能随 A—H 离解能增大而增大，抗氧化剂(AH)的效力随 A—H 键能的降低而增加。同时还必须满足 A· 不引发新的游离基或者由于链反应而被迅速氧化。在这一点上，酚类是很好的抗氧化剂，因为它们是极好的氢或电子供给体。同时，它们的游离基中间体的共振非定域作用(resonance delocalization)和没有适合于分子氧进攻的位置，所以比较稳定。例如，氢醌与过氧化游离基反应，形成稳定的半醌共振混合物：

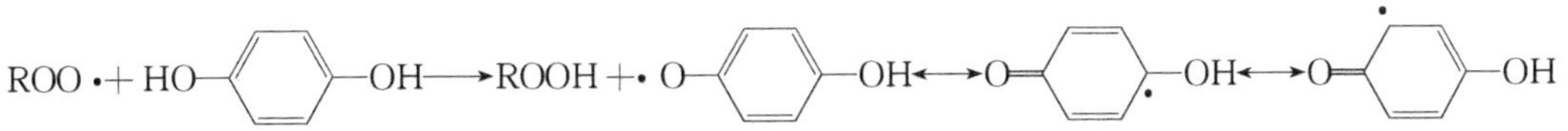

半醌游离基中间体能够进行许多种反应，形成更稳定的产物，它们又可以互相反应形成二聚物、歧化物(dismutate)，重新形成原抑制剂分子的醌类化合物：

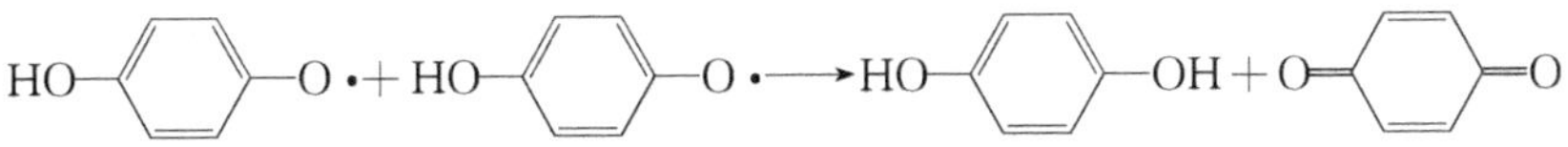

或者与另一个 ROO· 游离基反应：

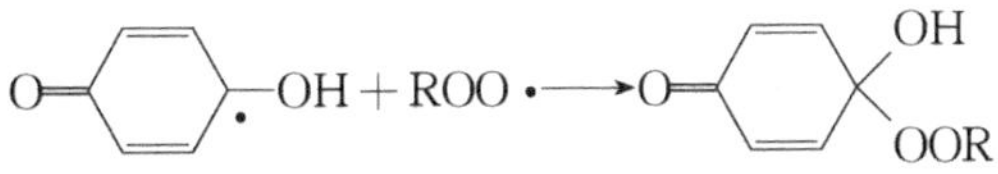

一元酚不能形成半醌或醌，但它们可生成具有中等共振非定域作用的游离基中间体，并且受到空间位阻作用。以 BHT 的两个叔丁基为例，在起始氢给予作用以后，叔丁基进一步降低烃氧游离基的链引发作用。亚油酸酯和 BHA 之间的净反应(net reaction)可表示如下：

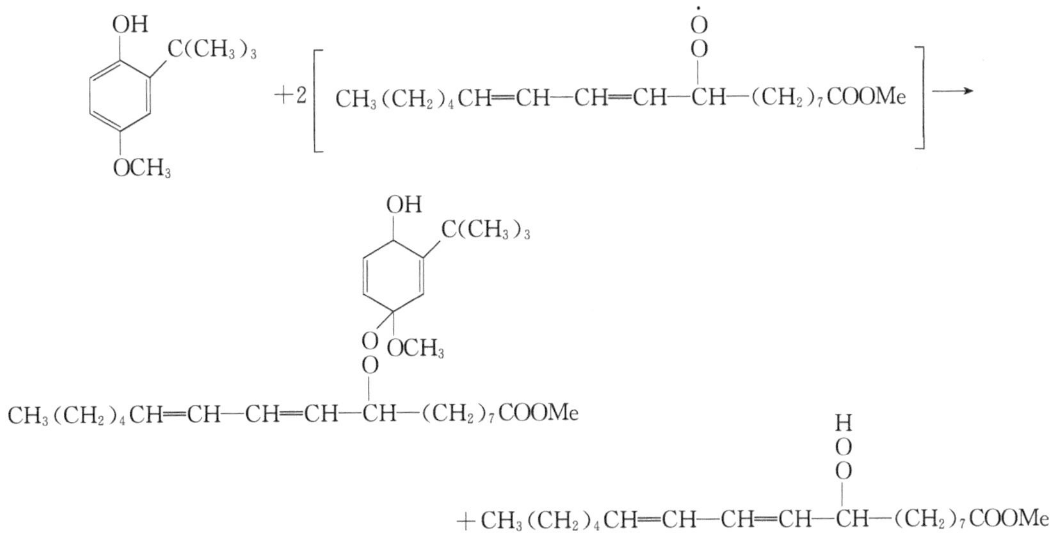

除了抗氧化剂化学性质外，在油脂中的溶解性和挥发性对其抗氧化效果也有影响。抗氧化剂的溶解性可影响它与过氧化游离基的接触，而挥发性则影响其贮存或加热过程中在油脂中存在的持久性。近几年来，人们着重研究抗氧化剂在界面的作用，特别是像膜、胶束和乳浊液这类体系中。抗氧化剂分子的两亲特性的重要作用已在双相和多相体系中被证实。

(2) 增效作用(synergism)

增效作用又称协同效应，是指在抗油脂氧化体系中，使用两种或两种以上抗氧化剂比单独一种所产生的抗氧化效果更大。增效作用包括由混合的游离基受体所产生的增效作用和金属螯合剂与游离基受体的联合作用两类。抗坏血酸是一种有效的增效剂，它既可以作为电子的给体，又是金属螯合剂、氧的清除剂，在体系中有利于形成具有抗氧化活性的褐变产物，因此，在通常的情况下，增效作用是指能起到一种以上的作用而言。对于两种混合游离基受体在体系中所起的作用，Uri 曾提出一种假说：AH 和 BH 相比，假定 B—H 键的离解能小于 A—H，但其空间位阻大，所以只能与 ROO· 缓慢地起反应，于是发生以下反应：

$$ROO\cdot + AH \longrightarrow ROOH + A\cdot$$
$$A\cdot + BH \longrightarrow B\cdot + AH$$

因此，BH 存在可使主抗氧化剂再生，使 A· 通过链反应而消失的趋势大为减弱。例如，酚类抗氧化剂和抗坏血酸结合的体系，酚类抗氧化剂为主抗氧化剂，而抗坏血酸则被称为增效剂。

一般说来，金属螯合剂能部分钝化微量金属元素的催化作用，这些金属通常是以脂肪酸盐的形式存在于油脂中，金属螯合剂产生的增效作用可以极大地增强游离基受体的抗氧化性质。柠檬酸、磷酸、多磷酸盐和抗坏血酸是常用的金属螯合剂。

(3) 抗氧化剂的选择

抗氧化剂的选择是一个很重要的问题。抗氧化剂的分子结构不相同，它们的抗氧化效力在各种油脂或含油脂食品中以及在不同的加工、操作条件下表现出明显的差别。抗氧化剂的选择，不能只强调抗氧化剂或其混合物的抗氧化效力，还需要考虑其他一些因素，例如在食用中是否容易掺和，抗氧化剂的持续特性(carry-through characteristics)，对 pH 的敏感性，是否变色或产生异味，有效性，价格和安全性等。实际上，抗氧化剂的选择或其复配使用时通常会遇到很多具体问题，例如食品中是否已经存在或加工过程中产生了抗氧化物质或助氧化剂，以及添加的抗氧化剂将会怎样起作用等。

近年来人们十分重视对各种抗氧化剂的应用效果以及亲水-亲脂性的复杂关系研究。Porter 提出抗氧化剂的应用原则：对于表面-体积比例小的体系，如散装油脂(脂类-气体界面)，宜用 PG 或 TBHQ 等亲水-亲脂平衡值较大的抗氧化剂，因为这类抗氧化剂悬浮于油脂的表面，而油脂与分子氧的反应主要在油脂表面发生。对于表面-体积比例大的体系，例如具有极性脂膜、中性脂类的胞内胶束和乳化油胶束的各类食品，用亲脂性较强的抗氧化剂如 BHT、BHA、高级烷基、没食子酸酯和生育酚效果较好，脂类在这些水浓度高的多相体系中往往处于中间相状态。

(4) 常用抗氧化剂的特性

① 生育酚：生育酚是一种广泛分布的天然抗氧化剂，是植物油中主要的抗氧化剂，动物脂肪中只有少量存在。生育酚共有七种成分，它们是母育酚(tocol)的甲基取代物，其中 α、γ

和 δ 三种异构体在植物油中含量最多。

这些衍生物的抗氧化能力不同，其顺序为 $\delta>\gamma>\beta>\alpha$。同时温度和光对生育酚的相对活性有明显影响。在油脂加工中，未精炼的植物油中生育酚的含量多，在精炼后的油中仍保留一部分足以保持油脂稳定性。生育酚的抗氧化能力与浓度有关，低浓度时具有抗氧化作用，如果浓度过高则得到的结果相反，将会起到助氧化剂的作用。

② 愈创树脂：是一种热带木本植物分泌出的树脂。由于它含有相当多的酚酸，所以在动物脂肪中的抗氧化效果比在植物油中更显著。这种树脂带红棕色，在油中的溶解度很小，并产生异味。

③ 丁基化羟基茴香醚(BHA)：商品 BHA 是 2 - BHA 和 3 - BHA 两种异构体的混合物，它和丁基化羟基甲苯(BHT)都广泛用于食品工业。BHA 和 BHT 均易溶解于油脂，对植物油的抗氧化活性弱，特别是在富含天然抗氧化剂的植物油中，如果将 BHA、BHT 和其他主要抗氧化剂混合一起使用，抗氧化效果可以提高。BHA 具有典型的酚气味，当油脂在高温加热时这种气味特别明显。新近的动物实验结果表明，这两种抗氧化剂对人体健康有害。

④ 去甲二氢愈创木酸(NDGA)：NDGA 是从沙漠地区的 Larrea divaricata 植物中提取的一种天然抗氧化剂，在油脂中溶解度为 0.5%～1%，在油脂加热时溶解度增加。NDGA 在油脂中几乎无持续性，并且在有铁存在或高温下贮存时，颜色略微变深，pH 对 NDGA 的抗氧化活性有明显的影响，强碱条件下容易破坏。这种抗氧化剂对防止脂肪-水体系和某些肉品中羟高铁血红素的催化氧化是很有效的，由于 NDGA 价格昂贵，还不可能得到广泛应用。

⑤ 没食子酸及其烷基酯：从没食子酸的酚结构可以看出这种酚酸及其烷基酯具有很强的抗氧化活性。没食子酸可溶于水，几乎不溶于油脂。没食子酸酯在油脂中的溶解度随烷基链长的增加而增大，没食子酸丙酯是我国允许使用的一种油脂抗氧化剂，能阻止亚油酸酯的脂肪氧化，缺点是在碱性和有微量铁存在时产生蓝黑色，在食品焙烤或油炸过程中将迅速挥发。

⑥ 叔丁基氢醌(TBHQ)：TBHQ 是 20 世纪 70 年代开始应用的一种新型抗氧化剂。美国食品药品管理局(FDA)于 1972 年对这种抗氧化剂进行过广泛试验。TBHQ 微溶于水，在油脂中的溶解性中等，很多情况下，对多不饱和原油和精炼油的抗氧化效果比其他抗氧化剂更好，而且不发生变色或改变风味。在油炸食品中还具有很好的持效性。大量动物饲养试验和生物学研究表明，按正常用量水平的 1 000～10 000 倍测定安全限度，证明 TBHQ 是一种安全性高的抗氧化剂。

⑦ 2,4,5 -三羟基苯丁酮(THBP)：在结构上，THBP 与没食子酸相似，并且抗氧化性质也类似，THBP 目前尚未广泛应用。

⑧ 4 -羟基- 2,6 -二叔丁基酚：挥发性比 BHT 小，抗氧化性能与 BHT 相当。

抗氧化剂的安全是其能否应用于食品中的一个重要指标。动物试验表明，目前允许使用的各种抗氧化剂是安全的，但也有报道称 BHT 能引起动物组织增生。许多天然成分具有良好的抗氧化性能，而且相对安全，例如香辣味植物、油料种子、柑橘果肉和皮、燕麦、茶叶、向日葵壳、可可壳、大豆、红豆以及动物和微生物蛋白的水解液加热和非酶褐变的产物等。

4.4.3 热分解

食品加热过程产生各种化学变化，从风味、外观、营养价值和毒性观点考虑，其中某些变化是很重要的，因为加热时食品中的营养成分不但发生分解，而且营养成分本身相互作用也极为复杂，并形成很多种新的化合物。

在高温下，脂类发生复杂的化学变化，包含热解和氧化两种类型反应。在氧存在下加热，饱和脂肪酸与不饱和脂肪酸均发生化学分解，其反应历程如图 4-9 所示。

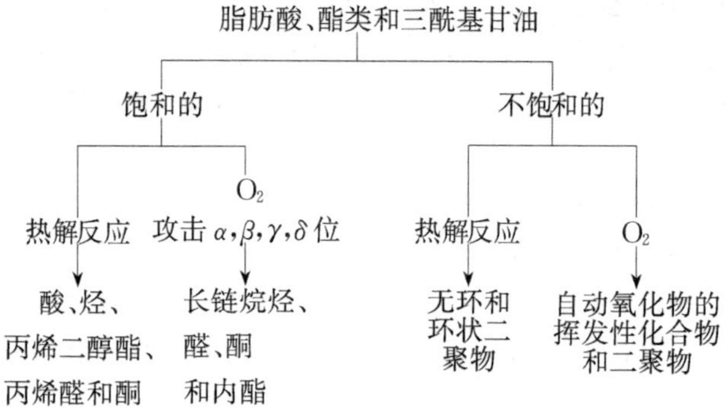

图 4-9 脂类热分解图解

1）饱和脂肪类的非氧化热分解反应

一般说来，饱和脂肪酸及其酯类比不饱和的同类物要稳定得多。但在很高的温度下，饱和脂肪酸才能发生非氧化分解。例如，在真空和 180℃下加热三酰基甘油，用非常灵敏的分析手段，需要加热 1 h 后才能检出热解产物。在 200～700℃加热饱和三酰基甘油和脂肪酸甲酯，产物主要为烃、酸和酮。

图 4-10 总结了在无氧条件下三丁酸甘油酯（Tri－4）、甘油三己酸酯（Tri－6）和甘油三辛酸酯（Tri－8）加热时所生成的产物，每种三酰基甘油可形成正烷烃和 1-烯烃等一系列产物，其中以 C_{n-1}（n 表示脂肪酸分子的碳数）链烷为主，其他的有 α－C_n脂肪酸、α－C_{2n-1}对称酮、C_n氧代丙酯、C_n丙烯、丙烯二醇二酯、C_n二酰基甘油，以及丙烯醛、CO 和 CO_2。

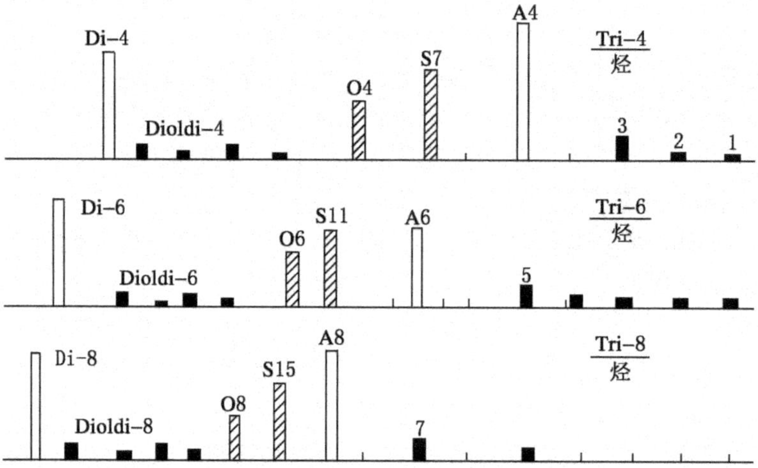

图 4-10 三酰基甘油非氧化分解产物

A：游离酸 S：对称酮 O：氧代丙酯 Dioldi：丙烷与丙烯二醇二酯
Di：甘油二酯 数字表示烃或脂肪酸碳链中的碳数

定量分析表明，三酰基甘油分解产物主要是脂肪酸，在无水条件下经六原子闭环反应形成游离脂肪酸，反应如下：

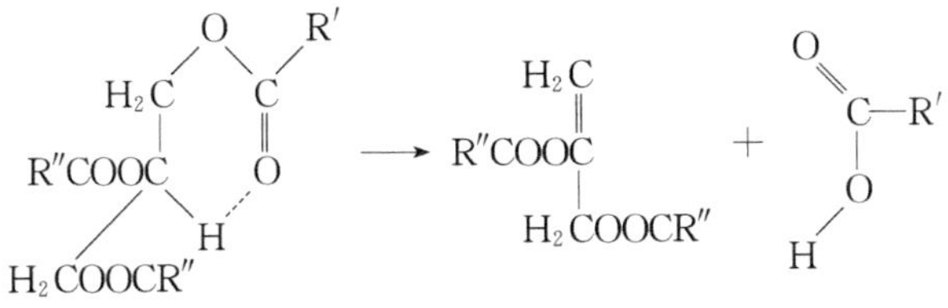

1-氧代丙酯分解生成丙烯醛和 C_n 脂肪酸，酸酐中间体脱羧即形成对称酮，是与三酰基甘油辐射分解相似的游离基历程，这在热解产物的生成过程中同样起着重要的作用，特别是在较高温度下加热油脂。

2）饱和脂肪类的热氧化反应

饱和脂肪酸及其酯类是相对稳定的。然而，当加热至 150℃以上时，饱和脂类也会发生氧化，并生成多种产物，主要包括同系列的羧酸、2-链烷酮、直链烷醛、内酯、正烷烃和 1-链烯。

近年来，在 180℃或 260℃空气中，对一系列偶数碳链（$C_6 \sim C_{16}$）脂肪酸的三酰基甘油加热 1 h 后，对其生成的氧化产物分析表明，该条件下生成的烃系列产物与无氧条件下加热得到的产物相同，产物中主要烃类化合物都是 C_{n-1} 链烷，只不过前者的生成量较多。通常在加热氧化时生成的 2-链烷酮比链烷醛更多，其中 C_{n-1} 甲基酮是最多的羰基化合物。除与母体脂肪酸碳数相同的内酯外，其余内酯都是 γ 内酯，在碳数与母体相同的内酯中，γ 和 δ 内酯化合物的数量较多。

关于饱和脂肪酸加热氧化反应的机理，一般认为，首先形成氢过氧化物。在反应过程中，脂肪酸的所有亚甲基都可能受到氧的攻击，但究竟在碳链的哪个部位较易形成氢过氧化物尚有争论。饱和脂肪酸的主要氧化产物与母体脂肪酸的链长接近或者相等，例如，脂肪酸 β 碳的氧化可生成 β-酮酸，脱羧后形成 C_{n-1} 甲基酮，烷氧基中间体在 α、β 碳间裂解生成 C_{n-2} 链烷醛，在 β 和 γ 碳间裂解则生成 C_{n-3} 烃。因此，很可能在 α、β 和 γ 位置优先氧化。

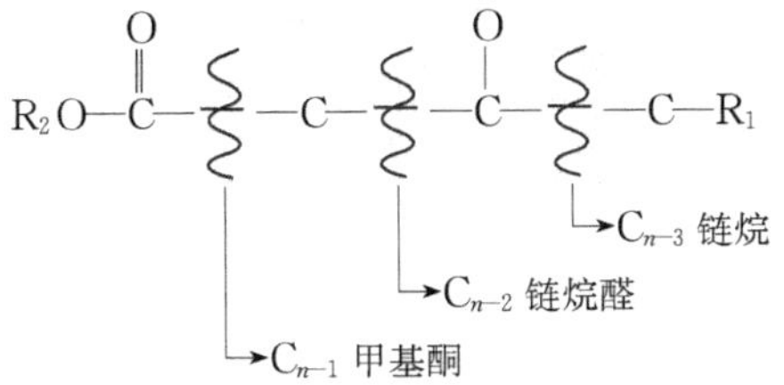

氧攻击 γ 位置时生成 C_{n-4} 烃、C_{n-3} 链烷醛和 C_{n-2} 甲基酮。

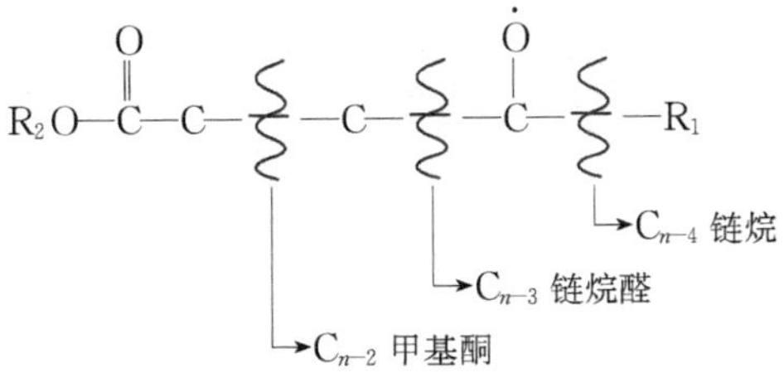

此外，生成的 γ-羟基酸经环化可得到 γ 内酯。氧攻击 α-碳形成 C_{n-1} 脂肪酸，C_{n-1} 烷醛和 C_{n-2} 烷等产物。这些产物进一步氧化可产生一系列相对分子质量较小的酸，这些酸本身

发生氧化，生成具有自身特征的分解产物。据此可以解释形成少量短链烃、内酯和羰基化合物的原因。

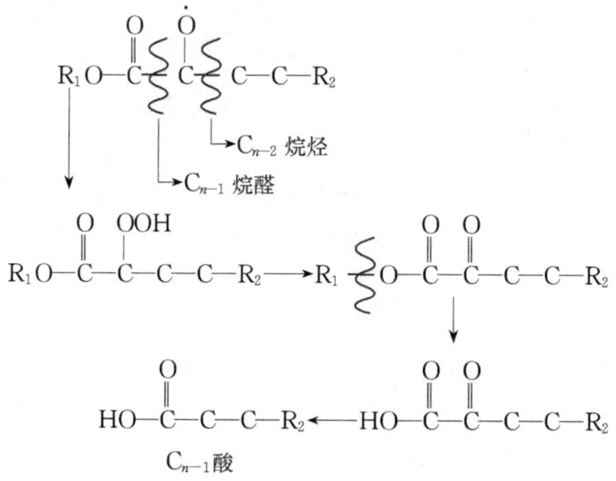

3）不饱和脂肪酸酯非氧化反应

隔氧条件下不饱和脂肪酸是相对稳定的，只有在较剧烈的热处理条件下，它们才能发生反应，主要产物是二聚化合物，另外还生成一些低相对分子质量的物质。例如，在200℃以下，亚油酸甲酯无明显分解；在氩气环境中280℃加热65 h，除生成烃、短链和长链脂肪酸酯、直链二羧酸二甲酯外，还形成二聚物。其中很多化合物是由靠近双键位置的C—C键均裂产生的游离基和(或)游离基的结合所形成的。二聚化合物包括无环单烯和二烯二聚物以及具有环戊烷结构的饱和二聚物，它们都是通过双键的α-亚甲基脱氢后形成的烯丙基产生的，这类游离基经过歧化反应可形成单烯酸或二烯酸，或与 C=C 发生分子间或分子内的加成反应。

亚油酸甲酯在上述同样的条件下加热，将生成更复杂的二聚混合物，包括饱和三环、单不饱和双环、二不饱和单环和三不饱和非环二聚物，以及含一个或两个双键的脱氢二聚物。在180℃真空下，亚油酸乙酯加热1 h仅生成微量的挥发性分解产物，这些化合物可能是烃，但由于量非常少，尚不能完全肯定。

4）不饱和脂肪酸酯热氧化反应

与饱和脂肪酸相比，不饱和脂肪酸更易氧化。在高温下，它们氧化分解反应进行得很快。在高温和低温两种情况下的反应途径是相同的，实际上这些反应能在较宽的温度范围内进行，但高温和低温的氧化产物存在某些差异，从加热过的脂肪中已分离出很多种分解产物。脂肪在高温下产生的主要化合物，具有在室温下自动氧化产生的那些化合物的典型特征。根据双键的位置可预测氢过氧化物中间体的形成和分解。

高温下，氢过氧化物的分解和次级氧化速率非常快，在多种因素作用的净平衡下，可测定出自动氧化过程中一定时间内某一分解产物的数量。氢过氧化物的分子结构、温度、油脂自动氧化程度和分解产物本身的稳定性等因素，都将对产物的最终含量产生较大的影响。上述因素不仅影响C—C键的断裂，而且还影响许多与C—C键断裂相竞争的其他分解反应，后者包括C—O断裂，它可导致氢过氧化物异构化、环氧化，形成二氢过氧化物及分子内环化和二聚反应。

以上讨论了不饱和脂肪酸热氧化和聚合作用的机理。不饱和脂肪酸在空气中高温加热可生成氧代二聚物或氢过氧化物的聚合物、氢氧化物、环氧化物、羰基以及醚和过氧桥聚合物。其中许多化合物的精确结构以及各种氧化参数测定对生成这些化合物的反应所产生的影响仍然不清楚。随着高效液相色谱分离技术的发展和在食品中得到应用,人们对氧化聚合反应的研究重新产生了兴趣。

4.4.4 油脂在油炸条件下的化学变化

油炸是一种重要的加工技术。在有氧存在和约180℃的油炸过程中,与热的油脂接触时间不同,食品通常吸收5%～40%的油脂。在油炸过程中,脂肪将会产生许多化学变化。

1) 油炸过程中油脂的特性

油脂在油炸过程中产生的化合物有以下几类:

(1) 挥发性化合物:油脂在空气中于180℃下加热30 min以后,可用气相色谱法测定所形成的主要挥发性氧化产物。油脂在油炸过程中产生饱和与不饱和醛、酮、烃、内酯、醇、酸和酯等化合物。虽然各种挥发性化合物的数量大不相同,但都会出现一个平稳值(平稳值是指挥发物的生成与蒸发或分解之间达到平衡时的数值),挥发性物质的含量取决于油脂和食品的种类以及油炸条件。表4-6列举出油脂在油炸过程中某些挥发物的浓度。

表4-6 在控制油炸条件下与加热过的玉米油中某些挥发性化合物的浓度比较/mg·kg^{-1}

挥发物	玉米油(180℃,加热1 h)	玉米油(180℃,加热70 h)	油炸用油12周后①	商业油炸油10天后②
己醛	13	11	1.7	2.2
庚烯醛	10	4.2	2.1	2.2
辛烯醛	4.3	4.9	2.2	2.7
癸二烯醛(反、顺)	6.5	7.4	5.0	5.8
癸二烯醛(反、反)	32	20	20	12
辛烷	1.8	1.2	—	4.4
十一碳烷	0.24	0.12	0.48	0.6
戊基呋喃	1.9	3.6	0.4	0.9
正十五碳烷	0.3	0.2	1.4	1.3

注:① 油炸用油和起酥油组成未进行分析测定;
② 油炸用的起酥油组成未进行分析测定。

(2) 中等挥发性非聚合的极性化合物:这些化合物是经各种不同氧化途径形成的化合物,包括前面讨论过的烷氧基、羟基酸和环氧酸。

(3) 二聚和多聚酸、二聚和多聚甘油酯:多聚物的形成使油脂黏度增大。

(4) 游离脂肪酸:在有水和加热条件下,三酰基甘油水解产生游离脂肪酸。

以上是油脂在油炸过程中的各种物理和化学变化,这些变化包括黏稠性和游离脂肪酸含量的增加,颜色变深、碘值降低、折光指数改变、表面张力降低和油脂产生泡沫的趋势增大。

2) 油炸食品的特性

在油炸过程中,食品不断向高温油脂中释放水,起到搅拌油脂的作用,并促使油脂水解,产生更多的游离脂肪酸,同时产生水蒸气,将油中挥发性氧化产物从体系中带走。但油脂表面形成水蒸气可减少油脂与氧接触,因而对油脂起保护作用。油炸过程中,食品本身或食品与油脂相互作用均可产生挥发性物质，例如马铃薯产生含硫化合物和吡嗪衍生物。在高温油炸过程中，食品对油脂的吸收量因食品种类而异。一般说来，淀粉类食品吸收的脂肪量最多，因此需要经常或连续向油炸容器中补充新鲜油脂，以利于使油脂在油炸条件下迅速达到稳定状态。另一方面，食品本身的内源脂类也不断进入到油脂中，这两种油脂混合后的氧化稳定性与原来经过油炸过程的油脂是不相同的。

3）化学和物理变化

在油炸过程中无论油脂或食品都会发生多种物理和化学变化，这些变化有的可以使油炸食品具有特征的感官品质。但是，如果对油炸过程的条件控制不适当而引起油脂和食品大量分解，不仅会损害油炸食品的感官品质，而且也会使营养价值降低。因此，油炸过程参数的选择十分重要。

油炸过程中很多参数对脂肪的物理和化学变化影响很大，所形成的化合物种类取决于油脂和油炸食品的化学组成、油炸容器的种类、油炸方式、油炸时间、金属污染物、油脂的翻动速率和有无抗氧化剂存在等。

4）油炸后油脂组成的检验方法

对油炸后油脂组成的测定，有利于对油脂油炸过程的热分解、氧化反应的监控。常规的检测内容包括黏度、游离脂肪酸、感官品质、发烟点、泡沫量、聚合物和降解产物的测定。油炸过程中油脂的变化很复杂，因此，一种检验方法可能适用于某些条件，而对其他条件可能完全不适用。以下是根据氧化分解产物的相对极性制定的检验方法。

(1) 石油醚不溶物检测：这种方法是德国研制，由德国油脂研究学会推荐的。如果石油醚不溶物高于 0.7%和发烟点低于 170℃，或者石油醚不溶物大于 1.0%，无论其发烟点是否改变，均可认为油脂已经变质。这种方法缺点在于费时，不准确。

(2) 极性化合物柱色谱测定法：油脂中极性部分的最大允许值为 27%。可用硅胶柱法将经过加热的油脂不同组分分离，用石油醚-乙醚混合溶剂将非极性部分洗脱，它与总量的差值为极性部分的质量分数。根据极性组分含量的大小决定油脂能否使用。

(3) 二聚酯的气相色谱分析法测定：二聚酯的增加可看成油脂热分解的量度。将油脂全部转变成甲酯，采用气相色谱柱进行分离和检测。二聚酯与热分解反应有关，特别是延长加热时间可使分解产物增多。

(4) 介电常数测量：介电常数读数表示极性和非极性组分间的净平衡，油脂油炸时这两类成分都会产生，通常主要是极性部分增多，但两部分之间的净差值取决于各种复杂因素，其中有些与油脂本身的质量无关，例如水分。油脂的介电常数的改变用食用油传感器进行测量，介电常数随极性增强而增大。这种方法的优点是：体积小，便于携带，可以在现场测量，不需要技术熟练的专人操作，分析时间不超过 5 min。缺点是在解析测定数据时必须慎重。

4.4.5 电离辐射对脂肪的影响

食品辐射主要是杀死微生物和延长货架期。这种方法可用来对肉或肉制品灭菌（辐射剂量 10～50 kGy，相当于 1 000～5 000 krad[①]）。冷藏鲜鱼、鸡、水果和蔬菜（中等剂量 1～10 kGy，相当于 100～1 000 krad）辐射后能延长货架期，用低剂量 1 kGy（100 krad）辐射处理土豆和

注：① 1 rad=10^{-2}Gy

洋葱能抑制发芽，推迟水果后熟，杀死谷物、豌豆、大豆中的昆虫。

从食品品质和经济观点来看，辐射保藏食品已逐渐受到人们的重视。世界粮农组织、世界卫生组织和国际原子能协会专家委员会(FAO/WHO/IAEA)于 1980 年 11 月讨论了辐射食品的安全性和卫生问题，认为任何食品、农产品辐射总平均剂量达到 10 kGy(1 000 krad)，并不会产生毒性危险。因此，食品辐射不需再做毒理学试验。

食品的辐射处理可诱导化学变化，因此必须控制处理条件，使这类化学变化的性质和程度不损害食品的品质和带来安全问题。为确定辐射对各种食品组分的影响，研究人员已进行了广泛而深入的研究。有关辐射对脂类的影响，早期的研究工作大多是关于天然脂肪或某些合成脂类体系中的辐射-诱导氧化，最近才精确地研究了脂肪中的辐解变化。

1) 辐解产物

表 4-7 总结了在无氧和不同剂量的辐射条件下从天然脂肪或脂肪酸及其衍生物的模拟体系中已鉴定出的化合物，这些化合物是牛和猪的脂肪、鲸鱼油、玉米油、大豆油、橄榄油、红花油、棉子油和纯三酰基甘油在辐射处理过程中产生的，辐解处理均在真空条件下进行，辐射剂量范围 5～60 kGy(500～6 000 krad)。从表中可以看出，烃、醛、甲酯和乙酯以及游离脂肪酸是脂肪辐射时产生的主要挥发性产物。研究发现，经过辐射的脂肪可产生 C_1～C_{17} 正烷烃、C_2～C_{17} 的 1-烯烃、一系列链烃二烯和某些情况下产生的多烯，以及 C_{16}、C_{18} 直链烷醛和 C_{16}、C_{18} 脂肪酸甲酯、乙酯。而经过辐射的鱼油，只产生碳数大于 C_{17} 的不饱和烃，从辐射的椰子油中只发现比 C_{16} 链长度短的醛。

表 4-7 辐射脂肪中已鉴定的化合物种类

直链烷烃	甲酯和乙酯	脂肪酸	长链烷烃基酯
1-烯烃	丙烷和丙烯二醇二酯	内酯	长链烷二醇二酯
链二烯烃	乙二醇二酯	单酰甘油	长链酮
炔烃	氧代丙二醇二酯	二酰甘油	二聚物
醛	甘油基醚二酯	三酰甘油	三聚物

油脂辐解产物与原来油脂的脂肪酸组成有关。大多数烃类产物的量很少，数量最多的产物是比原来脂肪中主要组成脂肪酸少一个或两个碳原子的烃类化合物。例如，猪脂肪中主要脂肪酸是 18:1 酸，辐解生成的 C_{17} 和 C_{16} 烃最多。椰子油的主要组成脂肪酸是月桂酸，辐解所产生的是十一烷和十一烯烃量最多。在辐解混合物中，生成的主要醛类化合物其链长与原来脂肪中主要组成的脂肪酸链长相同，生成的大量甲酯和乙酯的碳链长也和原来脂肪中最主要的饱和脂肪酸的链长一样。辐解前，脂肪已部分氢化，其组成发生变化，因而辐解化合物的组成也将随之发生相应的变化。

2) 辐解的作用机理

辐照过程中，物质吸收电磁辐射后形成离子和激化分子，然后激化分子和离子分解，或者它们与邻近的分子发生反应，引起化学降解，激化分子的去向还包括解离成游离基。离子间的反应包括中和作用，生成的激化分子接着解离成更小的分子或游离基。激化分子解离或离子反应所形成的游离基在高浓度自由基区可以互相结合，或者在介质中扩散并与其他分子发生反应。

辐解诱导的反应是按照一定的途径进行的，而不是化学键无规断裂的统计分布。反应的途径主要受分子结构影响，如中间态的稳定性、反应活化能。例如，饱和脂肪最先也在羰基附近的位置发生断裂。

在三酰基甘油分子中，羰基附近的五个位置优先发生裂解，而脂肪酸其余碳-碳键裂解是完全无规的，即

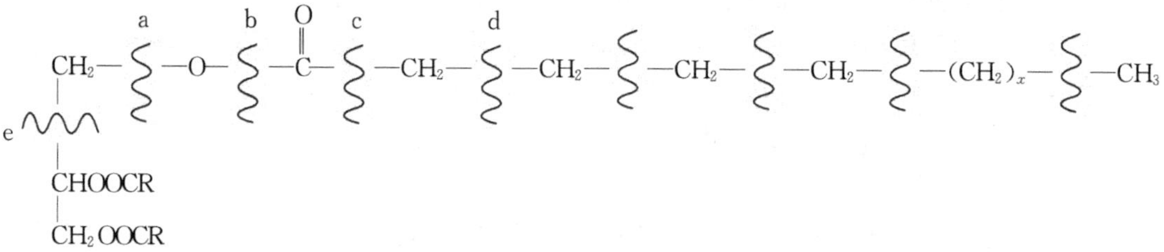

在 a，b，c，d 和 e 位置发生裂解可形成烷基、酰基、酰氧基和酰氧亚甲基游离基，另外，还有能代表对应甘油残基的游离基。由于脱氢可使游离基反应终止，靠失去氢原子形成的不饱和键只能较低程度终止游离基反应。因此，键 a 的断裂可产生游离脂肪酸和丙二醇二酯或丙烯二醇二酯，键 b 断裂则形成一个碳链长度与母体脂肪酸相等的醛和一个二酰基甘油，在位置 c 或 d 断裂可分别生成比母体脂肪酸少一个或两个碳原子的烃和一个三酰基甘油，e 断裂则生成母体脂肪酸甲酯和乙二醇二酯。另外，因游离基再结合又可生成各种辐解产物，如烷基游离基相互结合能形成链更长的烃或二聚烃；酰基游离基与烷基游离基结合可生成酮；酰氧游离基与烷基游离基结合可生成酯；烷基游离基与甘油残基游离基结合生成烷基二酸甘油酯、甘油基醚二酯。

脂肪辐解除了以上介绍的机理外，可能还有其他一些反应途径，特别是甘油酯分子因不饱和性引起的辐解反应，例如交联、聚合和环化反应，尚需详尽地进行研究。

辐射可加速下面几种反应：形成的游离基和氧结合成氢过氧化物，氢过氧化物分解，产生多种分解产物，特别是羰基化合物，并且抗氧化剂遇到破坏。在有氧存在时，辐射还会加速脂肪的自动氧化过程，使脂肪自动氧化的速率变得更快。

3）含脂肪的和多组分的食品

食品受到电离辐射时，脂肪和其他组分都一起受到辐解。现已证明，这类辐射过的食品中也有脂肪辐解产物，但是由于其他共存物质的稀释效应使这些产物的浓度大为降低。当然，非脂类成分的辐解以及这些成分与脂类的相互作用，还会产生另外的一些变化。

辐射可降低含脂肪食品的稳定性，原因主要是抗氧因子被破坏，因此最好是在隔绝空气的环境中进行辐射和在辐射后向食品中添加抗氧化剂。另一方面，也曾发现在某种情况下辐射能产生有利于提高食品稳定性的保护因子。

4）辐射与热效应的比较

辐射与热效应所涉及的机理不同，但是脂肪辐解产生的许多化合物与加热时形成的产物有些相似，但加热或热氧化的脂肪其分解产物比辐射的脂肪要多得多。例如，近来研究表明，脂肪酸酯和三酰基甘油在剂量高达 250 kGy 的辐射下得到的挥发性和非挥发性产物的种类和数量都比在 180℃加热油炸 1 h 得到的要少得多。

4.5 食品中脂质的调控

油脂食用方法主要有加热及生食两种。前者加热时要求不发生泡沫，无烟或无刺激性臭味，黏度及色泽符合食用标准。后者供直接食用，如调味的应用，应具有一定的风味，冬季不至于因温度降低而混浊或凝固。粗油中常含有纤维质、蛋白质、磷脂、游离脂肪酸以及其他有色或有臭的杂质，不能直接食用，因此必须对食品中的脂质加以调控。

4.5.1 油脂精炼

未精炼的粗油脂中含有数量不同的、可产生不良风味和色泽或不利于保藏的物质，这些物质包括游离脂肪酸、磷脂和糖类化合物，蛋白质及其降解产物。其中水、色素（主要是胡萝卜素和叶绿素）以及脂肪氧化产物可通过对粗油脂逐步精炼而除去。

1）沉降和脱胶

沉降包括加热脂肪、静置和分离水相，可以除去油脂中的水分、蛋白质物质、磷脂和糖类。当油脂含有大量磷脂（例如豆油），在脱胶预处理时应加入 2%～3%的水，并在温度约 50℃搅拌混合，然后静置沉降或离心分离水化磷脂。

2）中和

向油脂中加入适宜浓度的氢氧化钠可除去游离脂肪酸。方法是加热一定浓度和体积的氢氧化钠溶液，然后混合加热，剧烈搅拌一段时间，静置至水相出现沉淀，得到可用于制作肥皂的油脚或皂脚。油脂用热水洗涤，随后静置或离心，使中性油与残余的皂脚分离。

3）漂白

油脂加热至 85℃左右，用吸附剂例如漂白土或活性炭处理，有色物质几乎全部被清除，漂白时应注意防止油脂氧化。其他物质例如磷脂、皂化物和某些氧化产物也同色素一起被吸附，然后过滤除去漂白土，使得到纯净的油脂。

4）脱臭

油脂中非挥发性化合物主要是油脂氧化时产生的，可以用减压蒸汽蒸馏除去。对于非挥发性异味物质，通常添加柠檬酸，可以使通过热分解转变成挥发性物质，然后再经过水蒸气蒸馏除去。这种处理方法同样也作为微量重金属助氧化的螯合剂。

精炼过的棉油明显优于粗棉油的品质，无论是色泽、风味或稳定性都明显提高，还能有效地清除油脂中某些毒性很强的物质，例如花生油中可能存在的污染物黄曲霉毒素以及棉子油中的棉酚。经过精炼后的油脂氧化稳定性得到改善，但精炼过程中会造成油脂中天然抗氧化物质的损失，导致油脂氧化稳定性下降。例如，粗棉油中含有大量的棉酚和生育酚，比精炼棉油的抗氧化作用强。

4.5.2 油脂氢化

油脂氢化是三酰基甘油的不饱和脂肪酸双键与氢发生加成反应的过程，油脂的这种加工方法在油脂工业中是很重要的。因为它可以使液体油脂转变成更适合于特殊用途的半固体脂肪或可塑性脂肪（plastic fats），例如，起酥油（shortenings）和人造黄油（margarine），而且还能提高油脂的氧化稳定性。

油脂氢化分为全氢化和部分氢化。全氢化条件是温度为 250℃，氢气压力为 8.08×10^5 Pa(8 个大气压)，用骨架镍作为催化剂。全氢化可生成硬化型氢化油脂，主要用于肥皂生产。部分氢化条件是温度为 125～190℃，氢气压力为$(1.5\sim2.5)\times10^5$ Pa(1.5～2.5 个大气压)，用镍粉催化并不断地搅拌。搅拌有利于氢溶解和使催化剂与油混合均匀，同时还有助于反应生成热很快散失。部分氢化生成乳化性、可塑性脂肪，用于人造奶油、起酥油加工。

油脂氢化需要经过精炼、漂白和干燥预处理，对原料等有一定的要求，例如油脂中游离脂肪酸和皂的含量要低，氢气还必须干燥且不含硫、CO_2 和氨等杂质，催化剂应具有持久的活性，使氢化和异构化的选择性按期望的方式进行，同时应容易过滤除去。因为油脂的折光指数与其饱和程度有关，通常按油脂折光指数的变化对氢化过程进行监控。当氢化反应达到所要求的终点时，将氢化油脂冷却，并过滤除去催化剂。

1）氢化剂的选择

油脂氢化过程，不仅使双键加成变成饱和键，而且还可以使双键的位置改变或双键的构型转化，形成的异构体称为异酸(isoacid)。油脂部分氢化生成复杂的混合物，其组成依赖于被氢化的双键类型和异构化程度，以及反应的相对速率。亚麻酸酯氢化时可能发生的反应如图4-11。

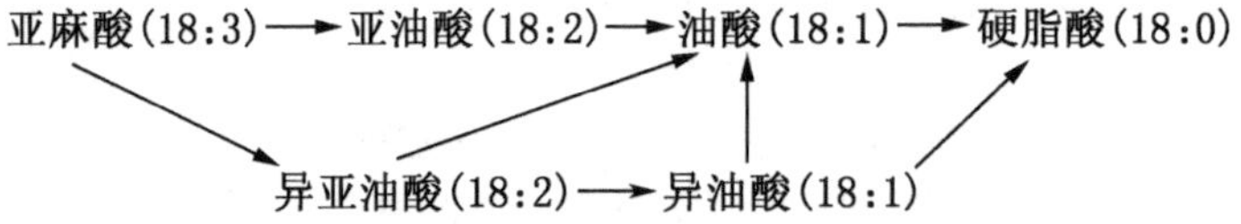

图 4-11　亚麻酸酯氢化反应

控制部分氢化，同时要求反应具有选择性。选择性是指不饱和度大的脂肪酸与不饱和度小的脂肪酸的相对氢化速率。按 Albright 定义的“选择性比”可定量表示为亚油酸氢化成油酸的速率与油酸氢化成硬脂酸的速率之比。研究表明，上述反应速率之比为 12.2。

各种催化剂有不同的选择性，操作参数对选择性有很大影响。低压、高温，高浓度催化剂和搅动强度低，都可以得到较大的选择性比值 SR，如表 4-8 所示。表 4-8 还列举了加工条件对氢化速率和生成反式酸的影响。已有许多推测机理用来解释加工条件对氢化选择性和速率的影响。

表 4-8　加工参数对选择性和氢化速率的影响

加工参数	SR	反式酸	速率
高温	高	高	高
高压	低	低	高
高浓度催化剂	高	高	高
高强度搅拌	低	低	高

2）氢化的机理

脂肪氢化机理如图 4-12。一般认为，脂肪氢化的本质是不饱和液体油脂和被吸附在金属催化剂表面的原子氢之间的反应。首先，金属与在双键两端任何一端形成碳-金属复合物，这种复合物能够与催化剂吸附的氢原子反应，形成不稳定的半氢化态(half-hydrogenated state)，即图中的(2)或(3)，处于这种状态的烯烃只用了一个键与催化剂连接，因而可以自由旋转。这种半氢化合物可以与另一个氢原子反应，同时和催化剂分离，于是形成饱和的产物，或者失去氢原子，恢复双键结构。但重新形成的双键的位置可以和原来的未氢化的化合物相同，也可能是原来双键位置不同的异构体，或者几何异构体，见图中的(5)和(6)。

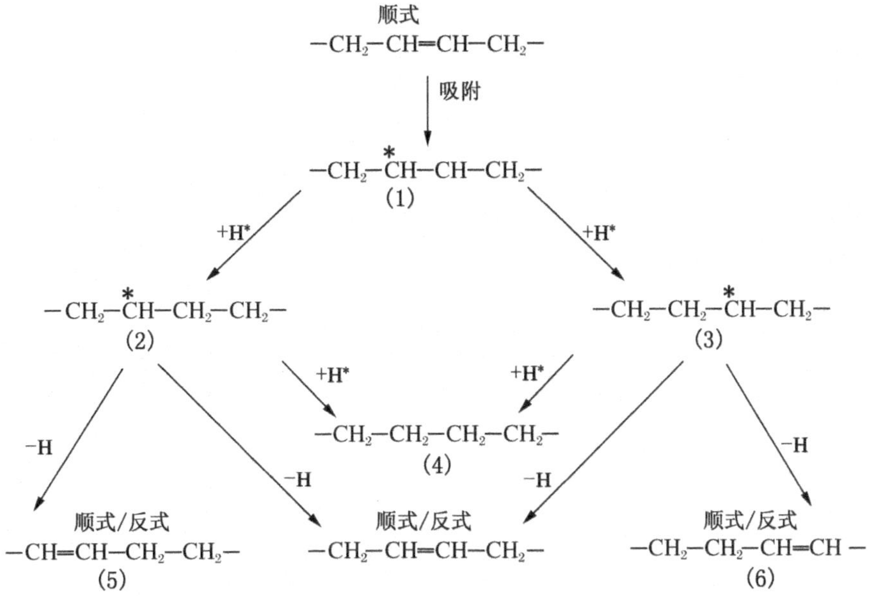

图 4-12 半氢化-氢化反应图

* 代表金属键

一般说来，被催化剂吸附的氢的浓度决定选择性和形成的异构体。假定催化剂吸附氢达到了饱和，大部分活性位置已被氢原子所占据，那么处于适宜位置的两个氢原子将更可能与它们接近的双键发生反应，这样就使选择性降低，因为凡是能和两个氢原子接近的任何双键都趋向于加氢成为饱和键。另一方面，如果催化剂表面的氢原子分布稀少，很可能只有一个氢原子与双键反应，结果成为半氢化-脱氢链区，使异构化的可能性更大。因此，操作条件诸如氢压力、搅拌强度、温度以及催化剂的种类和浓度均影响氢对催化剂位点的比例，最终影响氢化选择性。例如，高温可增加反应速率，并使氢更快地从催化剂表面除去，结果使选择性提高。

可以通过改变操作条件来改变选择性，从而控制油脂的性质，得到所需要的产品性能。例如，采用选择性更强的氢化操作条件，不仅能减少全饱和甘油酯的生产和防止过度硬化，同时，还能使得到的油脂产品中的亚油酸含量降低和稳定性提高。另一方面，选择性愈大，生成的反式异构体数量也愈多，这在营养和安全性方面是不利的，因为人体的必需脂肪酸都是顺式构型，过多摄入反式脂肪酸对人体有一定的危害性。既能防止形成过量全饱和油脂，同时还能使油脂最少异构化的氢化方法一直是食用油脂加工的研究课题。

3）氢化的催化剂

根据加工的要求需选择合适的催化剂。不同的催化剂具有不同的选择性，催化剂的选择非常重要。通常，工业上用各种载体镍作为油脂氢化催化剂，也可用其他催化剂，如铜、铜/铬合金和铂。钯比镍的催化效率更高(按催化剂需要量),但是生成的产物大部分是反式异构体。此外,均相催化剂可溶于油脂,使油脂和催化剂的接触机会增大,能更好地控制选择性。

很多化合物都能使催化剂中毒失活,如磷脂、水、硫化物、肥皂、部分甘油酯、CO_2和无机酸。这是油脂氢化工业经常遇到的问题。

4.5.3 酯交换

天然脂肪中脂肪酸在甘油酯分子中是规则分布的,每种脂肪酸都趋向于分布在一定的位置,这种规则分布受环境和动植物部位等因素的影响而变化。一种脂肪的物理特性在很大程度上依赖于组成它的脂肪酸的性质(链长和不饱和度),还取决于它们在三酰基甘油分子中的分布。某些天然脂肪中脂肪酸的分布方式限制了它们在工业上的应用。因此酯交换是提高油脂的稠度和适用性的一种加工方法,酯交换还包括脂肪酸重排,使脂肪酸在脂肪三酰甘油分子中无规分布。

1) 酯交换原理

酯交换是指酯和酸(酸解)、酯和醇(醇解)或酯和酯(酯基转移作用)之间发生的酰基交换反应。酯和酯的交换反应与工业油脂酯交换反应有关,又称无规分布作用,它包括一种三酰甘油分子内的酯交换和不同分子间的酯交换反应。

如果一种脂肪只含 A 和 B 两种脂肪酸,根据随机法则,可能有下面八种三酰基甘油分子(n^3)。

A	A	A	A	B	B	B	B
A	A	B	B	A	A	B	B
A	B	A	B	A	B	A	B

不论这两种酸在原来脂肪的三酰基甘油分子中怎样分布,例如 AAA、BBB、ABB、ABA 或 BBA,但在酯交换反应中可使脂肪酸在一种三酰基甘油分子内和三酰基甘油分子间进行“改组”(shuffling),直至形成各种可能的结合形式并最终达到平衡为止。

2) 工业酯交换方法

脂肪在较高温度(<200℃)下长时间加热,可完成酯交换反应。若使用催化剂通常能在低温(50℃)、短时间内(30 min)完成。碱金属和烷基化碱金属是常用的有效催化剂,其中甲醇钠是最普通的一种。催化剂用量一般约为油脂重量的 0.1%,若用量较大,会因反应中形成肥皂和甲酯使油脂损失过多。

应该注意的是,油脂酯交换时必须非常干燥,而且游离脂肪酸、过氧化物和其他任何能与甲醇钠起反应的物质都必须含量很低。在催化剂加入油脂中后的几分钟,油脂变为红棕色,可能是甘油酯和甲醇钠之间形成复合物,一般认为这才是“真正的催化剂”。酯交换结束后用水或酸终止反应,使催化剂失活除去。

3) 机理

关于酯交换的反应机理主要有下面两种。

(1) 形成烯醇化离子

形成烯醇化离子一般分为四步。首先是形成一种具有对酯产生破作用的烯醇化离子(Ⅱ);此烯醇化离子与三酰基甘油分子中的另一个酯基反应,形成 β-酮酯(Ⅲ);β-酮酯再进一步反应,可得到另一个 β-酮酯(Ⅳ);然后中间产物Ⅳ转变为分子内酯化产物Ⅴ。反应如下:

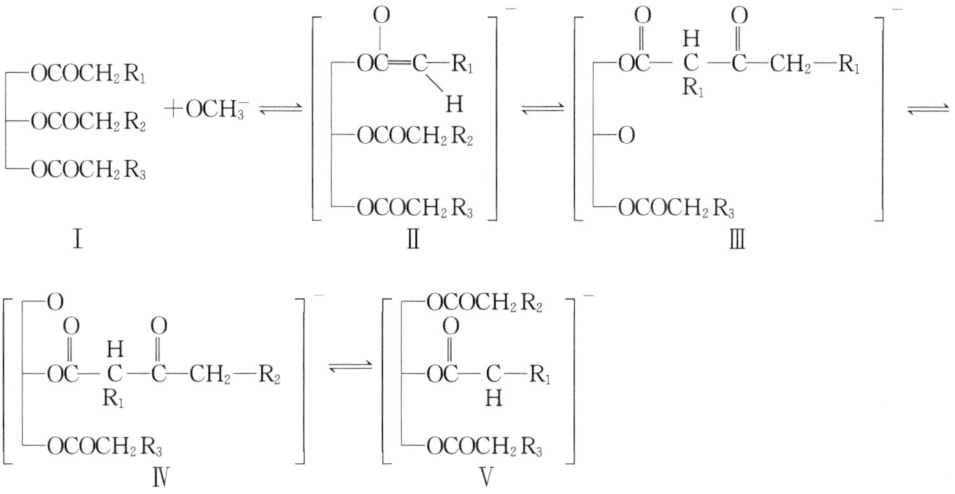

在两个或更多个三酰基甘油分子之间酯交换，反应初始阶段，酯内的酯交换可能是主要反应。

(2) 羰基加成

首先是烷基化离子在极化的酯羰基上发生加成反应，形成二酯酰甘油盐(diglycerinate)中间产物，如二酯酰甘油钠：

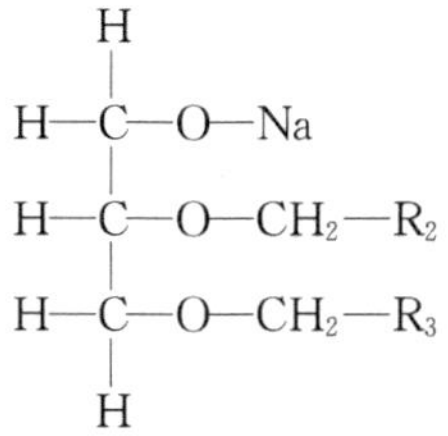

此中间产物再和另一个甘油酯分子反应，除去一个脂肪酸分子，形成一个新的三酰基甘油分子；进一步反应再生成一个二酯酰甘油盐。以下表示全饱和 S_3 和不饱和 U_3 之间的酯交换反应：

$$S_3 + U_2ONa \underset{k}{\overset{3k}{\rightleftharpoons}} SU_2 + S_2ONa$$

$$SU_2 + U_2ONa \underset{3k}{\overset{2k}{\rightleftharpoons}} U_3 + SUONa$$

$$U_3 + S_2ONa \underset{k}{\overset{3k}{\rightleftharpoons}} S_2U + U_2ONa$$

$$S_2U + S_2ONa \underset{3k}{\overset{2k}{\rightleftharpoons}} S_3 + SUONa$$

$$S_2U + U_2ONa \underset{k}{\overset{2k}{\rightleftharpoons}} SU_2 + SUONa$$

$$SU_2 + S_2ONa \underset{k}{\overset{2k}{\rightleftharpoons}} S_2U + SUONa$$

4) 酯交换的控制

酯交换反应引起的无规分布，并非总是最符合食品加工的需要，因此，必须对酯交换进行控制。如果脂肪保持在熔点温度以下，由于饱和的甘油酯熔点高，结果使三饱和甘油酯选择性地结晶出来，改变液相中脂肪酸的平衡，则酯交换反应是定向而不是无规的。可将这类甘油酯从反应混合物中除去，由于新生成的三饱和甘油酯可以结晶和沉淀，推动反应继续进行，则三饱和甘油酯的得率将比其他甘油酯高。这种过程将一直继续到脂肪中大部分的饱和脂肪酸沉淀为止。若原来脂肪是含有一定量饱和脂肪酸的液体油脂，用这种酯交换方法能够使油转变成具有酥油稠度的产品，而不需要采用氢化或向液体油脂中掺和硬化脂肪。酯交换反应在低温下进行，形成结晶需要经过一段时间，同时催化剂易被覆盖，所以反应过程较缓慢。通常采用液体钠-钾合金分散体，使形成的覆盖层很快脱落，加快反应过程。

另外，在进行酯交换反应过程中，添加过量的某种不挥发的脂肪酸并不断地蒸馏所释放的强挥发性酸也可以选择性地控制重排反应，利用这种方法可除去脂肪中的全部低相对分子质量酸。酯交换反应中，用合适的溶剂萃取脂肪中的酸，可降低某些脂肪酸的含量。酯交换是控制利用酯化反应，它是可逆反应。

4.6 脂质与食品的品质

4.6.1 脂质与可塑性的关系

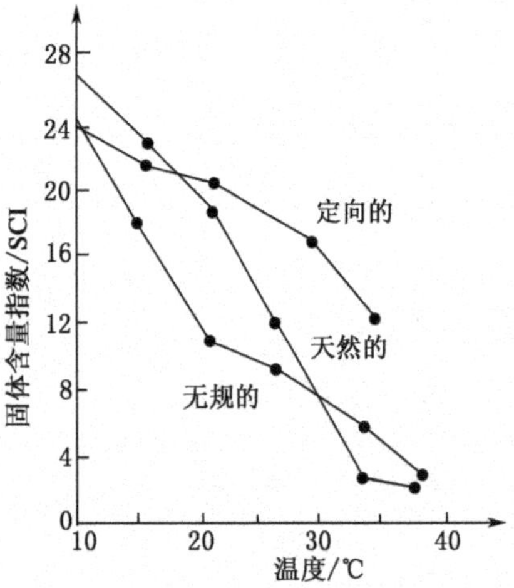

图 4-13 酯交换对固体含量指数的影响

脂质的结构与可塑性有密切的关系。酯交换方法可以改变油脂中脂肪酸的分布，改善其可塑性。例如，猪油中二饱和酸三酰基甘油分子的碳 2 位置上大部分是棕榈酸，即使在工业冷却器中迅速固化，也会形成较大的粗粒结晶体。如果直接用猪油加工成的起酥油，不但会出现粒状稠性，而且在焙烤中表现出不良性能。利用酯交换方法得到无规分布油脂，其可塑性范围改善，性能提高，可作为起酥油使用。若在高温下定向酯交换，可得到固体含量较高的产品，其可塑性范围扩大(图 4-13)。

棕榈油定向酯交换后可制成浊点(cloud point)较低的色拉油，酯交换还用于生产稳定性高的人造黄油和熔化特性符合要求的硬奶油。

4.6.2 对风味的影响

纯净的食用脂类几乎是无气味的，它们不仅作为风味化合物前体，还可以通过它对口感以及风味成分挥发性和阈值(threshold value)的影响调节许多食品的总风味。

前面已经阐述了脂类的反应，这些反应生成多种中间产物和最终产物。这些化合物的物理和化学性质完全不相同，因此，它们所表现的风味效应也不一样。其中有些具有令人产生愉快感觉的香味，像水果和蔬菜的香气，而另一些则有令人厌恶的臭气和味道，后者通常是食品加工和贮藏中存在的主要问题。以下讨论脂类产生的异味。

(1) 酸败

酸败通常指的是脂类氧化产生的异味。脂类的水解酸败，是由于脂解作用使油脂释放出游离脂肪酸的结果，酸才有令人不愉快的气味，特别在牛乳和乳制品中常常会遇到这种情况。酸败产生的异味因各种食品而异，即使是同一种食品氧化产生的气味，在性质上也明显不相同。肉、核桃或奶油的脂肪氧化产生完全不同的酸败气味，鲜乳产生酸败味、纸板味、鱼腥味、金属味、陈腐味或粉笔味等各种异味。所有这些都是氧化变质造成的。

(2) 风味回复

风味回复或生油味又称为豆腥味或青草味，是豆油和其他含亚麻酸的油脂所独有的，一般在过氧化值 5 mmol/kg 左右时出现。

产生风味回复与几种化合物有关，例如，2-正戊基呋喃为已产生风味回复的豆油中的一种化合物，它是亚油酸酯自动氧化过程中形成的。若将此化合物以 2 μg/g 水平添加在其他油脂中，也产生同样的生油味。近来发现顺式和反式 2-(1-戊基)呋喃可能是产生生油味的化合物。另有研究认为，3-顺和 3 反-已烯醛、磷脂和非甘油酯等其他几种化合物是大豆生油味的重要成分。

(3) 硬化风味

氢化豆油和海鱼油在贮藏过程中产生异味(臭味)，这种异味是由于油脂中形成了 6-顺和 6-反壬烯醛、2-反-6-反-十八碳二烯醛、酮、醇和内酯等化合物。这些化合物可能是氢化过程中形成的异构二烯自动氧化产生的，异构二烯又称为异亚油酸酯。

4.6.3 膳食脂类在食品中其他重要的作用

脂肪在食品中的功能有以下几个方面：

(1) 热量最高的营养素(39.58 kJ/g)；

(2) 提供必需脂肪酸；

(3) 脂溶性维生素的载体；

(4) 提供滑润的口感、光润的外观，塑性脂肪还具有造型功能；

(5) 赋予油炸食品香酥的风味，是传热介质。

在食品中脂类表现出独特的物理和化学性质，脂类的组成，晶体结构，熔融和固化行为以及它同水与其他非脂类分子的缔合作用，使食品具有各种不同的质地。这些性质在焙烤食品、人造奶油、冰淇淋、巧克力、糖果点心和烹调食品中都是特别重要的。脂类经过复杂的化学变化或与食品中的其他组分相互作用，会形成很多有利于食品品质的或有害的化合物。

思考与练习

1. 简述脂质的主要加工特性。

2. 简述脂质自动氧化的特点、影响因素。举例说明解决脂质自动氧化的一般方法。

3. 简述油炸、加热、辐射对脂质的影响。

4. 简述油脂氢化的意义以及油脂氢化需要注意哪些事项和如何防止反式脂肪酸的形成。

5. 简述影响食品脂质品质的因素和调控方法。

5 氨基酸、肽和蛋白质

5.1 引言

蛋白质(protein)是生物体细胞的重要组成成分,在细胞的结构和功能中起着重要的作用;蛋白质也是重要的产能营养素,它提供必需氨基酸;蛋白质亦是食品的重要成分,对食品的质构、风味和加工性状产生重要影响。

蛋白质是一种复杂的大分子,相对分子质量在一万至几百万之间。根据元素分析可知,蛋白质由碳、氢、氧、氮和硫等元素构成,有些蛋白质分子还含有铁、碘、磷或锌。蛋白质完全水解的产物是 α-氨基酸,它们的侧链结构和性质各不相同,大多数蛋白质由 20 种不同氨基酸组成。蛋白质分子中的氨基酸残基靠肽键连接,形成含多达几百个氨基酸残基的多肽链。这些聚合物的摩尔质量以及肽链中氨基酸的排列顺序都已经了解清楚。

每一种蛋白质都有其特定的三维结构。纤维蛋白由线形多肽链组成,构成生物组织的纤维部分,如胶原蛋白、角蛋白、弹性蛋白和丝心蛋白属于这类蛋白质。球蛋白是一条或几条多肽链靠自身折叠而形成的球形三维空间结构,还有一些蛋白质分子兼有纤维蛋白和球蛋白的性质(如肌动蛋白、血纤维蛋白原等)。

蛋白质的一级结构是指蛋白质分子中氨基酸的排列顺序,而二级结构和三级结构则与多肽链的三维结构有关,四级结构表示多肽链的几何排列,这些肽链间大多是通过非共价键连接在一起。

根据蛋白质的分子组成,蛋白质可以分为两类:一类是分子中仅含有氨基酸的简单蛋白,另一类是由氨基酸和其他非蛋白质化合物组成的结合蛋白。结合蛋白中的非蛋白质化合物统称为辅基。根据辅基的化学性质不同,可以分为核蛋白(如核糖体和病毒)、脂蛋白(如 β-脂蛋白)、糖蛋白(如 γ-球蛋白、血清、血浆类黏蛋白)、磷蛋白(如酪蛋白)、血红素蛋白(如血红蛋白、细胞色素、过氧化氢酶和肌红蛋白)和金属蛋白(如醇脱氢酶、碳酸酐酶)等。

蛋白质具有多种功能,根据功能不同可分成三大类:结构蛋白质、有生物活性的蛋白质和食品蛋白质。

肌肉、骨骼、皮肤等动物组织中含有结构蛋白质(角蛋白、胶原蛋白、弹性蛋白等),它们的功能大多与其纤维结构有关。

具有生物活性的蛋白质是生物体的重要组成部分,它与生命活动有着十分密切的关系,生命现象和生理活动往往是通过蛋白质的功能来实现的。酶是活性蛋白中最重要的一类,已鉴定出的酶有 2 000 种以上,它们都是高度专一性的催化剂。其他生物活性蛋白质包括调节代谢反应的激素蛋白质(如胰岛素、生长激素)、收缩蛋白质(如肌球蛋白、肌动蛋白和微管蛋白)、转移蛋白质(如血红蛋白、肌红蛋白、铁传递蛋白)、脊椎动物血液中具有防御作用的蛋白(如免疫球蛋白、血纤维蛋白原和凝血酶)、贮存蛋白质(如卵清蛋白、麦醇溶蛋白和玉米醇溶蛋白)和保护蛋白(如肉毒毒素、金黄色葡萄球菌毒素、毒蛇毒液、蓖麻蛋白),以及一些蛋白类的抗生素。有些蛋白质还具有抗营养性质(如胰蛋白酶抑制剂)。食品中存在的蛋白质抗原,可导致抗体的合成,使人体内防御机制改变并出现许多种变态反应。

食品蛋白质包括可供人类食用、易消化、无毒的蛋白质。为了满足人们对蛋白质逐渐增长的需求,不仅要寻找新的蛋白质资源和开发蛋白质利用的新技术,而且还应更充分地利用现有的蛋白质资源。因此,必须了解和掌握食品蛋白质的物理、化学和生物学性质,以及加工处理时对这些蛋白质的影响,从而进一步改进蛋白质的性质,特别是营养品质和功能特性。

5.2 氨基酸与蛋白质的结构

5.2.1 氨基酸的结构

α-氨基酸是蛋白质的基本构成单位。这些氨基酸含有一个 α-碳原子、一个氢原子、一个氨基、一个羧基和一个侧链 R 基,它们以共价键与此碳原子相连。

天然存在的蛋白质含有 20 种不同的基本氨基酸。这些氨基酸的差别仅在于侧链 R 基团的不同。氨基酸的物理化学性质如净电荷、溶解度、化学反应性和氢键形成能力都与基团 R 有关。

蛋白质通过酸或酶法等温和水解产生的所有氨基酸,除甘氨酸外,都具有旋光性。这是因为 α-碳原子其轨道为 sp^3 杂化,有四种不同的取代基团,为不对称碳原子。根据碳原子上四种不同取代基的正四面体位置,同一种氨基酸可以有两种立体异构体,它们互为对映异构体。因此,用 Fiesher 法表示,按 D-和 L-甘油醛类推,丙氨酸有以下两种立体异构体。

D-氨基酸　　　　L-氨基酸

植物或动物组织的蛋白质水解物中,只存在 L 型异构体。氨基酸的这种结构一致性是决定蛋白质结构的一个主要因素。异亮氨酸、苏氨酸、羟基赖氨酸和羟基脯氨酸等四种氨基酸具有第二个不对称中心,所以它们各有四种立体异构体。

某些氨基酸的 D 型异构体存在于一些微生物的细胞壁和具有抗菌作用的多肽内,例如放线菌素 D 和短杆菌肽等。

5.2.2 蛋白质的结构

1) 一级结构

蛋白质的一级结构是指由共价键结合在一起的氨基酸残基的排列顺序。许多蛋白质的一级结构现已确定,已知的最短蛋白质链如肠促胰链肽和胰高血糖素(glacagon)含 20～100 个氨基酸残基,大多数蛋白质都含有 100～500 个氨基酸残基。某些不常见的蛋白质链多达几千个氨基酸残基。

使两个氨基酸连接在一起的肽键是酰胺键(图 5-1),它靠两个中间体共振保持稳定状态。由于肽键上的电子离域,使得 C—N 键具有大约 40%的双键特性,而 C═O 键有 40%左右的单键性质。这将产生两个结果:—NH 在 pH 为 0~14 之间不能质子化;—C—N 键不能够自由旋转。肽链中 4 个原子和 2 个 α-碳原子在同一平面上,CO—NH 基的氧和氢由于共振作用而处于反式位置,因此多肽链可以用被 HCR 基隔开的一系列刚性平面来表示。多肽链上,与 α-碳原子连接的键是可以自由旋转的共价键,而肽键的 C—N 键非常稳定(>400 J/mol),不能自由旋转。

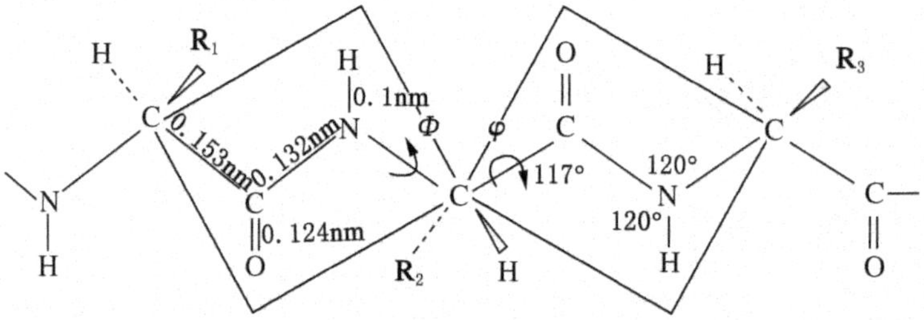

图 5-1 α-L-多肽链碎片的加工(反式构型)

原子间间距(nm)和键角(°),矩形中的 6 个原子在同一平面内,Φ 和 φ 表示围绕一个 α-碳原子的可能扭转角,两个邻近 α-碳原子的肽键各位于同一个平面上,R_1、R_2 和 R_3 处于反式位置(Φ=φ=180°)

2) 二级结构

蛋白质的二级结构是多肽链某些片断的氨基酸残基周期性的空间排列,它不包括与其他链段之间的相互关系和侧链构象。因为 α-C 原子上的取代基可绕着单键旋转,因此多肽链有多种可能的构象(图 5-1)。

在正常条件下,每条肽链呈现一种特殊的构象,这种构象是自由能 ΔG 最小的稳定而有组织的体系,这样的构象与氨基酸的极性、疏水性和侧链 R 的空间位阻密切相关。已发现蛋白质的主要二级结构是螺旋结构(α、$α_β$、γ)、β 结构(β 折叠、β 卷曲)和在聚脯氨酸或胶原蛋白中发现的其他结构,还有一种没有对称平面或对称轴难以定义的无规卷曲结构,见表 5-1。

表 5-1 一些蛋白质的二级结构组成

蛋白质	α-螺旋/%	β-折叠片/%	β-弯曲/%	非周期性结构/%
脱氧血红蛋白	85.7	0	8.8	5.5
牛血清蛋白	67.0	0	0	33.0
胰凝乳蛋白酶原	11.0	49.4	21.2	18.4
免疫球蛋白 G	2.5	67.2	17.8	12.5
胰岛素(二聚体)	60.8	14.7	10.8	15.7
牛胰蛋白酶抑制剂	25.9	44.8	8.8	20.5
核糖核酸酶 A	22.6	46.0	18.5	12.9
溶菌酶	45.7	19.4	22.5	12.4
木瓜蛋白酶	27.8	29.2	24.5	18.5

(续表)

蛋 白 质	α-螺旋/%	β-折叠片/%	β-弯曲/%	非周期性结构/%
α-乳清蛋白	26.0	14.0	—	60.0
β-乳球蛋白	6.8	51.2	10.5	31.5
大豆 11 S	8.5	64.5	0	27.0
大豆 7 S	6.0	62.5	2.0	29.5
云扁豆蛋白	10.5	50.5	11.5	27.5

(1) 螺旋结构

在蛋白质二级结构中,螺旋结构可以看成蛋白质复杂结构的基础。典型的α-螺旋又称3.6-螺旋,每圈包含3.6个氨基酸残基,螺距为0.54 nm,每个氨基酸残基的垂直距离为0.15 nm,侧链位于螺旋的外侧,螺旋的表观直径约为0.6 nm。α-螺旋是一种有序而又特别稳定的构象。α-螺旋中所有的肽单位都是刚性平面结构,其构象符合立体化学的稳定原则。特别是NH—CO基的氢和位于螺旋下一圈的肽链的氧之间形成许多氢键,由于氢键的形成和所形成的电偶极指向相同的方向,所以螺旋结构有很高的稳定性。再者α-螺旋结构是紧密的,从而限制了它与其他分子的相互作用,例如与水分子不产生氢键键合(图5-2)。

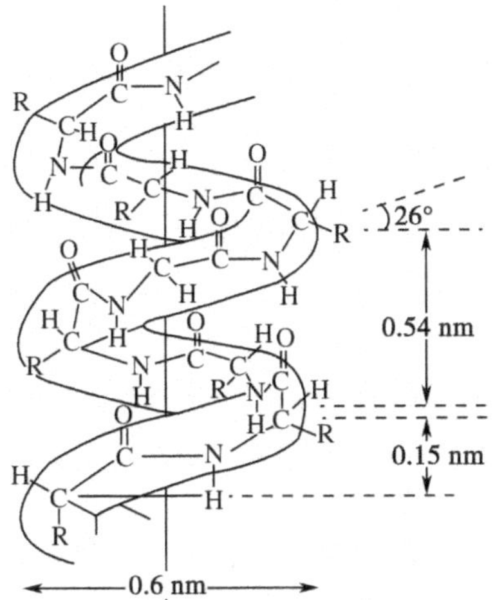

图5-2 α-螺旋的三维结构

而酪蛋白却形成无规卷曲结构。因为脯氨酸具有吡咯烷的结构,由于侧链的静电或立体特性而不能形成螺旋,能阻碍螺旋的形成和产生链的弯曲,所以不能形成α-螺旋结构。多肽侧链的结构特点是,同种电荷基团间隔的距离最大和静电斥力自由能最小,此种结构称为无规卷曲,庞大的侧链位阻也能阻止α-螺旋的形成,正像聚异亮氨酸所发生的现象那样。

3_{10}螺旋为非典型的α-螺旋构象,每圈包含三个氨基酸残基的α-螺旋,形成氢键的N、H、O三原子不在一直线上,有时存在于球蛋白的某些部位。π和γ螺旋也是不常见的螺旋,每圈分别有4.4和5.2个氨基酸残基。

(2) β-折叠结构

β-折叠或β-折叠片是蛋白质又一普遍存在的规则构象单元,它是一种锯齿形结构,比α-螺旋更加伸展,是一种具有特殊几何形状的伸展结构。伸展的链成折叠结构,它们靠链间的氢键连在一起，并且全部肽链都参与结构的形成。肽链的走向分为平行式和反平行式，如图 5-3 所示。可见，所有肽键的 N 末端均在同一侧为平行式，例如 β-角蛋白；肽链的 N 末端为一顺一反地排列为反平行式。氨基酸残基的侧链(R)位于折叠片平面的上面和下面，电荷和位阻通常对这种结构的存在没有很大的影响。天冬酰胺、谷氨酸、组氨酸、赖氨酸、脯氨酸和丝氨酸等几种氨基酸不能参与形成折叠片。

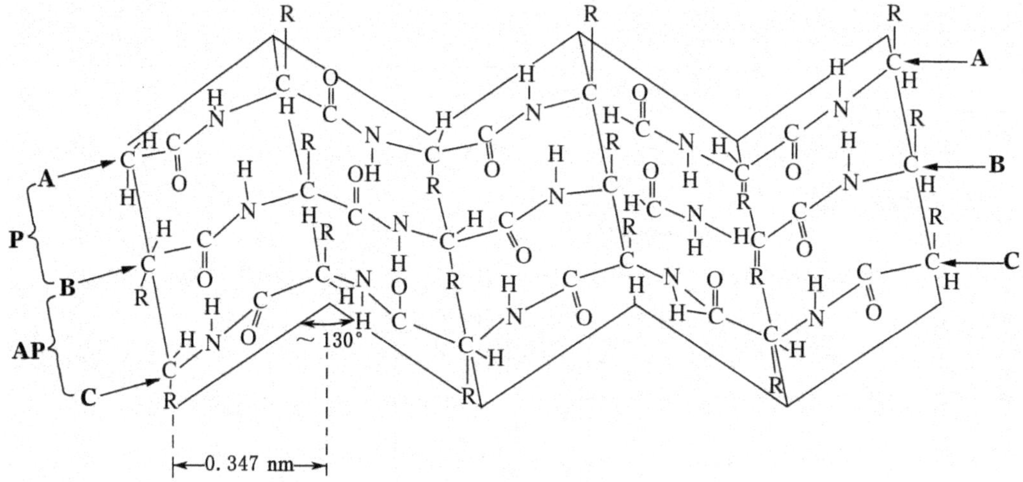

图 5-3 β-折叠结构

P-平行 β-折叠片(A、B 链之间) AP-反平行 β-折叠片(B、C 链之间)

β-折叠片结构通常比 α-螺旋结构更加稳定。含有高比例的 β-折叠片结构的蛋白质一般呈现高变性温度。β-乳球蛋白(51% β-折叠片结构)和大豆 11 S 球蛋白(64% β-折叠片结构)的变性温度分别是 75.6℃和 84.5℃。而含有 64% α-螺旋结构牛血清蛋白的变性温度是 64℃。α-螺旋蛋白质溶液经加热后冷却可转变为 β-折叠片结构。而由 β-折叠片结构转变为 α-螺旋结构现象在蛋白质中尚未发现。

β-弯曲或 β-旋转是蛋白质分子中另一种常见的结构。β-折叠片结构中多肽链反转 180°就转变为 β-旋转(图 5-4)。发夹弯曲是反平行 β-折叠片结构形成的结果，而交叉弯曲是平行 β-折叠片结构形成的结果。通常一个 β-弯曲包括 4 个折叠返回的 β-弯曲残基，此弯曲结构为一个氢键所稳定。最常见的 β-弯曲中的氨基酸残基是 Asp、Cys、Asn、Gly、Tyr 和 Pro。

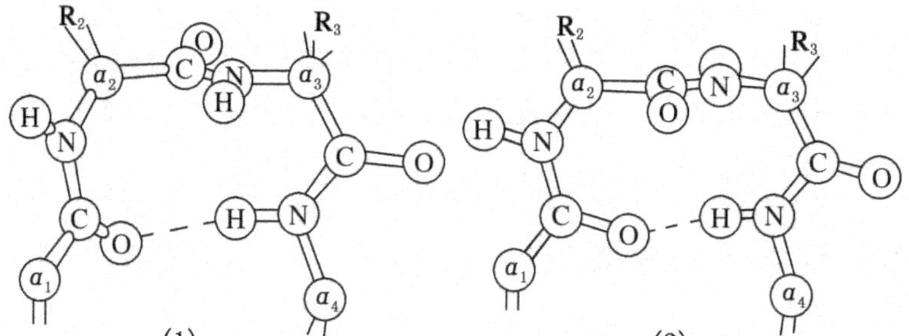

(1) (2)

图 5-4 类型Ⅰ(1)和类型Ⅱ(2)β-弯曲的构象

3）三级结构

当含有二级结构的线性蛋白质链进一步折叠成紧密的三维形式，便形成了蛋白质的三级结构，因此，蛋白质的三级结构涉及多肽链的空间排列。目前许多蛋白质的三级结构已经充分了解，但很难用简单的方式来描述它们的结构。大多数蛋白质含有 100 个以上的氨基酸残基，在平面上表示的三维空间结构仅仅是示意图（图 5-5）。

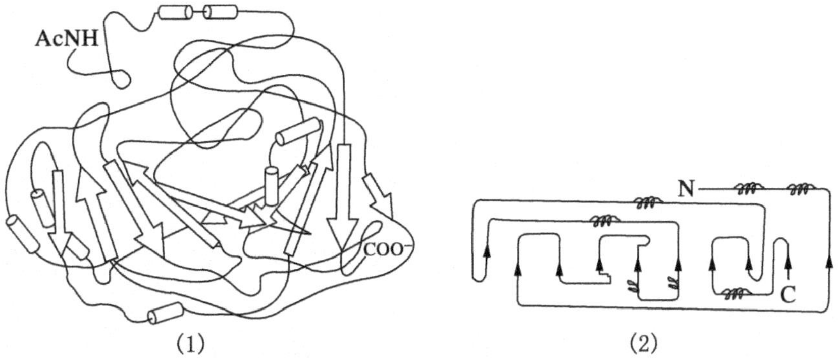

图 5-5　碳酸酐酶三级结构

(1) 螺旋用圆柱体表示 β，折叠用箭头表示，每个箭头的尾部为 C，顶部是 N；
(2) 线圈表示 α 螺旋，箭头表示 β-折叠

已知三级结构的水溶性蛋白质中，极性氨基酸基本上均匀地分布在分子表面，疏水性氨基酸分布在分子的内部。但也发现一些例外，如可能出现电荷的各向异性分布，使得蛋白质有确定的生物功能。某些蛋白质（例如作为脂类载体的脂蛋白）其分子表面分布较多的疏水氨基酸残基，溶于有机溶剂而不溶于水。

在蛋白质结构内部，大多数原子均以这种方式结合成氢键，有些氢键位于表面，可以同其他分子（特别是水）相互作用，而其他氢原子在分子内，有利于稳定螺旋、折叠和无规弯曲等各种结构。

4）四级结构

四级结构是指含有多于一条多肽链蛋白质分子的空间排列。蛋白质的四级结构是具有三级结构的蛋白质亚单位通过非共价键缔合的结果，这些亚单位可能是相同的或不同的，稳定四级结构的力或键（除二硫交联键外）与稳定三级结构的那些键相同。

蛋白质的四级结构是几条多肽链在三级结构的基础上缔合在一起构成的。血红蛋白分子由四条多肽链缔合而成，它是蛋白质四级结构的典型实例。需要指出的是，并不是所有蛋白质分子都具有四级结构。如肌红蛋白就只有一条具有三级结构的多肽链，而没有四级结构。在蛋白质四级结构中，肽链在三级结构基础上形成的蛋白质小单位称为亚基。血红蛋白就是由四个亚基组成的。构成不同蛋白质的亚基数目是不同的。

蛋白质的空间结构与蛋白质的生理活性有重要关系，当蛋白质的空间结构被破坏时，蛋白质就失去它原有的生理活性。

5）稳定蛋白质构象的作用力和键的类型

蛋白质形成二级、三级和四级结构的几种相互作用力和键的类型有下面几种。

(1) 空间张力

从图 5-1 可见，在没有空间位阻的情况下，Φ 和 φ 可取 $+180°$ 和 $-180°$ 之间的任何角度，但

氨基酸残基具有大小不同的侧链，由于侧链的位阻会使 Φ 和 φ 的旋转自由度受到一定的限制。

(2) 范德华力

范德华力是蛋白质分子中中性原子间偶极-偶极相互作用力(例如，肽键和丝氨酸是偶极相互作用力)、偶极-诱导偶极相互作用力和色散力，后者是最重要的一种力。范德华作用力通常在 1～9 kJ/mol 之间(表 5-2)。另外，相互作用力的方式(吸引或排斥)与原子间的距离有关，距离大时不存在相互作用力，当距离小时可产生吸引力，距离更小时则产生排斥力。就蛋白质而论，这种相互作用力同样与 α 碳原子周围扭转角(Φ 和 φ)有关(图 5-1)。

表 5-2　维持蛋白质构象的键特征

类　型	能量/$kJ \cdot mol^{-1}$	相互作用距离/nm	功能团	破坏溶剂	增强条件
共价键合	330～380	0.1～0.2	胱氨酸二硫键	还原剂、巯基乙醇、半胱氨酸、二硫代苏糖醇、亚硫酸盐、脲素溶液、盐酸胍、去污剂、加热、有机溶剂、盐溶液、高或低 pH	加热
氢键键合	8～40	0.2～0.3	亚酰胺		
疏水相互作用	4～12	0.3～0.5	长链脂肪酸或芳香族侧链		
静电相互作用	42～48	0.2～0.3	氨基酸残基		冷却
范德华作用	1～9	—	永久或诱导偶极		

(3) 静电相互作用

蛋白质可看成是多聚电解质，含有可解离基团的氨基酸残基。例如天冬氨酸、谷氨酸、酪氨酸、赖氨酸、组氨酸、精氨酸、半胱氨酸等侧链以及碳和氮末端氨基酸的可离解基团均参与酸碱平衡，肽键中的 α-氨基和 α-羧基在蛋白质的离子性中只占很小的一部分。

可解离的基团带有电荷，能产生使二级或三级结构稳定的吸引力或排斥力，静电相互作用能量范围为 42～84 kJ/mol(表 5-3)。例如天冬氨酸和谷氨酸的 β-和 γ-羧基、C 末端氨基酸的羧基通常带有负电荷，而赖氨酸的 ε-氨基、N 末端氨基酸的 α-氨基、精氨酸的胍基和组氨酸的咪唑基等带有正电荷。

已知某些离子-蛋白质的相互作用有利于蛋白质四级结构的稳定，蛋白质-Ca^{2+}-蛋白质型的静电相互作用对维持酪蛋白胶束的稳定性起着重要作用。通常，离子在蛋白质分子一定的位点上结合，过渡金属离子(Cr、Mn、Fe、Cu、Zn、Hg 等)可同时通过部分离子键与几种氨基酸的咪唑基和巯基结合。

(4) 氢键键合

氢键键合是指具有孤电子对的电负性原子(如氧、氮)与一个氢原子的结合，氢原子本身同时又与另一个电负性原子共价结合。在蛋白质中，一个肽键的羰基上的氧和另一个肽键的 N—H 的氢可形成氢键。氧氢键距离 O…H 约 0.175 nm，键能为 8～40 kJ/mol，与所涉及的电负性原子对和键角有关 (表 5-3)。

氢键有利于稳定 α-螺旋和 β-折叠的二级结构和三级结构。氨基酸的极性基团位于蛋白质分子表面，可以和水分子形成许多个氢键，因此氢键有利于某些蛋白质的结构保持稳定和溶解度增加。

(5) 疏水相互作用

氨基酸疏水作用是因为它们残基侧链具有非极性结构，这种侧链不能与极性分子如水分子相互作用(除范德华相互作用外),它们力图避免与水接触,在蛋白质内部形成疏水区域。这种疏水作用对于蛋白质的天然结构的形成很重要,表现在蛋白质的天然结构依赖于它们所存在的溶剂。例如,在每 10 mol 水中加入 1 mol 尿素可以使蛋白质在水溶液环境中的正常结构遭到破坏。另一方面,比水不易形成氢键的溶剂(如 α-氯乙醇)能够促使蛋白质形成更有规则的结构。

(6) 二硫交联键

二硫键是天然蛋白质中存在的唯一共价侧链交联,它们既存在于分子间又存在于分子内部。它们的存在是蛋白质折叠的结果,同时也稳定了蛋白质的结构。

某些蛋白质含有半胱氨酸和胱氨酸残基,能够发生硫醇-二硫化物交换反应,即

$$\mathrm{CyS_1{-}S{-}S{-}CyS_2} + \mathrm{CyS_3S^-} \rightleftharpoons \mathrm{CyS_1{-}S{-}S{-}CyS_3} + \mathrm{CyS_2S^-}$$

有利于稳定多肽链的二级结构和三级结构的各种相互作用在图 5-6 中说明。

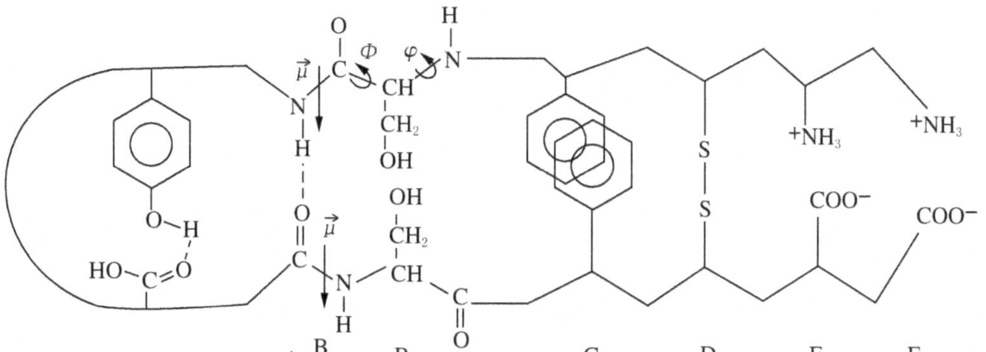

图 5-6 决定蛋白质二级、三级结构的键或相互作用

A:氢键 B:偶极相互作用 C:疏水相互作用 D:二硫键 E:离子相互作用

5.3 氨基酸与蛋白质的性质

5.3.1 氨基酸的物理化学性质

1) 氨基酸的疏水性

蛋白质在水中的溶解度同氨基酸侧链的极性基团(带电荷或不带电荷)和非极性(疏水)基团的分布状态有关。氨基酸、肽和蛋白质的疏水程度可以用氨基酸在水和弱极性溶液(例如乙醇)中的相对溶解度来确定,将 1 mol 氨基酸从水溶液中转移到乙醇溶液中,自由能的变化可由下式计算(忽略活度系数的变化):

$$\Delta G^{\ominus} = -RT \ln \frac{S_{乙醇}}{S_{水}} \tag{5-1}$$

式中:$S_{乙醇}$ 和 $S_{水}$ 分别表示氨基酸在乙醇和水中的溶解度,mol/L。

假若氨基酸有多个基团,则 $\Delta G^{\ominus}$ 是氨基酸中各种基团的加合函数:

$$\Delta G^{\ominus} = \sum \Delta G_i^{\ominus} \tag{5-2}$$

例如苯丙氨酸(Phe)可以看成甘氨酸(Gly)的在 α-碳原子上连接着苄基侧链的一个衍生物。那么，

$$\Delta G_{\mathrm{Phe}}^{\ominus} = \Delta G_{\mathrm{Gly}}^{\ominus} - \Delta G_{苄}^{\ominus}$$

表 5-3 给出了某些氨基酸侧链的疏水性数值。用这些数据可以预测氨基酸在疏水性载体上的吸附行为(它可作为疏水性的一个函数)，像聚苯乙烯或连接脂肪族 C_8 或 C_{18} 链的二氧化硅，吸附系数与疏水程度成正比。

表 5-3　氨基酸侧链的疏水性(25℃)(乙醇→水)

氨基酸	$\Delta G^{\ominus}$ 侧链/kJ · mol^{-1}	氨基酸	$\Delta G^{\ominus}$ 侧链/kJ · mol^{-1}
丙氨酸	2.09	亮氨酸	9.61
精氨酸	—	赖氨酸	—
天冬酰胺	0	蛋氨酸	5.43
天冬氨酸	2.09	苯丙氨酸	10.45
半胱氨酸	4.18	脯氨酸	10.87
谷氨酰胺	−0.42	丝氨酸	−1.25
谷氨酸	2.09	苏氨酸	1.67
甘氨酸	0	色氨酸	14.21
组氨酸	2.09	酪氨酸	9.61
异亮氨酸	12.54	缬氨酸	6.27

2) 氨基酸的光谱

氨基酸都不吸收可见光，但酪氨酸、色氨酸和苯丙氨酸却显著地吸收紫外光，且在紫外区还显示荧光。由于氨基酸所处环境的极性影响它们的吸收光和荧光性质，因此氨基酸光学性质的变化常被用来考察蛋白质的构象变化。大多数蛋白质都含有酪氨酸残基，因此测定蛋白质对 280 nm 紫外光的吸收，可以作为测定蛋白质含量的快速方法。

3) 氨基酸的溶解性、旋光性

在水中，胱氨酸、酪氨酸、天冬氨酸、谷氨酸等的溶解度很小，而精氨酸、赖氨酸的溶解度特别大。在盐酸溶液中，所有氨基酸都有不同程度的溶解性。

除甘氨酸外，所有的天然氨基酸都有旋光性(rotation)。

4) 氨基酸的酸碱性质

氨基酸同时含有氨基和羧基，因此它们既有酸性又有碱性。所有氨基酸在接近中性 pH 的水溶液中主要以两性离子的形式存在。

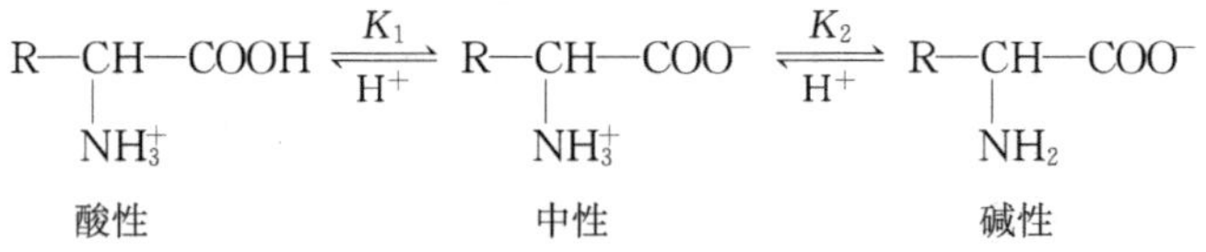

氨基酸的存在形式决定于介质的 pH。当以完全质子化的形式存在时，α-氨基酸(-氨基、-羧基)用碱滴定可以释放出两个质子。氨基酸的等电点(pI)是指在溶液中净电荷为零时的 pH。

绝大多数主要氨基酸的 pK_a值和 pI 值见表 5-4，氨基酸的羧基 pK_{a_1} 值比脂肪族羧酸低(醋酸的 pK_a为 4.74)，因为氨基酸的带正电荷的氨基连接在邻近羧基的 α-碳原子上。pK_a是表现离解平衡常数的负对数，pI(等电点)是氨基的净电荷为零时的 pH。

表 5-4　氨基酸 pK_a 和等电点(25℃)

名　称	pK_{a_1} (α-COO^-)	pK_{a_2} (α-NH_3^+)	pK_{a_R} (R=侧链)	pI
丙氨酸	2.35	9.69	—	6.02
精氨酸	2.17	9.04	12.48	10.76
天冬酰胺	2.02	8.80	—	5.41
天冬氨酸	2.09	9.82	3.86	2.97
半胱氨酸	1.96	10.28	8.18	5.07
谷氨酰胺	2.17	9.13	—	5.65
谷氨酸	2.19	9.67	4.25	3.22
甘氨酸	2.34	9.78	—	6.06
组氨酸	1.82	9.17	6.00	7.58
异亮氨酸	2.36	9.68	—	6.02
亮氨酸	2.36	9.64	—	6.00
蛋氨酸	2.28	9.21	—	5.75
赖氨酸	2.18	8.95	10.53	9.47
苯丙氨酸	1.83	9.24	—	5.53
脯氨酸	1.99	10.60	—	5.30
丝氨酸	2.21	9.15	—	5.68
苏氨酸	2.71	9.62	—	6.16
色氨酸	2.38	9.39	—	5.89
酪氨酸	2.20	9.11	10.07	5.65
缬氨酸	2.38	9.62	—	5.97

根据侧链与水相互作用的程度可将氨基酸分成以下几类。

(1) 具有非极性或疏水性侧链的氨基酸：如亮氨酸、甲硫氨酸、脯氨酸和缬氨酸等。

(2) 带有极性、无电荷(亲水性)侧链的氨基酸：如丝氨酸、苏氨酸、酪氨酸、天冬酰胺、谷氨酰胺等。半胱氨酸和酪氨酸是这一类中具有最大极性基团的氨基酸。

(3) 带正电荷侧链的氨基酸：如有 ε-NH_2、胍基和咪唑基的氨基酸，这类氨基酸主要包括赖氨酸、精氨酸和组氨酸。

(4) 带有负电荷侧链的氨基酸：包括天冬氨酸和谷氨酸，通常含有两个羧基。

5）氨基酸的化学反应

氨基酸的羧基具有一元羧酸的性质，如成盐、成酯、成酰胺、脱羧、酰氯化等。氨基酸的氨基具有一级胺的性质，如与 HCl 结合成盐、脱氨、与 HNO_2 作用等。还有一部分性质则为氨基、羧基共同参加或支链 R 基团参加的反应。其中某些反应能改变蛋白质和肽的亲水、疏水性质或功能性质，还可用来定量检测氨基酸和蛋白质分子中特定氨基酸残基的含量。

（1）与水合茚三酮(2,2-二羟基-1,3-二氢茚二酮)反应：水合茚三酮与氨基酸的反应可用于氨基酸的比色(包括荧光法)测定。加热反应生成的复合物，大多数是蓝色或紫色，仅脯氨酸和羟基脯氨酸生成黄色产物。水合茚三酮与氨基酸反应的生成物颜色与氨基酸的性质有关。蛋白质水解物经色谱分离后取洗脱液与茚三酮反应，在两个波长处测量吸收值，即脯氨酸和羟基脯氨酸采用 440 nm 波长，其他大多数氨基酸用 570 nm 波长。

（2）与荧光胺(fluorescamine)反应：α-氨基酸和荧光胺反应生成强荧光衍生物，因而，可用来快速定量测定氨基酸、肽和蛋白质。

（3）与1,2-苯二甲醛反应：此试剂与氨基酸反应能生成强荧光异吲哚衍生物，激发波长 380 nm，发射波长 450 nm。

此外，还可与异硫氰酸苯酯和丹磺酰氯(1-二甲氨基萘-5-磺酰氯)反应。这些氨基反应可用来确定肽或蛋白质 N 末端氨基酸，氨基酸丹磺酰衍生物可用非极性液相色谱柱分离。

5.3.2 蛋白质的性质

1）蛋白质的两性解离及酸碱性

蛋白质如同氨基酸那样，是两性电解质。蛋白质在酸性介质中以复杂的阳离子态存在，在碱性介质中以复杂的阴离子态存在，在等电点时以两性离子态存在。

一般的，大多数溶于水的蛋白质，其羧基的解离程度大于氨基的解离程度，蛋白质的等电点偏酸性。反之，等电点偏碱性。蛋白质的带电性质及其酸碱性与其分子中所含氨基酸的种类、数目、空间构型以及其他解离基团有关。

2）蛋白质体积和体积质量

蛋白质体积可以按其组成的原子体积的总和来估计，这样得到的数值略大于密度测定的数值。蛋白质由于结合水分子使表面带许多电荷，从而产生电致伸缩现象。蛋白质的体积质量变化在 0.8～1.5 g/cm^3 之间，并且对一定的蛋白质来说，是其质量中心与最外层距离的函数。亲水氨基酸和疏水氨基酸的体积比往往用来表征蛋白质的亲水性和疏水性。

3）蛋白质的胶体性质

蛋白质是亲水胶体，其分子颗粒外面有许多亲水基团，如氨基、羧基及肽键等，在水溶液中皆能与水起作用。因此，蛋白质在水溶液中每一颗粒的表面都包围着较厚的水化膜。蛋白质颗粒之间由于有水化膜的存在而彼此分隔开来，不至于凝集而发生沉淀。

在生物体系里，蛋白质以凝胶和溶胶的混合状态存在。溶胶是蛋白质颗粒分散在水中所形成的胶体体系，而凝胶则可以看成水分散在蛋白质颗粒之中所形成的胶体体系。蛋白质凝胶具有一定形状和弹性，具有半固体的性质。在肌肉组织中，蛋白质的凝胶状态是肌肉能保持大量水分的主要原因。肌肉组织中含有多种蛋白质，以各种方式交联在一起，形成一个有组织的空间网状结构。由于蛋白质分子未结合部位的水化作用和空间网状结构的毛细管作用，使得肌肉能够保持大量的水分。

4）蛋白质的沉淀作用

蛋白质胶体溶液的稳定因素主要是由于蛋白质的水化作用和同一 pH 条件下所带的同性电荷相互排斥的作用。如果利用外界条件，设法破坏蛋白质胶体溶液的这两种稳定因素，那么它就会失去其稳定性，蛋白质就会凝集沉淀而析出。这种作用称为蛋白质沉淀作用。

蛋白质沉淀的常用的方法有下面几种。

（1）盐析

盐析就是将中性盐加入蛋白质溶液中，使其沉淀析出。发生沉淀的主要原因有两个：一是由于中性盐中和蛋白质分子表面电荷，使颗粒表面的总电荷为零；二是由于盐类离子与蛋白质颗粒竞争水分子，使蛋白质失去外层的水化膜凝集沉淀。

不同种类的离子对蛋白质的盐析能力是不同的。按盐析能力的强弱所排列的顺序称为感胶离子序（hofmeister 系列），其排列如下：

$$Mg^{2+} > Ca^{2+} > Sr^{2+} > Ba^{2+} > Li^{+} > Na^{+} > K^{+} > Rb^{+} > Cs^{+}$$

$$C_6H_5O_7^{3-}\text{（柠檬酸根）} > C_4H_4O_6^{3-}\text{（酒石酸根）} > SO_4^{2-} > CH_3COO^{-} > Cl^{-} > NO_3^{-}$$

盐析法常用的盐类有硫酸铵和硫酸钠等。不同蛋白质的盐析所需要盐的浓度不同。这样可以通过控制蛋白质盐的浓度达到分级分离蛋白质的目的。

（2）有机溶剂沉淀反应

酒精、丙酮等极性有机溶剂，其亲水性大于蛋白质分子，它们可以与大量水分子相缔合，使蛋白质颗粒表面的水化膜逐渐消失，这些物质称为脱水剂。当脱水剂破坏水化膜后，蛋白质颗粒处于不规则的扩散过程中，颗粒之间互相碰撞，在分子亲和力作用下，聚合形成大颗粒，溶液发生混浊甚至絮状，进而沉淀析出。在蛋白质等电点时，加入酒精或丙酮等脱水剂则更易引起沉淀，这种作用生成的沉淀在短时间内是可逆的。

（3）重金属沉淀反应

蛋白质在碱性溶液中可与重金属离子如 Zn^{2+}、Cu^{2+}、Hg^{2+}、Pb^{2+}、Fe^{3+} 等作用，产生不溶性的重金属蛋白盐沉淀。

重金属盐与细菌的蛋白质也有结合作用，因此具有抗菌作用。由胃、肠道引起的铅中毒、汞中毒，可食用大量牛奶、豆浆等，使之与毒性金属结合沉淀，呕吐出来，从而起到解毒的作用。

（4）生物碱沉淀剂的沉淀反应

生物碱沉淀剂苦味酸、磷钨酸、磷钼酸、鞣酸、三氯醋酸及磺酰水杨酸等能使蛋白质沉淀，但只有当蛋白质溶液 pH 小于其等电点时沉淀才会析出。

由于生物碱试剂是酸性物质，带负电荷，而蛋白质在酸性溶液中带正电荷，故能与这些带负电荷的酸根相结合，成为溶解度很小的盐类而沉淀。

5）蛋白质的水解

蛋白质加酸、碱或酶后经过一系列的水分解作用，被分解成肽类和氨基酸，这个化学变化过程是蛋白质的水解过程。例如：多肽相对分子质量在 10 000 以下的氨基酸缩合物比胨的相对分子质量小。

6）蛋白质的显色反应

由于蛋白质分子含有肽键和氨基酸的各种残余基团，因此它能与各种不同的试剂作用，生成有色的产物，可以应用于蛋白质的定性和定量分析。

（1）双缩脲反应

蛋白质在碱性溶液中与硫酸铜作用呈现紫红色，称双缩脲反应。利用此反应可以做蛋白质的定量测定。凡化合物含有两个—CO—NH_2—基团，它们或直接相连，或通过一个碳原子或氧原子相连都能发生此反应。在蛋白质分子中含有很多肽键，所以也呈上述反应。

（2）乙醛酸反应

蛋白质中先加入乙醛酸，然后沿着试管壁加入浓硫酸，分上下两层溶液，结果在分界处出现红色、绿色或紫色环，摇匀后，全部混合成紫色。此反应是乙醛酸与色氨酸的缩合物的颜色，因为色氨酸中含有吲哚基。

（3）与水合茚三酮的反应

与氨基酸相似，在蛋白质溶液中加入水合茚三酮并加热至沸腾则显蓝色。

7）蛋白质的变性作用

蛋白质的变性是指在用各种物理和化学因素处理时，其构象会发生不同程度的改变。蛋白质的变性只涉及二级、三级或四级结构的改变，并不伴随一级结构中肽键的断裂，其根本原因是蛋白质二级和三级结构确定的分子构象是不稳定的。变性是一个复杂的现象，在此过程中还可出现新的构象，这些构象通常是中间状态和短暂的，蛋白质变性最终成为完全伸展的多肽结构（无规卷曲）。有时天然蛋白的构象即使只有一个次级键改变，或一个侧链基团的取向不同，也会引起变性。对于那些天然状态为伸展结构的蛋白质（如酪蛋白单体），则不易发生变性。

蛋白质变性的鉴定方法很多。通常是采用测定蛋白质的超离心沉降特性、黏度，电泳、旋光色散和圆二色性（CD）、X 射线衍射、紫外差示光谱、红外光谱分析、热力学性质、生物或免疫性质及某些功能基团的反应特性等检查蛋白质变性。

蛋白质变性对其结构和功能的影响有如下几方面：溶解度降低；对水结合能力的改变；失去生物活性（例如酶或免疫活性）；容易受到蛋白酶的攻击；特征黏度增大；不能结晶。

（1）变性作用的动力学

当蛋白质受到强变性剂处理或蛋白质的摩尔质量很大时，蛋白质的变性是不可逆的。但在某些情况下，变性蛋白质也可以不同程度地"复原"。

虽然蛋白质变性的热力学过程很复杂，但仍然可以用简化的公式来讨论：

$$\text{天然蛋白质}(P_N) \rightleftharpoons \text{变性蛋白质}(P_D)$$

平衡常数（k_D）可以描述为：

$$k_D = \frac{[P_D]}{[P_N]} \tag{5-3}$$

由下列公式求得 $\Delta G^{\ominus}$、$\Delta H^{\ominus}$、$\Delta S^{\ominus}$ 和 $\Delta C_p^{\ominus}$ 各种热力学参数：

$$\Delta G^{\ominus} = -RT\ \ln k_D \tag{5-4}$$

$$\Delta H^{\ominus} = -R\left[\frac{\partial(\ln k_D)}{\partial\left(\frac{1}{T}\right)}\right] \tag{5-5}$$

$$\frac{\partial(\ln k_D)}{\partial T} = \frac{\Delta H^{\ominus}}{RT^2} \tag{5-6}$$

$$\Delta C_p^{\ominus} = \left(\frac{\partial \Delta H^{\ominus}}{\partial T}\right)_p = T\left(\frac{\partial \Delta S^{\ominus}}{\partial T}\right)_p \tag{5-7}$$

$$\Delta S^{\ominus} = \frac{\Delta H^{\ominus} - \Delta G^{\ominus}}{T} \tag{5-8}$$

式中：$\Delta G^{\ominus}$——标准自由能变化；

R——气体常数；

T——绝对温度；

$\Delta H^{\ominus}$——恒压下焓的变化；

$\Delta S^{\ominus}$——熵变；

$\Delta C_p^{\ominus}$——恒压下热容的变化。

$\Delta C_p^{\ominus}$ 值大，表明 $\Delta G^{\ominus}$ 和 $\Delta H^{\ominus}$ 主要取决于温度。几种蛋白质的这些参数值见表 5-5。

表 5-5　蛋白质变性的热力学参数

蛋白质及变性条件	最大稳定性温度/℃	$\Delta G^{\ominus}$ /kJ·mol^{-1}	$\Delta H^{\ominus}$ /kJ·mol^{-1}	$\Delta S^{\ominus}$ /J·(K·mol)$^{-1}$	$\Delta C_p^{\ominus}$ /kJ·(K·mol)$^{-1}$
核糖核酸酶伸展(30℃)					
pH 1.13	—	−4.6	251	836	8.7
pH 2.5	−9	3.8	238	773	8.3
pH 3.15	—	12.9	222	690	3
胰凝乳蛋白酶(25℃)					
pH 3	10	30.5	163	439	10.9
肌红蛋白(25℃)					
pH 9	<0	56.8	176	397	5.9
β-乳球蛋白(25℃)					
pH 3,5 mol/mL 尿素	35	2.5	−88	−301	9

由阿仑尼乌斯定律可得活化能 E_a：

$$\frac{\partial(\ln k)}{\partial T} = \frac{E_a}{RT^2} \tag{5-9}$$

式中：k——速率常数；

T——绝对温度；

R——气体常数；

E_a——活化能。

与其他化学反应的活化能相比，蛋白质变性的 E_a 值大。例如，胰蛋白酶、卵清蛋白和过氧物酶的热变性活化能分别为 167 kJ/mol、552 kJ/mol、773 kJ/mol。

对于大多数蛋白质，只要在温度变化或变性剂浓度变化不大的情况下就可以发生变性。表明蛋白质从天然状态向变性状态转变是一个协同过程，可能是变性涉及的键能小且相差不大的缘故。蛋白质变性时共价键(除二硫键)不断裂,但低能非共价键相互作用的键均遭到破坏。

(2) 导致蛋白质变性的因素有物理因素和化学因素

① 物理因素

热:热是蛋白质变性最普通的物理因素。伴随热变性,蛋白质的伸展程度相当大。例如,天然血清蛋白分子是椭圆形的,长、宽比为 3.1,经过热变性后变为 5.5。

温度显著影响变性速率。由于维持蛋白质二级、三级和四级结构稳定性的各种相互作用的能量都很低,当温度上升 10℃,蛋白质变性反应速率可增加 600 倍左右。

多种因素可以影响蛋白质对热变性的敏感性,这些因素包括蛋白质的性质、浓度、水活性、pH、离子强度和离子种类等。热变性结果是疏水基团暴露和已伸展的蛋白质分子发生聚集,通常伴随出现蛋白质溶解度降低和吸水能力增强。热还可以改变氨基酸残基的化学性质,如丝氨酸脱水,或谷氨酰胺和天冬酰胺的脱氨反应。在分子内或分子间形成新的共价交联键,这些变化均可改变蛋白质的营养价值和功能性。

低温:低温处理也可以引起某些蛋白质的变性,引起低聚物的解离和亚单位的重排。例如,L-苏氨酸脱氨酶在室温下比较稳定,而在 0℃时不稳定;11 S 大豆蛋白、麦醇溶蛋白、卵蛋白和乳蛋白等在低温或冷冻时发生聚集和沉淀。相反,有些脂酶和氧化酶不仅能耐受低温冷冻,而且可保持活性。

机械处理:在加工面包或其他食品的面团时,揉捏或滚动等机械处理因产生剪切力使蛋白质变性,主要是破坏 α-螺旋,结果使蛋白质的网络结构改变。

液压(流体静压):液压能使蛋白质变性,但需要一定的压力。卵清蛋白和胰蛋白酶分别在 50 kPa 和 60 kPa 压力下发生变性。

辐射:电磁辐射引起的蛋白质变性,与波长和能量大小有关。紫外辐射可被芳香族氨基酸残基(如色氨酸、酪氨酸和苯丙氨酸)所吸收,导致蛋白质构象的改变;如果能量很高,还可使二硫交联键断裂。γ 辐射和其他电离辐射能够改变蛋白质的构象,同时使氨基酸残基氧化,使共价键断裂,离子化所形成的蛋白质游离基重组、聚合,这些反应大多通过水的辐射作用传递。

界面:在水和空气,水和非水溶液或固相等界面吸附的蛋白质分子,一般发生不可逆变性。远离界面的那部分水分子处于低能态,它们不仅与另外一些水分子,而且还和蛋白质的离子和极性位点相互作用,靠近界面的水分子处于高能态,与另外一些水分子相互作用。蛋白质大分子向界面扩散并开始变性。在这一过程中,蛋白质可能和界面高能水分子相互作用,许多蛋白质-蛋白质之间的氢键将同时遭到破坏,使结构发生“微伸展”;许多疏水基团和水相接触,使部分伸展的蛋白质被水化和活化(P^*),处于不稳定状态。蛋白质在界面进一步伸展和扩展,亲水和疏水残基力图分别在水相和非水相中取向,因此,界面吸附引起蛋白质变性。

蛋白质的界面性质对各种食品体系都是很重要的,例如蛋白质在界面上吸附,有利于乳浊液和泡沫的形成和稳定。

② 化学因素

酸和碱:蛋白质所处介质的酸碱度对变性过程有很大的影响,大多数蛋白质在pH 4～10 是稳定的,超过这个范围就会发生变性。在极端 pH 时,分子内的离子基团产生强静电排斥，这将促进蛋白质分子的伸展（变性）。而在某些情况下，当 pH 调回到最初的稳定性范围时，蛋白质仍可恢复原来的结构。

金属：碱金属（例如 Na^+ 和 K^+）只能有限度地与蛋白质起作用，而 Ca^{2+}、Mg^{2+} 略微活泼些。过渡金属（例如 Cu、Fe、Hg 和 Ag 等）的离子很容易与蛋白质发生作用，其中许多与巯基形成稳定的复合物。Ca^{2+}、Fe^{2+}、Cu^{2+} 和 Mg^{2+} 可成为某些蛋白质分子或分子缔合物的组成部分。

有机溶剂：有机溶剂导致蛋白质变性主要是因为它们能改变介质的介电常数，从而改变保持蛋白质稳定的静电作用力，导致蛋白质变性。或者非极性有机溶剂渗入疏水区，破坏疏水相互作用，促使蛋白质变性；也可能是因为它们和水产生相互作用引起蛋白质变性。

2-氯乙醇等某些溶剂能增加 α-螺旋构象的数量，这种作用也可看成是一种变性方式，因为它引起二级、三级和四级结构改变。例如卵清蛋白在水溶液介质中 α-螺旋只有 31%，而在 2-氯乙醇中达到 85%。

表面活性剂：表面活性剂例如十二烷基磺酸钠是很强的变性剂，可以在蛋白质的疏水区和亲水环境之间起着媒介作用，除了破坏疏水相互作用外，还促使天然蛋白质的伸展。另外，阴离子去污剂在接近中性 pH 时能使蛋白质获得大量的净负电荷，从而增加蛋白质内部斥力，使伸展趋势增大。

有机化合物水溶液：尿素和胍盐等某些有机化合物高浓度（4～8 mol）的水溶液能引起氢键断裂，从而使蛋白质发生不同程度的变性。同时，还可通过增大疏水氨基酸残基在水相中的溶解度降低疏水相互作用。

半胱氨酸、抗坏血酸、β-巯基乙醇、二硫苏糖醇等还原剂可以还原二硫交联键，因而改变蛋白质的构象。

5.4 食品加工和贮藏中氨基酸与蛋白质的变化

食品的加工和贮藏常涉及加热、冷却、干燥、化学试剂处理、发酵和辐照或各种其他处理，在这些处理中不可避免地将引起蛋白质的物理、化学和营养变化，因而对此必须有一个全面详细的了解，以便在食品加工和贮藏中选择适宜的处理条件，以免蛋白质发生不利的变化，促进蛋白质发生有利的变化。

5.4.1 热处理

热处理是对蛋白质影响较大的处理方法，影响的程度取决于热处理的时间、温度、湿度以及有无氧化还原性物质存在等因素。热处理涉及的化学反应有：变性、分解、氨基酸氧化、氨基酸键之间的交换、氨基酸新键的形成等。

1）蛋白质的变性

上面已经阐述蛋白质的变性问题，这里仅讨论它对食品品质的影响。一般的，从营养学的观点讲，经过温和热处理的蛋白质所产生的变化一般是有利的。

许多蛋白质例如大豆球蛋白、胶原蛋白和卵清蛋白经适度热处理后更易消化，其原因是蛋白质伸展，被掩蔽的氨基酸残基暴露，因而使专一性蛋白酶能更迅速地与蛋白质底物发生作用。

通过加热使食品中天然存在的大多数蛋白质毒素或抗营养因子变性和钝化。例如微生物污染所产生的大多数蛋白质毒素，其中内毒杆菌毒素在100℃钝化。大豆、花生、菜豆、蚕豆、豌豆和苜蓿等豆科植物的种子或叶中均含有能抑制或结合人体蛋白质水解酶的蛋白质，这些蛋白质能够降低膳食蛋白质的消化力和营养价值。例如大豆种子中存在的胰蛋白酶抑制剂和胰凝乳蛋白酶抑制剂，能使几种动物胰脏过度分泌和增生，并伴随出现生长缓慢，它们可以通过加热使之钝化。同样，可以通过加热使豆科植物中的植物血球凝集素（或外源凝集素）失活。这类血球凝集素是一种能和多糖苷结合的热不稳定性蛋白质。在膳食中，可能是由于凝集素与肠道刷状缘细胞膜多糖苷形成复合物，使氨基酸的转移和消化能力减弱，它能降低天然植物蛋白的营养价值，并对人和动物产生毒性。

热烫或蒸煮能使脂酶、脂肪氧合酶、蛋白酶、多酚氧化酶和酵解酶等酶失活。酶失活能防止食品产生不应有的颜色，也可防止风味质地的变化和维生素的损失。例如，菜子经过热处理可使黑芥子硫苷酸酶（myrosinase）失活，因而阻止内源硫葡萄糖苷形成致甲状腺肿大的化合物，即5-乙烯基-2-硫噁唑烷酮。表5-6是生大豆粉对几种动物的生理效应。

表5-6　生大豆粉对几种动物的生理效应

种　类	生长抑制剂	胰　脏	
		大　小	酶分泌
鼠①	有	增大	增加
小鸡①	有	增大	增加
猪①	有	无变化	减少
小牛	有	无变化	减少
狗	无	无变化	暂时增加

注：①成年动物可保持原来体重不减轻，但对胰脏仍有影响。

种子、磨粉或蛋白质浓缩物在高温条件下，如高压灭菌、膨化、消毒、蒸煮、焙烤等，所有抗营养因子都会变性失活（图5-7），由于适当热处理可明显提高植物蛋白的营养价值，因此某些植物蛋白质饲料通常需经过热处理。

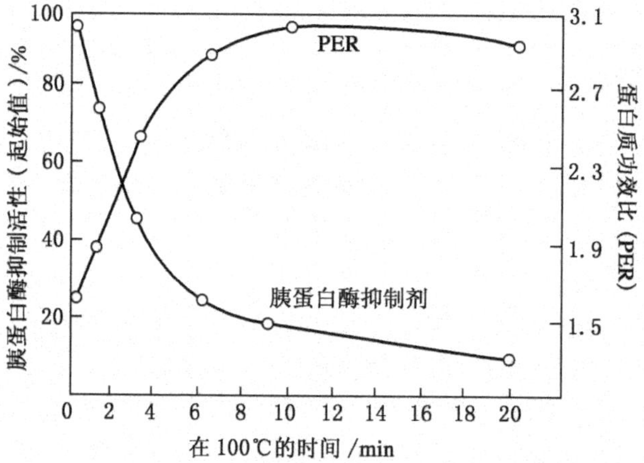

图5-7　蒸汽对胰蛋白酶抑制活性和饲料大豆粉蛋白质功效性比的影响

2）蛋白质的其他变化

除了发生蛋白质变性，在不添加其他物质的情况下，蛋白质或蛋白质食品在加工过程中，常常会引起氨基酸脱硫、脱酰胺和异构化等化学变化，有些变化可能对食品品质有益，但有时伴随有毒化合物产生，这主要取决于热处理条件。

蛋白质在超过100℃时加热，会发生脱酰胺反应，释放出的氨主要来自谷酰胺和天冬酰胺的酰胺基，这些反应并不损害蛋白质的营养价值。在115℃灭菌，会使半胱氨酸和胱氨酸部分破坏，生成硫化氢、二甲基酰化物和磺基丙氨酸。从鱼、肉的肌肉，牛乳及很多蛋白质的模拟体系中可测定出这些反应的生成物，所产生的硫化氢和其他挥发性化合物能使加热食品产生风味。

经剧烈热处理的蛋白质可生成环状衍生物，其中有些具有强致突变作用。色氨酸在300℃以上环化转变成α、β和γ咔啉。

蛋白质和脂类的反应，首先是脂类在热处理过程中发生氧化生成了氢过氧化物和共分解产物后才发生，如过氧化脂类与蛋白质发生的共价结合和脂类诱导的蛋白质聚合反应。一般的，脂类-蛋白质作用是有害的反应，使蛋白质功效比和生理价值降低。

在热处理过程中，蛋白质还容易与食品中的其他成分如糖类、脂类、污染物和食品添加剂等反应，产生各种有利的和不利的变化。例如，赖氨酸、精氨酸、色氨酸、苏氨酸和组氨酸等在热处理中很容易与还原性物质如葡萄糖、果糖、乳糖发生美拉德反应，使产品带金黄色至棕褐色。如小麦团粉中虽然清蛋白仅占6%～12%，但清蛋白中色氨酸含量较高，它对面粉焙烤呈色起较大的作用。

5.4.2 低温处理下的变化

食品的低温贮藏可延缓或阻止微生物的生长并抑制酶的活性和化学变化。低温处理主要有冷却和冷冻。冷却又称冷藏，即将温度控制在稍高于冻结温度之下，蛋白质较稳定，微生物生长也受到抑制。冷冻又称冻藏，即将温度控制在低于冻结温度之下（一般为－18℃），对食品的风味多少有些损害，但若控制得好，蛋白质的营养价值不会降低。

肉类食品经冷冻、解冻，细胞及细胞膜被破坏，酶被释放出来，随着温度的升高，酶活性增强，致使蛋白质降解，而且蛋白质-蛋白质间的不可逆结合代替了水和蛋白质间的结合，使蛋白质的质地发生变化，保水性也降低，但对蛋白质的营养价值影响很少。鱼蛋白质很不稳定，经冷冻或冻藏后，肌球蛋白变性，然后与肌动蛋白反应，使肌肉变硬，持水性降低，因此解冻后的肉变得干而强韧；鱼脂肪在冻藏期间仍会进行自动氧化作用，生成过氧化物和自由基，再与肌肉蛋白作用，使蛋白质聚合，氨基酸破坏。蛋黄能冷冻并贮藏于－6℃，解冻后呈胶状结构，强度也增大，若在冷冻前加10%的糖或盐则可防止此现象。而牛乳经巴氏低温杀菌，以－24℃冷冻，可贮藏4个月，但加糖炼乳的贮藏期很短，这是因为酪蛋白在解冻后形成不易分解的沉淀。

关于冷冻使蛋白质变质的原因，主要是由于蛋白质质点分散密度的变化而引起的。由于温度下降，冰晶逐渐形成，使蛋白质分子中的水化膜减弱甚至消失，蛋白质侧链暴露出来；同时加上冰晶的挤压，使蛋白质质点互相靠近而结合，致使蛋白质质点凝集沉淀。这种作用主要与冻结速率有关，冻结速率越快，冰晶越小，挤压作用也越小，变性程度就越小。食品工业根据这原理常采用快速冷冻法以避免蛋白质变性，保持食品原有的风味。

5.4.3 碱处理下的变化

蛋白质的浓缩、分离、起泡、乳化或使溶液中的蛋白质呈纤维状，通常需要碱处理。碱处理对蛋白质的营养价值影响很大。蛋白质经过碱处理后，能发生很多变化，如导致赖氨丙氨酸、羊毛硫氨酸、鸟氨丙氨酸等新的氨基酸生成以及分子间或分子内的共价交联键的形成。交联键的形成是由赖氨酸、半胱氨酸或鸟氨酸等残基与氨基丙烯酸(DHA)残基发生缩合反应而产生的。首先半胱氨酸经β-消去反应形成DHA，DHA残基的反应活性很强，容易与赖氨酸残基的ε-氨基、鸟氨酸残基的δ-氨基和羊毛氨酸残基的巯基结合，分别形成赖氨丙氨酸、鸟氨丙氨酸和羊毛硫氨酸。DHA与组氨酸、苏氨酸、丝氨酸、酪氨酸和色氨酸等残基通过缩合反应也可以生成不常见的衍生物。在碱性条件下，随着温度升高，时间延长，DHA生成量就增多。在碱处理过程中，还可以使精氨酸、胱氨酸、色氨酸、丝氨酸和赖氨酸发生构型变化，包括β-消去反应和形成碳负离子，碳负离子经质子化可随机形成L-、D-氨基酸的外消旋混合物。由于大多数D-氨基酸不具有营养价值，因此，必需氨基酸残基发生外消旋反应，使营养价值降低约50%。此外，D-异构体的存在可降低蛋白质消化率。

5.4.4 氧化处理下的变化

有时利用过氧化氢、过氧化乙酸和过氧化苯甲酰作为“冷灭菌剂”和漂白剂，用于无菌包装系统的包装容器杀菌，或者面粉、乳清粉、鱼浓缩蛋白的漂白等。在此过程中可引起蛋白质发生氧化。

对氧化反应最敏感的氨基酸是含硫氨基酸(如蛋氨酸、半胱氨酸、胱氨酸)和色氨酸，下面分别讨论这几种氨基酸的氧化。

(1) 蛋氨酸的氧化

过氧化氢能将游离的或结合的蛋氨酸氧化成蛋氨酸亚砜，有时甚至氧化成蛋氨酸砜。例如，将0.1 mol/L过氧化氢加入到pH 5～8的10 mmol/L蛋氨酸溶液或pH 7的5%酪蛋白溶液中，在50℃下加热30 min，蛋氨酸全部转变成蛋氨酸亚砜。此外，蛋白质与次氯酸钠、亚硫酸盐-锰-氧体系、氧化的脂类或多酚类化合物共存时，也可以形成这种氧化产物。在有光、氧和敏化剂存在时，蛋氨酸残基经过光氧化反应可生成蛋氨酸亚砜。

对氧化结合型蛋氨酸的营养效果研究表明，对鼠而言，蛋氨酸砜是生理上不可利用的物质，甚至还表现出某种程度的毒性。然而，游离的或蛋白质结合的蛋氨酸亚砜可代替鼠或鸡饲料中的蛋氨酸，所产生的效率与蛋氨酸构型(L或D型)有关。用蛋氨酸全部被氧化成亚砜的酪蛋白进行鼠喂养试验表明，蛋白质功效比(或蛋白质净利用率)比对照的酪蛋白大约低10%，这可能是因为在蛋白质消化时放出蛋氨酸亚砜，在合成蛋白质以前，蛋氨酸亚砜被吸收并还原成蛋氨酸。用已被氧化的酪蛋白喂养鼠，鼠的血液和肌肉中游离的蛋氨酸亚砜水平增高，这说明蛋氨酸亚砜在体内的还原过程是缓慢的。

(2) 半胱氨酸和胱氨酸的氧化

半胱氨酸和胱氨酸有多种氧化衍生物，由于它们不稳定，所以难以对每一种产物进行鉴定，但是其中有些已用核磁共振法鉴定。从营养学的观点来看，L-胱氨酸的一、二亚砜衍生物和半胱次磺酸至少能部分代替L-半胱氨酸，而磺基丙氨酸和半胱亚磺酸则不能代替L-半胱氨酸。

(3) 色氨酸的氧化

在强氧化剂存在时,游离色氨酸氧化成 β-吲哚丙氨酸和 N-甲酰犬尿氨酸。

在过甲酸存在下,色氨酸与二甲基亚砜或 N-琥珀酰亚胺反应,生成 β-氧吲哚基丙氨酸。臭氧或氧存在下光照,色氨酸氧化生成 N-酰基犬尿氨酸和犬尿氨酸。色氨酸也能被过氧化氢氧化,用高效液相色谱法可检测出比色氨酸极性更大和 278 nm 波长处出现吸收的三、四种衍生物,其中的一种相当于犬尿氨酸。

从营养学的观点来看,犬尿氨酸无论是甲酰化或非甲酰化的,至少对鼠来说它们都不能代替色氨酸的作用。更值得注意的是,犬尿氨酸注射至动物膀胱内会产生致癌作用,色氨酸的这类降解产物对培养的鼠胚胎的纤维细胞的生长有抑制作用,并且表现出致突活性。

5.4.5 脱水处理下的变化

干燥条件对粉末颗粒的大小以及内部和表面孔率的影响将会改变蛋白质的可湿润性、吸水性、分散性和溶解度,应该注意干燥处理对蛋白质功能性质的影响。不同的脱水方法对蛋白质影响程度也不相同,脱水方法有下面几种。

传统的脱水方法:用自然的温热空气干燥脱水,脱水后的畜禽肉、鱼肉会变得坚硬、萎缩且回复性差,烹调后口感坚韧,风味较差。

真空干燥:在减压下干燥,因减压,脱水温度较低,可减少非酶褐变及其他化学反应。因无氧气,所以氧化反应较慢,所以较传统脱水法对肉的品质损害较小。

喷雾干燥:乳的脱水常用此法。喷雾干燥对蛋白质损害较小。

冷冻干燥:在减压条件下,冰晶经升华而除去食品中水分的一种干燥方法。干燥的食品可保持原形及大小,具有多孔性,有较好的回复性,是肉类脱水干燥的最好方法。

表 5-7 是炼乳和奶粉中的赖氨酸含量和有效性。

表 5-7 炼乳和奶粉中的赖氨酸含量和有效性

制备方法	总赖氨酸(酸水解) /(g/16 g 氮)	FDNP 反应 /(g/16 g 氮)	有效赖氨酸(试管中蛋白质水解) /(g/16 g 氮)	有效赖氨酸(鼠生长分析) /(g/16 g 氮)
冷冻干燥	8.3	8.4	8.3	8.4
喷雾干燥	8.0	8.2	8.3	8.1
蒸发	7.6	6.4	6.2	6.1
滚筒加热(温和)	7.1	4.6	5.4	5.9
滚筒加热(高温)	6.1	1.9	2.3	2.0

5.4.6 辐照处理下的变化

以辐照方法来保存食品已被许多国家采用,不同辐照目的和不同食品需要不同的辐照剂量。按规定,凡是在辐照剂量低于 10 kGy 时,不需要进行毒理学试验。γ 辐射还可以引起低水分食品中的多肽链断裂,在 H_2O_2 和过氧化氢酶存在时,酪氨酸残基发生氧化性交联,生成二酪氨基酸残基。

5.4.7 机械处理下的变化

机械处理对食品中的蛋白质有较大的影响，经充分干磨的蛋白质粉或浓缩物易形成小的颗粒和大的表面积，与未磨细的对应物相比，吸水性、溶解性、对脂肪的吸收和起泡性大大地提高。机械力同样对蛋白质织构化过程起重要作用，例如面团受挤压加工时，剪切力能促使蛋白质改变分子的定向排列、二硫键交换和蛋白质网络的形成。

在强剪切力例如牛乳均质的作用下，蛋白质悬浊液或溶液体系中蛋白质聚集体如胶束碎裂成亚单位，这种处理一般可提高蛋白质的乳化能力。在空气-水界面施加剪切力，通常会引起蛋白质变性和聚集，而部分蛋白质变性可以使泡沫变得更稳定，而过度地搅打鸡蛋蛋白时会发生蛋白质聚集，使形成泡沫的能力和泡沫稳定性降低。

5.5 食品中蛋白质的调控

动物蛋白营养价值高，但资源有限。植物蛋白资源广泛，但功能性质较差，因此食品科学家一直采用物理、化学、酶法和基因方法改进蛋白质的功能性质，这里着重介绍蛋白质的化学改性和酶学改性。

5.5.1 蛋白质的化学改性

蛋白质化学改性常用的方法有：酸或碱水解、磷酸化、酰基化、酯化等。

1）酸或碱有限水解

采用酸或碱处理蛋白质，使之部分降解，增加蛋白质的溶解性，提高其持水性、乳化性和起泡性等。如采用 0.05 mol/L 稀盐酸溶液处理面筋蛋白质，提高了其乳化性质。经稀酸处理后的面筋蛋白质，其所含的天冬氨酰胺残基和谷氨酰胺残基去酰胺化，增加了蛋白质表面的负电荷，导致蛋白质结构的展开和疏水性残基的暴露，增加了蛋白质表面的疏水性。延长处理时间和提高处理温度，去酰胺程度进一步提高，在其过程中会通过疏水相互作用或形成二硫键而发生缔合或聚合，这些聚合物具有较好的溶解度、乳化和起泡性质。

2）磷酸化

磷酸基具有很高的亲水性，蛋白质分子经磷酸化可增加蛋白质的水化能力，改善乳化性和起泡性。$POCl_3$或二聚磷酸钠反应与蛋白质分子中的羟基、氨基和羧基等基团发生磷酸化。$POCl_3$也可作为交联剂，使不同肽链或同一肽链的不同区段间发生交联，从而改变蛋白质的电荷特性，改善蛋白质的凝胶特性，增加黏弹性等。例如，β-球蛋白经磷酸化后对 Ca^{2+} 的亲和力提高 1 倍，但大豆分离蛋白对 Ca^{2+} 沉淀的敏感度却随磷酸化而降低。酪蛋白经磷酸化后并不影响微生物对它的消化、吸收利用，但磷酸化蛋白质在营养和毒理方面的性质还有待进一步证实。

3）酰基化

在碱性条件下，蛋白质分子中的羟基、氨基和巯基等基团可与乙酸酐或琥珀酸酐作用而发生酰基化反应，当蛋白质分子中引入乙酰基或琥珀酰基后，由于蛋白质净电荷增加，分子伸展，离解为亚单位趋势增加，所以蛋白质的溶解度、乳化性和脂肪吸收容量都将得到改善。

但经琥珀酰化或羧甲基化的蛋白质的性质变化主要取决于介质的 pH，在酸性 pH 几乎不发生解离(图 5－8)。

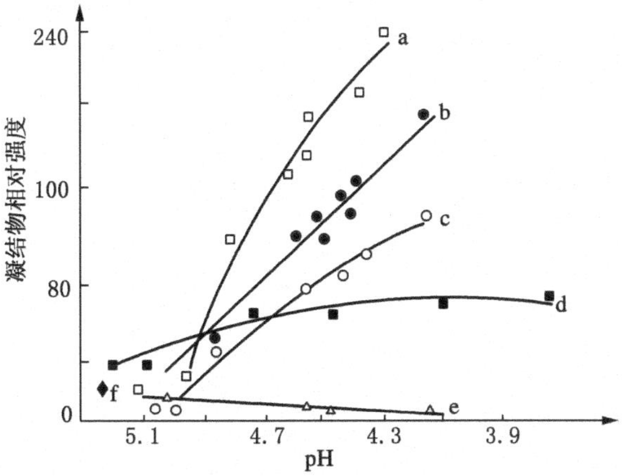

图 5-8　不同 pH 的琥珀酰化对鱼蛋白浓缩物(FPC)凝结物强度的影响

琥珀酰化 FPC(b)＋玉米油(a)＋Ca^{2+}(c),FPC(高 pH 提取)(e)＋玉米油(d),由凝乳酶制备的脱脂凝乳结构(f),3%蛋白质溶液制备的凝胶乳强度(Brookfield 凝度计测定)

4）酯化

蛋白质中的 Asp 和 Glu 残基上的羧基不具备高反应能力,然而,在酸性条件下,这些残基能被醇酯化。这些酯在酸性 pH 是稳定的,但在碱性 pH 易被水解。蛋白质化学修饰引起营养降低和安全性的问题有待深入研究。

5.5.2　酶法改性

已知在生物体系中存在着蛋白酶的几种酶法改性。从蛋白质的变化本质,可将这些改性分为六类：糖基化、羟基化、磷酸化、甲基化、酰化和交联。在体外,可以利用这些蛋白质酶法改性来改进蛋白质的功能性质。从理论上讲,蛋白质的许多酶法改性是可能的,但是目前仅少数几种可用于食品蛋白质的改性。

1）酶法水解

通过蛋白酶水解食品蛋白质来改善它们的功能性质。水解蛋白酶主要有胃蛋白酶、胰蛋白酶、胰凝乳蛋白酶、木瓜蛋白质和嗜热菌蛋白酶等。采用如胰蛋白酶或胰凝乳蛋白酶等部位特异酶或采用控制酶水解的方法将蛋白质部分水解往往能改进起泡和乳化性质,但是不能改进胶凝性质。对于某些蛋白质,部分水解使埋藏的疏水区暴露而导致溶解度瞬时下降。非特异性蛋白酶的广泛水解能使不易溶解的蛋白质增溶,水解产物通常含有 2～4 个氨基酸残基、相对分子质量低的肽。这些改性蛋白质对于液体类型的产品(例如汤和调味汁)是有价值的。

大多数食品蛋白质水解能产生苦味肽,肽的苦味与它们的平均疏水性有关。平均疏水性值高于 5.85 kJ/mol 的肽具有苦味,而低于 5.43 kJ/mol 的肽没有苦味。苦味的强度与氨基酸的组成、序列和所使用的蛋白质种类以及水解蛋白酶有关。能选择性地在疏水性残基部位水解肽键的特异蛋白酶产生的水解物比具有非选择性的蛋白酶产生的水解物具有较少的苦味。例如,嗜热菌蛋白酶,一种选择作用于疏水性氨基酸残基侧链的特异蛋白酶,所产生的水解物比非特异性胰蛋白酶、胃蛋白酶和胶凝乳蛋白酶所产生的水解物具有较少的苦味。

在蛋白质水解中可以释放出的寡肽具有某些生理活性，这些活性包括类鸦片活性、免疫刺激活性和血管紧张素转生酶的抑制等。在人和牛的酪蛋白的胃蛋白酶消化物中发现的生物活性肽的氨基酸序列列于表5-8。

表5-8 源于酪蛋白的类鸦片肽

肽序列	名称	来源和在氨基酸序列中的位置
Tyr-Pro-Phe-Pro-Gly-Pro-Ile	β-casornorphin 7	牛β-酪蛋白(60-66)
Tyr-Pro-Phe-Pro-Gly	β-casornorphin 5	牛β-酪蛋白(60-64)
Arg-Tyr-Leu-Gly-Tyr-Leu-Glu	α-casein exorphin	牛α_s-酪蛋白(90-96)
Tyr-Pro-Phe-Val-Glu-Pro-Ile-Pro		人β-酪蛋白(51-58)
Tyr-Pro-Phe-Val-Glu-Pro		人β-酪蛋白(51-56)
Tyr-Gly-Phe-Val-Glu		人β-酪蛋白(51-55)
Tyr-Gly-Phe-Val		人β-酪蛋白(51-54)
Tyr-Gly-Phe-Leu-Pro		人β-酪蛋白(59-63)

2）胃合蛋白反应

胃合蛋白反应是指蛋白质首先水解，在蛋白酶催化下水解产物再合成新肽的反应。胃合蛋白反应有分步法和一步法。分步法的步骤是：在木瓜蛋白酶存在下，低浓度的蛋白质底物水解，上述水解蛋白被浓缩至固形物，当浓度达到30%～35%时进行保温，在酶的作用下随机重新组合形成新的肽。胃合蛋白反应也可采用一步法：含有木瓜蛋白酶的30%～35%蛋白质溶液(或糊状物)与L-半胱氨酸一起保温。蛋白酶通常是木瓜蛋白酶或胰凝乳蛋白酶。胃合蛋白产物的功能性质往往发生改变。当此反应混合物添加L-蛋氨酸时，它以共价方式并入新形成的多肽中。

3）蛋白质交联

在转谷氨酰胺酶(Transglutaminase)催化下，赖氨酰基残基(酰基接受体)与谷氨酰胺残基(酰基给予体)形成共价交联。该反应能够交联不同的蛋白质，例如能将赖氨酸或蛋氨酸交联至谷氨酰胺残基，或者产生新的、具有较好功能性质的蛋白质，从而提高了蛋白质的营养质量。在蛋白质浓度高的条件下，转谷氨酰胺酶催化交联反应能在常温下形成蛋白质凝胶和蛋白质膜，见表5-9。

表5-9 采用转谷氨酰胺酶将赖氨酸或蛋氨酸共价连接至食品蛋白质

蛋白质(并入蛋氨酸)	氨基酸含量/(g/100 g蛋白质)		蛋白质(并入赖氨酸)	氨基酸含量/(g/100 g蛋白质)	
	对照	转谷氨酰胺酶处理		对照	转谷氨酰胺酶处理
α_s-酪蛋白	2.7	5.4	小麦、面筋	1.5	7.6
β-酪蛋白	2.9	4.4			
大豆7S蛋白	1.1	2.6			
大豆11S蛋白	1.0	3.5			

5.6 氨基酸、蛋白质与食品的品质

蛋白质对食品感官品质具有重要的影响。蛋白质的功能性质是指在食品加工、储藏、制备和消费过程中影响食品体系性能的那些蛋白质的物理、化学性质。表 5-10 列举了某些食品中蛋白质的几种功能性质。

表 5-10 各种食品对蛋白质功能特性的要求

食品	功能性
饮料、汤、沙司	不同 pH 时的溶解性、热稳定性、黏度、乳化作用、持水性
形成的面团焙烤产品(面包、蛋糕等)	成型和形成黏弹性膜、内聚力、热变性和胶凝作用,吸水作用,乳化作用,发泡、褐变
乳制品(精制干酪、冰淇淋、甜点心等)	乳化作用,对脂肪的保留、硬度、发泡、胶凝作用,凝结作用
鸡蛋代用品	发泡、胶凝作用
肉制品(香肠等)	乳化作用,胶凝作用,内聚力,对水和脂肪的吸收和保持
肉制品的增量剂(植物组织蛋白)	对水、脂肪的吸收和保持,不溶性、硬度、咀嚼性,内聚力,热变性
食品涂膜	内聚、黏合
糖果制品(牛奶巧克力)	分散性、乳化作用

5.6.1 水合性质

食品蛋白质的水合和复水性质具有很重要的实际意义。大多数食品是水合固态体系,干蛋白质浓缩物或离析物在使用时必须使之水合。

蛋白质制品的许多功能性与水合作用有关。例如水吸收作用、溶胀、润湿性、持水容量以及黏附和内聚力等都与水合作用有关。蛋白质的最终状态,可溶性或不溶性(部分或全部)也与功能性质相关,例如溶解性或速溶性。分散性和黏度(或增稠力)涉及水-蛋白质相互作用。胶凝作用是指充分水合形成不溶性块状物,而且要求产生特殊的蛋白质-蛋白质相互作用。乳化作用和发泡性等与表面性质有关的功能性,要求蛋白质必须是高度水合和分散的。

1) 影响水合性质的因素

蛋白质的水合涉及蛋白质-蛋白质和蛋白质-水之间的两种相互作用,蛋白质浓度、pH、温度、时间、离子强度和体系中的其他成分等因素都影响其水合性质。蛋白质的浓度增大,水的总吸收率增加。

pH 显著影响蛋白质水合性质。例如,宰后僵直前的生牛肉 pH 从 6.5 下降至等电点,其持水容量显著减少(图 5-9),并导致肉的汁液减少和嫩度降低。pH 的改变影响蛋白质分子的解离

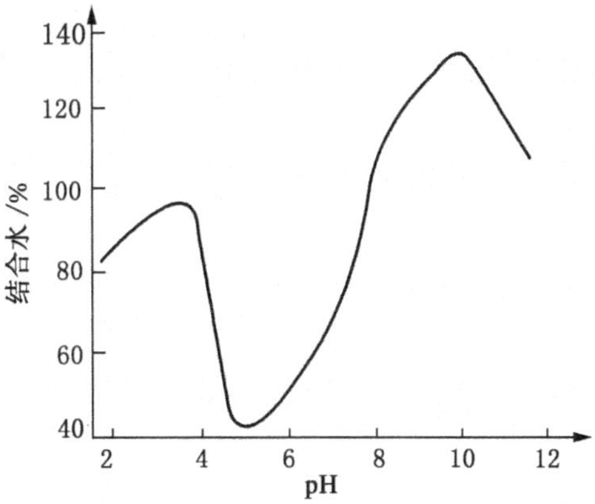

图 5-9 pH 对牛肌肉持水容量的影响

和净电荷量，从而改变蛋白质间相互吸引力和推斥力及其与水缔合的能力。在等电点 pH 时，蛋白质-蛋白质相互作用最强，蛋白质的水合作用和溶胀最小。

蛋白质经加热发生变性和聚集，后者可以减少蛋白质的表面面积和极性氨基酸对水结合的有效性。然而，结构很紧密的蛋白质在加热时，发生解离和伸展，原来被掩蔽的肽键和极性侧链暴露在表面，从而提高了极性侧链结合水的能力。例如乳清蛋白质加热时可发生不可逆胶凝，如果将凝胶干燥，可增加不溶性蛋白质网络内的毛细管作用，因而使蛋白质的吸水能力显著增强。温度升高，蛋白质结合水的能力降低。此外，干蛋白颗粒的大小、表面孔隙和内孔隙也影响吸水速度和程度，见图 5-10。

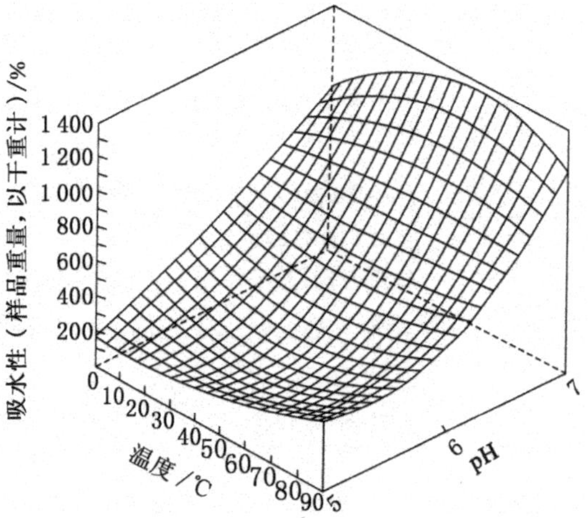

图 5-10　温度和 pH 变化对醇溶谷蛋白 D-大豆离析物表面吸水量的影响

离子的种类和浓度对蛋白质的吸水性、溶胀和溶解度也有很大影响。盐类和氨基酸侧链基团通常同水发生竞争性结合。在低盐浓度时，蛋白质的水合作用增强，高盐浓度时，水和盐之间的相互作用超过水和蛋白质之间的相互作用，因而可引起蛋白质“脱水”。

2）水合性质的测定方法

蛋白质成分的吸水性和持水容量的测定通常有下面四种方法。

(1) 相对湿度法(或平衡水分含量法)：测定一定水活性 a_w 时所吸收的水量，这种方法用于评价蛋白粉的吸湿性和结块现象。

(2) 溶胀法：将蛋白质粉末置于下端连有刻度毛细管的砂心玻璃过滤器上，让其自发地吸收过滤器下面毛细管中的水，即可测定水合作用的速率和程度，这种装置称为 Baumann 仪。

(3) 过量水法：使蛋白质试样同超过蛋白质所能结合的过量水接触，随后通过过滤、低速离心或挤压，使过剩水分离。这种方法只适用于溶解度低的蛋白质，对于可溶性蛋白质必须进行校正。

(4) 水饱和法：测定蛋白质饱和溶液所需要的水量，如用离心法测定对水的最大保留性。

方法(2)、(3)和(4)可用来测定结合水、不可冻结水以及蛋白质分子间借助于物理作用保持的毛细管水。

3）水合作用和其他功能性之间的关系

吸水性和黏度之间往往是关联的，但并不总是正相关，因为蛋白质的溶解度和吸水性之间的关系并不总是一致的。同时，pH 和温度的变化对于蛋白质的吸水性和蛋白质溶液的黏度的影响，随蛋白质种类不同而有所不同。

蛋白质成分吸收和保持水的能力在各种食品的质地性能中起着主要的作用，特别是碎肉和焙烤过的面团，不溶解的蛋白质吸水可导致溶胀和产生体积、黏度和黏合等特性的变化。蛋白质的其他功能性（例如乳化作用或胶凝作用），也可使食品具有所需要的性质。

5.6.2 溶解度

蛋白质的溶解度是蛋白质-蛋白质和蛋白质-溶剂相互作用达到平衡的热力学表现形式。蛋白质的溶解性，可用水溶性蛋白质（WSP）、水可分散蛋白质（WDP）、蛋白质分散性指标（PDI）、氮溶解性指标（NSI）来评价；其中 PDI 和 NSI 已是美国油脂化学家协会采纳的法定评价方法。蛋白质溶解特性不但应用于天然资源中蛋白质的分离和提纯，而且也为蛋白质的应用提供重要指标。蛋白质溶解特性是评价蛋白质变性和聚集作用最实用的标准，蛋白质在处于最初变性和部分聚集状态时，常常会损害胶凝和乳化作用及形成泡沫的能力。此外，溶解度也是评价蛋白质饮料的一个主要特性。

Bigelow 认为，蛋白质的溶解度与氨基酸残基的平均疏水性（$\Delta G' = \sum \Delta G'_{\text{R基}}/n$）和电荷频率[$\sigma = (n^{+} + n^{-})/n$] 有关，平均疏水性越小和电荷频率越大，蛋白质的溶解度越大。

蛋白质溶解是一个较缓慢的过程，溶解度大小随 pH、离子强度、温度、蛋白质的浓度不同而改变。大多数食品蛋白质的溶解度- pH 呈一条 U 形曲线，在蛋白质的等电点附近其溶解度最低。在低于和高于等电点 pH，蛋白质分别带有净的正电荷或负电荷，带电的氨基酸残基的静电排斥和水合作用促进了蛋白质的溶解，见图 5-11。

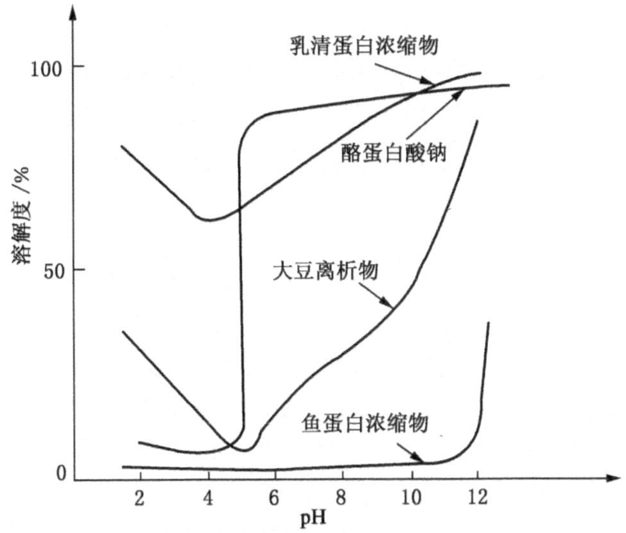

图 5-11　pH 对蛋白质溶解度（0.2 mol/L NaCl 溶液）的影响

在离子强度<0.5 的盐溶液中，离子中和蛋白质表面的电荷，从而产生了电荷屏蔽效应，如果蛋白质含有高比例的非极性区域，那么此电荷屏蔽效应使它的溶解度下降；反之，溶解度提高。当离子强度>1.0 时，盐对蛋白质溶解度具有特异的离子效应，硫酸盐和氟化物逐渐降低蛋白质的溶解度，并产生沉淀（盐析），硫氰酸盐和过氯酸盐逐渐提高蛋白质的溶解度

(盐溶)。在相同的离子强度时,各种离子对蛋白质溶解度的相对影响遵循感胶离子系列,阴离子提高蛋白质溶解度的能力有如下顺序:$SO_4^{2-}<F^-<Cl^-<Br^-<I^-<ClO_4^-<SCN^-$;阳离子降低蛋白质溶解度的能力有如下顺序:$NH_4^+<K^+<Na^+<Li^+<Mg^{2+}<Ca^{2+}$。离子的这个性能类似于盐对蛋白质热变性温度的影响。

在加热时,大多数蛋白质溶解度明显地不可逆降低。有时利用加热处理,使微生物钝化,去除异味、水分和其他成分。因此,即使是较温和的加工过程,例如,抽提和纯化蛋白质也会产生一定程度的变性,市售大豆粉,浓缩物和离析物的 NSI 值为 10%～90%。

一般认为蛋白质具有大的起始溶解度是产生其他功能性的先决条件,但这种假设不一定总是正确的。已经发现蛋白质配料的预先变性和不溶解性,有时反而可以提高蛋白质对水的吸收。另外,蛋白质变性和部分不溶,有时还可保持胶凝能力,这与乳浊液、泡沫和凝胶形成过程中出现的蛋白质不同程度伸展、聚集和不溶解等现象是一致的。

要使乳清蛋白和某些其他蛋白质在乳浊液、泡沫和凝胶形成中充分发挥作用,则必须具有适度大的起始溶解度。另外,可溶性酪蛋白酸盐比等电点时的不易溶解的酪蛋白具有更好的增稠性和乳化性。起始溶解度大的主要优点是能使蛋白质分子或颗粒迅速分散,这样就可以得到具有均匀的宏观结构和高度分散的体系。起始溶解度大还有利于蛋白质向空气/水和油/水界面扩散,从而提高表面活性。

5.6.3 黏度

蛋白质体系的黏度和稠度是流体食品的主要功能性质,例如饮料、肉汤、汤汁、沙司和稀奶油。了解蛋白质分散体的流体性质,对于确定加工的最佳操作过程同样具有实际意义,例如,泵传送、混合、加热、冷却和喷雾干燥,都包括质和热的传递。

黏度和溶解度之间具有相关性。将不溶的热变性蛋白粉置于水溶液介质中并不显示高的黏度;吸水性差和溶胀度小的易溶蛋白粉(如乳清蛋白),在中性或等电点时黏度也低。而起始吸水性大的可溶蛋白粉(如酪蛋白酸钠和某些大豆蛋白制品)则具有高黏度。可见对许多蛋白质来说,吸水性和黏度呈正相关。

5.6.4 胶凝作用

变性的蛋白质分子聚集并形成有序的蛋白质网络结构过程称为胶凝作用。胶凝是某些蛋白质的一种重要功能性质,在许多食品的制备中起着主要作用,包括各种乳品、凝结蛋白、明胶凝胶、各种加热的碎肉或鱼制品、大豆蛋白质凝胶、膨化或喷丝的组织化植物蛋白和面包面团的制作等。蛋白质胶凝作用不仅可用来形成固态黏弹性凝胶,而且还能增稠,提高吸水性和颗粒黏结、乳浊液或泡沫的稳定性。

凝胶是介于固体和液体之间的一个中间相,它被定义为“一种无稳定状态流动的稀释体系”。它是由聚合物经共价或非共价键交链而形成的一种网状结构,后者能截留水和其他低相对分子质量的物质。

许多凝胶以高度膨胀和水合形式存在,通常每克蛋白质能保持 10 g 以上水,而且其他食品成分可被蛋白质的网络所截留。一般认为,蛋白质网络的形成是蛋白质-蛋白质和蛋白质-溶剂(水)的相互作用,以及邻近的肽链之间的吸引力和排斥力建立平衡的结果。已知疏水相互作用、静电相互作用、氢键键合和二硫键等的相对贡献是随蛋白质的性质、环境条件和胶凝过程中步骤的不同而异。

pH 会影响蛋白质吸引的疏水相互作用和推斥的静电相互作用之间的平衡，进而影响凝胶的网状结构和凝胶性质，这种影响是通过改变蛋白质分子所带的净电荷实现的。如在较高 pH 条件下，乳清蛋白质溶液形成半透明凝胶，随着 pH 下降，蛋白质分子所带的净电荷减少，在等电点(pH 5.2)时，乳清蛋白质溶液形成了凝结块。

蛋白质的浓度高，分子间接触的几率增大，容易产生蛋白质分子间的吸引力和胶凝作用。例如高浓度蛋白质溶液，甚至在对聚集作用并不十分有利的环境条件下(如不加热，pH 偏离等电点)，仍然可以发生胶凝。

加热将导致蛋白质分子的展开和功能基团的暴露，当被冷却至室温或冷藏温度时，热动能的降低有助于功能基团之间形成稳定的非共价键，于是产生了胶凝化作用。

Ca^{2+} 或其他二价金属离子能在相邻多肽链的特殊氨基酸残基之间形成交联(Ca^{2+} 桥)，强化了蛋白质凝胶结构。如在 pH 7.0 或更高时，$CaCl_2$(3～6 mmol)能提高 β-乳球蛋白的硬度。因此通过控制蛋白质交联的程度就能制备所需强度的蛋白质凝胶。

二硫键的形成通常导致不可逆凝胶的生成，如卵清蛋白和 β-乳球蛋白凝胶通常就是这样。另外，白明胶的凝胶主要靠氢键键合保持稳定，在加热(约 30℃)时熔融，并且这种凝结-熔融的循环可反复多次。

将某些不同种类的蛋白质放在一起加热经共胶凝作用形成凝胶。此外，蛋白质还能通过与多糖胶凝剂相互作用形成凝胶，带正电荷的明胶和带负电荷的褐藻酸盐或果胶酸盐之间通过非特异离子相互作用可形成高熔点(80℃)凝胶。

5.6.5 面团的形成

在食品蛋白中，小麦胚乳面筋蛋白是很独特的，因为它具有形成黏弹性面团的能力，适合制备面包和其他焙烤食品。

这种特性主要与小麦面粉蛋白质有关。小麦面粉含有可溶的和不可溶的蛋白质。可溶蛋白质主要是清蛋白、球蛋白类型酶以及某些次要的糖蛋白，占总蛋白质的 20%。这些蛋白质对小麦面粉形成面团没有贡献。面筋是小麦的主要结构蛋白，在水中的溶解度有限。面筋是复杂的蛋白混合物，主要成分为麦醇溶蛋白和麦谷蛋白。在发酵期间能截留气体的黏弹面团的形成应完全归功于面筋蛋白的功能。

面筋具有独特的氨基酸组成，Glu、Gly 和 Pro 氨基酸残基占总数的 50%以上；而 Lys、Arg 和 Asp 残基的总含量还不到氨基酸残基总数的 10%，因此它在水中的溶解度低。面筋的氨基酸残基的 30%左右是疏水性的，通过疏水相互作用，这些氨基酸残基使面筋能形成蛋白质聚集体并结合脂类和其他非极性物质。此外，面筋蛋白质多肽的谷氨酰胺和羟基氨基酸残基之间的氢键作用使面筋具有黏附-黏合性质。在形成面团的过程中，占面筋总氨基酸残基的 2%～3%的胱氨酸和半胱氨酸残基发生 2 个巯基(—SH)转化成—S—S—的反应，使面筋蛋白质广泛地聚合。含 10%高谷氨酰胺和羟基氨基酸使它具有水结合性质。

在小麦面粉和水混合物的混合和捏合过程中出现了几种物理和化学转变。在剪切和张力作用下，面筋蛋白质吸收水分和部分地展开，蛋白质分子的部分展开促进了疏水相互作用和 2 个巯基(—SH)向—S—S—转化反应，导致线状聚合物的形成。然后，这些线状聚合物转而又相互作用，可以通过氢键、疏水缔合和二硫交联形成了能截留气体的似片状的膜，面筋中出现上述这些转变。面团的耐力随时间而变化，起初随时间延长而增加，直至达到最高耐力，接着耐力下降，表明网状结构破裂。此种断裂涉及聚合物按剪切方向排列和二硫交联的断裂，它使聚合物变小。在捏合过程中面团达到最高强度所需要的时间被用来作为衡量小麦在制作面包时的质量指标。时间愈长，质量愈好。

黏弹性面团的形成与2个巯基(—SH)向—S—S—转化反应的程度有关，在面团中加入半胱氨酸或巯基封闭剂 N-乙基马来酰亚胺使黏弹性显著下降的事实证实了这个观点。另一方面，加入碘酸盐和溴酸盐这样的氧化剂能增加面团的弹性，这意味着富含—SH 和—S—S—基的小麦品种具有很好的面包加工质量。然而此关系并不可靠，2个巯基(—SH)向—S—S—转化交换反应在形成弹性面团中的作用尚不十分清楚。

小麦品种不同，面包的质量也不同，这与面筋结构上的差别有关。面筋是由麦醇溶蛋白和麦谷蛋白构成的。麦醇溶蛋白由4组蛋白质构成，即 α-、β-、γ-和 ε-麦醇溶蛋白，在面筋中它们以相对分子质量为30 000～80 000的单多肽链存在。麦醇溶蛋白含有2%～3%的半胱氨酸残基，然而在面团制备中，它们没有通过2个巯基(—SH)向—S—S—转化反应发生广泛的聚合作用，因而，由分离的麦醇溶蛋白和淀粉制备的面团具有黏性，但没有黏弹性。麦谷蛋白是相对分子质量为12 000～130 000的复杂多肽，可进一步分为高相对分子质量(>90 000，HMW)和低相对分子质量(<90 000，LMW)两类。在面筋中，这些麦谷蛋白多肽链是以由二硫交联连接而成的聚合物形式存在的，相对分子质量可高达百万。由于它们能通过2个巯基(—SH)向—S—S—转化反应广泛地聚合，因此麦谷蛋白对面团的黏弹性有着重大的贡献。麦醇溶蛋白和麦谷蛋白的最佳比例也影响黏弹性面团的形成。一些研究显示，对于某些小麦品种，HMW 麦谷蛋白的含量与面包加工质量之间存在着很强的正相关。在面筋结构的 LMW 和 HMW 麦谷蛋白中，二硫交联缔合的特殊模式对于面包质量的重要性远超过此蛋白质的数量。例如，在 LMW 麦谷蛋白中缔合或聚合产生的一种结构类似于由 HMW 麦谷蛋白形成的结构，此类结构有利于面团黏度的提高，但对面团的弹性无贡献。相反，在面筋中 LMW 麦谷蛋白通过二硫交联与 HMW 麦谷蛋白连接，这有助于面团弹性的提高。在高质量小麦品种中，较多的 LMW 麦谷蛋白可能同 HMW 聚合；而在低质量的小麦品种中，大多数 LMW 麦谷蛋白可能在本身之间聚合。在各种小麦品种面筋中，麦谷蛋白缔合状态的这些差别关系到它们在构象性质如表面疏水性和巯基或二巯基反应上的差别。

5.6.6 乳化性质

1) 蛋白质在食品乳胶体中的稳定作用

牛奶、乳脂、冰淇淋、黄油、干酪、蛋黄酱和肉馅等许多食品属于乳胶体，蛋白质成分在稳定这些胶态体系中通常起着重要的作用。蛋白质吸附在油滴和连续水相的界面，并具有能阻止油滴聚结的性质和流变学性质(稠度、黏度和弹性-刚性)。氨基酸侧链也能发生解离，可产生有利于乳胶体稳定性的静电排斥力。但是，蛋白质一般对水/油型乳胶液的稳定性较差，这可能是因为多数蛋白质的强亲水性使大量被吸附的蛋白质分子位于界面的水相一侧。

2) 影响乳化作用的因素

影响乳浊液的特性和乳化结果的因素很多，例如仪器设备的类型、输入能量的强度、加油速率、油相体积、温度、pH、离子强度、糖类和低相对分子质量表面活性剂与氧接触、油的种类(熔点)、可溶性蛋白质浓度和蛋白质的乳化性质等。

蛋白质溶解度和乳化容量或乳浊液稳定性之间通常存在正相关。不溶性蛋白质对乳化作用的贡献很小,因此蛋白质在出现表面性质之前必须溶解,并向界面扩散。例如,在肉馅胶体中(pH 4～8)有氯化钠(0.5～1 mol/L)的存在可提高蛋白质的乳化容量,很可能是因为肌原纤维蛋白质发生盐溶,而热聚集形成的不溶性大豆蛋白质比可溶性的乳化效率低,但不溶性蛋白质颗粒常常能够稳定已经形成的乳浊液。

pH 影响蛋白质的乳化性质。某些蛋白质在等电点 pH 时能微溶,因而乳化能力降低,不能稳定油滴的表面电荷(排斥)。此外,在等电点或一定的离子强度时,由于蛋白质以高黏弹性紧密结构形式存在,可防止蛋白质伸展或在界面吸附,不利于乳浊液的形成,但可以稳定已吸附的蛋白质膜,阻止表面形变或解吸,有利于乳浊液维持稳定,因为界面蛋白质膜的形变或解吸均发生在乳浊液失去稳定作用之前,同时在蛋白质等电点时脂类和蛋白质的疏水相互作用加强。明胶、卵清蛋白等蛋白质在等电点时具有最令人满意的乳化性质,而大豆蛋白、花生蛋白、酪蛋白、乳清蛋白、牛血清蛋白和肌原纤维蛋白等则相反,在非等电点 pH 时乳化作用更好。此外,蛋白质的表观特性在某种程度上还决定于实验条件。

花生蛋白的乳化容量与 pH 和氯化钠浓度的关系见图 5-12,在这种情况下,表观乳化容量和蛋白质溶解度之间存在着良好的正相关。

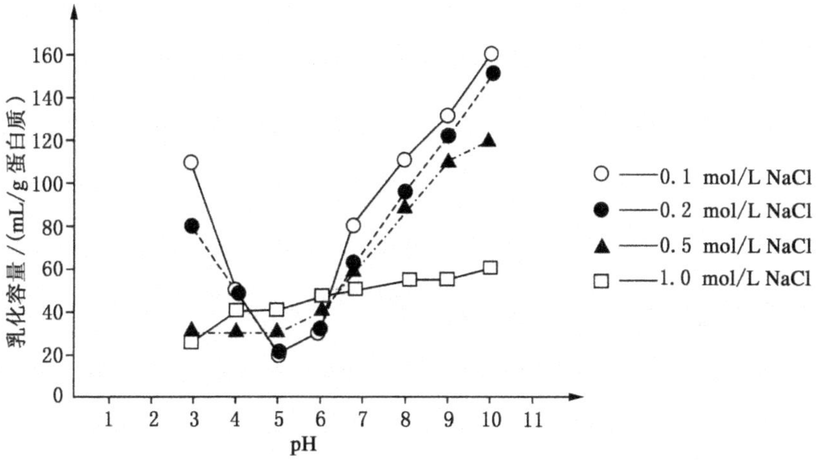

图 5-12　pH 和氯化钠浓度对花生蛋白质离析物乳化容量的影响

加热通常可降低被界面吸附的蛋白质膜的黏度和刚性,从而降低乳浊液的稳定性。然而,高度水合的界面蛋白质膜的胶凝作用可提高表面的黏度和刚性,从而使乳浊液保持稳定。因此,肌原纤维蛋白的胶凝作用有助于香肠等肉类胶体的热稳定,提高这类食品对水和脂肪的保持力和黏结性。

一般的,添加小分子表面活性剂,对依靠蛋白质稳定的乳浊液的稳定性不利,因为它们会降低蛋白质膜的硬性,使蛋白质保留在界面的能力减弱。

由于某些蛋白质从水相向界面缓慢扩散和被油滴吸附,使水相中蛋白质的浓度降低,因此蛋白质起始的浓度必须较高才能形成具有适宜厚度和流变学性质的蛋白质膜。实际上,如果用 0.5%～5%蛋白质浓度(质量分数,乳浊液),界面蛋白质浓度可达 0.5～20 mg/m^2。

5.6.7 发泡性

食品泡沫通常是气泡在连续的液相或含可溶性表面活性剂的半固相中形成的分散体系。许多加工食品是泡沫型产品，如搅打奶油、蛋糕、蛋白甜饼、面包、冰淇淋、啤酒、奶油冻和果汁软糖等。食品种类不同，泡沫质地不同。

产生泡沫的主要方法有：鼓泡法，让鼓泡的气体通过如烧结玻璃多孔分配器，然后通入低浓度(0.01%～2.0%，质量分数)蛋白质水溶液中。搅打法，又称搅拌或振摇法，是大多数食品充气常用的一种方法，不停地搅打含有大量气相蛋白质水溶液也能够产生泡沫。减压法，突然解除预先加压溶液的压力，例如在分装气溶胶容器中加工成的掼奶油(搅拌奶油)。

泡沫稳定性与气泡周围蛋白质膜的特性有关。提高泡沫的稳定性，必须具备以下条件：每个气泡必须有一层黏结、富有弹性而不透气的蛋白质厚膜。高相对分子质量球蛋白能部分阻止表面伸展，形成具有良好表面流变学性质的吸附膜和稳定性高的泡沫，适合气泡外面蛋白质膜特性的要求，这很可能是部分伸展的几层球蛋白通过疏水、氢键、静电相互作用首先在界面缔合形成稳定的膜。蛋白质通过疏水相互作用在界面牢固吸附，有利于防止蛋白质解吸和随后发生液体泄漏损失。同时蛋白质分子还有足够的韧性和流动性，以阻止应力形变、界面扩大和薄片的厚度变薄。因此，使泡沫稳定的重要因素是：界面张力小，主体液相黏度大，以及吸附蛋白质膜牢固并有弹性。蛋白质的表面疏水性与降低表面和界面张力的能力之间存在着直接的相关性，见表5-11。

表5-11 各种蛋白质的表面活性和疏水性

蛋白质种类	水/空气表面张力 /$N\cdot m^{-1}$	水/油表面张力 /$N\cdot m^{-1}$	相对表面疏水性
牛血清蛋白	58×10^{-3}	10.3×10^{-3}	1 400
κ_1-酪蛋白	54×10^{-3}	9.5×10^{-3}	1 300
β-乳球蛋白	60×10^{-3}	11.0×10^{-3}	750
溶菌酶	64×10^{-3}	11.2×10^{-3}	100
胰蛋白酶	64×10^{-3}	12.0×10^{-3}	90
伴清蛋白	64×10^{-3}	12.1×10^{-3}	70
卵清蛋白	61×10^{-3}	11.6×10^{-3}	60

具有良好发泡性质的蛋白质主要有：卵清蛋白、血红蛋白的球蛋白部分、牛血清蛋白、明胶、乳清蛋白、酪蛋白胶束、β-酪蛋白、小麦蛋白、大豆蛋白和某些蛋白质的低度水解产物。结构无序的β-酪蛋白能迅速降低表面和界面张力，并促使泡沫的形成。κ-酪蛋白不能迅速形成泡沫，但生成的蛋白质膜既厚又牢固，形成的泡沫具有良好的稳定性。血清蛋白是高度有序的球形韧性结构，足以在泡沫界面部分地伸展和吸附，并使被吸附分子的残余结构能产生良好的泡沫稳定性。卵清蛋白由于各种蛋白质成分不相同，物理化学性质可能互相补充，可迅速形成低密度、稳定、耐热的泡沫。

乳胶体和泡沫的形成有许多相似之处，但蛋白质的乳化能力和发泡能力之间不存在紧密的相关性，可能是因为泡沫稳定性比乳胶体稳定性对残余蛋白质结构有更多的要求。

有多种不同的方法评价蛋白质的发泡性质。方法的选择取决于产生泡沫的方式。气泡的平均大小是可以测定的,从而能粗略估计总界面的面积。

发泡率是评价蛋白质的发泡性质的有用概念,发泡率表达方法主要有下面几种。

(1)“稳态”泡沫体积:100 ×泡沫体积/液相最初体积。

(2)膨胀量:100 ×(分散体总体积－流体最初体积)/流体最初体积。

(3)发泡能力:100 × 泡沫中气体的体积/泡沫中液体的体积。

(4)泡沫中气体与鼓泡气体的体积比:鼓泡法。

(5)泡沫密度。

此外,达到一定泡沫体积所需的时间或膨胀量也是重要的。

一般的,发泡能力(F_p)随液相中蛋白质浓度(P_c)的增加而增大,直到某一极大值。各种蛋白质发泡能力的大小可以通过测定 F_p 最大值和相当于 F_p 的最大值的一半(P_c 值)进行比较(表 5-12),这些数值说明在低浓度的蛋白质中明胶的发泡能力最大,但不能从一种较高浓度蛋白质(例如 1%质量分数)的发泡能力的测定值推出表中的这些数值。

表 5-12 蛋白质溶液发泡能力的比较(pH=7,搅打)

蛋白质	最大发泡能力① (2%～3%蛋白质溶液,质量分数)	1/2 最大发泡能力时 蛋白质浓度,质量分数/%	发泡能力① (1%蛋白质溶液,质量分数)
明胶	228	0.04	221
酪蛋白酸盐	213	0.10	198
大豆蛋白离析物	203	0.29	154

注:①发泡能力(100×泡沫中气体体积/泡沫中液体体积)。

泡沫稳定性可按下述测定结果进行评价:① 一定时间后,液体泄漏或泡沫崩溃(体积减少)的程度;② 全部或一半泄漏(体积减少一半)的时间;③ 泄漏开始的时间。

泡沫强度或刚性可根据泡沫承受质量的能力或泡沫的黏度进行评价。某些情况下,泡沫加热时的特性也是很重要的。例如蛋白酥皮或蛋糕,应该在发泡前或发泡时将蔗糖加至蛋白质溶液中,随后加热泡沫。

为了比较蛋白质的发泡能力,应采用标准操作方法和一种标准蛋白质,卵清蛋白是最常用的标准,因为它具有极好的发泡性质。多数情况下,需用廉价的蛋白质物料与卵清蛋白的发泡性质进行比较。

5.6.8 风味结合

蛋白质可以作为风味载体,可以改善食品的风味。然而某些蛋白质制品结合具有豆腥味的醛、酮等异味物质,烹煮或咀嚼时能感觉出这些物质的释放,影响其食用品质。

1)风味结合的本质

食品的香味是由接近食品表面的低浓度挥发物产生的,气态中挥发物的浓度取决于食品和其表层空隙(headspace)之间的分配平衡。

风味结合包括食品的表面吸附和经扩散向食品内部渗透两个过程。固体食品的吸附分为两种类型:可逆物理吸附,通过范德华力作用;化学吸附,通过共价键或静电力作用。另外,还有氢键和疏水相互作用。

挥发性物质以共价键与蛋白质结合是不可逆的。例如，醛或酮与氨基的结合，胺类与羧基的结合都是不可逆的结合。这种性质可以用来消除食品中原有挥发性化合物的气味。

挥发性物质与蛋白质的结合，只能发生在那些未参与蛋白质-蛋白质或其他相互作用的位点上，遵循 Scatchard 方程，平衡时为

$$\frac{V_{结合}}{V}=k(n-V_{结合}) \tag{5-10}$$

式中：$V_{结合}$——每摩尔蛋白质结合挥发性化合物的数，mol；

V——易挥发性化合物的浓度，mol/L；

k——缔合常数；

n——每摩尔蛋白质可用于结合挥发性化合物的位点数。

$V_{结合}$和 V 可以由实验测量，利用 Scatchard 方程，可分别计算出 k 和 n。Scatchard 方程表明，$V_{结合}$随着游离挥发物浓度 V 的增加而增大，$V_{结合}$和蛋白质浓度之间不存在依赖关系。这对于有一条多肽链的蛋白质（例如牛血清蛋白）是正确的，但对低聚蛋白质（例如大豆球蛋白）并不如此，因为蛋白质-蛋白质的相互作用随着蛋白质浓度增加而增大。吸着作用测定结果表明，结合的位点数目随着挥发性化合物的结合而增多，Scatchard 方程可说明，曲线斜率随 $V_{结合}$增加而降低。在结合时蛋白质发生伸展，有更多的疏水氨基酸残基能用于结合挥发性化合物。

根据苏尔姆等人的报道，非极性挥发性化合物能渗入蛋白质的疏水性中心，并产生相互作用，这样就取代了分子内或分子间的蛋白质-蛋白质相互作用，引起蛋白质去稳定和改变蛋白质的溶解度。

2）影响风味结合的因素

任何能改变蛋白质构象的因素都会影响它对挥发性化合物的结合。

水可以提高蛋白质对极性挥发性化合物的结合，但对非极性化合物的结合几乎没有影响。在干燥的蛋白质成分中，挥发性化合物的扩散是有限度的，水的活性稍微提高就能增加极性挥发物的迁移和提高它获得结合位点的能力。在水合作用较强的介质或溶液中，极性或非极性氨基酸残基结合挥发性物质的有效性与许多因素有关。对于酪蛋白，中性或碱性溶液时比在酸性溶液中更有利于结合羧基、醇或脂类挥发性物质。通常，氯化物、硫酸盐能稳定球蛋白的天然结构，但在高浓度溶液中，水的结构改变导致疏水相互作用减弱，蛋白质伸展，提高对羰基化合物的结合。凡容易使蛋白质解离或二硫键裂开的试剂均能提高对挥发物的结合。

脱水处理通常使蛋白质对挥发性物质的结合能力降低，例如冷冻干燥后，蛋白质对挥发物质结合量降低为最初的 50%以下。脂类的存在能促进对各种羰基挥发性物质的结合和保留，其中包括脂类氧化形成的挥发性物质。

蛋白质彻底水解将会降低它对挥发性物质的结合，例如每千克大豆蛋白能结合 6.7 mg 正己醛。因此，蛋白质水解可减轻大豆蛋白质的豆腥味。

一般而言，蛋白质热变性能增强其与挥发物的结合。例如，10%的大豆蛋白离析物水溶液对正己醛的吸附，在 90℃加热 1 h 或 24 h，然后冷冻干燥，其结合量比未加热的对照组分别大 3 倍和 6 倍。

3）蛋白质与挥发性化合物结合的评价方法

蛋白质载体吸附的挥发性化合物的吸着等温线，是在密闭空间中，蛋白质与空气中已知起始浓度挥发性化合物达到平衡时，用气相色谱法测定一定温度下游离挥发性化合物的平衡浓度绘制的。载体对被结合化合物的保持能力，经过提取或蒸馏后，即可求得被解吸的挥发物。

4）对其他化合物的结合

食品蛋白质除了与水、离子、金属、脂类和挥发性风味物质结合以外，还能通过弱相互作用或共价键结合很多其他物质。例如色素、合成染料和致突、致敏等其他生物活性物质，对这些物质的结合可导致食品毒性增强或解毒。在某些情况下蛋白质的营养价值也同时受到有害的影响。

思考与练习

1. 简述氨基酸和蛋白质的主要理化性质。
2. 列举蛋白质变性方法，并指出其中哪些是可逆变性，哪些是不可逆的。
3. 蛋白质热变性可对食品产生哪些影响？
4. 氧化剂在食品加工中有哪些主要作用？
5. 如何测定蛋白质的吸水性和持水容量？
6. 简述蛋白质乳化测定方法并指出影响蛋白质乳化的因素有哪些。
7. 简述提高蛋白质发泡能力的方法。

6 维生素

6.1 引言

维生素(vitamin)是人体活细胞为了维持正常生理功能所必需的,是需要量极微的天然有机物质的总称。现在维生素中有一部分可通过化学反应人工合成,还有一部分人工合成比较困难,此外一些有机化合物在人体内可以通过一定的途径或方式转化为某种维生素,例如色氨酸可以转化为尼克酸,β-胡萝卜素可以转化为维生素 A,这些有机物可以看成是维生素原。由于维生素的化学结构各异,所以对维生素的分类无法采用化学结构分类法,目前主要是根据维生素在极性、非极性溶剂中的溶解性特征,将它们分为两大类:脂溶性维生素和水溶性维生素。

维生素由各类有机化合物组成,它们是营养上必需的微量营养素。维生素在体内的作用包括以下几个方面:① 作为辅酶或它们的前体(烟酸、硫胺素、核黄素、生物素、泛酸、维生素 B_6、维生素 B_{12} 以及叶酸),参与细胞的物质和能量代谢过程;② 作为抗氧化保护体系的组分(抗坏血酸、某些类胡萝卜素及维生素 E);③ 基因调控过程中的影响因素(维生素 A、维生素 D 以及潜在的其他几种);④ 有的维生素则专一性地作用于高等有机体的某些组织,例如维生素 A 对视觉器官起作用,维生素 D 对骨骼的形成起作用,维生素 E 具有抗不育症,维生素 K 具有抗出血功能、抗坏血酸和各类羧基化反应等。

维生素是食品中含量较低的组分,而且大多数维生素的稳定性较低。食品在贮藏或加工过程中极易破坏大量的维生素,一些容易受破坏的维生素在食品中的保存率是食品加工质量的重要衡量指标。随着加工食品在膳食中的比例不断增大,维生素在食品加工储藏中的损失问题越来越受到重视。从食品化学的角度看,我们主要关注如何最大限度地提高维生素的保留率。

本章主要讨论维生素的化学结构、性质及食品在贮藏或加工过程中维生素的变化等。

6.2 维生素的结构

维生素是多种不同类型的低相对分子质量的有机化合物,它们有着不同的化学结构和生理功能。在营养素的分类中,维生素并不是以其结构相似性而被归为一类,而是因为维生素具有相似的营养特性而被归为一类的,即大部分不能在人体内合成,或者合成不足,不能满足人体的需求,必须从食物中摄入的一类微量有机化合物。

6.2.1 食品中脂溶性维生素的结构

食品中的脂溶性维生素有维生素 A、维生素 D、维生素 E 和维生素 K 等。

1) 维生素 A 的结构

维生素 A 是一类具有营养活性的不饱和烃，包括视黄醇及相关化合物(图 6-1)和一些类胡萝卜素(图 6-2)。维生素 A 的化学结构单元是由 20 个碳构成的不饱和碳氢化合物，其羟基可被脂肪酸酯化成相应的酯，或可转化为醛或酸，也可以以游离的形式存在。由于视黄醇结构中有共轭双键，属于异戊二烯类，所以在化学结构上可以有多种顺、反立体异构体。(视黄醇称为维生素 A_1，脱氢视黄醇称为维生素 A_2)

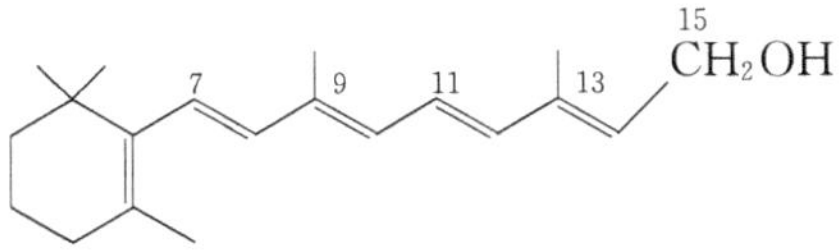

视黄醇

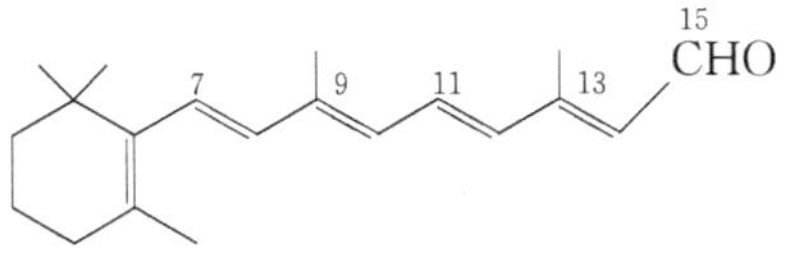

视黄醛

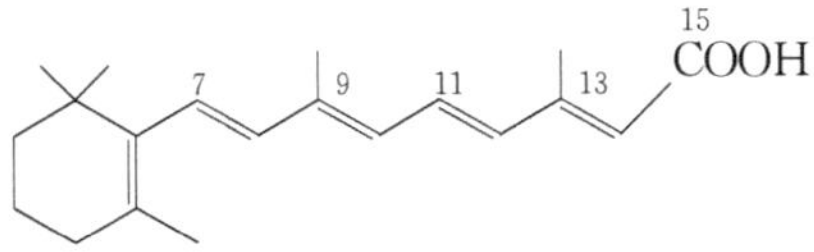

视黄酸

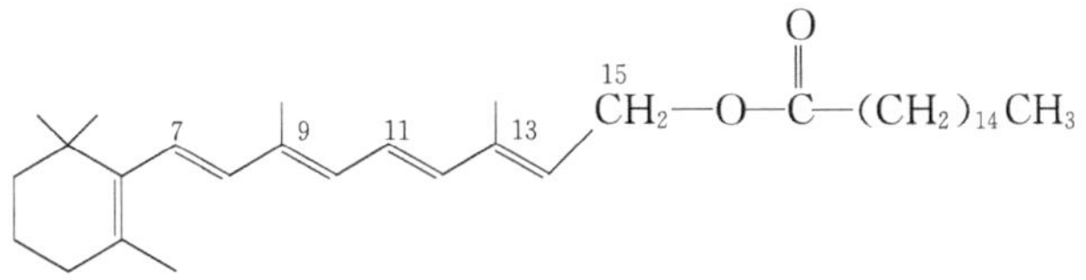

视黄醇棕榈酸酯

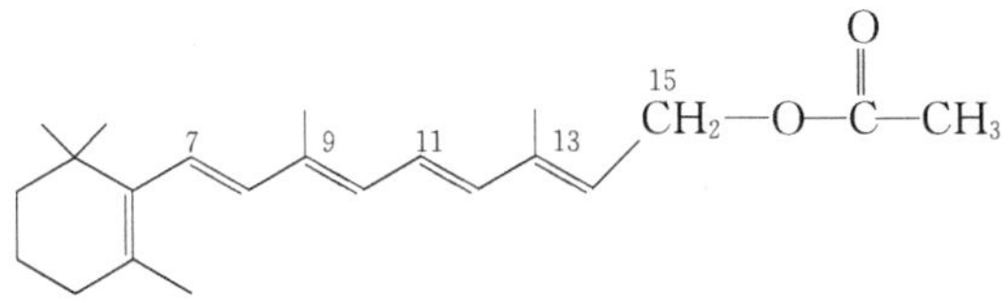

视黄醇醋酸酯

图 6-1 视黄醇(维生素 A_1)及其衍生物的化学结构

2) 维生素 D 的结构

维生素 D 是一些具有胆钙化醇生物活性的甾醇类衍生物。虽然已鉴定出许多具有维生素 D 活性的甾醇类化合物，但是在食品中出现的只有两种，即麦角钙化甾醇(维生素 D_2)和胆钙化甾醇(维生素 D_3)，其结构式如图 6-3。

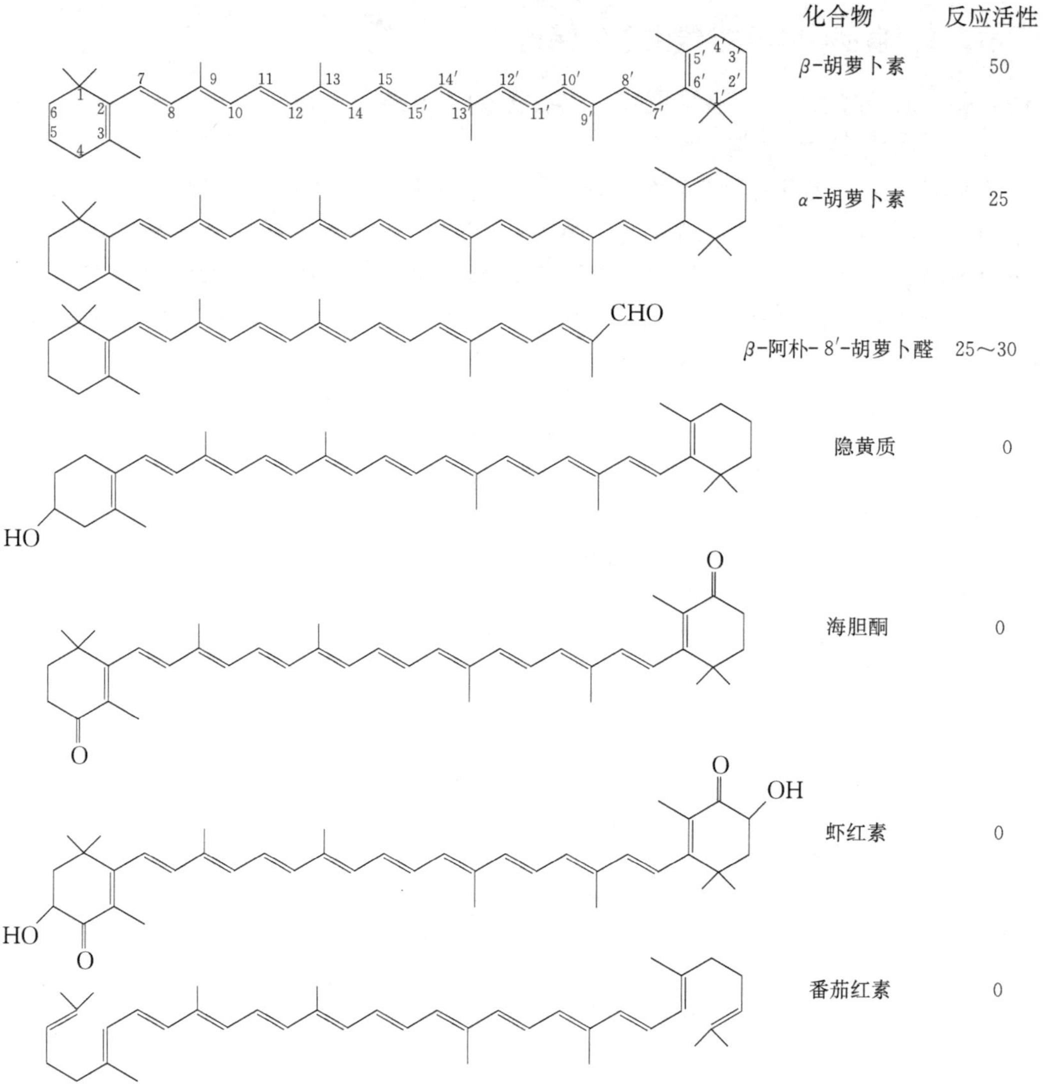

图 6-2 部分类胡萝卜素的结构及维生素 A 原的活性

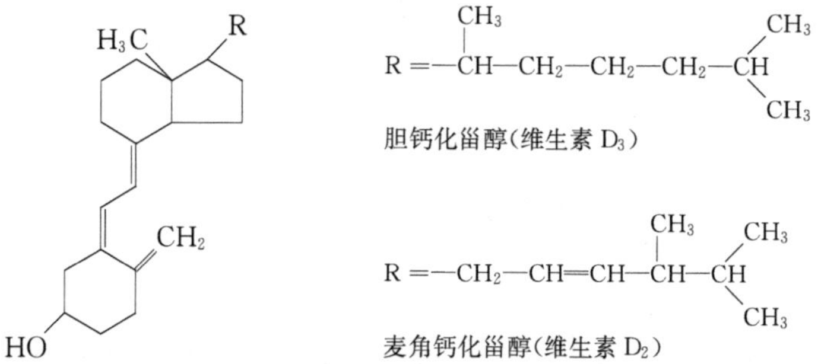

图 6-3 胆钙化甾醇(维生素 D_3)和麦角钙化甾醇(维生素 D_2)的结构

3）维生素 E 的结构

维生素 E 是具有 α-生育酚类似活性的母生育酚（tocols）和生育三烯酚（tocotrienols）的总称，结构如图 6-4 所示。从其化学结构上看，生育酚是 6-羟基苯并二氢吡喃的衍生物。

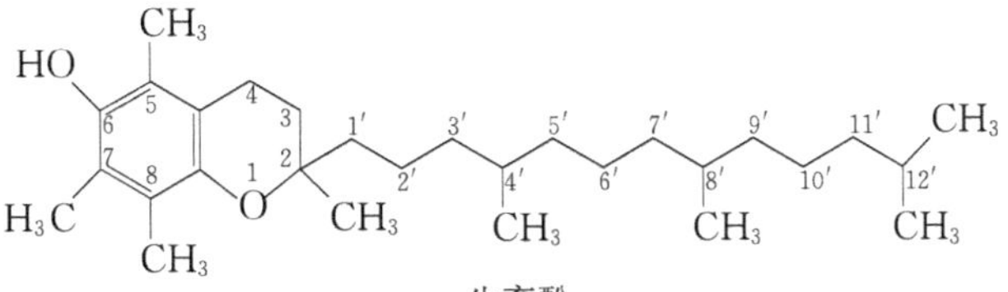

α-生育酚

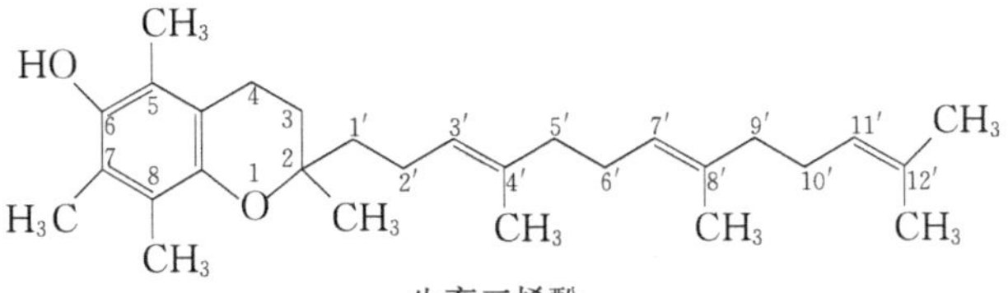

生育三烯酚

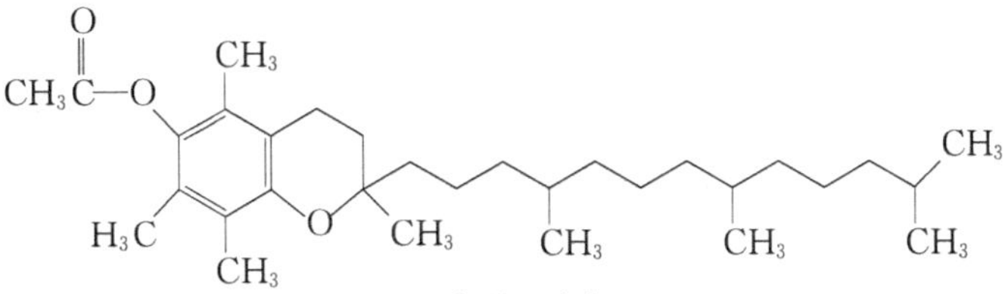

α-生育酚乙酸酯

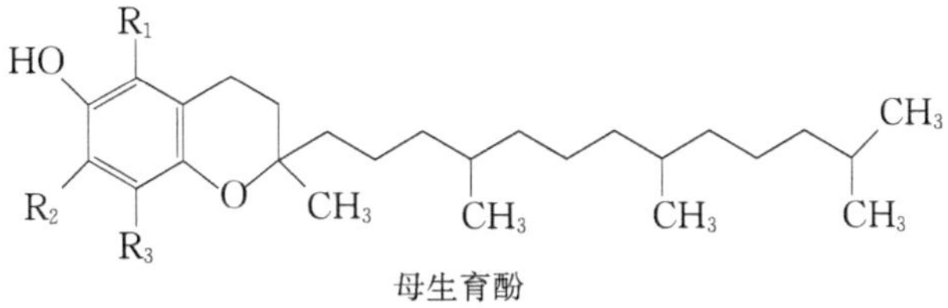

母生育酚

	R_1	R_2	R_3
α	CH_3	CH_3	CH_3
β	CH_3	H	CH_3
γ	H	CH_3	CH_3
δ	H	H	CH_3

图 6-4　生育酚的结构

母生育酚的结构是 2-甲基-2(4′,8′,12′-三甲基十三烷基)色满-6-酚。除了在支链上 3′、7′和 11′有双键外，生育三烯酚与母生育酚具有相同的结构。生育酚是食品中具有维生素 E 活性的主要成分，它是母生育酚的衍生物，在环结构的 5、7 或 8 位有一个或几个甲基，按照甲基的数目和位置的差别，生育酚和生育三烯酚可分为 α、β、γ 形式。

4）维生素 K 的结构

维生素 K 是 2-甲基-1,4-萘醌的衍生物，这些衍生物的区别在于 3 位上带或不带萜类支链（图 6-5），较常见的天然维生素 K 有维生素 K_1 和维生素 K_2，还有人工合成的 2-甲基-1,4-萘醌。

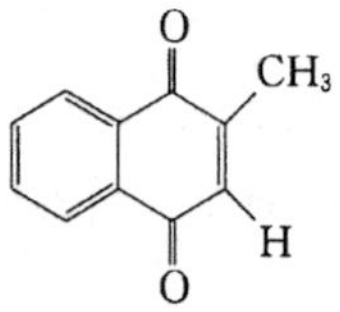

2-甲基-1,4-萘醌(人工合成维生素K)

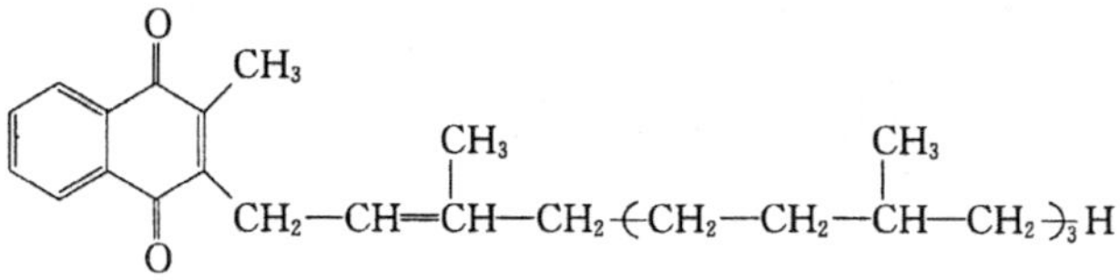

叶绿醌(维生素K_1)

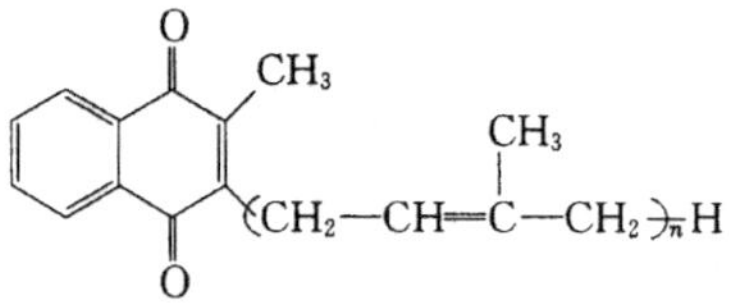

甲萘醌类(维生素K_2)

图 6-5　维生素 K 的结构

6.2.2　食品中水溶性维生素的结构

水溶性维生素包括 B 族和 C 族维生素。B 族维生素与 C 族维生素一样,在化学结构与生理功能上并无相似性,但在分布与溶解性能方面大致相同,提取时不易分离,随着分离技术的发展才把其中的组分分开,因此尽管结构和生理功能相差甚远,但它们被归为一族。

1) B 族维生素的结构

(1) 硫胺素(thiamin,维生素 B_1)的结构

维生素 B_1 由一取代的嘧啶通过亚甲基与一取代的噻唑连接而成(图 6-6),并含有氨基,故又名硫胺素,与盐酸、磷酸和硝酸可生成盐。从生理功能上看,呈生物活性的维生素 B_1 是硫胺素焦磷酸酯。硫胺素分子中有两个碱基氮原子,一个是在初级氨基基团中,另一个是在具有强碱性质的四级胺中,所以硫胺素能与无机酸和有机酸形成相应的盐类。天然存在的硫胺素有一个伯醇基,因而它能与磷酸形成磷酸酯,并且可因溶液的 pH 不同而呈不同形式。

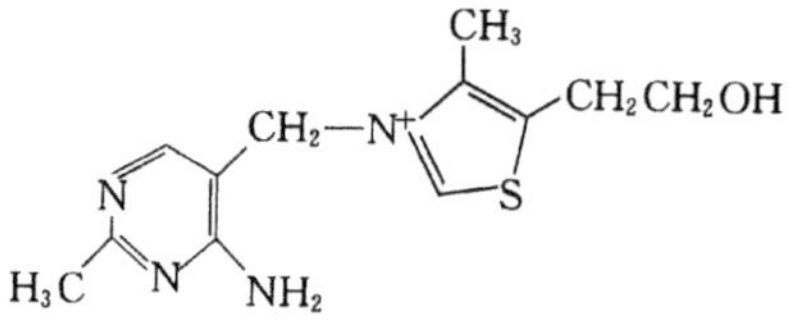

硫胺素

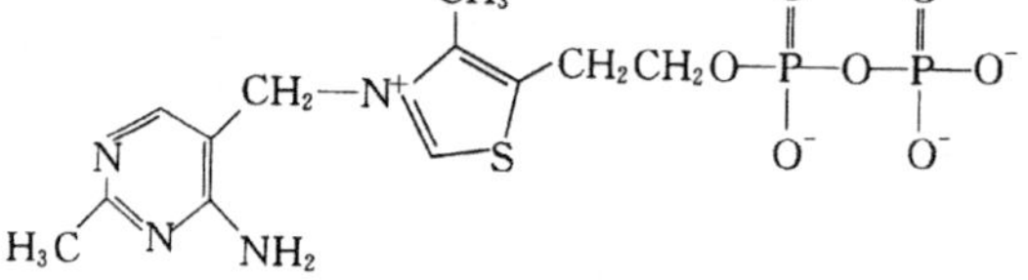

硫胺素焦磷酸盐

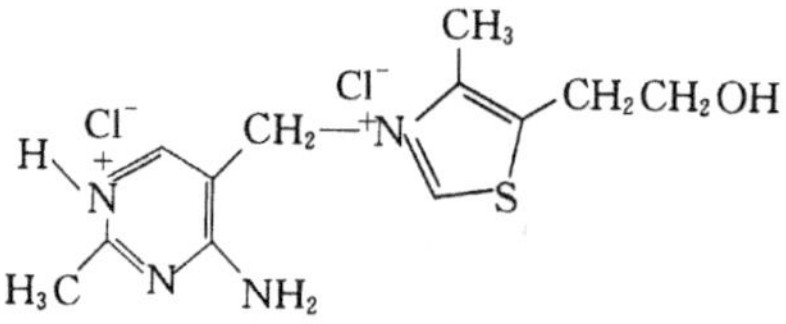

硫胺素盐酸盐

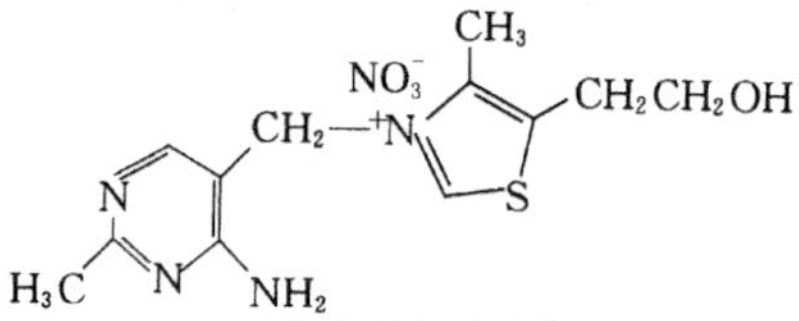

硫胺素单硝酸盐

图 6-6　维生素 B_1 的结构

(2) 核黄素(riboflavin,维生素 B_2)的结构

维生素 B_2 是含有核糖醇侧链的异咯嗪衍生物,其母体结构为 7,8-二甲基-10(1′-核糖醇基)异咯嗪,所有衍生物中均含有黄素(图 6-7)。5′-位上的核糖醇磷酸化后生成黄素单核苷酸(Flavin Mononucleotide, FMN),再加上 5′-腺苷单磷酸即为黄素腺嘌呤二核苷酸(Flavin Adenine Dinucleotide, FAD),在许多与黄素有关的酶中,FMN 和 FAD 作为辅酶催化各种氧化还原反应。生物材料中存在少量的通过共价键与酶结合的 FAD,它能在 8α-位上与氨基酸结合。

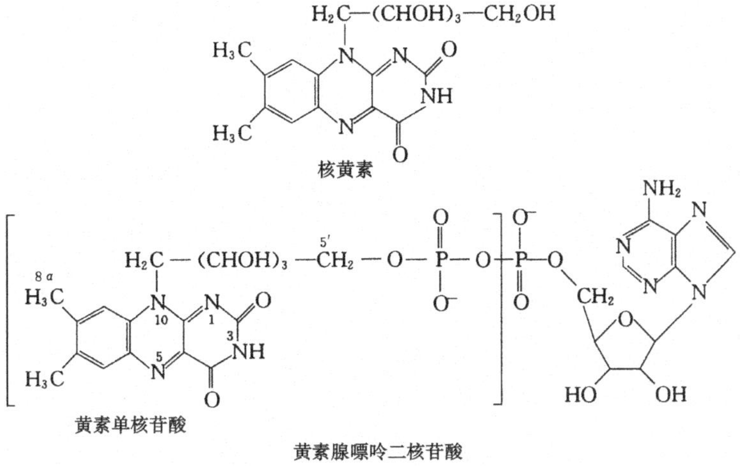

图 6-7 核黄素、黄素单核苷酸及黄素腺嘌呤二核苷酸的结构

(3) 泛酸(pantothenic acid,维生素 B_3)的结构

泛酸(维生素 B_3)的结构为 D(+)-N-2,4-二羟基-3,3-二甲基丁酰-β-丙氨酸(图 6-8)。泛酸为浅黄色的黏性油状物,呈酸性,分布极广,故名泛酸。泛醇的生物学活性与泛酸相同,只有右旋的或 D-型化合物才具有泛酸活性。泛酸以辅酶 A(结构如图 6-8)的形式在代谢中起重要作用。

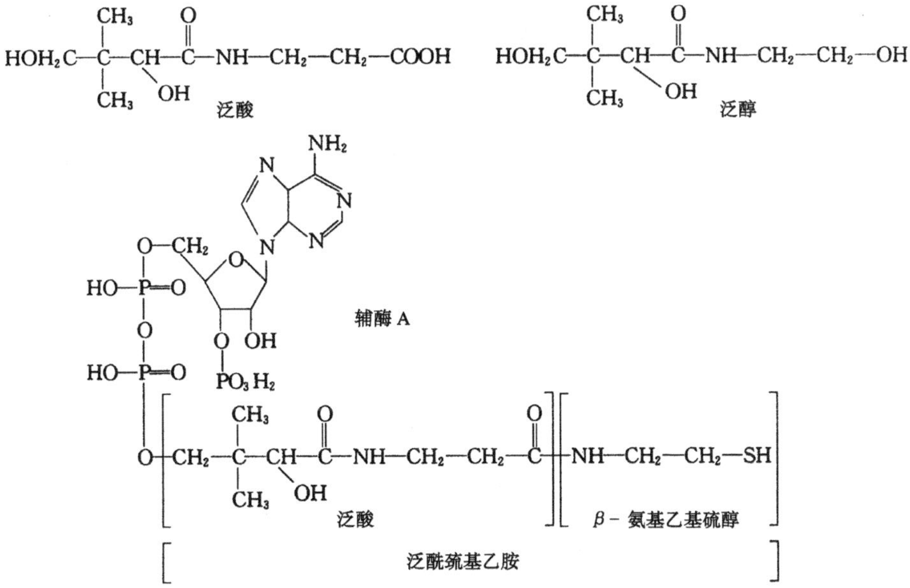

图 6-8 泛酸的各种形式的结构

(4) 烟酸(niacin,维生素 B_5、PP)的结构

烟酸是一类具有类似维生素活性的 3 -羧酸吡啶(尼克酸)及其衍生物的总称(图 6-9)。烟酸的辅酶形式为烟酰胺腺嘌呤二核苷酸(NAD)和烟酰胺腺嘌呤二核苷酸磷酸(NADP),两者均能以氧化态或还原态存在。在糖酵解、脂肪合成和呼吸作用中起着重要的作用。

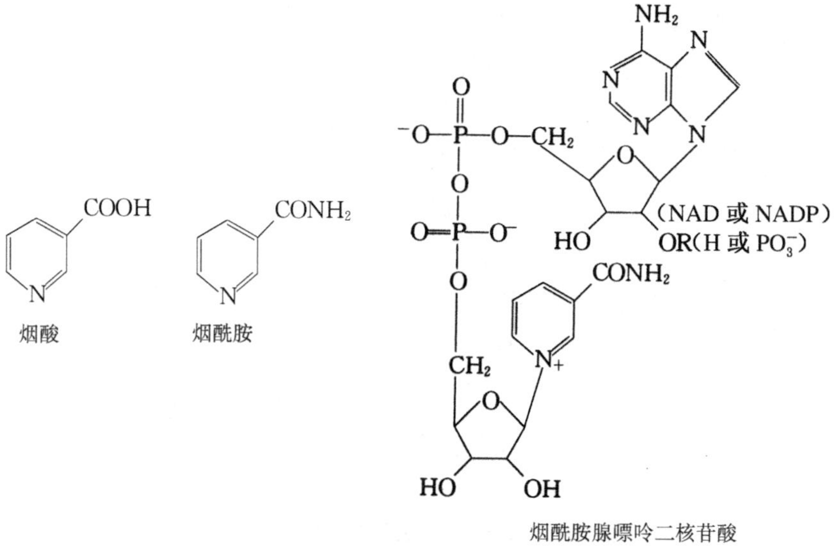

图 6-9　烟酸、烟酰胺及烟酰胺腺嘌呤二核苷酸的结构

(5) 维生素 B_6 的结构

维生素 B_6 是吡啶的衍生物(图 6-10),其基本结构是 2 -甲基- 3 -羟基- 5 -羟基甲基吡啶,各种形式维生素 B_6 的差别在于 4 位上一碳取代基的不同,吡哆醇(PN)、吡哆醛(PL)和吡哆胺(PM)的取代基分别是醇、醛和胺。若在 5′-羟基上磷酸化,这三种基本形式生成相应的 5′-磷酸吡哆醇(PNP)、5′-磷酸吡哆醛(PLP)和 5′-磷酸吡哆胺(PMP)。在大多数水果、蔬菜和谷类中,维生素 B_6 以吡哆醇- 5′- β - D -葡萄糖苷的形式存在。

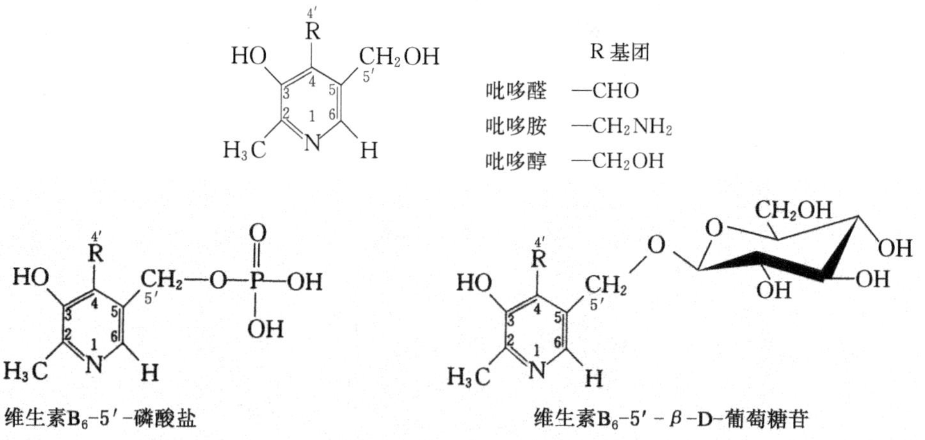

图 6-10　维生素 B_6 的结构

(6) 叶酸(folate,维生素 B_{11})的结构

叶酸(蝶酰-L-谷氨酸)是由2-氨基-4-羟基-6-甲基蝶啶与对氨基苯甲酸及L-谷氨酸结合而成(图6-11)。天然存在的叶酸是很少的,主要以叶酸盐的形式存在。叶酸盐含有类似叶酸的结构(蝶酰-L-谷氨酸)和具有类似于叶酸的营养活性,以各种不同的形式存在,N-5和N-10位上有5种不同的一碳取代物,谷氨酸残基能伸展为不同长度的多-γ-谷氨酰侧链(图6-11)。叶酸盐的结构中N-3和C-4原子之间处于共振稳定结构,蝶啶的两个双键被还原。叶酸盐的谷氨酰基的α-碳与四氢叶酸盐的蝶啶C-6是不对称碳,都有两种构型,只有谷氨酸部分具有L-构型和C-6具有6-S-构型的叶酸盐和四氢叶酸盐才具有维生素活性。

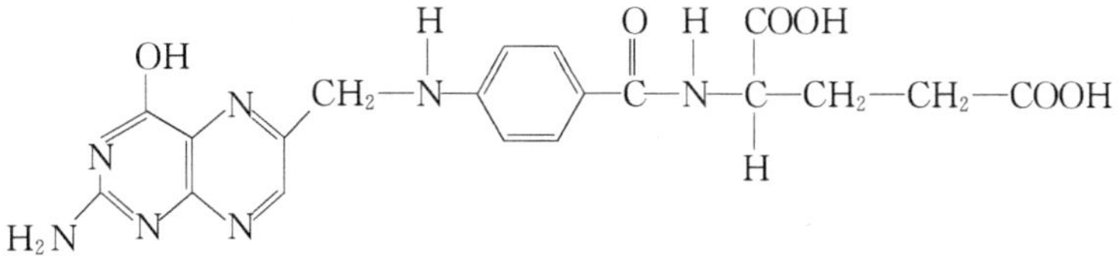

叶酸(蝶酰-L-谷氨酸)

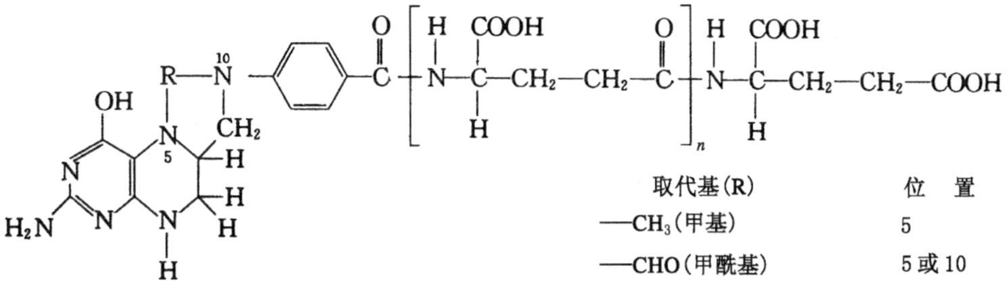

取代基(R)	位置
—CH_3(甲基)	5
—CHO(甲酰基)	5或10
—CH═NH(亚胺甲基)	5
—CH_2—(亚甲基)	5或10
—CH═(次甲基)	5或10

聚谷氨酰基四氢叶酸

图6-11 叶酸及叶酸盐的结构

(7) 维生素 B_{12}的结构

维生素 B_{12}是结构最为复杂的维生素(图6-12)。它有两个特征组分,一是类似核苷酸的部分,是5,6-二甲基苯并咪唑通过α-糖苷键与D-核糖连接,核糖3′位置上有一个磷酸酯基;二是中心环的部分,是一个类似卟啉的咕啉环系统,由于一个钴原子与咕啉环中4个内氮原子配位,故又称为钴胺素。钴的第六个配位键上的基因可能是氰基、5′-脱氧腺苷基、甲基、水、羟基或其他配基(如亚硝基、氨基或亚硫酸根)。在通常离析出的形式中,钴原子的第6个配位位置被氰化物取代,生成氰钴胺素。与钴相连的氰基,被一个羟基取代,生成羟钴胺素,它是自然界中一种普遍存在的维生素 B_{12}形式。这个氰基也可被一个亚硝基取代,生成亚硝钴胺素。

(8) 生物素(biotin,维生素H)的结构

生物素和硫胺素一样,是一种含硫维生素,由脲和噻吩两个五元环组成。它的结构中含有三个不对称中心,另外两个环可以为顺式或反式稠环,在8个可能的立体结构中,只有顺式稠

环D-生物素具有维生素活性。生物素和生物胞素(biocytin)是两种天然生物素(图6-13)。

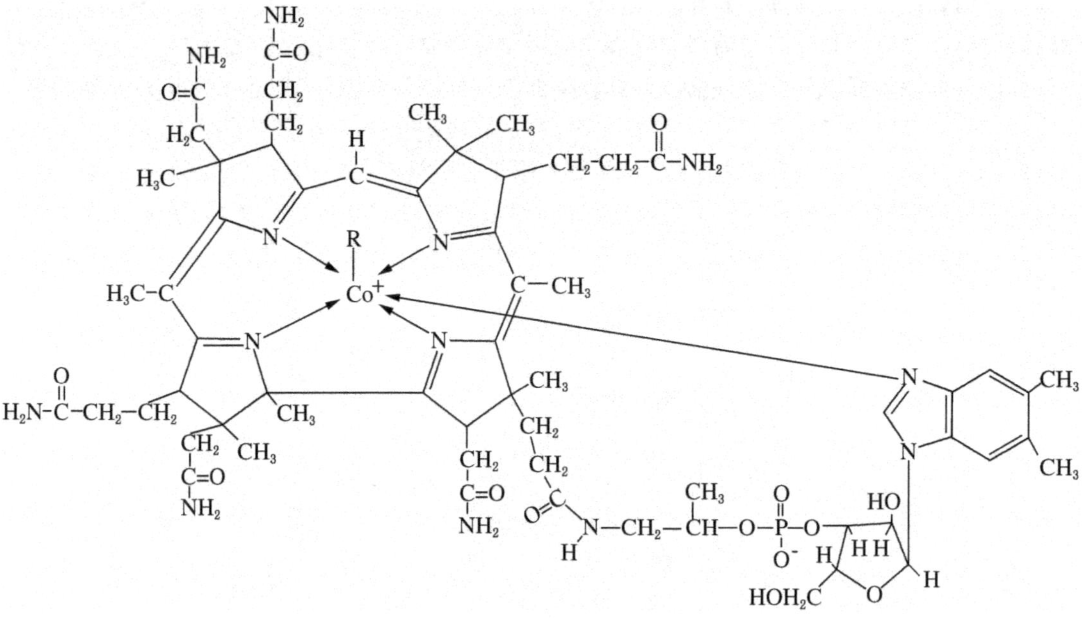

图6-12 维生素B_{12}的结构

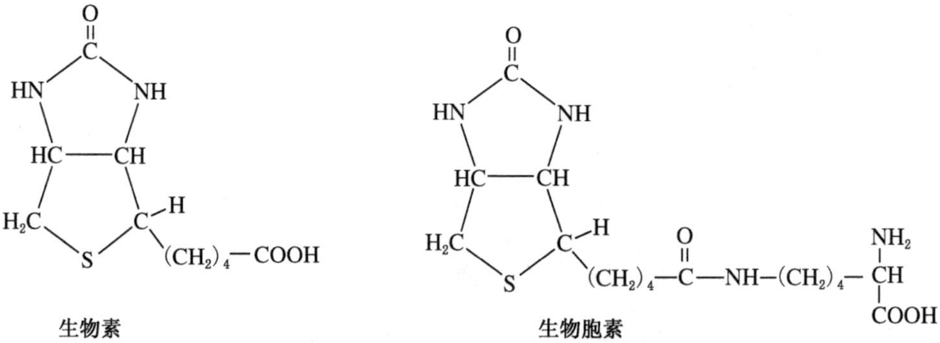

生物素　　生物胞素

图6-13 生物素和生物胞素的结构

(9) 维生素B_{17}的结构

维生素B_{17}也被称作苦杏仁苷,是传统中药苦杏仁中的有效成分,人们对它的研究已有近200年的历史,早在1803年Schrader在研究苦杏仁成分时就发现了此类物质,直到1830年Robiquet等从中分离出苦杏仁苷,迄今它已成为医药上常用的祛痰止咳剂、辅助性抗癌药物。苦杏仁苷广泛存在于杏、桃、李子、苹果、山楂等多种蔷薇科植物果实的种子中,尤其在苦杏仁中含量较多(2%~3%)。维生素B_{17}分子由一单元苯甲醛、一单元氢氰酸和两单元葡萄糖组成,其分子式为$C_{20}H_{27}NO_{11}$,结构如图6-14。

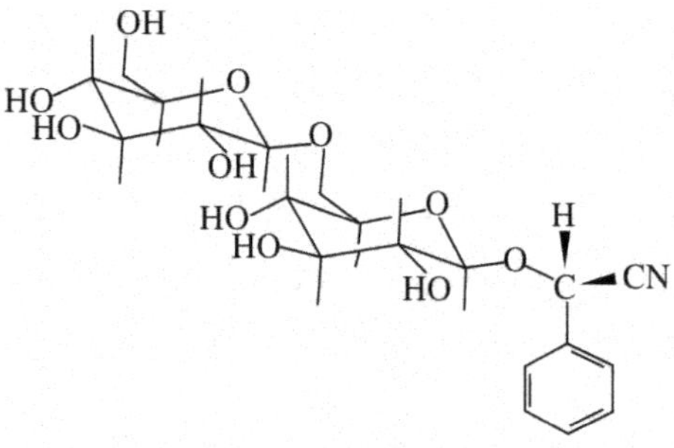

图6-14 苦杏仁苷的结构

2) C族维生素的结构

(1) 抗坏血酸(ascorbic acid,维生素C)的结构

通常所称的抗坏血酸即维生素C,指的是L-抗坏血酸,其结构类似碳水化合物,如图6-15。分子中具有2,3-烯醇式结构。C-4和C-5是手性碳原子,C-4的光学异构体为D-和L-抗坏血酸;C-5的光学异构体为抗坏血酸和异抗坏血酸。抗坏血酸的双电子氧化和氢离子的解离反应使之转变为脱氢抗坏血酸(DHAA),DHAA在体内可以完全还原为抗坏血酸,因此具有与抗坏血酸相同的生物活性。自然界存在的抗坏血酸主要是L-异构体,而D-异构体的含量很少。在食品中使用时,D-异构体不是作为维生素的用途而是作为抗氧化剂添加到食品中的。L-抗坏血酸及L-脱氢抗坏血酸具有维生素C活性。

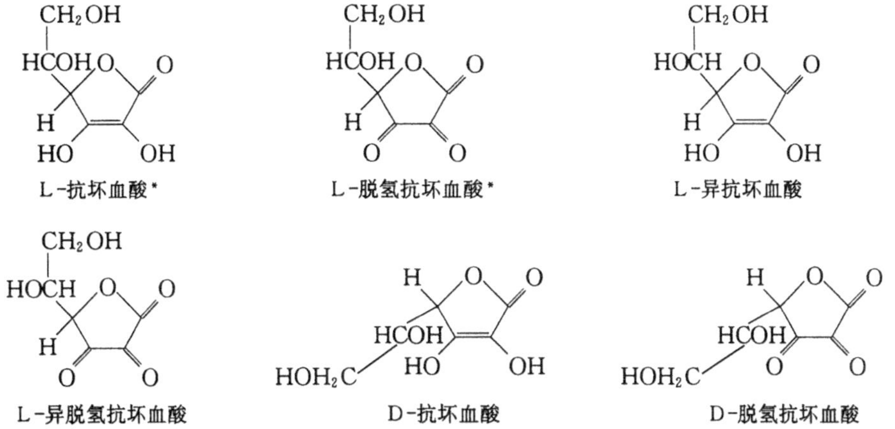

图6-15 L-抗坏血酸及其异构体的结构

(*表明具有维生素C活性)

(2) 维生素P的结构

维生素P是匈牙利生物化学家孙蒂乔治于1936年发现的,因其具有保持微血管壁正常的渗透性(permeability)而被命名为维生素P(图6-16)。维生素P是橙皮苷与圣草苷的混合物,二者均为黄酮类化合物,其中大部分为橙皮苷,圣草苷在我国分布很少。

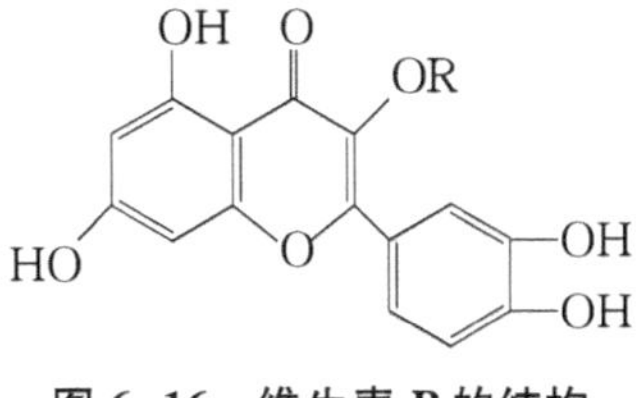

图6-16 维生素P的结构

6.3 维生素的性质

6.3.1 水溶性维生素

1) 抗坏血酸

L-抗坏血酸是高度水溶性化合物,极性很强,具有酸性和强还原性,这些性质是由于其

结构中的2,3-烯二醇与内酯环羰基共轭所决定的。抗坏血酸在水溶液中,C-3位置上的羟基易电离($pK_{a_1}=4.04$,25℃),其游离酸水溶液pH为2.5,C-2位置上的羟基较难电离($pK_{a_2}=11.4$)。

抗坏血酸极易受温度、盐和糖的浓度、pH、氧、酶、金属催化剂(特别是Cu^{2+}和Fe^{3+})、水分活度、抗坏血酸的初始浓度以及抗坏血酸与脱氢抗坏血酸的比例等因素的影响而发生降解。由于多种因素影响抗坏血酸的降解,因此,除了反应历程中的最初产物外,要想确切弄清前体物与产物的关系很困难。现在提出的反应机理和历程都是基于动力学和物理化学测定,以及对游离产物的结构鉴定所得出的。这些研究大多是在pH低于2的模拟体系或高浓度有机酸中进行的,因此它们与发生在含有抗坏血酸的特定食品中准确的降解模式不可能完全相同。

图6-17表明了氧和重金属对降解反应途径和产物的影响。在有氧存在下,抗坏血酸首先降解形成单阴离子(AH^-),可与金属离子和氧形成三元复合物。按照Buettner的观点,单阴离子AH^-的氧化有多种途径,取决于金属催化剂(M^{n+})的浓度和氧分压的大小。一旦AH^-生成后,很快通过单电子氧化途径转变为脱氢抗坏血酸(A),A的生成速率近似与$[AH^-]$、$[O_2]$和$[M^{n+}]$的一次方成正比。当金属催化剂为Cu^{2+}或Fe^{3+}时,速率常数要比自动氧化大几个数量级,其中Cu^{2+}催化转化速率比Fe^{3+}大80倍。即使这些金属离子含量为百万分之几,也会引起食品中维生素C的严重损失。在真实的食品体系中,当金属离子与其他组分(例如氨基酸)结合或催化其他反应时,可能生成活泼的自由基或活性氧,从而加速抗坏血酸的氧化。在氧分压低时,非催化氧化反应与氧浓度不成正比,当氧分压低于40.52 kPa(0.4 atm)时,转化速率几乎趋向稳定,这表明它是一种不同的氧化途径,可能是由于氢过氧自由基($HO_2\cdot$)或氢过氧化物直接氧化的结果。与此相反,在催化反应历程中,当氧分压在101.3~40.52 kPa (1.0~0.4 atm)时,转化速率与氧分压成正比,而在氧分压低于20.26 kPa(0.20 atm)时,氧化速率与溶解氧分压无关。这一反应历程是这样假定的,即在催化氧化反应中,金属与阴离子形成复合物$MHA^{(n-1)+}$,此复合物与氧结合成为金属-氧-配位体三元复合物$MHAO_2^{(n-1)+}$,后一种复合物含有一个双自由基共振结构,能迅速分解为半脱氢抗坏血酸自由基($AH\cdot$)及原来的金属离子(M^{n+})和($HO_2\cdot$)。半脱氢抗坏血酸自由基($AH\cdot$)迅速与O_2反应生成脱氢抗坏血酸(A)。可见,在催化反应中,氧与催化剂的依赖关系是确定反应历程的关键,而$MHAO_2^{(n-1)+}$的形成是该氧化反应机理中的限速步骤。在解释糖和其他溶质对抗坏血酸稳定性的影响时,氧是相当重要的,高浓度的溶质对溶解氧有盐析效应。

在非催化氧化反应历程中,抗坏血酸单阴离子(AH^-)在限速步骤中是直接与分子氧起化学反应的,首先生成自由基($AH\cdot$)和氢过氧自由基($HO_2\cdot$),随后又迅速生成(A)和H_2O。

从上述反应机理可以看出,催化反应和非催化反应历程都有共同的中间体,用分析产物的方法是很难区分的。由于抗坏血酸易氧化成脱氢抗坏血酸,脱氢抗坏血酸又易经温和的还原反应再还原成抗坏血酸。而脱氢抗坏血酸的氧化是不可逆的,尤其在碱性介质中,它可以使内酯水解形成2,3-二酮基古罗糖酸(DKG),只是在这时才引起维生素活性的损失。

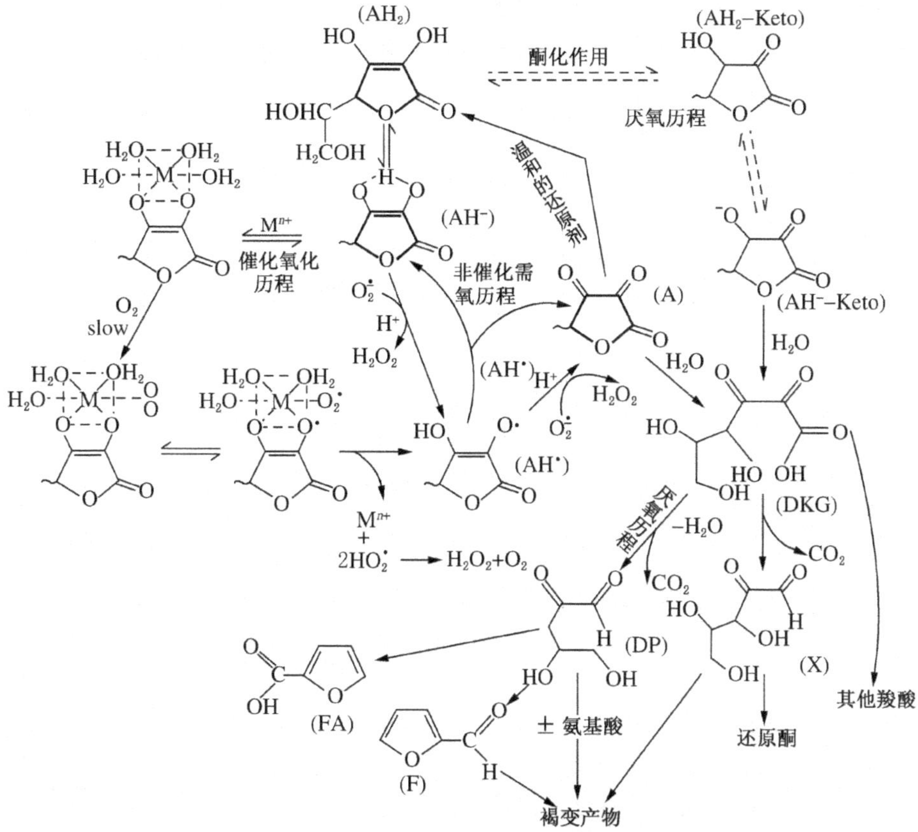

图 6-17　抗坏血酸厌氧降解路线

粗线结构为有维生素活性的物质　AH_2：还原性抗坏血酸　AH^-：单阴离子抗坏血酸　A：脱氢抗坏血酸　$AH\cdot$：半脱氢抗坏血酸自由基　DKG：2,3-二酮基古罗糖酸　M^{n+}：金属催化剂　$HO_2\cdot$：氢过氧自由基　F：糠醛　FA：2-呋喃甲醛　X：木酮糖　DP：3-脱氧戊糖酮

非催化氧化降解反应速率与 pH 之间是非线性关系，其两者的相关性曲线呈 S 形，抗坏血酸 pK_1值随着 pH 增大而相应的不断增加，当 pH 大于 6 时，曲线趋向平坦，速率常数为 $6\times10^{-7}s^{-1}$，说明在中性 pH 时，抗坏血酸的氧化降解可以忽略不计。但是当有痕量的金属离子存在时，将加快抗坏血酸的降解。同时也表明首先是单阴离子发生氧化。在催化氧化反应中，转化速率与[H]成反比，这表明 AH_2和 AH^-要争夺 O_2，AH^-的比速率常数比 AH_2大 1.5～3.0 数量级。不同离子状态的抗坏血酸对 H^+的亲和力大小依次为：$AH_2<AH^-<A^{2-}$。

在厌氧反应条件下，抗坏血酸的氧化速率在 pH 为 4 时达到最大，这是因为 25℃时抗坏血酸的 $pK_1=4.04$。pH 为 2 时降到最小，然后随着酸度的增加而增加，pH 低于 2 时的特征反应在食品中毫无意义。但是，pH 为 4 时的转化速率最大具有相当重要的意义。当 pH≥8 时由于体系中存在足够的 A^{2-}（$pK_2=11.4$，25℃），因此氧化速率提高。

图 6-17 为推测的抗坏血酸的厌氧降解路线。Kurata 和 Sakurai 认为，抗坏血酸是经过酮基互变异构体（AH_2- Keto）进行反应的，该互变异构体与其负离子（AH^-- Keto）达到平衡时，AH^-- Keto 经去内酯化作用生成 DKG。尽管在有氧存在下厌氧途径仍能使抗坏血酸降解，然而在常温下非催化氧化转化速率比厌氧转化速率大 2～3 个数量级。因此，在有氧存在下，两个反应都起作用，而其中以氧化途径占优势。在无氧条件下，金属催化剂不会对

反应产生影响，可是一些含 Cu^{2+}、Fe^{3+} 的螯合物仍会产生催化作用。催化转化速率在某种程度上不依赖于氧的浓度，其催化效力是金属螯合物稳定性的函数。

图 6-17 也显示了 2,3-二酮基古罗糖酸(DKG)的进一步降解。由于营养价值已经损失，所以这些反应就显得不重要了。但是这些降解产物会参与非酶褐变，最终形成风味化合物的前体物质。不过在一些食品中，抗坏血酸的分解与非酶褐变有着密切的关系。已有证据表明，抗坏血酸降解形成的产物取决于分解作用是否发生了氧化反应。在 DKG 形成以后，发生不同途径的分解，其反应本身又不需要分子氧，这两者似乎相互矛盾。然而，在氧化降解过程中，抗坏血酸有相当多的部分迅速转化为 A，而 A 通过相互作用又影响反应。

木酮糖(X)可由 DKG 脱羧形成，而 3-脱氧戊糖酮(DP)是 DKG 的 C-4 发生 β-消去反应后再脱羧形成的。影响分解反应的方式可能是 DKG 的累加速率，或是与 A 更特殊的相互作用。无论是哪一种情况，在这个阶段从反应开始都显示出其他糖类非酶褐变反应的特性。木酮糖继续降解生成还原酮和乙基乙二醛，而 DP 降解则得到糠醛(F)和 2-呋喃甲酸(FA)，所有这些生成物又都可以与氨基结合而引起食品褐变。某些糖和糖醇能防止抗坏血酸氧化降解，这可能是因为它们能够结合金属离子，从而降低了金属离子的催化活性，有利于食品中维生素 C 的保护，其机理尚需进一步研究。

Sparyar 和 Kevei 完成了当时争议最大的研究课题，即影响抗坏血酸降解的因素：如 Cu^{2+} 催化反应与氧浓度的关系；Fe^{3+} 的催化；pH 和温度；脱氢抗坏血酸和异抗坏血酸的浓度；半胱氨酸与谷氨酸以及多酚类物质等。如果半胱氨酸浓度相当高，抗坏血酸离子可以完全得到保护，即使半胱氨酸物质的量浓度过量也是如此，这种保护作用与半胱氨酸和铜相互作用有关。此外，某些糖和糖醇也能保护抗坏血酸免遭氧化降解，可能是由于它们结合金属离子而降低其催化活性的原因。

研究表明，将 L-脱氢抗坏血酸在 pH 为 2、4、6 和 8 的磷酸缓冲液中加热回流 3 h，或在 25℃ 保温 200 h，可分离出挥发性降解产物。在已鉴定的 15 个产物中，有 5 个主要产物，即3-羟基-2-吡喃酮、2-呋喃甲酸、2-呋喃甲醛、乙酸和 2-乙酰呋喃。这些化合物的生成取决于 pH 和温度，与氧的存在没有明显的关系。抗坏血酸易被亚硝酸迅速氧化，因此在食品中添加抗坏血酸可防止含有亚硝酸钠的产品形成亚硝胺，所添加的抗坏血酸量则取决于 pH 和氧的浓度。

2) 硫胺素

硫胺素分子具有特殊的酸碱性，第一个涉及质子化嘧啶 N 的解离，形成硫胺素嘧啶游离碱，在碱性 pH 范围内，可观察到硫胺素嘧啶游离碱发生另一个转移反应(表观 pK_a 9.2)形成硫胺素假碱，假碱可经噻唑的开环形成硫醇式硫胺素，同时伴随着 1 个质子的解离。硫胺素的另一个特性是噻唑环上的季胺 N 在不同条件下始终以阳离子的形式存在。硫胺素降解受 pH 的影响显著，这与离子态随 pH 变化的趋势相符。质子化的硫胺素比其游离碱、假碱和硫醇形式稳定得多，这是它在酸性介质中有高稳定性的原因。虽然硫胺素对氧化和光较稳定，但在中性或碱性水溶液中，它属于最不稳定的一类维生素。其稳定性易受 pH、温度、离子强度、缓冲液以及其他反应物的影响，其降解反应遵循一级反应动力学机制。由于几种降解机制同时存在，因此，许多食品中硫胺素的热降解损失随温度的变化关系不遵从 Arrhenius 方程。典型的降解反应是在两环之间的亚甲基碳上发生亲核取代反应，因此强亲核试剂如 HSO_3^- 易导致硫胺素的破坏。硫胺素在碱性条件下发生的降解和与亚硫酸盐作用发生的降解反应是类似的，两者均生成降解产物 5-(β-羟乙基)-4-甲基噻唑以及相应的嘧啶取代物(前者生成羟甲基嘧啶,后者生成 2-甲基-5-磺酰甲基嘧啶),如图 6-18。

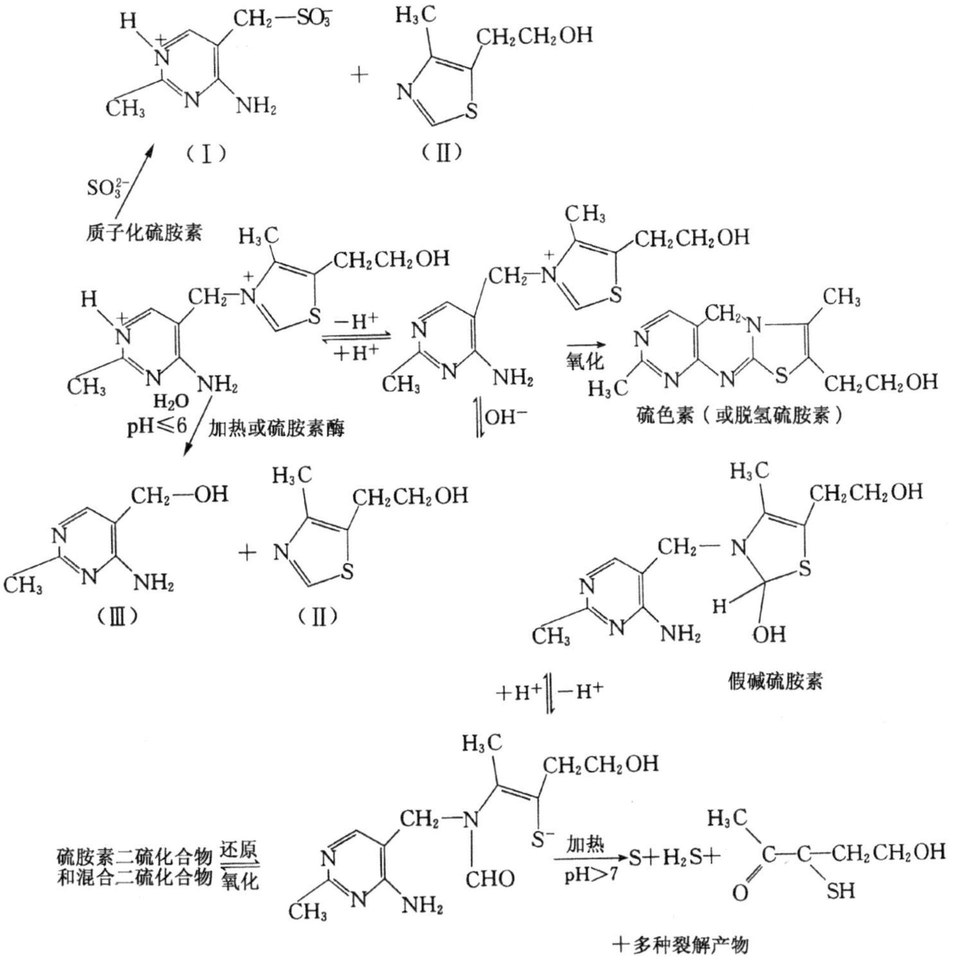

图 6-18 硫胺素的降解

在低水分活度和室温时,硫胺素相当稳定。例如:早餐谷物制品在水分活度为 0.1~0.65 和 37℃以下储存时,硫胺素的损失几乎为零。在 45℃时反应加速。当 a_w≥0.4 时,硫胺素的降解更快,在 a_w 为 0.5~0.6 时,其降解达到最大值,然后水分活度继续增加至 0.85 时,硫胺素降解速率下降。亚硝酸盐也能使硫胺素失活,其原因可能是 NO_2^- 与嘧啶环上的胺基发生反应。此外,人们很早就注意到,在肉制品中添加 NO_2^- 后,硫胺素的失活比在缓冲液中微弱,其原因可能与蛋白质的保护作用有关。酪蛋白和可溶性淀粉也可抑制亚硫酸盐对硫胺素的破坏作用。虽然对保护效应的机理还不清楚,但其中必有其他降解机理存在。硫胺素以多种不同形式(如游离型、结合型、蛋白质磷酸复合型等)存在于食物中,其稳定性取决于各种形式的相对浓度,在一定的动物种类中各种形式之间的比例则取决于动物死亡前的营养状态,且各种肌肉也不同。植物采后和动物立即宰杀后的生理应力不同,也会造成含量比的差异。一些研究表明,硫胺素与硫胺素酶结合后产物的稳定性比游离态差。

硫胺素降解速率受 pH 影响较大。图 6-19 是高温下游离硫胺素和脱羧辅酶降解速率与 pH 的关系。谷物制品中的淀粉及蛋白质在被检测的 pH 范围以外时的保护效应,脱羧辅酶比硫胺素更敏感，其敏感程度的差异是 pH 的函数，但在 pH 为 7.5 以上则不存在差异。在酸性 pH 范围内(pH<6)，硫胺素降解较为缓慢，而在 pH 为 6～7 时，硫胺素降解加快，噻唑环破坏增加，当 pH 为 8 时，体系中已不存在噻唑环，硫胺素经分解重排生成具有肉香味的含硫化合物。这是因为硫胺素嘧啶环上的氨基和噻唑环第 2 位上易受到 pH 的强烈影响，在这两个位置上都有发生降解反应的可能。根据次级产物的性质，嘧啶环更易发生降解反应。一般在中等水分活度及中性和碱性 pH 时，硫胺素降解速率最快。

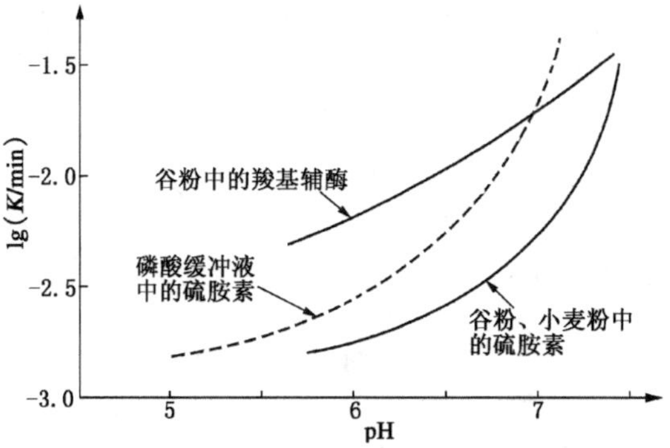

图 6-19 硫胺素和脱羧辅酶降解速率与 pH 的关系

3) 核黄素

核黄素具有热稳定性，不受空气中氧的影响，在酸性介质中稳定性最高，在中性 pH 中稍不稳定，而在碱性环境中则快速降解。核黄素对光非常敏感，若将其曝光则很易被破坏，在光下的破坏率随 pH 和温度的增加而增加，如图 6-20。若在碱性溶液中辐射，可导致核糖醇部分的光化学裂解生成非活性的光黄素及一系列自由基，在酸性或中性溶液中辐射可形成具有蓝色荧光的光色素和不等量的光黄素。光黄素是一种比核黄素更强的氧化剂，它能加速其他维生素的破坏，特别是抗坏血酸的破坏。若将牛乳在日光下曝晒 2 h 后核黄素可损失 50%以上，而放在透明玻璃瓶中也会引起营养价值的损失，而且会产生一种不良的味道，称为“日光不良味”。采用不透明的牛乳容器就能解决上述问题。虽然异味的形成机制尚未完全确定，但是光引发(可能是自由基引起的)脱羧及蛋氨酸脱氨所形成的甲硫胺醛至少是造成异味的原因之一。

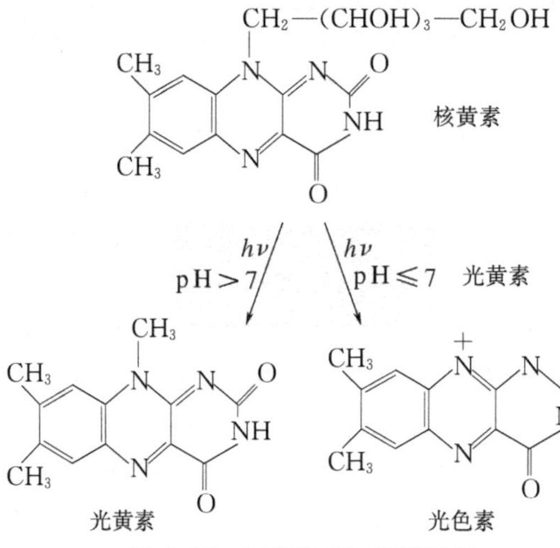

图 6-20 核黄素的光化学反应

4）尼克酸

尼克酸（烟酸）是 B 族维生素中最稳定的，广泛存在于动植物组织中，在动物内脏、花生、酵母及谷物等中尼克酸的含量较高，它对热、酸、碱、光、氧等均不敏感。在食品的加工过程中尼克酸的损失与原料的修整、清洗、烫漂等处理过程有关。猪肉和牛肉在储藏过程中产生的损失是由生物化学反应引起的，而在乳类加工、肉类烤制时似乎没有什么尼克酸损失。

5）维生素 B_6

维生素 B_6 的三种形式都具有热稳定性，遇碱则分解，其中吡哆醛最为稳定，通常用来强化食品。维生素 B_6 在氧存在下，经紫外光照射后即转变为无生物活性的 4－吡哆酸。

吡哆醛溶液与谷氨酸一起加热生成吡哆胺和 α－酮戊二酸的混合物。氨基酸、吡哆醛和多价金属离子经 100℃加热得到同样的产物。维生素 B_6 与氨基酸、肽或蛋白质的氨基相互作用生成的席夫碱被认为是吡哆醛和吡哆胺之间相互转换的结果，如图 6－21。

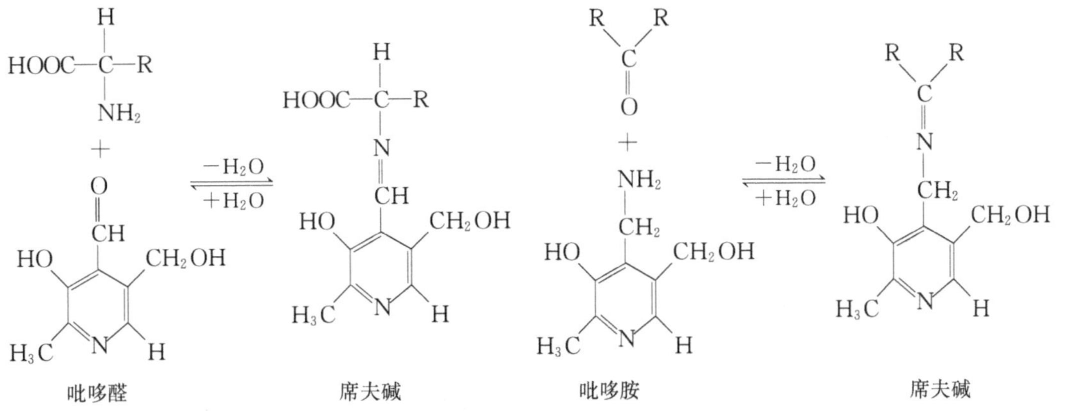

图 6－21　从吡哆醛和吡哆胺形成的席夫碱

食品的热处理和贮藏能以几种方式影响维生素 B_6 的含量。同其他水溶性维生素一样，遇水可造成浸出，进而导致损失。其化学变化涉及维生素各化学形式的互变、热或光化学降解，或与蛋白质、肽及氨基酸不可逆复合。

维生素 B_6 类物质的互变主要由非酶转氨作用引起，包括席夫碱的形成和席夫碱双键的移位以及随后发生的水解和分解。这种转氨作用在营养上无不利影响。

所有维生素 B_6 类物质均易见光降解，因而在食品加工、制作、贮藏和分析过程中造成损失。对维生素 B_6 的光解机制尚未彻底了解，而且对反应速度与波长之间的关系也不清楚，光诱导的氧化反应似乎涉及自由基中间体。维生素 B_6 遇光可形成无营养活性的衍生物 4－吡哆酸（来自 PL 和 PM）和 4－吡哆酸－5－磷酸（来自 PLP 和 PMP），从而证实了它对光氧化的敏感性。但是，不论是否存在空气，PLP、PMP 和 PM 的光解速度和降解产物的数量差别不大，这说明氧化反应的引发并不需要 O_2 的直接进攻。在低水分模型食品体系中，PL 的光解速度比 PM 和 PN 快。此反应与 PL 浓度呈一级动力学关系，并受温度的强烈影响，但水分活度对其影响很小。

维生素 B_6 非光化学降解的速度受维生素形式、温度、溶液 pH 和存在的其他反应物（如蛋白质、氨基酸和还原糖）的强烈影响。在很低的 pH 条件下，各式维生素 B_6 均显示出极好的稳定性。在 pH 4～7 的缓冲液中，将维生素 B_6 类物质于 40℃或 60℃下保温 140 d，其间未见 PN 有损失。PM 在 pH 7 时损失最大，而 PL 的最大损失则出现在 pH 5。

6）叶酸

叶酸降解的机制取决于该维生素的形式和化学环境。叶酸的降解通常涉及 C-9—N-10 的化学键及蝶啶环的变化。当存在氧化剂或还原剂时，叶酸、四氢叶酸和二氢叶酸的 C-9—N-10 键发生断裂，从而导致失活。已发现溶解的 SO_2 可造成某些叶酸的裂解，尽管与食品相关的还原剂很少能引起此类裂解。尚很少发生由于直接氧化而造成四氢叶酸或叶酸转化的现象。

众所周知，四氢叶酸、二氢叶酸以及叶酸经氧化裂解生成无营养活性的产物（对氨基苯甲酰谷氨酸和蝶啶）。在四氢叶酸的氧化裂解过程中的氧化机制和所产生的蝶啶的确切性质随 pH 而变化，结果见图 6-22。

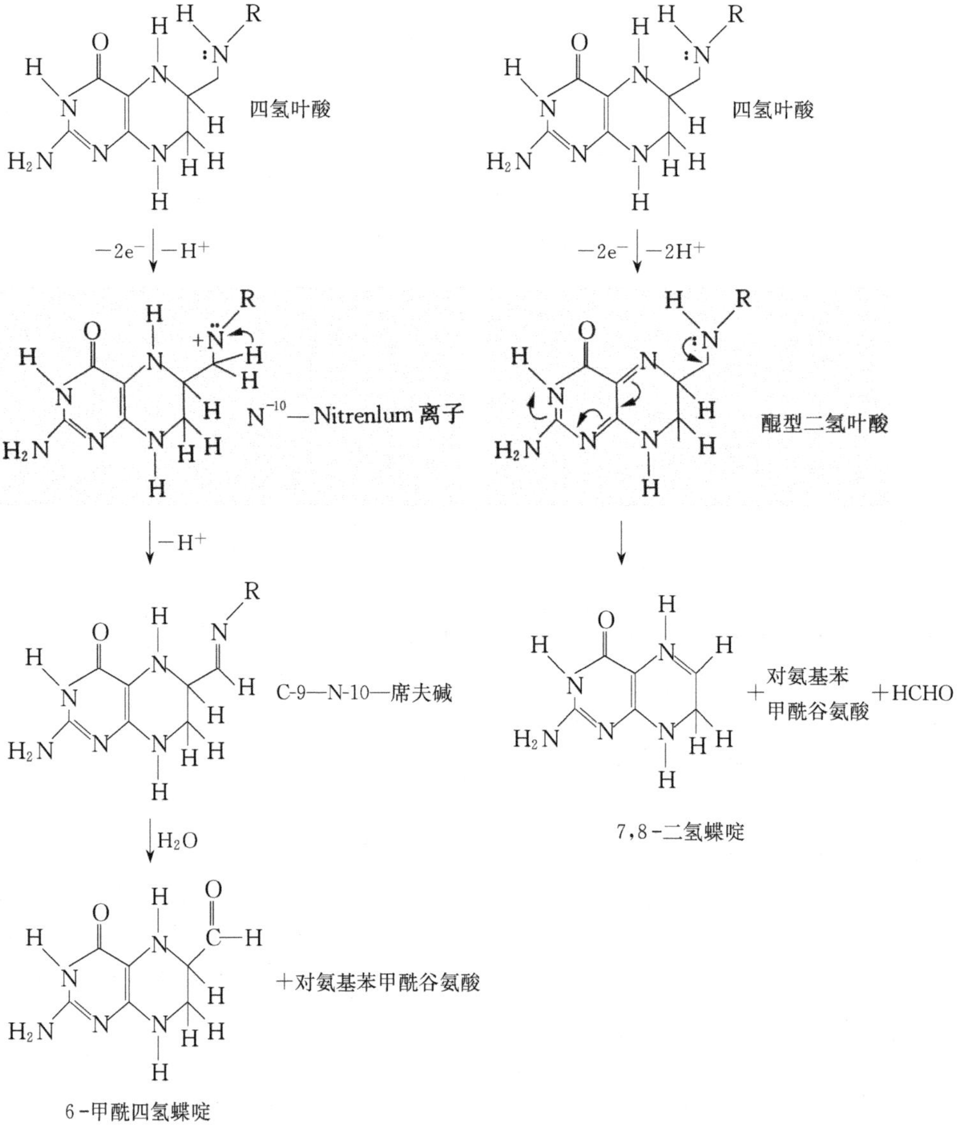

图 6-22 四氢叶酸的氧化降解

在许多食品中，叶酸的主要存在形式为 5 -甲基-四氢叶酸。氧化降解可使 5 -甲基-四氢叶酸转化为至少 2 个产物，如图 6 - 23。

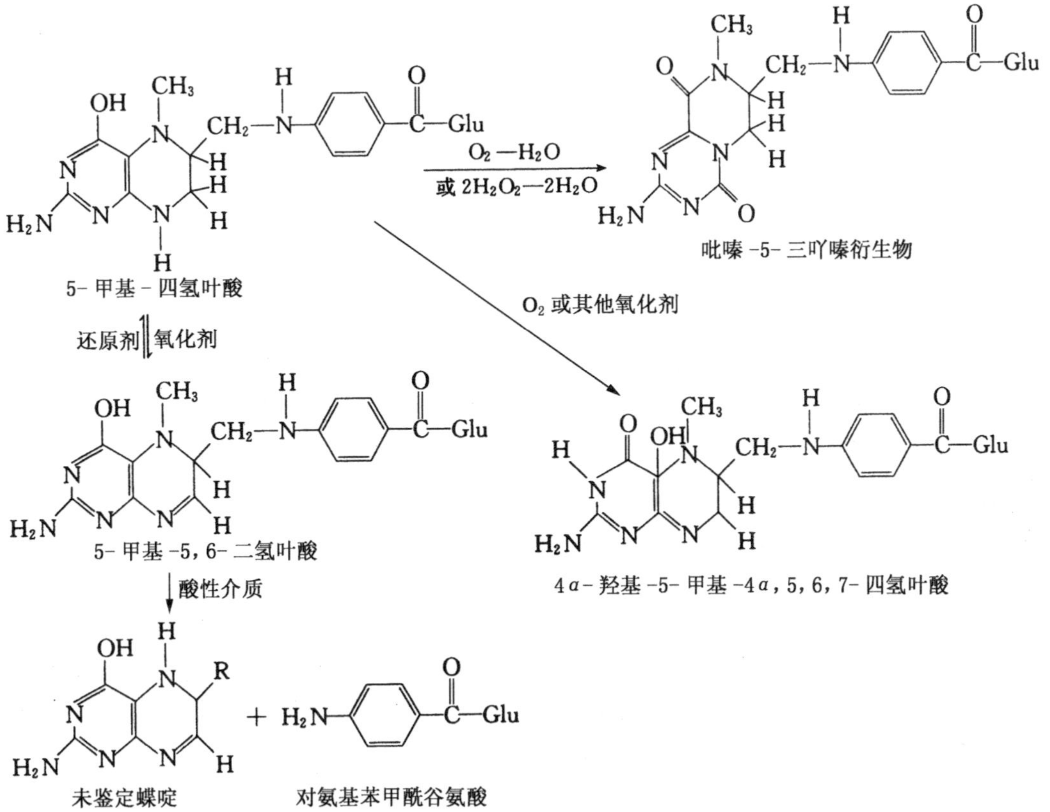

图 6 - 23　5 -甲基-四氢叶酸的氧化降解

在某些动物产品(如肝)中，10 -甲酰基-四氢叶酸占总叶酸含量的 1/3，其降解途径如图 6 - 24。

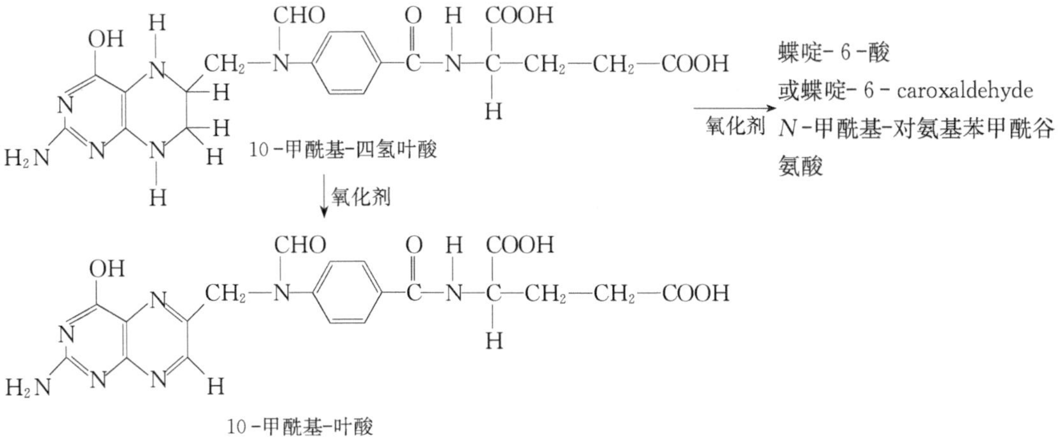

图 6 - 24　10 -甲酰基-四氢叶酸的氧化降解

7）生物素

生物素为含有双环的水溶性维生素，它在羧化和转羧化中起辅酶的作用。生物素对热、光和氧十分稳定。极端 pH 可使其降解，可能是由于它们促进了生物素环上—N—C ═O (酰胺)键的水解。氧化条件如存在过氧化氢时，可使硫氧化，并形成无生物活性的生物素亚砜或砜。总体而言，生物素在食品中的保留率相当高。

8）泛酸

在代谢过程中，泛酸以辅酶 A 形式并作为脂肪酸合成中酰基载体蛋白的辅基而发挥作用。辅酶 A(CoA)与有机酸形成的硫酯衍生物可促进多种代谢过程的进行，该过程主要涉及生物合成和代谢序列反应中的酰基加成或消除。在许多食品和大多数生物原料中，泛酸主要以辅酶 A 的形式存在，大多为各类有机酸的硫酪衍生物。辅酶 A 作为泛酸来源可被完全利用，因为它可被小肠中的碱性磷酸酶和酰胺酶转化为游离泛酸，其肠道吸收作用通过载体调节机制进行。在溶液中，泛酸在 pH 5～7 时最为稳定。在食品贮藏过程中，尤其在低水分活度时，泛酸具有相当好的稳定性。在热处理过程中，泛酸的降解遵循一级反应动力学。

9）维生素 B_{12}

维生素 B_{12}是一类具有类似氰钴胺素维生素活性物质的总称。维生素 B_{12}的辅酶形式为甲基钴胺素和 5′-脱氧腺苷钴胺素。甲基钴胺素以辅酶的形式在蛋氨酸合成酶中参与甲基团(从 5′-甲基四氢叶酸)的转运；而 5′-脱氧腺苷钴胺素则以辅酶形式，在由甲基丙二酰- CoA 变构酶催化的酶促重排反应中起作用。

不像其他维生素主要在植物内合成，氰钴胺素只能由微生物生物合成法制备。多数动物组织中维生素 B_{12}的主要组成除水钴胺素外，还有甲基钴胺素和 5′-脱氧腺苷钴胺素。

在大多数食品加工、保存和贮藏条件下，维生素 B_{12}很少有在营养意义上的损失。通过与 Co 原子键合的配位体的交换，钴胺素之间可发生互变作用。例如：亚硫酸根可将水钴胺素转化为硫钴胺素，而氨、亚硝酸和氢氧根也可发生类似反应，形成被相应基团取代的钴胺素。这类反应对食品中维生素 B_{12}的活性影响很小。

6.3.2 脂溶性维生素

1）维生素 A

维生素 A 是一类具有营养活性的不饱和烃，包括视黄醇及相关化合物和一些类胡萝卜素。由于类视黄醇和维生素 A 原类胡萝卜素的非极性结构，它们属于一类异常亲脂的化合物。因而，它们可与脂质、特定的细胞器或者食品和活细胞中的载体蛋白相结合。类视黄醇中的共轭双键体系产生强烈和有特征的紫外吸收光谱，而类胡萝卜素中额外多出的共轭双键体系可引起可见光吸收并使此类物质显橙黄色。全反式异构体具有最高的维生素 A 活性，它们是食品中天然存在的类视黄醇和类胡萝卜素的主要形式。热处理能使其转化为顺式异构体，这将引起维生素 A 活性的损失。

食品中类视黄醇和类胡萝卜素的维生素 A 活性损失主要是由作用于不饱和异戊二烯侧链上的自动氧化和立体异构化而引起的。β-胡萝卜素的降解途径和降解产物受多种因素的作用和影响，如图 6-25。维生素 A(类视黄醇和具有维生素 A 活性的类胡萝卜素)的降解通常类似于不饱和脂肪酸的氧化降解，是由直接的过氧化作用或在脂肪氧化过程中产生的自由基的间接作用引起的，能促进不饱和脂肪酸氧化的因素通过直接氧化或间接的自由基效应也能加剧维生素 A 的降解。

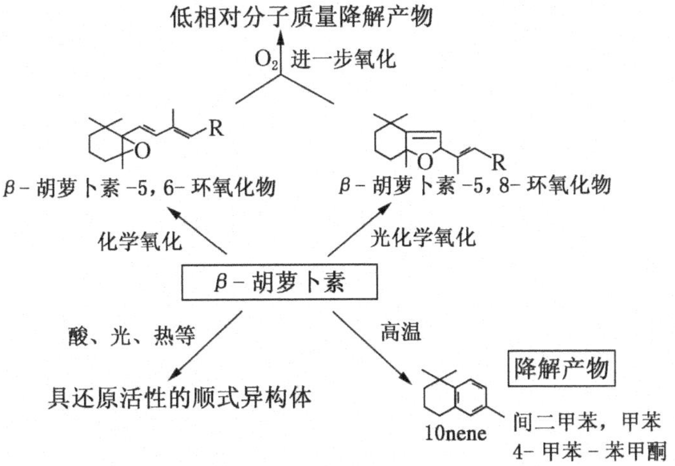

图 6-25　β-胡萝卜素的降解

2）维生素 D

维生素 D_2 和 D_3 皆为白色结晶，能溶于脂肪及非极性溶剂之中。维生素 D 非常稳定，在加工和贮藏时很少损失。消毒、煮沸和高压灭菌都不影响维生素 D 的活性。冷冻贮存对牛乳和黄油中维生素 D 影响不大。但维生素 D_2 和 D_3 遇光、氧和酸迅速破坏，故需保存于不透光的密封容器中。结晶的维生素 D 对热较稳定，但在油脂中易形成异构体。油脂氧化酸败时也会使其中的维生素 D 破坏。

3）维生素 E

生育酚和生育三烯酚具有很强的非极性，它们主要存在于食品的油相中。所有生育酚和生育三烯酚在未经酯化时都可起抗氧化剂作用，它们可提供酚上的 H 和一个电子，从而可起清除自由基作用。生育酚是所有生物膜中的天然组分之一，并被认为能通过其抗氧化性促进膜的稳定性。天然存在的生育酚和生育三烯酚均可通过该作用维持高不饱和植物油的稳定性。

在不存在氧及氧化脂肪的条件下，维生素 E 类物质的稳定性相当高。食品加工中的无氧处理（如高压灭菌），对维生素 E 活性产生的影响很小。反之，在有分子氧存在条件下，维生素 E 活性的降解速率增加；当有自由基存在时，降解速度尤其快速。能影响不饱和脂肪氧化降解的因素同样强烈地影响维生素 E。α-生育酚的降解与水分活度的相关性与不饱和脂肪类似，当水分活度相当于单分子层水合含量时，降解速率最低；而高于或低于此水分活度时，速率增加。

α-生育酚可与过氧化自由基（或其他自由基）反应，形成氢过氧化物和 α-生育酚自由基。该自由基如同其他酚类自由基，其反应活性相对较低，这是因为未成对电子可通过酚环体系共振而稳定。自由基终止反应可形成共价连接的生育酚二聚物与三聚物，而进一步的氧化与重排可产生生育酚过氧化物、生育氢醌及生育醌，如图 6-26 。重排与进一步的氧化也可产生许多其他产物。维生素 E 类化合物在降解的同时可淬灭单重态氧，从而间接地提高其他化合物的氧化稳定性。

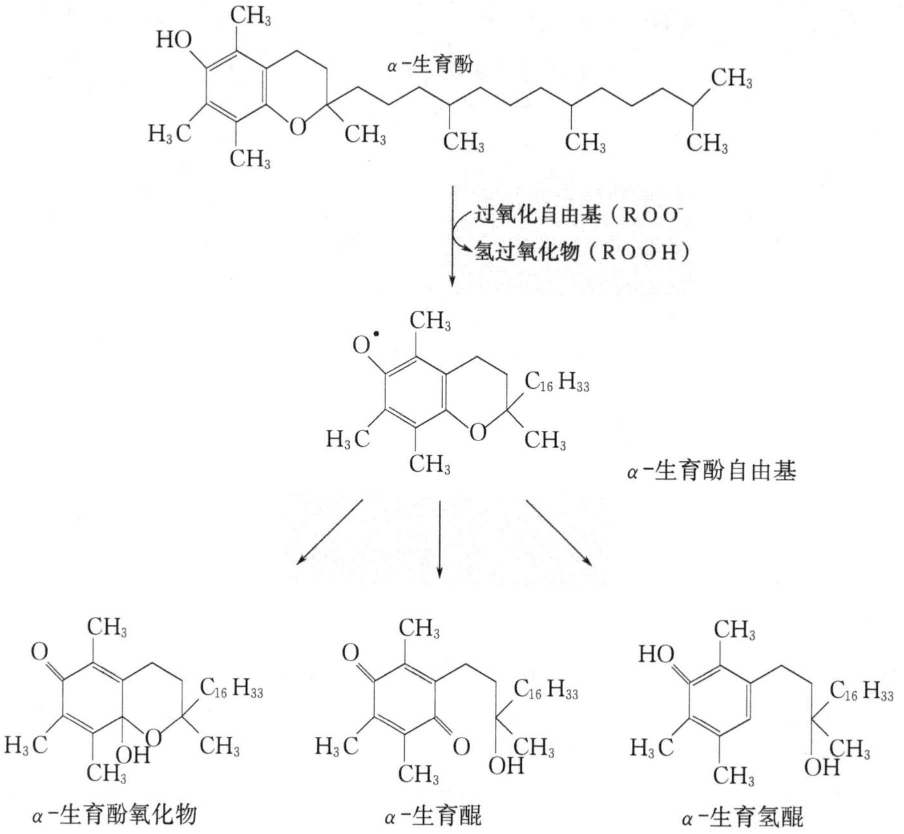

图 6-26　维生素 E 的降解途径

4）维生素 K

天然存在的维生素 K 是黄色油状物，人工合成的是黄色结晶。所有 K 类维生素都抗热和水，但易受酸、碱、氧化剂和光（特别是紫外线）的破坏。由于天然维生素 K 相对稳定，又不溶于水，在正常的烹调过程中损失很少。

6.4　食品加工贮藏中维生素的变化

1）采后（宰后）食品中维生素的含量变化

水果蔬菜及动物组织保留了一些酶，它们能使采后（宰后）食品中维生素的含量发生变化。由于细胞完整性和酶封闭性被破坏，释放出的氧化和水解酶能引起维生素的分布形式及活性的变化。例如：维生素 B_6、硫胺素与黄素辅酶的脱磷、维生素 B_6 糖苷的脱糖以及聚谷氨酰叶酸的解聚，都会引起天然存在于植物和动物体内的维生素在收获或屠宰前后期间含量和状态的不同。以上变化对维生素的总含量影响并不大，但可能会影响其生物利用率。

2）预处理对维生素的影响

水果与蔬菜的去皮与整理造成维生素的损失，其损失的范围是维生素浓集在废弃的茎、外皮和去皮部分。为增强去皮效果而采用的碱处理方法可造成一些处于产品表面的不稳定维生素（如叶酸、抗坏血酸及硫胺素）的额外损失。

动植物产品经切割或其他处理而损伤的组织在遇到水或水溶液时会由于浸出而造成水溶性维生素的损失。此类现象发生在清洗、水槽输送以及盐水浸煮过程中。损失程度取决于影响维生素扩散和溶解度等因素，包括 pH（能影响溶解度以及组织内维生素从结合部位解离）、抽提液的离子强度、温度、食品与水溶液的体积比以及食品颗粒的比表面。引起浸出的维生素破坏的抽提液性质包括溶解氧浓度、离子强度、具有催化活性的微量金属元素的浓度与种类以及破坏性（加氯）或保护性（如某些还原剂）溶质的存在。

谷物在碾磨过程中要除去糠麸（种皮）和胚芽，因为许多维生素浓缩于胚芽和糠麸中，维生素的主要损失发生于脱芽和脱麸过程。其损失程度取决于脱糠麸、胚芽的难易以及谷物的加工精度（图 6-27）。

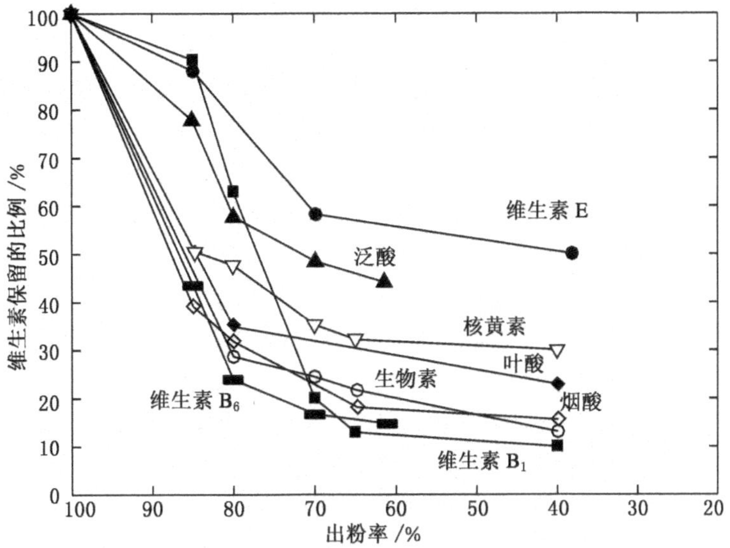

图 6-27 小麦出粉率与面粉中维生素保留比例之间的关系

3）淋洗与热烫的影响

水溶性维生素损失的一个主要途径是通过其切口或表皮的浸提，故食品加工过程中的洗涤、热烫、冷却、冷冻和烹调等都会造成维生素的损失和破坏。而其损失程度又与 pH、温度、含水量、切口表面积及成熟度等的不同而有所不同。此外，由于食物暴露在空气中或由于微量元素的介入都会影响到维生素的稳定性。在上述加工过程中以热烫引起维生素的损失最大。热烫通常有蒸汽热烫和热水热烫两种，一般蒸汽热烫维生素的损失小。

4）加工时化学试剂处理的影响

为保存食品或某些加工上的需要，常使用不同的化学试剂添加到食品之中，这些化学试剂往往对维生素的保存不利。如维生素 A、C、E 都很容易被氧化剂破坏，所以在面粉中使用漂白剂等氧化剂往往都会降低这些维生素的含量。二氧化硫常用来防止果蔬的酶促及非酶促褐变，又因它属还原剂，故对抗坏血酸有保护作用但其亲核性却能使维生素 B_1 裂解。为了保存，肉制品往往加入硝酸盐或亚硝酸盐，有些蔬菜本身如菠菜、甜菜中就会有浓度很高的亚硝酸盐，它不但能与维生素 C 快速反应，而且还会破坏胡萝卜素、维生素 B_1 和叶酸等。烷氧乙烯或环氧丙烯可用作杀菌剂，因为它们能使蛋白质和核酸烷基化，同时也使维生素烷基化，如维生素 B_1 即可通过这种途径而遭受破坏。蛋白质提取时常用碱性条件，面粉发酵时所用的发酵粉 pH 也很高，而食品在烹调过程中往往偏于碱性，蒸煮鸡蛋的 pH 几乎高达 9.0。在碱性条件下维生素 B_1、C、泛酸等的损失会加速。

6.5 食品中维生素的调控

由于维生素化学性质不稳定，在食品的采后处理、烹调、加工和贮藏过程中，不可避免地会发生不同程度的损失。食品中维生素的调控是食品制造者和加工者义不容辞的责任，也符合食品工业和公众的共同利益。

许多食品中维生素的调控方法基于特定维生素的化学与物理性质。例如，如果在产品中与其他组分配伍，使用酸化剂可提高硫胺素和抗坏血酸的稳定性。但是，降低 pH 会使某些叶酸的稳定性降低，这说明了食品中维生素调控的复杂性，常常会造成顾此失彼的局面。

一般的调控原则应是：① 充分了解维生素的化学与物理性质，掌握各种外界条件对维生素稳定性的影响。② 尽量避免食品在其加工过程中暴露于氧及过量液体中，以免氧化及沥滤造成的损失。③ 采用适当的热处理条件。④ 与某些食品添加剂结合使用。如天然抗氧化剂的存在常常有利于许多维生素的保留。

（1）维生素的稳定性

维生素的稳定性是由其化学性质所决定的，是进行食品体系中维生素调控的理论基础。维生素在食品中的含量非常低，食品经过收获、储藏、运输和加工处理后，维生素都会有不同程度的损失。表 6-1 总结了维生素在不同条件下的稳定性，可作为优化调控措施的参考。

表 6-1 维生素的稳定性

维生素	一般条件	酸	碱	空气或氧	光	热	烹饪时损失率%
维生素 A	+	−	+	−	−	−	40
抗坏血酸	−	+	−	−	−	−	100
生物素	+	+	+	+	+	−	60
胡萝卜素	+	−	+	−	−	−	30
维生素 B_{12}	+	+	+	−	+	+	10
维生素 D	+	+	−	−	−	−	40
叶酸	−	−	−	−	−	−	100
维生素 K	+	−	−	+	−	+	5
烟酸	+	+	+	+	+	+	75
泛酸	+	−	−	+	+	−	50
维生素 B_6	+	+	+	+	−	−	40
核黄素	+	+	−	+	−	−	75
硫胺素	−	+	−	−	+	−	80
维生素 E	+	+	+	−	−	−	55

注：+表示稳定；−表示不稳定。

因此，食品在加工过程除必须保持营养素最小损失和食品安全外，需考虑加工前的各种条件对食品中营养素含量的影响，如成熟度、生长环境、土壤情况、肥料的使用、水的供给、气候变化、光照时间和强度，以及采后或宰杀后处理等因素。尽管人们对维生素的性质已经知道了很多，但是对于它们在复杂食品体系中的特性却了解很少。研究维生素稳定性大多采用的是模拟体系，这与复杂的食品体系有很大的差别，但是这些知识对于食品中的维生素调控仍然是有意义的。

(2) 热处理条件的优化控制

由表 6-1 可知，大多数维生素对热是不稳定的。而热处理常是食品加工中一个必不可少的工序。因此，在食品加工中采取适当的热处理条件对提供货架期稳定安全的食品及保留食品中包括维生素在内的营养素是很有必要的。热处理过程中维生素的损失常涉及化学降解和沥滤。维生素降解有关的反应活化能为 20～100 kJ/mol。当采用高温瞬时杀菌(HTST)工艺时，能有效提高营养素的保留率。Owen R. Fennema 等的研究表明，采用合适的时间-温度组合，可使经热处理的豌豆泥中硫胺素的保留率至少提高 1.5 倍。虽然在低酸性食品中许多其他维生素的稳定性比硫胺素高，但也可预计保留率会得到类似的提高。此外，还可以考虑使用一些非热的杀菌工艺，如高压杀菌。

(3) 包装的选择

包装能以几种方式影响维生素的稳定性。① 影响传热：在罐装食品热处理中，固体或半固体食品的热能主要是以传导方式传递，而流质食品主要是以对流方式传递热能的。前者对营养素造成的损失要比后者大得多。这种差别是由于需要对产品中加热最慢的部分(即对传导加热食品容器的几何中心部位)的热处理引起的。此类损失可采用大比表面积容器降低，如小罐或圆罐。② 影响加工条件：有的包装要求较多的填充液，因此会造成食品在加工过程中因沥滤而造成的维生素损失。软包装具有所需填充液少的优点，因而在特定食品的加工过程中有利于降低食品中维生素的损失。

(4) 食品加工过程中添加剂的合理使用

维生素的稳定性还受其他物质的影响，如乳酸链球菌素、过氧化氢、亚硝酸盐、铜盐等氧化性食品添加剂对维生素 C 有破坏作用。大多数维生素对微量元素、矿物质和碱性物质不稳定。例如：氯化胆碱及以硫酸盐存在的矿物质对维生素有破坏作用。

由于储藏和加工的需要，常常向食品中添加一些化学物质，其中有的能引起维生素损失。例如，漂白剂或改良剂在面粉加工中常使用，它会降低面粉中维生素 A、维生素 C 和维生素 E 等的含量，即使是传统的加工方法，由于天然氧化作用也会造成同样的损失。二氧化硫(SO_2)及其盐、亚硫酸氢盐和偏亚硫酸盐常用来防止水果和蔬菜中的酶或非酶褐变，作为还原剂它可以防止抗坏血酸氧化，但作为亲核试剂，在葡萄酒加工中它又破坏硫胺素和维生素 B_6。在腌肉制品中，亚硝酸盐常作为护色剂和防腐剂。它既可以人工添加于食品中，又可由微生物还原硝酸盐而产生。例如：菠菜、甜菜等一些蔬菜本身就含有高浓度的硝酸盐，常通过微生物作用而产生亚硝酸盐。亚硝酸盐不但能与抗坏血酸迅速反应，而且还能破坏类胡萝卜素、硫胺素及叶酸。

6.6 维生素与食品的品质

维生素是食品的重要营养成分，不仅具有重要的生物活性，同时也是化学性质较活泼的有机化合物，它的存在对食品的品质有着重要的影响，如对食品的风味、色泽、质构等方面的影响。

1）维生素 A

维生素 A 主要存在于动物中，在肝脏中的含量最高，主要以视黄醇或酯的状态存在。在植物和真菌中，以具有维生素 A 活性的类胡萝卜素形式存在，类胡萝卜素经过生物的代谢转变为维生素 A(称之为维生素 A 原)。最有效的维生素 A 原是 β-胡萝卜素，经水解可生成两个分子的维生素 A。日常的食品中，除鱼肝油中维生素 A 含量比较丰富外，在鱼肉、牛肉、蛋黄、牛乳及乳制品中维生素 A 的含量也较丰富。类胡萝卜素在一些蔬菜中含量较高，如胡萝卜、甘薯、番茄和花椰菜等。

维生素 A 是淡黄色片状结晶，这是因为类视黄醇中的共轭双键体系产生强烈和有特征的紫外吸收光谱，而类胡萝卜素中额外的共轭双键体系可引起可见光吸收并使此类物质显橙色。β-胡萝卜素是一种比较理想的食品添加剂，它既具有维生素 A 的功效，又可作为食用色素使用。

维生素 A 及维生素 A 原因高度不饱和，易被空气、氧化剂所氧化破坏，特别在高温条件下，紫外线和金属均可促进其氧化破坏。食品中的维生素 A 和维生素 A 原的氧化降解是由直接的过氧化作用或在脂肪氧化过程中产生的自由基间接作用引起的。β-胡萝卜素在低氧浓度时都能起到抗氧化剂的作用，而在高氧浓度时，起助抗氧化剂作用。β-胡萝卜素可清除单重态氧、羟基和超氧化物自由基及过氧化自由基反应，从而起到抗氧化剂作用。

食品中维生素 A 的含量过去常用国际单位(IU)来表示，一个国际单位维生素 A 相当于 0.344 μg 结晶维生素 A 醋酸盐或 0.600 0 μg 胡萝卜(或 1.2 μg 其他类胡萝卜素)。目前维生素 A 的含量常用视黄醇当量(RE)来表示，1 RE=1 μg 视黄醇。

2）维生素 D

维生素 D 主要包括维生素 D_2 和 D_3。植物食品、酵母等含有麦角固醇，经紫外照射后转变成维生素 D_2。人及动物皮肤中所含有的 7-脱氢胆固醇，经紫外线照射之后可转变为维生素 D_3。所以，维生素 D_3 广泛存在于动物性食品中，并在鱼肝油中含量较丰富，如每 100 g 鳕鱼、比目鱼肝脏中分别含有维生素 D_3 200～750 μg、500～1 000 μg，在鸡蛋、牛乳、黄油和干酪中均含有少量的维生素 D_3，一般在 100 g 食品中维生素 D 含量在 1 μg 以下，所以在一般情况下仅从普通食物中获得充足的维生素 D 是不容易的，而采用日光浴的方式是机体合成维生素 D_3 的一个重要途径。

纯净的维生素 D_2、D_3 均为白色晶体，能溶于脂肪及脂肪溶剂，无臭，无味。维生素 D 对食品的色泽及风味影响不大。

最近国外报道，饲料中强化维生素 D_3 能改善肌肉的嫩度及肉质。其可能的机理是维生素 D_3 对肌肉中钙水平的刺激性效应，因而肌肉中的蛋白酶活性提高，从而促进肉的嫩化。

维生素 D 的活性以维生素 D_3 为参考标准，在食品中的维生素 D_3 习惯用国际单位(IU)表示，也可以用重量表示，即 1 IU 维生素 D=0.25 μg 维生素 D_3 或 1 μg 维生素 D_3 =4 IU。

3）维生素 E

维生素 E 广泛分布于种子和种子油、谷物、水果、蔬菜以及动物产品等各类食品中，在大多数动物性食品中，α-生育酚是维生素 E 的主要形式，而在植物性食品中却存在多种形式，随品种不同有很大的差异。食品中天然存在的 α-生育酚的生物活性是最重要的。但是其他天然存在的异构体也具有重要的维生素活性和抗氧化活性。某些植物油和食品中各种生育酚的含量见表 6-2。

表 6-2 某些植物油和食品中各种生育酚的含量

食 品	α-T	α-T_3	β-T	β-T_3	γ-T	γ-T_3	δ-T_3
植物油/mg·(100 g)$^{-1}$							
向日葵子油	56.4	0.013	2.45	0.207	0.43	0.023	0.087
花生油	0.013	0.007	0.039	0.396	13.1	0.03	0.922
豆油	17.9	0.021	2.80	0.437	60.4	0.078	37.1
棉子油	40.3	0.002	0.196	0.87	38.3	0.089	0.457
玉米胚芽油	27.2	5.37	0.214	1.1	56.6	6.17	2.52
橄榄油	9.0	0.008	0.16	0.417	0.471	0.026	0.043
棕榈油	9.1	5.19	0.153	0.4	0.84	13.2	0.002
其他食品/μg·mL^{-1}(或 g^{-1})							
婴儿配方食品(皂化)	12.4		0.24		14.6		7.41
菠菜	26.05	9.14					
牛肉	2.24						
面粉	8.2	1.7	4.0	16.4			
大麦	0.02	7.0		6.9		2.8	

注：T 表示生育酚；T_3 表示生育三酚。

α-生育酚的外消旋体为淡黄色至黄褐色黏稠液体，基本无臭，无味。在没有空气氧化的条件下，对碱、热稳定，对紫外光不稳定，色泽逐渐变深，在空气中易被氧化成醌式结构而呈现暗红色，铁盐和银盐均可使氧化反应加快。因此，食品中的维生素 E 及其氧化产物会影响食品的色泽。

生育酚和生育三烯酚通过提供酚羟基的质子和电子，捕获自由基，未酯化的 α-生育酚可与过氧化自由基作用生成氢过氧化物和一个 α-生育酚自由基。生育酚自由基不活泼，通过生成二聚体生育酚和三聚体生育酚，终止自由基反应，是性能优良的天然抗氧化剂，能提高食品脂肪的氧化稳定性，保护维生素 A 和维生素 C。生育酚是所有天然生物膜的成分，因为具有抗氧化性，所以可保持膜的稳定性。动物饲料中维生素 E 的含量会影响屠宰后动物肉的抗氧化能力，从而影响其品质。

4) 维生素 K

食物来源的维生素 K 主要是维生素 K_1，维生素 K_2 由细菌(主要是肠道细菌)合成。维生素 K_1 在绿色蔬菜中含量丰富，如菠菜、羽衣甘蓝、花椰菜和卷心菜等叶菜中含量较多，少量地存在于番茄或某些植物油中。鱼肉、蛋黄、猪肝等食品中维生素 K 的含量也较多，但麦胚油、鱼肝油中维生素 K_1 的含量很少。

维生素 K_1 为黄色至橙色的黏稠液体，无臭或几乎无臭。对热、酸稳定，可被空气中的氧缓慢氧化而分解，遇光(特别是紫外线)则很快被破坏。食品中的维生素 K 对食品的色泽会有所影响。

维生素 K 具有还原性，在食品体系中可以淬灭自由基（与 β-胡萝卜素、维生素 E 相同），所以可以保护食品成分（如脂类）不被氧化，同时还能减少腌肉中亚硝胺的生成。

维生素 K 的活性以维生素 K_1 为参考标准。

5）维生素 C

维生素 C 广泛存在于自然界中，主要是在植物组织如水果和蔬菜中存在。柑橘类、绿色蔬菜、番茄、辣椒、马铃薯及一些浆果中维生素 C 含量较为丰富，而在刺梨、猕猴桃、蔷薇果和番石榴等水果中维生素 C 含量非常高。在水果的不同部位，维生素 C 的浓度差别也很大，如在苹果表皮中维生素 C 的浓度要比果肉中高 2～3 倍。维生素 C 唯一的动物来源为牛乳和肝。表 6-3 为维生素 C 在一些食品中的含量。

表 6-3　维生素 C 在一些食品中的含量/（mg/100 g 可食部分）

食　品	维生素 C 含量	食　品	维生素 C 含量	食　品	维生素 C 含量
冬季花椰菜	113	番石榴	300	土豆	73
黑葡萄	200	青椒	120	菠菜	220
卷心菜	47	甘蓝	500	南瓜	90
柑橘	220	山楂	190	番茄	100

维生素 C 为无色无臭的固体，有显著的酸味。维生素 C 具有很强的还原性，是最不稳定的维生素，易通过各种方式或途径进行降解。因为这些性质，维生素 C 在食品中应用非常广泛，可作为营养强化剂、抗氧化剂、护色剂、风味改良剂等，同时还可保护维生素 A。如用于果汁、面包、饼干、糖果及强化乳粉等食品中时除了强化作用外，尚可提高风味。用于水果蔬菜罐头中时，除强化作用外，还可防止制品氧化变色及风味变化。用于水果糖、果汁粉及果酱中时除强化作用外还具有增味作用。在啤酒中使用时，可防止风味降低。在肉制品加工中使用维生素 C 可起到护色的作用。此外，抗坏血酸的降解产物均可与氨基酸发生褐变反应（美拉德反应），使食品发生色泽和风味的变化。

6）维生素 B_1

维生素 B_1（硫胺素）广泛分布于动植物食品中，在全粒小麦、动物内脏（如肝、心、胃）、瘦猪肉、鸡蛋、核果、马铃薯中维生素 B_1 的含量比较丰富。

维生素 B_1 是白色至黄白色细小结晶，或结晶性粉末，略有米糠似的异臭，味苦。所以，食品中的维生素 B_1 会影响食品的风味和色泽。在维生素 B_1 的降解过程中，噻唑环开环分解生成硫、硫化氢、呋喃、噻吩和二氢噻吩等物质，这便是烹调食品中“肉香味”产生的原因。

7）维生素 B_2

维生素 B_2（核黄素）广泛存在于动植物中，在食品中，维生素 B_2 与磷酸和蛋白质结合而形成复合物，动物性食品中维生素 B_2 含量一般较高，尤其以肝、肾和心的维生素 B_2 含量最为丰富。奶类和蛋类中维生素 B_2 含量也较多。植物中绿色蔬菜和豆类中也含一定量的维生素 B_2，其他的植物维生素 B_2 含量则较低。

维生素 B_2 为黄至黄橙色结晶或结晶性粉末，水溶液呈黄绿色荧光，微臭，味微苦。可用作营养强化剂和着色剂。维生素 B_2 对酸、热和空气中的氧稳定，但在碱性介质中不稳定，在碱性溶液中辐射会引起维生素 B_2 裂解而产生光黄素，光黄素是一种黄绿色荧光的非活性化合物，是一种比维生素 B_2 更强的氧化剂，它可以破坏许多其他维生素，尤其是破坏维生素 C。维生素 B_2 对光非常敏感（尤其是紫外线）。

8）维生素 B_3

维生素 B_3（泛酸）广泛分布于肉类、谷类、蛋类、乳类和许多新鲜蔬菜中，食品中维生素 B_3 的分布见表 6-4。维生素 B_3 为浅黄色的黏性油状物，呈酸性。在许多食品及大多数生物原料中，维生素 B_3 主要以辅酶 A 的形式存在，大多为各类有机酸的硫酯衍生物。食品中有关游离或辅酶形式维生素 B_3 的分析数据很有限，但在牛肌肉和豌豆中发现游离态维生素 B_3 仅占该维生素总量的一半。合成的维生素 B_3 以泛酸钙的形式被用于食品强化中，该物质为白色结晶。泛醇，即泛酸相应的醇类，也被用于动物饲料的强化中。

表 6-4 一些食品中的泛酸含量

食　品	维生素 B_3 含量/$mg \cdot g^{-1}$	食　品	维生素 B_3 含量/$mg \cdot g^{-1}$
干啤酒酵母	200	荞麦	26
牛肝	76	菠菜	26
蛋黄	63	烤花生	25
肾	35	全乳	24
小麦麸皮	30	白面包	5

9）维生素 B_5

维生素 B_5（烟酸）广泛分布于蔬菜和动物来源的食品中。在动物组织中维生素 B_5 的主要形式为尼克酰胺。在谷物中烟酸以几种酯类形式天然存在，但没有烟酸活性。色氨酸在体内可转化为烟酸，许多以米为主食的地区，由于玉米蛋白中色氨酸的含量较低，导致癞皮病的严重发生。另外，玉米和其他谷物中烟酸的利用率较低，其原因是烟酸可能与碳水化合物、肽和酚类结合成复合物，失去了烟酸的活性。但经过碱处理后可将烟酸游离出来。

烟酸是白色或浅黄色结晶，或结晶性粉末，无臭或微臭，味微酸。烟酰胺是白色结晶性粉末，无臭或几乎无臭，味苦。

10）维生素 B_6

维生素 B_6 广泛分布于许多食品中，如牛乳中的含量为 54 μg/100 mL。此外它还存在于肉、肝、蔬菜、全谷粒和鸡蛋中，动物体内的维生素 B_6 以吡哆醛和吡哆胺的形式存在，谷物中维生素 B_6 主要以吡哆醇形式存在。维生素 B_6 的三种形式均为白色晶体，无臭。

11）维生素 B_{11}

维生素 B_{11}（叶酸）存在于许多食品中，尤以绿色蔬菜中的含量最丰富，在动物肝脏中含量也很丰富，在谷物、肉类、蛋类中含量一般，在乳中含量较低，人体肠道中微生物可以合成一些叶酸，并为人体所利用。只有少量的叶酸（蝶酰- L -谷氨酸）以天然形式存在。在以植物、动物和微生物来源的原料中，叶酸主要以聚谷氨酰类 5，6，7，8 -四氢叶酸（H_4 叶酸）的天然形式存在，其中蝶啶环状体系中的两个双键被还原。少量的 7，8 -二氢叶酸（H_2 叶酸）也以天然形式存在。大多数天然状态的叶酸存在于植物和动物组织以及植物与动物来源的食品中，它们都含有一个与以 γ 肽键连接的由 5～7 个谷氨酸组成的侧链。

叶酸为深黄色或橙色晶体。所有的叶酸盐都会遭受氧化降解，抗坏血酸与硫醇等还原剂能清除氧自由基，所以可以从多方面保护叶酸盐。除氧气外，食品中其余的氧化剂亦会影响叶酸盐的稳定性。

12）维生素 B_{12}

维生素 B_{12} 主要集中分布于动物性食品中，如肝、肾、心脏等，在鱼、蛋黄等中含量也较丰富，肉类、乳中含量一般，见表 6-5。维生素 B_{12} 由许多微生物合成，是维生素中唯一只能由微生物合成的维生素。植物食品中几乎不存在维生素 B_{12}，虽然某些豆类可吸附少量由根瘤菌产生的维生素 B_{12}，但很少进入种子内。所以"素食者"会发生维生素 B_{12} 不足的情况。多数动物组织中维生素 B_{12} 的主要组成除水钴胺素外，还有辅酶、甲基钴胺素和 5′-脱氧腺苷钴胺素。

表 6-5　食品中维生素 B_{12} 的分布

含　量	食　品	维生素 B_{12} 含量/(μg/100 g 湿重)
含量丰富	器官(肝、肾、心脏)，贝类(蛤、蠔)	>10
含量中等以上	脱脂浓缩乳，某些鱼、蟹、蛋黄	3～10
中等含量	肌肉，鱼，乳酪	1～3
其他	液体乳，赛达乳酪，农家乳酪	<1

维生素 B_{12} 是一种红色的晶体物质，在食品中稳定性好，可以用于强化食品。维生素 B_{12} 的合成产品是氰钴胺素，它是一种红色结晶或结晶粉末，无味，无臭，非常稳定，用于食品的强化及营养补充。同时，由于氰钴胺素的这一呈色作用使其在某些食品，尤其是浅色产品（如白面包）中的添加受到限制。

13）维生素 H

维生素 H(生物素)广泛存在于动植物食品中，其中蔬菜、牛奶、水果中以游离态存在，在内脏、种子和酵母中与蛋白质结合。胰液中生物素酶和肠黏膜能分解与蛋白质结合的生物素，释放出具有生物活性的游离生物素。人体生物素的供应只是部分依靠膳食摄入，而其他大部分是由肠道细菌合成。食用生鸡蛋清，可使生物素的人体利用率下降，这是由于生鸡蛋中含有一种抗生物素蛋白，能抑制生物素的吸收。一些食品中生物素的含量如表 6-6 所示。

表 6-6　一些食品中生物素的含量

食　品	生物素含量/$\mu g \cdot g^{-1}$	食　品	生物素含量/$\mu g \cdot g^{-1}$
苹果	0.9	乳酪	1.8～8.0
豆	3.0	莴苣	3.0
牛肉	2.6	牛乳	1.0～4.0
牛肝	96.0	蘑菇	16.0
柑橘	2.0	番茄	1.0
花生	30.0	小麦	5.2
马铃薯	0.6	菠菜	7.0

生物素为无色针状晶体，易溶于热水和稀碱，在酸性溶液中较稳定，但在碱性溶液中稳定性较差。

思考与练习

1. 什么是维生素？维生素的分类依据是什么？其异同性有哪些？
2. 维生素损失的途径有哪些？如何防止食品加工过程中维生素的损失？
3. 试述维生素对食品品质的影响。

7 矿物质

7.1 引言

地壳中存在 90 种化学元素，其中约 25 种是生命所必需的，存在于活细胞中。由于食品来自于植物或动物，因此，从食品中可以发现这 25 种元素。此外，生命系统还可以从它们所处的环境中积累非必需元素，因而食品中除这 25 种元素外还含有其他元素。另外，这些元素也会在食品原料的收获、加工和贮存过程中进入到食品中，也存在于食品添加剂中。

在食品和营养学上，矿物质还没有一个普遍可以接受的定义，它通常是指食品中除 C、H、O 和 N 以外的元素。由于食品经过灼烧后，有机物成为气体逸去，而无机物大部分为不挥发性的残渣，故矿物质又称灰分。在人体和动物体内，矿物质总量虽只有体重的 4%～5%，但却是不可缺少的成分。以不含矿物质的食物饲养小鼠，不久小鼠便会死亡。人体所需的矿物质，大部分从食物中获得，另一部分从饮水和食盐中摄取。人体所摄取的矿物质通过新陈代谢，每天有一部分随尿、粪、汗的排泄而流失，所以必须给予补充，尤其要注意 Ca、P、K、S、Na、Cl、Mg、Fe、I、Co 等的供给量。

7.2 食品中矿物质的分类

7.2.1 根据人体每天需要量来分类

人体中除碳、氢、氧、氮元素主要以有机化合物形式出现外，余下有益的营养元素无论存在形式如何、含量多少，统称为矿物质(或无机盐)。根据人体每天需要量多少，矿物质分为下面两大类。

(1) 常量元素(或宏量元素)：每天需要量在 100 mg 以上者，在人体含量较多的有钙、镁、钾、钠、硫、磷、氯等七种元素，占人体总灰分的 60%～80%。

(2) 微量元素(或痕量元素)：每天需要量仅数毫克者，有铁、碘、铜、锌、硒、锰、铬、钼、镍、钒、锡、氟、硅等近二十种元素。

7.2.2 根据矿物质对人体的作用来分类

矿物质还可分为必需元素、非必需元素及有毒元素三类。必需元素是指存在于机体健康组织中，对机体自身稳定起重要作用，缺乏时可使机体组织或功能出现异常，补充后又恢复正常的矿物质，但必需元素若摄取过量也会有害。目前已确定的人体必需的微量元素有14种，它们是铁、锌、铜、碘、锰、铝、钴、硒、铬、镍、锡、硅、氟、钒。

常见的有毒元素汞、镉、铅、砷，在正常状态下，它们不会对人体造成危害，但当它们污染食品、被人体大量摄入后，会对机体生理功能及正常代谢产生阻碍作用，造成人体中毒。

7.3 食品中矿物质的性质

矿物质元素以多种不同形式存在于食品中，这些形式通常是指种类，包括化合物、络合物和离子。在了解了矿物质元素间化学性质的差异、食品中存在的可与矿物质元素结合的非矿物质化合物的数量和种类，以及它们在食品加工和贮存过程中的化学变化后，人们对食品中矿物质的存在的多种方式就不足为奇了。此外，由于食品体系非常复杂，许多矿物质的存在形式不稳定，因此，分离和研究食品中矿物质的性质是非常困难的。人们对食品中矿物质的确切的化学存在形式了解得还非常有限，但无机化学、有机化学及生物化学的原理和概念对我们了解食品中矿物质元素非常有用。

7.3.1 矿物质的物理和化学性质

1）矿物质在水溶液中的溶解性

所有生物系统都含有水，几乎所有的营养元素都是溶解在水中并在水中为生物所代谢，所以，矿物质的生物利用率和活性在很大程度上取决于它们在水中的溶解性。除分子氧和氮外，所有元素的元素形式在生命系统中都没有生理活性，它们不溶于水，因此也不能与有机体或生物分子发生相互作用。

各种元素在食品中的存在形式很大程度上取决于元素本身的性质。元素周期表中的ⅠA族和ⅦA族元素在食品中主要以游离的离子形式（Na^+、K^+、Cl^-和F^-）存在。这些离子在水中的溶解度很高，并且与大多数配位体的作用力很弱，因此，在水溶液中主要以游离的离子形式存在。大多数其他元素则以络合物、螯合物或含氧阴离子的形式存在。

矿物质的络合物和螯合物的溶解性不同于无机盐的溶解性。例如，将氯化铁溶解在水中，铁很快以氢氧化铁的形式沉淀，而与柠檬酸根螯合的高价铁的溶解度却很大。相反，氯化钙是可溶的，但与草酸根离子螯合的钙不溶于水。

2）矿物质和酸碱性

任何矿物质都有正离子和负离子。但从营养学的角度看，只有氟化物、碘化物和磷酸盐的负离子才是重要的。水中氟化物成分比食品中更常见，其摄入量极大地依赖于地理位置，碘以碘化物（I^-）或碘酸盐（IO_3^-）的形式存在，磷酸盐以多种不同形式存在，其中包括磷酸盐（PO_4^{3-}）、磷酸氢盐（HPO_4^{2-}）、磷酸二氢盐（$H_2PO_4^-$）或者是磷酸（H_3PO_4），它们的电离常数分别为：$k_1=7.5\times10^{-3}$，$k_2=6.2\times10^{-8}$，$k_3=1.0\times10^{-12}$。各种微量元素参与的复杂生物过程可以利用 Lewis 的酸碱理论解释，由于不同价态的同一元素可以通过形成多种复合物参与不同的生化过程，因而具有不同的营养价值。

3）氧化还原性

碘化物和碘酸盐与食品中其他重要的无机负离子（磷酸盐、硫酸盐和碘酸盐）相比是比较强的氧化剂。正离子比负离子种类多，它们的结构复杂，可以通过它们所在元素周期表中的族来考查其化学性质。从营养学的观点来说，有些金属离子是有益健康的，而有些则是有害的，甚至有致癌作用。而碳酸盐和磷酸盐则比较难溶解。其他一些金属具有多种氧化态，如锡和铝(+2 和+4)、汞(+1 和+2)、铁(+2 和+3)、铬(+3 和+6)，锰(+2，+3，+4、+6 和+7)。这些金属中有许多能形成两性离子，既可作为氧化剂，又可作为还原剂。钼和铁最为重要的性质是能催化抗坏血酸和不饱和脂质的氧化。微量元素的这些价态变化和相互转换的平衡反应，都将影响组织器官的生理功能和环境特性，例如 pH、配位体组成、电效应等。

4) 微量元素的浓度

研究表明，微量元素的浓度和存在状态影响各种生化反应，许多原因不明的疾病(如癌症和地方病)都与微量元素相关。但实际上对必需微量元素的确认并非一件易事，因为矿物元素的价态、浓度及排列的有序性和状态对生命活动都会有不同的作用。

5) 螯合效应

许多金属离子也可作为有机分子的配位体或螯合剂，如血红素中的铁、细胞色素中的铜、叶绿素中的镁以及维生素 B_{12} 中的钴。具有生物活性结构的铬称为葡萄糖耐量因子(Glucose Tolerance Factor，GTF)，它是三价铬的一种有机络合物形式。在葡萄糖耐量生物检测中，它比无机 Cr^{3+} 的效能高 50 倍。葡萄糖耐量因子除含有约 65%的铬外，还含有烟酸、半胱氨酸、甘氨酸和谷氨酸，其精确的结构还不清楚，而 Cr^{6+} 是没有生物活性的。金属离子的螯合效应与螯合物的稳定性受其本身结构和环境的影响。一般五元环和六元环螯合物比其他更大或更小的环稳定。金属离子的 Lewis 碱性也会影响其稳定性，一般碱性越强越稳定。带电荷的配位体有利于形成稳定的螯合物。不同的电子供给体所形成的配位键强度不同，对氧来说，$H_2O>ROH>R_2O$；对氮来说，$H_3N>RNH_2>R_3N$；对硫来说，$R_2S>RSH>H_2S$。此外，分子中的共轭结构和立体位阻有利于螯合物的稳定。

7.3.2 食品中矿物质的利用率

在一个世纪前，人们就已经认识到食品中某种营养素的浓度不一定是该食品作为该营养素来源价值的可靠指标，为此，营养学家提出了营养素生物利用率的概念。生物利用率可定义为代谢过程中可被利用的营养素的量与摄入的营养素的量的比值。对于矿物质营养素，生物利用率主要通过从肠道到血液的吸收效率来确定。然而，在一些情况下吸收的营养素也会以不能利用的形式存在。例如，铁与一些螯合物结合，即使铁螯合物被吸收，铁也不能释放到细胞合成铁蛋白，未利用的铁螯合物从尿中排出。

矿物质生物利用率的变化范围较大，如一些形式铁的生物利用率低于 1%，而钠和钾则大于 90%。可将矿物质的营养利用过程作如下描述：食物在口腔咀嚼时唾液中的淀粉酶即开始了淀粉的消化过程，在此阶段，矿物质营养素的变化非常有限。食物被吞咽进入胃中，在胃中，食物的 pH 逐渐被胃酸降低至 2 左右。在此阶段，矿物质营养素发生很大的变化，螯合物的稳定性由于 pH 变化、蛋白质变性和水解反应而发生变化。矿物质可能释放到溶液中，也可能同其他配位体作用形成新的络合物。另外，过渡元素(如铁)在 pH 降低时发生价态变化：铁的氧化还原变化与 pH 有着密切的关系，在中性 pH，即使在过量的像抗坏血酸那样的还原剂存在的情况下，高价铁也不会被还原。而当 pH 降低时，抗坏血酸会迅速将

Fe^{3+}还原成Fe^{2+}。由于对大多数配位体Fe^{2+}比Fe^{3+}具有更低的亲和力，这个还原作用使得食物中的铁从螯合物中释放出来。

在下一个消化阶段，已在胃中被部分消化的食物进入小肠。在小肠，含有碳酸氢钠和消化酶的胰液将食物的 pH 提高，蛋白质和淀粉的消化继续进行。另外，脂酶开始消化三酰基甘油。随着消化的进行，原有配位体的形式发生变化并有更多的新的配位体形成，这些都将影响配位体与金属离子的亲和力。在小肠中，矿物质进一步发生变化，产生可溶和不可溶的高相对分子质量和低相对分子质量的络合物混合物。可溶性络合物可能扩散到小肠黏膜的刷状缘表面，在那里它们可能被黏液血细胞吸收或在细胞间通过。吸收过程可以由膜载体或离子通道推动。

矿物质吸收及影响矿物质吸收的因素非常复杂。尽管在胃肠道中矿物质会发生变化，但人们对它知之甚少。影响矿物质吸收的主要因素有：

(1) 食品的可消化性。如果食品不易消化，即使营养成分含量再丰富也难以被吸收。如麸皮、米糠中含有很多铁、锌等必需元素，但由于麸皮、米糠中含的铁、锌的可消化性很差，因而不能利用。

(2) 矿物质的物理、化学形态。在消化过程中，矿物质必须呈溶解状态才能被吸收。颗粒的大小会影响可消化性溶解度，因而也是影响生物有效性的因素。若用难溶物质来补充营养时，颗粒大小特别重要。

(3) 与其他营养物质的相互作用。例如食品中可溶性的钙，若遇到蔬菜中含有的草酸(蔬菜中的菠菜含草酸特别多)会结合成难溶的草酸钙，影响钙的溶解吸收。但乳糖在肠内生成的乳酸与钙生成乳酸钙则有利于钙的吸收。

(4) 螯合作用。生物系统中有三种类型的螯合物：① 传送和贮存金属离子的螯合物，如氨基酸-金属螯合物；② 新陈代谢所必需的螯合物，如亚铁血红素-血红蛋白的螯合部分；③ 降低生物有效性、干扰营养的螯合物，如植酸-金属螯合物。同一种螯合剂，可能干扰和降低一种元素的生物有效性，却可能增加另一种元素的生物有效性。例如在低有效锌的食物中添加 10 mg/100 g 的 EDTA(乙二胺四乙酸)，就相当于增加0.8 mg/100 g的锌，但是却干扰对铁和锰的利用。金属螯合物的稳定性和溶解度决定了金属元素的生物有效性。

(5) 加工方法。加工方法也能改变矿物质营养的生物有效性。磨碎的细度可提高难溶元素的生物有效性。添加到液体食物中的难溶的铁化合物，经加工并延长贮存期就可变为具有较高生物有效性的形式，发酵后面团中锌的有效性增加。

一般说来，动物性食物中矿物元素的生物有效性优于植物性食物。

7.4 食品加工与贮藏中矿物质的变化

食品中的矿物质对酸碱、空气、氧气及光线不像维生素那样敏感，一般在加工过程中不会大量损失。当然，某些矿物质的含量也会因加工处理而有所变动。加工过程中矿物元素可作为直接或间接的添加剂加入到食品中，因此食品中矿物质的含量可以变化很大。食品中矿物质不发生化学反应，通过物理方法除去或与其他物质形成一种不适宜于人和动物体吸收利用的形态。

1）加工预处理对食品中矿物质含量的影响

食品加工中最初的淋洗及整理除去下脚料的过程是食品中矿物质损失的主要途径。在烹调或热烫过程中由于水的作用而引起的矿物质损失是不可忽视的。表 7-1 为菠菜热烫中矿物质的损失，可见矿物质损失的程度是其溶解度的函数。在某些情况下，有的矿物质含量在加工过程中可以增加，如表 7-1 中的钙，从人体的健康以及减少金属罐的腐蚀观点出发，硝酸盐的损失可以认为是有益的。在煮熟的豌豆中矿物质损失的情况与上述菠菜中的略有不同，即豌豆中钙的损失与其他主要矿物质的损失大致相同，微量元素的损失也相似，见表 7-2。

表 7-1　菠菜热烫中矿物质损失的影响

矿物元素	含量/(g/100 g)		损失/%
	未热烫	热烫	
钾	6.9	3.0	56
钠	0.5	0.3	43
钙	2.2	2.3	0
镁	0.3	0.2	36
磷	0.6	0.4	36
亚硝酸盐	2.5	0.8	70

表 7-2　生的及煮熟的豌豆中矿物质的含量

矿物元素	含量/(mg/100 g)		损失/%
	生	煮熟	
钙	135	69	49
铜	0.80	0.33	59
铁	5.3	2.6	51
镁	163	57	65
锰	1.0	0.4	60
磷	453	156	65
钾	821	298	64
锌	2.2	1.1	50

2）矿物质含量通过与加工设备、加工用水及包装材料接触而改变

表 7-3 中列举了罐装食品中液体和固体部分的矿物质的分布以及不同包装引起微量元素和矿物质的差异。牛乳中的镍，主要是由于加工时所用的不锈钢容器所引起的，因为从牛的乳房挤出来的牛乳中并不存在镍。

表 7-3　蔬菜罐头中微量金属的分布

蔬　菜	罐头种类	取样部位	含量/$g \cdot kg^{-1}$		
			铝	锡	铁
绿豆	涂漆罐头	液体	0.10	5	2.8
		固体	0.7	10	4.8
菜豆	涂漆罐头	液体	0.07	5	9.8
		固体	0.15	10	26
小粒青豌豆	涂漆罐头	液体	0.04	10	10
		固体	0.55	20	12
旱芹菜心	涂漆罐头	液体	0.13	10	4.0
		固体	1.50	20	3.4
甜玉米	涂漆罐头	液体	0.04	10	1.0
		固体	0.30	20	6.4
蘑菇	素铁罐头	液体	0.01	15	5.1
		固体	0.04	55	16

3）食品加工工艺不同对食品中矿物质含量的影响

谷物磨碎时矿物质的损失大，所以食品磨得越细，微量元素越缺乏。谷类中矿物质主要分布于糊粉层和胚组织中，因而碾磨过程能引起矿物质的损失，损失量随碾磨的精细程度而增加，但各种矿物质的损失有所不同。例如：小麦经碾磨后，铁损失较严重，此外，铜、锰、锌、钴等会大量损失。精碾大米时，锌和铬大量损失，锰、钴、铜等也受影响。但是在大豆的加工中则有不同，因为大豆的加工主要是一些脱脂、分离、浓缩等过程。大豆经过这些加工工序，蛋白质的含量有所提高，而很多矿物质正是与蛋白质组分结合在一起才避免了损失。

4）不同食品加工方法对矿物质含量的影响

食品的加工制作方法不同对土豆中铜含量的影响见表 7-4。

表 7-4　加工的土豆中的铜含量

类　型	铜(mg/100 g 新鲜重量)	类　型	铜(mg/100 g 新鲜重量)
原料	0.21±0.10	土豆泥	0.10
水煮	0.10	法式炸土豆片	0.27
焙烤	0.18	快餐土豆	0.17
油炸土豆片	0.29	去皮土豆	0.34

5）食品中其他物质的存在对矿物质含量的影响

食品中矿物质损失的另一途径是与其他成分的相互作用。多价阴离子，如草酸、植酸等能与两价的金属阳离子形成盐，而这种盐是非常不容易溶解的，可经过消化道而不被吸收。

6）罐藏对食品中矿物质含量的影响

罐藏对食品中矿物质含量有较大的影响，如罐藏的菠菜较新鲜的损失 81.7%的锰、

70.8%的钴和40.1%的锌。番茄制成罐头后损失83.8%的锌，胡萝卜、甜菜、青豆制成罐头后，钴分别损失70%、66.7%和88.9%。

7.5 食品中矿物质的调控

7.5.1 食品矿物质的含量受环境的影响

矿物质元素在食品中的含量在很大程度上受环境因素的影响。例如：食品中的矿物质可受土壤中金属的含量、地区分布、季节、水源、施用的肥料、杀虫剂和杀菌剂以及膳食特点的影响。

植物生长需要从土壤中吸收水分和必需的矿物质营养素，营养素一旦为植物的根吸收就会被输送到植物的其他部分。植物可食部分的最后组成受土壤的肥沃程度、植物的遗传特性和生长环境的影响和控制。同一品种植物的矿物质含量的变化程度可以通过小麦来说明，生长在澳大利亚、北美、英国的小麦的锌的含量从4.5～37.2 mg/kg不等，铁的含量从23.6～74.7 mg/kg不等。

矿物质的来源包括肥料、腐烂的有机质和风化的岩石。矿物质从根部被有选择地吸收后向上输送到植物底的其他部分，整个过程通过植物的基因来调节。

此外，矿物质在加工过程中作为直接或间接添加剂进入食品，这是一种十分易变的因素。因此，食品和水分中的矿物质含量可以变化很大，见表7-5。

表7-5 饮用水和食品中微量元素的浓度

元素	浓度
砷	0～100 μg/L，每日食品中137～330 μg
钡	<1 mg/L
铍	<1 μg/L
镉	<10 μg/L
铬	<100 μg/L
钴	在每千克绿叶菠菜中可高达0.5 mg
铜	存在于动物和植物食品中，1～280 μg /L
铅	20～600 μg/L
锰	0.5～1.5 mg/L
镁	6～120 mg/L
汞	<1 μg/L，每天由食物中摄入10 μg
钼	<100 μg/L，每千克食物中含有100～1 000 μg
镍	1～100 μg/L，每日食品中含有300～600 μg
硒	<10 μg/L，在每千克粮食、肉和海产品中含量100～300 μg
锡	1～2 μg/L，每日食品中含有1～30 μg
钒	2～300 μg/L
锌	3～2 000 μg/L

7.5.2 食品中矿物质的强化

造成人体缺乏矿物质的因素主要是：食品中矿物质含量低，食品在加工、烹调过程中的矿物质损失及矿物质生物有效性，人体在不同的生理阶段对矿物质的特殊需求等。人体缺乏矿物质会对机体造成不同程度的危害，所以在食品中强化矿物质是很必要的。矿物质强化剂种类主要有钙和铁，其他的还有磷、锌、碘等。用钙强化食品时，常用碳酸钙、硫酸钙、磷酸钙、磷酸二氢钙、柠檬酸钙、葡萄糖酸钙及乳酸钙等，其中乳酸钙最好。此外，添加食用骨粉或蛋壳粉等含钙的天然物质，生物有效性高，是补钙的有效措施。铁作强化剂的铁化合物有硫酸亚铁、正磷酸铁和焦磷酸铁钠，其中硫酸亚铁颜色较浅，易于吸收，比较常用。

在对食品进行矿物质强化时，应注意其生物有效性的影响。钙或铁强化剂的颗粒大小与机体的吸收、利用的情况密切相关，应选择颗粒小、溶解度大的作为强化剂。例如：胶体碳酸钙颗粒小，与水形成均匀的乳浊液，其吸收利用率好。再者，铁强化剂在食品加工中易与食品中其他成分起反应或受加工的影响发生变化，从而降低铁的生物有效性。

我国规定在谷类粉中强化亚铁盐 40 mg/kg、钙 3 g/kg、锌 20 mg/kg(分别以元素铁、钙、锌计)。现在生产的强化面包、饼干、糕点等食品已有不少品种，乳粉及其他乳制品中也需强化铁、锌等矿物质，在代乳糕中还需强化钙。此外，在酱油、酱等调料副食品中也可适当添加钙及维生素。

我国缺碘地区较多，在食盐中强化碘是非常必要的，其强化量为 20～50 mg/kg。

7.6 矿物质的人体需要特点

体内矿物质必须由外界环境供给，其不能提供热量，但为构成人体组织和维持正常生理功能所必需。在人体新陈代谢过程中，各种矿物质每日有一定量随粪、尿、汗、头发、指甲、皮肤黏膜的脱落排出体外，所以必须从食物中获得足够的各种矿物质，才能维持良好的健康状况。在一般情况下，强调食物的多样化，人类可以从各种食物中获得足量的矿物质。

矿物质对人体有一个适宜的量，摄入量不够会引起缺乏症，过多会引起中毒。特别是一些微量元素，其生理作用剂量与中毒剂量极接近。根据矿物质在食物中的分布及其在人体内吸收与需要的特点，我国人群中比较容易缺乏的有钙、铁、锌。在特殊地理环境和特殊生理条件下，也可能出现碘、氟、硒、铬等元素的缺乏。

7.6.1 矿物质的生理功能

食品中矿物质的主要生理功能有下面几点。

(1) 矿物质是构成人体组织的重要原料。如钙、磷、镁是骨骼和牙齿的重要组成部分，磷和硫参与构成组织蛋白。头发、指甲、皮肤以及腺体分泌物中，都含有本身所特有的一种或多种元素。

(2) 矿物质能维持渗透压，对体液移动和储留过程起重要作用，使组织保留一定量的水分，并保持水平衡。

(3) 矿物质能维持体液的中和性，保持酸碱平衡。细胞活动必须在近于中性环境中进行，体液中主要正负离子的浓度相等，从而维持体液的中和性。

(4) 矿物质能维持神经肌肉兴奋性。在组织液中各种无机离子，特别是保持一定比例的钾、钠、钙、镁离子，能维持神经肌肉的兴奋性、细胞的通透性和所有细胞的正常功能。

(5) 矿物质参与酶的构成。微量元素是某些有特殊生理功能重要物质的成分，如血红蛋白和细胞色素酶系中的铁、甲状腺激素中的碘和谷胱甘肽过氧化酶中的硒等。

(6) 矿物质是酶的活化剂。无机离子是很多酶系统的活化剂或组成成分。如盐酸可活化胃蛋白酶原，氯离子可活化唾液淀粉酶，镁与氧化磷可活化氧化磷酸化的多种酶类。

7.6.2 食品中重要的矿物质

(1) 钙

无机盐中钙是人体内含量最多的元素，仅次于碳、氢、氧、氮，总含量约为1 200 g，占体重的1.5%～2.0%。其中99%存在于骨骼和牙齿中，主要形式为羟磷灰石 $Ca_3(PO_4)_2 \cdot CaCO_3$ 和 $Ca_3(PO_4)_2 \cdot Ca(OH)_2$，其余1%存在于软组织、细胞外液及血液中，并与骨骼中的钙保持着动态平衡。

人体内钙除了构成骨骼和牙齿外，还能维持毛细管及细胞膜的渗透性，以及神经肌肉的正常兴奋和心跳规律。若血钙下降则会引起神经肌肉兴奋性增强，从而产生手足抽搐；血钙增高可引起心脏、呼吸衰竭。此外，钙还参与凝血过程，对多种酶有激活作用。

儿童若缺钙，易患佝偻病，成人则易引起骨质软化症。

食物中钙的最好来源是乳及乳制品，因为它具备含量丰富同时吸收率高的特点。小虾、小鱼、海带、紫菜等海产品富含钙。植物性食品中绿叶蔬菜、豆类、芝麻酱中含钙较多。

(2) 磷

正常人机体内含磷总量为600～900 g，其中约有85%的磷以磷酸盐形式与钙一起存在于骨骼和牙齿中。其余的则以有机磷化合物形式存在于细胞中。

磷的生理功能除构成骨骼、牙齿的主要成分外，它还是构成软组织的重要成分。如：核酸、脂和很多蛋白质结构等均含磷。此外，磷还具有参与机体能量代谢、参与酶的组成、维持体液酸碱平衡等重要功能。

大豆、谷类种子主要含植酸形式的磷，利用率低。但是可以通过食品加工的手段提高其利用率。如：将谷粒、豆粒用热水浸泡，植酸能被酶水解，从而降低植酸盐含量，提高其利用率。磷的主要来源有乳和乳制品、肉类、鱼类、蛋黄、核桃、花生等。

(3) 铁

铁是人体必需的微量元素，成人体内含铁4～5 g，60%～70%的铁存在于红细胞的血红蛋白中，其余的铁分布于肌红蛋白、铁蛋白、铁血黄素、细胞色素及一些酶类中。机体内的铁均与蛋白质结合在一起，无游离的铁离子存在。

铁在机体内参与氧的运送、交换和组织呼吸过程。此外，铁还与能量代谢及促进肝脏等组织细胞的生长发育有关。人体缺铁会引起缺铁性贫血。

食品加工过程会对铁的生物有效性产生一定的影响。如：在食品加工中去除植酸盐或添加维生素C有助于铁的吸收；而饼干的焙烤可将添加的二价铁变为三价铁，从而阻碍铁的吸收。

食物中的肝、肾、蛋、大豆、芝麻、绿色蔬菜等是铁的良好来源。此外，为了提高铁的吸收率，还应注意动、植物性食品混合食用以加强铁的吸收。

(4) 锌

锌是人体必需的微量元素之一。机体内，锌含量仅次于铁，为 1.4～2.3 g，主要存在于头发、皮肤、骨骼、肝脏、肌肉、眼睛及雄性腺中。剩下的锌主要以酶的组分形式存在于红血球中。

锌在机体内参与很多酶的组成，并为酶的活性所必需。例如：它是红细胞磷酸酐酶的组成成分。锌也是蛋白质合成的一个重要因素。锌对生长发育、创伤愈合及味觉和食欲有明显的影响。

动物性食物中锌的生物有效性高于植物性食品，所以，牛肉、羊肉、猪肉、鱼类及海产品等动物性食品是锌的可靠来源。此外，豆类、小麦等也含锌。

(5) 碘

人体内含碘总量为 20～50 mg，其中约 20%以甲状腺素、三碘甲腺原氨酸的形式存在于甲状腺中，其余以蛋白质结合碘的形式分布于血浆中，此外，肌肉、肾上腺及其他腺体内也存在有碘。

碘的生理功能主要体现在参与甲状腺素的合成及对机体代谢的调节。它能调节体内的能量代谢，蛋白质、脂类与糖代谢，促进生长发育，影响个体体力、智力的发展以及神经、肌肉组织等的活动。

机体缺碘可造成甲状腺肿，孕妇缺碘会引起新生儿患“呆小症”。食物中碘含量不足并不是造成机体缺碘的唯一原因。有些食物中本身含有抗甲状腺素物质，如：卷心菜、油菜、萝卜中含有的硫脲类化合物就具有这种性能。

海产品尤其是海带、紫菜、发菜、海蜇等富含碘，是碘的良好来源。蛋、奶、海盐中的原盐也含一定量的碘。

(6) 钠

人体内钠的含量约为 1.4 g/kg。钠可以维持人体体液的渗透压，而且它能激活某些酶，如淀粉酶。钠的吸收是很快的，摄入后 3～6 min 即开始吸收。钠的日摄入量为 1.7～6.9 g。钠摄入过多、过少都会引起代谢的严重失调。但从营养观点来看，人们比较关心的是过多的摄入，因为它会引起高血压。为了减少钠的摄入可用无钠膳食或盐的代替品，后者如琥珀酸、谷氨酸、碳酸、乳酸、盐酸、酒石酸和柠檬酸等的钾、钙和镁盐。但食盐能改善食品的风味，所以也可以摄取“低钠盐膳食”。

(7) 钾

人体内钾的含量约为 2 g/kg。钾主要存在细胞内，它可调节细胞内的渗透压、细胞膜的运输，并能激活许多糖酵解酶和呼吸酶，钾的日摄入量为 2～5.9 g，最少的日需量为782 mg，缺钾可引起许多疾病。人体中钾的主要来源是水果和蔬菜等植物性食物，此外在面包、油脂、马铃薯和糖浆中含钾也较丰富。

(8) 镁

人体中镁的含量较少，成年人体内镁的含量为 25 g，大部分镁存在于骨骼中并结合成磷酸盐或碳酸盐，体内 1/5 的镁是在软组织内并与蛋白质呈结合态，血浆中镁的含量为 1.4～2.4 mg/100 mL。在细胞中此金属主要集中在线粒体中。许多食品中含镁，尤其是绿色植物中，因为镁是叶绿素的重要组成之一，小麦中镁的含量丰富，但主要集中在胚及糠麸中，胚乳中含量较少。此外，牡蛎中镁的含量很高。

(9) 硒

硒是生物体内一种特异性非常强的抗氧化剂，是谷胱甘肽过氧化物酶的组分之一，此酶能防止毒性过氧化物在细胞中的累积，保护细胞免受损伤，而且在蛋白质合成中起一定作用。硒常与有机分子结合在一起。不同的硒化合物抵抗疾病的能力不同，最活泼的是亚硒酸盐，但它在化学上则是最不稳定的。植物性食品中硒的生物有效性高于动物性食品。许多硒化合物具有挥发性，所以在烹调或加工以后会损失。如脱脂奶粉干燥时会损失 5%的硒。牛乳中硒的含量从 5 μg/kg 到 1 270 μg/kg 不等；蔬菜中硒的含量很少，约为 0.01 μg/kg；鸡蛋含硒 233 μg/kg；脱脂奶粉中为 95～240 μg/kg；猪肉含硒 106 μg/kg；人参含硒150 μg/kg，花生含硒 137 μg/kg。食品中硒的含量与硒的地理分布有关。例如，我国高硒地区所产粮食的硒含量高达 6 000 μg/kg，而低硒地区所产的粮食硒含量是 6 μg/kg，二者相差 1 000 倍。

(10) 氟

氟为骨骼及牙齿中重要的矿物元素，可防止牙齿受到腐蚀，有人用小白鼠试验发现氟是正常生长所必需的元素。氟的主要来源是饮用水，一般饮用水中氟的含量为 0.2～1.0 mg/L。软水中不存在氟，而有些硬水中氟可高达 10 mg/L，对牙齿的最适量为 1.0 mg/L。食品中氟的含量一般很低，约低于 1 mg/kg，但海鱼中氟含量非常丰富，可高达 5～10 mg/kg。另一富氟资源为茶叶，如在干旱地区的茶中氟的含量可高达 100 mg/kg。过量的氟会发生"牙氟中毒"，使牙齿的釉质发育不全，如有些地区饮用水中氟超过 10 mg/L 时就会发生上述现象。

(11) 铜

绿色蔬菜、鱼类，贝壳类和肝中含铜丰富，而牛乳、肉、面包中铜含量较低。因此喂牛乳的婴儿有缺铜的危险。正常膳食可供给铜 2～5 mg/d，这比日需要量的 0.6～2 mg/d 要高出许多。铜是许多氧化还原酶的一个组分，如多酚氧化酶、细胞色素氧化酶系。铜也是一种氧化强化剂，能催化不饱和脂肪酸、油及维生素 C 的氧化。

(12) 钼

钼是一种必需营养微量元素，它在谷物种子、豆类、绿色蔬菜及动物器官中含量较为丰富，而在水果中的含量相当低。钼在食物中含量范围变化很大，而且与土壤的性质有很大关系，例如在中性或碱性并含有机质高的土壤中生长的作物含钼丰富，而生长在酸性砂壤中的作物含量则低。人体内钼的含量与心脏病和克山病的发病机制有密切的关系。

(13) 铬

铬存在有机体中，也是一种必需营养微量元素，但只有三价的铬具有活性，在生物组织中它不能被氧化成六价。铬的日推荐摄入量为 50 μg/d，铬多存在于糙米、麦麸之中，动物的肝脏、葡萄汁、果仁中也较为丰富。因人体铬的需求量很少，因此一般从饮食中获得即可。但研究发现，很多人在铬的摄入上都严重不足，因为我们日常食用含糖的食物过多，而糖能起到消耗铬的作用。缺铬的实验动物不能降低体内葡萄糖的水平，这是由于外周组织对胰岛素不敏感而引起的。所谓"葡萄糖耐受因子"为一种铬的有机物，它比铬盐活性更高。含 GTF 最丰富的来源为啤酒酵母、黑胡椒、肝、全麦面包以及啤酒。

(14) 砷

极少量的砷对动物有重要的作用，但都认为砷是有毒的元素。砷存在于土壤、水及动植物食物中。贝壳类中砷含量比其他食物都高。有人认为砷能刺激生长而将其加入猪及禽类的饲料内，这可能是改变了肠中细菌菌群的缘故。砷在食物中呈有机态结合而且很快排出。

(15) 汞

大多数污染环境的汞为金属汞或无机态汞，汞中毒会产生震颤症和口腔炎。汞的烷基衍生物才是危险的形式，如甲基汞或乙基汞，可引起脑病，而且是不可逆的。烷基汞衍生物是通过食物或摄食污染水中的肉食性的鱼类和用汞杀菌剂处理过的谷物而进入人体的。当水被无机汞污染时，微生物能将其转化为甲基汞而进入食物链，并通过吃小鱼的鱼类而进行累积。

7.7 矿物质与食品的品质

矿物质在生物体内具有重要的功能，它是构成人体组织的重要组成，能维持体液和细胞的渗透压，维持机体的酸碱平衡，有些矿物质是酶的辅助因素。食品中的矿物质不仅具有上述的营养和生理功能，有些矿物质还能赋予食品一定的风味，影响食品的质地。

7.7.1 牛乳中的矿物元素

牛乳中常量矿物元素的大致情况如表 7-6 所示，牛乳中灰分的含量约为 0.7%。牛乳与血浆中矿物元素的最大不同点是其含钾、钠的相对水平，100 g 血浆中含 330 mg 的钠，而仅含 20 mg 的钾，相反牛乳中钾的水平要比血浆中的高 3 倍。牛乳中某些矿物元素的水平超过了它的溶解度，所以常呈胶体状态。例如牛乳的胶体颗粒中含有钙、镁、磷和柠檬酸等。当牛乳用凝乳酶凝固时，这些颗粒就沉淀下来。用透析法、超离心法等可以得到没有矿物元素的血浆。当牛乳加热时钙和磷可从溶解状态变成胶体状态。pH 的变化可以影响离子平衡，例如 pH 5.2 时钙和磷呈溶解状态，搅拌和加热可除去 CO_2 而提高 pH。牛乳浓缩时会产生两种作用：一方面由于体积的减少而导致钙、磷转变成胶体状态；另一方面，浓缩会引起氢离子释放而能使某些胶态的钙、磷溶解，而最后的结果则与牛乳中盐的最初状况和热处理方式的关系很大。

牛乳中酪蛋白盐颗粒的稳定性可以用热稳定凝乳酶的凝结作用和乙醇稳定性等方法测定。各种形式的磷酸，尤其是聚磷酸，后者是一种钙复合物试剂，能使牛乳酪蛋白盐的稳定性大大增加。加入钙离子则有相反的作用，它能降低牛乳的稳定性。

表 7-6 牛乳(脱脂牛乳)中常量矿物元素平均含量

组 成	平均含量/(mg/100 g)	组 成	平均含量/(mg/100 g)
钠	50	氯	100
钾	145	硫酸盐	10
钙	120	碳酸盐(以 CO_2 计)	20
镁	13	柠檬酸盐(以柠檬酸计)	175
磷(总量)	95	磷(无机磷)	75

7.7.2 肉中的矿物元素

肉中钠、钾和磷的含量都相当的高，肉中镁的含量比钙高得多，瘦肉中钾的含量比钙高，见表 7-7。肉中的矿物元素有的呈溶解状态，有的则呈不溶解状态，不溶解的矿物元素与蛋白质连接在一起。因为矿物元素主要是和肉中的非脂肪部分连接，所以瘦肉中矿物元素和灰分的含量最高。当肉失去水分时，损失的主要元素为钠，而钙、磷和钾损失较少。瘦肉组织约含 40%的胞内液、20%的胞外液和 40%的固态部分。钾几乎全部都在胞内液的汁液中，并与镁、磷酸盐和硫酸盐在一起。钠主要在胞外液中，并主要与盐酸盐和碳酸盐在一起。在烹调过程中可能钠会损失，但其他的矿物元素会很好地保留。加工过程中一般不会使肉中矿物元素含量降低。盐水腌制的肉中钠的含量增加。

表 7-7 牛肉中的矿物元素组成

组　成	含量/(mg/100 g)	组　成	含量/(mg/100 g)
全钙	86.0	全无机磷	233.0
可溶性钙	38.0	可溶性无机盐	95.2
全磷	24.4	钠	168.0
可溶性磷	17.7	钾	244.0
全柠檬酸	8.2	氯	48.0
可溶性柠檬酸	6.6		

离子化平衡在肉的持水力中起着很大的作用。僵直或僵直后的瘦肉，其 pH(通常 pH 为 5.5)与肌动球蛋白的等电点接近。在此 pH 时蛋白质上的净电荷最少。当加入酸或碱时，盐的交联键发生破裂，因而增加了静电排斥，从而使蛋白质的网络组织变得疏松而吸收更多的水。将中性盐如氯化钠加入肉中会增加它的持水力和膨胀度，膨胀效应主要是氯离子引起的。胞内液与胞外液的组成可以用来解释氯化钠等的效应。在细胞膜内的蛋白质是不能扩散的，而无机离子则可跨过此半透膜。

有时磷酸盐可在食品中形成一种玻璃状结晶，其组成为一种镁铵磷酸盐。这种玻璃状结晶常容易被消费者误认为是碎玻璃片，尤其在水产品罐头中容易出现这种结晶，例如螃蟹罐头。这种玻璃状结晶可能是由海水中的镁和鱼或贝壳类中的肌肉蛋白由于加热的影响所生成的胺的结合物。

7.7.3 植物性食物中的矿物元素

一般植物中钾的含量要比钠高，小麦中的常量矿物元素列于表 7-8 中，其中包括钾、磷、钙、镁和硫。小麦中钠的含量仅为 80 mg/kg。矿物元素在小麦种子中的分配是不平均的，它们主要集中在麸皮及其附近部位中。不同的加工方法会使灰分含量有很大差别，长期以来都认为面粉中灰分含量与其品质有关，并根据面粉中灰分含量来检定磨粉工艺对小麦的提取度。含灰分较高的面粉颜色较深，灰分低的，颜色较白。当然，如前所述，小麦中灰分含量与外界因素有关。矿物元素在小麦各部位中的分配可见表 7-9，高级面粉(富强粉)为纯小麦胚乳，含灰分 0.30%～0.35%，而普通面粉含灰分 1.35%～1.80%。

表 7-8　小麦中常量矿物元素组成/%

矿物元素	平均含量	范　围
钾	0.40	0.20～0.60
磷	0.40	0.15～0.55
钙	0.05	0.03～0.12
镁	0.15	0.08～0.30
硫	0.20	0.12～0.30

表 7-9　冬小麦胚乳和麦麸部分中矿物元素组成/%

矿物元素	全胚乳	全麦麸	小麦种子中心部分	胚　尖	残余部分	整麦粒
磷	0.10	0.38	0.35	0.55	0.41	0.44
钾	0.13	0.35	0.34	0.52	0.41	0.42
钠	0.002 9	0.006 7	0.005 1	0.003 6	0.005 7	0.006 4
钙	0.017	0.032	0.025	0.051	0.036	0.037
镁	0.016	0.11	0.086	0.13	0.13	0.11
锰	24	32	29	77	44	49
铁	13	31	40	81	46	54
铜	8	11	7	8	12	8

大豆中灰分的含量可高达 5%。表 7-10 为大豆中灰分和矿物元素的含量，其中磷和钾的含量很高。大豆中 70%～80%的磷是以植酸（肌醇磷酸）状态存在。植酸钙镁是六磷酸肌醇或植酸的钙镁钾盐。植酸会影响蛋白质的溶解度，并能干扰人对膳食中钙的吸收。

表 7-10　大豆（干重）中矿物元素的含量/%

矿物元素	平均含量	范　围
灰分	4.60	3.30～6.35
钾	1.83	0.81～2.39
钙	0.24	0.19～0.30
镁	0.31	0.24～0.34
磷	0.78	0.50～1.08
硫	0.24	0.10～0.45
氯	0.03	0.03～0.04
钠	0.24	0.14～0.61

水果中的矿物元素也经过很多研究，一般说来，水果中的矿物元素不如蔬菜中的丰富，在所有水果中苹果的矿物元素含量最低。水果中矿物元素的含量与产地有很大的关系。

7.7.4 矿物质对食品酸碱性的影响

1）食品的酸碱性

食品进入体内消化系统，不论原来属酸性、中性或碱性，均被消化、吸收，进入血液，送往各组织器官。矿物质元素在生理上有酸性和碱性之别，属于金属的钾、钠、钙、镁、铁等为碱性元素，属于非金属的氯、磷、硫等为酸性元素。

食品中所含碱性元素总量所呈的碱性高于酸性元素总量所呈的酸性时，经体内代谢后的产物仍为碱性，则该食品属于碱性食品。反之，如果食品所含酸性元素总量所呈的酸性高于碱性元素总量所呈的碱性时，则属于酸性食品。可以通过食品灰化后，用酸或碱溶液进行中和滴定来确定。

人体血液因其自身的缓冲作用，在正常情况下保持弱碱性（pH 在 7.3～7.4），若多食酸性食品，导致血液偏酸性，则会增加钙、镁等碱性元素的消耗，并引起各种酸中毒症，儿童容易患皮肤病、疲劳倦怠、龋齿、软骨病等，中老年容易患神经病、血压增高、动脉硬化等。

2）酸性食品和碱性食品的特点

酸性食品含非金属元素较多，如氧、硫、磷等。在体内代谢后可形成带阴离子的酸根，所以称之为酸性食品。通常富含蛋白质、脂肪及糖类的食品多为酸性食品。如：谷类、肉类、鱼贝类、蛋类、黄油及干酪等。

碱性食品含金属元素较多，如钠、钾、钙、镁等。在人体内代谢后可形成带阳离子的碱性氧化物，称之为碱性食品。主要有蔬菜、水果、薯类、大豆、牛奶等。值得指出的是，水果等食品虽然带有酸味，但其酸味物质有机酸在体内代谢后生成二氧化碳和水排出体外，留下带阳离子的碱性元素，水果应属碱性食品。常见碱性食品和酸性食品见表 7-11。

表 7-11 常见食品的酸碱度

碱性食品	碱度/mL 数	酸性食品	酸度/mL 数
大豆	9～10	精米	3～5
甘薯	6～10	糙米	9～14
马铃薯	5～9	大麦	10
萝卜、芜菁类	6～10	面粉	3～5
胡萝卜	9～15	燕麦粥	15
洋葱	1～2	玉米	5
番茄	3～5	精米饭	1
苹果	1～3	白面包	2～3
柑橘类	5～10	蚕豆	5～10
红砂糖	15	鸡蛋	10～20
海带	40	肉类	10～20
牛乳	2	鱼类（无骨）	10～20
血液（正常）	5	干酪	4

3）人体体液酸碱调控

人体体液的 pH 在 7.3～7.4 之间，正常状态下人体自身的缓冲功能可保持体液酸碱平衡。膳食搭配不当可引起机体酸碱平衡失调。若摄入酸性食品过多，可导致血液 pH 下降，引起各种酸中毒及缺钙症。我国的膳食习惯以谷类主食摄入较多，所以平时应多补充水果、蔬菜等碱性食品。在日常膳食中应注意酸性食品与碱性食品的合理搭配，特别要控制酸性食品的比例，以保持机体的酸碱平衡，同时也有利于食品营养价值的功效。

7.7.5 加工中的矿物元素对食品营养或感官品质的影响

加工中的矿物元素，无论是食品本身存在的或在加工过程中加入的，它们都会干扰食品的营养或感官品质，如：蔬菜产品的褪色或变色常常是由酚类化合物与金属形成复合物而造成的；抗坏血酸的氧化损失也是由于含金属的酶类而引起的；而含铁的脂氧合酶能使食品产生不良的风味。螯合剂的应用可以消除或减轻上述金属对食品的不良影响。

思考与练习

1. 什么是矿物质？食品中矿物质元素是如何分类的？
2. 什么是酸性食品？什么是碱性食品？
3. 简述合理搭配膳食的意义和方法。
4. 钙、磷、铁、碘等元素对人体有何功能？
5. 影响矿物质生物有效性的因素有哪些？

8 酶

8.1 引言

8.1.1 酶在食品科学中的重要性

人类制备食品时使用酶已有很长的时间，尽管当时人类并没有任何有关催化剂和化学反应本质方面的知识，然而使用酶的技术还是流传了下来。在酿造中利用发芽的大麦来转化淀粉和用破碎的木瓜树叶包裹肉以使肉嫩化是两个在古代制备食品时使用酶的例子。研究消化、发酵和水解反应中的酶时都涉及食品。很长时间以来，食品科学家都在研究酶的作用，特别是能导致食品腐败变化的那些酶的作用，其中果胶酶和多酚氧化酶作用的研究备受关注。

在生物体内，酶控制着所有的生物大分子（蛋白质、碳水化合物、脂类、核酸）和小分子（氨基酸、糖、脂肪和维生素）的合成和分解。由于食品加工的主要原料是生物来源的材料，因此，在食品加工中的原料部分含有种类繁多的内源酶，其中某些酶在原料的加工期间甚至在加工完成后的产品保藏期间仍然具有活性。这些酶的作用有的对食品加工是有益的，例如牛乳中的蛋白酶，在奶酪成熟过程中能催化酪蛋白水解而赋予奶酪以特殊风味。而有的酶是需要有目的地控制的，例如番茄中的果胶酶在番茄酱加工中能催化果胶物质的降解而使番茄酱产品的黏度下降。除了在食品原料中存在着内源酶的作用外，在食品加工和保藏过程中还使用不同的外源酶以提高产品的产量和质量。例如使用淀粉酶和葡萄糖异构酶从玉米淀粉生产高果糖玉米糖浆；在牛乳中加入乳糖酶将乳糖转化成葡萄糖和半乳糖，提供适合于有乳糖缺乏症的人群饮用的牛乳。因此，酶对食品工业的重要性是显而易见的。

如何有效地使用和控制外源酶和内源酶，需要我们掌握酶的基本知识，包括酶的本质，酶是怎样作用于底物和如何控制酶的作用等。

8.1.2 酶在食品原料中的分布

食品原料中酶的分布是不均匀的。所有动植物源性食品的组织和器官中都含有一定量的酶，酶对动植物的生长和发育来说具有十分重要的作用，且在分解或影响酶活性条件改变之前这些酶都一直保持其活性。一般来说，这些酶的活性在贮藏期间有所增强。

食品加工中常用破坏动植物细胞的方法使酶释放出来以产生作用，或使酶失活以中断它的方法来控制加工过程与改善品质，例如，细胞破碎时多酚氧化酶被释放使氧气与多酚化合物作用产生酶促褐变，即能生成红茶所需的色素，但对于水果和蔬菜（如香蕉和土豆）来说则会引起它们品质的下降。

大部分酶与细胞膜或细胞器的膜结合在一起，只有在不正常的环境条件下，酶才会从生物膜中溶解出来。一般来说，不同的酶存在于不同的细胞中，表 8-1 中给出了动物细胞中不同细胞器酶的分布。

表 8-1　动物细胞中不同部位所含的酶①

部　位	酶
细胞核	DNA 依赖性 RNA 聚合酶，多聚腺嘌呤合成酶
线粒体	琥珀酸盐脱氢酶，细胞色素氧化酶，谷氨酸盐脱氢酶，苹果酸盐脱氢酶，α-酮戊二酸盐脱氢酶，丙酮酸盐脱羧酶
溶酶体	组织蛋白酶 A、B、C、D、E，胶原酶，酸性核糖核酸酶，酸性磷酸酶，β-乳糖酶，唾液酸酶，溶解酵素，甘油三酯脂肪酶
过氧化物体	过氧化氢酶，尿酸盐过氧化酶，D-氨基酸氧化酶
内质网、高尔基复合体	葡萄糖-6-磷酸酶，核苷二磷酸化酶，核苷磷酸化酶
可溶性酶	乳酸脱氢酶，磷酸果糖激酶，葡萄糖-6-磷酸脱氢酶，转酮醇酶
胰腺酶原颗粒	胰凝乳蛋白酶源，脂肪酶，淀粉酶，核糖核酸酶

注：①摘自 Whitaker (1994)。

此外，酶不但在各种细胞器中有不同的分布，而且在食品的不同部位酶的分布与种类也不尽相同，甚至随生长期不同也会有所差异。例如牛奶中有 20 种酶，而另一些酶来自白血球或牛奶中的微生物。鸡蛋蛋白中约含 3.5%(干重)的溶菌酶。麦粒中约含有 55 种酶，外层酶较少；糊粉层则含有多种酶，浓度也很高；胚乳中酶的浓度较低，但因占胚乳麦粒总量的 82%，故酶总量相当多；胚中也含多种的酶。肌肉组织中含有与糖酵解和氧化磷酸化作用有关的酶。

8.2　酶的性质与结构

8.2.1　酶的化学本质

酶是由活生命机体产生的具有催化活性的蛋白质，只要不是处于变性状态，无论是在细胞内还是在细胞外，酶都可发挥其催化作用。关于酶是否是蛋白质的问题，在 20 世纪初曾有过争论。1926 年萨姆纳(Sumner)首次从刀豆提取液中分离纯化得到脲酶结晶，并证明它具有蛋白质的性质，提出酶的本质是蛋白质的观点。在 20 世纪 80 年代之前，纯酶的结晶状态、酶的化学结构和立体结构以及人工合成酶的成功实践证明酶的化学本质是蛋白质。

20 世纪 80 年代，酶学领域的最大突破之一是 1982 年切克(Cech)等人在研究四膜虫 26 S rRNA 时发现了一种具有催化功能的 RNA 分子即通常所说的核糖酶(ribozyme)，近年来又陆续发现了不少 RNA 具有催化活性，还发现了一些与其催化活性相关的结构，如锤头结构。至此，人们对酶的本质又有了新的认识，酶的本质也发生变化，即酶是由生命机体产生的具有催化活性的生物大分子物质。1995 年 Cuenoud 等还发现有些 DNA 分子亦具有催化活性。Cuenoud 等在体外筛选到一些 DNA 序列，它们可以将自身 5′-羟基与寡聚脱氧核苷酸的活化的3′-磷酸咪唑基团相连接。

实际上，在生物体内，除少数几种酶为核酸分子外，大多数的酶类都是蛋白质。目前在食品工业中应用的酶也都是蛋白质。在本章中所提及的酶是指蛋白质类酶。

8.2.2 酶的催化特性

酶是一类具有催化功能的生物大分子物质。这些大分子生物的化学本质绝大多数属于蛋白质。和一般化学催化剂相比，酶具有下列的共性和特点。

1）共性

酶与一般催化剂相比，具有下面几个共性。

(1) 具有较高的催化效率，用量少。

(2) 不改变化学反应的平衡常数。酶对一个正向反应和其逆向反应速率的影响是相同的，即反应的平衡常数在有酶和无酶的情况下是相同的，酶的作用仅是缩短反应达到平衡所需的时间。

(3) 降低反应的活化能。酶作为催化剂能降低反应所需的活化能，因为酶与底物结合形成复合物后改变了反应历程，而在新的反应历程中过渡态所需要的自由能低于过渡的能量，增加反应中活化分子数，促进了由底物到产物的转变，从而加快了反应速度。

2）特点

酶作为生物催化剂，还具有下面不同于化学催化剂的特点。

(1) 专一性(specificity)

酶与化学催化剂之间最大的区别就是酶具有专一性，即酶只能催化一种化学反应或一类相似的化学反应，酶对底物有严格的选择。根据专一程度的不同可分为以下四种类型。

① 键专一性(bond specificity)　这种酶只要求底物分子上有合适的化学键就可以起催化作用，而对键两端的基团结构要求不严。

② 基团专一性(group specificity)　有些酶除了要求有合适的化学键外，还对作用键两端基团有不同专一性要求。如胰蛋白酶仅对精氨酸或赖氨酸的羧基形成的肽键起作用。

③ 绝对专一性(absolute specificity)　这类酶只能对一种底物起催化作用，如脲酶，它只能作用于底物尿素。大多数酶属于这一类。

④ 立体化学专一性(stereochemical specificity)　很多酶只对某种特殊的旋光或立体异构物起催化作用，而对其对映体则完全没有作用。如D-氨基酸氧化酶与DL-氨基酸作用时，只有一半的底物(D型)被分解，因此，可以此法来分离消旋化合物。利用酶的专一性还能进行食品分析。酶的专一性在食品加工上极为重要。

(2) 活性容易丧失

大多数酶是蛋白质，其反应的条件比较温和，如中性pH、常温和常压等。强酸、强碱或高温等条件都能使酶的活性部分或全部丧失。

(3) 酶的催化活性是可调控的

酶作为生物催化剂，它的活性受到严格的调控。调控的方式有许多种，包括反馈抑制、别构调节、共价修饰调节、激活剂和抑制剂的作用等。

8.2.3 酶催化专一性的两种学说

一般认为酶能降低化学反应所需的活化能。所谓活化能，就是指一般分子成为能参加化学反应的活化分子所需的能量。然而在一个化学反应中并不是所有的底物分子都能参加反应的,因为它们并不一定都是活化分子。活化分子是指那些具备足够能量能够参加化学反应的分子。要使化学反应迅速进行,就要想办法增加活化分子。增加活化分子的途径有两条:一是外加能量,对进行中的反应加热或光照,增加底物分子的能量,从而达到增加活化分子的目的;第二是降低活化能,使本来不具活化水平的分子成为活化分子,从而增加了反应的活化分子数目。

在研究酶促反应的机理时,不得不提到过渡态理论或中间产物理论。1913 年生物化学家 Michaelis 和 Menten 提出了酶中间产物理论。他们认为,酶降低活化能的原因是酶参加了反应而形成了酶-底物复合物(enzyme-substrate complex)。这个中间产物不但容易生成(也就是这种中间产物的生成较原底物只要较少的活化能),而且容易分解出产物,释放出原来的酶,这样就把原来能阈较高的一步反应变成了能阈较低的两步反应。由于活化能降低,所以活化分子大大增加,反应速度因此迅速提高。如果以 E 表示酶,S 表示底物,ES 表示中间产物,P 表示反应终产物,其反应过程可表示如下:

$$S+E \rightleftharpoons ES \longrightarrow E+P$$

这个理论的关键是认为酶参与了底物的反应,生成了不稳定的中间主产物,因而使反应沿着活化能较低的途径迅速进行。事实上,中间产物理论已经被许多实验所证实。

(1) 锁和钥匙学说(lock-and-key model)

1948 年 Emil Fischer 认为,底物的形状和酶的活性部位是彼此相适合的,像钥匙插入它的锁中[图 8-1(a)],认为两种形状是刚性的(rigid)和固定的(fixed),当正确组合在一起时,正好互相补充。葡萄糖氧化酶(glucose oxidase,EC 1.1.3.4)催化葡萄糖转化为葡萄糖酸,该酶对葡萄糖的专一性是很容易证实的,这是因为当采用结构上类似于葡萄糖的物质作为该底物时酶的活力显著下降。例如,以 2-脱氧-D-葡萄糖为底物时,葡萄糖氧化酶的活力仅为原来的 25%;以 6-甲基-D-葡萄糖为底物时的活力仅为原来的 2%,以木糖、半乳糖和纤维二糖为底物时的活力低于原来的 1%。

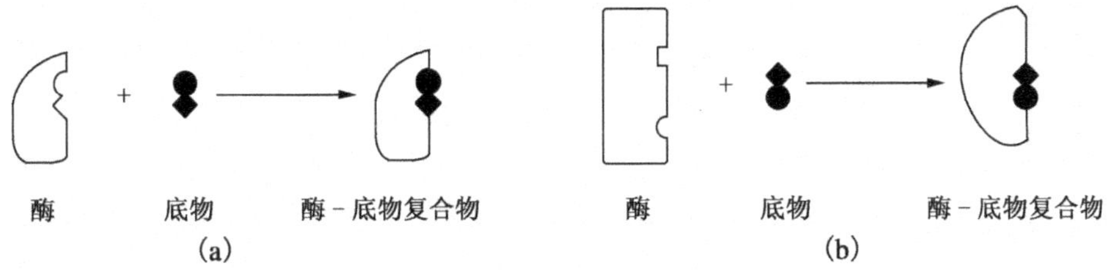

图 8-1 底物与酶结合

(a) 锁和钥匙模型 (b) 诱导契合模型

(2) 诱导契合学说(induced-fit theory)

1958 年 Daniel E. Koshland Jr. 提出了诱导契合模型(induced-fit model),底物结合在酶的活性部位诱导出构象的变化[图 8-1(b)]。该模型的要点是:当底物与酶的活性部位结合时,酶蛋白的几何形状有相当大的改变;催化基团的精确定向对于底物转变成产物是必需的;底物诱导酶蛋白几何形状的改变使得催化基团能精确地定向结合到酶的活性部位上去。

酶的专一性或特异性也可扩展到键的类型上。例如,α-淀粉酶(α-amylase,

EC 3.2.1.1)选择性地作用于淀粉中连接葡萄糖基的 α-1,4 糖苷键,而纤维素酶(cellulase,EC 3.2.1.4)选择性地作用于纤维素分子中连接葡萄糖基的 β-1,4 糖苷键。这两种酶作用于不同类型的键,然而,键所连接的糖基都是葡萄糖。并非所有的酶分子都具有上述的高度专一性。例如,在食品工业中使用的某些蛋白酶虽然选择性地作用于蛋白质,然而对于被水解的肽键都显现相对较低的专一性。当然,也有一些蛋白酶显现较高的专一性,例如胰凝乳蛋白酶(chymotrypsin,EC 3.4.4.5)优先选择水解含有芳香族氨基酸残基的肽键。

8.2.4 酶的命名与分类

1) 蛋白酶类的命名与分类

酶的习惯名称是根据三种原则来命名的。一是根据酶作用的性质,例如水解酶、氧化酶、转移酶等;二是根据作用的底物并兼顾作用的性质,例如淀粉酶、脂肪酶和蛋白酶等;三是结合以上两种情况并根据酶的来源而命名,例如胃蛋白酶、胰蛋白酶等。国际生物化学协会酶学委员会规定了酶的系统命名法,它主要是根据催化反应的类型而将酶分成 6 大类,并以 4 个阿拉伯数字来代表一种酶。例如,α-淀粉酶的系统命名为 α-1,4α-葡萄糖-4-葡萄糖水解酶,其数字为 EC 3.2.1.1。EC 代表国际酶学委员会,第一个数字代表酶的 6 大分类,以 1,2,3,4,5,6 来分别代表如下六大酶类。

(1) 氧化还原酶类(oxidoreductases) 指催化底物进行氧化还原反应的酶类。例如,乳酸脱氢酶、琥珀酸脱氢酶、细胞色素氧化酶、过氧化氢酶等。

(2) 转移酶类(transferases) 指催化底物之间进行某些基团的转移或交换的酶类。例如,转甲基酶、转氨酸、己糖激酶、磷酸化酶等。

(3) 水解酶类(hydrolases) 指催化底物发生水解反应的酶类。例如,淀粉酶、蛋白酶、脂肪酶、磷酸酶等。

(4) 裂解酶类(lyases) 指催化一个底物分解为两个化合物或两个化合物合成为一个化合物的酶类。例如,柠檬酸合成酶、醛缩酶等。

(5) 异构酶类(isomerases) 指催化各种同分异构体之间相互转化的酶类。例如,磷酸丙糖异构酶、消旋酶等。

(6) 连接酶类(ligases) 指催化两分子底物合成为一分子化合物,同时还必须偶联有 ATP 的磷酸键断裂的酶类。例如,谷氨酰胺合成酶、氨基酸-tRNA 连接酶等。

第二个数字为大类中的亚类,如在氧化还原酶类中表示氢的供体,转移酶类中表示转移的基团,水解酶类中表示水解键连接的形式,裂解酶类中表示裂解键的形式等。第三个数字是亚类中再进行分类,用来补充第二个数字分类的不足,如表示氧化还原酶中氢原子的受体,转移酶的转移基团再进行细分。前三个数字表示酶作用的方式。第四个数字则表示对相同作用的酶的流水编号。例如:氧化还原酶的编号为 1,2,3,4,其中的 1 表示其为氧化还原酶类,2 表示其氢原子的供体,3 表示氢原子的受体为氧,4 则表示它是进行这类作用的第四个酶。这种系统命名虽然严格,但因过于复杂,故尚未普遍使用。

食品加工中经常用的酶是水解酶,其次是氧化还原酶及异构酶等。

2) 核酶的分类

自 1982 年以来,被发现的核酸类酶(R-酶)越来越多,对它的研究也越来越深入和广泛。但是由于历史不长,对于其分类和命名还没有统一的原则和规定。但根据酶催化反应的类型，可以将 R-酶分为 3 类：剪切酶、剪接酶和多功能酶。根据现有资料，下面简单介绍 R-酶的初步分类。

(1) 分子内催化 R-酶

分子内催化的 R-酶是指催化本身 RNA 分子进行反应的一类核酸类酶。这类酶最早发现的是 R-酶，该大类酶均为 RNA 前体。由于这类酶是催化本身 RNA 分子反应，所以冠以“自我”(self)字样。

根据酶所催化的反应类型，可以将该大类酶分为自我剪切和自我剪接两个亚类。

① 自我剪切酶(self-cleavage ribozyme)　自我剪切酶是指催化本身 RNA 进行剪切反应的 R-酶。具有自我剪切功能的 R-酶是 RNA 的前体。它可以在一定条件下催化本身 RNA 进行剪切反应，使 RNA 前体生成成熟的 RNA 分子和另一个 RNA 片段。

② 自我剪接酶(self-splicing ribozyme)　自我剪接酶是在一定条件下催化本身 RNA 分子同时进行剪切和连接反应的 R-酶。

自我剪接酶都是 RNA 前体。它可以同时催化 RNA 前体本身的剪切和连接两种类型的反应。根据其结构特点和催化特性的不同，该亚类可分为两个小类，即含Ⅰ型间隔序列(Intervening Sequence, IVS)的 R-酶和含Ⅱ型 IVS 的 R-酶。

(2) 分子间催化 R-酶

分子间催化 R-酶是催化其他分子进行反应的核酸类酶。根据所作用的底物分子的不同，可以分为若干亚类。

① 作用于其他 RNA 分子的 R-酶　该亚类的酶可催化其他 RNA 分子进行反应。根据反应的类型不同，可以分为若干小类，如 RNA 剪切酶、多功能 R-酶等。

② 多功能 R-酶　多功能 R-酶是指能够催化其他 RNA 分子进行多种反应的核酸类酶。例如，1982 年，切克等人发现四膜虫 26 S RNA 前体通过自我剪接作用，切下的间隔序列经过自身环化作用，最后得到一个在其 5′-末端失去 19 个核苷酸的线状 RNA 分子，称为 L-19 IVS。它是一种多功能 R-酶，能够催化其他 RNA 分子进行多种类型的反应。

③ 作用于 DNA 的 R-酶　该亚类的酶是催化 DNA 分子进行反应的 R-酶。1990 年，发现核酸类酶除了以 RNA 为底物外，有些 R-酶还可以 DNA 为底物，在一定条件下催化 DNA 分子进行剪切反应。据目前所知的资料，该亚类 R-酶只有 DNA 剪切酶一个小类。

④ 作用于多糖的 R-酶　该亚类的酶是能够催化多糖分子进行反应的核酸类酶。兔肌 1,4-A-D-葡聚糖分支酶(EC 2.4.1.18)是一种催化直链葡聚糖转化为支链葡聚糖的糖链转移酶，分子中含有蛋白质和 RNA。其 RNA 组分由 31 个核苷酸组成，单独具有分支酶的催化功能，即该 RNA 可以催化糖链的剪切和连接反应，属于多糖剪接酶。

⑤ 作用于氨基酸酯的 R-酶　1992 年，发现了以催化氨基酸酯为底物的核酸类酶。该酶同时具有氨基酸酯的剪切作用、氨酰基-tRNA 的连接作用和多肽的剪接作用等功能。

由于蛋白类酶和核酸类酶的组成和结构不同，命名和分类原则有所区别。为了便于区分两大类别的酶，有时催化的反应相同，在蛋白类酶和核酸类酶中的命名却有所不同。例如，催化大分子水解生成较小分子的酶，在核酸类酶中称为剪切酶，在蛋白类酶中则称为水解酶；在核酸类酶中的剪接酶与蛋白类酶中的转移酶亦催化相似的反应等。

8.2.5 酶的辅助因子

从酶的组成来看，有些酶仅由蛋白质或核糖核酸组成，这种酶称为单成分酶。而有些酶除了蛋白质或核糖核酸以外，还需要有其他非生物大分子成分，这种酶称为双成分酶。蛋白类酶中的纯蛋白质部分称为酶蛋白。核酸类酶中的核糖核酸部分称为酶 RNA。其他非生物大分子部分称为酶的辅助因子。

双成分酶需要有辅助因子存在才具有催化功能。单纯的酶蛋白或酶 RNA 不呈现酶活力，单纯的辅助因子也不呈现酶活力，只有两者结合在一起形成全酶（holoenzyme）才能显示出酶活力。

$$\text{全酶} = \text{酶蛋白（或酶 RNA）} + \text{辅助因子}$$

辅助因子可以是无机金属离子，也可以是小分子有机化合物。

1）无机辅助因子

无机辅助因子主要是指各种金属离子，尤其是各种二价金属离子。

（1）镁离子

镁离子是多种酶的辅助因子，在酶的催化中起重要作用。例如，各种激酶、柠檬酸裂合酶、异柠檬酸脱氢酶、碱性磷酸酶、酸性磷酸酶、各种自我剪接的核酸类酶等都需要镁离子作为辅助因子。

（2）锌离子

锌离子是各种金属蛋白酶，如木瓜蛋白酶、菠萝蛋白酶、中性蛋白酶等的辅助因子，也是铜锌-超氧化物歧化酶（Cu，Zn－SOD）、碳酸酐酶、羧肽酶、醇脱氢酶、胶原酶等的辅助因子。

（3）铁离子

铁离子与卟啉环结合成铁卟啉，是过氧化物酶、过氧化氢酶、色氨酸双加氧酶、细胞色素 B 等的辅助因子。铁离子也是铁-超氧化物歧化酶（Fe－SOD）、固氮酶、黄嘌呤氧化酶、琥珀酸脱氢酶、脯氨酸羧化酶的辅助因子。

（4）铜离子

铜离子是铜锌-超氧化物歧化酶、抗坏血酸氧化酶、细胞色素氧化酶、赖氨酸氧化酶、酪氨酸酶等的辅助因子。

（5）锰离子

锰离子是锰-超氧化物歧化酶（Mn－SOD）、丙酮酸羧化酶、精氨酸酶等的辅助因子。

（6）钙离子

钙离子是 α-淀粉酶、脂肪酶、胰蛋白酶、胰凝乳蛋白酶等的辅助因子。

2）有机辅助因子

有机辅助因子是指双成分酶中相对分子质量较小的有机化合物。它们在酶催化过程中起着传递电子、原子或基团的作用。

（1）烟酰胺核苷酸酶（NAD^+ 和 $NADP^+$）

烟酰胺是 B 族维生素的一员。烟酰胺核苷酸是许多脱氢酶如乳酸脱氢酶、醇脱氢酶、谷氨酸脱氢酶、异柠檬酸脱氢酶等的辅助因子。起辅助因子作用的烟酰胺核苷酸主要有烟酰胺腺嘌呤二核苷酸（NAD^+，辅酶Ⅰ）和烟酰胺腺嘌呤二核苷酸磷酸（$NADP^+$，辅酶Ⅱ）。

NAD^+和$NADP^+$在脱氢酶的催化过程中参与传递氢($2H^+ + 2e^-$)的作用。例如,醇脱氢酶催化伯醇脱氢生成醛,需要NAD^+参与氢的传递。

$$R—CH_2OH + NAD^+ \longrightarrow R—CHO + NADH + H^+$$

NAD^+和$NADP^+$属于氧化型,NADH和NADPH属于还原型。其氧化还原作用体现在烟酰胺第4位碳原子上的加氢和脱氢。

(2) 黄素核苷酸(FMN和FAD)

黄素核苷酸为维生素B_2(核黄素)的衍生物,是各种黄素酶(氨基酸氧化酶、琥珀酸脱氢酶等)的辅助因子,主要有黄素单核苷酸(FMN)和黄素腺嘌呤二核苷酸(FAD)。

在酶的催化过程中,FMN和FAD的主要作用是传递氢。其氧化还原体系主要体现在异咯嗪基团的第1位和第10位N原子的加氢和脱氧。

(3) 铁卟啉

铁卟啉是一些氧化酶如过氧化氢酶、过氧化物酶等的辅助因子。它通过共价键与酶蛋白牢固结合。

(4) 硫辛酸

硫辛酸全称为6,8-二硫辛酸。它在氧化还原酶的催化作用过程中,通过氧化型和还原型的互相转变,起传递氢的作用。此外,硫辛酸在酮酸的氧化脱羧反应中,也作为辅酶起酰基传递作用。

(5) 核苷三磷酸(NTP)

核苷三磷酸主要包括腺嘌呤核苷三磷酸(ATP)、鸟苷三磷酸(GTP)、胞苷三磷酸(CTP)、尿苷三磷酸(UTP)等。它们是磷酸转移酶的辅助因子。在酶的催化过程中,核苷三磷酸的磷酸基或焦磷酸被转移到底物分子上,同时生成核苷二磷酸(NDP)或核苷酸(NMP)。

(6) 鸟苷

鸟苷是含Ⅰ型IVS的自我剪接酶(R-酶)的辅助因子。

(7) 辅酶Q

辅酶Q是一些氧化还原酶的辅助因子,于1955年被发现。辅酶Q是一系列苯醌衍生物。分子中含有的侧链由若干个异戊烯单位组成($n=6\sim10$),其中短侧链的辅酶Q主要存在于微生物中,而长侧链的辅酶Q则存在于哺乳动物中。

(8) 谷胱甘肽(G—SH)

谷胱甘肽是由L-谷氨酸、半胱氨酸和甘氨酸组成的三肽,是L-谷氨酰-L-半胱氨酸-甘氨酸的简称。

(9) 辅酶A

辅酶A是各种酰基化酶的辅酶,于1948年被发现。辅酶A由一分子腺苷二磷酸、一分子泛酸和一分子巯基乙胺组成。

(10) 生物素

生物素是维生素B的一种,又称为维生素H,生物素是羧化酶的辅助因子,在酶催化反应中,起CO_2的掺入作用。

(11) 硫胺素焦磷酸

硫胺素又称为维生素B_1,于1931年被发现。硫胺素焦磷酸(TPP)于1937年被发现,是酮酸脱羧酶的辅助因子。

(12) 磷酸吡哆醛和磷酸吡哆胺

磷酸吡哆醛和磷酸吡哆胺又称为维生素 B_6，于 1934 年被发现，是各种转氨酶的辅助因子。在酶催化氨基酸和酮酸的转氨过程中，维生素 B_6 通过磷酸吡哆醛和磷酸吡哆胺的互相转变，起氨基转移作用。

8.2.6 酶的纯化与活力测定

在酶学和酶工程的生产和研究中，经常需要进行酶活力的测定，以确定酶量的多少以及变化情况。酶活力测定是在一定条件下测定酶所催化的反应速率。在外界条件相同的情况下，反应速率越大，意味着酶的活力越高。

1) 酶活力测定的方法

酶活力测定的方法很多，如化学测定法、光学测定法、气体测定法等。酶活力测定均包括两个阶段：首先是在一定条件下，酶与底物反应一段时间，然后再测定反应液中底物或产物的变化量。一般经过以下几个步骤：

(1) 根据酶催化的专一性，选择适宜的底物，并配制成一定浓度的底物溶液。所用的底物必须均匀一致，达到酶催化反应所要求的纯度。

(2) 根据酶的动力学性质，确定酶催化反应的 pH、温度、底物浓度、激活剂浓度等反应条件，底物浓度应该大于 5 K_m(米氏常数)。

(3) 在一定条件下，将一定量的酶液和底物溶液混合均匀，适时记下反应开始的时间。

(4) 反应到一定的时间，取出适量的反应液，运用各种生化检测技术，测定产物的生成量或底物的减少量。

2) 酶的活力单位

酶活力的高低是以酶活力的单位数来表示。

(1) 国际单位

1961 年国际生物化学与分子生物学联合会规定：在特定条件下(温度可采用 25℃或其他选用的温度，pH 等条件均采用最适条件)，每 1 min 催化 1 μmol 的底物转化为产物的酶量定义为 1 个酶活力单位。

(2) 比活力

酶的比活力是酶纯度的一个指标，是指在特定的条件下，每毫克蛋白或 RNA 所具有的酶活力单位数。即

$$\text{酶比活力} = \frac{\text{酶活力(单位)}}{\text{mg(蛋白或 RNA)}} \tag{8-1}$$

(3) 酶的转换数与催化周期

酶的转换数 K_{cat} 是指每个酶分子每分钟催化底物转化的分子数，即是每摩尔酶每分钟催化底物转变为产物的摩尔数，是酶的一个指标。一般酶的转换数为 $10^3\,\text{min}^{-1}$。转换数的倒数称为酶的催化周期。催化周期是指酶进行一次催化所需的时间，单位为毫秒(ms)或微秒(μs)。

$$K_{cat} = \frac{\text{底物转变摩尔数(mol)}}{\text{酶摩尔数} \times \text{分钟(mol} \cdot \text{min)}} = \frac{\text{酶活力单位(IU)}}{\text{酶微摩尔数(}\mu\text{mol)}} \tag{8-2}$$

3）酶的纯化

在食品加工中使用酶时，有两个关键问题需要解决，即：一个酶制剂需要有怎样的纯度及需要加入多少酶。

在食品加工过程中使用的酶究竟要达到怎样的纯度主要取决于这样的考虑：一种酶制剂是否含有其他的酶或组分。一种食品级酶制剂必须符合食品法规，然而不是纯酶，它往往含有其他的杂酶，尽管它们的活力一般不会很高，当然还含有各种非酶的组分。这些杂酶和非酶组分对食品加工可能会带来有益的或有害的作用。例如，用于澄清果汁的果胶酶往往是从霉菌粗提取物中制备的，除了聚半乳糖醛酸酶外，它还含有其他水解酶。在这种情况下，其他酶种，特别是果胶酯酶（pectinesterase，EC 3.1.1.11）实际上对加工工艺是有益的。酶制剂中的杂酶或许会有害于加工工艺。例如，在酯酶（lipase，EC 3.1.1.3）制剂中含有脂肪氧合酶（lipoxygenase，EC 1.13.11.12），即使活力很低，也会在加工脂肪类食品时造成脂肪氧化和产生不良的风味。

由于经济上的原因总是尽可能地避免将酶“纯化”。毫无疑问，从微生物和其他来源得到的粗酶提取物中含有许多不同品种的酶活力，将它们完全分离是非常困难的，代价也很昂贵。在酶纯化中采用的分离技术包括：使用高浓度盐或有机溶剂的选择性沉淀技术，根据分子大小（凝胶过滤层析）、电荷密度（离子交换层析）和酶对一个特定的化合物或基团的亲和力（亲和层析）所设计的层析技术以及膜分离技术。并非所有这些技术都适合于在工业化规模上应用。

8.3 酶催化反应动力学

8.3.1 影响酶促反应速率的因素

影响酶活力的因素除了酶和底物的本质以及它们的浓度外，还包括其他一系列环境条件。它们包括底物的浓度、酶的浓度、pH、温度、水分活度、抑制剂和其他重要的环境条件。控制这些因素对于在食品加工和保藏过程中控制酶的活力是非常重要的。

1）底物浓度对酶活力的影响

所有的酶反应，如果其他条件恒定，则反应速率取决于酶浓度和底物浓度；如果酶浓度保持不变，当底物浓度增加时，反应速率增加，并以双曲线形式达到最大速率，见图 8-2。

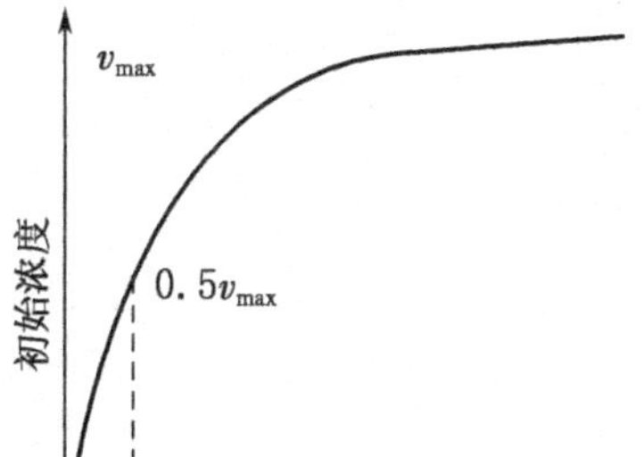

图 8-2 反应速率-底物浓度关系曲线

从图 8-2 可以看出，随着底物浓度的增加，酶的反应速率并不是直线增加，而是在高浓度时达到一个极限速率。这时所有的酶分子已被底物所饱和，即酶分子与底物结合的部位已被占据，速率不再增加。这可以用 Machaelis 与 Menten 于 1913 年提出的学说来解释。

Machaelis-Menten 学说假设有酶-底物中间产物的形成，并假设反应中底物转变成产物的速率取决于酶-底物复合物转变成反应产物和酶的速率，其关系式如下：

$$\underset{\text{酶}\quad\text{底物}}{E+S} \underset{K_{-1}}{\overset{K_1}{\rightleftharpoons}} \underset{\text{酶-底物复合物}}{ES} \xrightarrow{K_2} \underset{\text{酶}\quad\text{产物}}{E+P} \tag{8-3}$$

式中：K_1、K_{-1}和 K_2——分别是三个假设反应的速率常数。

若形成 ES 的速率为 v_f，则

$$v_f = K_1([E_t]-[ES])[S] \tag{8-4}$$

式中：E_t——酶的总浓度；

$[E_t]-[ES]$——未结合的酶的浓度；

$[S]$——底物浓度。

ES 生成的速率与未结合的酶浓度及底物浓度成正比。ES 消失的速率为 v_d，则

$$v_d = K_{-1}[ES]+K_2[ES] \tag{8-5}$$

这是由于 ES 因生成初始反应产物(K_{-1})和生成产物(K_2)而消失。此时产物的生成速率 v 为 $K_2[ES]$。

当酶促反应达到平衡时，ES 的生成速率与消失速率相等。此时 $v_f=v_d$，则

$$K_1([E_t]-[ES])[S] = K_{-1}[ES]+K_2[ES] \tag{8-6}$$

经数学推导，得

$$v = \frac{K_2[E_t][S]}{[S]+\dfrac{K_{-1}+K_2}{K_1}} \tag{8-7}$$

设

$$K_m=\frac{K_{-1}+K_2}{K_1},\ v_{max}=K_2[E_t]$$

则

$$v = \frac{v_{max}[S]}{K_m+[S]} \tag{8-8}$$

这就是 Michaelis-Menten 方程，K_m 为米氏常数(Michaelis constant)，它是酶的一个重要参数。

当 $v=v_{max}/2$ 时，设

$$\frac{v_{max}}{2} = \frac{v_{max}[S]}{K_m+[S]} \tag{8-9}$$

上式可重推如下：

$$[S]+K_m = 2[S]$$

即

$$K_m = [S] \tag{8-10}$$

所以米氏常数 K_m为反应速率达到最大反应速率一半时底物的浓度(mol/L)。

测定米氏常数值有许多方法，最常用的是 Lineweaver-Burk 的双倒数作图法。取 Michaelis-Menten 方程的倒数，可得下式：

$$\frac{1}{v} = \frac{K_m}{v_{max}}\frac{1}{[S]}+\frac{1}{v_{max}} \tag{8-11}$$

以$\frac{1}{v}$为纵坐标，$\frac{1}{[S]}$为横坐标作图，则得一直线，其斜率为$\frac{K_m}{v_{max}}$，将直线延长，在$\frac{1}{[S]}$及$\frac{1}{v}$

轴上的截距为$-\frac{1}{K_m}$及$\frac{1}{v_{max}}$，这样，K_m就可以从直线的截距上计算出来(图 8-3)。

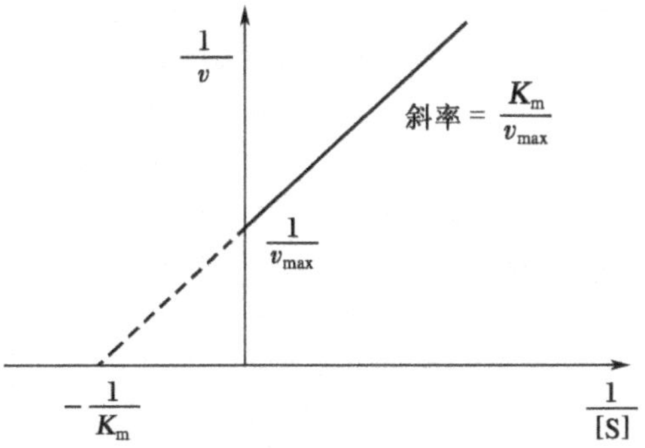

图 8-3 计算 K_m 值的双倒数作图法

酶的 K_m值范围很广，大多数酶的 K_m值在 10^{-6}～10^{-1}mol/L 之间(表 8-2)，对大多数酶来说，K_m可表示酶与底物的亲和力，K_m值大表示亲和力小，K_m值小表示亲和力大。

表 8-2 一些酶的 K_m 值

酶	底 物	$K_m/mol \cdot L^{-1}$
溶菌酶	6-N-乙酰葡糖胺	6×10^{-6}
β-半乳糖苷酶	半乳糖	5×10^{-3}
碳酸酐酶	CO_2	8×10^{-3}
丙酮酸胺羧酶	丙酮酸	4×10^{-4}

2) 酶浓度的影响

对大多数的酶促催化反应来说，在适宜的温度、pH 和底物浓度一定的条件下，反应速率至少在初始阶段与酶的浓度成正比，这个关系是测定未知试样中酶浓度的基础。图 8-4 表明乳脂中脂肪酸的形成速率是乳脂酶浓度的函数。如果令反应继续下去，则速率将下降。图 8-5 所示的是用霉菌脂酶水解橄榄油时，在 40 h 的反应过程中底物的转变率与时间的关系。随着反应的进行，反应速率下降的原因可能很多，其中最重要的是底物浓度下降和终产物对酶的抑制。

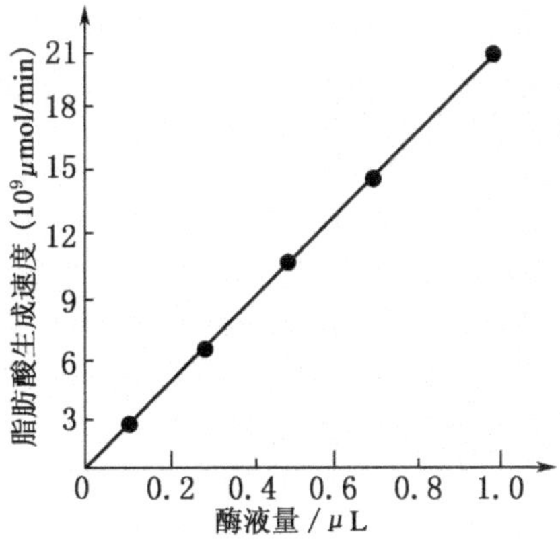

图 8-4 乳脂水解速率与乳脂浓度的函数关系

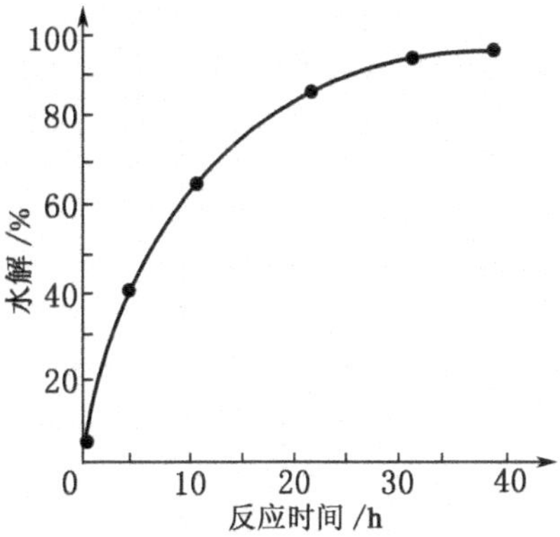

图 8-5 橄榄油被霉菌脂酶水解的量与时间的函数关系

3）温度的影响

温度对酶反应的影响是双重的：① 随着温度的上升，反应速率也增加，直至最大速率为止。② 在高温时有一个温度范围，在该范围内反应速率随温度的增高而减小。高温时酶反应速率减小，这是酶本身变性所致。

在一定条件下每一种酶在某一温度下才表现出最大的活力，这个温度称为该酶的最适温度（optimum temperature）。最适温度是上述温度对酶反应的双重影响结果。一般来说，动物细胞的酶的最适温度通常在37～50℃，而植物细胞的酶的最适温度较高，在50～60℃或以上。

这些温度效应在食品工业中是十分重要的。常常采用加热的方法来使有害的内源酶失活，加热的程度必须足以使酶失活，否则增加温度反而将有助于有害反应的发生。同样，有益酶的活性，不管是内源的还是外源的，对于每一个反应的最适温度都要测定。

4）pH 的影响

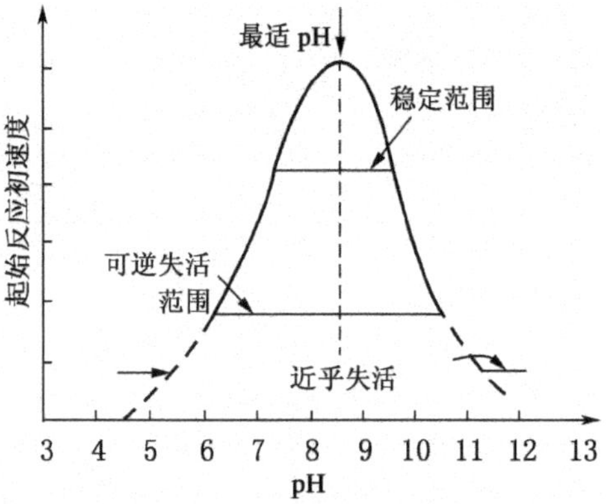

图 8-6 pH 对酶促反应速率的影响

一般催化剂当 pH 在一定范围内变化时，对催化作用没有多大影响，但 pH 对酶的反应速率则影响较大，即酶的活性随着介质的 pH 变化而变化。每一种酶只能在一定 pH 范围内表现出它的活性。而且在某一 pH 范围内酶活性最高，称为最适 pH（optimum pH）。在最适 pH 的两侧酶活性都骤然下降，所以一般酶促反应速率的 pH 曲线呈钟形（图 8-6）。

所以在研究和使用酶时，必须先了解其最适 pH 范围，反应混合液必须是具有缓冲能力的缓冲液，从而加以控制，以维持反应液中 pH 的稳定，使酶具有最高的活性。有些酶的最大活性是在极端的 pH 处，如胃蛋白酶的最适 pH 为1.5～3，精氨酸酶的最适 pH 为10.6。在食品中由于成分多且复杂，进行加工时，对 pH 的控制很重要。如果某种酶的作用是必需的，则可将 pH 调节至其最适 pH 处，使其活性达到最高；反之，如果要避免某种酶的作用，可以改变 pH 而抑制此酶的活性。例如，酚酶能产生酶褐变，其最适 pH 为6.5，若将 pH 降低到3.0时就可防止褐变产生，在水果加工时常添加酸化剂（acidlants），如柠檬酸、苹果酸和磷酸等。

为什么在最适 pH 下酶的催化作用最大？可能有以下三种原因：① 氢离子与氢氧根离子浓度对基团的解离有影响，而且它还能控制活性中心和酶构象中有关区域的变化。② 使底物与酶发生综合变化。③ 影响酶分子结构的稳定性。

酶活性受到 pH 的显著影响。这是因为与底物的结合和催化作用常常取决于底物特别是酶分子的电荷分布。蛋白质的电荷分布是由氨基酸序列中可解离的侧链的状态决定的，而这又取决于 pH。酶活性区域内的可解离侧链可以重排而直接影响与底物的结合和催化作用。而且，发生在活性区域外的氨基酸残基侧链的解离状态也会显著地影响酶的活性。

5）水分活度的影响

酶在含水量相当低的条件下仍具有活性。例如，脱水蔬菜最好在干燥前进行热烫，否则将会很快产生干草味而不宜贮藏。干燥的燕麦食品，如果不用加热法使酶失活，则经过贮藏后会产生苦味。面粉在低水分(14%以下)时,脂酶能很快使脂肪分解成脂肪酸和醇类。完整的谷粒因酶与底物分别处于不同的部位而无法作用,因而能贮存数月或数年以上而不会变质,但谷粒如受机械破损或磨成粉后,则酶与底物得以接触,因而在相同含水量条件下会很快变质。水分对酶活性的影响,以水分活度表示要比用绝对含水量表示更为正确。这是因为在高水分活度时,酶的活性能很快表现出来,而当含水量即使在理论上足够进行水解作用,但水分活度很低时,酶不会起作用。此外,水分活度不同,酶的作用效果也不同。

8.3.2 酶的抑制作用和抑制剂

许多化合物能与一定的酶进行可逆或不可逆的结合,而使酶的催化作用受到抑制,这种化合物称为抑制剂(inhibitor),如药物、抗生素、毒物、抗代谢物等都是酶的抑制剂。酶的抑制作用可以分为两大类,即可逆抑制和不可逆抑制。可逆抑制又包括竞争性抑制和非竞争性抑制。

1) 不可逆抑制

不可逆抑制剂是靠共价键与酶的活性部位相结合而抑制酶的作用。过去将不可逆抑制作用归入非竞争性抑制作用,现在认为它是抑制作用的不同类型。有机磷化合物是活性中心含有丝氨酸残基的酶的不可逆抑制剂,例如,二异丙基氟磷酸(DIFP)能抑制乙酰胆碱酯酶。

乙酰胆碱酯酶催化乙酰胆碱水解生成胆碱和乙酸,乙酰胆碱是动物神经系统传导冲动刺激的一种化学物质,正常机体当神经兴奋时,神经末梢放出乙酰胆碱,进行刺激传导,然后被体内的乙酰胆碱酯酶分解而失去作用。由于乙酰胆碱酯酶可以调节神经系统的刺激传导,当有机磷物质进入动物体后,即与体内的乙酰胆碱酯酶结合生成磷酸化胆碱酯酶,从而抑制酶的活性,使乙酰胆碱在体内大量积累,神经处于过度兴奋状态,引起功能失调而中毒。

2) 可逆抑制

(1) 竞争性抑制

有些化合物特别是那些在结构上与天然底物相似的化合物可以与酶的活性中心可逆地结合,所以在反应中抑制剂可与底物竞争同一部位。在酶反应中,酶与底物形成酶底物复合物 ES,再由 ES 分解生成产物与酶。抑制剂则与酶结合成酶-抑制剂复合物。

$$E + I \longrightarrow EI \quad (8-12)$$

式中:I——抑制剂;

EI——酶-抑制剂复合物。

酶-抑制剂复合物不能与底物反应生成 EIS,因为 EI 的形成是可逆的,并且底物和抑制剂不断竞争酶分子上的活性中心,这种情况称为竞争性抑制作用(competitive inhibition)。竞争性抑制作用的典型例子为琥珀酸脱氢酶(succinate dehydrogenase)的催化作用。当有适当的氢受体(A)时,此酶催化下列反应:

$$\text{琥珀酸} + \text{受体} \longrightarrow \text{反丁烯二酸} + \text{还原性受体}$$

许多结构与琥珀酸结构相似的化合物都能与琥珀酸脱氢酶结合,但不脱氢,这些化合物阻塞了酶的活性中心,因而抑制正常反应的进行。抑制琥珀脱氢酶的化合物有乙二酸、丙二酸、戊二酸等,其中最强的是丙二酸,当抑制剂和底物的浓度比为 1∶50 时,酶被抑制 50%。

正常条件下米氏方程为：

$$v=\frac{v_{\max}[\mathrm{S}]}{K_{\mathrm{m}}+[\mathrm{S}]}$$

还可以推导出一个有抑制剂浓度[I]和抑制剂-酶复合物解离常数 K_i 的米氏方程，即

$$\bar{v}=\frac{\bar{v}_{\max}[\mathrm{S}]}{\overline{K}_{\mathrm{m}}\left(1+\frac{[\mathrm{I}]}{K_{\mathrm{i}}}\right)+[\mathrm{S}]} \tag{8-13}$$

取上式的倒数并重排，即

$$\frac{1}{\bar{v}}=\frac{\overline{K}_{\mathrm{m}}}{\bar{v}_{\max}}\left(1+\frac{[\mathrm{I}]}{K_{\mathrm{i}}}\right)\frac{1}{[\mathrm{S}]}+\frac{1}{\bar{v}_{\max}} \tag{8-14}$$

以 $\frac{1}{\bar{v}}$ 对 $\frac{1}{[\mathrm{S}]}$ 作图，所得直线即竞争性抑制作用，在纵坐标上的截距为 $\frac{1}{\bar{v}_{\max}}$，与无抑制剂时的相同，但直线的斜率变成 $\frac{\overline{K}_{\mathrm{m}}}{\bar{v}_{\max}}\left(1+\frac{[\mathrm{I}]}{K_{\mathrm{i}}}\right)$，增加了一个因子 $\left(1+\frac{[\mathrm{I}]}{K_{\mathrm{i}}}\right)$。

(2) 非竞争性抑制

有些化合物既能与酶结合，也能与酶-底物复合物结合，称为非竞争性抑制剂。非竞争性抑制剂与竞争性抑制剂不同之处在于非竞争性抑制剂能与 ES 结合，而 S 又能与 EI 结合，都形成 EIS。高浓度的底物不能使这种类型的抑制作用完全逆转，因为底物并不能阻止抑制剂与酶结合，这是由于该种抑制剂和酶的结合部位与酶的活性部位不同，EI 的形成发生在酶分子的不被底物作用的部位。

许多酶能被重金属离子如 Ag^{+}、Hg^{2+} 或 Pb^{2+} 等抑制，这些都是非竞争性抑制的例子。例如脲酶对这些离子极为敏感，微量重金属离子即起抑制作用。

重金属离子与酶的巯基(—SH)形成硫醇盐：

$$\mathrm{E{-}SH}+\mathrm{Ag^{+}}\longrightarrow \mathrm{E{-}S{-}Ag}+\mathrm{H^{+}}$$

因为巯基对酶的活性是必需的，故形成硫醇盐后即失去酶的活性。由于硫醇盐形成的可逆性，这种抑制作用可以用加适当的巯基化合物(如半胱氨酸、谷胱甘肽)的办法去掉重金属而得到解除。通常用碘代乙酸胺检查酶分子的巯基：

$$\mathrm{RSH}+\mathrm{ICH_2CONH_2}\longrightarrow \mathrm{RS{-}CH_2CONH_2}+\mathrm{HI}$$

各种有机汞化合物、各种砷化合物，以及 *N*-乙基顺丁烯二酸亚胺也可以和巯基进行反应，抑制酶的作用。

(3) 反竞争性抑制

反竞争性抑剂不能与酶直接结合，而只能与 ES 可逆结合成 EIS，其抑制原因是由于 EIS 不能分解成产物。反竞争抑制剂对酶促反应的抑制程度随底物浓度的增加而增加。反竞争抑制剂不是一种完全意义上的抑制剂，它之所以造成对酶促反应的抑制作用，完全是因为它使 $v_{\max}$ 降低而引起。当酶促反应为一级反应，则抑制剂对 $v_{\max}$ 的影响几乎完全被对 K_{m} 的相反影响所抵消，这时几乎看不到抑制作用。

表 8-3 为竞争性抑制作用、非竞争性抑制作用及无抑制的酶促反应的比较。

表 8-3 竞争性抑制、非竞争性抑制及正常酶反应的比较

类　型	方程式	v_{max}	K_m
无抑制	$v=\dfrac{v_{max}[S]}{K_m+[S]}$	—	—
竞争性抑制	$\bar{v}=\dfrac{\bar{v}_{max}[S]}{\bar{K}_m\left(1+\dfrac{[I]}{K_i}\right)+[S]}$	不变	增加
非竞争性抑制	$v=\dfrac{v_{max}[S]}{(K_m+[S])\left(1+\dfrac{[I]}{K_i}\right)}$	减少	不变
反竞争性抑制	$v=\dfrac{\dfrac{v_{max}[S]}{1+\dfrac{I}{K_i}}}{\dfrac{K_m}{1+[K]K_i}+[S]}$	减少	减少

8.4 固定化酶

8.4.1 固定化酶及制备原则

1) 固定化酶

将酶包埋在凝胶内或置于超滤装置中，高分子底物与酶在超滤膜一边，而反应产物可以透过膜逸出，在这种情况下，酶本身仍处于溶解状态，只不过被固定在一个有限的空间内不能再自由流动。在 1971 年第一届国际酶工程会议上，正式建议采用“固定化酶”(immobilized enzyme)的名称。

固定化酶是指在一定空间内呈闭锁状态存在的酶，能连续地进行反应，反应后的酶可以回收重复使用。因此，不管用何种方法制备的固定化酶，都应该满足上述固定化酶的条件。

固定化酶的优点：① 极易将固定化酶与底物、产物分开；② 可以在较长时间内进行反复分批反应和装柱连续反应；③ 在大多数情况下，能够提高酶的稳定性；④ 酶反应过程能够严格加以控制；⑤ 产物溶液中没有酶的残留，简化了提纯工艺；⑥ 较游离酶更适合于多酶反应；⑦ 可以增加产物的收率，提高产物的质量；⑧ 酶的使用效率提高，成本降低。

固定化酶的缺点：① 许多酶在固定化时，需利用有毒的化学试剂使酶与支持物结合，这些试剂若残留于食品中对人类健康有很大的影响；② 连续操作时，反应体系中常受一些微生物的污染，它们利用食品的养分进行生长代谢而污染食品；③ 固定化时，酶活力有损失；④ 增加了生产的成本，工厂初始投资大；⑤ 只能用于可溶性底物，而且较适用于小分子底物，对大分子底物不适宜；⑥ 与完整菌体相比不适宜于多酶反应，特别是需要辅助因子的反应；⑦ 胞内酶需要经过酶的分离过程。表 8-4 为食品加工中已应用的和有发展潜力的固定化酶。

表 8-4　食品加工中已应用的和有发展潜力的固定化酶

酶	在加工中的作用
葡萄糖氧化酶	除去食品中的氧气；除去蛋白中的糖
过氧化氢酶	牛奶的巴氏杀菌
脂肪酶	乳脂产生风味
α-淀粉酶	淀粉液化
β-淀粉酶	高麦芽糖浆
葡萄糖淀粉酶	由淀粉产生葡萄糖；淀粉去支链
β-半乳糖苷酶	水解乳制品中的乳糖
转化酶	水解蔗糖生成转化糖
橘皮苷酶	除去柑橘汁的苦味
蛋白酶	牛乳的凝聚；改善啤酒的澄清度；制造蛋白质水解液
氨基酰化酶	分离左旋与右旋氨基酸
葡萄糖异构酶	由葡萄糖制果糖

1971 年首届国际酶工程会议提出了酶的分类。酶可粗分为天然酶和修饰酶，固定化酶属于修饰酶。修饰酶中，除固定化酶外尚有经过化学修饰的酶和用分子生物学方法在分子水平上改良的酶等。

2）固定化酶的制备原则

制备固定化酶要根据不同情况进行选择，需要遵循下面的基本原则。

（1）注意维持酶的催化活性及专一性。在酶的固定化过程中，要注意保持酶蛋白的空间构象和酶活性中心的氨基酸残基不变化，避免那些可能导致酶蛋白高级结构破坏的条件。固定化时要尽量采取温和的条件，保护好酶蛋白的活性基团。

（2）固定化酶成本要低，有利于生产自动化、连续化。

（3）固定化酶应有最小的空间位阻，尽可能不妨碍酶与底物的接近，以提高产品的产量。

（4）酶与载体必须结合牢固，从而使固定化酶能回收贮藏，利于反复使用。

（5）固定化酶应有最大的稳定性，所选载体不与废物、产物或反应液发生化学反应。

8.4.2　酶固定化的方法

酶的固定化方法通常按照用于结合的化学反应的类型进行分类，见表 8-5。各种方法也各自具有自身的优缺点，见表 8-6。

表 8-5　酶固定化方法

固定化方法	分　类	固定化方法	分　类
非共价结合法	结晶法	化学结合法	交联法
	分散法		共价结合法
	物理吸附法	包埋法	微囊法
	离子结合法		网格法

表 8-6 酶固定化方法的优缺点

特 性	物理吸附法	离子结合法	包埋法	共价结合法	交联法
制备	易	易	易	难	难
结合力	中	弱	强	强	强
酶活力	高	高	高	中	中
底物专一性	无变化	无变化	无变化	有变化	有变化
再生	可能	可能	不可能	不可能	不可能
固定化费用	低	低	中	中	高

固定化酶可以用于两种基本的反应系统中。第一种是将固定化酶与底物溶液一起置于反应槽中搅拌，当反应结束后把固定化酶与产物分开；第二种是利用柱层析方法，将固定有酶蛋白的惰性载体装在柱中或类似装置中，当底物液流经时，酶即催化底物发生反应。

8.4.3 评价固定化酶的指标

游离酶成为固定化酶，其催化功能也由原来的均相体系反应成为固-液相不均匀体系反应。酶的催化性质会发生改变，因此制备固定化酶后，必须研究它的性质。这可以通过测定各种参数来考察某种固定化方法的优劣以及所获得固定化酶的实用可能性。

1）固定化酶的活力

固定化酶的活力即是固定化酶催化某一种特定化学反应的能力，其大小可用在一定条件下它所催化的某一反应的反应速率来表示。固定化酶的单位可用每毫克干重固定化酶每分钟转化底物（或生成产物）的量来表示，单位为 $\mu mol \cdot min^{-1} \cdot mg^{-1}$。与游离酶相似，表示固定化酶的活力一般要标明其特定的条件。

2）偶联率及相对活力的测定

影响酶固有性质诸多因素的综合效应及固定化期间引起酶的失活，可用偶联率或相对活力来表示。

固定化酶的活力回收是指固定化后固定化酶所显示的活力占被固定的等当量游离酶总活力的百分数。

$$偶联率 = \frac{加入蛋白活力 - 上清液蛋白活力}{加入蛋白活力 \times 100\%} \quad (8-15)$$

$$活力回收 = \frac{固定化酶总活力}{加入酶的总活力 \times 100\%} \quad (8-16)$$

$$相对活力 = \frac{固定化酶总活力}{加入酶的总活力 - 上清液中未偶联的酶活力} \times 100\% \quad (8-17)$$

当偶联率为 1 时，表示反应控制好，固定化或扩散限制引起的酶失活不明显；当偶联率小于 1 时，扩散限制对酶的活力有影响；而当偶联率大于 1 时，有细胞分裂或从载体排除抑菌剂。

3）固定化酶的半衰期

固定化酶的半衰期是指在连续测定条件下，固定化酶的活力下降为最初活力一半所经历的连续工作时间，以 $t_{1/2}$ 表示。固定化酶的操作稳定性是影响实用的关键因素，半衰期是衡量稳定性的指标。

半衰期的测定可以和化工催化剂一样实测，也可以通过较短的时间操作进行推算。

8.5 酶对食品品质的影响

酶的作用对食品质量的影响是非常重要的。对于任何一个生物体，酶参与了机体生长发育的每一个过程。食品原料的生长和成熟依赖于酶的作用，而在生物生长期间的环境条件影响着植物性食品原料的成分，其中也包括酶。

成熟之后的收获、贮藏和加工条件影响着食品原料中生物化学反应进行的速率和程度。这些酶催化的生物化学变化会产生两类不同的结果：加快食品变质的速率和提高食品的质量。除了存在于食品原料的内源酶外，因微生物污染而引入的酶也参与催化食品原料中的生物化学反应。因此，控制这些酶的活力对于提高食品质量是至关重要的。

8.5.1 对颜色的影响

食品颜色是食品的重要属性之一，它对消费者的购买和接受程度有直接的影响。新鲜瘦肉的颜色必须是红色的，而不是褐色或紫色的。这种红色是由于其中的氧合肌红蛋白所致。当氧合肌红蛋白转变成脱氧合肌红蛋白时瘦肉就呈紫色。当氧合肌红蛋白和脱氧合肌红蛋白中的 Fe^{2+} 被氧化成 Fe^{3+} 时，生成氧化型血红蛋白，瘦肉呈褐色。在肉中酶催化的反应与其他反应竞争氧，这些反应的化合物能改变肉组织的氧化-还原状态和水分含量，因而影响肉的颜色。

绿色是许多新鲜蔬菜和水果的质量指标。有些水果当成熟时绿色减少而代之以红色、橘色、黄色和黑色。随着成熟度的提高，青刀豆和其他一些蔬菜中的叶绿素的含量下降。上述食品颜色的变化都与脂肪氧合酶、叶绿素酶和多酚氧化酶有关。

1）脂肪氧合酶

脂肪氧合酶对于食品有六个方面的功能，其中有的是有益的，有的是有害的。两个有益的功能是：用于小麦粉和大豆粉的漂白；在制作面团中形成二硫键。四个有害的功能是：破坏叶绿素和胡萝卜素；产生氧化性的不良风味，它们具有特殊的青草味；使食品中的维生素和蛋白质类化合物遭受氧化性破坏；使食品中的必需脂肪酸，如亚油酸、亚麻酸和花生四烯酸遭受氧化性破坏。这六个方面的功能都与脂肪氧合酶作用于不饱和脂肪酸时产生的自由基中间物有关。

2）叶绿素酶

叶绿素酶存在于植物和含叶绿素的微生物中，它水解叶绿素产生植醇和脱植基叶绿素。尽管将果蔬失去绿色归之于这个反应，然而，由于脱植基叶绿素呈绿色，因此没有证据支持该观点。同时，也没有任何证据显示脱植基叶绿素在失去颜色的稳定性上低于叶绿素。叶绿素酶在植物体内的作用仍然不清楚。

3）多酚氧化酶

多酚氧化酶又称为酪氨酸酶、多酚酶、酚酶、儿茶酚氧化酶、甲酚酶和儿茶酚酶。它主要存在于植物、动物和一些微生物（主要是霉菌）中，它能催化两类不同的反应。

8.5.2 对风味的影响

在食品保藏期间由于酶的作用会导致不良风味的形成。例如，有些食品原料，像青刀豆、豌豆、玉米、冬季花椰菜和花椰菜因热烫处理的条件不适当，在随后的保藏期间会形成显著的不良风味。

在前面讨论脂肪氧合酶对食品颜色的影响时也提到它能产生氧化性的不良风味。脂肪氧合酶的作用是青刀豆和玉米产生不良风味的主要原因，而胱氨酸裂解酶（cystinelyase）的作用是冬季花椰菜和花椰菜产生不良风味的主要原因。下面介绍几种影响食品风味的酶。

1）硫代葡萄糖苷酶

在芥菜子和辣根中存在着芥子苷（glucosinolates）。在这类硫代葡萄糖苷中，葡萄糖基与糖苷配基之间有一个硫原子，其中 R 为烯丙基、3-丁烯基、4-戊烯基、苯基或其他的有机基团，烯丙基芥子苷（allylglucosinolate）最为重要。硫代葡萄糖苷在天然存在的硫代葡萄糖苷酶（glucosinolase）作用下，导致糖苷配基的裂解和分子重排。生成的产物中异硫氰酸酯是含硫的挥发性化合物，它与葱的风味有关。芥子油即异硫氰酸烯内酯，它是由烯丙基芥子苷经硫代葡萄糖苷酶的作用而产生的。

2）过氧化物酶

过氧化物酶普遍地存在于植物和动物组织中。在植物的过氧化物酶中，对辣根的过氧化物酶（horseradish peroxidase doner: hydrogen peroxideoxidoreductase，EC 1.11.1.7）研究得最为彻底。如果不采取适当的措施使食品原料（例如蔬菜）中的过氧化物酶失活，那么在随后的加工和保藏过程中，过氧化物酶的活力会损害食品的质量。未经热烫的冷冻蔬菜所具有的不良风味被认为是与酶的活力有关，这些酶包括过氧化物酶、脂肪氧合酶、过氧化氢酶、α-氧化酶（α-oxidase）和十六烷酰-辅酶 A 脱氢酶。然而，从线性回归分析未能发现上述酶中任何两种酶活力之间的关系或任何一种酶活力与抗坏血酸浓度之间的关系。

各种不同来源的过氧化物酶通常含有一个血色素（铁卟啉 Ⅸ）作为辅基。过氧化物酶催化下列反应：

$$ROOH + AH_2 \longrightarrow H_2O + ROH + A$$

反应物中的过氧化物（ROOH）可以是过氧化氢或一种有机过氧化物，例如过氧化甲基（CH_3OOH）或过氧化乙基（CH_3CH_2OOH）。在反应中过氧化物被还原，而一种电子给予体（AH_2）被氧化。电子给予体可以是抗坏血酸、酚、胺或其他有机化合物。在过氧化物酶催化下，电子给予体被氧化成有色化合物，根据反应的这个特点可以设计分光光度法测定过氧化物酶的活力。

目前对过氧化物酶导致食品不良风味形成的机制还不十分清楚。Whitaker 认为应采用导致食品不良风味形成的主要酶作为判断食品热处理是否充分的指标。然而，由于过氧化物酶普遍存在于植物中，并且可以采用简便的方法较准确地测定它的活力，尤其是热处理后果蔬中残存的过氧化物酶的活力，因此它仍然广泛地被采用为果蔬热处理是否充分的指标。

食品原料中的一些内源酶的作用除了影响食品的风味外，同时还影响食品的其他质量，例如脂肪氧合酶的作用就同时影响食品的颜色、风味、质构和营养质量。

8.5.3 对质地的影响

质地是评价食品质量的重要指标。水果和蔬菜的质地主要取决于所含有的一些复杂的碳水化合物：果胶物质、纤维素、半纤维素、淀粉和木质素。自然界存在着能作用于这些碳水化合物的酶，酶的作用显然会影响果蔬的质地。对于动物组织和高蛋白质植物性食品，蛋白酶作用会导致质地的软化。

1）纤维素酶

水果和蔬菜中含有少量纤维素，它们的存在影响着细胞的结构。纤维素酶在植物性食品原料（例如青刀豆）软化过程中起一定的作用。自然界存在大量的纤维素，但还没有更加有效的纤维素酶对其进行转化，在利用微生物生产纤维素酶的研究方面研究人员已做了大量的工作。

2）戊聚糖酶

半纤维素是木糖、阿拉伯糖或木糖和阿拉伯糖（还含有少量其他的戊糖和已糖）的聚合物，它存在于高等植物中。戊聚糖酶存在于微生物和一些高等植物中，它水解木聚糖、阿拉伯聚糖和阿拉伯木聚糖，产生相对分子质量较低的化合物。小麦中存在着浓度很低的戊聚糖酶，然而人们对它的性质了解甚少。目前已能提供商品微生物戊聚糖酶制剂。

3）淀粉酶

水解淀粉的淀粉酶存在于动物、高等植物和微生物中。因此，在一些食品原料的成熟、保藏和加工过程中淀粉被降解就不足为奇了。由于淀粉是决定食品的黏度和质构的一个主要成分，因此，在食品保藏和加工期间它的水解是一个重要的变化。淀粉酶包括三个主要类型：α-淀粉酶、β-淀粉酶和葡萄糖淀粉酶。

α-淀粉酶存在于所有的生物中，它从淀粉（直链和支链淀粉）、糖原和环糊精分子的内部水解 α-1,4-糖苷键，水解产物中异头碳的构型保持不变。由于 α-淀粉酶是内切酶，因此它的作用能显著地影响含淀粉食品的黏度，这些食品包括布丁和奶油酱等。唾液和胰 α-淀粉酶对于消化食品中的淀粉是非常重要的。一些微生物含有高浓度的 α-淀粉酶，α-淀粉酶在高温下才会失活，它们对于以淀粉为基料的食品的稳定性会产生不良的影响。

β-淀粉酶存在于高等植物中，它从淀粉分子的非还原性末端水解 α-1,4-糖苷键，产生 β-麦芽糖。由于 β-淀粉酶是水解酶，因此仅当淀粉中许多糖苷键被水解时，淀粉糊的黏度才会发生显著的改变。β-淀粉酶作用于支链淀粉时不能越过所遭遇的第一个 α-1,6-糖苷键，而作用于直链淀粉时能将它完全水解。如果直链淀粉分子含偶数葡萄糖基，产物中都是麦芽糖；如果淀粉分子含奇数葡萄糖基，产物中除麦芽糖外，还含有葡萄糖。因此 β-淀粉酶单独作用于支链淀粉时，支链淀粉被水解的程度是有限的。聚合度 10 左右的麦芽糖浆在食品工业中是一种很重要的配料。在麦芽中，β-淀粉酶常通过二硫键以共价方式连接至其他巯基上。因此，用一种巯基化合物（例如半胱氨酸）处理麦芽能提高它所含的 β-淀粉酶的活力。

4）蛋白酶

对于动物性食品原料，决定其质构的生物大分子主要是蛋白质。蛋白质在天然存在的蛋白酶作用下所产生的结构上的改变会导致这些食品原料质构上的变化，如果这些变化是适度的，食品会具有理想的质构。

(1) 组织蛋白酶(cathepsins)

组织蛋白酶存在于动物组织的细胞内，在酸性 pH 时具有活性。这类酶位于细胞的溶菌体内，它们区别于由细胞分泌出来的蛋白酶，例如胰蛋白酶和胰凝乳蛋白酶。已经发现五种组织蛋白酶，它们分别用字母 A、B、C、D 和 E 表示。此外，还分离出一种组织羧肽酶(catheptic carboxypeptidase)。

组织蛋白酶参与了肉成熟期间的变化。当动物组织的 pH 在宰后下降时，这些酶从肌肉细胞的溶菌体粒子中释放出来。据推测，这些蛋白酶透过组织，导致肌肉细胞中的肌原纤维以及胞外结缔组织(例如胶原)分解，它们在 pH 2.5～4.5 范围内具有最高的活力。

(2) 钙离子激活中性蛋白酶(Calsium-activated Neutral Proteinases，CANPs)

钙离子激活中性蛋白酶是已被鉴定的最重要的蛋白酶。已经证实存在着两种钙离子激活中性蛋白酶，即 CANPⅠ和 CANPⅡ，它们都是二聚体。两种酶含有相同的较小的亚基，相对分子质量约为 30 000；两种酶所含有的较大的亚基虽然都具有约 80 000 的相对分子质量，但是在免疫学方面是不同的，它们在结构上相符的程度约 50%。尽管钙离子对于酶的作用是必需的，然而酶的活性部位中含有半胱氨酸残基的巯基，因此它归属于半胱氨酸(巯基)蛋白酶。

50～100 pmol/L Ca^{2+} 可使纯的 CANPⅠ完全激活，而 CANPⅡ的激活需要 1～2 mmol/L Ca^{2+}，在 CANPⅠ被完全激活的条件下，CANPⅡ实际上是处在失活的状态。肌肉 CANP 以低浓度存在，它在 pH 低至约 6 时还具有作用。肌肉 CANP 可能通过分裂特定的肌原纤维蛋白质而影响肉的嫩化。这些酶很有可能是在宰后的肌肉组织中被激活，它们可能在肌肉改变成肉的过程中同溶菌体蛋白酶协同作用。

肌肉组织中蛋白酶的活力是很低的，兔的心脏、肺、肝和胃组织蛋白酶活力分别是腰肌的 13、60、64 和 76 倍。正是由于肌肉组织中的低蛋白酶活力才会导致成熟期间死后僵直体肌肉以缓慢的有节制和有控制的方式松弛，这样产生的肉具有良好的质构。

(3) 乳蛋白酶

牛乳中主要的蛋白酶是一种碱性丝氨酸蛋白酶，它的专一性类似于胰蛋白酶。此酶水解 β-酪蛋白产生疏水性更强的 γ-酪蛋白，也能水解 α_s-酪蛋白，但不能水解 κ-酪蛋白。在奶酪成熟过程中乳蛋白酶参与蛋白质的水解作用。乳蛋白酶对热稳定，它对乳的凝胶也有作用。乳蛋白酶将 β-酪蛋白转变成 γ-酪蛋白这一过程对于各种食品中乳蛋白质的物理性质有着重要的影响。

8.5.4 对营养价值的影响

前面已提及的脂肪氧合酶氧化不饱和脂肪酸确实会导致食品中亚油酸、亚麻酸和花生四烯酸这些必需脂肪酸含量的下降。脂肪氧合酶催化多不饱和脂肪酸氧化过程中产生的自由基能降低类胡萝卜素(维生素 A 的前体)、生育酚(维生素 E)、维生素 C 和叶酸在食品中的含量。自由基也会破坏蛋白质中半胱氨酸、酪氨酸、色氨酸和组氨酸残基。在一些蔬菜中抗坏血酸氧化酶会导致抗坏血酸的破坏。硫胺素酶会破坏硫胺素，后者是氨基酸代谢中必需的辅助因子。存在于一些维生素中的核黄素水解酶能降解核黄素。多酚氧化酶引起褐变的同时也降低了蛋白质中有效的赖氨酸量。有关酶对食品营养质量影响的研究相对来说较少。

8.5.5 食品加工中常用的酶

在食品加工中加入酶的目的有：① 提高食品品质；② 制造合成食品；③ 增加提取食品成分的速率与产量；④ 改良风味；⑤ 稳定食品品质；⑥ 增加副产品的利用率。

目前，食品加工中只有少数几种异构酶得到应用。利用酶还能控制食品原料的贮藏性品质。酶控制着成熟过程的变化，如叶绿素的消失、胡萝卜素的生成、淀粉的转化、组织的变软、香味的产生等。酶在食品加工中的应用见表 8-7。

表 8-7 酶在食品加工中的应用

酶	食 品	目的与反应
淀粉酶	焙烤食品	增加酵母发酵过程中的糖含量
	酿造	在发酵过程中使淀粉转化为麦芽糖，除去淀粉造成的混浊
	各类食品	将淀粉转化为糊精、糖，增加吸收水分能力
	巧克力	将淀粉转化成流动状
	果汁	除去淀粉以增加起泡性
	糖浆和糖	将淀粉转化为低相对分子质量的糊精（玉米糖浆）
葡聚糖-蔗糖酶	糖浆	使糖浆增稠
	冰淇淋	使葡聚糖果增加，起增稠剂作用
乳糖酶	冰淇淋	阻止乳糖结晶引起的颗粒和砂粒结构
	牛奶	除去牛乳中的乳糖以稳定冰冻牛乳中的蛋白质
纤维素酶	酿造	水解细胞壁中复杂的碳水化合物
	咖啡	咖啡豆干燥过程中将纤维素水解
	水果	除去梨中的粒状物，加速杏及番茄的去皮
果胶酶（可利用方面）	巧克力-可可	增加可可豆发酵时的水解活动
	咖啡	增加可可豆发酵时明胶状种衣的水解
	果汁	增加压汁的产量，防止絮结，改善浓缩过程
	果酒类	澄清
果胶酶（不利方面）	橘汁	破坏和分离果汁中的果胶物质
	面粉	若酶活性太高会影响空隙的体积和质地
脂肪酶（可利用方面）	干酪	加速熟化、成熟及增加风味
	油脂	使脂肪转化成甘油和脂肪酸
	牛乳	使牛奶巧克力具特殊风味
脂肪酶（不利方面）	谷物食品	使黑麦蛋糕过分褐变
	牛乳及乳制品	水解性酸败
	油类	水解性酸败
核糖核酸酶	风味增加剂	增加 5′-核苷酸与核苷
过氧化物酶（不利方面）	蔬菜	产生异味
	水果	加强褐变反应

（续表）

酶	食　品	目的与反应
葡萄糖氧化酶	各种食品	除去食品中的氧气或葡萄糖，常与过氧化氢酶结合使用
脂氧合酶	面包	改良面包质地、风味并进行漂白
双乙醛还原酶	啤酒	降低啤酒中双乙醛的浓度
多酚氧化酶(可利用方面)	茶叶、咖啡、烟草	使其在熟化、成熟和发酵过程中产生褐变

主要水解酶介绍如下：

(1) α-1,4-葡萄糖苷酶(glucosidases)

α-1,4-葡萄糖苷酶也称葡萄糖淀粉酶，此酶可以攻击1,4-α-D-葡萄糖的非还原性末端，不断地将葡萄糖水解下来，形成的产物只有葡萄糖，这是一种外切酶。此外，它还能攻击支链淀粉的α-1,6-糖苷键，但水解的速率要比对α-1,4-糖苷键水解低30倍，这意味着淀粉可全部降解成葡萄糖分子。在食品工业上可用来生产玉米糖浆和葡萄糖。

(2) α-D-半乳糖苷酶(α-D-galactosidases)

α-D-半乳糖苷酶和β-D-半乳糖苷酶、β-D-果糖呋喃糖苷酶和α-L-鼠李糖苷酶都能攻击双糖、寡糖和多糖的非还原性末端并水解末端的单糖。其底物专一性可由酶的名称表现出来，如半乳糖苷酶。

豆科植物中的水苏糖能在胃和肠道内生成气体，这是因为肠道中有一些嫌气性微生物生长，它们能将某些寡糖或单糖水解生成 CO_2、CH_4 和 H_2。但当上述水苏糖被α-D-半乳糖苷酶水解就会消除肠胃中的胀气。

(3) β-D-半乳糖苷酶(β-D-galactosidases)

β-D-半乳糖苷酶能催化乳糖水解，所以又称乳糖酶。这种酶分布广泛，在高等动物、植物、细菌和酵母中均存在。β-D-半乳糖苷酶存在人体的小肠黏膜细胞中，有些人体内缺乏乳糖酶，他们不能耐受乳糖，所以不能消化牛乳，故在饮用牛乳的同时应供给β-D-半乳糖苷酶制剂。当有半乳糖存在时可抑制乳糖酶对乳糖的水解，但葡萄糖则没有这种作用。此外，乳糖的溶解度很低，因而妨碍脱脂奶粉或冰淇淋的生产。利用这种酶制剂可以将乳糖水解使上述食品的加工品质得以改善。

(4) β-D-果糖呋喃糖苷酶(fructosidases)

β-D-果糖呋喃糖苷酶是从特殊酵母菌株中分离出来的一种酶制剂，在制糖或糖果工业上常用来水解蔗糖而生成转化糖。转化糖比蔗糖更易溶解，而且由于含有游离的果糖，故甜度也比蔗糖高。

(5) α-L-鼠李糖苷酶(rhamnosidases)

有些橘汁、李子汁和柚汁中含橘皮苷，具有很苦的味道。α-L-鼠李糖苷酶和β-D-葡萄糖苷酶的混合物处理橘皮苷可以生成一种无苦味的化合物——柚苷配基，4,5,7-三羟黄烷酮(naringenin)。

(6) 糖苷酶混合物(glycosidase mixture)

糖苷酶混合物是一种戊聚糖酶制剂，是糖苷酶的混合物(含外-纤维素酶和内-纤维素酶，α-、β-甘露糖苷酶和果胶酶等)，黑麦粉的焙烤品质和黑麦面包的货架期因其中的戊聚糖可受此酶部分水解而得以改善。

为使植物主成分的增溶(solubilization)，可利用这种酶制剂在一种较温和和较短的时间中进行浸渍作用。利用糖苷酶的实例有：果泥、菜泥产品，菜叶叶片的分解等，这种酶还可用来增加对细胞壁的机械破碎。

(7) 果胶酶(pectic enzymes)

果胶是一些杂多糖的化合物，在植物结构中充当结构物。果胶中最主要的成分是半乳糖醛酸通过 α-1,4 糖苷键连接而成，半乳糖醛酸中约有 2/3 的羧基和甲醇进行了酯化反应。果胶酶可分为三种类型。

① 果胶酯酶(pectin esterase)可以水解除去果胶上的甲氧基基团。果胶酯酶存在于细菌、真菌和高等植物中，在柑橘和番茄中含量非常丰富，它对半乳糖醛酸酯具有专一性。在果胶酯酶的催化反应中，果胶酯酶要求在其作用的半乳糖醛酸链的酯化基团附近要有游离的羧基存在，此酶可沿着链进行降解直到遇到障碍为止。

② 聚半乳糖醛酸酶(polygalacturanases)主要作用于分子内部的 α-1,4-糖苷键，而外半乳糖醛酸酶则可沿着链的非还原端将半乳糖醛酸逐个地水解下来。另一些半乳糖醛酸酶主要作用于含有甲基的化合物(果胶)上，而有些则主要作用于含游离羧基的物质(果胶酸)上，这些酶分别称为多聚甲基半乳糖醛酸酶和多聚半乳糖醛酸酶。内多聚半乳糖醛酸酶存在于水果和丝状真菌中，但不存在于酵母和细菌中；外半乳糖醛酸酶存在于植物如胡萝卜和桃以及真菌、细菌中。

③ 果胶裂解酶(pectin lyases)可在葡糖苷酸分子的 C-4 和 C-5 处通过氢的转消除作用，将葡萄糖苷酸链的糖苷键裂解。果胶裂解酶是一种内切酶，只能从丝状真菌即黑曲霉中得到。

为了保持混浊果汁的稳定性，可使果胶酶失活，这样有助于维持悬浮溶液中的不溶性颗粒而保持果汁混浊。在番茄汁和番茄酱的生产中，用热打浆法可以很快破坏果胶酯酶的活性。商业上果胶酶可用来澄清果汁、酒等。

(8) 脂肪酶(lipases)

脂肪酶能水解油/水界面存在的甘油酯的酯键而生成酸和醇。此酶广泛存在于微生物、动植物之中。脂肪酶能使脂肪生成脂肪酸而引起食品酸败，而在另一种情况下又需要脂肪酶的活性而产生风味，例如干酪生产中牛乳脂肪的适度水解会产生一种很好的风味。

脂肪酶还包括磷酸酯酶，能水解磷酸酯类；固醇酶能水解胆固醇酯；羧酸酯酶能水解甘油三酯，如丁酸甘油三酯。

8.5.6 酶在食品加工中的作用

生物技术在食品工业中应用的代表就是酶的应用。目前已有几十种酶成功地用于食品工业，包括 α-淀粉酶、糖化酶、蛋白酶、葡萄糖异构酶、果胶酶、脂肪酶、纤维素酶、葡萄糖氧化酶等。自 20 世纪 50 年代以来，由于以淀粉酶与葡萄糖异构酶为基础制备葡萄糖的工艺获得成功，使淀粉加工业成为酶制剂的主要用户。近年来其他酶的应用，尤其是氧化还原酶的开发又为食品工业增添了新的活力。基因工程技术对食品用酶的生产有很大的促进。

世界食品用酶的60%是Novo Nordisk公司提供的，在这些酶中有60%是基因改造后的微生物生产的。例如："Novo Myl"是淀粉酶的制品，常用于保持面包的品质。由于该酶的出现，防止面包变硬的化学物质添加剂就可以少加。另外其他一些公司也有基因工程化的食品用酶制剂。如德国Bo Food公司已生产基因工程化的淀粉酶、葡萄糖淀粉酶、普鲁蓝酶、葡萄糖异构酶、葡萄糖氧化酶、酸性蛋白酶等。这些酶有希望被用于食品工业。在奶酪生产中，美国Pfizer公司用大肠杆菌工程菌生产凝乳酶"chymax"，其价格比小牛胃中分离的凝乳酶降低一半。该酶的使用对17个国家150亿吨的奶酪生产有积极贡献。但是尽管生物技术的利用日趋活跃，在食品产业中基因重组酶在进入市场时仍需要进行安全检查。

1）制糖工业

（1）酶法生产葡萄糖

酶法生产葡萄糖是以淀粉为原料，先经α-淀粉酶液化成糊精，再用糖化酶催化生成葡萄糖。淀粉酶是最早实现工业生产的酶，也是迄今为止用途最广的酶。

用于淀粉加工的酶是α-淀粉酶和糖化酶。α-淀粉酶可从淀粉分子内部任意水解α-1，4糖苷键，使黏度降低，水解终产物为麦芽糖、低聚糖等；糖化酶从淀粉的非还原末端水解α-1，4键生成葡萄糖，也可水解α-1，6键。工艺过程如图8-7所示。

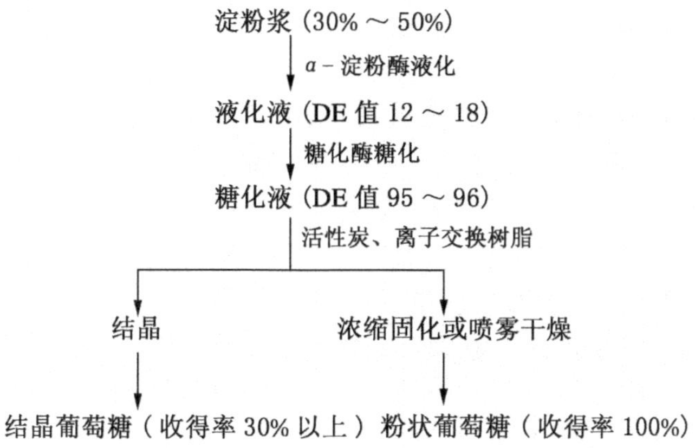

图8-7　淀粉糖化生产葡萄糖的工艺流程

制造葡萄糖的第一步是淀粉的液化。应用加热淀粉浆的方法使淀粉颗粒破裂、分散并糊化。淀粉先加水配制成浓度为30%～40%的淀粉浆，pH一般调至6.0～6.5，添加一定量的α-淀粉酶之后，在80～90℃的温度下保温45 min左右，使淀粉液化成糊精。由于一般细菌α-淀粉酶最适温度仅为70℃，在80℃时不稳定，所以需要向淀粉乳液中添加Ca^{2+}和NaCl。自1973年使用最适温度为90℃的地衣芽孢杆菌α-淀粉酶后，液化温度可提高到105～115℃，高温淀粉酶的发现和应用极大地缩短了淀粉液化时间，提高了液化效率。淀粉的液化程度以控制淀粉液的DE值在15～20范围内为宜。DE值太高或太低都对糖化酶的进一步作用不利。

将枯草杆菌α-淀粉酶固定在溴化氢活化的羧甲基纤维素上，在搅拌反应器中水解小麦淀粉。虽然固定化酶的反应活力比可溶酶的低，但因为可溶酶在加热的条件下易失活，发生钝化现象，因而从总的反应效果上看，固定化酶的产率较高。固定化的 α-淀粉酶不存在外部扩散限制，可用于多次连续批式反应。液化完成后，将液化淀粉液冷却至 55～60℃，pH 调至 4.5～5.0 后，加入适量的糖化酶。保温糖化 48 h 左右，糊精就基本上转化为葡萄糖。糖化酶在食品和酿造工业上有着广泛用途，是酶制剂工业的重要品种。

糖化酶的产生几乎全部是霉菌，如黑曲霉、盛泡曲霉、臭曲霉、雪白根酶、龚氏根酶、杭州根酶、爪哇根酶以及拟内孢酶等。国内生产糖化酶的菌种主要是黑曲霉和根酶。黑曲霉糖化酶的最适温度在 55℃左右，如果能提高糖化酶的最适反应温度，则淀粉液化和糖化过程就可以在同一个反应器中进行，既节省设备费用，降低冷却过程的能量消耗，也避免了微生物的污染。因此对耐热性糖化酶的研制得到了极大的关注，最近从嗜热菌 *Thermococcus litoralis* 中分离得到淀粉糖化酶，最适反应温度可以达到 95℃。

在淀粉糖化过程中，所采用的 α-淀粉酶和糖化酶都要求达到一定的纯度。尤其是糖化酶中应不含或尽量少含葡萄糖苷转移酶。因为葡萄糖苷转移酶生成异麦芽糖等杂质，会严重影响葡萄糖的收得率。若糖化酶中含有葡萄糖苷转移酶，则要在使用前进行适当的处理，以除去之。去除葡萄糖苷转移酶的最简单的方法之一是将糖化酶配成酶液后，加酸调节 pH 至 2.0～2.5，室温下静置一段时间，可以选择性地破坏葡萄糖苷转移酶。

(2) 果葡糖浆的生产

全世界淀粉糖中的 70%为果葡糖浆。果葡糖浆是由葡萄糖异构酶催化葡萄糖异构化生成部分果糖而得到的葡萄糖与果糖的混合糖浆。葡萄糖的甜度只有蔗糖的 70%，而果糖的甜度是蔗糖的 1.5～1.7 倍，因此当糖浆中的果糖含量达 42%时，其甜度与蔗糖相同。

1966 年日本首先用游离的葡萄糖异构酶工业化生产果葡糖浆，1973 年后，国内外纷纷采用固定化葡萄糖异构酶进行连续化生产。果葡糖浆生产所使用的葡萄糖，一般是由淀粉浆经 α-淀粉酶液化，再经糖化酶糖化得到的葡萄糖，要求 DE 值大于 96。将精制的葡萄糖溶液的 pH 调节为 6.5～7.0，加入 0.01 mol/L 硫酸镁，在 60～70℃的温度条件下，由葡萄糖异构酶催化生成果葡糖浆。异构化率一般为 42%～45%。

Ca^{2+} 对 α-淀粉酶有保护作用，在淀粉液化时需要添加，但它对葡萄糖异构酶却有抑制作用，所以葡萄糖溶液需用层析等方法精制，以除去其中所含的 Ca^{2+}。

葡萄糖异构酶的最适 pH，根据其来源不同而有所差别。一般放线菌产生的葡萄糖异构酶，其最适 pH 在 6.5～8.5 的范围内。但在碱性范围内，葡萄糖容易分解而使糖浆的色泽加深，为此，生产时 pH 一般控制在 6.5～7.0。

异构化反应的温度越高，平衡时混合糖液中果糖的含量也越高(表 8-8)。但当温度超过 70℃时葡萄糖异构酶容易变性失活。所以异构化反应的温度以 60～70℃为宜。在此温度下，异构化反应平衡时，果糖可达 53.5%～56.5%。

表 8-8　不同温度下反应平衡时果葡糖浆的组成

反应温度/℃	葡萄糖/%	果　糖/%	反应温度/℃	葡萄糖/%	果　糖/%
25	57.5	42.5	70	43.5	56.5
40	52.1	47.9	80	41.2	58.8
60	46.5	53.5			

由表8-8可见，提高温度将促进果糖的生成，因此，得到耐高温的异构酶是非常重要的。目前已从嗜热的 *Thermotogo* 中分离出一种超级嗜热的木糖异构酶，其最适温度接近100℃，这种酶能把葡萄糖转化为果糖，这样就能在高温条件下提高果糖的产量。

异构化完成后，混合糖液经脱色、精制、浓缩，至固形物含量达71%左右，即为果葡糖浆。其中含果糖42%左右、葡萄糖52%左右，另外6%左右为低聚糖。

若将异构化后混合糖液中的葡萄糖与果糖分离，再将分离出的葡萄糖进行异构化，如此反复进行，可使更多的葡萄糖转化为果糖。由此可得到果糖含量达70%、90%甚至更高的糖浆，即高果糖浆。

通常葡萄糖异构酶是以固定化形式存在的，不同的公司应用不同来源的葡萄糖异构酶和不同的固定化载体制备了各种固定化酶。固定化的葡萄糖异构酶占固定化酶整体市场的份额最大，每年有数百万吨产品(表8-9)。

表8-9　用于工业化生产的葡萄糖异构酶的固定化方法

公　司	固　定　化　方　法
Novo Industry	凝结芽孢杆菌细胞，自溶，用戊二醛交联并造粒
Gist-Brocades	放线菌细胞包埋进明胶中，用戊二醛交联并造粒
Cliton Corn Processing Co.	酶提取物，吸附到离子交换树脂上
Miles Labs. Inc.	用戊二醛交联细胞并造粒
CPC Int. Inc.	酶提取物，吸附到粒状陶瓷载体上
Sanmatsu	酶提取物，吸附到离子交换树脂上
Snam Progetti	细胞，包埋到乙酸纤维素中

(3) 饴糖、麦芽糖、高麦芽糖浆

β-淀粉酶作用淀粉时，是从淀粉分子的非还原性末端水解 α-1,4 键切下麦芽糖单位，在遇到支链淀粉 α-1,6 键时作用停顿而留下 β-极限糊精，因此用麦芽粉酶水解淀粉时麦芽糖的含量通常低于40%～50%，从不超过60%，如果淀粉酶与脱支酶相配合作用于淀粉，则因后者切开支链淀粉 α-1,6 键，而得到只含 α-1,4 键的直链淀粉。麦芽糖的制法如下：将淀粉用 α-淀粉酶轻度液化(DE值2以下)，加热使 α-淀粉酶失活，再加入 β-淀粉酶与脱支酶，在pH 5.0～6.0，40～60℃反应24～48 h，淀粉几乎完全水解，当浓缩到90%以上时，可析出纯度98%以上的结晶麦芽糖。此时残留在母液中的还含有其他低聚糖，干燥后也可供食用。若将麦芽糖加氢还原便可制成麦芽糖醇，这时甜度为蔗糖的90%，是一种发热量低的甜味剂，可供糖尿病、高血压、肥胖病人食用。高麦芽糖浆是含麦芽糖为主的淀粉糖浆，仅含少量葡萄糖，由于麦芽糖不易吸湿，因此国外糖果工业常用它代替酸水解淀粉糖浆。其制法是：以含固形物35%，DE值10左右的淀粉液化液，加入霉菌 α-淀粉酶(fungamyl 800 L)0.5%～0.8%，于pH 5.5，55℃水解48 h，再脱色精制浓缩而成，其DE值40～50，含麦芽糖45%～60%、葡萄糖2%～7%以及麦芽三糖等。日本是用大豆 β-淀粉酶水解低DE值液化淀粉而制成。麦芽糖浆的组成因所采用的原料和酶的不同而异，不同组成的糖浆风味也不一样。

(4) 麦芽糊精

麦芽糊精是一种聚合度大，DE 值低(20 以下)的淀粉水解物。麦芽糊精的主要成分组成为 G_8 以下的 G_3、G_6、G_7 低聚糖，可改善食品风味。因其无臭、无味、无色、吸湿性低、黏度高、溶解时分散性好，因而糖果工业用它调节甜度，并阻止蔗糖析晶和吸湿；饮料中用它作为增稠剂、泡沫稳定剂等。

(5) 偶联糖

软化芽孢杆菌和蜡状芽孢杆菌生产的一种环糊精葡萄糖基转移酶(CGTase)可水解 α-1,4 键而形成由 6～8 个葡萄糖残基所构成的环状糊精。在发生这种水解时，若有适当的糖类作为受体，就发生分子间的转移反应，先将环糊精裂开，然后转移到受体分子 C-4 而形成新的 α-1,4 键，这叫做偶联反应。在蔗糖与淀粉共存下，经 CGTase 的作用便生成一种具有果糖末端的甜味糊精，叫偶联糖，其甜度只及蔗糖 40%。

(6) 制糖工业中的其他应用

酶在制糖工业中的其他应用主要是分解棉子糖，清洗甘蔗糖设备与降低蔗汁黏度，此外还用于菊淀粉水解生成果糖以及由葡萄糖直接变为果糖等。

甜菜中常含有 0.05%～0.15%的棉子糖，利用蜜二糖酶(α-半乳糖苷酶)可将棉子糖分解成蔗糖与半乳糖，提高蔗糖的收得率，改善结晶浓缩条件。

果糖已经成为最畅销的食糖之一，它是含 42%果糖的果葡糖浆，用模拟流动床将葡萄糖同果糖分开而成，而果糖也可以通过葡萄糖在一种担子菌钝头多孔菌所产的吡喃糖 α-氧化酶和钯催化下生成果糖，用经克勒酵母、青霉等的菊粉酶水解菊粉也可得到果糖。

2) 啤酒发酵

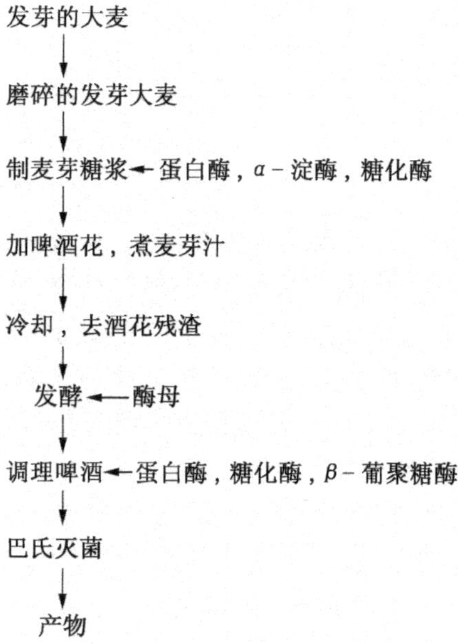

图 8-8 啤酒酿造的工艺流程

在啤酒酿造过程中(图 8-8)，制浆和调理两个阶段是要使用酶制剂的。

在浸泡麦芽浆时，温度约 65℃，浓的麦芽浆可以稳定酶。在煎浆过程中温度逐渐升高，有利于使蛋白酶、α-淀粉酶、β-葡聚糖酶发挥作用，使麦芽中的多糖及蛋白类物质降解为酵母可利用的合适的营养物质。

在加啤酒花前，应煮沸麦芽汁使上述酶失活。在发酵完毕后，啤酒需要加一些酶处理，以使其口味和外观更易于为消费者所接受。木瓜蛋白酶、菠萝蛋白酶或霉菌酸性蛋白酶都可以降解使啤酒浑浊的蛋白质组分，防止啤酒的冷浑浊，延长啤酒的贮存期。应用糖化酶能够降解啤酒中的残留糊精，这一方面保证了啤酒中最高的乙醇含量，另一方面不必添加浓糖液来增加啤酒的糖度。这种低糖度的啤酒糖尿病患者也可以饮用。

酸性蛋白酶、淀粉酶、果胶酶也用于果酒酿造，用以消除浑浊或改善溃碎果实压汁操作。糖化酶代替麸曲用于白酒、乙醇生产可提高出酒率(2%～7%)，节约粮食，简化设备，节省厂房场地。

3）蛋白制品加工

蛋白质是食品中的主要营养成分之一。以蛋白质为主要成分的制品称为蛋白制品，如蛋制品、鱼制品和乳制品等。酶在蛋白制品加工中的主要用途是改善组织，嫩化肉类，转化废弃蛋白质成为供人类使用或作为饲料的蛋白质浓缩液，因而可以增加蛋白质的价值和可利用性。

不同来源的蛋白酶在反应条件和底物专一性上有很大差别。在食品工业中应用的主要有中性和酸性蛋白酶。动、植物来源的蛋白酶在食品工业上应用很广泛，这些蛋白酶包括木瓜蛋白酶、无花果蛋白酶、菠萝蛋白酶以及动物来源的胰蛋白酶、胃蛋白酶和粗凝乳酶。但是越来越多的微生物来源的蛋白酶被用于食品工业。中性蛋白酶的生产菌有 *B. subtilis*，*B. licheniformis*；酸性蛋白酶生产菌有 *Streptomyces griseus*，*Asp. oryzae*，*Asp. niger*，*Asp. melleus* 等。蛋白酶作用后产生小肽和氨基酸，使食品易于消化和吸收。但是不同来源的蛋白酶对食品作用后产生的效果不同。如来源于 *B. subtilis* 蛋白酶所作用的蛋白质水解物有很浓的苦味，但是来自于 *Streptomyces griseus* 和 *Asp. oryzae* 的蛋白酶所作用的水解物苦味很小。这主要是因为不同的蛋白酶水解蛋白质的位点不同，因而产生的小肽结构不同，导致调味剂的味道不同。中性及酸性蛋白酶可用于肉类的软化、调味料、水产加工、制酒、制面包及奶酪生产。目前可得的制品有：① 用木瓜蛋白水解酶制成嫩肉粉，使肉食嫩滑可口；② 用蛋白酶生成明胶；③ 香肠加工等；④ 加工不宜使用的蛋白质，制造蛋白水解物。皮革厂的边料、碎皮，鱼品加工厂的杂鱼，屠宰场的下脚料等都含有大量的蛋白质，利用蛋白酶来分解这些废料，制造各种蛋白胨、氨基酸等蛋白质水解物，可以获得医药、饲料、科研甚至营养食品所需的产品，用途十分广阔，特别是有些食品，经蛋白酶适当加工处理后，就可成为优良的食用蛋白质或营养补品，大大提高利用价值，变废为宝。

除蛋白酶外，其他酶在蛋白质制品的加工中也有作用。用溶菌酶处理肉类，则微生物不能繁殖，因此肉类制品可以保鲜和防腐等。葡萄糖氧化酶在食品工业上主要用来去糖和脱氧，保持食品的色、香、味，延长保存时间。由于蛋白粉、蛋黄粉或蛋白片的蛋白中总含有少量的葡萄糖，往往发生气味不正和褐变反应等异常现象，影响产品质量。如果蛋白先用葡萄糖氧化酶处理以除去葡萄糖，然后进行干燥，可明显提高食品质量。用三甲基胺氧化酶可使鱼制品脱除腥味等。

4）果蔬加工

在瓜果、蔬菜的加工过程中，其鲜味及果汁的口感非常重要。第一个应用在果汁处理工业中的是果胶酶。1930 年美国 Z. J. Kertesz 和德国 A. Mehlitz 同时建立了用果胶酶澄清苹果汁的工艺。从此果汁处理业发展成为一个高技术含量的工业。果胶酶的功能更加专业化，其他酶，如纤维素酶、葡萄糖氧化酶等也成为饮料工业的主要用酶。

水果加工中最重要的酶是果胶酶，果胶在植物中作为一种细胞间隙充填物质而存在，它是由半乳糖醛酸以 $\alpha-1,4$ 键连接而成的链状聚合物，其羧基大部分（约 75%）被甲酯化，而不含有甲酯的果胶称为果胶酸，果胶的一个特性是在酸性和高浓度糖存在下可形成凝胶，这一性质是制造果冻、果酱等食品的基础，但在果汁加工上，却导致压榨和澄清发生困难，用果胶酶处理溃碎果实，可加速果汁过滤，促进澄清。世界果胶酶市场的销售额达到了酶制剂总销售额的 3%。果胶酶分为以下几类。

（1）原果胶酶，可使未成熟果实中不溶性果胶变成可溶性。

(2) 果胶酯酶(PE),水解果胶甲酯成为果胶酸并生成甲醇。

(3) 聚半乳糖醛酸酶(PG),水解聚半乳糖醛酸的 α-1,4 键,分内切型与外切型两种。

(4) 果胶酸裂解酶,从果胶酸内部或非还原性末端切开半乳糖醛酸 α-1,4 键生成果胶酸或不饱和低聚半乳糖醛酸。

(5) 果胶裂解酶,内部切开高度酯化的果胶 α-1,4 键,生成果胶酸甲酯及不饱和低聚半乳糖醛酸。

果胶酶广泛存在于各类微生物中,各种微生物产生的果胶酶的组成不同,工业上使用黑曲霉、文氏曲霉或根霉等来生产。

葡萄糖氧化酶可除去果汁、饮料、罐头食品和干燥果蔬制品中的氧气,防止产品氧化变质,防止微生物生长,以延长食品保存期。

酶在橘子罐头加工中有着很广泛的用处,黑曲霉所产生的半纤维素酶、果胶酶和纤维素酶的混合物可用于橘瓣去除囊衣,以代替耗水量大而费工时的碱处理。橘子中的柠檬苦素(limonin)是引起橘汁产生苦味的原因,利用球形节杆菌(*Arthrobactor globi formis*)固定化细胞的柠碱酶处理可消除苦味。

未成熟橘子含较多柚苷(柚配质-7-芸香糖苷),当其含量达 0.50 mg/mL 时即有苦味,如将柚苷分子中鼠李糖水解除去,即成为不苦而略带涩味的普鲁宁,将普鲁宁分子中葡萄糖去除就成为无味的柚配质。

黑曲霉生产的一种诱导酶有脱苦作用,称为柚苷酶,是由 β-鼠李糖苷酶与 β-葡萄糖苷酶所组成,将这种酶加于橘汁,经 30～40℃作用 1 h,便能脱苦,也可选用耐热性酶加入罐头中,在 60℃巴氏杀菌后,在罐头中继续发挥脱苦作用。

橘子罐头的汤汁常发生白色浑浊,这是一种由橘肉带来的橙皮苷(橙皮素-7-芸香糖苷)所造成的,生产柚苷酶的黑曲霉也可以在底物诱导下产生橙皮苷酶,这种酶可相继将橙皮苷分子中的鼠李糖与葡萄糖切下成为水溶性橙皮素,从而消除白浊。

花青素是一种糖苷,是果实色素的主要来源。桃子含有红色花青色素,罐藏时同金属作用呈紫褐色,以致罐藏桃子仅限于白桃、黄桃等色素少的品种,红桃产量虽多,却不能用于加工,从黑曲霉中提取的花青色素酶,可水解花青色素引起自发的开环变为无色物质。可用花青色素酶处理桃酱、葡萄汁使之脱色而提高经济价值。

5) 酶对食品品质的作用

风味物质占世界添加剂市场的 10%～15%,占市场价值的 25%左右。有些是用有机化学方法合成的,但是越来越多的风味物质是用生物法合成的。风味酶的发现和应用,在食品风味的再现、强化和改变方面有广阔的应用前景。例如,用奶油风味酶作用于含乳脂的巧克力、冰淇淋、人造奶油等食品,可使这些食品增强奶油的风味。一些食品在加工或保藏过程中,可能会使原有的风味减弱或失去,若在这些食品中添加各自特有的风味酶,则能使它们恢复甚至强化原来的天然风味。

天然调味料的制造分为两大类:分解型和抽出型。分解型调味剂是由蛋白质分解得到的,氨基酸和多肽为其主要成分,原料是鱼肉、鸡肉等动物蛋白质水解物(HAP)以及由大豆等来源的植物蛋白质水解物(HVP),以前是应用盐酸分解法制备,近年来,正在考虑应用蛋白酶方法来制备。另一方面,在应用抽出型方法来得到鱼、肉、野菜中的风味成分时,用蛋白酶处理时会提高抽提率,降低油脂分解。

在面包制造过程中，在面团中添加适量的 α-淀粉酶和蛋白酶，可以缩短面团发酵时间，使制成的面包更加松软可口，色香味俱佳，同时可防止面包老化，延长保鲜期。较浓风味的奶酪是用蛋白酶及脂肪酶处理得到的。将酶加入到煮沸过的凝乳中，在 10～25℃保温 1～2 个月，酯酶对脂肪酶的比例越高，产物的风味效果越好。酯酶主要水解短链的水溶性脂肪酶，而脂肪酶则是水解长链的水不溶性的脂肪。应用酶复合物处理奶酪，能提高风味 5～10 倍。细菌中性蛋白酶用于水解蛋白质成为风味肽。

在酱油或豆酱的生产中，利用蛋白酶催化大豆蛋白质水解，可以大大缩短生产周期，提高蛋白质的利用率。还可以生产出优质低盐酱油或无盐酱油，酱油的风味有显著改善。

从 *Leuconotoc meseteriodes* 生产 β-果糖呋喃糖苷酶，它可以将糖多聚物水解成为寡糖形式，该分子比右旋糖酐的热稳定性好、黏度低。与乳化剂一起使用时，食品中的含胶量降低。

色素在食品添加剂中占 0.5%～0.8%的消耗量，是食品添加剂价值的 5%。目前应用酶从色素中提取还不广泛，但是在研究和开发水平上受到很大重视。目前比较成功的技术是用纤维素酶和果胶酶处理果皮以提取色素。纤维素酶能加快水果的染料抽提和植物组织的液化过程。红醋栗的颜色是有价值的成分，但是它位于表皮细胞中，难于与富含果汁的成分分离。抽提过程为细胞壁和膜的难溶性所阻碍。用纤维素酶在 60℃左右来改变细胞膜的通透性，则染料容易被抽提出来。

6）乳品工业

在乳品工业中所用的酶主要有：凝乳酶、过氧化氢酶、溶菌酶、乳糖酶、脂肪酶等。其中以干酪生产与分解乳糖最为重要。全世界干酪生产所耗牛奶达一亿多吨，占牛奶总产量的 1/4，干酪生产的第一步是将牛奶用乳酸菌发酵制成酸奶，再加凝乳酶水解 κ-酪蛋白，在酸性环境下，Ca^{2+} 使酪蛋白凝固，再经切块加热压榨熟化而成。用基因工程将牛凝乳酶原生产基因植入大肠杆菌，已经成功，已可用发酵法生产凝乳酶。

乳糖酶可水解乳糖成为半乳糖与葡萄糖，牛奶中含 4.5%乳糖，这是缺乏甜味而溶解度很低的双糖，有些人饮奶后常发生腹泻、腹痛等病，这是由于体内缺乏乳糖酶所致，由于乳糖难溶于水，常在炼乳、冰淇淋中呈砂样结晶析出而影响风味，如将牛奶用乳糖酶处理，上述问题得以解决。利用固定化黑曲霉乳糖酶处理脱乳糖牛奶的工艺已在西欧投产。

乳清是干酪生产的副产品，年产量达 90 000 多吨（其组成成分的含量分别为脂肪 0.2%，蛋白质 0.7%，乳糖 4%～4.5%和盐 0.45%），用乳糖酶处理，当乳糖水解率达 80%，其甜度可同 DE 值 40 的葡萄糖浆相当而可供作食用或作为饲料，如再用葡萄糖异构酶处理，使部分葡萄糖转化为果糖则甜度可进一步增加。

乳制品的特有香味主要是加工时所产生的挥发性物质（如脂肪酸、醇、醛、酮、脂以及胺类等），乳品加工时添加适量脂肪酶可增加干酪和黄油的香味，将增香黄油用于奶糖、糕点等食品制造可节约用量，使用增香黄油时充分调匀使香味均衡是非常重要的。

7）肉类和鱼类加工

酶在这方面的两个用途是改善组织、嫩化肉类，及转化废弃蛋白质使其成为供人类食用或作为饲料的蛋白质浓缩物。

用酶嫩化牛肉，过去使用木瓜酶和菠萝蛋白酶，最近美国批准使用米曲酶等微生物蛋白酶，并将嫩化肉类品种扩大到家禽与猪肉。蛋白酶软化肉类的主要作用是分解肌肉结缔组织的胶原蛋白。胶原蛋白是纤维蛋白，由次级键连接成为具有很强机械强度的组成，这种交联键可分为耐热和不耐热的两种，幼年动物中的胶原蛋白不耐热交联键多，一经加热即行破裂，肉就软化，因老年动物的交联键多，烹煮时软化较难，蛋白酶主要作用是水解胶原，促进嫩化。但一般蛋白酶专一性低，在水解胶原时不可避免地水解其他蛋白质（如肌肉收缩蛋白等），以致造成软化过度，为此正研究选择仅对胶原有专一性的、符合安全的胶原酶。工业上软化肉的方法有两种：一种是将酶涂抹肉的表面或用酶液浸肉；另一种较好的方法为动物宰前用酶肌内注射，酶的软化作用发生在贮罐特别是烹煮加热时。

生产食用可溶性鱼蛋白质的关键是产品的脱腥和苦味的预防。苦味是酶水解蛋白质时产生的一种肽——苦味肽所引起，当蛋白质水解不深时，苦味尚难察觉，但随着水解的深入，苦味就显著增强，使用羧肽酶或不生成苦味肽的蛋白酶，或用几种蛋白酶共同水解，使苦味肽进一步分解，可去除苦味。

为了降低成本，挪威还采用自溶法，利用鱼体自身的蛋白酶活力，使鱼肉消化。为了防止微生物腐败，自溶时需降低 pH。这种工艺很有发展前途。

蛋白酶还用于生产牛肉汁、鸡汁等来提高产品收率。此外将酸性蛋白酶在 pH 中性时处理解冻鱼类，可以脱腥。

利用微生物酸性蛋白酶处理碎片，抽提其胶原，成为可溶性胶原，这种可溶性胶原纤维遇盐或洗衣粉时便再生析出，可制人造肠衣。利用碱性蛋白酶水解动物血脱色来制造无色血粉作为廉价而安全的补充蛋白质资源已经研究成功并正在工业化中。

8）蛋品加工

用葡萄糖氧化酶去除禽蛋中的微量葡萄糖，是酶在蛋品加工中的一项重要用途。葡萄糖的醛基具有活泼的化学反应性，容易同蛋白质、氨基酸等的氨基发生褐变反应即美拉德反应，使蛋白质在干燥及贮藏过程中发生褐变，损害外观和风味。干蛋白是食品工业常用的发泡剂，当蛋白质发生褐变后，溶解度减小，起泡力和泡沫稳定性下降。为了防止这种劣变，必须将葡萄糖除去。过去虽用酵母或自然发酵法除糖，但时间长，品质不易保证。用葡萄糖氧化酶处理，除糖效率高，周期短，产品质量与效率高，并改善环境卫生。

葡萄糖氧化酶的作用是催化葡萄糖脱氢，氧化生成葡萄糖酸，同时产生过氧化氢，后者被共存的过氧化氢酶催化分解为水和氧，一分子葡萄糖氧化酶 1 min 内可催化 34 000 个葡萄糖分子。

工业上葡萄糖氧化酶从黑曲霉、青霉等中提取，最适反应 pH 为 5.6 左右，使用时将适量的酶与过氧化氢加入蛋白质中，在 35～40℃保温数小时，葡萄糖即被分解而去除，添加过氧化氢目的在于为葡萄糖氧化提供充分的氧，残余过氧化氢被过氧化氢酶所分解，有效的葡萄糖氧化酶中过氧化氢酶活力很强，在添加过氧化氢以后即可看到大量气泡形成，过氧化氢酶活力不足应逐步补加。

此外，蛋白质中残留的卵黄或脂肪因影响发泡力，可用固定化脂肪酶处理而去除。

9）烤焙食品

酵母在面团中，依靠面粉本身淀粉酶和蛋白酶的作用生成麦芽糖和氨基酸来进行繁殖和发酵。使用酶活力不足或陈久的面粉，发酵力差，烤制的面包体积小、色泽差，虽向面粉中补充葡萄糖或蔗糖，效果也不理想，用酶活力高的面粉发酵制成的面包气孔细而分布均匀、体积大、弹性好、色泽佳，因此欧美各国都把淀粉酶活力作为面粉质量指标之一。为了保证面团的质量，添加酶进行强化。

面粉中添加 α-淀粉酶，可调节麦芽糖生成量，使产生二氧化碳，和面团气体保持力相平衡。蛋白酶可促进面筋软化，增加延伸性，减少揉面时间与动力，改善发酵效果。用于强化面粉的酶，以霉菌的酶为佳，因耐热性低，在烤焙温度下迅速失活而不致过度水解。用 β-淀粉酶强化面粉可防止糕点老化。用蛋白酶强化的面粉制通心面条，延伸性好，风味佳。糕点馅心常用淀粉为填料，添加 β-淀粉酶可改善馅心风味。糕点制造加入转化酶，使蔗糖水解为转化糖，防止糖浆中蔗糖析晶。

美国、加拿大制造白面包时，还广泛使用脂肪氧化酶（这种酶存在于大豆、小麦中，可使不饱和脂肪酸氧化）。以脱脂豆粉为酶源，按 0.5%掺入面粉制造面包，在脂肪氧化酶的作用下，使面粉中不饱和脂肪氧化同胡萝卜素等发生共轭氧化作用而将面粉漂白。此外这种酶由于氧化面粉中不饱和酸，生成芳香的羰基化合物而增加面包风味，改善面团结构。乳糖酶也用于添加脱脂奶粉的面包制造，乳糖酶分解乳糖生成发酵性糖，促进酵母发酵，改善面包色泽。面粉中含有少量脂肪酶（由面粉中存在的霉菌产生），可促使脂肪分解，生成不饱和脂肪酸，因此以前认为面粉中应尽量减少脂肪酶的活力，但近年发现添加黄油或奶油的面团，使用脂肪酶可使乳脂中含有的微量的醇酸或酮酸的甘油酯分解，由这些游离酸可生成 δ-内脂或甲酮等有香味的物质，故适当使用可增进面包香味。

10）食品保藏

包装食品在贮藏中变质的主要原因是氧化和褐变，许多食品的变质都与氧有关。褐变现象除食品中糖分的醛基同蛋白质的氨基发生反应外，果蔬中含有酚氧化酶，在氧存在下也可使许多食物组成发生褐变，去氧还可减少因微生物的繁殖而导致的腐败，是保藏食品的重要措施。用葡萄糖氧化酶除氧的方法是将葡萄糖氧化酶、过氧化氢酶和葡萄糖、中和剂琼脂等制成凝胶，封入聚乙烯膜小袋，放入包装中以吸除容器中残氧，防止油脂及香味成分的氧化或保持冷冻水产和家禽的鲜度。将酶、糖等混合涂于包装纸内层，可以防止黄油等产品的酸败。将酶加在瓶装饮料（果汁、啤酒、水果罐头等）中，吸去瓶颈空隙残氧而延长保藏期。

为了减少保藏中因微生物作用而发生的变质，可使用鸡卵白溶菌酶来保存食品，这种酶对革兰氏阳性细菌有溶菌作用，用于肉制品、干酪、水产和清酒的保藏。由于溶菌酶对革兰氏阴性菌无杀菌作用，人们正在研究溶解革兰氏阴性菌及真菌细胞壁的微生物酶。

8.5.7 酶在食品分析中的应用

一般来说，酶的分析可以分为酶活力的测定和用酶测定化合物的含量两类。

（1）酶活力的测定

在食品分析中，酶活力测定最为常见，酶活力由这种酶与过量的适当底物的反应速率来确定。酶可以作为食品状态的一种指标，例如预处理（消毒、灭菌、热烫）情况、新鲜程度、是否已受微生物的作用（败坏）等。此外，酶也和食品其他组分一样，受抑制剂、防腐剂、抗菌素、植物保护剂、杀虫剂等各种环境因素的影响。

在鉴定反应中，使用某些酶可以证实食品中某些酶抑制剂或激活剂的存在，即进行效应剂分析，其原理就是测定抑制剂或激活剂等效应剂对酶促反应的影响，利用校准曲线可以从受抑制或激活的程度得出这些物质的浓度。效应剂分析对于一些植物保护剂（杀虫剂）和防腐剂的定性鉴定是有用的，如利用有机磷农药对碳酸酐酶的抑制作用可以定量测定一些有机磷农药的残留量;水、牛奶等中氟的测定就是利用氟离子对胆碱酯酶的灵敏抑制作用而进行的。表 8-10 是常见的某些酶活力的测定。

表 8-10 食物中的酶活力测定

酶	食　物
二酚氧化酶	谷物、面粉、牛奶、蔬菜
黄嘌呤-氧-氧化还原酶	牛奶
脂氧合酶	大豆、面粉
淀粉酶	蜂蜜、面粉、麦芽、牛奶、面包、淀粉
过氧化氢酶	乳、乳品
脂酶	乳、乳品、谷类粉
磷酸酯酶	乳、乳品
过氧化物酶	谷物、面粉、牛奶、蔬菜
脲酶	大豆粉、大豆制品
肌酸酶	肉提取液、肉汤

(2) 用酶测定化合物的含量

在食品分析中可以利用一些物质作为酶反应的底物,采用酶法分析该物质的含量。一般在这些酶反应体系中,酶总是过量的,相应的辅助因子(如辅酶、ATP、NAD^+、$NADP^+$)也必须存在。表 8-11 列出了一些可采用酶法分析的化合物。

表 8-11 能用酶测定的一些化合物

化合物类别	代表化合物
醇	乙醇、甘油
醛	乙醛、乙醇醛
酸及其盐	乙酸盐、乳酸盐、甲酸盐、苹果酸盐、琥珀酸盐、柠檬酸盐、异柠檬酸盐、丙酮酸盐
单糖和类似化合物	葡萄糖、果糖、半乳糖、戊糖、山梨醇、肌醇
二糖和低聚糖	蔗糖、乳糖、蜜三糖、麦芽糖
多聚糖	淀粉、纤维素、半纤维素
L-氨基酸	谷氨酸、精氨酸
类脂	胆固醇

前已提及,使用简单的光吸收法,样品不需经过任何处理,就可准确地进行测定,例如测定果汁、苹果酒和葡萄酒中的乙醇、乙醇醛、乳酸盐、苹果酸盐和谷氨酸盐等物的含量。

8.6 酶促褐变

褐变作用按其发生机制分为酶促褐变(生化褐变)及非酶褐变(非生化褐变)两大类。酶促褐变发生在水果、蔬菜等新鲜植物性食物中。水果和蔬菜在采后,组织中仍在进行活跃的代谢活动。在正常情况下,完整的果蔬组织中氧化还原反应是偶联进行的,但当发生机械性的损伤(如削皮、切开、压伤、虫咬、磨浆等)及处于异常的环境条件下(如受冻、受热等)时,便会影响氧化还原作用的平衡,发生氧化产物的积累,造成变色。这类变色作用非常迅速,并需要和氧接触,由酶所催化,称为"酶促褐变"(enzyme browning)。在大多数情况下,酶促褐变是一种不被希望出现于食物中的变化,例如香蕉、苹果、梨、茄子、马铃薯等都很容易在削皮切开后褐变,应尽可能避免。但像茶叶、可可豆等食品,适当的褐变则是形成良好的风味与色泽所必需的。

8.6.1 酶促褐变的机理

植物组织中含有酚类物质,在完整的细胞中作为呼吸传递物质,在酚-醌之间保持着动态平衡,当细胞破坏以后,氧就大量侵入,造成醌的形成和还原之间的不平衡,于是发生了醌的积累,醌再进一步氧化聚合形成褐色色素。

酚酶的系统命名是邻二酚:氧-氧化还原酶(EC 1.10.3.1)。此酶以 Cu 为辅基,必须以氧为受氢体,是一种末端氧化酶。

酚酶可以用一元酚或二元酚作为底物。有些人认为酚酶是兼能作用于一元酚及二元酚的一种酶;但有的人则认为是两种酚酶的复合体,一种是酚羟化酶(phenolhydroxylase),又称甲酚酶(cresolase),另一种是多元酚氧化酶(polyphenoloxidase),又叫儿茶酚酶(catecholase)。

现以马铃薯切开后的褐变为例来说明酚酶的作用(图 8-9)。酚酶作用的底物是马铃薯中最丰富的酚类化合物酪氨酸。

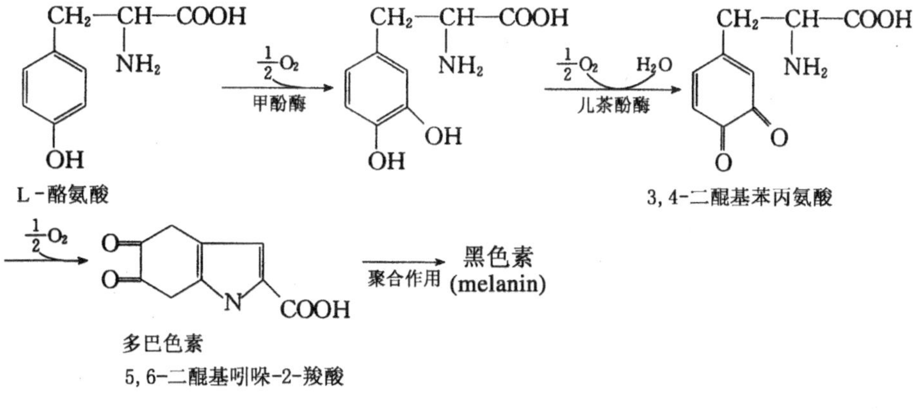

图 8-9 酪氨酸形成黑色素的过程

在水果中,儿茶酚是分布非常广泛的酚类,在儿茶酚酶的作用下,较容易氧化成醌。

醌的形成是需要氧气和酶催化的,但醌一旦形成以后,进一步形成羟醌的反应则是非酶促的自动反应，羟醌进行聚合，依聚合程度增大而由红变褐最后成褐黑色的黑色素物质。

酚酶最适 pH 接近 7，比较耐热，依来源不同，在 100℃下钝化此酶需 2～8 min 之久。

水果蔬菜中的酚酶底物以邻二酚类及一元酚类最丰富。一般说来，酚酶对邻羟基酚型结构的作用快于一元酚，对位二酚也可被利用，但间位二酚则不能作为底物，甚至还对酚酶有抑制作用。

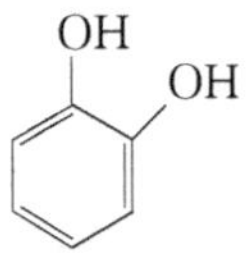

儿茶酚

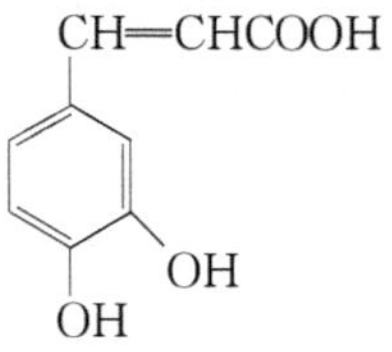

咖啡酸

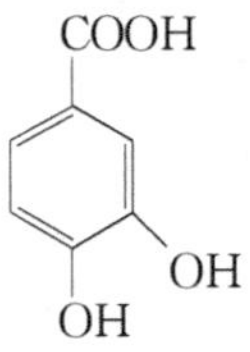

原儿茶酚

邻二酚的取代衍生物不能为酚酶所催化，例如愈创木酚（guaiacol）及阿魏酸（ferulic acid）。绿原酸（chlorogenic acid）是许多水果特别是桃、苹果等褐变的关键物质。

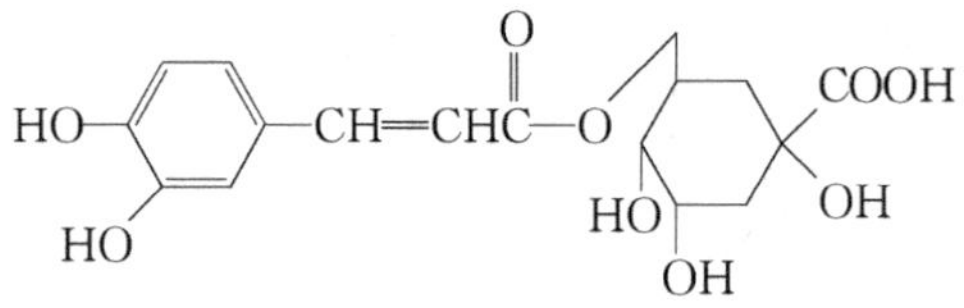

绿原酸

前已述及，马铃薯褐变的主要底物是酪氨酸，在香蕉中，主要的褐变底物也是一种含氮的酚类衍生物即 3，4 -二羟基苯乙胺（3，4-dihydroxyphenol ethylamine）。

氨基酸及类似的含氮化合物与邻二酚作用可产生颜色很深的复合物，其机理大概是酚先经酶促氧化成为相应的醌，然后醌和氨基发生非酶的缩合反应。白洋葱、大蒜、韭葱（allium porrum）的加工中常有粉红色泽的形成，其原因概如上述。

可作为酚酶底物的还有其他一些结构比较复杂的酚类衍生物，例如花青素、黄酮类、鞣质等，它们都具有邻二酚型或一元酚型的结构。

8.6.2 酶促褐变的控制

酶促褐变的发生需要三个条件，即适当的酚类底物、酚氧化酶和氧。在控制酶促褐变的实践中，除去底物的途径可能性极小，曾经有人设想过使酚类底物改变结构，例如将邻二酚改变为其取代衍生物，但迄今未取得实用上的成功。实践中控制酶促褐变的方法主要从控制酶和氧两方面入手，主要途径有：① 钝化酶的活性（热烫、抑制剂等）。② 改变酶作用的条件（pH、水分活度等）。③ 隔绝氧气的接触。④ 使用抗氧化剂（抗坏血酸、SO_2等）。

常用的控制酶促褐变的方法主要有下面几种。

（1）热处理法

在适当的温度和时间条件下加热新鲜果蔬，使酚酶及其他相关的酶都失活，是最广泛使用的控制酶促褐变的方法。加热处理的关键是在最短时间内达到钝化酶的要求，否则过度加热会影响质量。相反，如果热处理不彻底，热烫虽破坏了细胞结构，但未钝化酶，反而会加强酶和底物的接触而促进褐变。像白洋葱、韭葱如果热烫不足，变粉红色的程度比未热烫的还要厉害。

水煮和蒸汽处理仍是目前使用最广泛的热烫方法。微波能的应用为热力钝化酶活性提供了新的有力手段，可使组织内外一致迅速受热，对质地和风味的保持极为有利。

(2) 酸处理法

利用酸的作用控制酶促褐变也是广泛使用的方法。常用的酸有柠檬酸、苹果酸、磷酸以及抗坏血酸等。一般来说，它们的作用是降低 pH 以控制酚酶的活力，因为酚酶的最适 pH 在 6～7 之间，pH 低于 3.0 时已无活性。

柠檬酸是使用最广泛的食用酸，对酚酶有降低 pH 和螯合酚酶的 Cu 辅基的作用，但作为褐变抑制剂来说，单独使用的效果不大，通常需与抗坏血酸或亚硫酸联用，切开后的水果常浸在这类酸的稀溶液中。对于碱法去皮的水果，还有中和残碱的作用。

苹果酸是苹果汁中的主要有机酸，在苹果汁中对酚酶的抑制作用要比柠檬酸强得多。

抗坏血酸是更加有效的酚酶抑制剂，即使浓度极大也无异味，对金属无腐蚀作用，而且作为一种维生素，其营养价值也是尽人皆知的。也有人认为，抗坏血酸能使酚酶本身失活。抗坏血酸在果汁中的抗褐变作用还可能是作为抗坏血酸氧化酶的底物，在酶的催化下把溶解在果汁中的氧消耗掉了。据报道，在每千克水果制品中，加入 660 mg 抗坏血酸，即可有效控制褐变并减少苹果罐头顶隙中的含氧量。

(3) 二氧化硫及亚硫酸盐处理

二氧化硫及常用的亚硫酸盐，如亚硫酸钠(Na_2SO_3)、亚硫酸氢钠($NaHSO_3$)、焦亚硫酸钠($Na_2S_2O_5$)、连二亚硫酸钠即低亚硫酸钠($Na_2S_2O_4$)等都是广泛使用于食品工业中的酚酶抑制剂。在蘑菇、马铃薯、桃、苹果等加工中已应用。

用直接燃烧硫磺的方法产生 SO_2 气体处理水果蔬菜，SO_2 渗入组织较快，但亚硫酸盐溶液的优点是使用方便。不管采取什么形式，只有游离的 SO_2 才能起作用。SO_2 及亚硫酸盐溶液在微偏酸性(pH 6)的条件下对酚酶抑制的效果最好。

实验条件下，10 mg/kg SO_2 即可几乎完全抑制酚酶，但在实践中因有挥发损失和与其他物质(如醛类)反应等原因，实际使用量较大，常达 300～600 mg/kg。1974 年我国食品添加剂协会规定使用量以 SO_2 计不得超过 300 mg/kg，食品中最大残留量不得超过 20 mg/kg。

二氧化硫法的优点是使用方便、效力可靠、成本低、有利于维生素 C 的保存、残存的 SO_2 可用抽真空、炊煮或使用 H_2O_2 等方法除去。缺点是使食品失去原色而被漂白(花青素破坏)，腐蚀铁罐的内壁，有不愉快的嗅感与味感，残留浓度超过 0.064%即可感觉出来，并且破坏维生素 B。

(4) 驱除或隔绝氧气

驱除或隔绝氧气的具体措施有：① 将去皮切开的水果、蔬菜浸没在清水、糖水或盐水中。② 浸涂抗坏血酸液，使在表面上生成一层氧化态抗坏血酸隔离层。③ 用真空渗入法把糖水或盐水渗入组织内部，驱出空气。苹果、梨等果肉组织间隙中具有较多气体的水果最适宜用此法。一般在 1.028×10^5 Pa 真空度下保持 5～15 min，突然破除真空，即可将汤汁强行渗入组织内部，从而驱出细胞间隙中的气体。

(5) 加酚酶底物类似物

用酚酶底物类似物如肉桂酸、对位香豆酸及阿魏酸等酚酸可以有效地控制苹果汁的酶促褐变。在这三种同系物中，以肉桂酸的效率最高，浓度大于 0.5 mmol/L 时即可有效控制处于大气中的苹果汁的褐变达 7 h 之久。

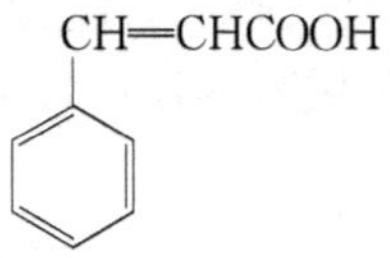

肉桂酸

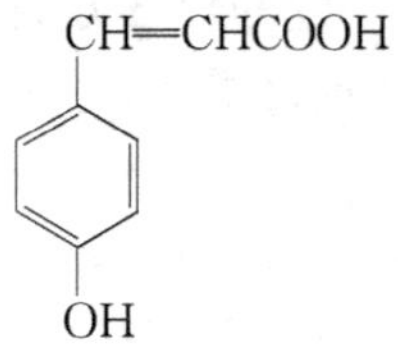

对位香豆酸

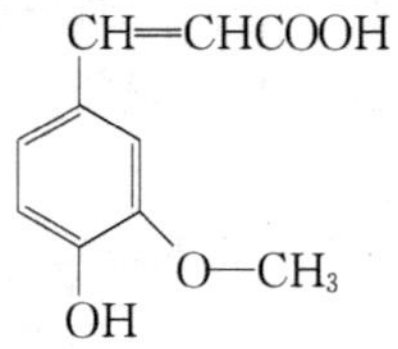

阿魏酸

由于这三种酸都是水果蔬菜中天然存在的芳香族有机酸，在安全上无多大问题。肉桂酸钠盐的溶解性好，售价也便宜，控制褐变的时间长。

思考与练习

1. 从酶促反应动力学角度解释竞争性抑制作用、非竞争性抑制作用及反竞争性抑制作用。
2. 举例说明固定化酶在食品中的应用及其优缺点。
3. 请说明酶促褐变机理及其控制措施。
4. 在糖果的生产中会应用到哪些酶类？它们的作用分别是什么？
5. 简述食品风味酶的作用机理及其在食品加工中的应用。

9 色素

9.1 引言

9.1.1 视觉、光与颜色

人的眼睛由眼球、视神经和附属器官(泪腺、眼睑等)组成,如图 9-1 所示。当有光线进入时,光线首先通过角膜、前房水、瞳孔、水晶体、玻璃体,再聚焦到视网膜上,刺激视网膜上的感光细胞,感光细胞再将接受到的色光讯号传递到神经元细胞,再经过神经元的传递,由视神经传到中枢系统,到达皮质视区后,形成视觉印象。

眼睛观察物体时,进入眼睛的并非是各种颜色,而是各种波长不同的电磁波,也就是光线。这些光线到达视网膜后,刺激视网膜上的感光细胞,引起光化学作用,并在视网膜上产生了电位变化,引起电冲动,再经过视网膜第二层、第三层神经元组织将电冲动传入大脑皮层。由于在综合分析时常带有复杂的心理等因素,因此人眼观察颜色时,与仪器观察有着不同的结果和差异。

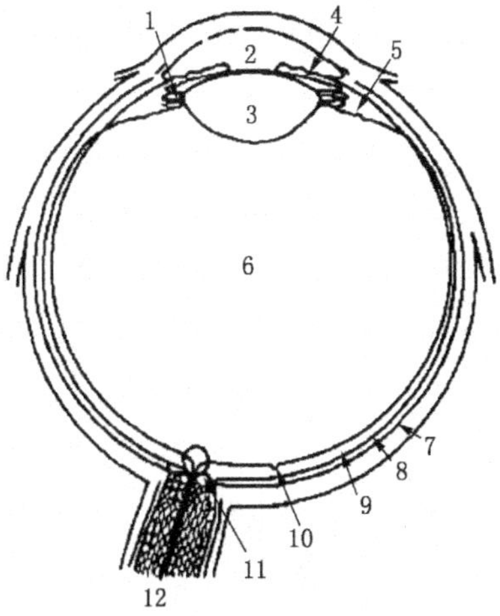

图 9-1 眼球的构造

1. 悬韧带 2. 前房 3. 水晶体 4. 虹膜 5. 睫状肌 6. 玻璃体 7. 巩膜 8. 脉络膜 9. 视网膜 10. 中央窝 11. 视网神经乳头 12. 视神经

从人的视觉生理特性来看,人眼的视网膜上有三种感色视锥细胞,即感红细胞、感绿细胞、感蓝细胞。这三种细胞分别对红光、绿光、蓝光敏感。当其中一种感色细胞受到较强的刺激时,就会引起这种感色细胞的兴奋,则产生该色彩的感觉。同时人眼的这三种感色细胞还具有合色的能力。当一种复色光刺激人眼时,人眼感色细胞可将其分解为红、绿、蓝三种单色光,然后混合成一种颜色。正是由于这种合色能力,人们才能识别除红、绿、蓝三色之外的更大范围的颜色。但任何一种颜色都可以由红色、蓝色和黄色这三种基本颜色调配而成,绿色是由蓝色和黄色组成,红、橙、黄、绿、青、蓝、紫等各种光按一定比例组成白光。

颜色是一定波长的散射波或反射波刺激人的视觉器官而产生的特种感觉。颜色由光的波长决定,色彩的明暗由光的强度决定。

光是一种电磁波,具有波粒二象性。但并不是所有的电磁波都能引起人的视感觉。在电磁波辐射范围内,只有波长 380～780 nm 的辐射能引起人们的视感觉,因此把这段光波叫做可见光。如图 9-2 所示。人眼能够感觉到的颜色波长差是 10 nm，视觉感觉的强弱取决于波长和强度。

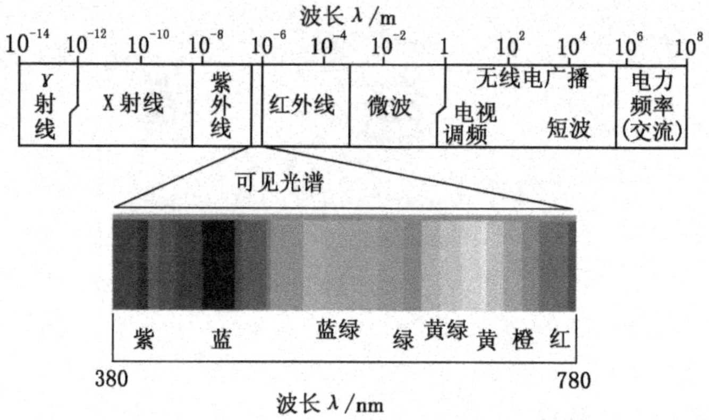

图 9-2　各种电磁波及可见光范围

在可见光区内，不同波长的辐射引起人们的不同色彩感觉。1666 年牛顿发现，当太阳光经过三棱镜折射，再投射到白色屏幕上时，在屏幕上会出现一条色彩依次是红、橙、黄、绿、青、蓝、紫七种颜色的美丽光带。同时由光的色散原理可知波长最短的折射率最大，波长最长的折射率最小。所以从图 9-3 中可以看到红色的折射率最小，紫色最大，这条依次排列的彩色光带称为光谱。在光谱中，具有单一频率的光波称为单色光。但实际上任何光源发出的光波都有一定的频率范围，波长范围越窄，则光的单色性越好。由单色光混合而成的光叫做复色光，自然界中的太阳光、白炽灯光等光线都是复色光。可见光色散所产生的各种色光的波长如表 9-1 所示。各种色光的波长范围不同，物质的颜色是因物质对不同波长的光具有选择性吸收作用而产生的。表 9-1 列出了物质的颜色和吸收光之间的关系，表中两种相对应颜色的光互称为互补色光，将它们按一定比例混合，亦可得到白光。可见光的互补色光的关系可用图 9-4 表示。

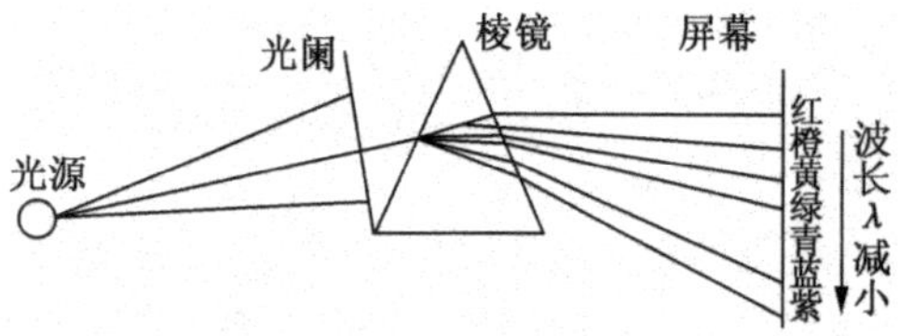

图 9-3　光的散射现象

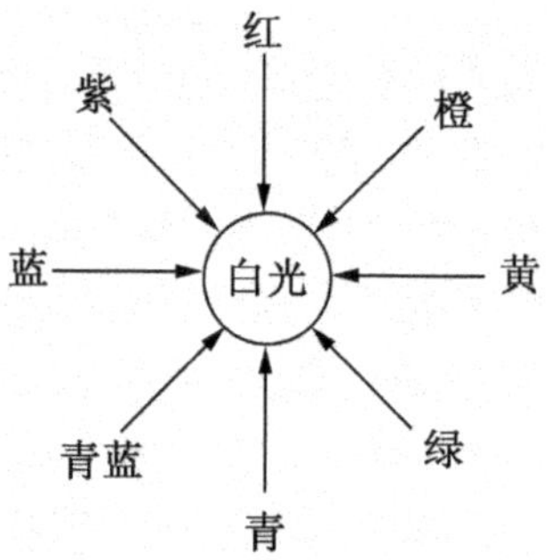

图 9-4　互补色光之间的关系

当日光照射有色物质(如颜料或染料)时，而使其具有特征的颜色，这是因为显示该颜色的波长的光大部分被反射和透射出来，其余部分波长的光则被吸收所致。所以人们能够按照此原理制得符合需求颜色的物质。

表 9-1　物质颜色和吸收颜色的关系

物质颜色	吸收光		物质颜色	吸收光	
	颜色	波长范围 λ /nm		颜色	波长范围 λ /nm
黄绿	紫 violet	400～450	紫	黄绿	560～580
黄	蓝 blue	450～480	蓝	黄 yellow	580～600
橙	青蓝	480～490	绿蓝	橙 orange	600～650
红	青 cyan	490～500	蓝绿	红 red	650～750
紫红	绿 green	500～560			

9.1.2　色素

广义地说，所有能直接或潜在呈现颜色的物质都可称为色素。其功能是可以用来改变物质或制品颜色以使物品起到美化、修饰和增加悦感以及诱发和增强人们的食欲等目的。

食品色素在结构上都具有发色基团（chrophoric group）和助色基团（auxochromic group）。发色基团（也称为生色基团）是一类在紫外及可见光区域内能产生强烈吸收的原子团。从化学结构上看，发色基团多为具有双键及类似结构的基团，如—C═C—、—C≡C—、—N═N—、—CHO、—N═O、—C═S、—C═O等都是含有 π 电子的基团。尤其是共轭体系中的 π 电子（称为大 π 电子）是流动的，易被可见光激发而显色更明显。共轭双键体系延伸得愈长，愈容易被激发，其生色作用愈强。例如苏丹红Ⅲ号为深红色，其结构为

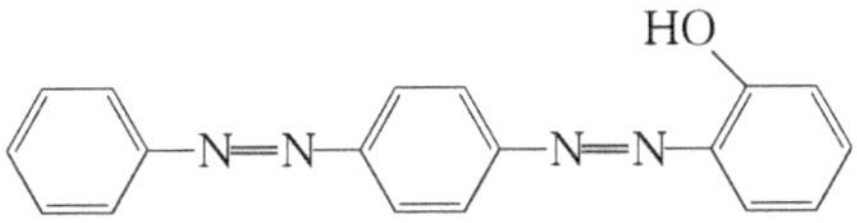

在有色物质的分子结构中，还有另一类基团，主要是含有氧、氮、硫等原子的基团，如羟基、氨基等。这些基团单独存在并不在紫外及可见光区内产生吸收，但与发色基团连接在一起时，能使发色基团的吸收波段向长波方向移动，这样的基团称为助色基团。如—OH、—OR、$—NH_2$、$—OCH_3$、$—N(C_2H_5)_2$、$—NO_2$、—Cl、—Br、—SR 等，它们中的氧、氮、硫等原子都有未共用的电子对，即孤对 p 电子对，当这类基团连在发色基团适当的位置后，能形成 p－π 共轭，促进物质发色，使颜色加深。

各种助色基团增色作用的强度顺序是：$—HNC_6H_5$ ＞ $—N(C_2H_5)_2$ ＞ $—N(CH_3)_2$ ＞ $—NH_2$ ＞ —OH ＞ $—OCH_3$ ＞ $—NO_2$ ＞ $—SO_3H$。在分子结构相同的情况下，助色基团增色作用愈强，其分子的颜色也就愈深。

9.2　色素的分类与性质

9.2.1　色素的分类

色素在食品上的分类是复杂的，根据原生状态可分为食品中原生（固有）色素和着色剂

两大类。食品中原生的天然色素，包括在新鲜原料中能看到的有色成分和本来无色而经过化学反应能呈现颜色的物质。

食品中的原生天然色素可进一步分类：① 按来源分为植物色素、动物色素、微生物色素和矿物色素四大类(表 9-2)；② 按其化学结构可分为卟啉类衍生物(如叶绿素、血红素和胆色素)、异戊二烯衍生物(如类胡萝卜素)、多酚类衍生物(花青素、类黄酮、儿茶素和单宁等)、酮类衍生物(如红曲色素、姜黄色素)和醌类衍生物(虫胶色素和胭脂虫红等)；③ 若按色素溶解性可分为脂溶性色素和水溶性色素；④ 按色调不同又可分为红紫色系列(如红曲色素、花青素、辣椒红素等)、黄橙色系列(如胡萝卜素、核黄素、玉米黄素等)和蓝绿色系列(如叶绿素、藻蓝素、栀子蓝色素等)。

表 9-2　食品中主要天然色素的特点

类别	色素名称	种数	颜色	主要来源	溶解性	主要结构特征	稳定性
植物色素	叶绿素	25	绿色	绿色蔬菜	溶于有机溶剂	四吡咯衍生物	对热敏感
	类胡萝卜素	560	黄色到红色	蔬菜、水果	脂溶性	异戊二烯衍生物	对热稳定，易氧化
	花青素	150	红、紫、蓝色	水果等	水溶性	多酚类衍生物	对 pH、金属离子敏感，热功当量稳定性差
	类黄酮(花黄素)	1 000	黄色	植物	水溶性	多酚类衍生物	对热很稳定
	儿茶素(黄烷醇)	20	反应型	茶叶	水溶性	多酚类衍生物	对热稳定
	单宁(鞣质)	20	反应型	植物	水溶性	多酚类衍生物	对热稳定
	红花色素		黄色到红色	红花	水溶性	醌类衍生物	对热敏感
	甜菜苷	70	黄色到红色	红甜菜	水溶性	醌类衍生物	对热敏感
	姜黄素	1	黄色	姜黄、芥末	溶于有机溶剂	酮类衍生物	对热稳定
	核黄素	1	黄绿色	植物	水溶性	异咯嗪衍生物	对热稳定，对光敏感
动物色素	血红素	6	红色	禽畜肉	溶于有机溶剂	卟啉类衍生物	对热敏感
	虫胶色素	3	橙黄到紫色	紫胶虫	水溶性	醌类衍生物	对热稳定
	胭脂虫红		红色	胭脂虫	水溶性	醌类衍生物	对热稳定
	黑色素		黑色	动物	水溶性	醌类衍生物	对热稳定
	虾青素		红色到蓝色	虾、蟹	脂溶性	类胡萝卜素	对热稳定，易氧化
微生物色素	红曲色素	6	红色	红曲	水溶性	酮类衍生物	对热稳定
	藻红素		红色到绿色	海藻	溶于有机溶剂	色素蛋白	对热较敏感，易变性
矿物色素	二氧化钛	1	白色	矿石		无机盐	对热很稳定
	碳酸钙	1	白色	矿石等		无机盐	对热很稳定

9.2.2　色素的性质

色素的性质取决于色素的结构。从色素的通性来讲，食品色素具有以下性质：① 调色；

② 改善和增进食欲；③ 抗氧化；④ 酸碱性；⑤ 光电转换；⑥ 络合消毒；⑦ 营养性；⑧ 保健功能。

近年来，随着人类对化学合成色素的认识和对生活质量要求的提高，天然色素越来越受到人们的关注。天然色素具有下列性质：① 副作用小，安全性高；② 有些对疾病具有防治作用；③ 含有人体必需的营养物质，兼有营养的效果；④ 色调比较自然，能更好地模仿天然着色。但天然色素也存在一些不足：① 部分天然色素对热、氧、金属等敏感，稳定性较差；② 染色均匀性差，染着力差；③ 对 pH 变化敏感，其色调一般随 pH 变化而发生变化；④ 种类繁多，性质复杂；⑤ 价格较高；⑥ 应用范围较窄。目前商品化的天然色素种类并不多。

天然色素提取的方法主要有：溶剂提取法、压榨法、粉碎法、酶反应法、培养法等。近年来微波和超声等物理场提取、超临界 CO_2 萃取等高新技术也日益广泛地应用到天然色素的提取之中。

食品色素的检测方法主要有色谱分析法、电化学分析法和光谱分析法等，其中以色谱分析法和光谱分析法用得更为普遍。

9.3 食品中的原生色素

9.3.1 卟啉类色素

1） 叶绿素

叶绿素是绿色植物、海藻和光合菌等所有能进行光合作用的生物体中含有的一类绿色色素。叶绿素是从卟吩（porphine）衍生出的镁络合物。卟吩是由 4 个吡咯环通过 4 个次甲基连接而成的完全共轭四吡咯（pyrrole）结构。按最常用的 Fisher 编号系统，4 个环分别编号为 Ⅰ～Ⅳ（或 A～D），卟吩环外围上的吡咯碳分别编号为 1～8，桥连碳分别指定为 α、β、γ 和 δ[图 9-5(a)]。卟吩的 IUPAC 编号系统见图 9-5(b)，但更常见的编号系统为Fisher 法。

卟吩可被甲基、乙基和乙烯基等各种基团取代。取代后的卟吩称为卟啉。一般认为，脱镁叶绿素母环[图 9-5(c)]是所有叶绿素的母核，它是由卟吩加上第 5 个碳环（Ⅴ）所形成的。在叶绿素化学中，卟啉是指所有闭合的、全共轭的四吡咯类型的化合物。

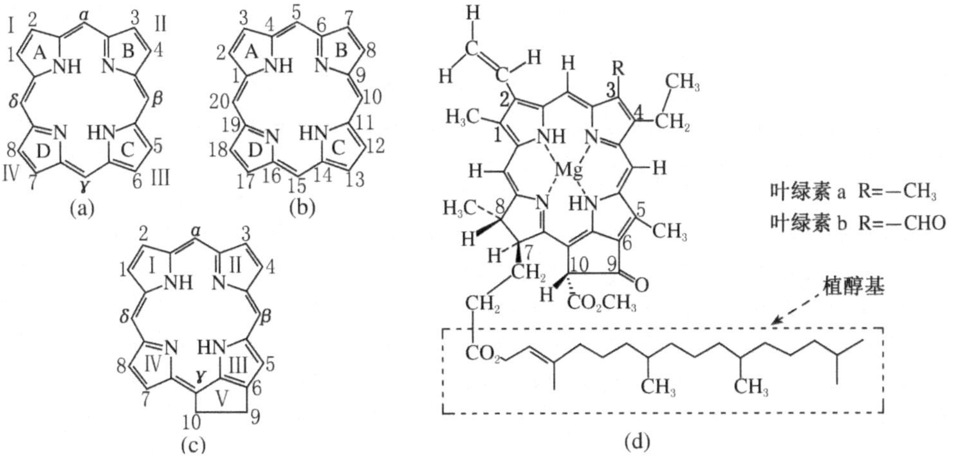

图 9-5 卟吩(a)和(b)，脱镁叶绿素母环类(c)，叶绿素 a 和叶绿素 b(d)的结构式

所有天然存在的卟啉，其7-位上都有一个丙酸残基，在叶绿素中这个位置被长链醇(植醇或法呢醇)酯化，如果不含镁原子，对应的带有游离酸的结构叫做脱镁叶绿素环类(phorbide)。

叶绿素a (chlorophyll a)为四吡咯螯合镁原子的结构，在1-、3-、5-和8-位上有甲基取代，2-位上有乙烯基，4-位上有乙基，7-位上的丙酸被植醇(phytol，具有类异戊二烯结构的二十碳醇)所酯化，9-位上有酮基，10-位置上有甲酯基。分子式为$C_{55}H_{72}O_5N_4Mg$。

叶绿素b (chlorophyll b)除了3-位为甲酰基而不是甲基外，其余与叶绿素a的构型相同，分子式为$C_{55}H_{70}O_6N_4Mg$。

叶绿素有多种，如叶绿素a、叶绿素b、叶绿素c和叶绿素d，以及细菌叶绿素和绿菌属叶绿素等。叶绿素a、叶绿素b存在于绿色植物中，其比例约为3∶1。它们的区别在于3-位碳上的取代基不同，叶绿素a含有一个甲基，而叶绿素b则含有一个甲酰基[图9-5(d)]。两者都在2-位碳和4-位碳上分别连接乙烯基和乙基，10-位碳上连接甲氧甲酰基，并在7-位碳上连接丙酸植醇基。叶绿素c与叶绿素a共存于海藻、腰鞭毛虫及硅藻中。叶绿素d的含量较低，与叶绿素a共存于红藻中。

纯叶绿素a为蓝黑色粉末，熔点为117～120℃，其乙醇溶液呈蓝绿色，并有深红色荧光；叶绿素b是深绿色粉末，熔点为120～130℃，其乙醇溶液呈绿色或黄绿色，并有深红色荧光。叶绿素a和叶绿素b都具有旋光活性。两者均溶于乙醇、乙醚、丙酮、乙酸乙酯等溶剂，难溶于石油醚，不溶于水。而纯品叶绿素a和脱镁叶绿素a仅微溶于石油醚。因此，极性溶剂如丙酮、甲醇、乙醇、乙酸乙酯、吡啶和二甲基甲酰胺能完全提取叶绿素。众多的叶绿素及其衍生物的光谱特征见表9-3。

表9-3 叶绿素a、叶绿素b及其衍生物的光谱性质

化合物	英文名称	最大吸收波长/nm		吸收比	摩尔吸光系数
		“红”区	“蓝”区	“蓝”/“红”	“红”区
叶绿素a	chlorophyll a	660.5	428.5	1.30	86 300
脱植基叶绿素a甲酯	methyl chlorophyllide a	660.5	427.5	1.30	83 000
叶绿素b	chlorophyll b	642.0	452.5	2.84	56 100
脱植基叶绿素b甲酯	methyl chlorophyllide b	641.5	451.0	2.84	—
脱镁叶绿素a	pheophytin a	667.0	409.0	2.09	61 000
脱镁叶绿酸a甲酯	methyl pheophorbide a	667.0	408.5	2.07	59 000
脱镁叶绿素b	pheophytin b	655.0	434.0	—	37 000
焦脱镁叶绿酸a	pyropheophytin a	667.0	409.0	2.09	49 000
脱镁叶绿素a锌	zinc pheophytin a	653.0	423.0	1.38	90 000
脱镁叶绿素b锌	zinc pheophytin b	634.0	446.0	2.94	60 200
脱镁叶绿素a铜	copper pheophytin a	648.0	421.0	1.36	67 900
脱镁叶绿素b铜	copper pheophytin b	627.0	436.0	2.57	49 800

叶绿素及其衍生物在极性上存在一定差异，可以采用 HPLC 进行分离鉴定。叶绿素 a、b 及其衍生物的可见光谱在 600～700 nm(红区)及 400～500 nm(蓝区)有尖锐吸收峰。溶于乙醚中的叶绿素 a 和 b 的最大吸收波长分别为：红区，660.5 nm 和 642 nm；蓝区，428.5 nm 和 457.5 nm。

当细胞死亡后，叶绿素即从叶绿体内游离出来，游离叶绿素很不稳定，对光或热都很敏感。植物性食品在加工时叶绿素可能产生的某些降解产物如图 9-6 所示。叶绿素在一定条件下发生的变化见图 9-7。

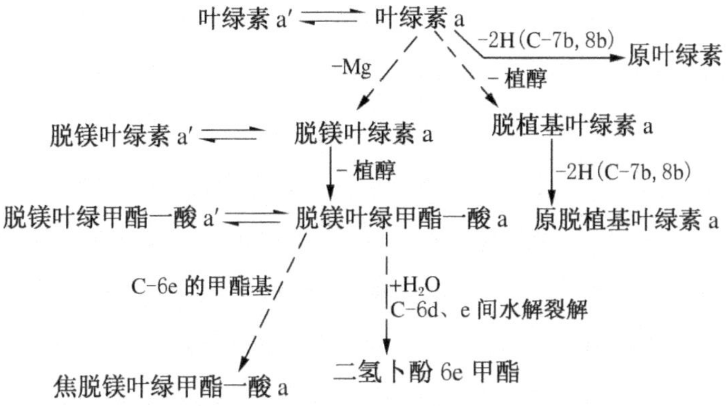

图 9-6 叶绿素及其部分降解产物

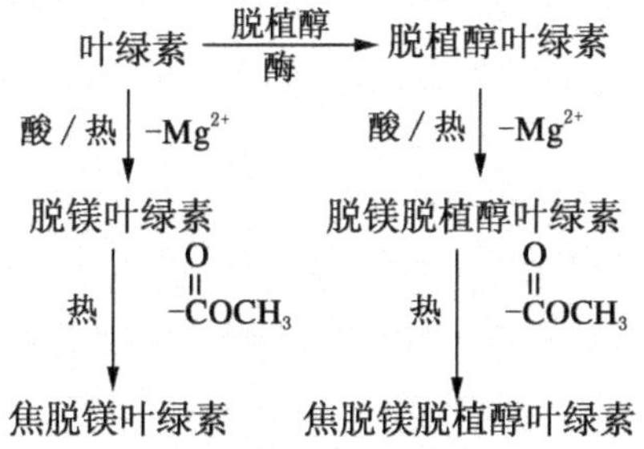

图 9-7 叶绿素及其衍生物

游离叶绿素都不稳定，对光和热都敏感，在漂烫、脱水、酸浸和热加工等过程会发生褪色或脱色，主要有下面的反应。

(1) 酶促反应

叶绿素酶是已知的唯一能促使叶绿素降解的酶，它可催化植醇从叶绿素及其无镁衍生物(脱镁叶绿素)上解离，分别生成脱植醇叶绿素和脱镁脱植醇叶绿素。但是，该酶只有在采后并经热激活后方可在新鲜叶片上催化叶绿素水解形成脱植醇叶绿素。蔬菜中叶绿素酶的最适温度为 60～82.2℃，当植物组织受热超过 80℃时，酶活性降低；当超过 100℃时，叶绿素酶活性完全丧失。叶绿素酶在水、醇和丙酮溶液中都具有活性。图 9-8 是波菜在生长期和在 5℃储藏时叶绿素酶活力的变化。

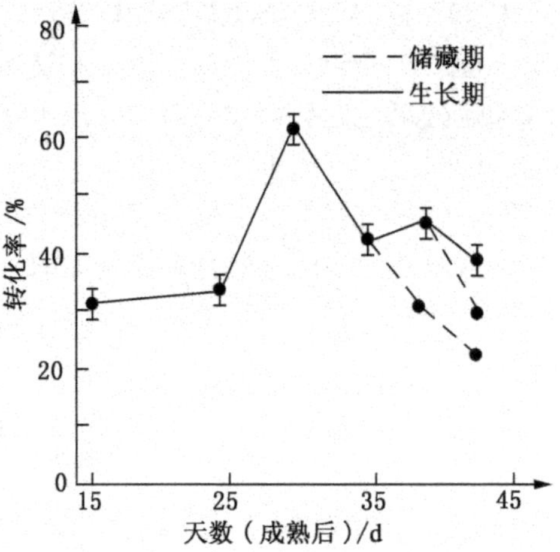

图 9-8　菠菜在生长期和在5℃储藏时叶绿素酶活力的变化

叶绿素酶活力以叶绿素转化为脱植醇叶绿素的分数表示

叶绿素脱去植醇后其色泽基本不变，但色素的水溶性增加。

(2) 热和酸的影响

在碱性介质中（pH 为 9.0），叶绿素对热非常稳定，然而在酸性介质中（pH 为 3.0）易降解。在高温和酸性条件下，叶绿素易发生脱镁反应，生成脱镁叶绿素，色素进一步降解产生的主要的酸是乙酸和吡咯烷酮羧酸。含镁衍生物显绿色，而无镁衍生物则显橄榄褐色。在烹调绿色蔬菜时，添加醋会使蔬菜绿色丧失就是这个原理。菠菜经热烫、冷冻干燥，叶绿素 a 转变成脱镁叶绿素 a，比对应的叶绿素 b 的转化快 2.5 倍。

叶绿素在加热或热加工过程中可形成两类衍生物，即四吡咯环中心有无镁原子存在。含镁的叶绿素衍生物显绿色，脱镁叶绿素衍生物为橄榄褐色，后者还是一种螯合剂。当存在足量的锌或铜离子时，它们可与锌或铜形成绿色络合物，且色泽稳定，其中叶绿素铜钠的色泽最鲜亮，对光和热稳定。

(3) 加氧作用与光降解

叶绿素溶解在乙醇或其他溶剂后并暴露于空气中会发生氧化，此过程称为加氧作用（allomerization）。当叶绿素吸收等摩尔氧后，生成的加氧叶绿素呈现蓝绿色。

一般认为，叶绿素的光降解导致了四吡咯结构的开环并裂解成甲基乙基马来酰亚胺、甘油、乳酸、柠檬酸、琥珀酸、丙二酸和少量的丙氨酸等小分子化合物。在有氧时，叶绿素或类似的卟啉遇光可产生单重态氧（$^1O_2$）和羟基自由基（·OH），一旦单重态氧和羟基自由基形成，它们可与四吡咯进一步反应生成过氧化物以及更多的自由基，最终导致卟啉的破坏和颜色的完全丧失。

另外，食品在 γ 射线辐照及辐照后的储藏过程中叶绿素和脱镁叶绿素均发生降解。黄瓜在乳酸发酵过程中，叶绿素降解成为脱镁叶绿素、脱植醇叶绿素和脱镁脱植醇叶绿素。

在食品加工中，热烫和灭菌可使叶绿素损失率高达 80%～100%。在绿色果蔬的加工和储藏中，都要保护叶绿素的正常绿色。防止叶绿素损失的方法有下面几种。

(1) 中和酸

在罐装绿色蔬菜中加入碱性物质（如用碱性钙盐或氢氧化镁或碳酸镁与磷酸钠以及镁

的缓释剂等)使叶绿素分子中的镁离子不被氢原子所置换来提高加工过程中叶绿素的保留率。该技术包括在热烫液中添加氧化钙和磷酸二氢钙,使产品 pH 保持或提高至 7.0。

(2) 高温瞬时处理

在对蔬菜组织的研究中发现,采用 HTST 与 pH 调节相结合的方法,可以使灭菌后的产品颜色更绿,含有更多的叶绿素,但是这种护色效果在储藏过程中往往会失去。

(3) 将叶绿素转化为脱植醇叶绿素

罐装菠菜在 71℃下热烫 20 min 具有较好的颜色保留率,而且只要将热烫温度控制在 54～76℃范围内,都可达到此效果。其原因是叶绿素酶经热引发将叶绿素转化成脱植醇叶绿素,脱植醇叶绿素比其叶绿素的热稳定性更高。

(4) 绿色再生

曾在蔬菜泥加工中发现,经过杀菌后的菜泥中偶尔会出现一些区域的亮绿色。这是由于 Cu^{2+} 和 Zn^{2+} 与加热中产生的脱镁叶绿素和焦脱镁叶绿素等叶绿素衍生物结合形成绿色物质所致。

2） 血红素

动物肌肉和血液中由于血红素的存在而呈红色。血红素是肌肉和血液中的主要色素。在肌肉和血液中血红素都是与球蛋白结合分别以肌红蛋白和血红蛋白的形式存在。肌红蛋白中多肽链和血红素结合的物质的量比为 1∶1,而血红蛋白所结合的血红素为肌红蛋白的 4 倍。活的动物体中肌红蛋白的铁含量仅占体内总铁量的 10%,在屠宰放血时大部分铁以血红蛋白的形式除去,在完全放血的牛骨骼肌肉中,肌红蛋白所含的铁占剩余铁量的 95%或更多,肌红蛋白此时在肌肉组织中的呈色作用占总色素的 90%以上。肌红蛋白及其各种化学形式是使肉类产生颜色的主要色素。不同加工肉类中的主要色素见表 9-4 所示。

表 9-4　鲜肉、腌肉和熟肉中存在的主要色素

色　素	形成方式	铁的价态	羟高铁血红素环的状态	球蛋白状态	颜　色
肌红蛋白	高铁肌红蛋白还原,氧合肌红蛋白脱氧合作用	Fe^{2+}	完整	天然	略带紫红色
氧合肌红蛋白	肌红蛋白氧合作用	Fe^{2+}	完整	天然	鲜红色
高铁肌红蛋白	肌红蛋白和氧合肌红蛋白的氧化作用	Fe^{3+}	完整	天然	褐色
亚硝酰肌红蛋白	肌红蛋白和一氧化氮结合	Fe^{2+}	完整	天然	鲜红(粉红)
高铁肌红蛋白亚硝酸盐	高铁肌红蛋白和过量的亚硝酸盐结合	Fe^{3+}	完整	天然	红
球蛋白血色原	加热、变性剂对肌红蛋白、氧合肌红蛋白的作用,高铁血色原的辐照	Fe^{2+}	完整	变性	暗红色
球蛋白血色原	加热、变性剂对肌红蛋白、氧合肌红蛋白、高铁肌红蛋白、血色原的作用	Fe^{3+}	完整	变性	棕色
亚硝酰血色原	加热、盐对亚硝基肌红蛋白的作用	Fe^{2+}	完整	变性	鲜红色
硫肌红蛋白	硫化氢和氧对肌红蛋白的作用	Fe^{3+}	完整但被还原	变性	绿色

(续表)

色　素	形成方式	铁的价态	羟高铁血红素环的状态	球蛋白状态	颜　色
胆绿蛋白	过氧化氢对肌红蛋白或氧合肌红蛋白的作用,抗坏血酸或其他还原剂对氧合肌红蛋白的作用	Fe^{2+} 或 Fe^{3+}	完整但被还原	变性	绿色
氯铁胆绿素	过量试剂对硫肌红蛋白的作用	Fe^{3+}	卟啉环开环	变性	绿色
胆汁色素	大大过量的试剂对硫肌红蛋白的作用	不含铁	卟啉环开环被破坏;卟啉链	不存在	黄色或无色

红细胞中的血红蛋白含有 4 条多肽链和 4 个血红素基团,血红素的中心含有铁原子。血红素基团的功能是和分子氧可逆地结合,并通过血液将结合的氧从肺部输送至全身组织。

肌红蛋白是一种肌肉蛋白质,与血红蛋白的功能相似,也能同动物代谢所需要的氧配位。肌红蛋白的大小为血红蛋白的 1/4,由一条含大约 153 个氨基酸和一个血红素基团的多肽链组成。它是向血液中血红蛋白提供氧的临时储藏库。

血红蛋白和肌红蛋白都是结合蛋白质,除了多肽链部分以外,还有与肽链配位的非肽部分。肌红蛋白的蛋白质部分称为球蛋白,非肽部分称为血红素。

血红素是一种卟啉类化合物。如图 9-9 所示,卟啉环中央的 1 个铁原子与 1 个吡咯上的 4 个氮原子络合,这个铁原子和平面卟啉环构成色素中的发色基团。位于中央的铁原子具有形成 6 个配位键的部位,其中 4 个分别被 4 个吡咯环上的氮原子占据,第 5 个配位部位与球蛋白的组氨酸残基键合,剩余的第 6 个配位部位可与各种配基提供的电负性原子(如氧原子)络合。

肌红蛋白可看成是在血红素基团的铁原子周围有 8 股折叠的 α 螺旋肽段的复杂分子。血红素处于肌球蛋白内部的一个疏水腔内,并通过其中心铁原子与肌球蛋白肽链上的第 93 氨基酸残基——组氨酸残基的咪唑基的氮原子形成配位键而络合(图 9-10 为肌红蛋白结构简图,图 9-11 为肌红蛋白分子肽链的三级结构)。

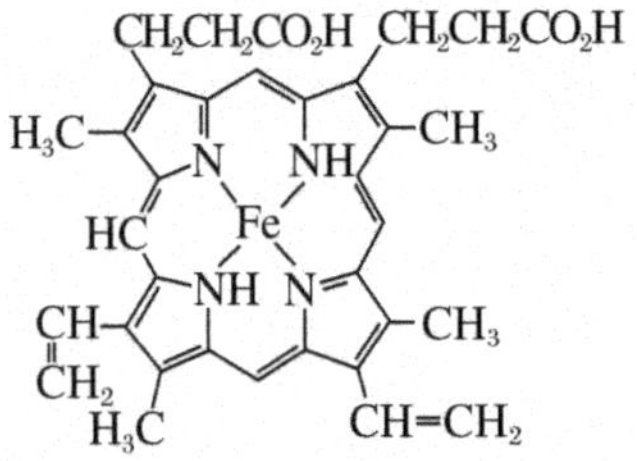

图 9-9　血红素基团的结构

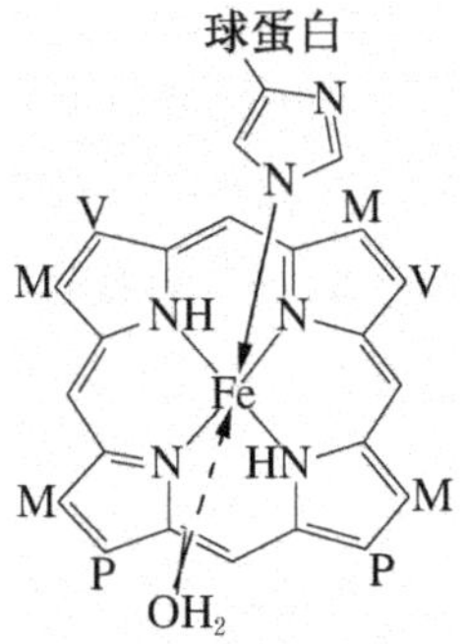

图 9-10　肌红蛋白结构简图

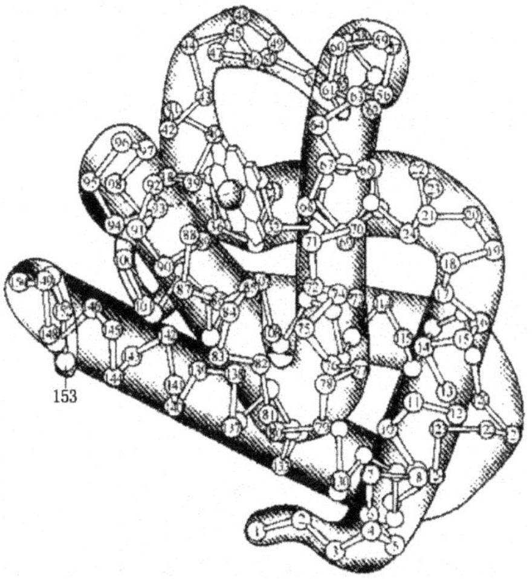

图 9-11　肌红蛋白分子肽链的三级结构

血红蛋白分子可粗略看作肌红蛋白的四聚体。在活的动物中，血红蛋白和肌红蛋白分别发挥着氧气转运和储备的功能。

血红素为紫红色粉末或结晶体，有良好的水溶性。肌红蛋白是肌肉中肌浆蛋白的一部分，可溶于水和稀盐酸溶液。肌红蛋白的特征光谱是在绿色部分 555 nm 波长处出现最大吸收谱带，外观呈红紫色。

肉的颜色常作为评价肉品质的一项主要指标。肉的颜色是肉对光的总反射，而总反射的特性取决于肉色素的吸收(K)和肌肉纤维基质的散射系数(S)这两个主要因素。因此解释肌肉组织基质中肌红蛋白的颜色不仅要考虑色素的光谱特性，还应考虑肌肉基质的散射特性。用 K/S 表示吸收和散射两者对眼睛产生的总效应。鲜艳红色肉块的 K 值大于 S 值，K 值逐渐降低时肌红蛋白的光谱曲线特征吸收峰下降，当 K 值较小时，则曲线偏离肌红蛋白的特征光谱，肉品出现问题。

肉的颜色取决于肌红蛋白的化学性质、氧化状态、与血红蛋白键合的配体类型以及球蛋白的状态。卟啉环中的血红蛋白铁能以两种形式存在：还原型亚铁离子(Fe^{2+})或氧化型高铁离子(Fe^{3+})。当血红蛋白中的铁处于二价(亚铁)态并且第 6 个部位没有为配体键合时，它被称为肌红蛋白(Mb)，当肌红蛋白发生氧化反应时，铁原子从二价态转化成三价态，即形成了高铁肌红蛋白(MMb)；当分子氧与肌红蛋白的亚铁原子的第 6 个部位配体键合后，则形成氧合肌红蛋白(MbO_2)，这一作用称为氧合作用。

肌红蛋白、高铁肌红蛋白和氧合肌红蛋白三者的关系如下式(图 9-12)。

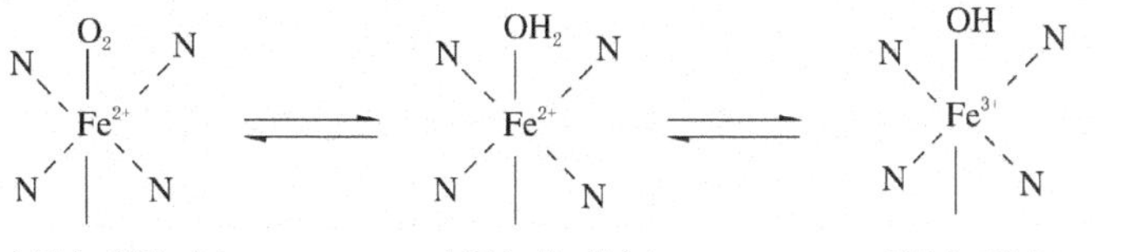

球蛋白(鲜红色)　氧合肌红蛋白　(oxymyoglobin MbO_2)

球蛋白(红紫色)　肌红蛋白　(myoglobin Mb)

球蛋白(褐色)　高铁肌红蛋白　(metmyoglobin MMb)

图 9-12　肉中色素的变化

血红素的复合物可分为离子型和共价型,共价复合物产生的鲜红色是消费者接受的颜色。如,肌红蛋白的亚铁和分子氧形成的氧合肌红蛋白、肌红蛋白的亚铁和一氧化氮形成的亚硝基肌红蛋白,以及肌红蛋白的亚铁和一氧化碳形成的碳氧肌红蛋白都属于共价复合物。它们在 535～545 nm 和 575～588 nm 处有特征吸收。

氰变肌红蛋白和高铁肌红蛋白氢氧化物是具有特征红色的三价铁离子的共价复合物,在三价铁离子的共价复合物中,概念上可认为离子的负电荷被三价离子的第三个正电荷中和。一般说来,如果配位剂是中性的,可认为是一对电子和肌红蛋白(亚铁)形成稳定的红色共价复合物;如果是带负电荷的,则与氰变肌红蛋白(三价铁离子)形成共价复合物。

在没有强共价配位剂存在时,肌红蛋白和氰变肌红蛋白同水形成离子复合物。在这些复合物中,水分子的氧靠偶极和离子相互作用与铁结合,因为氧原子不像氧分子那样具有强的电子对供体。

肌红蛋白的特征光谱是在绿色部分 555 nm 波长处出现最大吸收谱带,外观呈红紫色。氰变肌红蛋白的主峰位移至光谱的蓝色末端 505 nm 波长处,并在红色 627 nm 波长处出现较小的吸收峰,外观呈褐色。

新鲜肉呈现的色泽,是氧合肌红蛋白、肌红蛋白和高铁肌红蛋白三种色素不断地互相转换产生的,这是一种动态和可逆的循环过程。

图 9-13 反映出鲜肉、咸肉和肉加工品中氧分压与各种血红蛋白色素相对含量之间的关系。在低氧分压时,有利于形成红紫色肌红蛋白和产生消费者不接受的褐色高铁肌红蛋白(MMb)。相反,在高氧分压下,由于高氧分压有利于氧合,形成消费者喜爱的亮红色的氧合肌红蛋白(MbO_2)。红色 MbO_2 一旦形成,由于产生高度共振的结构,能保持稳定的状态,所以只要血红素保持氧合状态就不会再发生颜色的变化。氧合肌红蛋白形成的最好的办法之一就是使环境中的氧处于饱和状态。

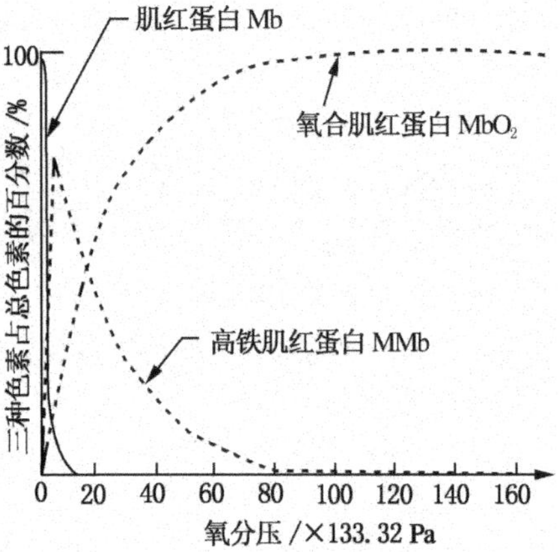

图 9-13 氧分压对三种肌红蛋白相互转化的影响

血红素与氧是一个不断地结合和分离的过程,许多条件都可加快这个过程的进程。在低氧分压时,肌红蛋白(血红素,Fe^{2+})被氧化变成高铁肌红蛋白(Fe^{3+}),但至今还不了解在结合或分离时是否会发生氧化。然而已知变成 MMb 是一个缓慢和连续的氧化过程,过渡金属离子特别是铜能催化血红素的自动氧化,Mb 的氧化速率大于 MbO_2。鲜肉中由于本身产生的还原物质如巯基化合物和还原酶等不断地使 MMb 还原为 Mb。因此，只要有氧存在，血红素与氧结合和分离这个循环过程即可以连续进行。

过氧化氢与血红素中的 Fe^{2+} 和 Fe^{3+} 反应生成绿色的胆绿蛋白色素。同样，细菌繁殖产生的硫化氢在有氧存在下能形成绿色的硫肌红蛋白。肌球蛋白的存在可降低血红素氧化的速率，低 pH 有利于氧化反应，氧合肌红蛋白比肌红蛋白的自动氧化速率低，痕量金属尤其是铜离子的存在对自动氧化反应有促进作用。

表 9-4 列出了血红素的变化和性质，它反映出存在于新鲜肉、腌肉和熟肉中的主要色素和它们的生成方式。含有肌红蛋白的肉类组织显紫红色，当分子氧与肌红蛋白结合形成了氧合肌红蛋白后，肉组织的颜色可变为通常的亮红色。紫红色的肌红蛋白和亮红色的氧合肌红蛋白都能被氧化，氧化后亚铁变为高铁，形成高铁肌红蛋白(MMb)。高铁肌红蛋白所具有的棕褐色不为消费者所接受，而且高铁肌红蛋白不能再与氧结合，因为此时铁原子的第 6 个配体位置被水占据。

图 9-14 表示了血红蛋白类色素的各类化学反应。新鲜肉中的颜色反应是动态的，血红素的各形式之间很容易发生相互转化。新鲜肉和腌肉制品的颜色取决于肌肉中的各因素和 Mb、MMb 及 MbO_2 之间的比例。

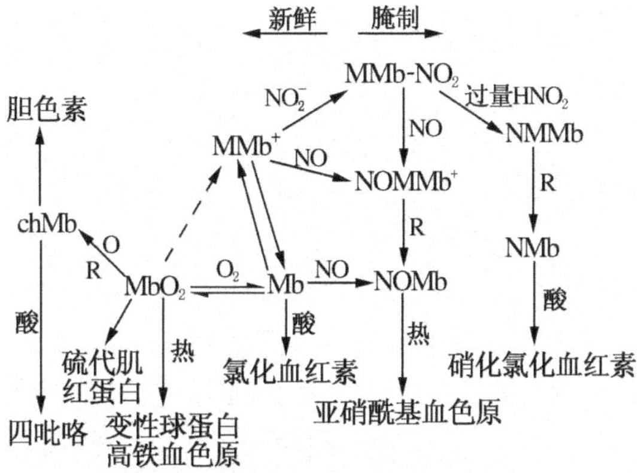

图 9-14　鲜肉和腌肉制品中血红色素的反应

在加工和贮藏中，可采用下面一些方法来改善食品的色素。

(1) 腌肉色素

在肉的腌制过程中，肌红蛋白会发生一系列的化学反应，而且腌肉制品能否保持稳定的粉红色取决于能否对这些反应进行适当的控制。图 9-13、图 9-14 和表 9-4 简要描述了这些反应。

图 9-15 是表示腌肉制品中的发色反应过程。火腿、香肠等肉类腌制品的颜色更加鲜艳诱人，是由于加工中常使用硝酸盐或亚硝酸盐作为发色剂，使肉中原有色素转变为氧化氮肌红蛋白、氧化氮高铁肌红蛋白和亚硝酰肌红蛋白。这三种色素的中心铁离子的第 6 位置的配位体都是氧化氮。一般说来，腌肉发色团或色素的形成可看成是两个过程：第一个是亚硝酸盐还原成一氧化氮及血红素中的高价铁还原成亚铁；第二个是球蛋白的热变性，仅在腌肉制品加热至 66℃或更高温度时才发生此变性反应；此外，还包括血色素和肉中其他蛋白质的共同沉淀。虽然对肉或肉制品中的全部反应机理尚未确定，但是已证实未烹调腌肉中的最终产物是亚硝酰肌红蛋白，而烹调的腌肉中为变性球蛋白亚硝酰血色原。当有还原剂存在时，硝酸肌红蛋白转化为绿色的硝基氧化血红素，在无氧状态下，一氧化氮与肌红蛋白形成的复合物相当稳定；在有氧条件下，对光敏感。

① $NO_3^- \xrightarrow{\text{细菌还原作用}} NO_2^- + H_2O$

② $NO_2^- + H^+ \xrightarrow{\text{pH 5.4～6.0 最适}} HNO_2^- + H_2O$

③ $3HNO_2 \xrightarrow{\text{歧化反应}} HNO_3 + 2NO + H_2O$

④ $HNO_2 \xrightarrow{\text{肉中固有的还原剂}} NO + H_2O$

⑤ 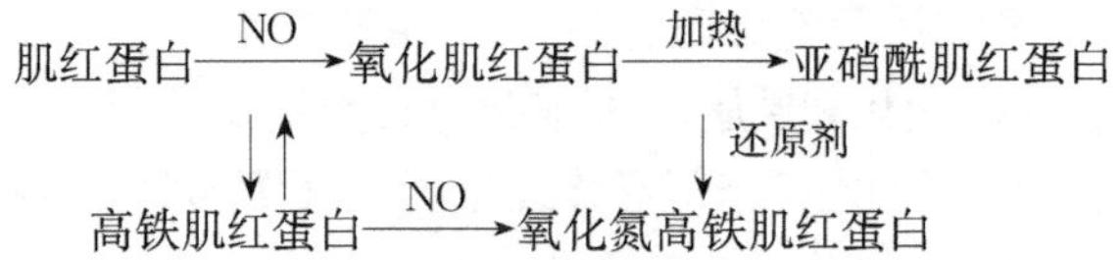

图 9-15　鲜肉和腌肉制品中血红色素的反应

如果加入适量的乳酸可促进亚硝酸的形成。当存在过量的亚硝酸时，可形成硝基肌红蛋白(NMb)。NMb 在还原性条件下受热时，易转化为绿色的硝化氯化血红素。该系列反应会对腌制带来缺陷，如出现“盐灼”现象。

如果加入还原剂(抗坏血酸或半胱氨酸等巯基化合物)，亚硝酸盐将还原为一氧化氮，有助于形成亚硝酰肌红蛋白，并迅速生成亚硝酰肌红蛋白。

制作牛肉香肠时由于氧存在使颜色的形成出现后滞期，如果在氮气条件下将肉切碎，或真空下混合，或者添加抗坏血酸，则可缩短生成颜色所需的时间。烹调温度对颜色形成的速率、生成腌肉色素的百分率和储藏中颜色的保存率等都起着重要的作用。此外，当有微量铜存在时肉变黑色，若烹调前用食用酸处理可防止变色。

(2) 肉类色素的稳定性

许多因素可影响肉类色素的稳定性。如上所述，光照、温度、相对湿度、金属离子存在与否、pH 和特定细菌的存在等对肉类颜色和色素的稳定性有很大的影响。肉品包装有效地控制上述因素的影响，起着很重要的作用。如：保鲜和保持营养，防止产品受微生物和污物的污染，防止或减缓产品的水分损失，避免产品同氧与光接触，便于运输，增进对消费者的吸引力等。

鲜肉用膜包装时，低氧分压会加快血红素的氧化速率。如果薄膜对氧穿透小而且肉组织耗氧超过透入的氧，则可造成低氧分压，促使氧合肌红蛋白变成褐色氰变肌红蛋白。如果薄膜包装材料完全不透气，肉类的血红素将全部还原成紫红色肌红蛋白，当打开包装膜使肉品暴露于空气中时，即形成鲜红色的氧合肌红蛋白。经试验发现，以偏氯纶-聚酯-聚乙烯袋包装对保持色素稳定性的效果最好。

另外，已知某些特定反应如脂肪氧化反应也会提高肉类色素的软化速率，因此加入某些抗氧化剂如抗坏血酸、半胱氨酸、维生素 E、BHA 或 PG 可改善颜色的稳定性，阻止脂质氧化。其他生化因素如屠宰前的耗氧速度和高铁肌红蛋白还原酶活性也会影响新鲜肉颜色的稳定性。

稳定肉类颜色的一个重要手段是将其保藏于合适的气体体系中。通过注入富氧或无氧气体，可提高色泽稳定性。将肌肉组织储藏于无氧(100％CO_2)条件下或存在氧清除剂时均显示良好的颜色稳定性。

当有金属离子存在时，会促进氧合肌红蛋白的氧化并使肉的颜色改变，其中以铜离子的作用最为明显，其次是铁、锌、铝等离子。

肉品色素稳定性是一个关系到食品品质的复杂问题，食品化学研究的重点是要解决有关肉类颜色变化的机理及安全有效地稳定颜色的办法等基础问题，以期能延长鲜肉的货架期。

9.3.2 类胡萝卜素类色素

(1) 分布与功能

类胡萝卜素(carotenoid)是一类使食品显现黄色和红色的脂溶性色素。它是自然界中最丰富的天然色素之一，广泛分布于自然界，据估计，自然界每年生成类胡萝卜素达 1×10^7 t 以上，大部分存在于高等植物中，如红色、黄色及橙色的水果蔬菜中都富含类胡萝卜素。在高等植物的绿叶中含有的三种主要类胡萝卜素是叶黄素、堇菜黄质和新黄质，各种藻类中含有岩藻黄质。其他类胡萝卜素化合物在自然界中虽然也广泛存在，但数量较少，如β-胡萝卜素和玉米黄素。还有一些属于此类化合物的色素，如番茄中的番茄红素，红辣椒中的辣椒红素，以及胭脂树橙中的胭脂树素，还有在动物中的鲑鱼内或虾壳内的红色虾青素等。类胡萝卜素和叶绿素同时存在于高等植物中，类胡萝卜素的黄色常常被叶绿体的绿色所覆盖，因此只有在秋天当叶绿体被破坏分解之后类胡萝卜素的橙黄色才会显现出来。在植物体中类胡萝卜素的主要功能有两个，一是在植物组织的光合作用中能吸收光能，另一个功能是类胡萝卜素能够猝灭和(或)使活性氧失活，对植物组织起光保护作用。类胡萝卜素在人和其他动物中主要是作为维生素 A 的前体物质。具有维生素 A 活性的先决条件是其结构中是否存在视黄醇(即β-紫罗兰酮环)结构。β-胡萝卜素具有 2 个β-紫罗兰酮环，是最有效的维生素 A 原，其他类胡萝卜素例如α-胡萝卜素和β-玉米黄质，也具有维生素 A 原的活性。水果蔬菜中具有维生素 A 原活性的类胡萝卜素，可以提供人体需要的维生素 A 的 30%～100%。

另外，类胡萝卜素的防癌抗癌生理活性以及加工过程中产生的类胡萝卜素的顺式异构体及其生理作用都已成为人们关注的热点。

(2) 结构和种类

类胡萝卜素包括胡萝卜素及其含氧衍生物叶黄素两类。它们的基本骨架结构特征是具有共轭双键，构成其发色基团，这类由 8 个异戊二烯单位进行头-尾或尾-尾共价连接组成的大共轭多烯化合物，分子结构是以分子中心为对称中心的左右两边对称的结构(图 9-16)。

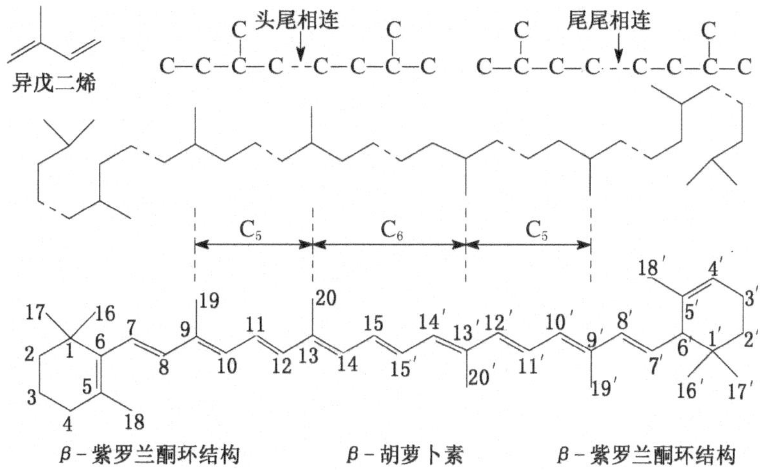

图 9-16 β-胡萝卜素的结构关系[表示 15-15′碳和 C_5(异戊二烯)对称]

多数类胡萝卜素的结构两端具有环己烃，中间的双萜是全顺式共轭多烯基。从β-胡萝卜素的基本结构可知，在中心碳原子对的周围呈对称排列，两端环化，中间的双萜是全顺式共轭多烯基，以15－15′这对碳原子形成分子的中心。另一些类胡萝卜素亦具有相同的中心结构，但末端基团不相同。已知大约有60种不同的末端基。

类胡萝卜素的种类繁多，经鉴定的类胡萝卜素结构已超过560种，并且还不断有报道新发现的这类化合物。如考虑到类胡萝卜素还具有顺、反异构体，其数量就更多了。常见的类胡萝卜素及其在植物中的分布见图9－17。植物组织中最常见的类胡萝卜为β-胡萝卜素。其他常见的类胡萝卜还有α-胡萝卜素（胡萝卜）、辣椒红素（红辣椒、甜椒）、芦丁（α-胡萝卜素的二醇化合物）及其酯（万寿菊瓣）和胭脂树素（胭脂树种子）。食物中常见的类胡萝卜素有玉米黄素（β-胡萝卜素的二醇化合物）、紫黄素（类胡萝卜素的环氧化物）、新叶黄素（一种丙二烯三醇）以及β-玉米黄质（β-胡萝卜素的羟基化衍生物）。早期报道的大部分类胡萝卜素化合物都具有一个由40个碳原子构成的中心骨架，近来还发现有的含40个以上的碳原子，它们都称为取代C_{40}类胡萝卜素。

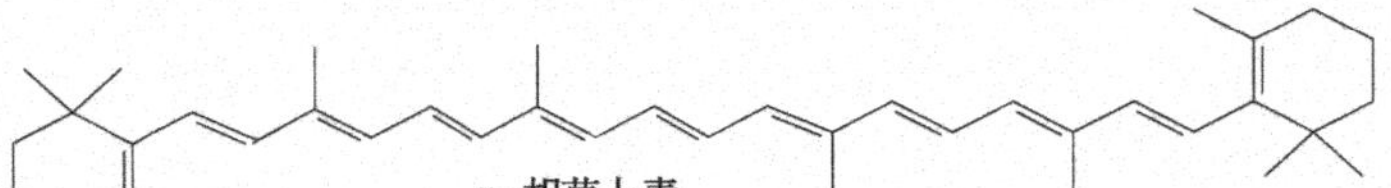
α-胡萝卜素

胡萝卜、甘薯、南瓜、柑橘、蛋黄、绿色植物

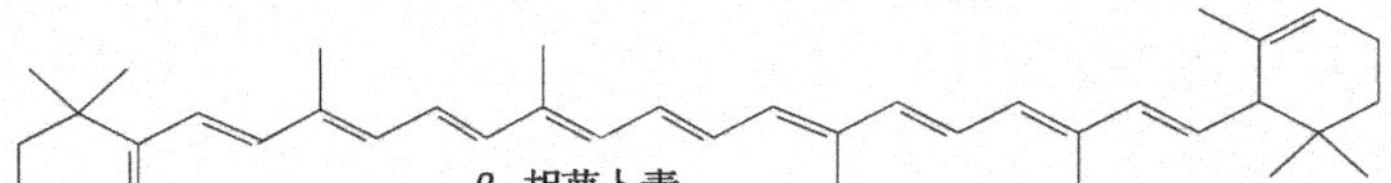
β-胡萝卜素

胡萝卜、甘薯、南瓜、柑橘、蛋黄、绿色植物

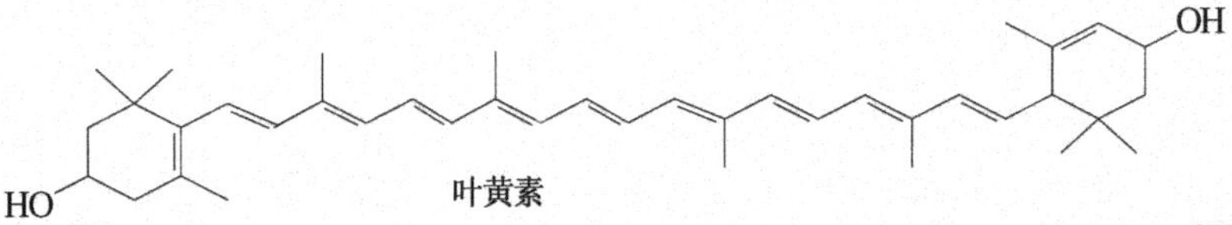

叶黄素

柑橘、蛋黄、南瓜、绿色植物

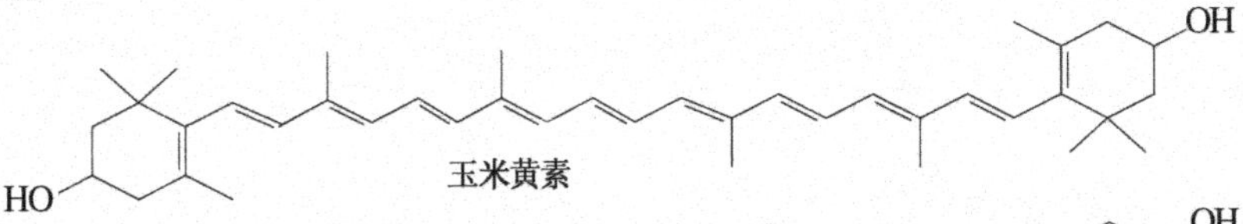

玉米黄素

玉米、肝脏、柑橘、蛋黄

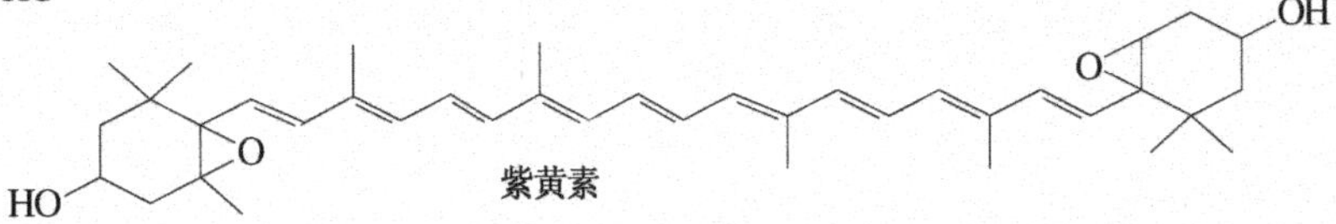

紫黄素

杏、辣椒

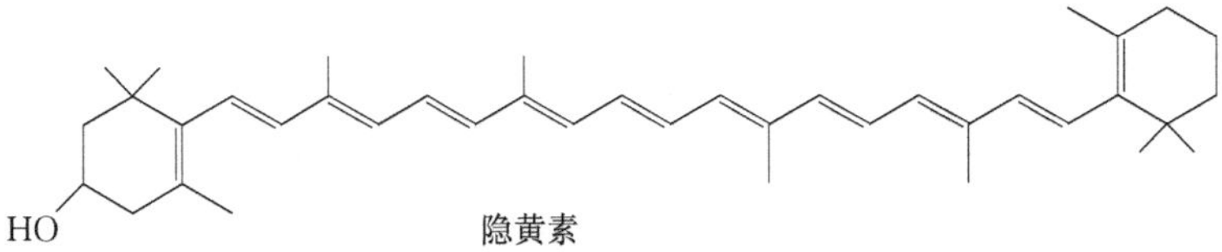

隐黄素

玉米、柿子、柑橘、蛋黄

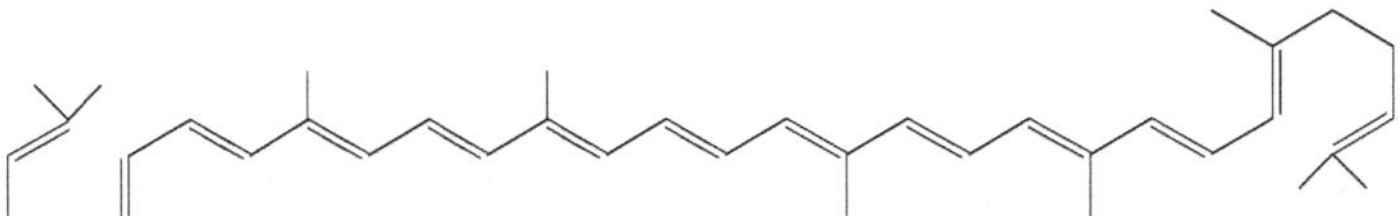
番茄红素

番茄、西瓜、杏、桃、南瓜、辣椒、柑橘

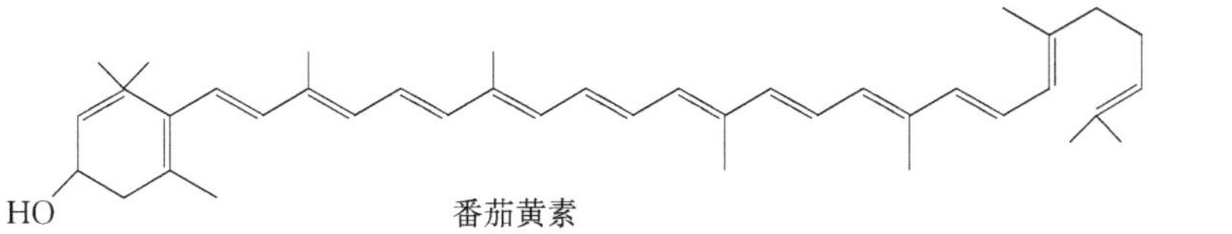

番茄黄素　番茄

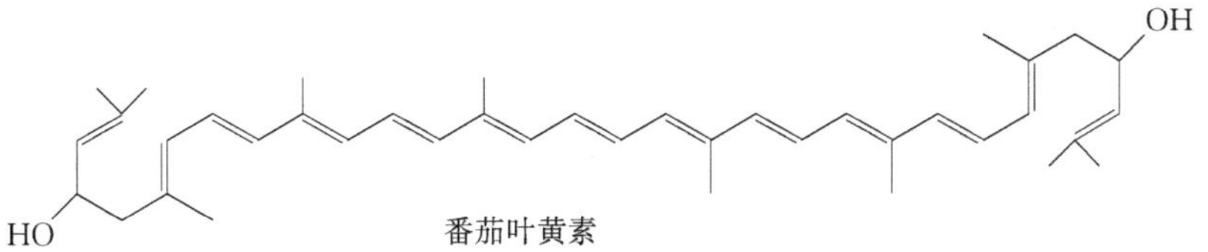

番茄叶黄素　番茄

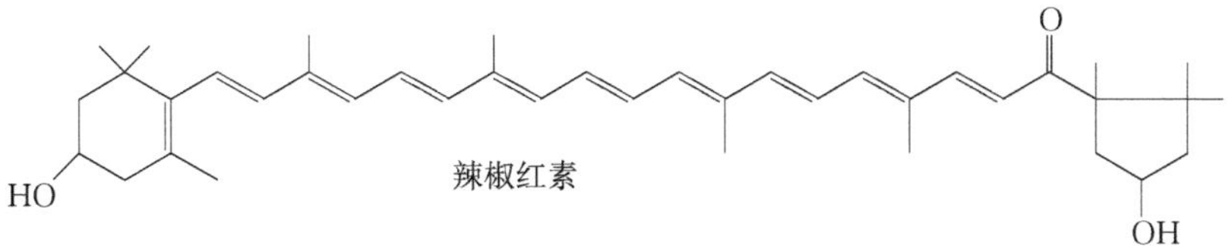

辣椒红素　辣椒

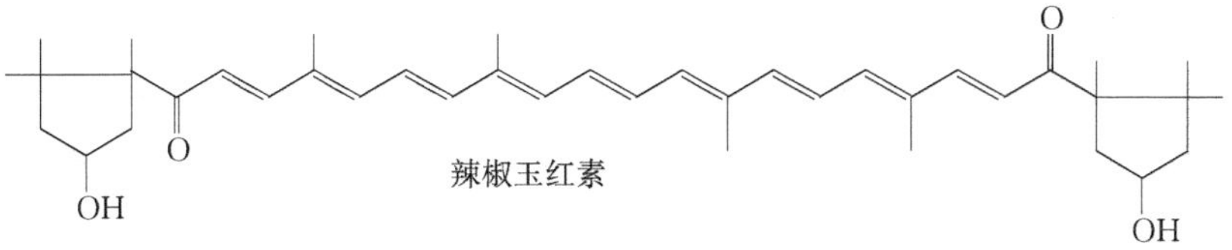

辣椒玉红素　辣椒

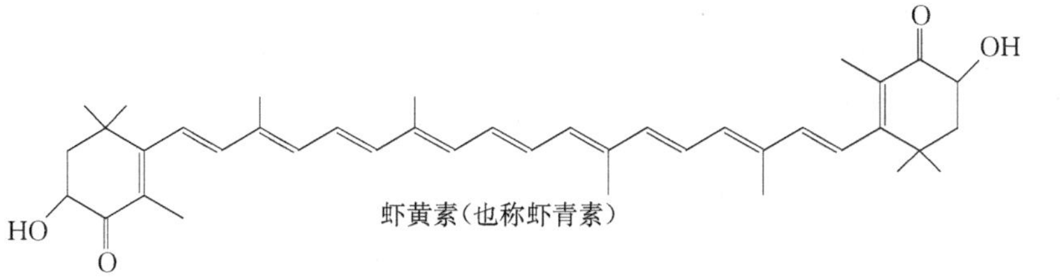

虾黄素(也称虾青素)　虾、鲑鱼、牡蛎、鱼

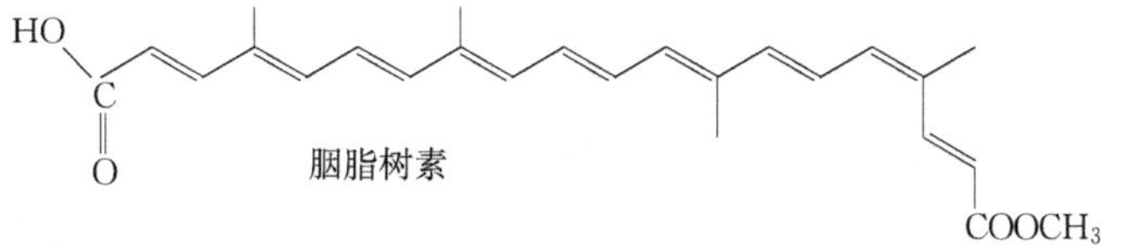

胭脂树素　胭脂树种子

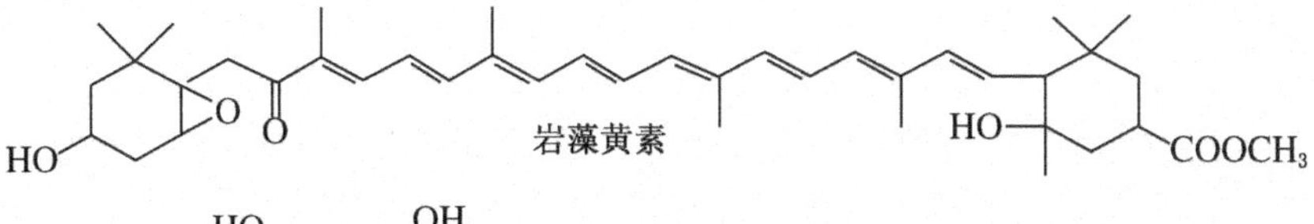

岩藻黄素　海藻

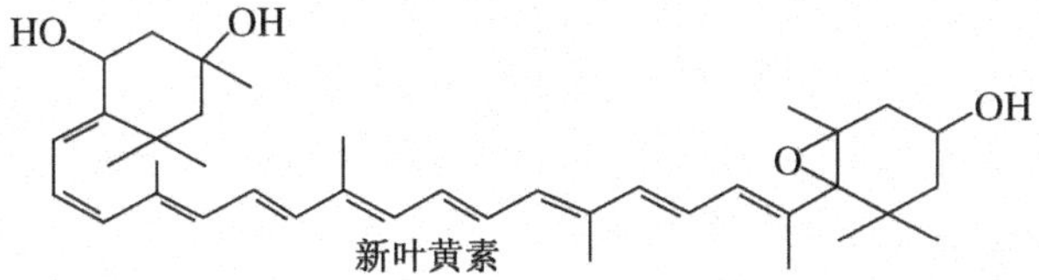

新叶黄素　绿色植物

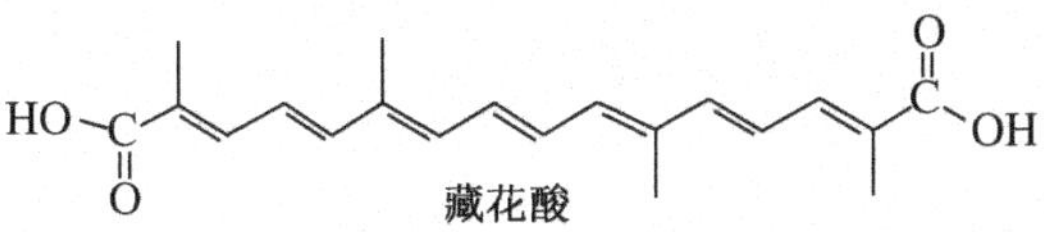

藏花酸　藏红花

图 9-17　常见类胡萝卜素结构及番茄红素分布

类胡萝卜素能以游离态(结晶或无定形)存在于植物组织或脂类介质溶液中,也可与糖或蛋白质结合,或与脂肪酸以酯类的形式存在。例如,秋天树叶的叶黄素分子结构中的3-和3′-两个位置上结合棕榈酸和亚麻酸,辣椒中辣椒红素以月桂酸酯存在,类胡萝卜素酯在花、果实、细菌体中均已被发现。

近来,对各种无脊椎动物中的色素研究表明,类胡萝卜素与蛋白质结合不仅可以保持色素稳定,而且可以改变颜色,如红色类胡萝卜素虾青素与蛋白质配位时龙虾壳显蓝色。另一个例子是龙虾卵中的虾卵绿蛋白是一种绿色色素。类胡萝卜素-蛋白复合物还存在于某些绿叶、细菌、果实和蔬菜中。

类胡萝卜素还可通过糖苷键与还原糖结合,如藏花素是多年来唯一已知的这种色素,它是由两个分子龙胆二糖和藏花酸结合而成的化合物,它是藏红花中的主要色素。近来已从细菌中分离出许多种类胡萝卜素糖苷。

类胡萝卜素分子中有高度共轭双键的发色团和—OH等助色团,可产生不同的颜色,分子中含有7个以上共轭双键时呈现黄色。这类色素因双键位置和基团种类不同,其最大吸收峰也不相同。此外,双键的顺、反几何异构也会影响色素的颜色,如全反式化合物的颜色较深,顺式双键的数目增加,颜色逐渐变淡。自然界中类胡萝卜素均为全反式结构,仅极少数的有单反式或双反式结构。β-胡萝卜素是植物组织中最常见的类胡萝卜素,无论天然的或合成的β-胡萝卜素都可以作为食品着色剂使用。

天然的类胡萝卜素可看成是番茄红素的衍生物,番茄红素是番茄的主要色素,也广泛存在于西瓜、南瓜、柑橘、杏和桃等水果中。自然界的食用植物组织例如红色、黄色及橙色水果,根类作物和蔬菜,特别是绿色蔬菜(如菠菜、甘蓝、芦笋、绿豆和豌豆)及富含叶绿素的组织,都含有类胡萝卜素,其含量与很多因素有关。有的水果不同成熟期含量差异甚大,如番茄中的番茄红素,在成熟过程中增加很多,即使采收后仍会继续合成类胡萝卜素。此外,光照、植物生长的气候条件、土壤性质以及肥料、杀虫剂等都将不同程度影响类胡萝卜素的生物合成。

(3) 物理化学性质

所有类型的类胡萝卜素都属于脂溶性化合物,能溶于油和有机溶剂。不含氧的类胡萝卜素微溶于甲醇和乙醇中,易溶于石油醚;含氧的类胡萝卜素溶于甲醇和乙醇中。

类胡萝卜素具有适度的热稳定性,易发生氧化而褪色,在热、酸或光的作用下很容易发生异构化。例如,加热胡萝卜素会使金黄色变为黄色,而番茄红素加热时由红色变为橘黄色。为了防止叶绿素的干扰,叶黄素的检测波长选择在较高波长。许多试剂能与类胡萝卜作用产生光谱位移,因此可用于类胡萝卜素的鉴定。

从植物中提取总类胡萝卜素时应选用复合的并能很好穿透亲水性植物基质的溶剂,因此通常采用已烷-丙酮混合溶剂提取,可较为有效地与其他脂溶性杂质分离。目前采用的分离方法还有HPLC法,能对类胡萝卜素酯,顺、反异构体和光学异构体进行分离和鉴定。

类胡萝卜素的化学性质主要表现在降解、抗氧化和顺、反异构化三个方面。

① 降解

类胡萝卜素在食品中降解的主要原因是氧化作用,包括酶促氧化、光敏氧化和自动氧化三种历程。类胡萝卜素高度的不饱和结构使它具有氧化敏感性,但是食品中类胡萝卜素的氧化变色或失色经常在干燥后期发生。这是因为水被脱去后，类胡萝卜素就更多地暴露于氧气，而且此时温度通常较高。

类胡萝卜素初步氧化时常形成一些环状氧化物。处于类胡萝卜素结构两端的烯键优先被氧化，造成两端的环状结构开环并产生羰基。进一步的氧化可在任何一个双键上发生，形成可能是四元环过氧化物的中间体，然后裂解产生相对分子质量较小的多种含氧化合物（如 β-紫罗兰酮环氧化物），见图 9-18。一旦类胡萝卜素的环被氧化后，则失去维生素 A 原的活性，过度氧化时，会完全褪色。亚硫酸盐或金属离子的存在将加速 β-胡萝卜素的氧化。

脂肪氧合酶和一些其他酶可加速类胡萝卜素的氧化降解。它们在催化底物氧化时会形成具有很高氧化能力的中间体，转而氧化类胡萝卜素。食品加工中，热烫等适当的钝化酶处理可保护类胡萝卜素。

食品加工中，类胡萝卜素通常并不发生严重降解。例如，在土豆碱液去皮中仅引起类胡萝卜素轻微的降解和异构化；在沙棘酱和胡萝卜脯的熬制中，红黄色显得非常稳定；柑橘的颜色在加工和储藏中也十分稳定。低温和冷冻下类胡萝卜素也很少变化。

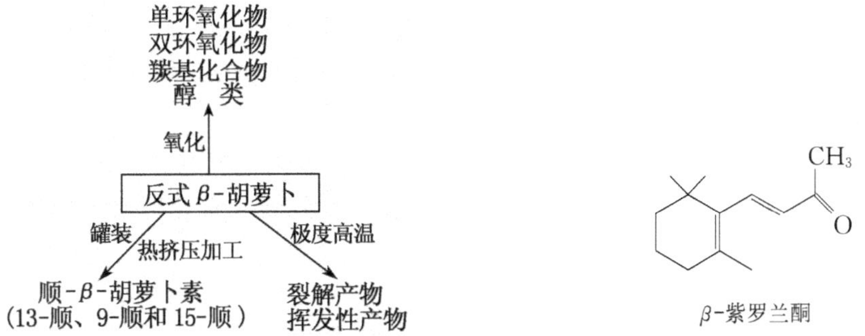

图 9-18　全反式 β-胡萝卜素降解和 β-紫罗兰酮的结构式

油炸、烤制和其他过度热处理时，类胡萝卜素会高温热解，产生小分子裂解产物和挥发性小分子化合物。在有氧条件下高温分解的一些产物与氧化降解的产物相同。

② 抗氧化

由于类胡萝卜素易发生光敏氧化作用，因此它具有一定的抗氧化活性，常作为光氧化的猝灭剂。类胡萝卜素除了可在细胞内或活体外对单重态氧 $^1O_2$ 引起的反应起保护作用外，在低氧分压时还可抑制脂肪的过氧化反应。现已知类胡萝卜素可猝灭单重态氧，因而可保护细胞免遭氧化破坏。不同的类胡萝卜素所能起到的光化学保护作用是不同的。与其他类胡萝卜素色素相比，番茄红素对猝灭单重态氧特别有效。

已有报道称，类胡萝卜素的抗氧化活性具有抗癌、抑制白内障、防止动脉硬化和抗衰老作用。

③ 顺、反异构化

通常天然存在的类胡萝卜素的共轭双键多为全反构型，只在一些藻类中发现极少数的类胡萝卜素具有顺式构型。

当类胡萝卜素进行热处理、有机溶剂处理、与某些表面活性剂长期接触、遇酸及溶液经光照(尤其是有碘存在)时极易引起类胡萝卜素的异构化反应。另外，微波辐照和超声波等新型加工手段也可能会引起其顺反异构的改变。

由于类胡萝卜素中有较多的双键，在理论上异构化反应可能产生大量的几何异构体，例如，β-胡萝卜素具有 272 种可能存在的异构体，这些顺式异构体的维生素 A 原活性比全反式 β-胡萝卜素降低 13%～53%。

(4) 加工过程和储藏中的稳定性

大多数水果和蔬菜中的类胡萝卜素在一般加工和储藏条件下相对较为稳定。冷冻几乎不改变类胡萝卜素的含量，热烫通常可以增加类胡萝卜素的含量，因为植物组织中的水溶性成分在热烫过程中减少或被除去，所以提高了色素的提取率。红薯采用的碱去皮几乎不会引起类胡萝卜素的异构化。

加热或热灭菌会诱导顺反异构化反应，为减少异构化程度，应尽量降低热处理的程度。油脂在挤压蒸煮和高温加热的精炼过程中，类胡萝卜素不仅会发生异构化，而且产生热降解，当有氧存在时则加速反应进行。因此，精炼油中类胡萝卜素含量往往降低。

必须指出，类胡萝卜素异构化时，产生一定量的顺式异构体，不会影响色素的颜色，仅发生轻微的光谱位移，然而却降低了维生素 A 原的活性。因此，在选择分析方法时，尤其需要考虑营养价值的变化。

一些富含类胡萝卜素的干制品在光照下储藏会发生褪色现象。光的作用促进了类胡萝卜素的氧化。因此，像辣椒、虾米仁、玉米黄、番茄红及栀子黄等天然着色剂应在避光或阴凉处保存。

9.3.3 多酚类色素

1) 花色素苷

花色素苷(anthocyanin)属于酚类化合物的一个分支，是一类在植物中分布最广泛的水溶性色素。存在于细胞液中，许多水果、蔬菜和花之所以显鲜艳的颜色，就是由于植物细胞汁液中存在着这类水溶性化合物，构成了植物花、果、茎和叶缤纷美丽的色彩世界，包括蓝色、紫色、紫罗兰色、红色和橙色都是由花色素苷产生。花色素苷这个词是来自两个希腊字 anthos(花)和 kyanos(蓝)的合成词。

花色素苷被认为是类黄酮的一个小类，它由花青素(或称为花色素)和糖基配基以糖苷键连接而成。其基本结构骨架是 C_6—C_3—C_6，因而被认为属于类黄酮。所有的花青素都是具有 2-苯基苯并吡喃阳离子结构的衍生物。自然界已知有 20 种花色素苷，食品中重要的有 6 种，即花葵素(亦称为天竺葵色素)、花青素(亦称为矢车菊色素)、飞燕草色素(亦称为花翠素)、芍药色素、3′-甲花翠素(亦称为牵牛花素)和二甲花翠素(亦称为锦葵色素)(表 9-5)，其他种类较少，仅存在于某些花和叶片中。

表 9-5　6 种食品中重要花色素苷及其结构特点

花色素（结构）	发生取代的碳位[①]			花色素（结构）	发生取代的碳位[①]		
	3′-	4′-	5′-		3′-	4′-	5′-
花葵素	H	OH	H	芍药色素	OMe	OH	H
花青素	OH	OH	H	3′-甲花翠素	OMe	OH	OH
飞燕草色素	OH	OH	OH	二甲花翠素	OMe	OH	OMe

注：① 6 种化合物的 3-、5-和 7-碳位上各有一个羟基，其他碳原子上有氢原子，OMe 为甲氧基。

花色素苷由花色素与一个或几个糖分子配基结合而成。游离花色素在食品中很少存在，仅在降解反应中才有微量产生。目前仅发现 5 种糖与花色素成苷构成花色素苷分子，这 5 种糖按其相对丰度大小依次为葡萄糖、鼠李糖、半乳糖、木糖和阿拉伯糖。与花青素成苷不仅是这些单糖，还有由这些单糖构成的均匀或不均匀双糖和三糖。这些糖基上的羟基有时与脂肪族或芳香族有机酸可以酰化形成酯，使花色素苷分子增加第三种组分，即糖分子的羟基可能被一个或几个对香豆酸、阿魏酸、咖啡酸、丙二酸、香草酸、苹果酸、琥珀酸或乙酸等分子所酰化。

花青素的水溶性比相应的糖苷（花色苷）低，因而在自然界中并无游离花青素存在。花色素苷按其所结合的糖分子数可分成许多种类：单糖苷只含一个糖基，几乎都连接在 3-碳位上，这是因为花青素分子中的游离 3-羟基可破坏发色团的稳定性；二糖苷含两个糖基，两个可以都在 3-碳位，或 3-和 5-碳位各有一个，但很少在 3-和 7-碳位，5-碳位连接糖基可使颜色加深；三糖苷的 3 个糖基通常两个在 3-碳位和一个在 5-碳位的，有时 3 个在 3-碳位上形成支链结构或直链结构，但很少两个在 3-碳位和一个在 7-碳位的；含 4 个糖残基的花色素苷，已有一些证据说明它确实存在。但也有 5 个糖残基和 4 个酰基成分的花色素苷的报道。在图 9-19 中 6 种花青素的 3′、4′及（或）5′位羟基上，由于空间阻碍效应，在 3′位碳和 5′位碳同时发生糖基化反应的可能性几乎不存在。

目前已在植物中发现了 250 种以上的花色苷，各种植物中所含的花色苷种类多少不一，有的仅一种（黑莓），有的多达几十种（葡萄）。不同植物和不同生长期或成熟期的植物的花色苷含量也很不相同，一般在（20～60）mg/100 g 鲜重范围之间变化。

各种花青素和花色苷的颜色出现差异主要是由 2-苯基苯并吡喃阳离子上的取代基不同而引起，作为助色团，取代基增加时吸收波长增加。助色团此时作为电子供体，其助色效应的强弱决定于它们供电子的能力。甲氧基是比羟基更好的电子供体。常见的 6 种花青素的颜色（即吸收光的互补色）有如图 9-19 的变化趋势。

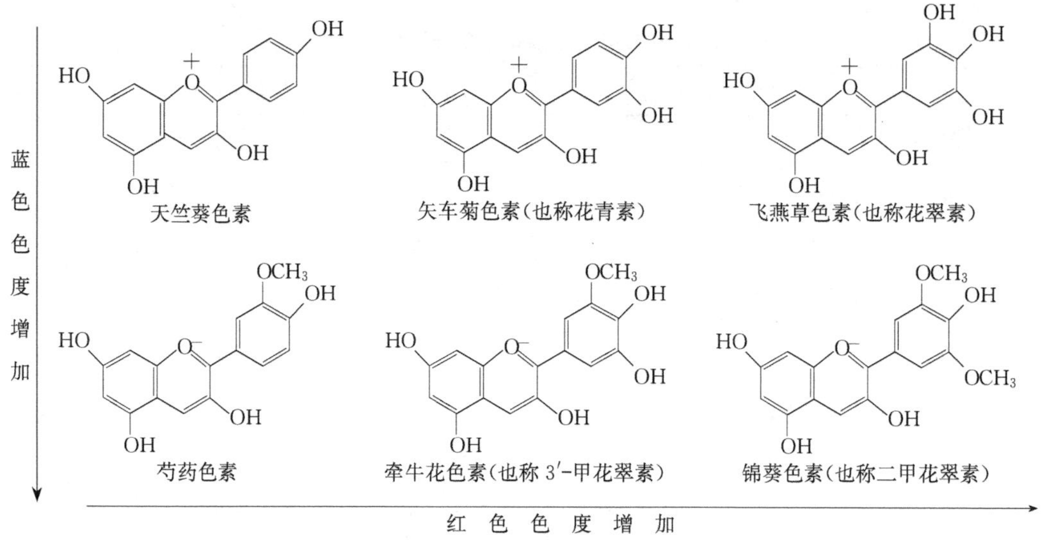

图 9-19　食品中常见的花青素物质光学吸收性质

花色素苷分子中吡喃环的氧原子是四价的，非常活泼，通常不稳定，引起的反应常使色素褪色。影响花色苷稳定性的主要因素有 pH、温度和氧浓度。其次酶、抗坏血酸、二氧化硫、金属离子和糖对花色苷的稳定性也有影响。

(1) 结构变化和 pH

在酸性环境中花色素苷非常稳定，在碱性环境中其破坏速率较快。转化速率还随无色甲醇碱型色素含量的改变而变化，并且与温度有关。草莓酱色素的半衰期在 20℃时为 1 300 h，38℃为 240 h。花色苷的结构和其稳定性之间的关系有一定规律性。2-苯基苯并吡喃阳离子结构中羟基数目增加则稳定性降低，而甲基化程度提高则增加稳定性。糖基化有利于色素稳定。例如，天竺葵色苷、矢车菊色苷和飞燕草色苷含量高的植物颜色不如牵牛花色苷和锦葵色苷含量高的植物颜色稳定。花色素苷的颜色随着 pH 改变而发生明显的变化，图9-20 表示花青素-3-鼠李葡糖苷的吸收光谱，花青素-3-鼠李葡糖苷受 pH 变化的影响，在 pH 为 0.71 时为深红色，pH 升高色素转变成蓝色醌式碱。在 510 nm 的吸光度随 pH 降低而增大。这是因为 AH^+ 的浓度随 pH 降低而增加。

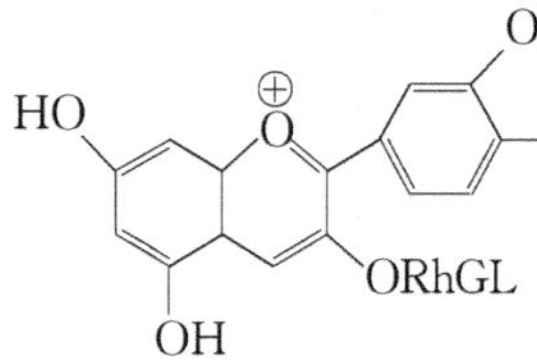

花青素-3-鼠李葡糖苷

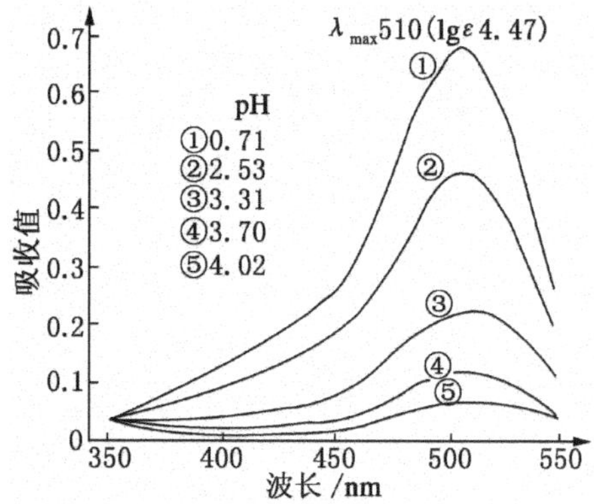

图 9-20　花青素-3-鼠李葡糖苷及其在 pH 为 0.71～4.02 缓冲液中吸收光谱色素浓度为 1.6×10^{-2} g · L^{-1}

在水溶液或食品中，花色素苷随 pH 不同可能有 4 种结构——醌型碱（蓝色）(A)、2-苯基-苯并吡喃阳离子（红色）(AH^+)、醇型假碱（无色）(B)、无色的查耳酮(C)，图 9-21 表示二甲花翠素-3-葡糖苷在 pH 为 0～6 范围内变化出现的结构改变及不同 pH 时 4 种结构的平衡分布曲线，对于每种色素而言，4 种结构中只有 2 种在整个 pH 范围内占主导地位。二甲花翠素-3-葡糖苷水溶液在低 pH 时，以二甲花翠素-3-葡糖苷锌阳离子占优势；而在 pH 为 4～6 时主要为无色甲醇假碱结构占优势；当溶液在 pH 为 6 时呈现无色。而在 4′-甲氧基-4-甲基-7-羟基花色锌盐酸盐的溶液中，花色锌阳离子与醌型碱之间存在平衡，因此在 pH 为 0～6 之间溶液的颜色随着 pH 增加，由红色到蓝色。

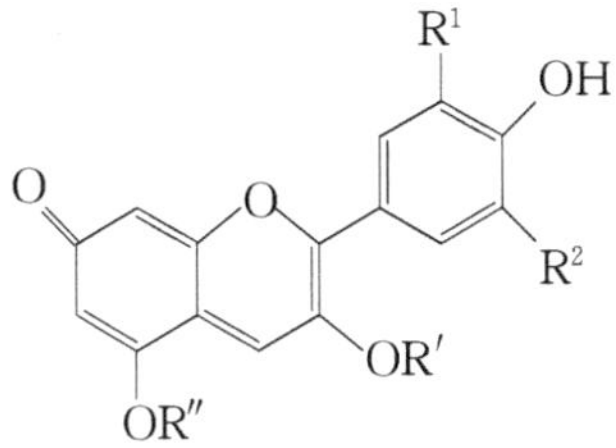

A

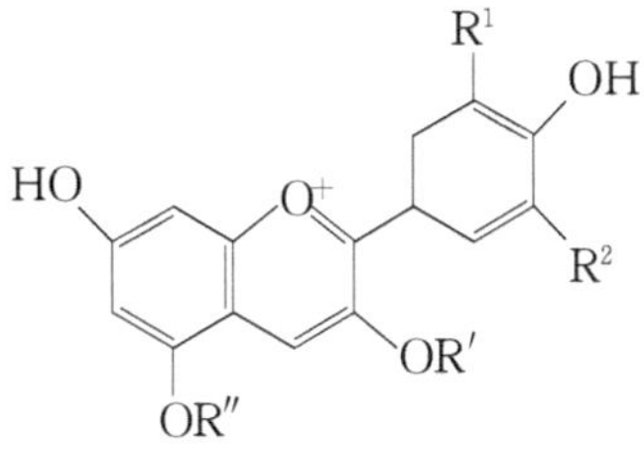

AH^+

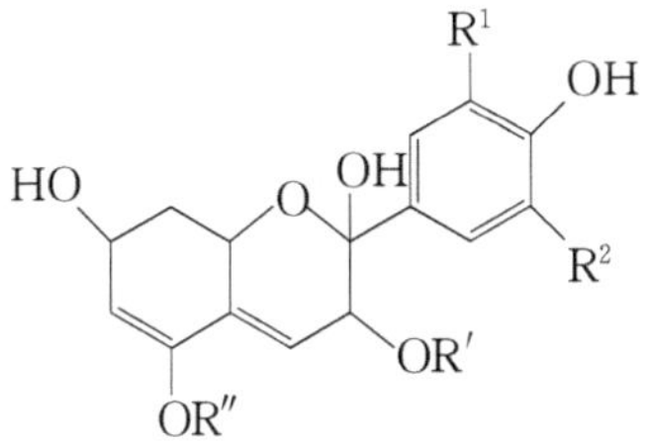

B

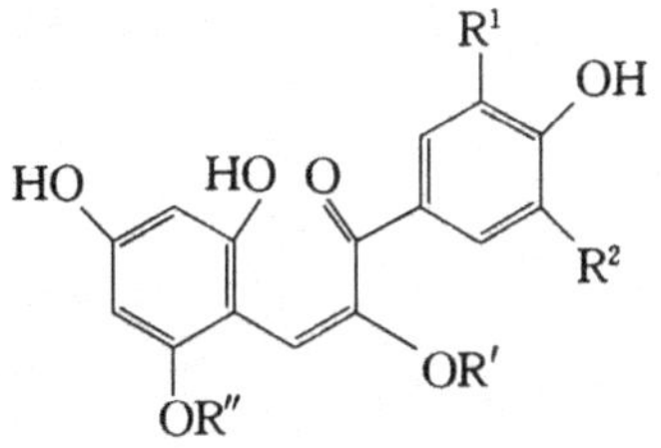

C

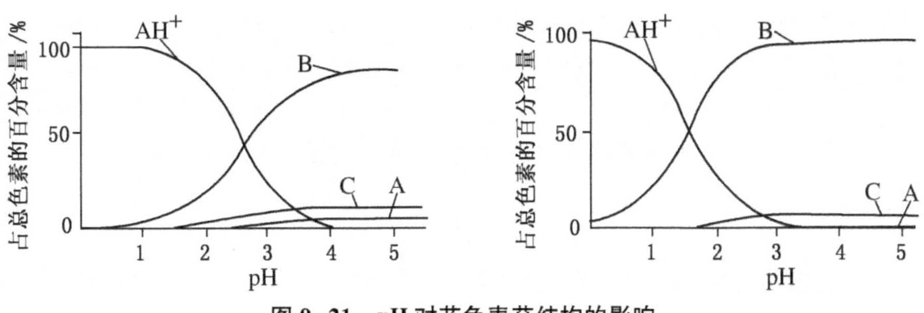

图 9-21　pH 对花色素苷结构的影响

左图表示二甲花翠素-3-葡糖苷；右图表示二甲花翠素-3,5-二糖苷

A、B、C 和 AH^+ 分别代表醌型碱、甲醇假碱、查耳酮和花色锌阳离子

蓝色醌式碱质子化生成红色花色锌阳离子(AH^+)，然后水解形成无色甲醇假碱(B)，甲醇假碱与无色查耳酮(C)处于平衡状态，可表示如下（图 9-22）：

$$A \overset{H^+}{\rightleftharpoons} AH^+ \overset{H_2O}{\rightleftharpoons} B \rightleftharpoons C$$

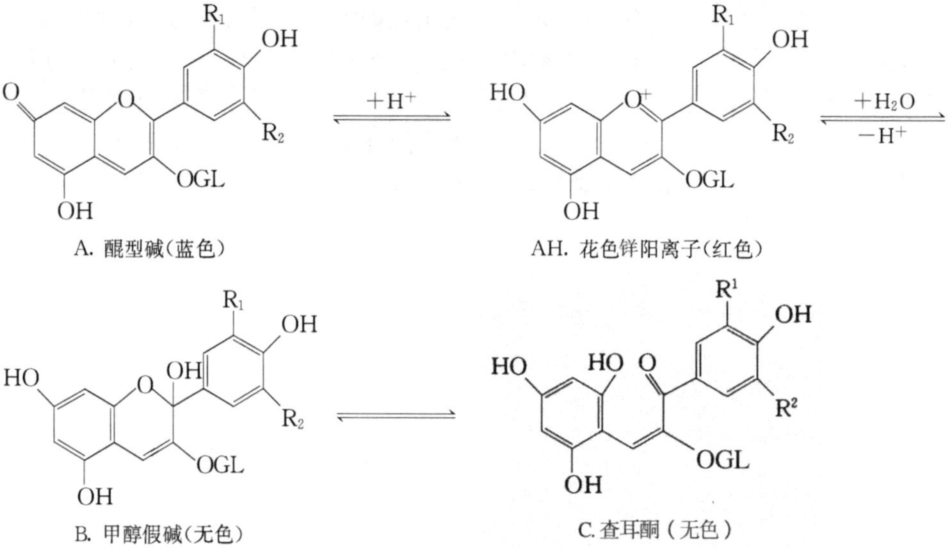

图 9-22　花色素苷结构在 pH 改变时发生变化，二甲花翠素-3-葡糖苷在 25℃，0.2 mol·L^{-1} 时的结构

有些花色素苷对 pH 表现出特别高的稳定性，如鸭拓草科植物中吊竹梅属花色素苷和三咖啡酰基花青素-3，7，3′-三葡萄糖苷就是如此，这是由于空间阻碍效应，即该花色素苷由于三个酰基的位阻使之不能转变成无色假碱和查耳酮型。这类色素 B 环上的糖取代物也具有不同的特性。

(2) 氧气、水分活度的影响

花青素高度不饱和的结构使之容易受到氧分子的攻击，表现出对氧气颇为敏感。很久以来人们就注意到，对富含花色素苷的果汁如葡萄汁要趁热灌装，且装满一些，这样将会延缓瓶装葡萄汁由紫色向褐色的转变。现在工业上采用充氮灌装或减压真空灌装，达到延长果汁保质期的作用。这些现象说明氧气对花青素或花色苷具有破坏作用。

水分活度对花色苷稳定性也有影响，但其影响机理尚不清楚。但实验证实，在水分活度为 0.63～0.79 范围内，花色苷的稳定性相对最高。

(3) 二氧化硫和抗坏血酸的影响

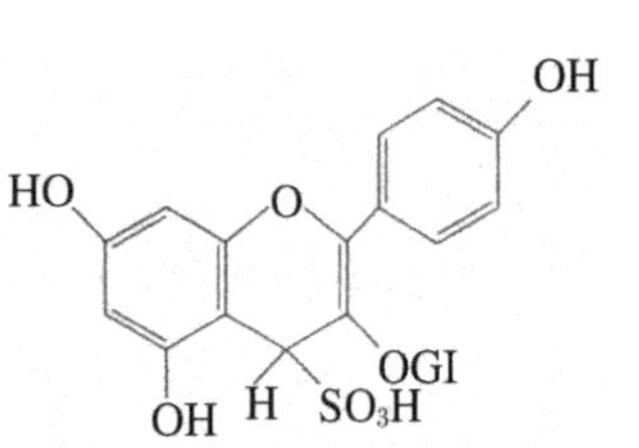

图 9-23　无色的花色苷亚硫酸盐复合物

用亚硫酸处理水果，是加工果酱、果脯等产品前大量储藏水果的重要方法。近几年来由于采用冷冻方法保藏水果使加工成的产品品质提高，所以果酱加工前原料的储藏已经不用亚硫酸。由于储藏和加工时添加亚硫酸盐或二氧化硫可导致花色素苷迅速褪色，同时水果中存在其他色素而产生黄色，这个过程是亚硫酸加成反应，花色苷 4-位碳亲核进攻生成了无色的花色苷亚硫酸盐复合物(图 9-23)。

在加工糖渍樱桃时，通常使用 0.8%～1.5%的 SO_2 水溶液来进行漂白。这种褪色作用可能可逆或不可逆。如果将樱桃储放在 0.05%～0.2%的 SO_2

水溶液中以防止腐败，其花色苷会被漂白，但在后续的加工中，通过大量水洗脱硫后，颜色可部分恢复。

二氧化硫与花青素-3-葡糖苷反应的速率常数为 25 700 L/μAmps，这意味着少量的二氧化硫可使大量的花色素苷失去颜色。二氧化硫使花色素苷褪色的过程可以是可逆或不可逆的，一般添加量为(500～2 000)mg・kg^{-1}。反应如下：

$$AH^{+} + SO_2 = AHSO_2^{+} \quad K = \frac{[AHSO_2^{+}]}{[AH^{+}][SO_2]} = 25\,700\ L/\mu Amps$$

研究发现，在含有抗坏血酸和花色苷的果汁中，花色素苷与抗坏血酸相互作用导致降解，这两种物质的含量会同步减少。例如，每 100 g 蔓越橘汁鸡尾酒中，含花色素苷和抗坏血酸分别为 9 mg 和 18 mg 左右，室温下储存 6 个月，花色素苷损失约 80%。由于降解产物有颜色，所以汁仍呈棕红色。这是因为抗坏血酸在氧化中可产生 H_2O_2，H_2O_2 可对 2-苯基苯并吡喃阳离子的 2-位碳进行亲核进攻。而过氧化物和花色素苷的反应是鉴别花色鲜化合物 3-碳位上糖类方法的原理。过氧化物氧化 2-苯基苯并吡喃阳离子在不同的条件可生成一系列不同的化合物。Cu^{2+} 和 Fe^{3+} 有催化抗坏血酸氧化作用，使花色素苷的破坏速率加快，甚至在花色素苷较稳定的 pH 2.0 条件下，也与抗坏血酸降解产生的过氧化物反应，导致花色素苷被破坏。当果汁中有槲皮糖苷、槲皮素等黄酮醇一类抗氧化剂存在时抗坏血酸和花色苷会同时得到一定保护。在果汁中如果存在不适宜抗坏血酸形成过氧化氢的条件，则花色素苷稳定，不易褪色。过氧化氢能在花色素苷 C-2-位发生亲核攻击，使 2-苯基苯并吡喃阳离子环断裂开环形成无色的酯和香豆素衍生物，这些裂解产物进一步降解或聚合，最后在果汁中出现常见的褐色沉淀。

在抗坏血酸、氨基酸、酚类和糖衍生物等存在时，由于这些化合物与花色素苷发生缩合反应可使褪色加快。反应产生的聚合物和降解产物可能是十分复杂的，有些反应生成褐红色栎鞣红的化合物，例如草莓酱在室温储藏两年后未检出剩留的花色素苷，但颜色仍然呈褐红色。这类化合物可产生陈酿红葡萄酒色。酶，如糖苷酶或酚酶能使花色素苷褪色，糖苷酶使保护的 3-糖苷键水解生成不稳定的配基，酚酶与邻二羟基酚相互作用引起花色素苷褪色。

(4) 温度和光的影响

食品中花色素苷的稳定性与温度关系较大，这种影响的程度还受到氧含量、花色苷种类以及 pH 等的共同作用。一般而言，凡是能增加对 pH 稳定的结构同样能提高热稳定性。高度羟基化的花色素苷比甲基化、糖基化或酰基化花色素苷的热稳定性差。研究表明，花色素苷的热降解机制与花色素苷的种类和降解温度有关。

花色苷在水溶液中的 4 种形式间的转化平衡受到温度的影响。加热时平衡向着生成查耳酮式结构的方向移动。

在果汁和红酒中发现，光照会加速花色苷的降解。光照下，酰化和甲基化的二糖苷比非酰化的二糖苷稳定，二糖苷又比单糖苷稳定。花色苷自身结合或与其他有机物缩合后，根据环境条件的不同，可能提高或降低花色苷的稳定性。多羟基黄酮、异黄酮的磺酸基对花色苷的光降解具有抗性，因为带负电荷的磺酸基和带正电荷的 2-苯基-苯并吡喃阳离子相互吸引，使这些分子与花色苷形成了复合物(图 9-24)。

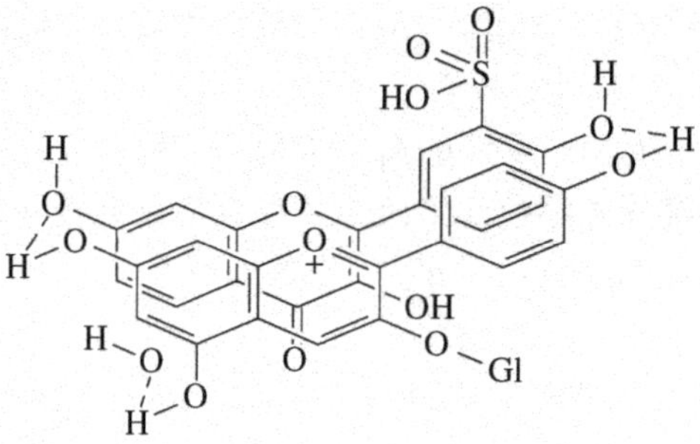

图 9-24 花色苷-多羟基黄酮黄酰酯复合物

(5) 糖及其降解产物的影响

水果罐头在有高浓度糖存在时，由于水分活度降低，花色苷生成醇型假碱结构的速率减慢，所以花色苷的颜色得到了保护。但是当糖的浓度很低时，糖及其降解产物会加速花色素苷的降解。而且这种降解程度与糖的种类有关，其中果糖、阿拉伯糖、乳糖和山梨糖对花色素苷的降解作用大于葡萄糖、蔗糖和麦芽糖。在果汁中美拉德反应和抗坏血酸的氧化降解往往是伴随花色素苷降解反应同时发生，花色素苷的降解速率与糖转化为糠醛的速率一致，一般认为这些糖自身先降解(非酶褐变)成呋喃醛或羟甲基呋喃甲醛，然后这些呋喃类物质与花色苷类物质缩合生成褐色物质。升高温度和有氧气存在时这种反应速率加快，其反应的机理目前尚不清楚。

(6) 金属离子的影响

某些花色素苷因为具有邻位羟基，能和金属离子形成配合物，这在植物中天然存在，例如鲜花的颜色比花色苷鲜艳得多就是因为鲜花中一部分花色苷与金属离子形成了配合物。在加工中也存在，例如含花色素苷的红色酸樱桃放在素马口铁罐头内，金属罐材浸蚀出来的金属离子与花色苷形成花色素苷-锡配合物，使原来的红色变为紫红色，从而影响产品质量。若用特殊有机涂层的马口铁罐则可防止这种复合物出现。花青素和花色苷的 B 环上若含有邻羟基，遇到 Al^{3+}、Fe^{2+}、Fe^{3+}、Sn^{2+}、Ca^{2+} 等金属离子时就会发生配合变色(图 9-25)，产物可能为深红、蓝、绿和褐色等，常使食品本身诱人色泽改变而失去对消费者的吸引力，这在加工梨、桃和荔枝等水果时尤其要加以注意。但研究中也常利用 $AlCl_3$ 能与具有邻位羟基的花青素-3-甲花翠素和花翠素形成配合物，从而与不具邻位羟基的花葵素、芍药色素和二甲花翠素区别开来。

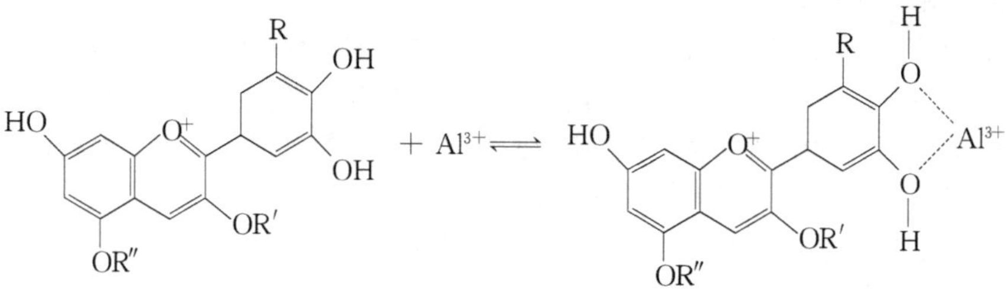

图 9-25 花色苷和金属离子形成配合物的反应

在桃、梨、荔枝、蔓越橘和红甘蓝的加工中都出现过金属配合而引起花色苷变色的问题。这种配合物的稳定性高于花色苷，一旦生成就不易逆转，但柠檬酸有络合金属离子的能力，可减少它们的生成，并可使它们部分逆转为花色苷。加热则可促进这类配合物的生成。

由于限制使用合成红色食用色素，因此人们对可能作为食品着色剂的花色素苷类化合物产生浓厚兴趣。如针对花色素的不稳定而进行的改性研究表明，在花色素的 4-碳位上带有甲基或苯基的花色素苷的性质非常稳定，甚至超过某些允许使用的人工合成的红色色素。

(7) 共色素形成作用

从蓝色的花(例如玉米花)中可分离出红色花色素苷。人们曾对能产生蓝色的花色素苷的结构进行了大量研究，认为颜色的产生是由于花色素苷与黄色类黄酮和其他多酚化合物的共色素形成作用，以及同许多成分形成复合物。从分离出的许多这类复合物中鉴定发现，它们含有阳离子，如 Al^{3+}、K^{+}、Fe^{2+}、Fe^{3+}、Cu^{2+}、Ca^{2+} 和 Sn^{2+}，以及氨基酸、蛋白质、果胶、糖类或多酚类物质。所有这些复合物都存在于花朵中。

花色苷自身与蛋白质、单宁、其他类黄酮和多糖之间能够缩合。这种缩合可引起向红效应并使吸光度加大，缩合物的稳定性也高于花色苷。其他的一些缩合反应却能引起颜色损失甚至导致褪色，例如氨基酸、间苯二酚等某些亲核化合物和儿茶素与花色素锌阳离子缩合生成无色的 4-取代-黄-2-乙烯。

(8) 酶促反应

糖苷水解酶和多酚氧化酶能引起花色素苷降解失去颜色。糖苷酶的作用是水解花色素苷的糖苷键，生成糖和花色素，颜色的损失是由于花色素苷在水中的溶解度降低和转变为无色化合物。多酚氧化酶是在有氧和邻二酚存在时，首先将邻二酚氧化成为醌，然后邻苯醌与花色苷反应形成氧化花色素苷和降解产物，从而导致褪色。

2) 原花色素

原花色素(proanthocyanidin)是无色的，结构与花色素相似，在食品处理和加工过程中可转变成有颜色的物质。这类化合物的名称除了无色花色素或无色花色素苷外，还称为黄酮(亦称为花黄色素)、花氰等，但似乎以原花色素名称最恰当，无色花色素仅限于黄烷-3-醇或黄烷-3,4-二醇的寡聚物。

原花色素的基本结构单元是黄烷-3-醇或黄烷-3,4-二醇(图 9-26)。它是以 4→8 或 4→6 键形成的二聚物，但通常也有三聚物或高聚物。这些物质在无机酸存在下加热都可生成花色素，例如花葵素、花青素、3′-甲花翠素或飞燕草素。苹果中主要的原花色素是两个 L-表儿茶素单体以 C_4—C_8 键连接的二聚物。这种化合物在酸性条件下加热水解可产生花色素和(-)-表儿茶素(图 9-27)，存在于苹果、梨、柯拉果、可可豆、葡萄、莲、高粱、荔枝、沙枣、蔓越橘、山楂属浆果和其他果实中。其中关于葡萄子和皮中原花青素的结构和功能的研究最多。现已证实，原花青素具有很强的抗氧化活性，同时还具有抗心肌缺血、调节血脂和保护皮肤等多种功能，因此，原花青素的研究越来越引起人们的重视。

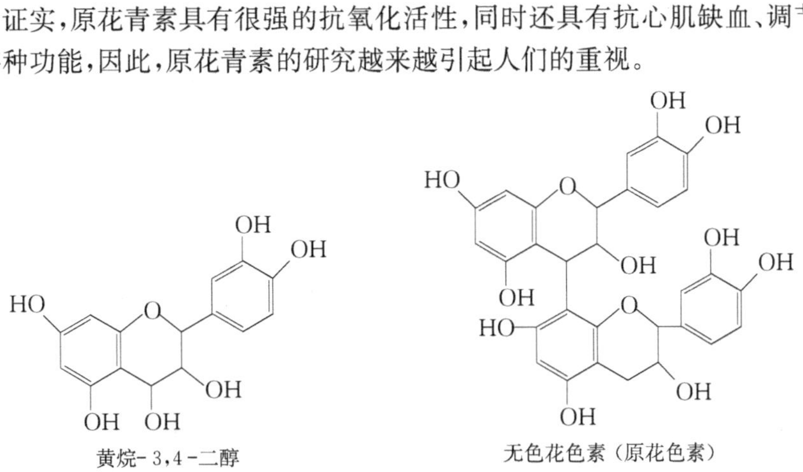

黄烷-3,4-二醇　　　　无色花色素(原花色素)

图 9-26　原花色素的基本结构

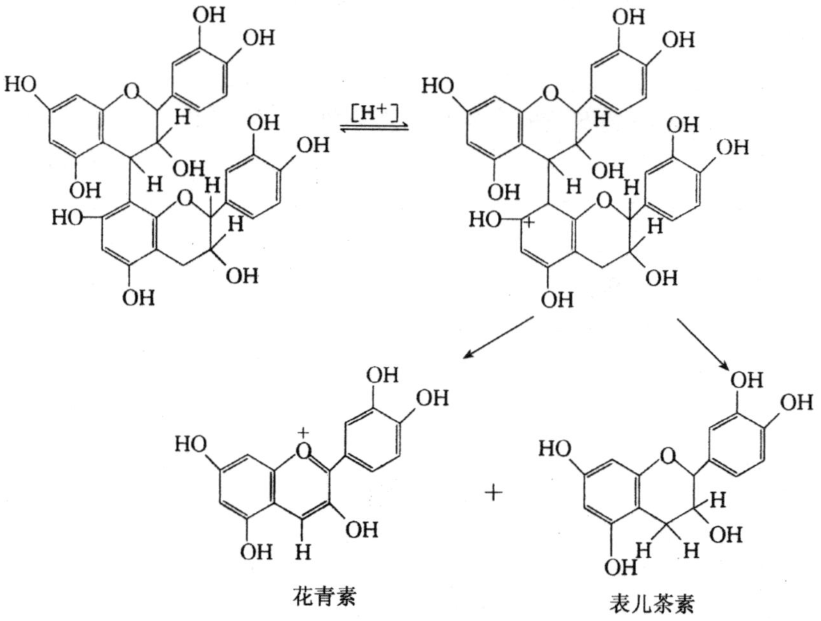

图 9-27 原花青素的结构单元和水解机制

原花色素化合物在食品中的重要性在于它能产生收敛性，苹果汁中这类化合物可产生特征的口味，对增加许多水果和饮料（如柿、蔓越橘、橄榄、香蕉、巧克力、茶、葡萄酒等）的风味和颜色都是很重要的。另外，这类化合物的邻位羟基在水果和蔬菜中可引起酶促褐变反应和在空气中或光照下降解成稳定的红褐色衍生物，使啤酒及葡萄酒产生浑浊和涩味。这主要是原花青素的 2～8 聚体与蛋白质作用的结果。

3）类黄酮

非花色苷型类黄酮（flavonoid）和花色苷一样是广泛分布于植物界的水溶性天然色素。其化学结构的显著特征是 4 位皆为酮基，不同类黄酮的差异与 3 位碳连接的氧化状态有关，通常在自然界中发现的结构在黄酮-3-醇（儿茶酸）至黄酮醇（3-羟基黄酮）和花色苷之间变化。目前已知的类黄酮（包括苷）达 1 670 多种，其中含苷化合物有 600 余种，非苷化合物有 1 000 余种，有色物 400 多种。它们多呈淡黄色或无色，少数为橙黄色。

类黄酮的基本结构是 2-苯基苯并吡喃酮，最重要的类黄酮化合物（图 9-28）是黄酮（flavone）和黄酮醇（flavonol）的衍生物，而查耳酮、黄烷酮、异黄酮、异黄烷酮和双黄酮等的衍生物也是比较重要的。

黄酮醇是类黄酮中主要的一类（图 9-29），例如莰非醇（亦称为 3,5,7,4′-四羟基黄酮醇）、槲皮素（亦称为 3,5,7,3′,4′-五羟基黄酮）和杨梅黄酮（亦称为 3,5,7,3′,4′,5′-六羟基黄酮）。

另一类不及黄酮醇普遍的化合物是黄酮（图 9-30），包括芹菜素即 5,7,4′-三羟基黄酮、樨草素即 5,7,3′,4′-四羟基黄酮和 5,7,3′,4′,5′-五羟黄酮。这些化合物的结构与花葵素、花青素和花翠素相似。目前已知的其他配基还有 60 种之多，它们是黄酮醇和黄酮的羟基和甲氧基衍生物。

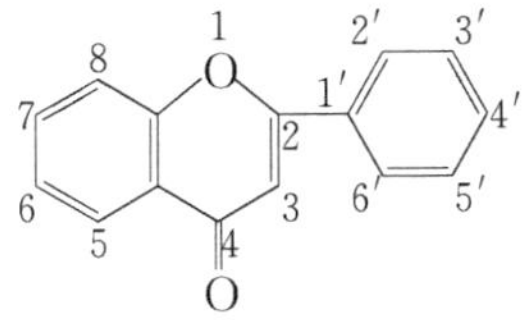

黄酮(2-苯基苯并吡喃酮)

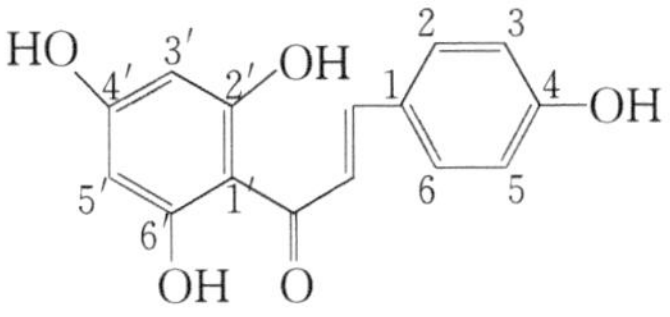

查耳酮

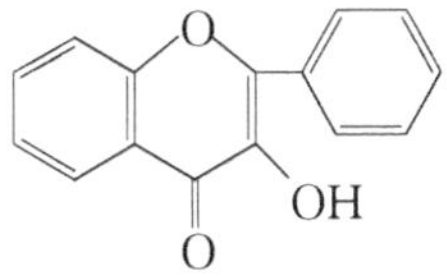

黄酮醇

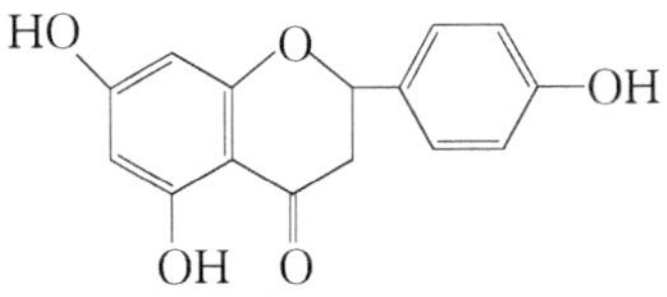

黄烷酮

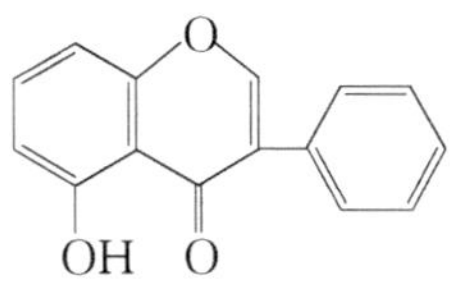

异黄酮

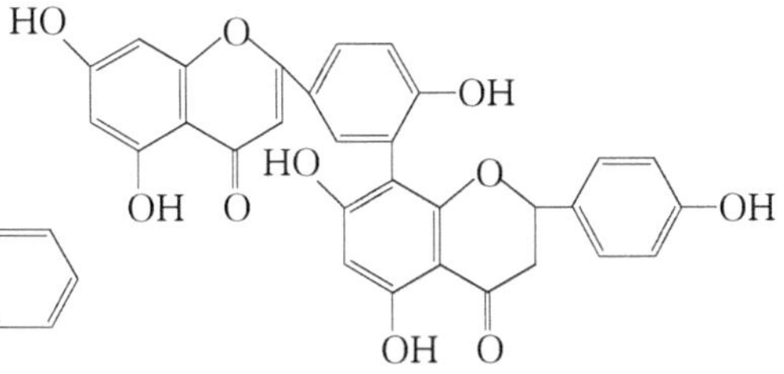

双黄酮

图 9-28 主要的类黄酮化合物

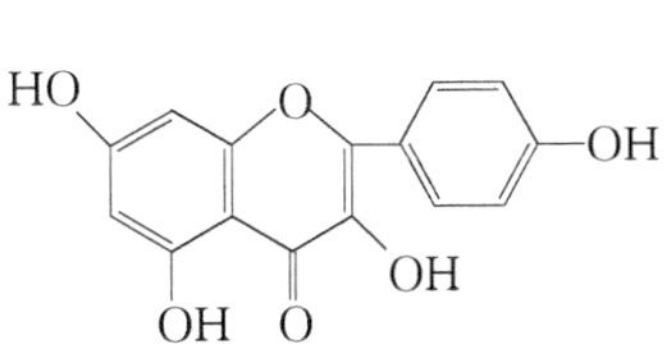

莰非醇

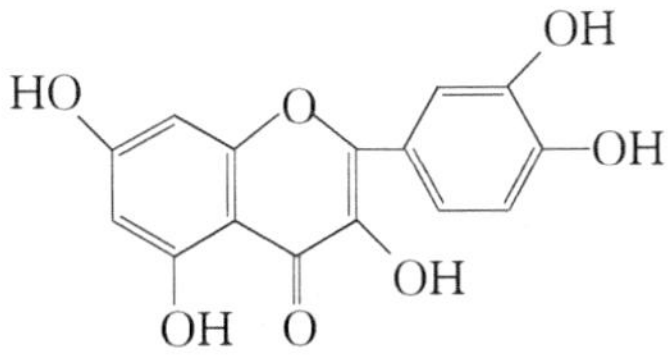

槲皮素

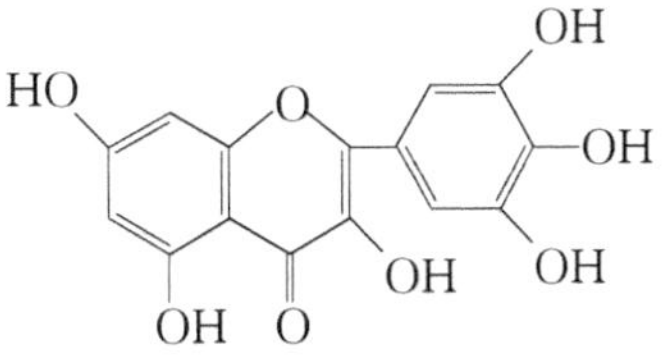

杨梅黄酮

图 9-29 黄酮醇的代表化合物

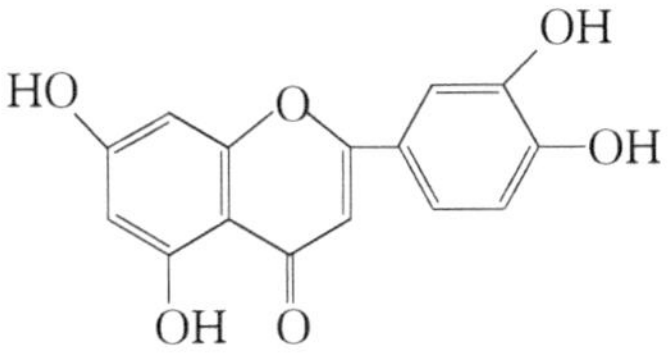

樨草素(黄酮类)

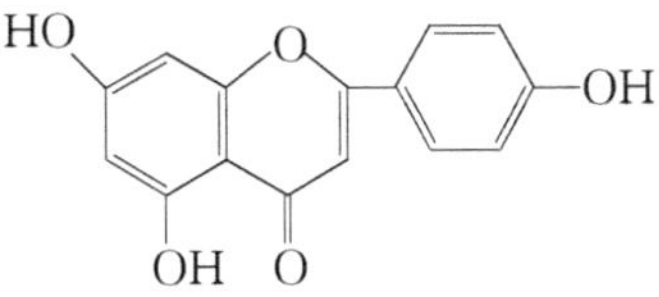

芹菜素(黄酮类)

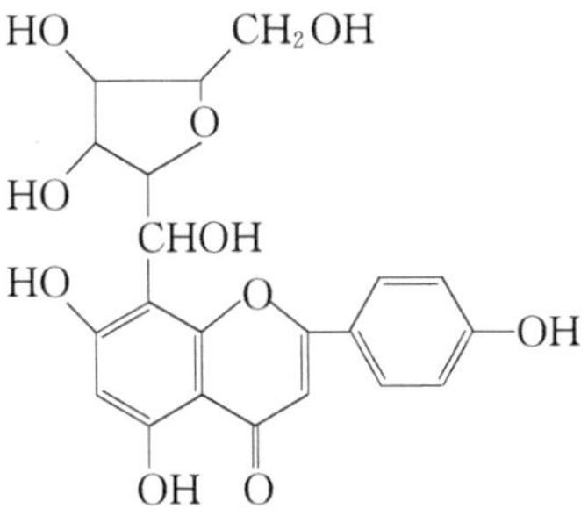

牡荆素

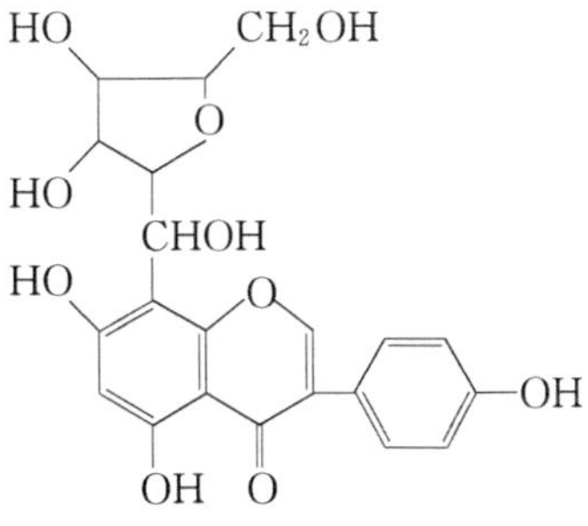

异牡荆素

图 9-30 黄酮的代表化合物

有 5 类类黄酮不具备类黄酮基本骨架，但它们具有与类黄酮相关的化学性质，通常也将其归入类黄酮族。它们是二羟基查耳酮、查耳酮、异黄酮、新黄酮和2-次苯甲基苯(并)呋喃酮。

类黄酮通常和葡萄糖、鼠李糖、半乳糖、阿拉伯糖、木糖、芹菜糖或葡糖醛酸以糖苷的形式存在，形成糖苷后水溶性加大。取代位置各不相同，一般是在7-，5-，4′-；7-，4′-和3-碳位，与花色素苷相反，最常见的是在7-碳位上取代，因为7-碳位的羟基酸性最强。类黄酮化合物还可以类似于花色素苷的方式和酰基取代成分酯化，所分离出的化合物中的葡萄糖是在6-或8-碳位以碳-碳键连接。这类化合物完全不能被酸水解，严格说，它不属于糖苷化合物，但是有密切相关的性质。两种最普遍的这类化合物是牡荆素和异牡荆素，一般称为碳链黄酮类化合物。

天然类黄酮多以糖苷的形式存在，水浸提取植物时提出的主要是类黄酮苷。

黄酮、黄酮醇、异黄酮、查耳酮和双黄酮中许多呈黄色，而其他类黄酮不具有颜色。例如槲皮素的最大吸收光波长约为380 nm。柚皮素的最大吸收光波长为280 nm，芹菜素的最大吸收波长约为340 nm。它们基本上不在可见光范围内。但可利用此吸光特性进行鉴定。

类黄酮的羟基呈酸性，具有酸类化合物的通性，分子中的吡酮环和羰基构成了生色团的基本结构。与花色苷相比，这一族的单体化合物的两个苯环上羟基和甲氧基以及其他取代基的数目不同，因而相互间的性质有很大差异。其酚羟基数目和结合的位置对色素颜色有很大影响，在3′-或4′-碳位上有羟基(或甲氧基)多呈深黄色，而在3-碳位上有羟基显灰黄色，并且3-碳位上的羟基还能使3′-或4′-碳位上有羟基的化合物颜色加深。

类黄酮化合物遇三氯化铁，可呈蓝、蓝黑、紫、棕等各种颜色。这与分子中3′-，4′-，5′-碳位上的羟基数目有关。3-碳位上的羟基与三氯化铁作用呈棕色。

在碱性溶液中类黄酮易开环生成查耳酮型结构而呈黄色、橙色或褐色。在酸性条件下，查耳酮又恢复为闭环结构，于是颜色消失。例如，马铃薯、稻米、小麦面粉、芦笋、荸荠等在碱性水中烹煮变黄，即是黄酮物质在碱作用下形成查耳酮结构的原因。黄皮种洋葱变黄的现象更为显著，在花椰菜和甘蓝中也有变黄现象发生。反应见图9-31。

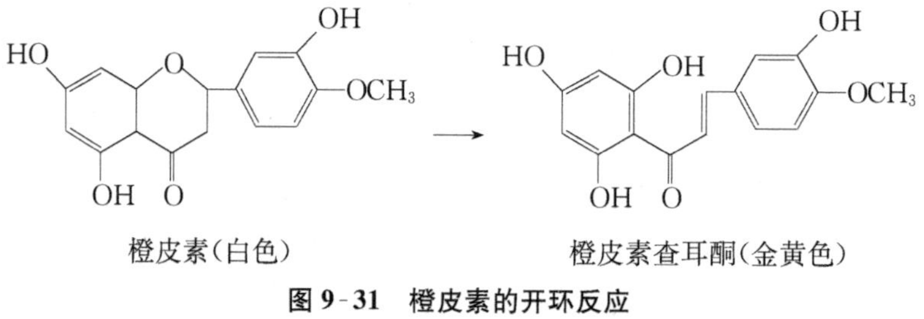

图9-31 橙皮素的开环反应

类黄酮色素在空气中放置容易氧化产生褐色沉淀，因此一些含类黄酮化合物的果汁存放过久便有褐色沉淀生成。黑色橄榄的颜色是类黄酮的氧化产物产生的。

黄酮醇槲皮素和莰非醇的糖苷几乎普遍存在于植物界中，受检测的植物50%以上含有这些化合物，10%以上的植物含杨梅黄酮糖苷。

除少数例外，食品中的类黄酮化合物尚未广泛进行研究，可能是因为缺乏合适的定量分析方法，但有些方法是可以采用的。例如，在300～400 nm波长范围测定吸光值或与$AlCl_3$试剂产生荧光。目前采用HPLC法对类黄酮化合物进行定性、定量分析。食品中主要代表性的类黄酮见表9-6。

表 9-6 食品中类黄酮的代表性色素

分 类	糖苷名称	配 基	糖残基	存在的食品
黄烷酮	橙皮苷	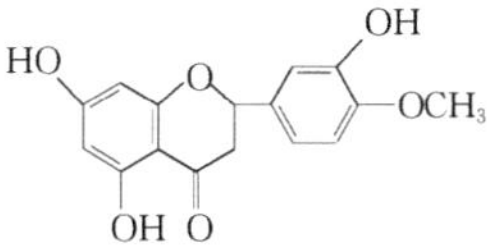 橙皮素	7-β-芸香糖苷	温州蜜橘，葡萄柚
	柚皮苷	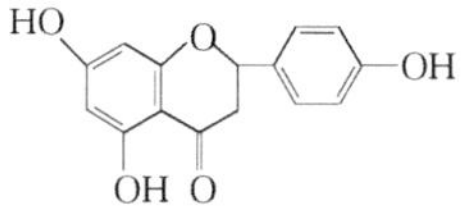 柚皮素	7-β-新橙皮糖苷	夏橙，柑橘类
	新橙皮苷		7-β-新橙皮糖苷	枳壳，臭橙，夏橙
黄酮	芹菜苷	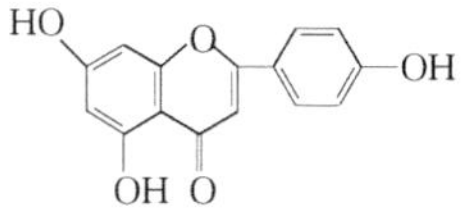 芹菜(苷)配基	7-β-芹菜糖苷	荷兰芹，芹菜
黄酮醇	芸香苷(芦丁)	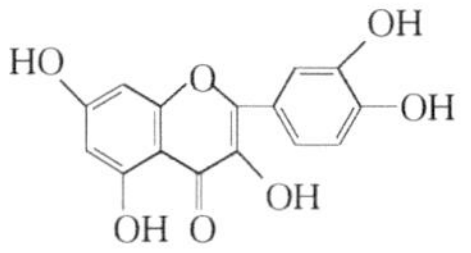 槲皮素	3-β-芸香糖苷	葱头(洋葱)，茶叶，荞麦
	栎皮苷(槲皮苷)		3-β-鼠李糖苷	茶
	异栎苷		3-β-葡糖苷	茶，玉米
黄烷酮醇	杨梅苷	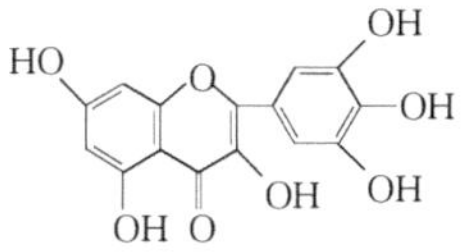 杨梅黄酮	3-β-鼠李糖苷	野生桃
	紫云英苷	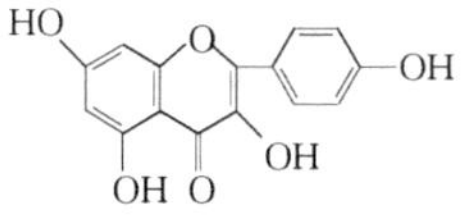 莰非醇	3-葡糖苷	草莓，杨梅，蕨菜
异黄酮	黄豆苷	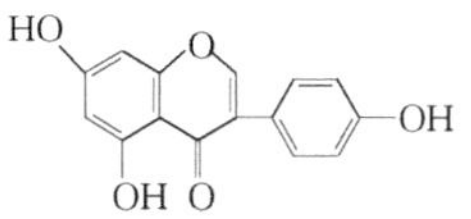	7-葡糖苷	大豆

类黄酮像花色苷一样，可与多价金属离子形成配合物。类黄酮与铁离子配合后可呈现蓝、黑、紫、棕等不同颜色。例如，柑橘和芦笋中的芸香苷(芸香苷即槲皮素-3-鼠李葡萄糖苷)遇到铁离子后色泽变深，使芦笋中产生深色斑点，引起芦笋罐头变为不受消费者欢迎的难看的暗色。加入螯合剂如乙二胺四乙酸可抑制这种不利的颜色。芸香苷与锡离子络合时则产生理想好看的黄色。类黄酮与 Al^{3+} 络合后黄色会增强。例如，圣草素与 Al^{3+} 络合后会呈现很美丽诱人的黄色。

类黄酮也会形成缩合物，而且缩合后的颜色和呈色强度都会有一些变化。

在食品加工中，有时会因水硬度较高或因使用碳酸钠和碳酸氢钠而使 pH 上升，在这种条件下烹调，原本无色的黄烷酮类物质可转变为有色物质。例如，马铃薯、小麦粉、芦笋、菜花和甘蓝在加工(煮)中都会出现由白变黄的现象,其主要变化之一是黄烷酮类转化成有色的查耳酮类。该变化是可逆的,可用有机酸加以控制和逆转。

食品中类黄酮的其他重要功能是其抗氧化性和对风味(尤其是苦味)的贡献。黄酮醇中的槲皮素、莰非醇和杨梅黄酮大量存在于速溶茶制品中,使茶产生涩味,绿茶中这三种化合物及其糖苷占干重的 30%。

黄烷酮主要存在于柑橘类植物中,虽然是较少的一类类黄酮,但它们有可能作为合成甜味剂而显得重要。柚皮苷是黄烷酮的 7-碳位上连有新橙皮糖基,它具有强烈的苦味,若在 7-碳位上为芸香糖则无苦味,新橙皮糖是由鼠李糖和葡萄糖为 α-1→2 键连接而成的,而芸香糖为 α-1→6 键。当柚皮苷环状结构开环时形成含有新橙皮糖基的查耳酮结构。另外一种是利用柚皮苷进行人工合成的衍生物新橙皮素二氢查耳酮,其甜度约为蔗糖的 2 000 倍,反应如图 9-32 所示。

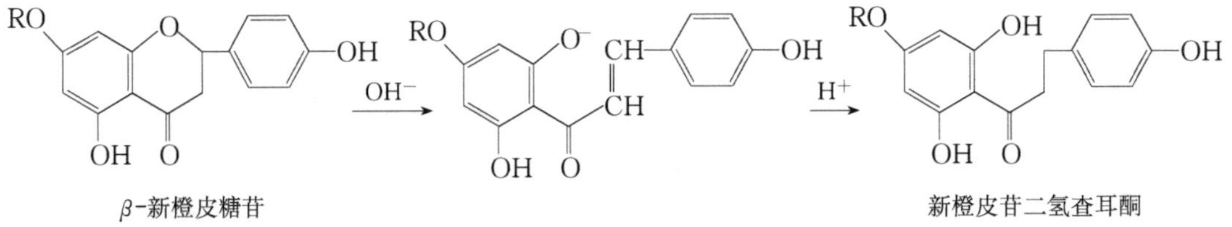

图 9-32 β-新橙皮糖苷开环生成新橙皮苷二氢查耳酮

柑橘类黄酮被称为生物黄酮,即维生素 P,它们和抗坏血酸对降低毛细血管脆性具有协同作用。生物类黄酮有保持毛细血管壁完整和正常通透性的作用。此外,柑橘类黄酮还应用于室内除臭和消毒。

类黄酮的多酚性质和螯合金属的能力有可能作为脂肪和油的抗氧化剂,因而引起人们的注意。由于它在油脂中溶解度低,应用受到限制,已发现有几种类黄酮衍生物在油脂中溶解度较大。

类黄酮在水溶液罐头食品的热加工中较稳定,这方面的研究还不多。

生物类黄酮是一类重要的化合物,它是芹菜素通过 8→8、8→3′和 8→4′键构成的 3 个母体基团的二聚体,它们在食品中的作用大部分人们还不了解。现已从存活 2.5 亿万年的活化石银杏树中分离出槲皮素、莰非醇和异鼠李亭 3 种黄酮醇苷元。

4) 单宁和儿茶素

单宁(tannin)又名单宁酸、倍单宁酸、鞣酸,通常称为鞣质,是在植物中广泛存在的特殊酚类化合物,在五倍子和柿子中含量较高。目前单宁还没有严格的定义,许多结构各异的物质都包含在这一名称下。之所以这样命名是因为它们能同蛋白质和多糖等大分子化合物相结合,与其本身的化学性质无关。它是栎树、苏摸鞣科植物和五倍子、柿子、诃子等植物中的一种复杂混合物,外观从无色到黄色或棕黄色,使食品产生涩味。我国和土耳其产的五倍子分别含 70%和 50%的单宁。市售单宁酸的分子式为 $C_{75}H_{52}O_{46}$,相对分子质量为 1 701,由 9 分子没食子酸和 1 分子葡萄糖组成。单宁的结构很复杂,水解生成没食子酸或其他多元酚酸与葡萄糖,它的结构和组成因来源不同而有差异。单宁种类较多,最普通的是焦性没食子酸。

食品中单宁包括两种类型。一类是缩合单宁,它是通过 4-,8-或 2-,8-碳-碳连接的二聚物或儿茶素和有关化合物的 3,3-醚键二聚物,以及 2-C,7-O 或 4-C,7-O 键的化合物。这类分子具有完整的碳骨架,水解作用不能破坏其分子骨架。另一类是包括倍单宁和鞣花单宁在内的可水解单宁,这类分子的碳骨架内部有酯键间隔,分子可因酸、碱等作用而水解。鞣花单宁为没食子酸和鞣花酸的聚合物。典型的鞣花单宁(图 9-33)含有没食子酸、鞣花酸和一个葡萄糖分子,称为诃黎勒鞣花酸。这类单宁分子的芳核是通过酯键连接的,因此在温和条件下(稀酸、酶、煮沸等)极易水解成单体。相对分子质量为 500~3 000 的水溶性单宁能沉淀生物碱、明胶和其他蛋白质,因而可作为澄清剂。

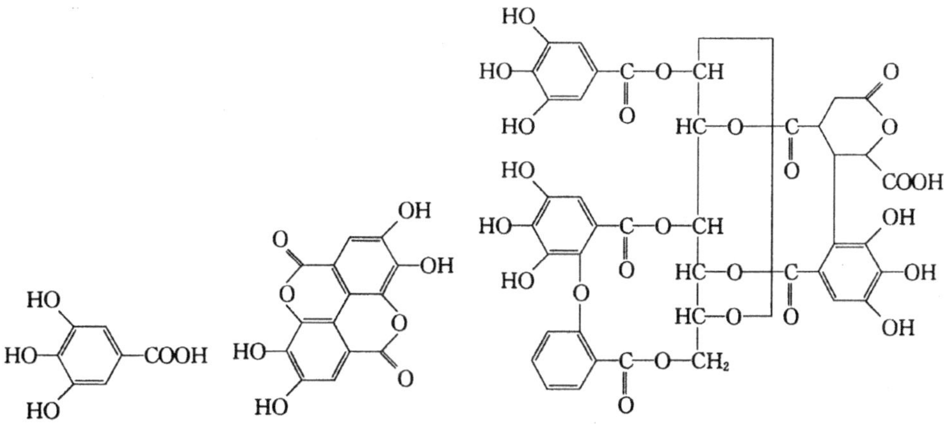

没食子酸(棓酸)　　鞣花酸　　诃黎勒鞣花酸

图 9-33　典型的鞣花单宁的结构

单宁使食品具有收敛性涩味,并产生酶促褐变反应,其作用机理尚不完全了解。

儿茶素是存在于茶叶等一些植物中的多酚类化合物。常见的儿茶素有表儿茶酚儿茶素、表没食子儿茶素、表儿茶酚儿茶素没食子酸酯和表没食子儿茶素没食子酸酯四种(图 9-34),命名中"表"字的意思是说母核中 2,3 位的取代基处于吡喃环的同侧。另外还具有一些聚合态及蛋白质结合态的儿茶素。

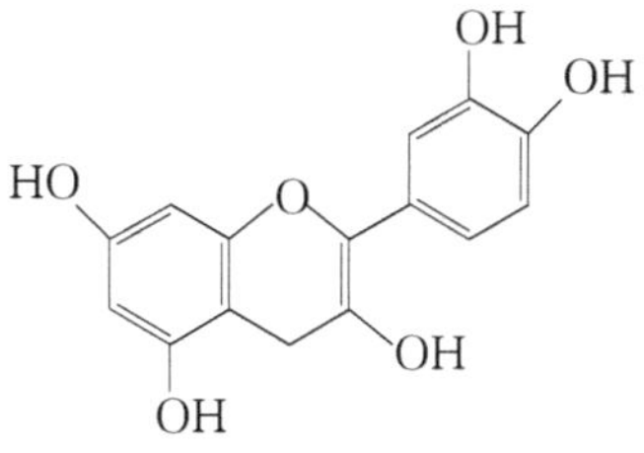

表儿茶酚儿茶素

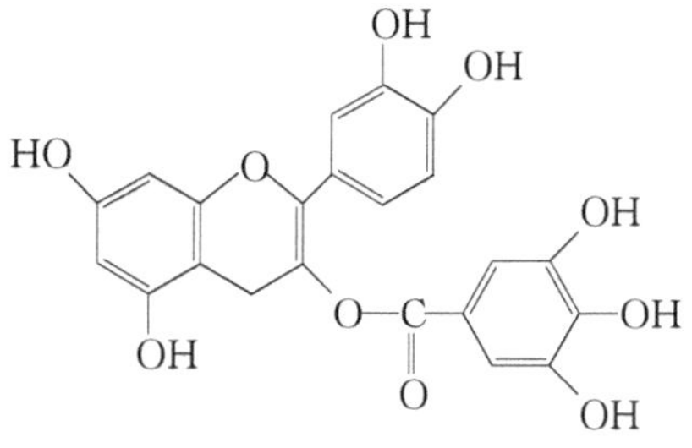

表儿茶酚儿茶素没食子酸酯

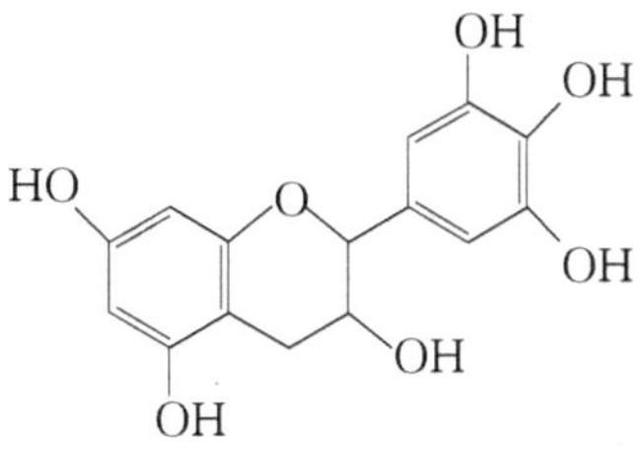

表没食子儿茶素

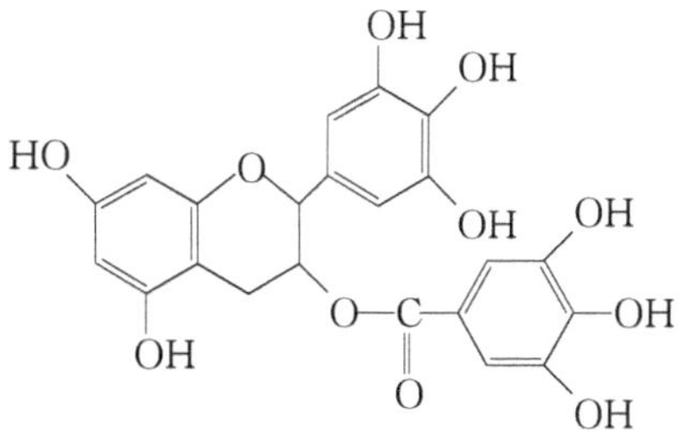

表没食子儿茶素没食子酸酯

图 9-34　常见的四种儿茶素的结构

儿茶素无色、有较轻涩味。儿茶素与金属离子结合产生白色或有色沉淀。

作为多酚类物质，儿茶素也易被氧化，生成褐色物质。酶促褐变的中间生成物——邻醌是引起儿茶素氧化的重要物质。

5）甜菜色素

甜菜色素（betalaine）主要存在于食用红甜菜（俗称紫菜头）、苋菜以及莙达菜、仙人掌果实、商陆浆果及一些植物的花中。含甜菜色素植物的颜色与含花色素苷类似。它是一类颜色上看来类似花色素苷和类黄酮的水溶性色素，与花色素苷不同，其颜色不受 pH 的影响。甜菜色素包括甜菜红素（苷，红色）和甜菜黄素（黄色）两种化合物，在植物中甜菜色素与花色苷相互排斥。

已知有 70 多种甜菜色素，它们的基本结构相同，存在两个手性碳原子 C-2 和 C-15（图 9-35），具有光学活性，结构中 R 和 R′为氢原子或芳香取代基，这类色素的颜色是由于共振结构所引起的。如果 R 或 R′不扩展共振，则此化合物呈黄色，称为甜菜黄素（图 9-36），甜菜黄素属酮酸类，是 1，7-二偶氮七甲碱的缩合物；如果 R 或 R′扩展共振，则此化合物显红色，称为甜菜色苷。例如，红甜菜中的甜菜苷配基称为甜菜配基或甜菜红素，这种配基与葡萄糖结合成的苷称之为甜菜红苷或甜菜苷。能与甜菜配基形成糖苷的糖仅有葡萄糖和葡糖醛酸。甜菜色苷的结构见图 9-36，它为吡啶衍生物。甜菜碱也可以酰基的形式天然存在，类似于花色苷和类黄酮，但结构更为复杂，已知有丙二酸、阿魏酸、香豆酸、芥子酸、咖啡酸和 3-羟基-3-甲基戊二酸等，可连接在甜菜苷的糖基上。

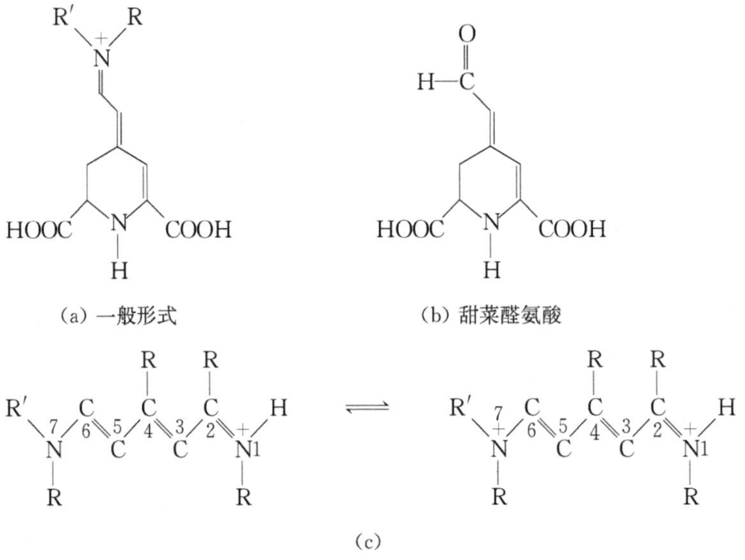

图 9-35 甜菜色素的共振结构

花色素苷和甜菜色素的光谱吸收不同。花色素苷在 270 nm 波长处有吸收峰，而甜菜色素在此波长无吸收，甜菜黄素和甜菜色苷的最大吸收波长分别为 480 nm 和 538 nm。甜菜色苷的颜色几乎不随 pH 变化而变化。花色素苷容易用甲醇提取，但用水提取效果很差；甜菜色苷正好相反。在弱酸性缓冲液电泳体系中，花色素苷向阴极迁移，而甜菜色素向阳极迁移，电泳可以选择性地分离甜菜色苷的同系物。

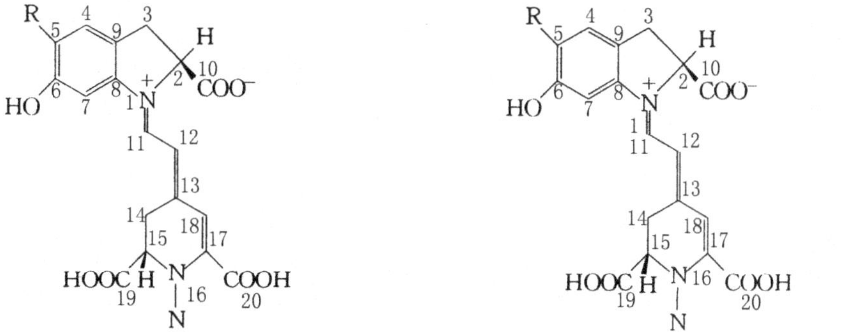

(1) 甜菜苷配基,R=—OH

(2) 甜菜苷(甜菜红素),R=—葡萄糖

(3) 苋菜红素,R=—2′-葡糖醛酸-葡萄糖

(4) 异甜菜苷配基,R=—OH

(5) 异甜菜苷(异甜菜红素),R=—葡萄糖

(6) 异苋菜红素,R=—2′-葡糖醛酸-葡萄糖

图 9-36 甜菜色苷结构

甜菜红色素是鲜红色固体粉末,易溶于水及乙醇的50%水溶液,不溶于有机溶剂。甜菜黄素为黄色,易溶于水和乙醇水溶液,不溶于有机溶剂。甜菜红色素和甜菜黄素都有旋光性。

甜菜色素和其他天然色素一样,在加工和储藏过程中都会受到 pH、水分活度、加热、氧和光的影响。

(1) 温度和酸度的影响

甜菜红苷,占全部甜菜红素的 75%~95%,其余为游离的甜菜红素、前甜菜红素。甜菜红素在碱性条件下可能转变为甜菜黄素。

甜菜红素水溶液呈红至紫色,色调受 pH 影响,但在 pH 为 3.5~7.0 范围内比较稳定。其中在 pH 为 4.0~5.0 范围最稳定,在温和的碱性条件下甜菜苷降解为甜菜醛氨酸(BA)与环多巴-5-*O*-葡萄糖苷(CDG)(图 9-37)。甜菜苷溶液和甜菜制品在酸性条件下加热也可能形成上述两种化合物。必须指出降解反应需要在水介质中进行,当没有水存在或水分含量很低时,甜菜色素是最稳定的。因此,甜菜粉储存的最适 a_w 为 0.12(以干重计,水分含量为 2%)。

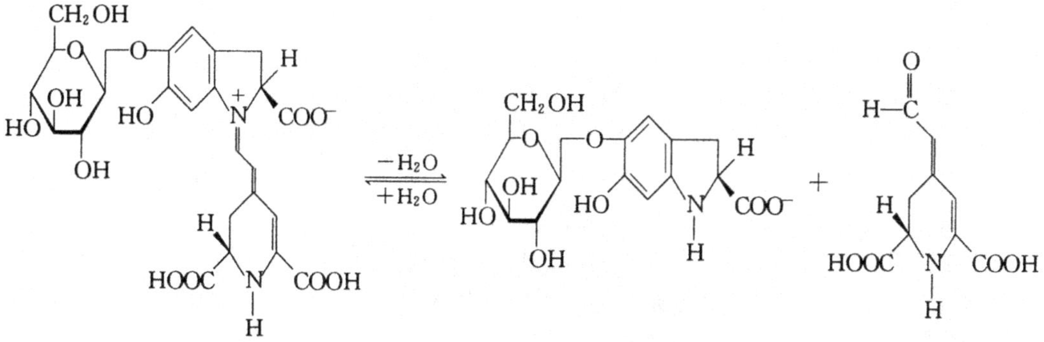

甜菜苷

环多巴-5-*O*-葡萄糖苷 (Cyclodopa-5-*O*- Glucoside,CDG)

甜菜醛氨酸 (Betalamic Acid,BA)

图 9-37 甜菜苷的降解反应

甜菜苷降解为BA和CDG的反应是一个可逆过程，因此色素在加热数小时以后，BA的醛基和CDG的亲核胺基发生席夫碱缩合，重新生成甜菜苷，最适pH为4.0～5.0。甜菜罐头的质量一般在加工后几小时检查就是这个道理。甜菜苷在加热和酸的作用下可引起异构化，在C-15的手性中心可形成两种差向异构体，随着温度的升高，异甜菜苷的比例增高（图9-38）。

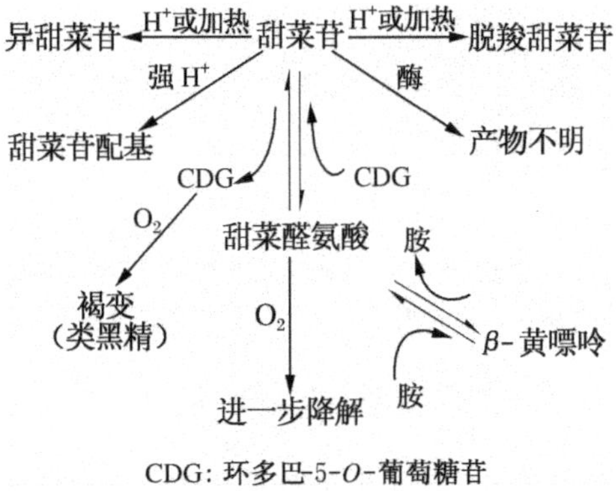

图9-38 甜菜苷的酸和(或)热降解

(2) 光和氧的影响

光加速甜菜色素降解，抗氧化剂如抗坏血酸和异抗坏血酸可增加甜菜色素的稳定性，铜离子和铁离子可以催化分子氧对抗坏血酸的氧化反应，因而降低了抗坏血酸对甜菜色素的保护作用。加入金属螯合剂EDTA或柠檬酸可以提高甜菜色素的稳定性。

甜菜苷在热加工过程中（如罐头生产）虽然易降解，但食品（如甜菜）中通常含有足够量的色素，所以仍具有吸引人的暗红色。

甜菜色素在pH为3.5～7.0最为稳定，温度100℃和pH为5～7时热稳定性好，光照和氧能促进甜菜色素降解。氧化剂次氯酸钠可使其褪色，此外金属离子Fe^{3+}、Cu^{2+}、Mn^{2+}等对其稳定性也有一定影响。在低含水量条件下，无氧时甜菜色素的稳定性增加，抗坏血酸亦可增加甜菜红素的稳定性。

甜菜红素色泽鲜艳，无异味，可用于糖果、冷饮、火腿肠等食品的着色，与抗坏血酸共用于火腿肠着色时产生的色泽与风味与添加亚硝酸盐的效果相似。甜菜红色素在100℃加热时，红色会逐渐变为黄褐色。

6）醌和呫吨酮

醌类(quinone)是开花植物、真菌、细菌、地衣和藻类细胞液中存在的一类色素。目前已知的有200种以上，颜色从淡黄到近似黑色。包括蒽醌类、萘醌类和苯醌类等。其中以蒽醌类最多，代表性的蒽醌类是大黄中的大黄素。此类化合物广泛分布于真菌、地衣和高等植物中。萘醌类大约有20种化合物，胡桃中的胡桃醌和石苁蓉萘醌是典型的萘醌，蒽醌通常以糖苷的形式存在，萘醌则不是。苯醌是数量较多的醌化合物，主要存在于真菌和开花植物中，典型的代表是紫黑色小刺青霉素。大黄素、萘醌和小刺青霉素的结构见图9-39。此外，醌类还有红色色素属的苯并四醌、菲醌、类异戊二烯醌和一些结构更复杂的种类。

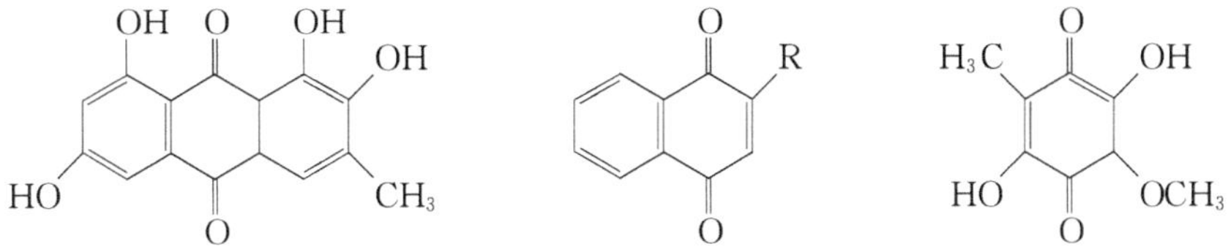

大黄素　　　萘醌　　　小刺青霉素

（R=H　胡桃醌；
R=Me　石芡蓉萘醌）

图 9-39　大黄素、萘醌和小刺青霉素的结构

呫吨酮(xanthone)黄色色素大约有 20 种，通常易与醌类和黄酮类混淆，其中最为人们熟知的是芒果中的芒果苷(图 9-40)，它属于糖苷化合物，可根据光谱特征与黄酮和醌类进行区别。

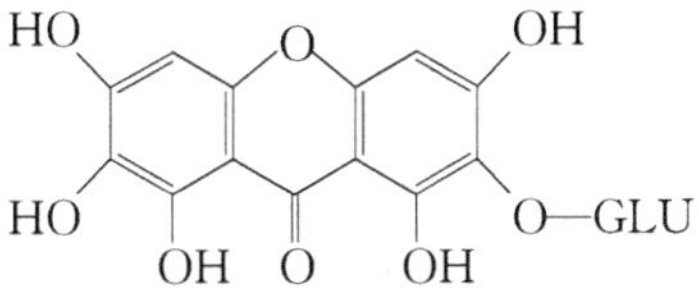

图 9-40　芒果苷的结构

9.3.4　其他天然色素

很多色素化合物的结构不同于一般类胡萝卜素、黄酮、醌类、卟啉色素，它们在结构上发生较小的变化即可使特征吸收光谱移向可见区而成为有颜色的分子。芳香酮可作为一个例子，简单酮类化合物如芒果苷是无色的，而复杂的衍生物如棉酚显黄色(图9-41)。

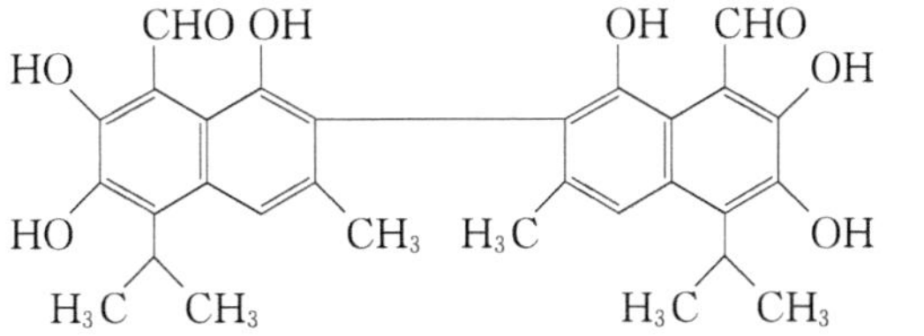

图 9-41　棉酚的结构

真菌中发现多种二烯酮化合物，如一种类似黄酮的环状二烯酮和龙血树脂的色素龙玉红。龙血树脂是某些棕榈树的渗出物。此外，还有一些色素，例如周萘酮、γ-吡喃酮、核丛青霉素、枕酸甲酯色素、吡咯、吩嗪、吩噁嗪酮、抗生素、黑素和核黄素(表 9-2)。

9.4　食品着色剂

食品在加工贮藏过程中，其原生的色素如叶绿素、血红素、花色苷等可能受加工贮藏条件的影响，发生褪色或变色。为了保持食品外观质量，弥补食品色泽上的缺陷而外加于食品中的一种食品添加剂称之为食品着色剂。食品着色剂分为天然食品着色剂和人工合成色素两类。

本节主要叙述食品加工中目前允许使用的一些天然色素和人工合成色素。

9.4.1 天然色素

天然食品着色剂是从天然原料提取并经过精制而成的产品。它们安全性高，而且资源丰富。各国政府对天然着色剂使用的限制较少，特别是以农作物和果蔬为原料提取的天然色素免于许可。近年来，随着生物技术的发展相继出现一些微生物色素。

目前已被批准使用的天然着色剂有甜菜红、姜黄、红花黄、紫胶红、叶绿素铜钠盐、越橘红、辣椒红、辣椒橙、红米红、栀子黄、菊花黄、黑豆红、高粱红、玉米黄、萝卜红、可可色素、红曲红、玫瑰茄红和β-胡萝卜素等 45 种。下面就其中常用的几种作简单的介绍，其他请查阅食品添加剂手册。

1）红曲色素

红曲色素（monascin）来源于红曲菌发酵制得红曲米的天然色素，是一组微生物色素。这种色素早在我国古代就是用于食品着色的天然色素。目前已证实红曲色素为六种成分的混合物，属于氧茚并类化合物，其中显黄色、橙色和紫红色的各有两种。其典型结构见图 9-42 所示。

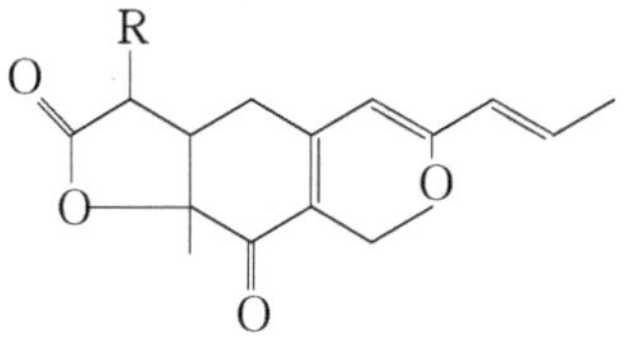

黄色红曲色素

红曲素 $C_{21}H_{26}O_5$ R=COC_5H_{11}

黄红曲素 $C_{23}H_{30}O_5$ R=COC_7H_{15}

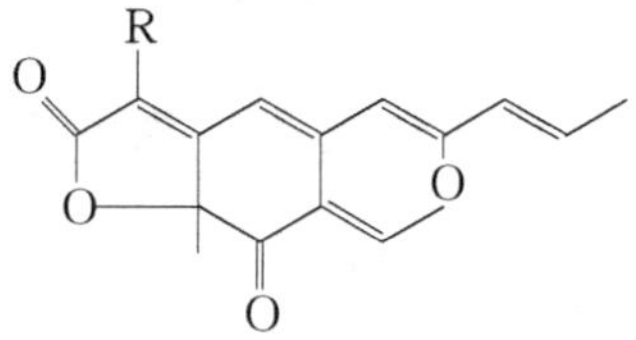

橙色红曲色素

红斑红曲素 $C_{21}H_{22}O_5$ R=COC_5H_{11}

红曲玉红素 $C_{23}H_{26}O_5$ R=COC_7H_{15}

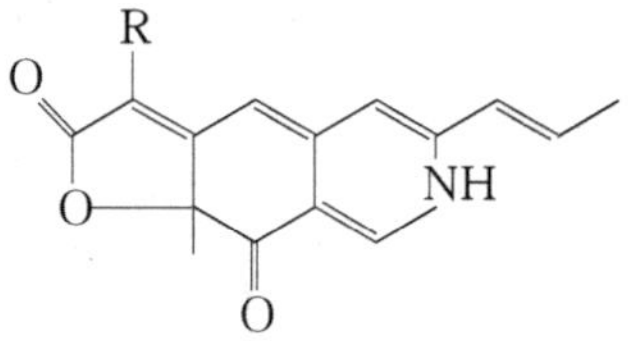

紫色红曲色素

红斑红曲胺 $C_{21}H_{23}NO_4$ R=COC_5H_{11}

红曲玉红胺 $C_{23}H_{27}NO_4$ R=COC_7H_{15}

图 9-42 典型红曲色素的结构

红曲色素为暗红色粉末，可溶于水、乙醇水溶液、乙醇和乙醚等溶剂，色泽不随 pH 变化而变化，热稳定性高，具有较强的耐光性，但在太阳光直射下色度降低，并且对一些化学物质例如亚硫酸盐、抗坏血酸有较好的耐受性。在 0.25% 色素溶液中，添加 100 mg/kg 抗坏血酸或亚硫酸钠、过氧化氢，放置 48 h 后仍然不变颜色。但强氧化剂次氯酸钠易使其漂白。Ca^{2+}、Mg^{2+}、Fe^{2+}和 Cu^{2+} 等对色素的颜色均无明显影响。我国允许按正常生产需要量添加于食品中，已广泛用于肉制品、豆制品、糖、果酱和果汁等的着色。

2）姜黄色素

姜黄色素（curcumin 或 turmeric yellow）是从多年生草本植物姜黄根茎中提取的黄色天然色素（纯品为橙黄色结晶粉末，有胡椒气味并略微带苦味），主要成分为姜黄素、脱甲基姜黄素和双脱甲基姜黄素。其核心结构见图 9-43 所示。

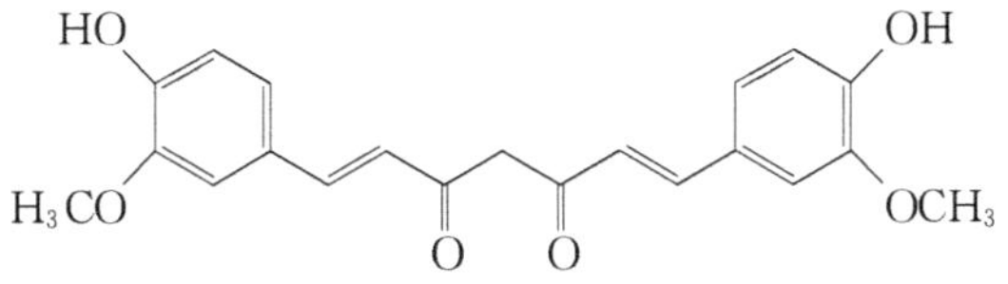

图 9-43　姜黄色素的结构

姜黄色素为橙黄色粉末,不溶于水,溶于醇或醚,显鲜艳黄色,在碱性溶液中呈红色,经酸中和后仍恢复原来的黄色。着色性(特别是对蛋白质)较强,不易被还原,但这种色素对光、热稳定性较差,易与铁离子结合而变色。一般用于咖喱粉和蔬菜加工产品等着色和增香。我国允许的添加量因食品种类不同而异,以姜黄素计一般为 10 mg/kg 食品。

3）焦糖色素

焦糖色素是蔗糖、糖浆等多种糖在加热下脱水缩合而生成的复杂的红褐色或黑褐色混合物,是我国传统使用的色素之一。加铵盐生产的焦糖色素的色泽比非氨法制备的焦糖色素更好,但因其慢性毒性试验结果表明加铵盐制成的焦糖色素会使动物白细胞减少,生长缓慢,加铵盐制成的焦糖色素不允许使用。非铵盐法生产的焦糖色素比较安全,可用于罐头、糖果和饮料等,我国允许按正常生产需要量添加于食品中。

4）叶绿素铜钠盐

叶绿素铜钠盐称为铜叶绿素钠盐。它是以富含叶绿素的菠菜、蚕粪或其他植物等为原料,首先用乙醇提取,经过皂化后添加适量硫酸铜,叶绿素卟啉环中镁原子被铜置换,即生成叶绿素铜钠盐。我国规定可用于酒、糖果、罐头、糕点、饮料等的食品加工中,允许最大使用量为 500 mg/kg。

5）紫胶虫色素

紫胶虫色素是从紫胶中分离提取的一类天然色素。我国西南地区的四川、云南、贵州以及东南亚国家和地区均产紫胶。紫胶虫(Coceus lacceae)是豆科黄檀属、梧桐科芒木属等属树上的昆虫,其体内分泌物紫胶可供药用,中药名称为紫草茸。紫胶虫色素属于醌类色素,包括一组结构相似的化合物。目前已知紫胶中含有五种蒽醌类色素,紫胶红酸蒽醌结构中的苯酚环上羟基对位取代不同,分别称为紫胶红酸 A、B、C、D、E(图 9-44),紫胶红酸又称为虫胶红酸。

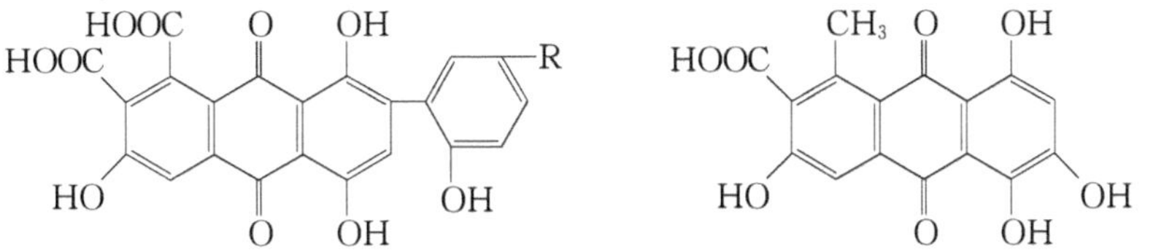

紫胶红酸 D

紫胶红酸 A：R = $-CH_2CH_2NHCOCH_3$（*N*－乙酰乙胺基）

紫胶红酸 B：R = $-CH_2CH_2OH$（乙醇基）

紫胶红酸 C：R = $-\alpha$-氨基丙酸基

紫胶红酸 E：R = $-CH_2CH_2NH_2$（乙胺基）

图 9-44　紫胶红酸的结构

紫胶虫色素为紫红色粉末,微溶于水,在不同 pH 时显不同颜色,在 pH＜4 及 pH＝4、6 和 8 时,分别呈现黄、橙、红和紫色。酸性条件下热稳定性和光稳定性较高,着色力较强,但颜色易受铁离子影响。常用于饮料、糖果和彩面等的着色。我国允许最大使用量为 500 mg/kg。

6）胭脂虫色素

胭脂虫(cochineal)是一种寄生在胭脂仙人掌上的昆虫，此种昆虫的雌虫体内存在一种蒽醌色素，名为胭脂红酸(图 9-45)。胭脂仙人掌原产于墨西哥、秘鲁、约旦等地。胭脂红酸可溶于水、乙醇、丙二醇，在油脂中不溶解，其颜色随 pH 改变而不同，pH 为 4 以下显黄色，pH 为 4 时呈橙色，pH 为 6 时呈现红色，pH 为 8 时变为紫色。与铁等金属离子形成复合物也会改变颜色，因此在添加此种色素时可同时加入能配位金属离子的配位剂，如磷酸盐。胭脂红酸对热、光和微生物有很好的耐受性。在饮料中的用量约为 0.005%。

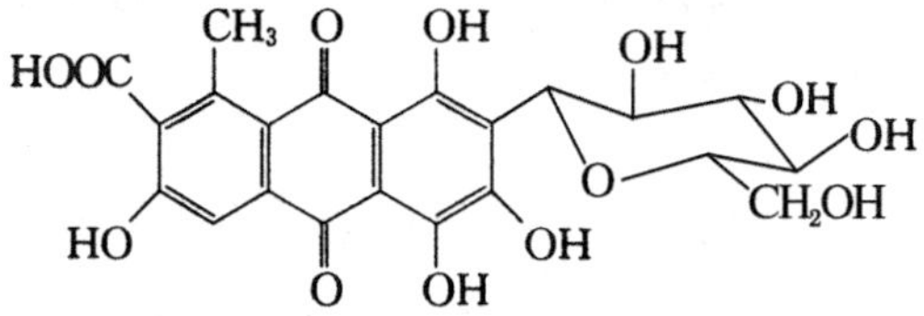

图 9-45 胭脂红酸的结构

一些常见的天然食用色素的特性见表 9-7。

表 9-7 一些天然食品着色剂的特性

名称	来源	化合物类型	溶解性	稳定性[①]			用途
				耐热性	耐光性	耐酸碱	
胭脂虫红色素	胭脂虫	蒽醌衍生物	易溶于碱性水溶液	A	A	D	饮料、果酱、香肠、糕点等
	红花		—				蜜饯等
菊花黄色素	菊科植物大金菊	黄酮色素	溶于水	A	A	B	饮料、糖果、糕点
玫瑰茄色素	锦葵科玫瑰茄	花色苷类	溶于水	C	C	D	饮料、果酒
越橘红色素	杜鹃花科瑰茄	花色苷类	溶于水	B	B	D	糖果、饮料
蓝靛果红色素	忍冬科蓝靛果	花色苷类	溶于水	C	C	D	糖果、饮料
高粱红色素	禾本科高粱种子	黄酮类	溶于水	A	A	B	肉制品、水产品、饮料、糕点等
葡萄皮色素	葡萄残渣	花色苷类	溶于水	B	B	D	饮料、果酱、蛋糕
可可色素	可可	黄酮类	溶于水	A	A	B	饮料、配制酒、调味汁等
紫苏色素	紫苏叶	花色苷类	溶于水	B	B	D	糖浆、冷食、果汁、腌菜

注：① A 为最稳定；B 为稳定；C 为较稳定；D 为不稳定。

9.4.2 人工合成着色剂

人工合成色素用于食品着色具有色彩鲜艳、着色力强、性质较稳定、结合牢固等天然色素无法比拟的特点。我国 GB 2760—2005 目前允许使用的人工合成色素主要有八种，见表 9-8，四种食用合成色素性能比较见表 9-9。

表 9-8 八种人工合成色素及主要特性

名称	IUPAC 系统名	化学结构式	安全性	最大允许用量	主要使用范围
苋菜红 (amaranth)	1-(4′-磺酸基-1-萘偶氮)-2-萘酚-3,6-二磺酸三钠盐	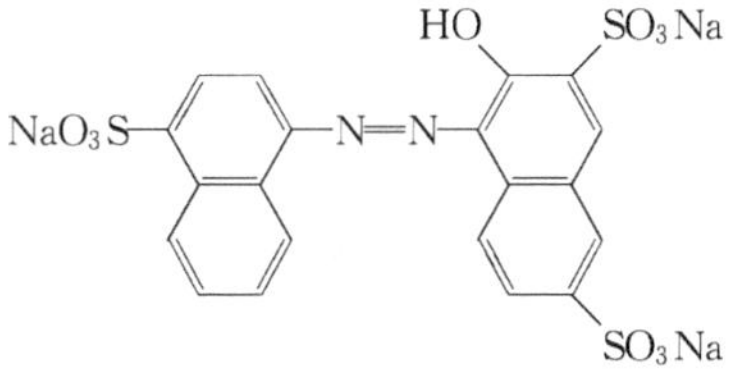	高	ADI<1.5 mg·kg⁻¹体重，50 mg·kg⁻¹食品	限用于糖果、汽水和果子露等种类
柠檬黄 (tartrazine)	3-羧基-5-羟基-1-(对-磺苯基)-4-(对-磺苯基偶氮)-邻氮茂的三钠盐	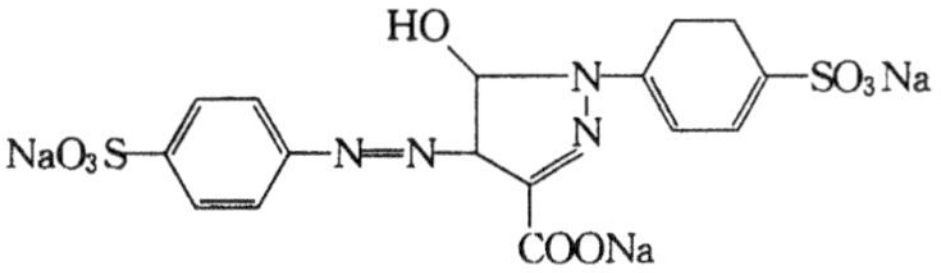	高	ADI<7.5 mg·kg⁻¹体重，100 mg·kg⁻¹食品	可用于饮料、配制酒、糖果等
日落黄 (sunset yellow FCF)	1-(4′-磺基-1′-苯偶氮)-2-萘酚-6-磺酸二钠盐	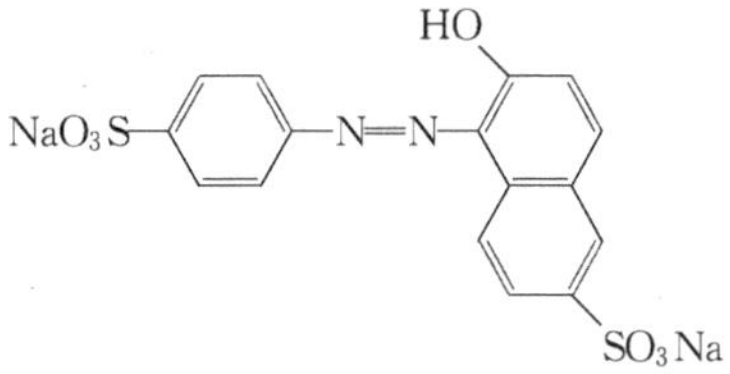	高	ADI < 5 mg·kg⁻¹体重，100 mg·kg⁻¹食品	可用于饮料、配制酒、糖果等
胭脂红 (ponceau 4R)	1-(4′-磺酸基-1-萘偶氮)-2-萘酚-6,8-二磺酸三钠盐	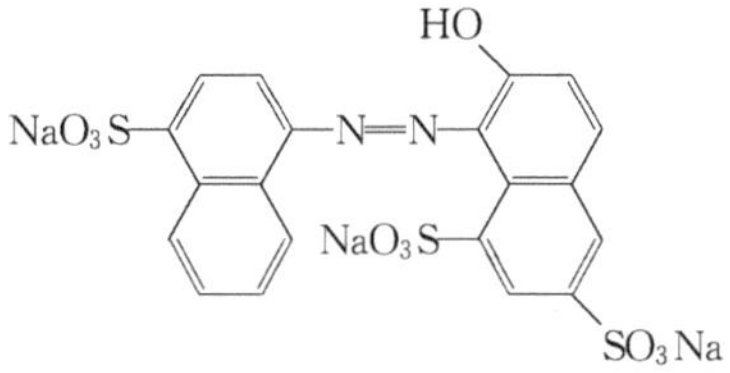	高	ADI<2.5 mg·kg⁻¹体重，50 mg·kg⁻¹食品	用于饮料、配制酒、糖果等非脂食品
靛蓝 (indigo carmine)	5,5′-′靛蓝素二磺酸二钠盐	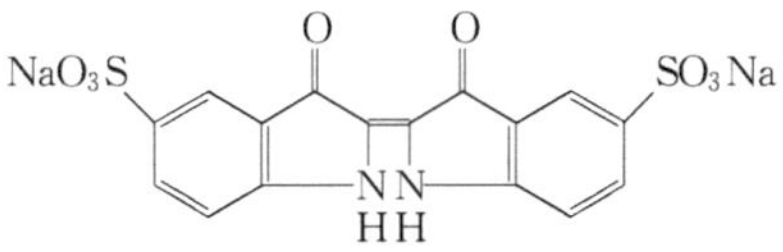	高	ADI<2.5 mg·kg⁻¹体重，100 mg·kg⁻¹食品	是世界上使用最广泛的食用色素之一
亮蓝 (brillant blue)	4-[N-乙基-N-(3′-磺基苯甲基)-氨基]苯基-(2′-磺基苯基)-亚甲基-(2,5-亚环己二烯基)-(3′-磺基苯甲基)-乙基胺二钠盐	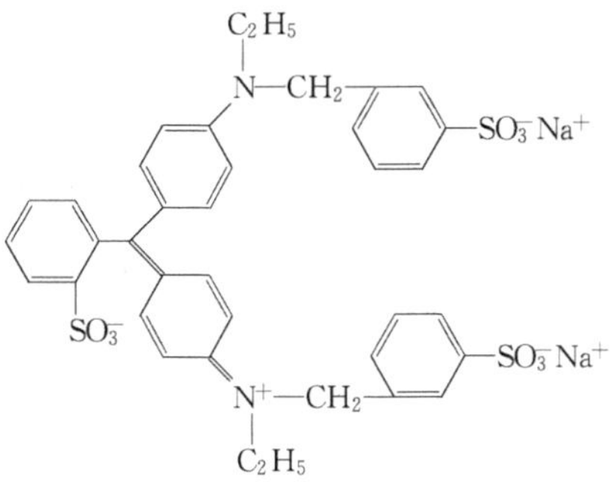	高	ADI<12.5 mg·kg⁻¹体重，25 mg·kg⁻¹食品	用于饮料、配制酒、糖果和冰淇淋等

（续表）

名称	IUPAC 系统名	化学结构式	安全性	最大允许用量	主要使用范围
新红 (new red)	2-(4′-磺基-1′-苯氮)-1-羟基-8-乙酸氨基-3，6-二磺酸三钠盐	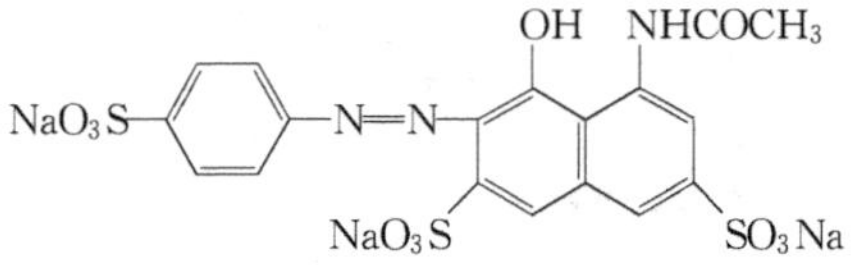	较高	ADI<2.5 mg·kg^{-1}体重，50 mg·kg^{-1}食品	用于饮料、配制酒、糖果等
赤藓红 (erythrosine BS)	2,4,5,7-四碘荧光素	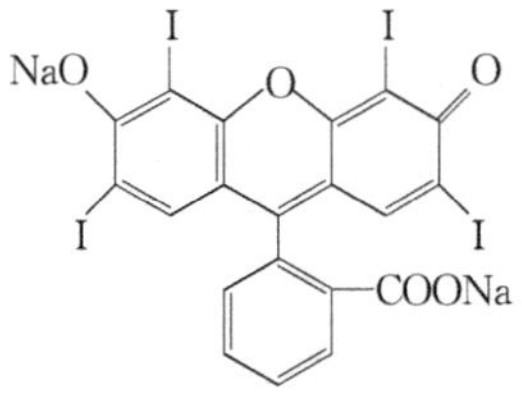	高	ADI<1.25 mg·kg^{-1}体重，50 mg·kg^{-1}食品	用于糕点、冰淇淋、饮料、果酒和糖果等

表 9-9 四种食用合成色素性能比较

名称	溶解度			坚牢度①							
	水/%	乙醇	植物油	耐热性	耐酸性	耐碱性	耐氧化性	耐还原性	耐光性	耐食盐性	耐细菌性
苋菜红	17.2(21℃)	极微	不	1.4	1.6	1.6	4.0	4.2	2.0	1.5	3.0
胭脂红	23(20℃)	微	不	3.4	22.0	4.0	2.5	3.8	2.0	2.0	3.0
柠檬黄	11.8(21℃)	微	不	1.0	1.0	1.2	3.4	2.6	1.3	1.6	2.0
靛蓝	1.1(21℃)	不	不	3.0	2.6	3.6	5.0	3.7	2.5	34.0	4.0

注：① 坚牢度项中，1.0～2.0 表示稳定；2.1～2.9 为中等程度稳定；3.4～4.0 为不稳定；4.0 以上是极不稳定。

思考与练习

1. 食品色素有哪几类？食用天然色素有哪些特别之处？如何得到天然色素？
2. 食品色素有哪些特性？原花色素的基本结构单元是什么？原花色素有哪些特性？
3. 叶绿素和叶绿素铜钠在结构和性质上有何异同？叶绿素在食品处理、加工和储藏中会发生哪些变化？在食品加工和储藏中如何进行护绿？
4. 光氧化对食品色素有哪些影响？如何防止？
5. 食品中的类胡萝卜素有哪些类型？类胡萝卜素在食品中有哪些功能？
6. 肉制品在加工时，应加哪些发色剂和助色剂？如何添加它们？
7. 食用色素中包括哪些合成色素？食用合成色素有哪些优点？
8. 分析蔬菜和水果易失绿和褐变的机制，说说如何防止。

10 食品风味物

10.1 引言

人在摄食的过程中食物能够引起味觉、嗅觉、触觉、运动感觉、视觉和听觉等多种感觉器官的刺激反应，而食品的风味就是食物在摄入前后刺激人体这些感官反应而产生的化学、物理和心理感觉的综合效应。人对食品风味的感受是一个复杂的生理过程，由于食品风味是一种主观感觉，所以对风味的理解和评价往往会受多种因素的影响。总体上讲，它与人的年龄、民族、地区、饮食习惯、遗传、健康状况、生理状态、环境等因素有密切的关系，它们在一定程度上对食品风味的感受产生较大的影响，甚至会产生明显的偏差。

食品风味对人摄食的刺激作用及消化吸收率的影响是不可忽视的，现代食品加工业更加重视食品的风味质量与评价，甚至还研究食品风味对人体健康、摄食行为和心理的作用。本章主要从三个方面学习食品的风味：

(1) 学习食品风味的组成、结构、性质、功能及加工特性；

(2) 掌握食品风味物的提取分离方法和鉴定技术；

(3) 研究食品风味物产生的机理与调控方法。

学习本章前了解和掌握有关人体嗅觉和味觉方面的基础知识和理论是必要的。

10.2 嗅觉、味觉与食品风味

人对食品风味的感觉主要依赖人的嗅觉器官(鼻子)和味觉器官(舌头)。首先是风味物质刺激鼻腔和口腔内的味感受体，然后通过一个收集和传递信息的神经感觉系统传导到大脑的嗅觉与味觉中枢，最后通过大脑的综合神经中枢系统的分析，从而产生味感。人的鼻腔上皮的特殊细胞感觉出食物气味的类型和浓烈程度；人的舌表面和口腔后面的味蕾能感觉出食物的酸、甜、苦、咸味；人的非特异性反应和三叉神经反应能感觉出食品的辣味、清凉和鲜味；而人的视觉、听觉和触觉等能感觉到影响食品的滋味和气味。

人的味蕾通常由40～60个味细胞组成，味细胞表面由蛋白质、脂质及少量的糖类、核酸和无机离子组成。一般人的舌前部对甜味最敏感，舌头和边缘对咸味较为敏感，而靠腮的两边对酸味敏感，舌根部则对苦味最敏感。不同的味感物质在味细胞的受体上与不同的组分作用，例如甜味物质的受体是蛋白质，苦味和咸味物质的受体则是脂质。不同的味感物质在味蕾上有不同的结合部位，尤其是甜味、苦味和鲜味物质，其分子结构有严格的专一性要求。

食品中的滋味虽然多种多样，但最基本的味觉有甜味、苦味、咸味、酸味和鲜味五种，其中前四种被称为原味，这些味觉均是味觉细胞所能够感觉到的味觉。电生理反应实验和其他实验已经证实四种原味对味感受体产生不同的刺激，四种原味被感受的程度和反应时间差别很大，测得的反应时间为 0.02～0.06 s，其中咸味的反应时间最短，甜味和酸味次之，苦味反应时间最长。

味觉产生的生理学机制已经基本被确认(图 10-1)。对甜味化合物来讲，味觉感受器是与 G-蛋白结合在一起，一旦甜味化合物与味觉细胞表面的感受器的蛋白立体专一性结合，感受器蛋白将发生构型变化并随后与 G-蛋白作用，激活了腺嘌呤环化酶，从 ATP 合成出 3′,5′-环 AMP(cAMP)；在此后 cAMP 刺激了 cAMP 依赖激酶，导致了 K^+ 通道蛋白质的磷酸化，K^+ 通道最后关闭。由此，向细胞输送 K^+ 的降低导致细胞膜的脱极化，激活了电位依赖钙通道，Ca^{2+} 流入细胞，在突触释放出神经传递物质去甲肾上腺素，因此在神经细胞产生了作用电位，产生相应的传导，最后在中枢神经形成相应的感觉。

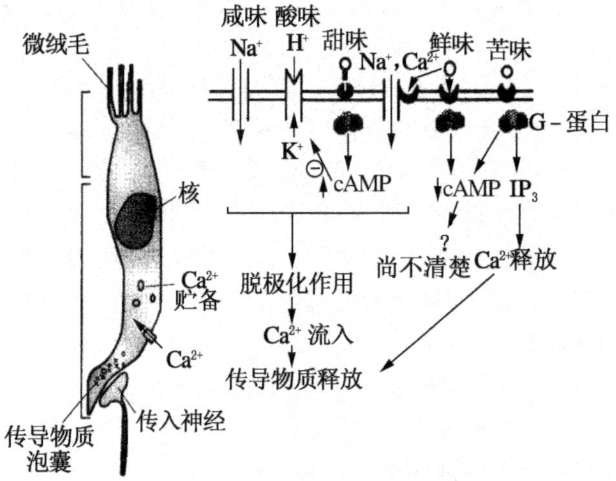

图 10-1 味觉产生的生理学机制

味的形成与呈味物质的化学结构和物理性质有密切关系，如同一种物质的顺、反异构体的味觉可能完全不同，而不同的物质，有时可以呈现相同的味觉。有时一种物质的味感会因另一味感物的存在而显著加强，这种现象叫味的相乘作用。例如谷氨酸钠(MSG)与 5′-肌苷酸(5′- IMP)共同作用能增强鲜味；添加麦芽酚能增强饮料、果汁的甜味。一种物质减弱或抑制另一物质味感的现象，称为味的消杀作用。例如调整砂糖、柠檬酸、食盐与奎宁的比例会使其中任何一种的味感比单独存在时减弱。有时两种物质的相互影响甚至会使味感改变，如神秘果内含一种碱性蛋白质，吃了以后再吃酸的东西时，口感会有甜味，这种现象称为味的变调作用。当长时间受到某味感物的刺激后，再吃相同的味感物质时，会感到味感强度下降，这种现象称为味的疲劳作用。例如喝第一口糖水的甜感要比喝第二口时的甜。

味感会受到一些因素的影响，主要有下面几点。

(1) 呈味物质的结构：如葡萄糖、蔗糖等多呈甜味；羧酸如醋酸、柠檬酸等多呈酸味；氯化钠、氯化钾等多呈咸味；而生物碱、重金属盐则多呈苦味。但也有例外，如糖精、甜叶菊等也有甜味，草酸无酸味而有涩味等，有时分子结构上的微小改变也会使其味感发生较大的变化。

(2) 温度：最能刺激味感的温度在 10～40℃之间，其中以 30℃时最为敏锐。低温或高温条件下味觉会变得迟钝。

(3) 浓度和溶解度：味感物质在适当浓度时会使人有愉快感，而不适当的浓度则会使人感觉不愉快。一般说来，甜味在任何被感觉到的浓度下都会给人带来愉快的感受，苦味差不多总是令人不快的，而酸味和咸味在低浓度时使人有愉快感，在高浓度时则会使人感到不愉快。呈味物质只有溶解后才能刺激味蕾。因此，其溶解度大小及溶解速度快慢，也会使味感产生的时间有快有慢，维持时间有长有短。例如蔗糖易溶解，故产生甜味快，消失也快；而糖精较难溶，则味觉产生较慢，维持时间也较长。

人的嗅觉是非常复杂的生理和心理现象，人的鼻腔结构如图 10-2 所示。嗅觉感受器由嗅觉细胞组成，分布于鼻黏膜内，并通向大脑中枢神经。人鼻腔中的嗅觉细胞由嗅纤维、嗅小胞、细胞树突和细胞体等组成，它同其周围的支持细胞、分泌粒等构成嗅黏膜。其面积有 5～10 cm^2。嗅觉感受器位于鼻腔后上部的嗅上皮内，其感受细胞为嗅细胞，数量为 300～5 000 万个。一旦挥发性物质对鼻腔嗅觉细胞产生刺激，信号便被传递到大脑中枢神经，从而产生某种嗅觉。

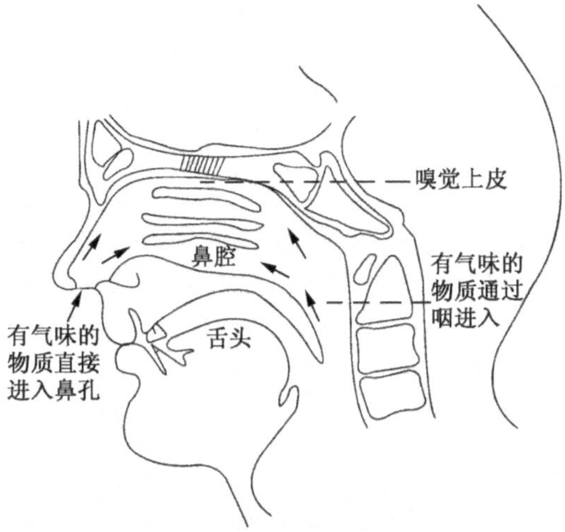

图 10-2　人的鼻腔结构

2004 年度诺贝尔医学奖获得者美国科学家 Richard Axel 和 Linda B. 于 1991 年在《细胞》杂志上发表了经典性论文——《一个新的多基因家族可能编码气味受体：气味识别的分子基础》。他们从分子层面到细胞组织层面清楚地阐明了嗅觉系统的作用机理，第一次描述了哺乳动物体内这样的一个基因大家族，该家族包含了约 1 000 种不同基因，这些基因编码同等数量的气味受体，这些基因占人类基因总数的 3%。嗅细胞是一种双极神经元，它的中央轴突穿过筛板进入嗅球，而周围轴突则突出于上皮表面，其顶端有数条纤毛，气味受体就存在于这些嗅毛上。所有气味受体的结构都很相似，都属于 G-蛋白偶联受体，某些结构上的微小差异导致了其只能识别并结合某些特定的气味分子。人类虽然也含有 900 余种气味受体基因，但有一半以上的气味受体基因发生了突变而不能编码蛋白质，导致人类的气味受体数量仅有约 350 种。气味受体需要通过不同的排列组合模式来识别不同的气味。大多数气味都是由多种气味分子组成的，每一种气味分子又能激活数种气味受体，因而每一种气味的识别需依赖于唯一组合模式的受体群，相当于每一种气味都拥有各自的“气味受体码”。

不同的气味受体也需组合在一起才能识别不同的气味。成百上千种气味受体经过组合可以产生数量庞大的受体码，这就是人类能够识别和记忆 1 万余种不同气味的基础。同样，有一些物质的结构几乎完全相同，可气味却千差万别，也是由于气味受体码不同的缘故。

虽然味感与嗅感是不同的感觉，但人在咀嚼食物时味感物与嗅感物之间会产生相互作用和影响，其机理十分复杂。为了消除人的味感、嗅感的差异，科研人员已研制出了能感觉食品风味并进行食品风味质量评价的电子鼻和电子舌。

10.3 食品的呈味物质

从生理学的角度看，味感只有甜、苦、酸、咸四种基本味，但也有将鲜味列为基本味的，世界各国对味感的分类并不统一。例如，日本将味感分成甜、苦、酸、咸、辣五类；欧美各国则再加上金属味，分为六类；印度的分类有甜、苦、酸、咸、辣、淡味、涩味和不正常味八类；我国则分为甜、苦、酸、咸、辣、鲜、涩七味。鲜味由于其呈味物质与其他呈味物质相配合时能使食品的整个风味更为鲜美，欧洲各国都将鲜味物质列为风味增效剂或风味强化剂，而不看作是一种独立的味感，而我国在食品调味的长期实践中已将鲜味作为一种单独味感列出。

除了基本的甜、酸、苦、咸味以外，鲜、涩、辣、清凉味也是需要学习和了解的。

10.3.1 甜味与甜味物质

甜味的生物学意义是糖的信号，它几乎是最受人们喜爱的一种味感，也是人的一生中享受最多的味。长期以来人们把甜味与糖紧密联系起来，同等对待，即糖就是甜的，甜的就是糖，糖已成为最有代表性的天然甜味物。但实际上，除了糖及其衍生物外，还有许多非糖天然化合物、天然化合物的衍生物和合成化合物也都有甜味，有的具有甜度高、热量低、安全性好的特点，并已在食品工业中得到应用。从生理学的角度看，甜味能使人有舒服的饱感、安全感和满足感，而从食品品质的角度看，甜味物能够改进食品的可口性、组织状态并有调和食品各种味的作用。现在有关的探讨物质呈甜味的机理或学说都不十分成熟，理由是味觉机理的研究探讨远没有像嗅觉机理的研究深入透彻，至少在实验上还没有从基因调控的角度得到令人信服的结果。

1967 年，Shallenberger 提出了甜味“构-性关系”的 AH/B 生甜团学说。即在甜味剂的分子结构中存在一个能形成氢键的基团—AH，叫质子供给基，如—OH、$—NH_2$、═NH 等，同时还存在一个有负电性轨道的原子 B，叫质子接受基，如 O、N 原子等。呈味物的这两类基团还必须满足立体化学要求，才能与受体的相应部位匹配。在味感受器中，这两类基团的距离约为 0.3 nm，因此，甜味分子中的 B 基团与 AH 上质子之间的距离也必须在 0.25～0.4 nm，这样当两者接触时彼此能以氢键结合，产生味感（图 10-3）。但该学说不能解释甜度与呈味物质结构的关系。Kier 对 AH/B 生甜团学说作了补充和发展。他认为在甜味分子中除了 AH 和 B 两个基团外，还可能存在着一个具有适当立体结构的亲脂区域，即在距 AH 基团质子约 0.35 nm 和距 B 基团 0.55 nm 的地方有一个疏水基团 γ，如$—CH_2—$、$—CH_3$、$—C_6H_5$ 等，它能与味感受体的亲油部位通过疏水键结合，使两者产生第三接触点，形成一个三角形的接触面。γ 部位是强甜味分子的一个极为重要的特性，它或许是甜味物间甜味质量差别的一个重要原因。

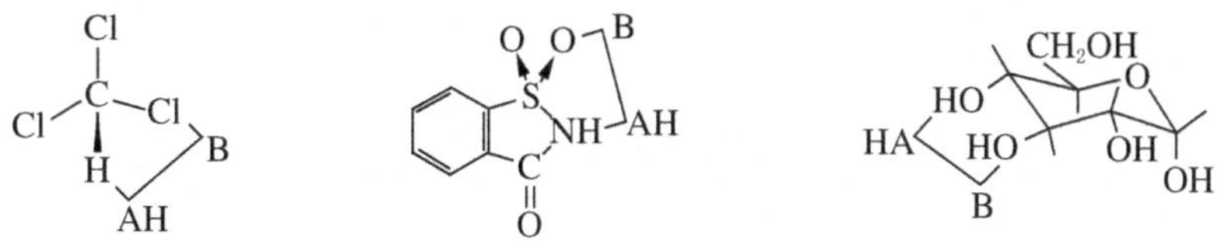

（Ⅰ） 氯仿　　（Ⅱ） 糖精　　（Ⅲ） 葡萄糖

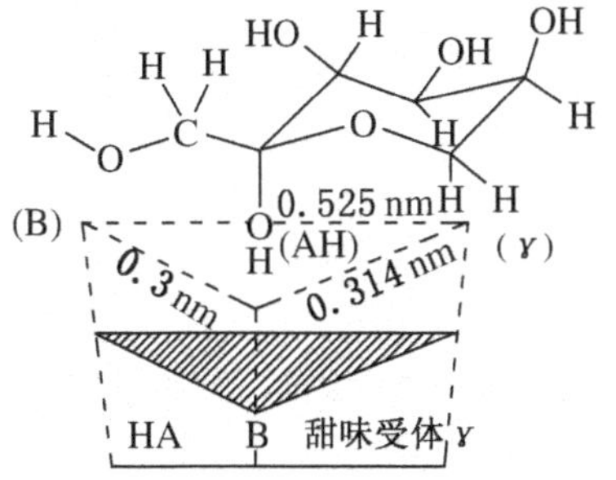

图 10-3　β-D-吡喃果糖呈味单元的 AH/B 和 γ 部位的关系

这些学说的基本特点都是从纯粹的化学结构方面考虑问题，而忽视了甜味物在舌面上的生物化学反应以及处理调控这些信息的基因的作用。可以说，这个过程非常复杂，但可以肯定的是甜感与甜味物的结构、舌面特异蛋白的结合方式以及基因调控下的生物信息处理结果有直接的关系，单从甜味物的结构上分析是不全面的。

甜度目前还不能用物理或化学方法定量测定，只能凭人的味感来判断。通常是以在水中较稳定的非还原蔗糖为基准物（如以 10%或 15%的蔗糖水溶液在 20℃时的甜度为 1.0），用以比较其他甜味剂在同温同浓度下的甜度。这种相对甜度（甜度倍数）称为比甜度，见表 10-1。按 Fechner 规律 $R=K[c]^n$，即甜味强度 R 与甜味剂浓度 c 的 n 次方成正比。对 43 种糖来说，其 $n=1.3$；但对合成甜味剂如糖精、新糖精等，其 $n<1$。例如用绝对阈值相比，蔗糖的比甜度为 1.0 时，糖精的比甜度为 700。但用最高浓度的 R_m 值相比，糖精较蔗糖的甜度不到一倍。

表 10-1　不同糖和糖醇的比甜度

种　类	比甜度	种　类	比甜度	种　类	比甜度
α-D-葡萄糖	0.70	蔗糖	1.0	木糖醇	0.9～1.4
β-D-呋喃果糖	1.50	β-D-麦芽糖	0.46～0.52	山梨醇	0.5～0.7
α-D-甘露糖	0.59	β-D-乳糖	0.48	甘露醇	0.68
α-D-木糖	0.50	棉子糖	0.23	麦芽糖醇	0.75～0.95

糖的结构在一定程度上决定其甜度，这种糖结构影响甜度的因素主要有：

（1）聚合度。单糖和低聚糖都具有甜味，其甜度顺序是葡萄糖＞麦芽糖＞麦芽三糖，而由葡萄糖单位高聚合的淀粉和纤维素则无甜味。

（2）糖异构体。果糖、葡萄糖等的异构体之间的甜度不同，如 α-D-葡萄糖的甜度比 β-D-葡萄糖大，而果糖则相反。

(3) 糖环结构。如结晶β-D-吡喃果糖的甜度是蔗糖的两倍，溶于水后，向β-D-呋喃果糖转化，甜度很低，甚至没有甜味。

(4) 糖苷键的类型。如麦芽糖是由两个葡萄糖通过α-1,4糖苷键形成的，有甜味；而同样由两个葡萄糖组成的β-1,6糖苷键形成的龙胆二糖，不但无甜味，而且还有苦味。

(5) 结晶颗粒的大小。一般认为绵白糖的甜度比白砂糖甜，细砂糖又比粗砂糖甜。这些糖的化学组成相同，但产生的甜度有差异，这是由于结晶颗粒大小不同，进入口腔在舌面上的溶解速度也不同引起的，糖与唾液接触，晶体越小，表面积越大，与舌的接触面积越大，溶解速度越快，能很快达到甜度高峰。

此外，糖的浓度和温度对甜度也有直接的影响。甜度随着浓度的增大而增加，但各种甜味剂的甜度增加的程度不同，大多数糖的甜度随浓度增高的程度都比蔗糖大，尤其以葡萄糖最为明显，如当蔗糖与葡萄糖的浓度在小于40%时，蔗糖的甜度大，但当两者的浓度大于40%时，其甜度却几乎无差别。在较低的温度范围内，温度对大多数糖的甜度影响不大，尤其对蔗糖和葡萄糖影响很小，一般温度越高，甜度越低。一般随着糖浓度的增加糖的甜度都增加。在相等的甜度下，几种糖的浓度从小到大的顺序是果糖、蔗糖、葡萄糖、乳糖、麦芽糖。但果糖的甜度随温度的变化较大，当温度低于40℃时，果糖的甜度较蔗糖大，而在温度大于50℃时，其甜度反而比蔗糖小。这主要是由于高甜味的果糖分子向低甜味异构体转化的结果，即在果糖溶液的平衡体系中，随着温度升高，甜度大的β-D-吡喃果糖的百分含量下降，而不甜的β-D-呋喃果糖百分含量升高。各种糖类混合使用时，表现有相乘现象。若将26.7%的蔗糖溶液和13.3%的DE值为42的淀粉糖浆组成混合糖溶液，尽管糖浆的甜度远低于相同浓度的蔗糖溶液，但混合糖溶液的甜度与40%的蔗糖溶液相当。

甜味剂有天然甜味剂和合成甜味剂两类。前者如蔗糖、淀粉糖浆、果糖、葡萄糖、麦芽糖、甘草甜素、甜菊苷；后者如糖醇、糖精、甜蜜素、帕拉金糖(异麦芽酮糖)等。在单糖中，葡萄糖的甜度仅为蔗糖的65%～75%，其甜味带凉爽感，适合食用。果糖的吸湿性特别强，不易从水溶液中结晶，它是糖类中最甜的。在双糖中，蔗糖的甜味纯正，甜度大，是生活与食品工业中用量最多的甜味剂。淀粉糖浆也称转化糖浆，它由葡萄糖、麦芽糖、低聚糖及糊精等组成。葡萄糖DE值小于20的称为低转化糖浆；DE值为38～42的称为中转化糖浆；DE值大于60时称为高转化糖浆。果葡糖浆是葡萄糖在异构酶的作用下部分异构化为果糖的产物，也称异构糖浆，它甜味纯正，结晶性、发酵性、渗透性、保湿性、耐贮性均较好，在国外食品加工业中已被大量使用。

糖醇类甜味剂主要有D-木糖醇、D-山梨醇、D-甘露醇和麦芽糖醇。它们在人体内的吸收和代谢不受胰岛素的影响，也不妨碍糖原的合成，是糖尿病、心脏病、肝脏病人的理想甜味剂。它们都有保湿性，能使食品维持一定水分，防止干燥。此外，山梨醇还有防止糖、盐从食品内析出结晶，保持甜、酸、苦味平衡，维持食品风味，阻止淀粉老化的功效。木糖醇和甘露醇带有清凉味和香气，也能改善食品风味。木糖醇和麦芽糖醇还不易被微生物利用和发酵，是良好的防龋齿的甜味剂。

甘草苷由甘草酸与两个葡萄糖醛酸化合而成，其比甜度为100～300，常用的是其二钠盐或三钠盐。它的甜味产生缓慢，保留时间较长，很少单独使用。甜菊苷存在于甜叶菊的茎、叶内，糖基为槐糖和葡萄糖，配基是二萜类的甜菊醇，它的比甜度为200～300，是最甜的天然甜味剂之一(图10-4)。它耐热、酸、碱，溶解性好，没有苦味和发泡性，不产生热能，其甜味纯正，其品质最接近于蔗糖。

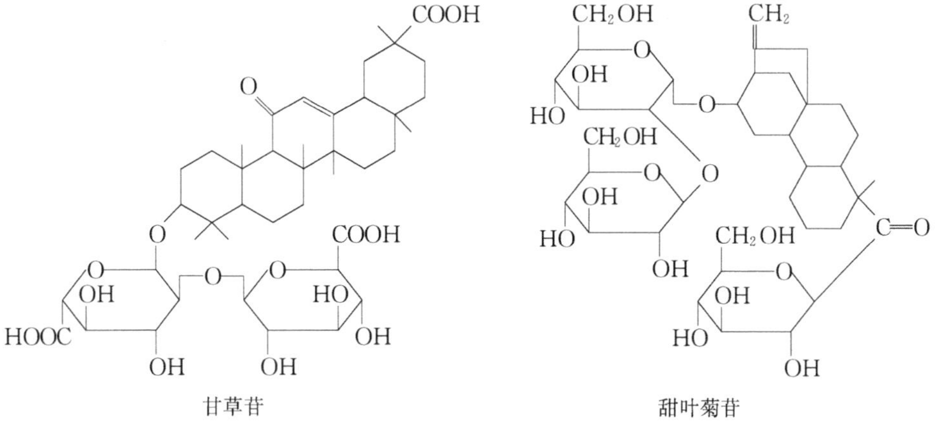

图 10-4　甘草苷与甜叶菊苷

糖精又名邻苯甲酰磺酰亚胺钠盐，它的分子本身有苦味，但在水中离解出的负离子有甜味，比甜度为 300～500，后味微苦，当浓度大于 0.5%时易显出分子的苦味。它是未来限制发展的合成甜味剂。甜蜜素溶液的甜度约为蔗糖的 30 倍，广泛用于饮料、冰淇淋、蜜饯、糖果和医药的生产中，它的使用浓度不宜超过 0.1%～4%。帕拉金糖又名异麦芽酮糖，为白色晶体，味甜，无异味，它作为防龋齿和功能性甜味剂而广泛地应用于口香糖、高级糖果、运动员饮料等食品中。此外，通过加工改性的天然衍生物甜味剂还有氨基酸衍生物（如 6-甲基-D-色氨酸，比甜度为 1 000）、二肽衍生物（如天冬氨酰苯丙氨酸甲酯，比甜度为 20～50）、二氢查耳酮衍生物（如柚皮苷，比甜度为 100）及蔗糖氯代得到的 1,4,6-三氯代蔗糖，比甜度为 50 000。

10.3.2　酸味与酸味物质

酸味是动物感觉物质腐败的信号，动物对酸味剂刺激很敏感，而人类则早已适应酸味食物，适度的酸味能促进食欲，增加食品的味感，酸的味感是与酸性基团的特性、pH、滴定酸度、缓冲效应及其他化合物的作用有关，如合适的糖酸比能刺激人的胃口，带给人舒适的味感。

一般认为，在各种味觉的构性关系中，质子 H^+ 是酸味剂 HA 的定味基，负离子 A^- 是助味基。定味基 H^+ 在受体味蕾的磷脂头部相互发生交换反应，从而引起酸味感。在 pH 相同时有机酸的酸味一般大于无机酸，这是由于有机酸的助味基 A^- 在味蕾磷脂受体表面有较强的吸附性，能减少膜表面正电的密度，即减少了对 H^+ 的排斥力。二元酸的酸味随链长增加而增强，主要是由于其负离子 A^- 吸附于脂膜的能力增强，减少了膜表面的正电荷密度。若在 A^- 结构上增加羧基或羟基，将减弱 A^- 的亲脂性，使酸味减弱；相反，若在 A^- 结构上加入疏水性基团，则有利于 A^- 在脂膜上的吸附，使膜增加对 H^+ 的引力。

有关酸的呈味机理的研究还不深入，还不能说明究竟是 H^+、A^-，还是 HA 对酸感最有影响，酸味剂分子的许多性质如相对分子质量、分子的空间结构和极性对酸味的影响亦未弄清楚。

酸味剂有天然酸味剂、生物合成酸味剂和化学合成酸味剂三类。柠檬酸、苹果酸、酒石酸、草酸等在水果、蔬菜中都有一定的含量和存在形式。常见的酸味物质有下面几种。

（1）柠檬酸：在果蔬中分布最广的有机酸，为斜方晶系三棱晶体，溶于水及乙醇。在冷水中比热水中易溶，它可形成三种形式的盐，但除碱金属盐外，其他的柠檬酸盐大多不溶或难溶于水。它的酸味圆润、滋美、爽快可口，广泛用于清凉饮料、水果罐头和糖果等中，通常用量为 0.1%～1.0%。它还可用于配制果汁粉，作为抗氧化剂的增效剂。

(2) 苹果酸：无色针状结晶，易溶于水及乙醇，吸湿性强，保存中易受潮。其酸味较柠檬酸强，爽口，略带刺激性，稍有苦涩感，呈味时间长，与柠檬酸合用时有强化酸味的效果。常用于调配饮料等，尤其适用于果冻，通常使用量为 0.05%～0.5%。酒石酸为无色晶体，易溶于水及乙醇，20℃时在水中溶解度为 120 g。其酸味比柠檬酸和苹果酸都强，约为柠檬酸的 1.3 倍，但稍有涩感，多与其他酸合用。一般使用量为 0.1%～0.2%。

(3) 食醋：我国最常用的酸味料，是采用淀粉或酒精发酵制成的。其成分除含 3%～5%的乙酸外，还含有少量的其他有机酸、氨基酸、糖、乙醇和酯等。它的酸味温和，有防腐败、去腥臭等作用。

(4) 乳酸：现多用人工合成品，溶于水及乙醇，有防腐作用，酸味稍强于柠檬酸，可用作 pH 调节剂，也可用于清凉饮料、合成酒、合成醋等，用其制泡菜或酸菜，可调味，还可防止杂菌繁殖。发酵酸奶和泡菜中含有大量的乳酸，对产品风味的形成和改善至关重要。抗坏血酸为白色结晶，易溶于水，有爽快的酸味，但易被氧化。在食品中可作为酸味剂和维生素 C 添加剂，还有防氧化和褐变作用。

(5) 葡萄糖酸：无色固体，易溶于水。干燥时易脱水生成 γ-或 δ-葡萄糖内酯，利用这一特性可将其用于某些最初不能有酸性而在水中受热后又需要酸性的食品中。例如将葡萄糖内酯加入豆浆内，遇热即会生成葡糖酸而使大豆蛋白凝固，得到嫩豆腐。此外，将其内酯加入饼干中，烘烤时即成为缓释膨胀剂。葡萄糖酸也可直接用于调配清凉饮料、食醋等，可作方便面的防腐调味剂，或在营养食品中代替乳酸。

(6) 磷酸：酸味爽快温和，略带涩味。用量最大的饮料是可口可乐、百事可乐，但用量过多会影响人体对钙的吸收。

酸味的品质和强度除决定于酸味物质的组成、pH 外，还与酸的缓冲作用和共存物的浓度、性质有关，甜味物质、味精对酸味有影响。酸味强度一般以结晶柠檬酸为基准，定为 100，其他如无水柠檬酸为 110，苹果酸为 125，酒石酸为 130，乳酸(50%)为 60，富马酸为 165。

酸味剂作为食品常用的添加剂在食品工业中用途广泛，在果蔬饮料、泡菜和可乐饮料中用得较多的酸味剂是柠檬酸、白醋和磷酸。不同酸味剂的复配能够增加食品酸感的舒适度(如 0.05%苹果酸与 0.25%柠檬酸复配的番茄饮料)，还能够起到防止食品腐败的作用。

10.3.3 苦味与苦味物质

苦味是动物感觉物质有毒的信号，苦味物质的阈值一般很小，人对苦味剂的刺激很敏感，婴幼儿对苦味物质尤其敏感，不喜欢苦味。苦味常令人想到苦瓜、咖啡、白果、蒲公英、苦胆、啤酒花等。人对苦味物质具有一定的嗜好性，适度的苦味能促进食欲，调整味觉的灵敏性。有关苦味物质呈苦味的机理学说和理论有下面四种。

(1) 空间位阻学说

ShallenBerger 等建立了苦味受体模型，并认为苦味与甜味一样，也取决于刺激物分子的立体化学，这两种味感都可由类似的分子激发，有些分子既可产生甜味又可产生苦味。

(2) 内氢键学说

Kubota 在研究延命草二萜分子结构时发现，凡有相距 0.15 nm 内氢键的分子均有苦味。内氢键能增加分子的疏水性，且易和过渡金属离子形成螯合物，合乎一般苦味分子的结构规律。

(3) 三点接触学说

Lehmann 建立了受体模型，并认为苦味分子与苦味受体之间和甜感一样也是通过三点接触而产生苦味，仅是苦味剂第三点的空间方向与甜味剂相反。同时对几种 D-氨基酸的甜味强度与其 L-异构体的苦味强度之间的关系进行了解释。

(4) 诱导适应学说

诱导适应学说的内容有：① 苦味受体是多烯磷脂在黏膜表面形成的“水穴”，它为苦味剂和蛋白质之间的偶联提供了一个巢穴。同时肌醇磷脂(PI)能通过磷酰化生成 PI-4-PO_4 和 PI-4,5-$(PO_4)_2$后，再与 Cu^{2+}、Zn^{2+}、Ni^{2+}结合，形成穴位的“盖子”。苦味分子必须首先推开盖子，才能进入穴内与受体作用。这样，以盐键方式结合于盖子的无机离子便成为分子识别的监护，当它一旦被某些过渡金属离子置换后，味受体上的盖子便不再接受苦味剂的刺激，产生抑制作用。② 由卷曲的多烯磷脂组成的受体穴可以组成各种不同的多极结构而与不同的苦味剂作用。③ 多烯磷脂组成的受体穴有与蛋白粘贴的一面，还有与脂质块接触更广的一面。与甜味剂的专一性要求相比，对苦味剂的极性基位置分布、立体方向次序等的要求并不很严格。凡能进入苦味受体任何部位的刺激物都会引起“洞隙弥合”，通过作用方式改变其磷脂的构象，产生苦味信息。

上述几种苦味学说都缺乏现代分子生物学和味细胞膜反应及基因调控的基础。

植物性食品中常见的苦味物质是生物碱类、糖苷类、萜类、苦味肽等；动物性食品常见的苦味物质是胆汁和蛋白质的水解产物等。苦味物质的结构特点是：生物碱碱性越强越苦；糖苷类碳数与羟基数的比值大于 2 为苦味；D 型氨基酸大多为甜味，L 型氨基酸有苦有甜，当 R 基大(碳数大于 3)并带有碱基时以苦味为主；多肽的疏水值大于 6.85 kJ/mol 时有苦味；盐的离子半径之和大于 0.658 nm 的具有苦味。常见的苦味物质有：

(1) 奎宁

奎宁是一种作为苦味感标准的生物碱，盐酸奎宁的阈值大约是 10 mg/kg(图 10-5)。一般说来，苦味物质比其他呈味物质的味觉阈值低，比其他味觉活性物质难溶于水。食品卫生法允许奎宁作为饮料添加剂。例如在有酸甜味特性的软饮料中，苦味能跟其他味感物调和，使饮料具有清凉兴奋的作用。

(2) 茶碱、咖啡碱和可可碱

生物碱类苦味物质属于嘌呤类衍生物，见图 10-6。

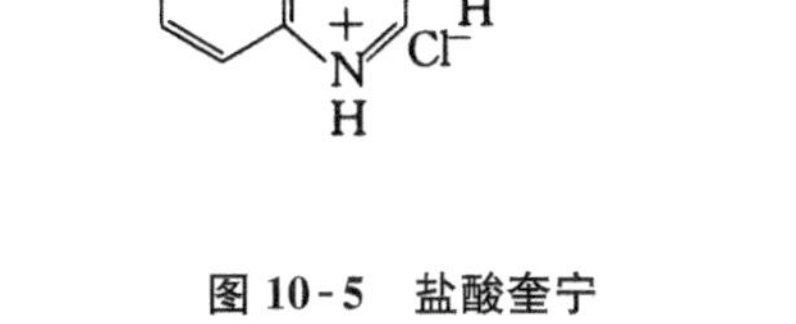

图 10-5 盐酸奎宁

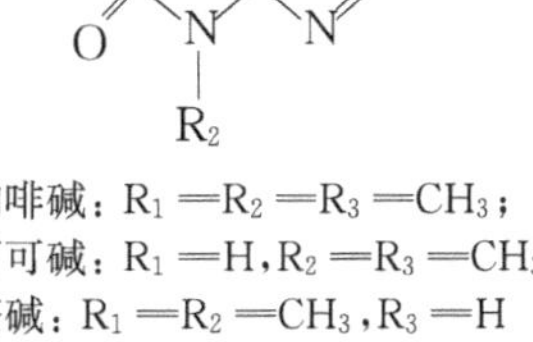

咖啡碱：$R_1=R_2=R_3=CH_3$；
可可碱：$R_1=H, R_2=R_3=CH_3$；
茶碱：$R_1=R_2=CH_3, R_3=H$

图 10-6 生物碱类苦味物质

咖啡碱主要存在于咖啡和茶叶中，在茶叶中含量为1%～5%。纯品为白色有光泽的结晶，含一分子结晶水，易溶于热水，能溶于冷水、乙醇、乙醚、氯仿等。咖啡碱较稳定，在加工中损失较少。咖啡碱在水中浓度为150～200 μg/g时，显中等苦味，它存在于咖啡和茶叶中。可可碱(3,7-二甲基黄嘌呤)主要存在于可可和茶叶中，在茶叶中的含量为0.05%左右，纯品为白色粉末结晶，溶于热水，难溶于冷水、乙醇和乙醚等。可可碱类似咖啡碱，在可可中含量最高。咖啡碱和可可碱都有兴奋中枢神经的作用。

茶碱主要存在于茶叶中，含量极微，在茶叶中的含量为0.002%左右，与可可碱是同分异构体，呈针状结晶，熔点为273℃，易溶于热水，微溶于冷水。

(3) 苦味酒花

啤酒中的苦味物质主要来源于啤酒花和在酿造中产生的苦味物质，有30多种，其中主要是α-酸，它约占啤酒苦味物质的85%。α-酸是葎草酮、副葎草酮、蛇麻酮等的混合物，而啤酒中葎草酮的含量最丰富，其结构如图10-7。

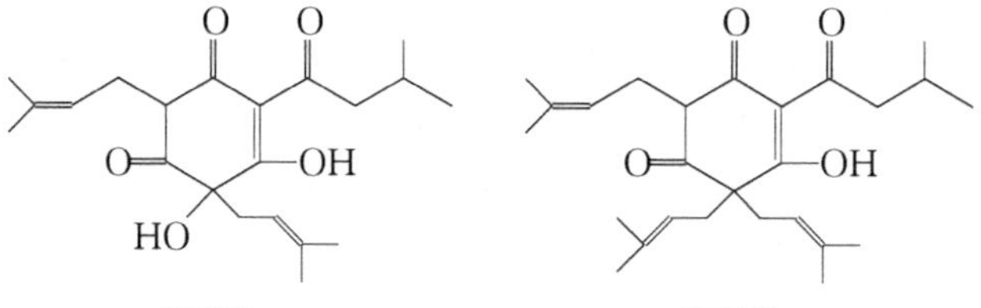

图10-7　葎草酮、蛇麻酮的结构

(4) 糖苷类

苦杏仁苷、水杨苷都是糖苷类物质，一般都有苦味。苦杏仁苷存在于许多蔷薇科植物如桃、李、杏、樱桃、苦扁桃、苹果等的果核、种仁及叶子中，尤以苦扁桃中最多。种仁中同时含有分解它的酶，苦杏仁苷本身无毒，但过多生食杏仁、桃仁时苦杏仁苷由于在体内发生水解，分解产生氢氰酸，有毒性。存在于柑橘、柠檬、柚子中的苦味物质主要是新橙皮苷和柚皮苷，在未成熟的水果中含量很多，其化学结构属于黄烷酮苷类，如图10-8。

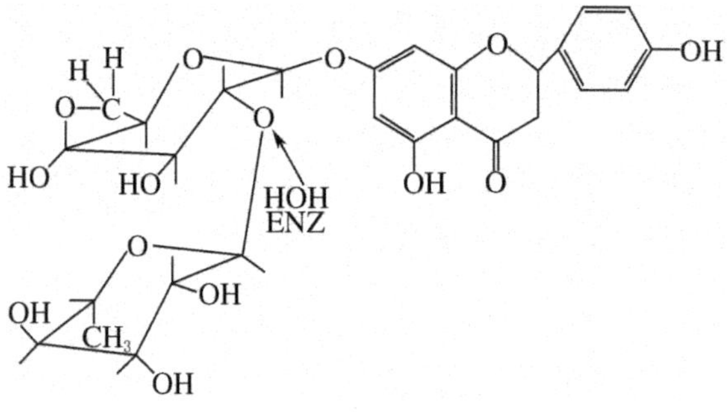

图10-8　柚皮苷的结构

柚皮苷及新橙皮苷是柑橘类果实中的主要苦味物质。柚皮苷纯品的苦味比奎宁还要苦，检出阈值可低达0.002%。柚皮苷的苦味与它连接的双糖有关，该糖为芸香糖，由鼠李糖和葡萄糖通过1→2苷键结合而成，柚苷酶能切断柚皮苷中的鼠李糖和葡萄糖之间的1→2糖苷键，可脱除柚皮苷的苦味。

脐橙和巴仑西亚橙中的苦味物质主要是柠檬苦素的三萜双内酯化合物，它是葡萄柚的苦味成分。在完整的葡萄柚中是没有柠檬苦味素的，柠檬苦味素可以通过酶解柠檬苦味素的 D 环内酯生产无苦味的柠檬苦味素的衍生物。

(5) 氨基酸和肽类中的苦味物质

亮氨酸、异亮氨酸、苯丙氨酸、酪氨酸、色氨酸、组氨酸、赖氨酸和精氨酸等都有苦味，氨基酸苦味的强弱与分子中的疏水基团有关。玉米、大豆及小麦的蛋白质酶解产生的一些肽类和发酵成熟的干酪也有明显的苦味，这是肽类氨基酸侧链的总疏水性所引起的。小肽的苦味与相对分子质量有关，相对分子质量低于 6 000 时肽才可能有苦味。

10.3.4 咸味和咸味物质

咸味的生物学意义是矿物质的信号，咸味是中性盐所显示的味，只有氯化钠才产生纯粹的咸味。咸味是由离解后离子所决定的。咸味产生虽与阳离子和阴离子互相依存有关，但阳离子易被味感受器的蛋白质的羧基或磷酸吸附而呈咸味，因此，咸味与盐离解出阳离子关系更为密切，而阴离子则影响咸味的强弱。咸味强弱与味神经对各种阴离子感应的相对大小有关。一般情况下，盐的阳离子和阴离子的相对原子质量越大，越有增大苦味的倾向。0.1 mol/L浓度的各种盐离子的味感特点见表 10-2。

表 10-2 盐的味感特点

味感	盐的种类
咸味	NaCl　KCl　NH_4Cl　NaBr　NaI　$NaNO_3$　KNO_3
咸苦味	KBr　NH_4I
苦味	$MgCl_2$　$MgSO_4$　KI　CsBr
不愉快味兼苦味	$CaCl_2$　$Ca(NO_3)_2$

苹果酸盐及葡萄糖酸盐亦有食盐一样的咸味，可用作无盐酱油的咸味料，供肾脏疾病患者作限制摄取食盐的调味料。

10.3.5 鲜味与鲜味物质

鲜味是一种复杂的综合味感，它能引起强烈的食欲和可口的滋味。鲜味剂的呈味成分主要有核苷酸、氨基酸、肽和有机酸等物质。欧美一般都将鲜味剂作为风味添加剂。鲜味的通用结构式为—O—$(C)_n$—O，$n=3\sim9$。就是说，鲜味分子需要有一条相当于 3～9 个碳原子长的脂链，而且两端都带有负电荷，当 $n=4\sim6$ 时鲜味最强。脂链不限于直链，也可为脂环的一部分。其中的 C 可被 O、N、S、P 等取代。保持分子两端的负电荷对鲜味至关重要，若将羧基经过酯化、酰胺化，或加热脱水形成内酯、内酰胺后，均能降低鲜味。但其中一端的负电荷也可用一个负偶极替代，例如口蘑氨酸的鲜味比味精强 5～30 倍。目前商品化的鲜味剂主要是谷氨酸型和核苷酸型。谷氨酸型鲜味剂属脂肪族化合物，在结构上有空间专一性要求，若超出其专一性范围，将会改变或失去鲜味感。它们的定味基是两端带负电的功能团，如—COOH、—SO_3H、—SH、C=O 等，助味基是具有一定亲水性的基团，如 α-L-NH_2、—OH 等。凡与谷氨酸羧基端连接有亲水性氨基酸的二肽、三肽也有鲜味。肌苷酸型鲜味剂属于芳香杂环化合物，结构也有空间专一性要求，其定位基是亲水的核糖磷酸，助味基是芳香杂环上的疏水取代基。琥珀酸及其钠盐均有鲜味，它在鸟、兽、禽、畜等动物中均有存在，尤以贝类含量最丰富。常见鲜味剂有下面几种。

(1) 鲜味氨基酸

在天然氨基酸中，L-谷氨酸和L-天冬氨酸的钠盐及其酰胺都具有鲜味。味精即谷氨酸钠(Monosodium Glutamate，MSG)的鲜味是由 $\alpha-NH_3^+$ 和 $\gamma-COO^-$ 两个基团静电吸引产生的，在pH=6时其解离度最大，鲜味最强。食盐是味精的助鲜剂。味精有缓和咸、酸、苦的作用，使食品具有自然的风味。竹笋等植物性食物中的主要鲜味物质是L-天冬氨酸的钠盐，番茄中的氨基酸主要是谷氨酸，在番茄饮料、番茄蛋汤中添加食盐能够明显增加其鲜味。

(2) 鲜味核苷酸

5′-肌苷酸(5′-IMP)、5′-鸟苷酸(5′-GMP)和5′-黄苷酸(5′-XMP)都有鲜味，但以前两者的鲜味最强。5′-肌苷酸主要存在于肉类中，它来自于动物屠宰后肌肉中ATP的降解，一般需要一定的降解时间，这取决于动物的种类、年龄和环境的温度等。此外，5′-脱氧肌苷酸及5′-脱氧鸟苷酸也有鲜味，在与味精共存时，则味精鲜味增强，并对酸、苦味有抑制作用，即有味感缓冲作用。5′-肌苷酸与L-谷氨酸钠的混合比例一般为1∶(5～20)。

(3) 琥珀酸及其钠盐

琥珀酸及琥珀酸钠都有鲜味，在贝类中的含量最多，如干贝含0.37%，蚬子、蛤蜊含0.14%。微生物发酵的酿造酱油、酱、黄酒等的鲜味都与琥珀酸存在有关。琥珀酸用于酒精清凉饮料、糖果等的调味，其钠盐可用于酿造品及肉类食品的加工。如与其他鲜味料合用，有助鲜的效果。

10.3.6 辣味和辣味物质

辣味是辛香料中一些成分所引起的味感，是一种尖利的刺痛感和特殊的灼烧感的总和。它不但刺激舌和口腔的触觉神经，同时也会机械刺激鼻腔，有时甚至对皮肤也产生灼烧感。

一般的呈辣规律是分子的辣味随其非极性链的增长而加剧，以 C_9 左右达到最高峰，然后陡然下降，称之为 C_9 最辣规律。辣椒素、胡椒碱、花椒碱、生姜素、丁香、大蒜素、芥子油等都是双亲分子，其极性头部是定味基，非极性尾部有助味基。几种辣味物质的结构见图10-9。

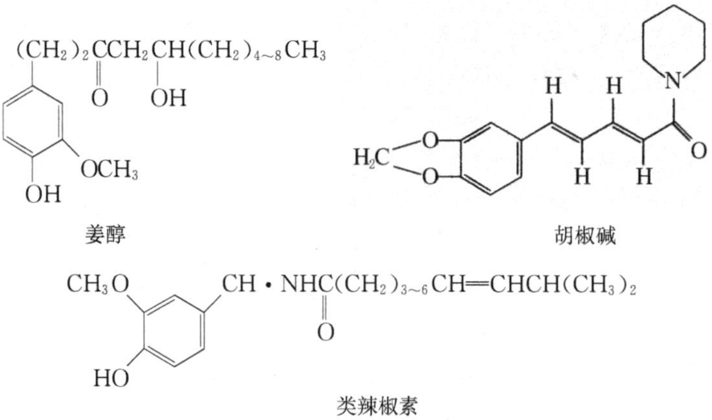

图10-9 三种辣味物质的结构

一般脂肪醇、醛、酮、酸的烃链长度增长也有类似的辣味变化。上述辣味分子尾链如无顺式双键或支链时，$n-C_{12}$以上将丧失辣味；若链长超过$n-C_{12}$，但在ω位邻近有顺式双键，则还有辣味。顺式双键越多越辣，且在C-9位上影响最大，而反式双键则影响不大；一些极性更小的分子如$BrCH=CHCH_2Br$、$CH_2=CHCH_2X$（X＝NCS、OCOR、NO_2、ONO）、$Ph(CH_2)_nNCS$等也有辣味。常用调味用辣味成分有下面几种。

（1）热辣与火辣味物质

辣椒的主要辣味成分为类辣椒素，是一类碳链长度不等（C_8～C_{11}）的不饱和单羧酸香草基酰胺，同时还含有少量饱和直链羧酸的二氢辣椒素。不同辣椒品种中的辣椒素含量差别很大，甜椒通常含量极低，红辣椒含0.06％，牛角红椒含0.2％，印度萨姆椒为0.3％，乌干达辣椒可高达0.85％，可根据辣椒的辣椒素含量确定辣度。

胡椒分为黑胡椒和白胡椒两种。由尚未成熟的绿色果实可制得黑胡椒；用色泽由绿变黄而未变红时收获的成熟果实可制取白胡椒。它们的辣味成分除少量类辣椒素外，主要是胡椒碱，它是一种酰胺化合物，其不饱和烃基有顺反异构体，其中顺式双键越多时越辣，全反式结构也叫异胡椒碱。胡椒经光照或贮存后辣味会降低，这是顺式胡椒碱异构化为反式结构所致。

花椒的主要辣味成分为花椒素，也是酰胺类化合物。此外还有少量异硫氰酸烷丙酯等。

（2）辛辣味物质

鲜姜的辛辣成分是一类邻甲氧基酚基烷基酮，其中最具代表性的为6-姜醇，分子中环侧链上羟基外侧的碳链长度各不相同（C_5～C_9）。鲜姜经干燥贮存，姜醇会脱水生成姜酚类化合物，后者较姜醇更为辛辣。当姜受热时，环上侧链断裂生成姜酮，辛辣味变缓和。

肉豆蔻和丁香辛辣成分主要是丁香酚和异丁香酚，这类化合物也含有邻甲氧基苯酚基团。

芥子苷有黑芥子苷及白芥子苷两种，在水解时产生葡萄糖及芥子油。黑芥子苷存在于芥菜、黑芥的种子及辣根等蔬菜中。白芥子苷则存在于白芥子中。

在苷蓝、萝卜、花椰菜等十字花科蔬菜中还含有一种类胡椒辛辣成分S-甲基半胱氨酸亚砜。

（3）刺激辣味物质

刺激辣味物质能刺激舌和口腔黏膜，也能刺激鼻腔和眼睛，具有味感、嗅感和催泪的作用。

蒜的主要辣味成分为蒜素、二烯丙基二硫化物、丙基烯丙基二硫化物三种，其中蒜素的生理活性最大。大葱、洋葱的主要辣味成分则是二丙基二硫化物、甲基丙基二硫化物等。韭菜中也含有少量上述二硫化合物。这些二硫化物在受热时分解生成相应的硫醇，具有甜味。

芥末、萝卜主要辣味成分为异硫氰酸酯类化合物。其中的异硫氰酸丙酯也叫芥子油，刺激性辣味较为强烈。它们在受热时会水解为异硫氰酸，辣味减弱。

10.3.7 其他味感

薄荷醇和D-樟脑代表一类清凉风味物，有清凉嗅感和清凉味感。其中薄荷醇是食品加工中常用的清凉风味剂，如加工的薄荷糖果、清凉茶饮料中使用较多。一些糖的结晶入口后也能产生清凉感，产生这种感觉是因为它们在受唾液中溶解时将吸收大量溶解热。

当口腔黏膜蛋白质被凝固，就会引起收敛，此时感到的滋味便是涩味。引起食品涩味的主要化学成分是多酚类化合物，其次是明矾、醛类、酚类等物质，单宁是其重要的代表物质，如图10-10。

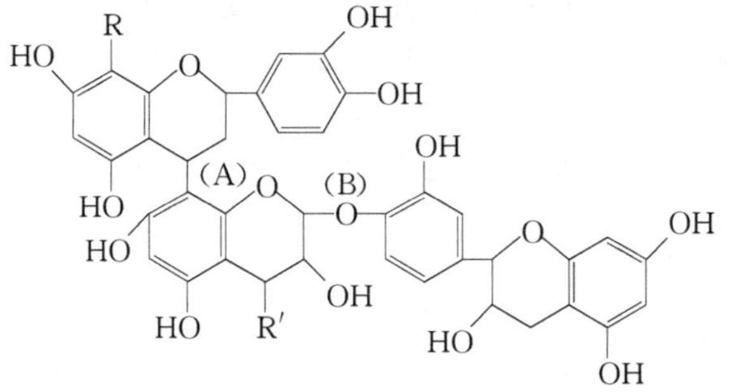

(A) 处表示缩合单宁的化学键　(B) 处表示可水解单宁的化学键

图10-10　一种原花色素单宁的结构

有些水果和蔬菜中存在的草酸、香豆素和奎宁酸等也会引起涩味。未成熟涩柿的涩味成分是以五色花青素为基本结构的配糖体，属于多酚类化合物，易溶于水。柿子在成熟过程中，多酚类化合物被氧化，形成不溶于水的物质，涩味随即消失。茶叶也含有较多的多酚类物质，一般绿茶中多酚类含量多，发酵后的红茶其含量减少，涩味较轻。在一些果汁和葡萄酒中保留有一定的涩味物质，赋予产品轻微的涩味。

10.4　食品香气与呈香物质

在人的鼻腔前庭部分有一块嗅感上皮区域，也叫嗅黏膜。膜上密集排列着许多嗅感细胞。人的鼻腔每侧约有2 000万个嗅细胞，香气小分子在空气中扩散进入鼻腔，人们从嗅到气味到产生感觉时间很短，仅需0.2～0.3 s。鼻子是感知食品香气的主要器官，香气是通过刺激鼻黏膜，再传到大脑的中枢神经而产生的综合感觉。人的嗅觉是非常复杂的生理和心理现象，具有敏锐、易疲劳、适应与习惯等特点，嗅觉比味觉更复杂。不同的香气成分给人的感受各不相同：薄荷、菊花散发的香气使人思维活跃、思路清晰；玫瑰花的香气使人精神倍爽、心情舒畅；而紫罗兰和水仙花的香气能唤起美好的回忆。食品的香气给人愉快感受，能诱发食欲，增加人们对营养物质的消化吸收，唤起购买欲望。人对嗅感物质的敏感性个性差异大。人的嗅觉受体越多，对气味的识别越灵敏、越正确。缺少嗅觉受体，则对某些气味感觉失灵。

食品的香气种类一般有上百种，很难进行合理的分类。如Amoore通过对600多种气味的描述，将它们归类为樟脑臭、刺激臭、醚臭、花香、薄荷香、麝香、腐败臭和甜香等8种气味。Harper等根据香气的品质，将其分为44类，如果香、花香、蒜香、腐败味、汗味、甜味、柠檬味、鱼腥味、草味、麝香味等。还有人采用心理分类法，由180人对30种物质进行嗅感评价，按各人的感觉归纳嗅感因子，如辛香、香味、醚味等9种嗅感因子。

食品香气是食品的重要属性，是食品质量评价的重要指标，它们含量低微，组成复杂，多属于非营养成分。食品香气能够刺激人的嗅觉，有助于其他营养成分的消化吸收，还能够改善人的心理状态，提高工作效率，带给人愉悦的精神享受。现代食品工业在新产品的开发和生产加工中都高度重视食品香气的检测、评价和调控。食品的香气成分由多种呈香的挥发性物质构成，其香气与它们的分子结构有高度的特异性。食品香气的种类多，成分复杂，且含量极微，易氧化，其中热敏性的香气成分占有相当的比例。近年来，一类能够较好地保持食品香气成分的非热力加工技术（如超高压技术、高压脉冲电场技术、辐照技术等）的研究与应用得到高度的重视，其发展迅速，并成为食品加工领域的一个重要分支。

多数食品香气的组成体系都是复杂的，它既与加工原料的香气及其他成分有关，也与食品加工处理的技术方法及贮藏条件有关。食品的香气并非只由某一种呈香物质产生，而更多的情况是由多种呈香物质相互协调、共同作用产生的。2000 年 Grosch 得出结论：食品中已鉴定的成分中真正对食品香气有贡献的成分不足 5%。实际上，食品的香气只由几种主要的挥发成分构成即特征香气成分，它们的含量并不高，香气成分的阈值较低，对食品的总体香气却起至关重要的作用和影响，见表 10-3。根据 Guadagni 香气值理论，即食品中香气浓度高而阈值低的成分很可能是食品的特征香气或主体香气成分，一种呈香物质在食品香气中起作用的程度可用香气浓度与香气阈值的比值即香气值或香气强度表示。一般当香气值低于 1 时，人的嗅感器官对这种呈香物质不会引起感觉。当香气值大于 1 时，可能这种香气成分对食品香气的贡献和影响较大。1984 年 Acree 等根据食品香气成分峰面积与其在萃取物中的含量成比例的关系，提出了结合享受香气的响应测量法（Combined Hedonic Aroma Response Measurement，CHARM ），该方法可针对香气化合物在 GC 柱上流出的全部时间来测定它们的稀释度。CHARM 法与 AEDA 香气萃取稀释分析法（Aroma Extract Dilution Analysis，AEDA）已用于分析、筛选、确定食品中高活性、中等活性和低活性挥发香气成分，以确定关键香气成分。在食品香气的研究中，根据食品香气的种类和选择描述词频的高低，绘制出食品的香气剖面图，还可利用 GC-MS 和嗅闻技术（GC-Olfactometry，GC-O）确定食品的香气盘（aroma wheel）。

表 10-3 果汁中挥发香气描述和香气阈值(μg/kg)

化学名称	香气描述	香气阈值	化学名称	香气描述	香气阈值
壬醇	强烈橙花香气伴有油脂气	50	乙酸辛酯	果香，伴有橙花香气	12
癸醇	有橙花香气伴有油脂气味	0.1～2	乙酸苄酯	强烈茉莉香，带果香	2
3-顺-己烯醇	强烈的新鲜青叶香气	70	乙酸苯乙酯	有玫瑰、蜜香	1 800
6-顺-壬烯醇	甜瓜香、清香和脂肪气息	1	己酸-3-顺-己烯酯	青果香气	1
2-反，6-顺-壬二烯醇	甜瓜、黄瓜清香	0.01	丙酸甲酯	果香	10
庚醇	脂肪气息	3	丙酸乙酯	强烈的菠萝果香	10～12
3-顺，6-顺-壬二烯醇	强烈的甜瓜青鲜气	10	丙酸丙酯	苹果、菠萝样果香	57～180
3-反，6-顺-壬二烯醛	强烈的甜瓜青鲜气	0.01	丙酸丁酯	杏样果香、甜香和瓤香	25～200

（续表）

化学名称	香气描述	香气阈值	化学名称	香气描述	香气阈值
苯乙醇	柔和的玫瑰样花香	0.01	丙酸己酯	有果香、甜香和壤香	8
庚醛	强烈油脂气味	3	丁酸甲酯	甜润苹果样香气	60～76
辛醛	未熟柑橘香和甜橙的香气	0.7	丁酸乙酯	强烈的果香	1
壬醛	油脂气，稀释有柑橘香	1	丁酸丙酯	似菠萝、杏的甜香	18～124
癸醛	稀释有甜橙和油脂气	0.07	丁酸丁酯	甜润果香，有菠萝香	100
2-反-己烯醛	绿叶清香和水果香气	17	丁酸戊酯	强烈果香	59
2-壬烯醛	有油脂气，稀释有花清香	0.08	丁酸己酯	强烈果香、清香和花香	1
3-顺-己烯醛	新鲜清香	0.25	戊酸乙酯	似苹果香	1.5～5
6-顺-壬烯醛	有清香气，浓时呈油脂味	0.02	己酸甲酯	醚香，似菠萝香	70～84
甲酸苯乙酯	花香、草莓、清香	60	己酸乙酯	强烈酒香和苹果香	1
乙酸乙酯	强烈似醚气味和果香	5	己酸戊酯	果香	5
乙酸丙酯	鲜梨、草莓似果香	0.005	己酸己酯	果香及新鲜的清香气	10
乙酸丁酯	有菠萝味香蕉香气	66	2-甲基乙酸丙酯	果香	65
乙酸己酯	有苹果、梨似香气	2	2-甲基乙酸丁酯	果香	11
丙酸己酯	果香、甜香和壤香	8	2-甲基丁酸乙酯	有苹果和清香气	0.3
2-甲基丁酸甲酯	甜的苹果香	0.25	3-甲基丁酸乙酯	强烈的果香	0.1

检测食品的香气成分，确定食品的特征香气成分，研究香气产生的机理并进行香气的调控是食品香气研究的重要工作内容，它对评价和控制产品香气的品质有很重要的价值。

10.4.1 香气化合物结构与香气的关系

香气分子的结构决定香气的香味，它对香味的影响是很复杂的，有时其顺反异构体或光学异构体的香味就有本质的不同。从植物中分离出来的链状醇、醛等，许多使人能够联想到起源植物的名字。直链低分子化合物的天然顺式体一般具有清爽的清香型香气，但其反式体具有较为浓重的脂肪臭。如2-反，6-顺-壬二烯醇具有黄瓜清香味，而2-反，6-反-壬二烯醇具有脂肪臭气。碳数相同的饱和脂肪族醇（或醛）和烯醇（或烯醛）间气味特征差别很显著，如2-己醇具有弱而带有脂肪气味的果香，而3-顺-己烯醇具有浓郁的清香。香味物质的官能团与香味间存在着相关性，如乙酸丁酯带有菠萝香气，乙酸异戊酯带有香蕉香气，异戊酸乙酯带苹果香气。一些特征香味与某些化合物共有的特殊结构区域相关，如麦芽酚、异麦芽酚、甲基环戊烯醇酮、羟基呋喃酮都具有环状的α-二酮的烯醇式局部结构，它们都具有焦糖香气。化合物的香味与其分子的电性间也有一定的关系，如在苯环上引入吸电子基团—CHO、—NO_2或—CN时，产物的香味彼此相似。苯乙酮、苯乙醇、苯乙醛和环已基乙醛分子的形状和大小相似，它们都具有花香。一些特定香气化合物的分子结构与香味的关系见表10-4、表10-5、表10-6和表10-7。食品香气与香气结构的关系可用食品的香气盘表示，它能够提供更多信息，见图10-11。

表10-4　植物起源、不饱和醇醛的几何异构体与其气味

化合物	天然型	起源或起源名	气　味	反式异构体	气　味
3-已烯醇	3-顺-	绿叶醇	清爽的清香	3-反-	菊样香气
3-已烯醛	3-顺-	大豆	大豆臭	3-反-	不爽快清香
6-壬烯醇	6-顺-	甜瓜	甜瓜样清香	6-反-	花样清香
2,6-壬二烯醛	2-反,6-顺-	蔓叶醛	黄瓜样,花样清香	2-反,6-反-	脂肪臭
2,6-壬二烯醇	2-反,6-顺-	黄瓜醇	黄瓜样,海参样清香	2-反,6-反-	脂肪臭

表10-5　烤香香气的化学结构及香味特征

名　　称	结　构　式	香　味　特　征
2-酰基吡嗪	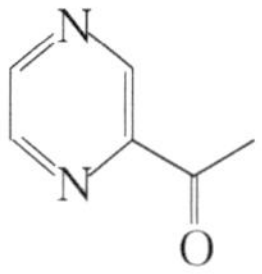	烤花生、爆玉米花香、坚果味道
2-乙酰基-3-乙基吡嗪	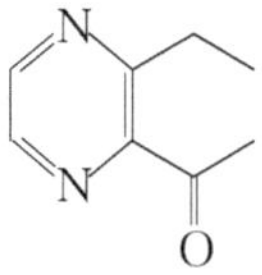	烤坚果、土豆香气和味道
2-乙酰基吡啶	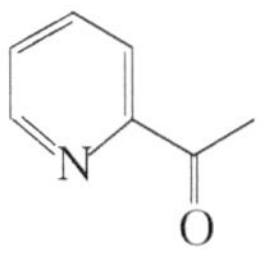	坚果香气，花生、爆玉米花、坚果、面包烤香味
2-乙酰基-3，5(6)-二甲基吡嗪	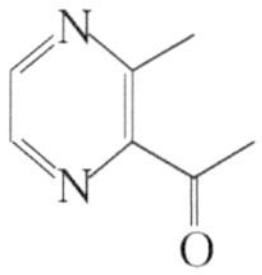	烤香、榛子、焦糖香气和味道
2-乙酰基噻唑	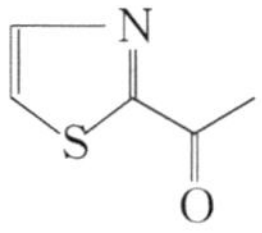	烤面包、花生香，爆玉米花、巧克力香气，坚果味道

表 10-6 具有特别香气的一些不饱和醛

名称	结构式	香味特征
叶醛	$CH_3(CH_2)_2CH{=}CHCHO$	青叶气味
甜瓜醛	$(CH_3)_2C{=}CH(CH_2)_2CH(CH_3)CHO$	甜瓜香气
黄瓜醛	$CH_3CH_2CH{=}CH(CH_2)_2CH{=}CHCHO$	黄瓜气味
香茅醛	$(CH_3)_2C{=}CH(CH_2)_2CH(CH_3)CH_2CHO$	柠檬、蜂花香气
香叶醛(反,2-柠檬醛)	$(CH_3)_2C{=}CH(CH_2)_2C(CH_3){=}CHCHO$	柠檬香气
橙花醛(顺,2-柠檬醛)	$(CH_3)_2C{=}CH(CH_2)_2C(CH_3){=}CHCHO$	柠檬香气

表 10-7 葱蒜香气的化学结构及香味特征

名称	结构式	香味特征
二烯丙基二硫醚	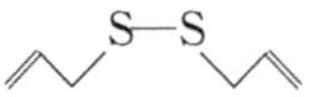	强烈的洋葱、大蒜、芥末香气,洋葱、大蒜、芥末、肉香味道
烯丙硫醇	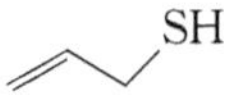	尖刺洋葱、韭葱香气和味道
烯丙基硫醚	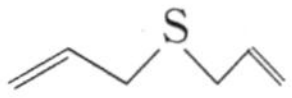	洋葱、大蒜、蔬菜、辣根、小萝卜香气
甲基烯丙基二硫醚	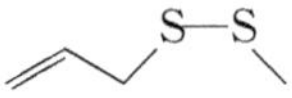	洋葱、大蒜香味
甲基丙基二硫醚	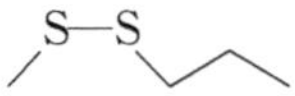	葱蒜、小萝卜、芥菜、番茄、土豆香气
丙烯基丙基二硫醚	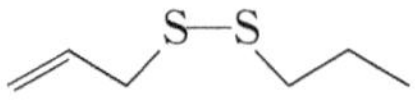	烹熟的洋葱香气和味道
二丙基二硫醚	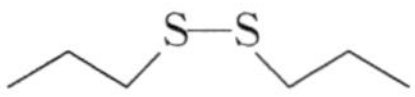	洋葱、大蒜、青葱香气和味道

食品中的杂环化合物香气种类复杂多样、香味强烈。呋喃类因取代基不同而异,常见香气有肉香、焦糖香、坚果香、果香或谷香。噻吩类广泛存在于食品中,多具有焦香、肉香、坚果香或葱、蒜味。噻唑类具有鲜菜、烤肉或坚果香气。吡嗪类多具有咖啡、巧克力、坚果或焙烤香气,一些天然吡嗪对蔬菜的青鲜气味贡献突出。吡咯微量存在于坚果和面包等烤、炒、炖、炸的食品中。吡啶类阈值低,香气多样,以清香和烘烤香较常见。

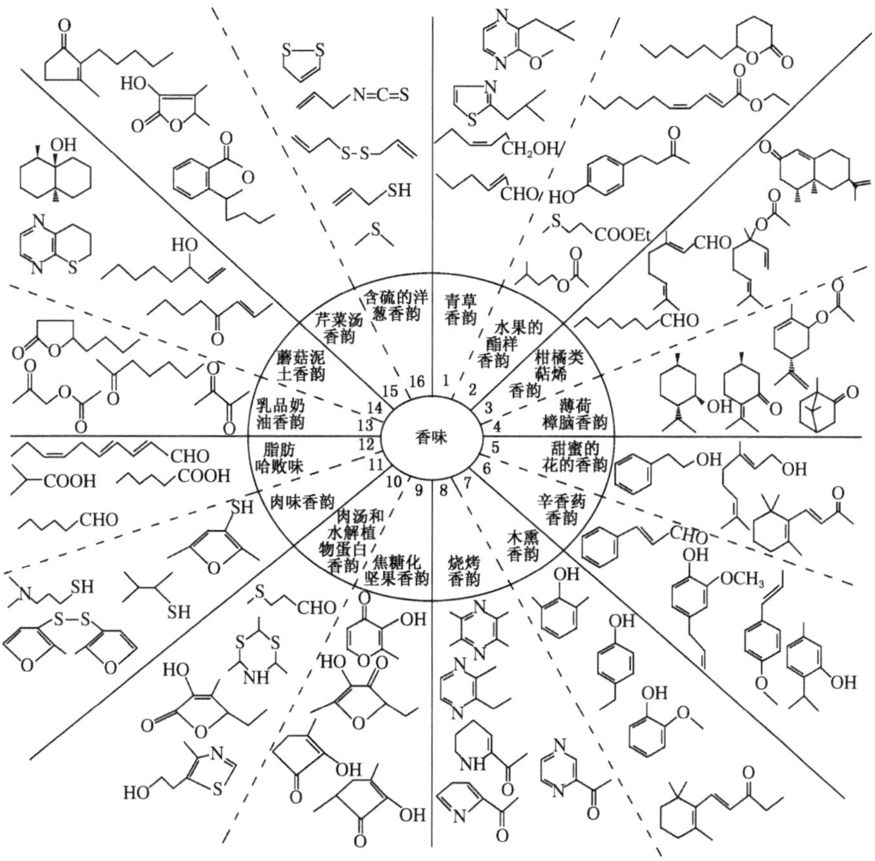

图 10-11　食品香气与香气结构的关系

10.4.2　果蔬的香气

果蔬的香气成分较复杂，一般多由不同的挥发成分组成，每种果蔬都具有自己的特征香气成分和组成。由于果蔬的品种、种植方法和种植环境的差异以及果蔬样品前处理的方法和检测条件的不同都可能对果蔬的香气成分和香气的检测鉴定结果带来影响。随着香气研究方法和技术的发展，果蔬特征香气成分的鉴定及其香气指纹图谱的构建会日益完善。本书介绍的果蔬香气成分多数是果蔬香气研究领域公认的且已得到验证的成分，但也有一些是最新研究得到的结果。

1）蔬菜的香气

蔬菜的总体香气较弱，但气味却多样。百合科蔬菜如葱、蒜、洋葱、韭菜、芦笋等具有刺鼻的芳香；十字花科蔬菜如卷心菜、芥菜、萝卜、花椰菜等具有辛辣气味；伞形花科蔬菜如胡萝卜、芹菜、香菜等具有微刺鼻的特殊芳香与清香；葫芦科和茄科中的黄瓜、青椒和番茄等具有显著的青鲜气味，马铃薯属茄科蔬菜，有淡淡的清香气。

百合科蔬菜最重要的风味物是含硫化合物。洋葱、大蒜等的刺激性气味一般是含硫化合物所产生的，这些化合物是其风味前体蒜氨酸经过蒜氨酸酶的催化而生成的。例如，二丙烯基二硫醚物（洋葱气味）、二烯丙基二硫醚（大蒜气味）、2-丙烯基亚砜（催泪而刺激的气味）和硫醇（韭菜的特征气味物之一）。

十字花科蔬菜最重要的气味物也是含硫化合物。例如：卷心菜以硫醚、硫醇和异硫氰酸酯及不饱和醇与醛为主体风味物，萝卜、芥菜和花椰菜中的异硫氰酸酯是其特征风味物。

伞形花科的胡萝卜和芹菜的风味物中，萜烯类气味物突出，它们和醇类及羰基化合物共同组成主要香味贡献物，形成有点刺鼻的清香。

番茄的挥发性化合物已经鉴别出 3-顺-己烯醛、β-紫罗酮、己醛、β-大马酮、1-戊烯-3-酮、3-甲基丁醛等香气化合物。番茄酱加工中产生了二甲基硫，且由于β-紫罗酮、β-大马酮的增加和 3-顺-己烯醛、己醛的减少，其风味有明显的改变。

黄瓜的青鲜气味是由 C_6 或 C_9 的不饱和醇醛形成的，如青叶醇和黄瓜醛。青椒、莴苣（菊科）和马铃薯也具有青鲜气味，其特征香味物为吡嗪类，如青椒特征气味物主要是2-甲氧基-3-异丁基吡嗪，马铃薯特征气味物之一是 3-乙基-2-甲氧基吡嗪，莴苣的主要香气成分为 2-异丙基-3-甲氧基吡嗪和 2-仲丁基-3-甲氧基吡嗪。

青豌豆的主要香气成分是一些醇、醛和吡嗪类，罐装青刀豆的主要香气成分是 2-甲基四氢呋喃、邻甲基茴香醚和吡嗪类化合物。

2）水果的香气

水果的香气主要由萜、醇、醛、醇、酮和酯类等构成，它们主要呈清香和芳香的混合香。有些水果只在充分成熟时芳香气味才浓郁，如香蕉、苹果、香梨、杏、芒果、菠萝、猕猴桃和桃子等；有些水果只有在破碎时在风味酶催化和氧气的共同作用下产生浓郁的香气，如草莓、葡萄、荔枝、樱桃、甜瓜、西瓜等。

柑橘的代表品种有甜橙、夏橙、蜜橘、红橘、柚子和柠檬等。柑橘果实中萜、醇、醛和酯皆较多，但萜类最突出，是其特征风味的主要贡献者。例如，甜橙中的巴仑西亚橘烯、金合欢烯及桉叶-2-烯-4-醇，红橘中的百里香酚、长叶烯、薄荷二烯酮，柠檬中的β-甜没药烯、石竹烯和α-萜品烯等。柑橘的果肉和皮的嗅感成分相差较大。全果榨汁和去皮榨汁的果汁风味相差很大，果皮中的柑橘油对果汁香气影响较大，理由是果皮中含有丰富的香气细胞，加工中反应释放出浓郁的香气，而果肉的香气不如果皮浓郁，种类相对也少。柑橘果肉汁的主要成分有酯类、醇类和醛类，如丁酸甲酯、己酸甲酯、丁酸乙酯、己酸乙酯、2-甲基丁酸乙酯、乙醛、2-辛烯醛、2-己烯醛、3-乙氧基己醛、乙醇和芳樟醇等。柑橘的果皮油含量为 2%～3%，占全果重量的 0.2%～0.5%，是天然柑橘香精提取的主要来源，其中 90%以上的香气成分是萜烯类化合物，大部分是 D-柠烯。

柠檬香气成分有 130 种，含氧化合物占 4%～5%，比其他柑橘高一倍以上。柠檬主要香气成分有柠檬醛、α-蒎烯、β-蒎烯、α-芹子烯、α-甜没药烯、γ-松油烯、石竹烯、α-香柠檬烯、橙花醇、香叶醇、壬醛、甲基庚烯酮、十一醛、香茅醛、乙酸芳樟酯和乙酸香叶酯等。清凉气主要由蒎烯、γ-松油烯和γ-松油醇引起。白柠檬香气成分有 120 种，它与柠檬很类似，柠檬醛比柠檬高一倍，酯类少。白柠檬主要成分有乙酸芳樟醇、仲百里香烯-8-醇、小茴香醇、顺式-2-薄荷烯-1-醇、1,4-桉树脑、麝香草酚、三甲苄基甲基醚和 1,8-桉树脑等。

苹果中的主要香气有醇、醛和酯类，其中异戊酸乙酯、乙醛和 2-反-己烯醛为苹果的特征香气。美国苹果 Delicious 的香气成分主要是乙酸丁酯、丁酸乙酯、2-甲基丁酸乙酯和乙酸-3-甲基丁酯等，其中己醛、2-反-己烯醛、2-甲基丁酸乙酯为其特征香气，而日本红玉苹果则以丁醇、3-甲基丁醇、己醇等醇类为主。

一般梨香气以青鲜气为主，乙酸乙酯、乙酸戊酯、乙酸辛酯、丁酸己酯和戊酸甲酯等是各种梨的共有酯类，α-金合欢烯等是其共有的烃类。酯类中的烯酸和二烯酸的酯类对梨的香气贡献较大，如鸭梨中的2-辛烯酸甲酯、4-庚烯酸乙酯、4-癸烯酸甲酯、十八碳-9-烯酸甲酯和十八碳-12-烯酸甲酯。2,4-癸二烯酸乙酯在梨的香气中作用明显，2-甲基-2-戊醛、2-十二烯醛、甲基戊醛等是鸭梨的特征醛类。新疆库尔勒香梨的香气成分以酯香和醇香为主，如甲酸乙酯、乙酸乙酯、乙醇、丁酸乙酯、2-甲基丁酸乙酯、己醛、2-甲基-2-丁醛、2-甲基-2-戊烯醛、2-反-己烯醛、己酸乙酯、己醇、壬醛、环己醇、辛酸乙酯、十碳酸乙酯、α-金合欢烯、2-反，4-反-十二醛、2-反，4-顺-十二酸乙酯和棕榈酸乙酯等。

香蕉的主要香气成分有酯、醇、芳香族化合物及羰基化合物，以乙酸异戊酯为代表的乙、丙、丁酸与C_4～C_6醇构成的酯是香蕉的特征香气。

菠萝中酯类香气十分丰富，己酸甲酯和乙酸乙酯是其特征风味物。

桃子中酯、醇、醛和萜烯为主要香气成分，其内酯含量较高，桃醛和苯甲醛为其特征风味物。桃子的香气成分有70余种，主要以C_6～C_{11}的γ-内酯和δ-内酯为特征，γ-十一内酯（桃醛）和δ-十一内酯有椰子香气，其他水果几乎不含该成分。此外还含有乙酸己酯、苯甲醛、己醇、苯甲醇等。

杏子中萜烯、内酯、烯醇和烯醛为主要的香气成分，如新世纪杏的主要香气物质有β-紫罗酮、2-反-己烯-1-醇、β-萜品醇、罗勒烯醇、α-萜品醇、γ-萜品醇、橙花醇、香叶醇、2-反-己烯醛、γ-己内酯、γ-癸内酯、δ-癸内酯和γ-十二内酯等。

葡萄芳香成分主要是结构简单的小分子，如萜烯类、C_6醇、醛和羟基化合物等。葡萄特有的香气物是邻氨基苯甲酸甲酯，而醇、醛和酯类是各种葡萄中的共有香气成分。玫瑰香型的代表品种有玫瑰香、白玫瑰和小白玫瑰等，它们的香气成分主要是里那醇、橙花醇、香叶醇、香茅醇和α-萜品醇等萜烯类。

草莓香气主要由2-反-己烯醛、3-顺-己烯醇、草莓醛、2-甲基丁酸乙酯和己酸乙酯等构成。

西瓜的青鲜气主要由顺式烯醇和烯醛构成，如3-顺，6-顺-壬二烯醇、2,6-壬二烯醇、2,6-壬二烯醛等。

哈密瓜属于厚皮甜瓜中夏甜瓜和冬甜瓜的变种，夏甜瓜有70多个品种，如金皇后、网纹香、86甜瓜等；冬甜瓜有27个品种，如伽师瓜、青麻皮等。哈密瓜的香气主要由呈果香、花香、蜜香的酯类和呈青鲜香与醇香的不饱和醇构成，前者如乙酸乙酯、乙酸己酯、乙酸丙酯、乙酸丁酯、2-甲基丁酸丁酯、2-甲基乙酸丁酯、苯乙酸甲酯等，后者如乙醇、2-壬烯醛（醇）、6-壬烯醇、6-壬烯醛、2-反，6-顺-壬二烯醛（醇）、3-顺，6-顺-壬二烯醛（醇）、3-顺-己烯醇等。

10.4.3 肉类的香气

新鲜的畜肉一般都带有家畜原有的生臭气味，风味物质主要由H_2S、CH_3SH、C_2H_5SH、CH_3CHO、CH_3COCH_3、CH_3OH、C_2H_5OH、$CH_3CH_2COCH_3$和NH_3等挥发性化合物组成，有典型的血腥味。生猪肉中有三百多种挥发性物质，主要物质种类包括碳氢化合物、醛、酮、醇、酯、呋喃化合物、含氮化合物和含硫化合物。生肉经过加工产生丰富的熟肉香气，采用不同加工方式得到的熟肉香气也存在一定差别。熟的猪肉中挥发性物质数量减少，主要为醛、酮、羧酸和含硫化合物等。畜肉中的风味前体最重要的可能是一些非挥发性风味前体，包括游离氨基酸、肽、糖类、维生素和核苷酸等，在加热时它们发生化学反应生成大量的中间体和风味物质，并由此产生肉的相应风味。各种熟肉中关键而共同的三大风味成分为硫化物、呋喃类和含氮化合物，另外还有羰基化合物、脂肪酸、脂肪醇、内酯和芳香族化合物等。

含有脂肪的牛肉加热时产生的挥发性化合物中有脂肪酸、醛、酮、醇、醚、吡咯、呋喃、内酯、烃和芳香族化合物，还有含硫化合物如噻唑、噻吩、硫烷和含氮化合物。肉加热生成的香气化合物是中性的，而烤肉时生成碱性化合物(吡嗪类)。研究发现，含硫化合物是肉类香气最重要的成分，如硫化物、噻吩、噻唑以及硫烷等。脂类物质在畜肉的风味形成过程中具有重要作用。牛脂肪在加热时可生成酯、醚、烃、醇、羰基化合物、苯环化合物、内酯和呋喃化合物等香气化合物，猪脂肪加热时也能检出相同的香气化合物。有研究表明，牛肉、猪肉、羊肉的水提取物在加热时具有相同的芳香味，如果在加入相应的脂肪(肥肉)后加热，则产生特征的芳香味。

羊肉具有特殊的气味，产生特征气味的一个化合物是 4-甲基辛酸，它是羊肉和羊羔肉的特征风味，它存在于绵羊和山羊脂肪中(以游离或酯的形式)，尤其是皮下脂肪。

鸡肉香气的特异性与它含有更多的中等碳链长度的不饱和羰基化合物相关。若去除 2-反，4-顺-癸二烯醛和 2-反，5-顺-十一碳二烯醛等风味物，鸡肉即失去独特的香气。

鲜鱼有淡淡的青鲜气味。这是鱼体内含量较高的多不饱和脂肪酸受内源酶作用产生的中等碳链长度不饱和羰基化合物发出的气味，如 1,5-辛二烯-3-酮。熟鱼肉中鲜味成分丰富，由高度不饱和脂肪酸转化产生的气味物质相对丰富，但由于鱼肉质构易受热破坏，加工中受热时间比其他动物的短，所以与家畜和家禽熟肉的风味差异很大。

10.4.4 乳品的香气

常见的乳品有鲜奶、稀奶油、奶粉、发酵黄油、酸奶和干酪等。鲜奶、稀奶油和黄油的香气成分基本都是乳中固有的挥发成分，它们的主要香气成分有醇酸类 $C_{2,4,6,\cdots,18}$烷酸、C_{18}二烯酸、C_{18}三烯酸、$C_{4,5,8,15,16,17}$异烷酸、$C_{10\sim13}$酮酸、$C_{10\sim16}$羟酸和 $C_{4\sim10}$烷醇；内酯类 $C_{6\sim18}$ δ 内酯、$C_{8\sim16}$ γ 内酯；酯类 $C_{1,2,4,5,6,7,8,9,10,11,12,16}$酸甲酯、$C_{1,2,4,5,6,7,8,9,10,12}$酸乙酯和苯甲酸甲酯；醛酮类 $C_{4\sim12}$烷醛、2-甲基丙醛苯酚、2-甲基丁醛、糠醛、4-顺式-庚烯醛、$C_{3\sim18}$-2-烷酮、丁二酮和3-羟基-2-丁酮；其他成分还有二甲硫醚、硫化氢、甲硫醇、甲基磺酰甲烷、m-甲酚、p-甲酚、香兰素和麦芽酚等。

奶粉加工中香气物质因挥发而部分损失，但加热又产生了一些新的风味物。例如，脱脂奶粉中糠醛、丁酸-2-糠醇酯、烷基吡咯、N-乙基-2-甲酰吡咯、邻甲基苯、苯甲醛和水杨醛的增加使脱脂奶粉具有不新鲜的气味。

发酵乳品是利用一些专门的微生物作用来制造的。如发酵黄油除产生较多的乳酸外，还产生二羟丙酮、3-羟丁酮、乙醛等气味物，使风味发生较大变化。又如酸奶发酵产生了乳酸、乙酸、乙醇、异戊醛和脂肪酸等重要风味成分，酸奶后熟过程中产生的丁二酮已被证明是酸奶重要的特征风味成分。

全世界的奶酪品种有 400 余种，其发酵后熟时间较长，有的需 3 个月的成熟期。奶酪的香气成分非常丰富，它们有游离脂肪酸、β-酮酸、甲基酮、丁二酮、醇类、酯类、内酯类和硫化物等。牛乳的脂肪酸经微生物作用产生甲基酮和醛类，还有内酯类和甲酯、乙酯化合物和许多硫化物，如甲硫氨醛、甲硫醇、二甲硫醚等。乳蛋白质经过微生物的作用降解为酮、酸、醛、醇、硫化物和多肽等成分。不同的加工工艺其风味相差较大，可代表不同的奶酪特色。例如：瑞士干酪中丙酸的含量高，其次是醋酸；意大利干酪中丁酸的含量高。

10.4.5 焙烤或烘烤食品的香气

人们熟悉的焙烤或烘烤食品香气如面包皮香气、爆玉米花香气、焦糖香气、坚果香气等都被发现有吡嗪类、吡咯类、呋喃类、噻吩和噻唑类化合物。面包的香气物质包括醇、酸、酯、羰基化合物、呋喃类、吡嗪类、内酯、硫化物及萜烯类化合物等。如烤面包中有 70 多种羰基化合物和 25 种呋喃类化合物及许多其他挥发物质;焙烤的可可中有 380 种以上香气成分;烘烤的咖啡豆中有 580 种以上香气成分;炒花生中有 280 种以上的香气成分;炒杏仁中有 85 种香气成分。

10.4.6 发酵食品的香气

常见的发酵食品包括酒类、食醋和酱类等。在各种白酒中已鉴定出 300 多种挥发成分,包括醇、酯、酸、羰基化合物、缩醛、含氮化合物、含硫化合物、酚及醚等。前 4 类成分多样,含量也最多。其中乙醇和挥发性的直链或支链饱和醇是最突出的醇,乙酸乙酯、乳酸乙酯和己酸乙酯是主要的酯,乙酸、乳酸和己酸是主要的酸,乙缩醛、乙醛、丙醛、糠醛、丁二酮是贡献大的羰基化合物。泸州大曲的主要呈香物质为己酸乙酯及乳酸乙酯,而茅台酒的主要呈香物质是乙酸乙酯及乳酸乙酯,见表 10-8。

表 10-8 大曲酒与茅台酒的挥发成分/mg·mL^{-1}

成　分	大　曲	茅　台	成　分	大　曲	茅　台
乙醇	0.036	0.049	仲戊醇	0.002	0.001
丙酮	0.003	0.004	正己醇	0.002	—
3-羟基丁酮	0.006	0.008	乙酸乙酯	0.064	0.139
甲醇	0.003	0.003	己酸己酯	0.172	0.017
正丙醇	0.009	0.075	乳酸乙酯	0.104	0.080
正丁醇	0.005	0.006	壬酸乙酯	0.007	0.014
异丁醇	0.008	0.012	癸酸乙酯	0.015	0.003
仲丁醇	0.001	0.004	醋酸异戊酯	0.050	0.053
异戊醇	0.034	0.048	醋酸异丁酯	—	0.004

啤酒也已鉴定出 300 种以上的挥发成分,对香气贡献最大的是醇、酯、羰基化合物、酸和硫化物。葡萄酒中香气物除了醇、酯、羰基化合物外,萜类和芳香族类的含量比较丰富。

食醋中酸、醇和羰基化合物较多,其中乙酸含量高达 4%左右。镇江香醋是我国四大名醋之一,其最主要的感官品质就体现在其独特的香气方面。镇江香醋香气成分主要是酸、酯、醇、酮和杂环类化合物,其中乙酸、乙酸乙酯、糠醛和四甲基吡嗪的含量较高,它们共占到总香气含量的 50%以上。

酱油中除 1%~2%的乙醇外,还含有微量的各种高级醇类,如丙醇、丁醇、异丁醇、异戊醇和 β-苯乙醇等;酱油中约含 1.4%的有机挥发酸,如乙酸、乙酰丙酸、α-丁酮酸等;其酯类物质有乙酸乙酯、丁酸乙酯、乳酸乙酯、丙二酸乙酯和安息香酸乙酯等;在酱油中还有甲硫醇、甲硫氨醛、甲硫氨醇和二甲硫醚等硫化物,特别是二甲硫醚使酱油产生一种青色紫菜的气味。

10.5 果蔬香气形成途径

果蔬香气形成的途径可以分为以下几种：① 果蔬体内生物合成。② 前处理过程酶直接或间接催化；该类反应多发生在果蔬切分、去皮、漂烫、打浆等环节。③ 不同加工处理与贮藏过程的酶与非酶作用。该类反应与加工处理和贮藏的方法有直接的关系，如高温加热、辐照、超高压、冷冻加工和气调保鲜等。

水果香气的形成属于典型的生物合成过程，水果从授粉开始到成熟采摘其酯类、醇类、醛类、酮类、酸类等挥发香气的生成不是一步完成的，而是在水果基因的调控下，按照水果生长发育和成熟的规律分别以氨基酸、脂肪酸、羟基酸、单糖、糖苷或色素等为前体生物合成的。在水果不同香气的合成过程中，复杂的酶体系起着重要的作用。香气前体物积累的浓度高低、植物激素乙烯的启动时间、香气合成酶活性的大小、启动和作用的顺序以及环境的变化影响等因素都不同程度地决定着水果香气的种类、浓度和相互的比例，水果的香气品质只有在上述条件基本稳定的前提下才能得到保证。

10.5.1 氨基酸合成酯类、酚醚类和硫化物的路径

水果的挥发性酯是由直链酯和缬氨酸、异亮氨酸生成的支链酯构成，氨基酸生成支链乙酯的路途受乙烯调控的程度远比生成带支链醇乙酸酯受乙烯调控的程度要大得多。未成熟果蔬的酯香气往往较淡，一般只呈现浓郁的生青气。但随着果蔬的成熟，其组织内氨基酸的积累浓度也随之增加，果蔬生物合成香气的种类和浓度也增加。以氨基酸为前体合成果蔬香气需有复杂的酶系统参与，包括脱氨酶、脱羧酶、脱氢酶和酯合酶等。1996 年 Wyllie 和 Wang 等证实了异亮氨酸到 2-甲基乙酸丁酯的合成路径并支持了支链酯的前体物是支链氨基酸的推测和假说。

苹果、香蕉等生物合成香气的路径如图 10-12。

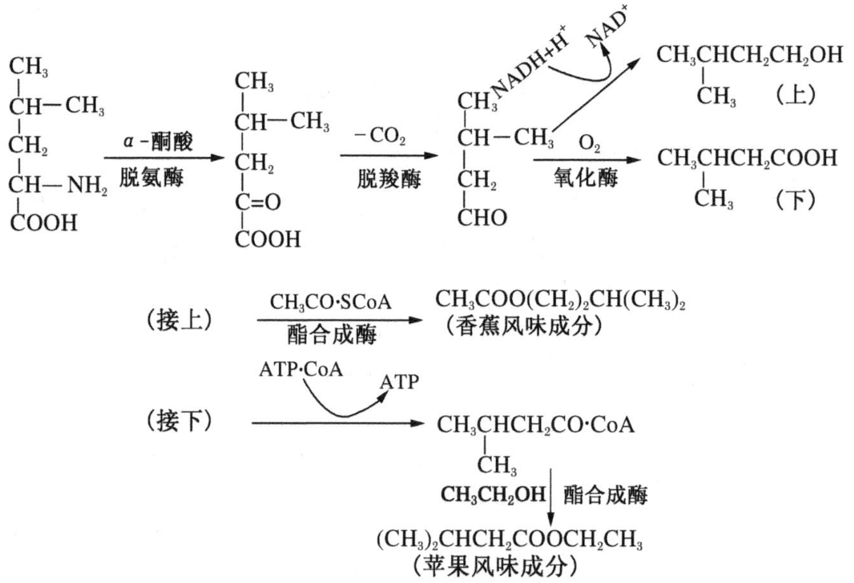

图 10-12 由亮氨酸生成异戊酸酯和异戊醇酯的途径

果蔬中的酪氨酸、苯丙氨酸等芳香族氨基酸在系列酶的催化作用下，可通过莽草酸途径产生酚醚类化合物，见图 10-13。

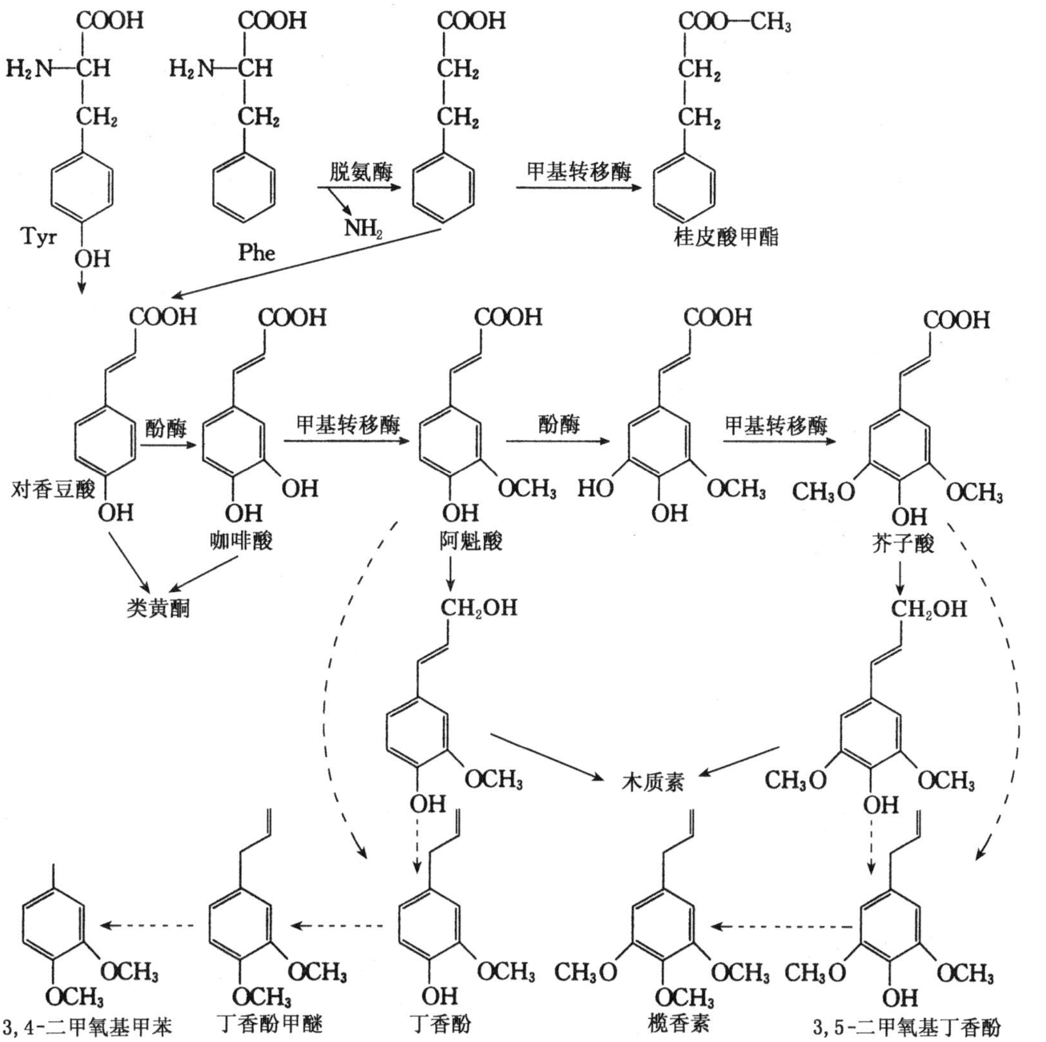

图 10-13　莽草酸途径产生酚醚类化合物

完整的葱蒜一般没有刺激辛辣的风味，加热煮熟或超高压处理的葱蒜也没有辛辣刺激的风味。葱蒜只有在常温有氧破碎时才会产生浓郁的辛辣刺激香气，它是以混合物的形式存在，其反应途径是以半胱氨酸为前体，通过内原性蒜氨酸酶的催化和降解产生，见图 10-14。

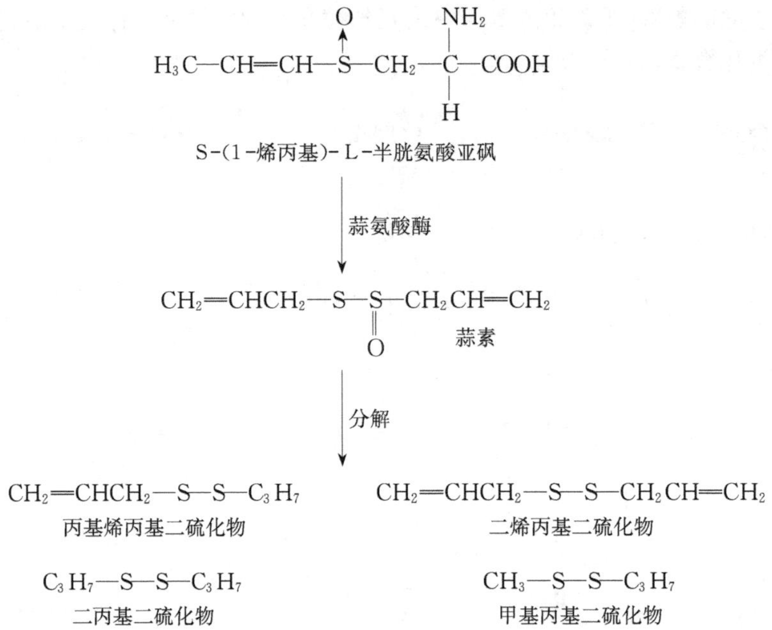

图 10-14 蒜氨酸酶催化反应产生硫化物的途径

10.5.2 不饱和脂肪酸生物合成醇类和醛类的途径

1973 年，Tressl 等研究发现了不饱和脂肪酸经脂氧合酶催化反应产生特有风味成分的途径。该反应普遍存在于水果、蔬菜中，黄瓜、西瓜、甜瓜和番茄等都含有一定量的不饱和 C_6、C_9 醛和醇，它们一般带有青鲜的水果香气，是脂氧合酶系统作用的结果。果蔬在破碎、打浆过程会加速该类反应，一般呈浓郁的青鲜气。但由于该催化反应的产物稳定性差，易继续发生氧化反应，往往在放置过程与空气接触会发生变味。浸泡的生大豆在打浆过程产生豆腥成分的机理也遵循该反应，但由于大豆本身脂氧合酶系统和催化底物性质的差异等因素使反应产物的种类和浓度不同，直接导致生豆浆呈现豆腥味。

水果的成熟度不同其醛类和醇类代谢合成的途径和方向不同。水果在成熟的过程中，乙酸乙酯、乙酸己酯的含量增加较大，前者是在植物激素乙烯的作用下无氧呼吸产生大量的乙醇，并与乙酸合成的产物，而后者是乙酸和己醇生物合成的产物。己醇可通过以亚油酸、亚麻酸为前体，经脂氧合酶、裂解酶、氧化酶和氢化酶的作用途径，使亚油酸、亚麻酸的 C-12～C-13 位双键裂解，生成己醛或 3-顺-己烯醛，并氢化为己醇，再通过酯酶的作用与乙酸合成乙酸己酯。乙酸乙酯、乙酸己酯的合成在水果成熟时已基本完成，同时，亚油酸 C-9～C-10 位双键的裂解不是主要的方向，因为在成熟水果中虽然检测到了 3-顺-壬烯醇，其含量并不高，相反，在成熟水果中检测到了大量的 3-顺-己烯醇，它是亚麻酸通过酶体系的作用，经 C-12～C-13 位双键裂解而产生的，是水果成熟过程中亚麻酸的 C-12～C-13 位双键裂解的主要方向。研究表明，未成熟哈密瓜中含有大量的 3-顺-壬烯醇、2-反-壬烯醛和一定的 2-反-壬烯醇，它们是亚油酸通过酶体系作用于 C-9～C-10 位双键产生的，是亚油酸的主要裂解方向。2-反，6-顺-壬二烯醛、壬醇、壬醛则是亚麻酸 C-9～C-10 位的双键裂解的产物，未成熟哈密瓜中亚麻酸的裂解是以 C-9～C-10 位的双键裂解为主要方向。成熟哈密瓜主要以亚油酸、亚麻酸的C-12～C-13位双键的裂解为主要方向，反应产物主要为己醇，是大量己酯类香气合成的前体。

不饱和脂肪酸合成醇类和醛类的途径见图10-15、图10-16。

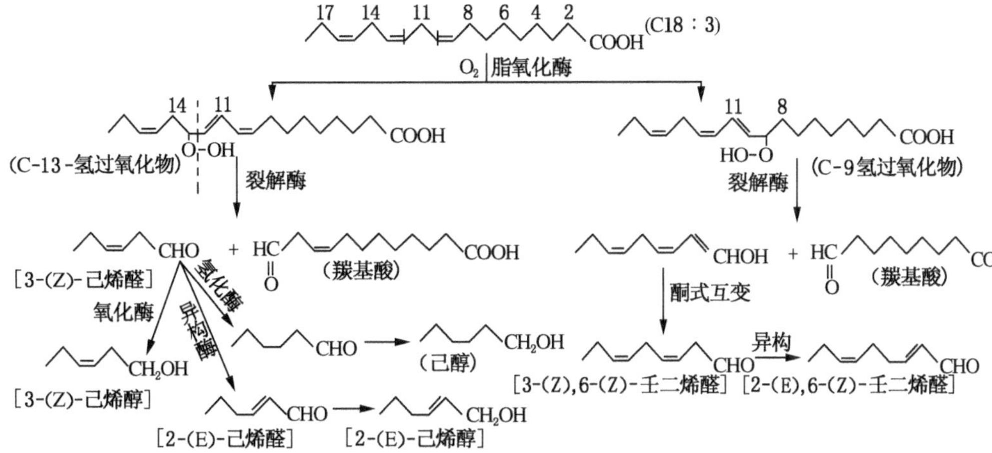

图10-15 从亚麻酸生成C-6和C-9的烯醛、烯醇的合成途径

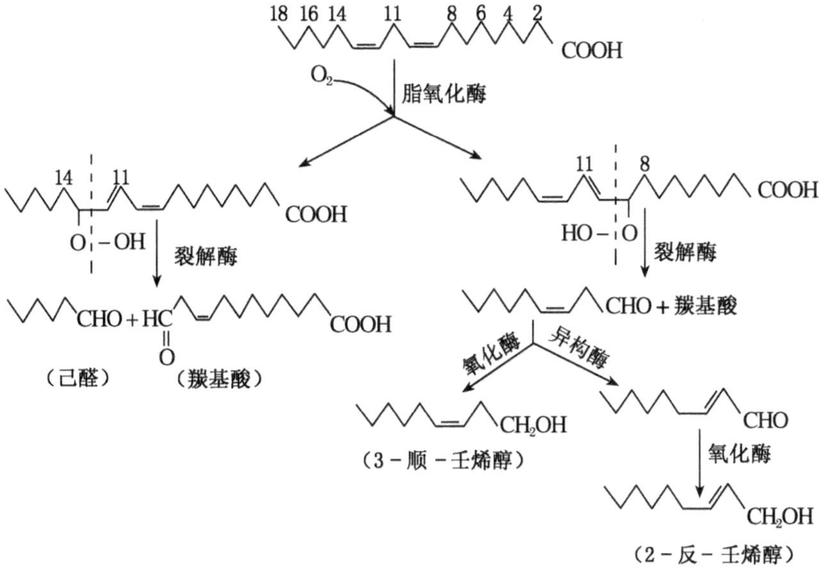

图10-16 从亚油酸生成C-6和C-9醛、醇类的途径

10.5.3 脂肪酸β-氧化生成酯类的途径

1974年Jennings和Tressl提出了西洋梨后熟过程2-反,4-顺-癸二烯酸乙酯的形成途径，即亚油酸被连续β-氧化降解，每个降解循环使链长缩短两个碳，同时有酶系统参加催化反应。梨、苹果和葡萄中发现的2-反,4-顺-癸二烯酸乙酯都遵循该形成途径，如图10-17。

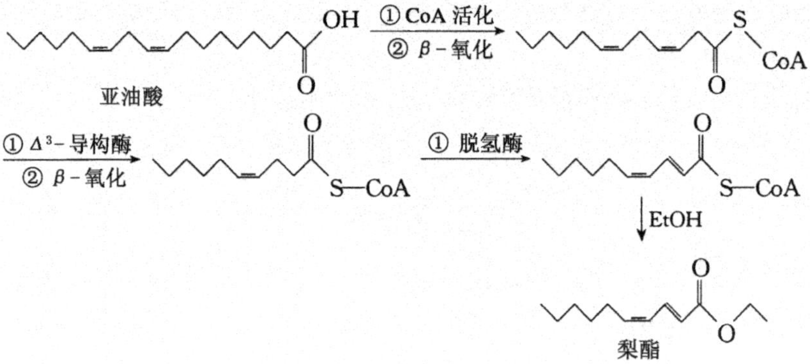

图 10-17　2-反,4-顺-癸二烯酸乙酯(梨酯)的形成

10.5.4　香叶醛、α-甜橙醛和诺卡酮的生物合成

1988 年 Solomons 发现并提出了香叶醛、α-甜橙醛和诺卡酮的生物合成途径，见图 10-18。柠檬醛(香叶醛和 β-柠檬醛的混合物)是柑橘的特征香气成分之一，诺卡酮则是柚子呈苦味的关键成分。萜类成分香叶醛、α-甜橙醛和诺卡酮都具有共同的前体物 3,5-二羟基-3-甲基戊酸和"异戊二烯"单元。香叶醛的形成过程是焦磷酸香叶醇酯的氧化，而焦磷酸香叶醇酯是两个异戊二烯单元规则的头尾连接的产物。α-甜橙醛是形成于焦磷酸法尼酯的规则的倍半萜烯，香叶醛和 α-甜橙醛都是规则的非环化萜烯类化合物，而诺卡酮则必须经两个环化步骤和一个[1,2]甲基转换才能形成。

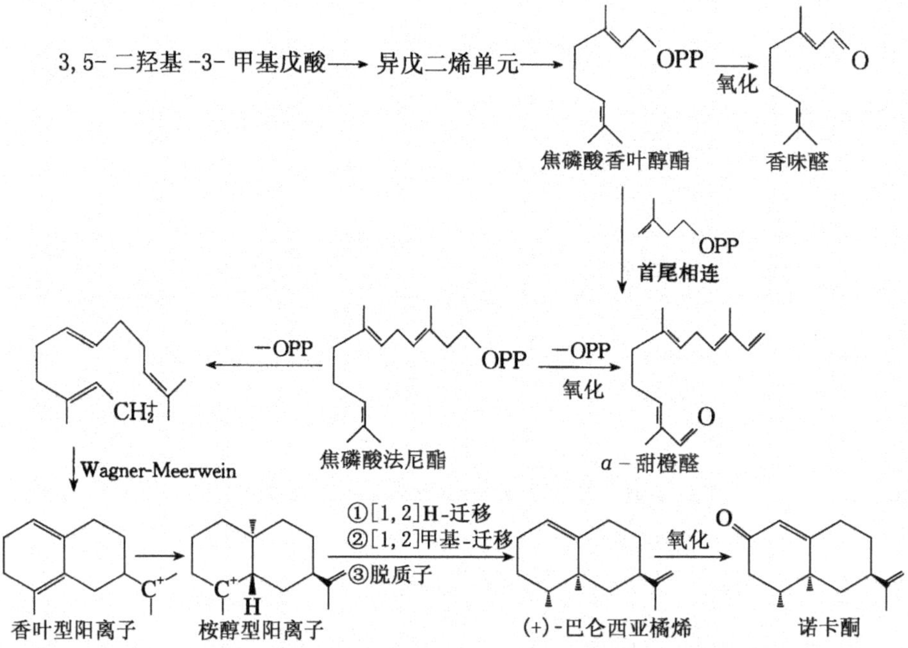

图 10-18　香叶醛、α-甜橙醛和诺卡酮的生物合成

10.5.5 单糖、糖苷为前体的生物合成途径

果蔬中含有不同种类的单糖如果糖和葡萄糖等，它们是果蔬香气生物合成的前体物质。其生物合成途径首先是在无氧代谢的条件下，单糖合成丙酮酸，在脱氢酶的催化下氧化脱羧生成活性乙酰辅酶 A，同时再通过（1）、（2）两个途径合成酯类，见图 10-19。

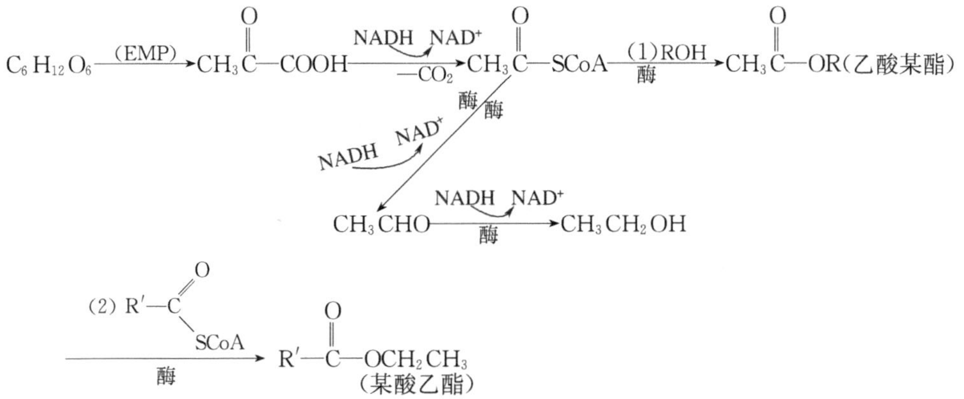

图 10-19 单糖生物合成酯类的途径

十字花科蔬菜如萝卜、芥末、卷心菜、甘蓝、花椰菜等在破碎时都有不同程度的辛辣刺激味产生，这些挥发性较强的风味物主要是异硫氰酸酯类物质。它们产生的途径主要是以硫代葡萄糖苷为风味前体物，通过芥子硫苷酸酶的催化作用产生，异硫氰酸酯和异硫氰酸烯丙酯(Allyl Isothiocynate，AITC)。温水提取芥末时辛辣刺激风味产生的途径见图 10-20。硫代葡萄糖苷侧链 R 基团的结构不同，其构成的硫代葡萄糖苷种类也不同，一般有甲基硫代葡萄糖苷、烯丙基硫代葡萄糖苷、烯丁基硫代葡萄糖苷、苄基硫代葡萄糖苷、2-苯基乙基硫代葡萄糖苷、吲哚-3-甲基硫代葡萄糖苷、1-甲氧基吲哚-3-基甲基硫代葡萄糖苷、4-羟基吲哚-3-基甲基硫代葡萄糖苷和 4-甲氧基吲哚-3-基甲基硫代葡萄糖苷等，它们共同构成了芥末的辛辣风味，其中以异硫氰酸烯丙酯为主。

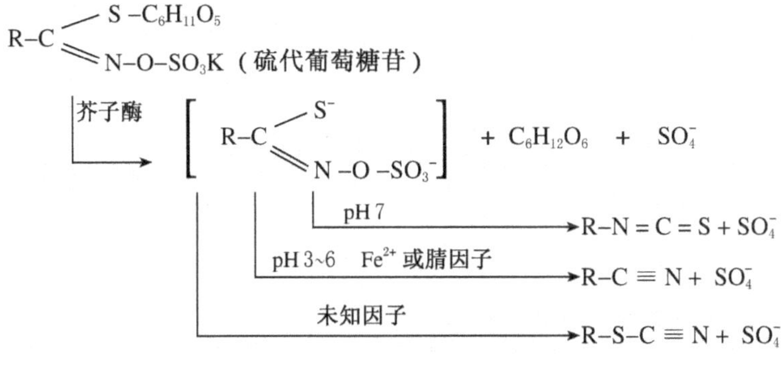

图 10-20 芥末中糖苷物质生物合成辛辣物的途径

(D I Mc Gregor，W J Mullin. Review of analysis of glucosinolates. J. Assoc. Off. Anal. Chem.，1983(66)：825～849)

食品呈香物质形成的基本途径，除了生物体合成外，大部分都是通过在贮存和加工中的酶与非酶反应产生的。这些反应的前体物质主要有糖类、蛋白质、脂肪、核酸和维生素等，且

由于加工处理和贮藏条件的不同导致其形成途径也不相同，其对食品质量与安全的影响值得高度关注，如丙烯酰胺、反式脂肪酸的产生和营养素的降解等，在此不再赘述。

10.6 食品香气调控的方法

10.6.1 酶调控食品香气的方法

酶调控食品香气的方法指通过激活或抑制食品中的风味酶，最终达到改善食品香气的加工处理方法。如黑芥子硫苷酸酶、大蒜和洋葱的蒜氨酸酶等在脱水干燥时，其中的风味酶活性降低或完全失活，即使将干燥蔬菜复水也没有原来的新鲜香气，但在干燥蔬菜复水时加入风味酶酶液，就能获得近似新鲜蔬菜的风味。再如为了得到刺激味轻的大蒜、洋葱等产品，可通过超高压、辐照、冷冻等非热力处理方法钝化或抑制蒜氨酸酶，从而得到刺激味淡的大蒜和洋葱。

大豆制品中由于含有一些中长碳链的醛类化合物而产生豆腥气味。这些醛类大部分和大豆蛋白结合在一起，用化学或物理方法完全除掉相当困难。而利用醇脱氢酶和醇氧化酶来将这些醛类氧化，便可除去它们产生的豆腥气味。有时为了增强果蔬中的风味，可激活风味酶，加速其反应。如黄瓜、番茄、大蒜、洋葱、西瓜、草莓、桑果等经过破碎、打浆等处理来增强脂氧合酶、蒜氨酸酶和氧气对风味前体的催化作用，从而得到风味更浓郁的产品。也有通过添加糖苷酶降解富含糖苷类物质的葡萄酒、哈密瓜、葡萄汁和苹果汁等，得到大量小分子香气物质，并进而改善其香气品质。

10.6.2 微生物调控食品香气的方法

利用产香微生物发酵食物的方法可赋予产品特有的香气。将葡萄皮上分离得到一些产香酵母菌接种到果蔬汁等产品中发酵往往会产生浓郁的果香气，如将玫瑰香葡萄分离的一株酵母菌接种到香梨汁中发酵产生了类似鲜桃的香气。发酵乳制品中的某些微生物能产生柠檬酸、乳酸和发酵香，并能将柠檬酸和在代谢过程中产生的 α-酰乳酸转变成具有发酵乳制品特征香气的丁二酮。酸奶还可通过控制其发酵条件来控制香气。如当氧气充足时，酸奶中的产香菌能将 α-乙酰乳酸氧化生成丁二酮，而在缺氧时，则会生成没有香气的 2,3-丁二醇。

有时可利用微生物的作用来抑制某些气味的生成。例如，脂肪和家禽肉在储存过程中会生成气味不良的低级脂肪醛类化合物。如利用一种叫 Pseudomonas 的微生物，就能抑制部分低级脂肪醛的生成，并且还会使过氧化物的含量降低。

10.6.3 稳定和掩蔽香气的方法

香气物质的稳定性是由本身和食物的结构与性质所决定的。如完整无损的细胞比经过研磨、均质等加工后的细胞能更好地结合香气物质；加入软木脂或角质后，也会使香气成分的渗透性降低而易于保存。可采用的稳定香气的方法有下面两种。

(1) 形成包含物

形成包含物是指在食品微粒表面形成一种水分子能通过而香气成分不能通过的半渗透

性薄膜。这种包含物一般是在食品干燥过程中形成的，当加入水后又易将香气成分释放出来，如香精的缓释微胶囊等。成薄膜的物质有纤维素、淀粉、糊精、果胶、琼脂、羧甲基纤维素等。

(2) 物理吸附作用

通过物理吸附作用(如溶解或吸收)与食物成分结合。一般液态食品比固态食品有较大的吸附力，脂肪比水有更大的黏结性，相对分子质量大的物质对香气的吸收性较强等。如用糖来吸附醇类、醛类、酮类化合物，用蛋白质来吸附醇类化合物。

从感觉的角度讲，人在感受了A和B气味之后，经过大脑的"融合"，变成另一种嗅感或无嗅感的现象是存在的。从理论上讲，将某一气味完全抵消另一气味是可行的。加入某种物质来对异味进行隐蔽或变调就成为常用的方法。使用其他强烈气味来掩盖某种气味，称为掩蔽作用。使某种气味与其他气味混合后性质发生改变的现象，叫变调作用。这些方法都可根据加工产品的要求进行选择性使用，以期达到改善产品香气品质的目的。

10.6.4 增强食品香气的方法

目前主要采用两种途径来增强食品香气：一是加入食用香精以达到直接增加香气成分的目的；二是加入香味增强剂，提高和改善嗅细胞的敏感性，加强香气信息的传递。香味增效剂有各种类型，呈现出不同的增香效果。有的增效作用较为单一，只对某种类食品有效果；有的增香范围广泛，对各类食品都有增香作用。在生产实践中应用较多的主要是合成的或天然的香精香料以及具有焦糖香气或水果甜香的麦芽酚和乙基麦芽酚等。

食品中添加麦芽酚和乙基麦芽酚会使食品产生麦芽酚固有的香蜜饯香气和水果香气。有时它能对某一主要成分的香气起增效作用，如氨基酸明显增加肉香、天然果汁增加水果风味等。乙基麦芽酚的增香作用约为麦芽酚的6倍。麦芽酚在一些食品中添加量见表10-9。

表10-9 麦芽酚在一些食品中的用量/$mg \cdot kg^{-1}$

食品名称	用量	食品名称	用量	食品名称	用量
低热量饮料	20	冰淇淋	10～30	果汁粉	10～100
葡萄汁	10～50	巧克力布丁	75	曲奇饼	75～250
番茄汁	100	椰子布丁	75	饼干	75
发酵牛奶	100～200	橘子胨	150	番茄肉汤	130～350
果酒	20～200	草莓酱	50～175	粉末肉汤	100

为了解决或减轻营养成分与风味间可能存在的某些矛盾，世界各国的食品科技工作者都十分重视对食品香气的控制、稳定和增强等方面的研究。

10.7 香气物质的提取、分离与鉴定

选择合适的食品香气物质提取分离方法至关重要，它是香气研究的基础和重要内容。合理的提取分离方法能够得到食品的所有特征香气，并尽量保证食品在前处理过程中没有

新的挥发成分产生。

食品香气物质分离的方法有蒸馏法、溶剂萃取法、吹扫-捕集法、超临界流体萃取法、固相微萃取法、全蒸发法和分子蒸馏法等。目前,同时蒸馏萃取法(Simultaneous Distillation Extraction ,SDE)、超临界流体萃取(Supercritical Fluid Extraction,SFE)和固相微萃取(Solid Phase Microextraction,SPME)等方法已得到广泛的应用。

选择分离方法应明确以下内容:香味化合物的挥发性和沸点;香味化合物的极性;香味化合物的高温稳定性及氧的影响;香味化合物在产品中的浓度;是定性分析,还是定量分析;挥发性物质在整个产品中的分布;产品的自然状态和总组成。若食品香味物质对热敏感,应采用低温分离;若食品香味物质对氧化作用敏感,应排除氧的干扰。在选择方法以制备香味浓缩物时要考虑浓度和分析目的。考虑食品中香味物质分布的不均匀性,分析之前可先把载香物质(如脂肪)从食品中分离出来,再选择分离方法。由于蛋白质和一些大分子组分能与香味物质结合,食品的总组成将在一定程度上决定从食品基质回收的香味物质的百分比。

提取分离得到的香气物质需用 GC 色谱进一步分离,然后再通过多种仪器的配合来鉴定其结构,确定其特征香气物质。常见的鉴定方式有气相-质谱色谱联用仪(GC - MS)法、红外光谱法、核磁共振法等。同时,还需采用 GC - MS 与嗅探(sniffering)联用法、香气稀释法(AEDA)和结合享受香气响应测量法(CHARM)等进行特征香气成分的确定。

思考与练习

1. 食品呈味物质有哪些?其在食品加工中是如何应用的?
2. 简述主要水果、蔬菜的特征香气成分及其特点。
3. 简述食品香气成分形成的机理和调控的方法。
4. 简述食品风味酶在果蔬香气调控中的应用。
5. 比较食品香气基本的前处理方法的优缺点。
6. 简述食品香气鉴定的方法和技术。

11 食品内源性有害成分

11.1 引言

食品中主要有毒有害物质按其性质可分为生物性、物理性和化学性。① 生物性：主要有微生物、寄生虫、昆虫等。② 物理性：主要是放射性元素^{139}铯和^{90}锶等。③ 化学性：主要有化学农药，食品添加剂，工业中未处理的废水、废气、废渣等。

食品中主要有毒有害物质按其作用形式可分为内源性（或内因性）、外源性（或外因性）和诱发性。① 内源性：是指动植物中所含有的天然有毒有害的物质。② 外源性：是指食品或原材料中本来没有而在加工过程中受到污染的有毒有害物质。③ 诱发性：是指食品加工或贮藏过程中产生的有毒有害物质。

当今，随着国家对食品安全的日益重视，人们对化学物质引起的食品安全性问题有不同程度的了解，却忽视了食品本身所具有的内源性有害成分。事实上，因食品内源性有害成分——动植物中的天然毒素引起的食物中毒事件不断发生，由此给人体造成的危害十分严重。所以，有必要了解食品内源性有害成分的分类、食品中有害成分的分布及安全性评价等。

11.2 食品内源性有害成分的分类

食品中内源性有毒成分种类繁多，结构复杂，与人类关系密切的主要有下面几种。

11.2.1 苷类

在植物中，糖分子中的半缩醛羟基和非糖化合物中的羟基缩合而成具有环状缩醛结构的化合物称为苷，又叫配糖体或糖苷。苷类一般味苦，可溶于水和醇中，易被酸或酶水解，水解的最终产物为糖及苷元。苷元是苷中的非糖部分。由于苷元的化学结构不同，苷的种类也有多种，主要有氰苷、皂苷等。

1）氰苷

氰苷是结构中含有氰基的苷类。其水解后产生氢氰酸，从而对人体造成危害，因此，有人将氰苷称为生氰糖苷。生氰糖苷由糖和含氮物质（主要为氨基酸）缩合而成，能够合成生氰糖苷的植物体内含有特殊的糖苷水解酶，将生氰糖苷水解产生氢氰酸。

氰苷能麻痹咳嗽中枢，因此有镇咳作用，但过量可引起中毒。氰苷对人的致死量以体重计为18 mg/kg。氰苷的毒性主要来自氢氰酸和醛类化合物的毒性。氰苷所形成的氢氰酸被吸收后，随血液循环进入组织细胞，并透过细胞膜进入线粒体，与线粒体中细胞色素氧化酶的铁离子结合，导致细胞的呼吸链中断，造成组织缺氧，体内的二氧化碳和乳酸量增高，机体陷入内窒息状态。氢氰酸的口服最大剂量以体重计为0.5～3.5 mg/kg。

氰苷引起的慢性氰化物中毒现象也比较常见。在一些以木薯为主食的非洲和南美地区，就存在慢性氰化物中毒引起的疾病。虽然含氰苷植物的毒性决定于氰苷含量的高低，但还与摄食速度、植物中催化氰苷水解酶的活力以及人体对氢氰酸的解毒能力大小有关。

预防措施如下：首先，不直接食用各种生果仁，对杏仁、桃仁等果仁及豆类在食用前要反复用清水浸泡，充分加热，以去除或破坏其中的氰苷。其次，在习惯食用木薯的地方，要注意饮食卫生，严格禁止生食木薯，食用前去掉木薯表皮，用清水浸泡薯肉，使氰苷溶解出来。第三，发生氰苷类食品中毒时，应立刻给病人口服亚硝酸盐或亚硝酸酯，使血液中的血红蛋白转变为高铁血红蛋白，高铁血红蛋白的加速循环可将氰化物从细胞色素氧化酶中脱离出来，使细胞继续进行呼吸作用。再给中毒者服用一定量的硫代硫酸钠进行解毒，被吸收的氰化物可转化成硫氰化物而随尿排出。

2）皂苷

皂苷又叫皂素，是类固醇或三萜系化合物的低聚配糖体的总称。由于其水溶液振摇时能产生大量泡沫，与肥皂相似，所以称皂苷。皂苷是由皂苷配基通过3β-羟基(C_3—OH)与低聚糖糖链缩合而成的糖苷。甾族皂苷的皂苷配基是螺甾烷的衍生物，三萜皂苷的皂苷配基通常为27个碳原子组成的三萜类化合物。皂苷对黏膜，尤其对鼻黏膜的刺激性较大，内服量过大可引起食物中毒。

11.2.2 生物碱

生物碱是一类具有复杂环状结构的含氮有机化合物，有类似碱的性质，可与酸结合成盐，在植物体内多以有机酸盐的形式存在。其分子中具有含氮的杂环，如吡啶、吲哚、嘌呤等。生物碱多数为无色味苦的固体，游离的生物碱一般不溶或难溶于水，易溶于醚、醇、氯仿等有机溶剂，但其无机酸盐或小分子有机酸易溶于水。生物碱的生理作用差异很大，引起的中毒症状各不相同。

11.2.3 酚类及其衍生物

酚类及其衍生物主要包括简单酚类、黄酮、异黄酮、香豆素和鞣酸等多种类型化合物，是植物中最常见的成分。

11.2.4 毒蛋白和肽

蛋白质是生物体中最复杂的物质之一。当异体蛋白质注入人体组织时可引起过敏反应，内服某些蛋白质也可产生各种毒性。植物中的胰蛋白抑制剂、红血球凝集素、蓖麻毒素等均属有毒蛋白，动物中鲇鱼、鳇鱼等鱼类的卵中含有的鱼卵毒素也属于有毒蛋白。此外，毒蘑菇中的毒伞菌、白毒伞菌等含有毒肽和毒伞肽。

11.2.5 酶类

某些植物中含有对人体健康有害的酶类。它们会分解维生素等人体必需成分或释放出有毒化合物。如蕨类中的硫胺素酶可破坏动植物体内的硫胺素，引起人的硫胺素缺乏症；豆类中的脂肪氧化酶可氧化降解豆类中的亚油酸、亚麻酸，产生众多的降解产物，现已鉴定出近百种氧化产物，其中许多成分可能与大豆的腥味有关，从而不仅产生了有害物质，而且降低了大豆的营养价值。

11.2.6 非蛋白类神经毒素

这类毒素主要指河豚毒素、肉毒鱼毒素、螺类毒素和海兔毒素等，多数分布于河豚、蛤类、螺类和海兔等水生动物中，它们本身没有毒，却因摄取了海洋浮游生物中有毒藻类(如甲藻、蓝藻等)，或通过食物链间接摄取将毒素积累和浓缩于体内。

11.2.7 组胺

组胺又名组织胺，分子式为 $C_5H_9N_3$，相对分子质量为 111，化学名为 2 -咪唑基乙胺。组胺为无色针状晶体，熔点为 83～84℃，沸点为 209～210℃，溶于水和乙醇。

组胺是鱼体中的游离组氨酸在组氨酸脱羧酶催化下发生脱羧反应而形成的一种胺类，反应如下：

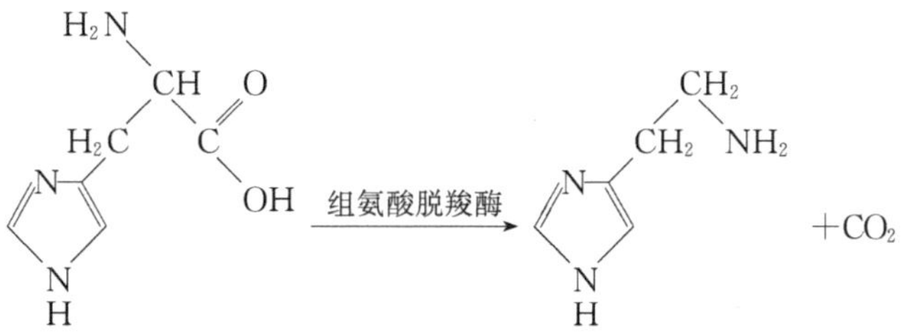

组氨酸　　组胺

组胺中毒主要是刺激心血管系统和神经系统，促使毛细血管扩张充血，使毛细血管通透性增加，使血浆进入组织，血液浓缩，血压下降，心率加速，使平滑肌发生痉挛。这种中毒发病快，潜伏期一般为 0.5～1 h，长者可达 4 h。主要表现为脸红、头晕、心率加快、胸闷和呼吸急迫等。部分病人眼结膜充血、瞳孔散大、脸发胀、四肢麻木和发生荨麻疹，但大多数人症状轻、恢复快，死亡者少。

11.2.8 植物中的其他有毒物质

1) 硝酸盐和亚硝酸盐

叶菜类蔬菜中含有较多的硝酸盐和极少量的亚硝酸盐。一般来说，蔬菜能主动从土壤中富集硝酸盐，其硝酸盐的含量高于粮谷类，尤其叶菜类的蔬菜含量更高。人体摄入的 NO_3^- 中 80％以上来自所吃的蔬菜，蔬菜中的硝酸盐在一定条件下可还原成亚硝酸盐，当其蓄积到较高浓度时，食用后就能引起中毒。

2) 草酸和草酸盐

草酸在人体内可与钙结合形成不溶性的草酸钙，不溶性的草酸钙可在不同的组织中沉积，尤其在肾脏，人食用过多的草酸也有一定的毒性。常见的含草酸多的植物主要有菠菜等。

11.2.9 动物中的其他有毒物质

畜禽是人类动物性食品的主要来源，但其体内的腺体、脏器和分泌物，如摄食过量或误食，可干扰人体正常代谢，引起食物中毒。

1）肾上腺皮质激素

在家畜中，由肾上腺皮质激素分泌的激素为脂溶性类固醇（类甾醇）激素。如果人误食了家畜肾上腺，那么会因该类激素浓度增高而干扰人体正常的肾上腺皮质激素的分泌活动，从而引起系列中毒症状。

预防措施：要加强兽医监督，屠宰家畜时将肾上腺除净，以防误食。

2）甲状腺激素

甲状腺激素是由甲状腺分泌的一种含碘酪氨酸衍生物。若人误食了甲状腺，则体内的甲状腺突然增高，扰乱了人体正常的内分泌活动，从而表现一系列的中毒症状。甲状腺激素的理化性质非常稳定，在600℃以上的高温才可以被破坏，一般烹调方法难以去毒。

预防措施：屠宰家畜时将甲状腺除净，且不得与“碎肉”混在一起出售，以防误食。如果一旦发生甲状腺中毒，可用抗甲状腺素药及促肾上腺皮质激素急救，并对症治疗。

3）动物肝脏中的有毒物质

肝脏是动物最大的解毒器官，动物体内各种毒素，大都经过肝脏处理、转化、排泄或结合。动物肝脏中主要的毒素是牛磺胆酸、脱氧胆酸和胆酸。其中，牛磺胆酸的毒性最强，脱氧胆酸次之。它们的结构式如图11-1所示。

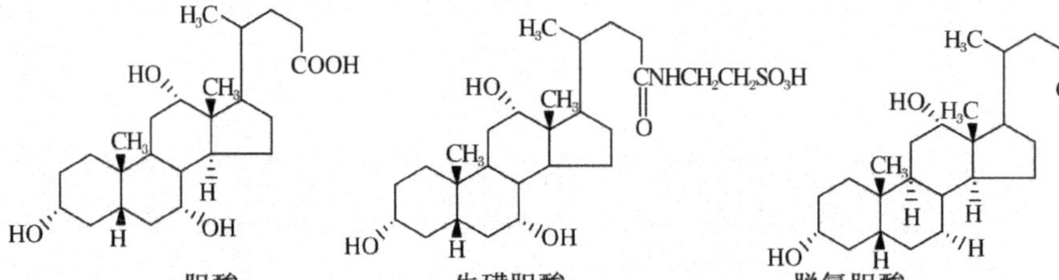

图11-1 胆酸的结构

许多研究表明，脱氧胆酸对结肠癌、直肠癌的发生起促进作用。但猪肝中的胆酸含量较少，一般不会产生明显的毒性作用。

此外，动物性肝脏中含有大量的维生素A，若大量食用其肝脏，则因维生素A食用过多而发生急性中毒。

预防措施：首先，要选择健康肝脏食用。肝脏淤血，异常肿大，流出污染的胆汁或见有虫体等，均视为病态肝脏，不可食用。其次，对可食的肝脏，吃前必须彻底清除肝内毒物。

11.3 食品中有害成分的分布

11.3.1 含苷类物质

苷类在动植物中分布广泛，含苷类的植物有豆科、蔷薇科、葫芦科和苋科等，动物有海参和海星等。

1) 苦杏仁

苦杏仁中苦杏仁苷是有毒的化学成分。苦杏仁苷口服后易在胃肠道中分解出氢氰酸，故毒性要比静脉注射大 40 倍左右。人静脉注射约 5 g(相当于每千克体重 0.07 g)即可致死。苦杏仁中的苦杏仁苷在人咀嚼时和在胃肠道中经酶水解后可产生有毒的化学成分氢氰酸，该物可抑制细胞内氧化酶活性，使人的细胞发生内窒息，同时氢氰酸可反射性刺激呼吸中枢，使之麻痹，造成人的死亡。

苦杏仁中毒多发生于杏子成熟收获季节，常见于儿童因不了解苦杏仁毒性，生吃苦杏仁，或不经医生处方自用苦杏仁煎汤治疗咳嗽而引发中毒。

苦杏仁中毒潜伏期一般为 1～2 h。先有口中苦涩、头晕、恶心、呕吐、脉搏加快以及四肢无力等症状，继而出现不同程度的呼吸困难、胸闷，严重者昏迷甚至死亡。

预防措施：宣传苦杏仁中毒的知识，尽量不吃苦杏仁。当用苦杏仁做咸菜时，应反复用水浸泡，充分加热，使氢氰酸挥发掉后再食用。

2) 木薯

木薯中含有一种亚麻配糖体，遇水时，经过其所含的亚麻配糖体酶作用，可以析出游离的氢氰酸而致中毒。氢氰酸被吸入或内服达每千克体重 1 mg 时，即可导致迅速死亡。但木薯内的配糖体不能在酸性的胃液中水解，其水解过程多在小肠中进行，或因亚麻糖体在烹煮过程中受到破坏而影响水解速度，故其中毒的潜伏期比无机氰化物长。

本品水解以后产生糖和氢氰酸等物质，氰离子进入人体后迅速与细胞色素氧化酶的三价铁结合，并阻碍其细胞色素的氧化作用，抑制细胞呼吸，导致细胞内窒息、组织缺氧。中枢神经系统对缺氧最为敏感，故脑神经首先受到损害。氢氰酸本身还可损害延脑的呼吸中枢及血管运动中枢，由于中枢神经系统的损害，所以中毒开始时，延脑的呕吐中枢和呼吸中枢、迷走神经、扩瞳肌及血管运动神经等均见兴奋，其后转为抑制、麻痹。如有极微量的氢氰酸在胃内放出，可以有腐蚀作用，引起胃炎症状。

预防措施：应该加强宣传，千万不能生吃木薯；木薯加工首先必须去皮，然后洗涤薯肉，用水煮熟；煮木薯时一定要敞开锅盖，再将熟木薯用水浸泡 16 h，煮薯的汤及浸泡木薯的水应弃去；不能空腹吃木薯，一次也不能吃得太多，儿童、老人、孕妇及体弱的人均不宜吃。

3) 芦荟

芦荟全株或叶汁及其干燥品均有毒。研究证明，芦荟全株液汁中含芦荟素约 25%，树脂约 12.6%，还含少量芦荟大黄素。主要有毒成分是芦荟素及芦荟大黄素。芦荟素中主要含芦荟苷(羟基蒽醌衍生物)及少量的异芦荟苷、β-芦荟苷。其主要的毒作用是对肠黏膜有较强的刺激作用，可引起明显的腹痛及盆腔充血，严重时造成肾脏损害。芦荟的泻下作用很强，其液汁干燥品服 0.1～0.2 g 即可引起轻泻，服 0.25～0.5 g 可引起剧烈腹泻。在所有含蒽苷类的泻药中，芦荟对肠的刺激作用最强。

4) 皂荚

皂荚的有毒成分是皂角皂苷。皂苷具有溶血作用，它不被胃肠吸收，一般不发生吸收性中毒，但对胃肠有刺激作用，大量服用时可引起中枢神经系统紊乱，也可引起急性溶血性贫血。

5）桔梗

桔梗中的有毒成分为皂苷。桔梗皂苷具有强烈的黏膜刺激性，具有一般皂苷所具有的溶血作用，但口服溶血现象较少发生。

6）海参

海参属于棘皮动物门的海参纲，生活在海水中的岩礁底、沙泥底、珊瑚礁底。它们活动缓慢，在饵料丰富的地方，其活动范围很小，主要食物为混在泥沙或珊瑚泥沙里的有机质和微小的动植物。

海参是珍贵的滋补食品，有的还具有药用价值。但少数海参含有毒物质，食用后可引起中毒。全世界的海参有 1 100 种，分布在各个海洋，其中有 30 多个品种有毒。在我国沿海有 60 多种海参，有 18 种是有毒的。

多数具毒海参的内脏和体液中都存在有海参毒素。当海参受到刺激或侵犯时，从肛门射出毒液或从表皮腺分泌大量黏液状毒液抵抗侵犯或捕获小动物。海参毒素是一类皂苷化合物，具有类似配糖体变态的羊毛甾醇。海参毒素具有强的溶血作用，这可能是脊椎动物中毒致死的主要原因。此外，海参毒素还具有细胞毒性和神经肌肉毒性。人除了误食海参发生中毒外，还可因接触由海参排出的毒黏液引起中毒。

在一般的海参体内，海参毒素很少，即使食用少量的海参毒素，也能被胃酸水解为无毒的产物，所以，常吃的食用海参是安全的。

7）海星

海星种类很多，全世界有 1 200 多种，广泛分布于各个海洋。有毒海星在我国有 10 种。海星毒素是一种皂角苷，可以使细胞表面发生改变，破坏细胞膜和组织膜的完整性，具有很强的溶血性，溶于水和含水乙醇，不溶于脂肪性溶剂。这种毒素的水解产物与海参毒素水解产物相类似，含有葡萄糖、木糖、甲基葡萄糖和 3－*O*－甲基葡萄糖。

11.3.2 含生物碱类物质

生物碱的种类很多，已发现的就有 2 000 种以上，绝大多数存在于 100 多个科的植物中，如茄科、毛茛科、豆科等。

1）烟草

烟草的茎、叶中含有多种生物碱，已分离出的生物碱就有 14 种之多，生物碱的含量占 1%～9%，其中主要有毒成分为烟碱，烟碱占生物碱总量的 93%，尤以叶中含量最高。一支纸烟含烟碱 20～30 mg。烟碱为脂溶性物质，可经口腔、胃肠道、呼吸道黏膜及皮肤吸收。进入人体后，一部分暂时蓄积在肝脏内，另一部分则可氧化为无毒的 β-吡啶甲酸（烟酸），而未被破坏的部分则可经肾脏排出体外；同时也可由肺、唾液腺和汗腺排出一小部分；还有很少量可由乳汁排出，此举会减弱乳腺的分泌功能。

烟碱的毒性与氢氰酸相当，急性中毒时的死亡速度也几乎与之相同（5～30 min 即可死亡）。在吸烟时，虽大部分烟碱被燃烧破坏，但可产生一些致癌物。研究证明，吸烟会降低脑力及体力劳动者的精确反应能力。吸烟过多可产生各种毒性反应，由于刺激作用，可致慢性咽炎以及其他呼吸道症状，肺癌与吸烟有一定的相关性。此外，吸烟还可引起头痛、失眠等神经症状。

2）颠茄

颠茄常用作药物，因毒性较大，一般只作外用，不可内服，如果不慎误服将导致中毒。颠茄中含有的生物碱——茄碱是有毒成分，以未成熟的果实中含量最多。

11.3.3 含酚类物质

酚类主要包括简单酚类、黄酮、异黄酮、香豆素、鞣酸等多种类型化合物，是植物中最常见的成分。含酚类的物质主要有棉花、大麻等。

1）棉花

我国种植的棉花属于陆地棉及草棉，棉花全株有毒，所含棉酚有游离和结合两种，两者之和即为总棉酚。棉酚是萘的衍生物，分子式为 $C_{30}H_{30}O_8$，相对分子质量为 518，该化合物在结构上有三种形式，即醛、烯醇、醌式互变异构，其结构如图 11-2 所示。

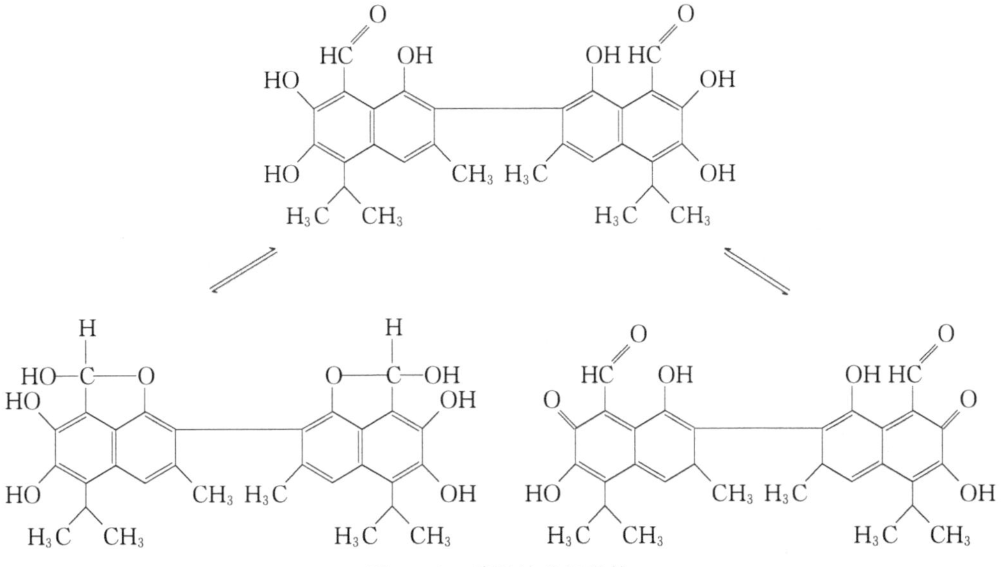

图 11-2　棉酚的分子结构

棉酚在棉子中含量为 0.15%～1.8%，其中棉壳中含 0.005%～0.01%，在棉仁中含 0.5%～2.5%。一般产生毒性者为游离棉酚，游离棉酚是一种含酚毒苷，或为血浆毒和细胞原浆毒，对神经、血管和实质性脏器细胞等都有毒性，所以，供人食用的棉子蛋白制品中游离棉酚的含量通常不超过 0.06%，总棉酚不超过 1.2%。如长期食用含有超标棉酚的棉子蛋白食品，会产生一系列蓄积性中毒反应。中毒者表现为皮肤和胃灼烧、恶心、呕吐、腹泻、头疼，严重时下肢麻痹、昏迷、抽搐、便血，甚至死亡。

预防措施：在产棉区要宣传棉子油的毒性，不要食用粗制生棉子油。榨油前，必须将棉子粉碎，经蒸炒加热脱毒后再榨油。榨出的毛油再加碱精炼，则可使棉酚逐渐分解破坏。棉子油中游离棉酚不得超过 0.02%，棉酚超标的棉子油严禁食用。

2）大麻

大麻的有毒成分主要是大麻酚，大麻酚可引起胃肠道及神经系统紊乱。食用未经处理或处理不当的大麻仁或采食大麻嫩苗，或以大麻叶代替烟叶吸用，可产生中毒症状。

11.3.4 含毒蛋白和肽类物质

1）蘑菇

蘑菇属真菌植物，我国的蘑菇种类繁多，形态各异，分布广泛。目前，我国已鉴定的蘑菇有 800 多种，其中有毒蘑菇 180 多种，但可能威胁人类生命的有 20 余种，而含有剧毒者仅 10 种左右。由于蘑菇生长条件不同，不同地区发现的毒蘑菇种类也不同，且大小形状不一，所含毒素也不一样。毒蘑菇的有毒成分十分复杂，一种毒蘑菇可以含几种毒素，而一种毒素又可以存在于多种毒蘑菇中。

白毒伞、鳞柄白毒伞主要含有两大类毒肽，即毒肽和毒伞肽。这两类毒肽严重损害肝脏，对心、肾、脑等也有损害。

毒肽一般包括一羟毒肽、二羟毒肽、三羟毒肽、羧基毒肽和苄基毒肽等化学结构不同的毒素。毒肽对人体作用较快，大剂量中毒 1～2 h 即可死亡。

毒伞肽包括 α-毒伞肽、β-毒伞肽、γ-毒伞肽、ε-毒伞肽、三羟毒伞肽和一羟毒伞肽酰胺等。它们对人体的作用较慢，即使大剂量中毒也不会在 15 h 内死亡。

毒蘑菇中毒在绝大多数情况下是由于误食所造成的。虽然提高鉴别毒蘑菇的能力非常重要，但由于蘑菇的外部形态和内部结构都比较复杂，而且蘑菇种类繁多，目前对毒蘑菇和可食蘑菇的鉴别，除动物试验和分类学外，没有可靠的简易办法。因此，在采集野生蘑菇时需在有识别毒蘑菇能力的人员指导下进行。对一般人来说，避免误食毒蘑菇的有效预防措施是绝不采集不认识的蘑菇。

2）蓖麻子

蓖麻中毒的原因主要是由于其中所含的蓖麻毒素和蓖麻碱所致。蓖麻毒素是一种很强的毒性蛋白质，可使肾、肝等实质性细胞发生损害，并对红细胞具有凝集和溶解作用，可麻痹呼吸中枢、血管运动中枢。这种毒素较砒霜的毒性还要大，能使胃肠血管中的红细胞淤血、变性等。

3）蝎子

蝎毒由蛋白质和一些非蛋白质小分子物质及水分组成。其中主要成分是多种碱性小蛋白质，非蛋白质的小分子物质主要是一些脂类、有机酸、游离氨基酸等，有的还含有一些生物碱以及一些多糖类。蝎毒中的蛋白质以水溶性蛋白质含量最高，种类也最多。通常一种蝎毒中含有 3～5 种蛋白质。蝎毒中的这些蛋白质都具有不同程度的毒性和生理功能。这些内含碳、氧、氢、氮及硫等蛋白质构成了蝎毒的主要成分，是引起死亡和麻痹效应的活性物质，因而称蝎毒为蝎神经毒素或蝎毒蛋白。

由于蝎毒含蛋白质较多，因此较为黏稠，大多数新鲜的毒液呈中性或碱性。蝎毒素与蛇毒成分中的神经毒素化学性质类似，但其含量较高。有人认为这可能就是蝎毒较蛇毒剧烈的原因之一。蝎毒素中除了蛋白质之外，还含有一些酶类和抑制剂。如透明质酸酶可以水解细胞壁多糖，促进毒素迅速扩散进入有机体。据悉，印度红蝎中还发现了一种胰蛋白酶抑制剂，它能抑制高级动物胰脏所分泌的蛋白质水解酶的活力，使蝎毒素的毒性作用受到保护。

4）海胆

全球有海胆 600～700 种，广泛分布于各海洋。已知的致毒海胆有 28 种，我国常见的有

8 种。摄食海胆的生殖腺或被棘刺伤可引起中毒。大多数海胆在春、夏繁殖季节都是有毒的，毒素在生殖腺中产生。海胆的生殖腺毒素和叉棘毒素可溶于水和盐水溶液。海胆叉棘内有一种黏性透明的毒液，这种毒素热稳定性很强，100℃下煮沸 15 min 不能破坏其毒性。海胆中的球状叉棘毒素是不耐热蛋白质，45～47.5℃就可灭活，它可释放组胺或产生激肽，有溶血和降血压作用。

5）水母

水母的刺丝囊结构种类多达 17 种，毒性因种类而异。只要触及几个触须就能使几千个刺丝囊放出大量毒素。刺丝囊内含海蜇毒素，其化学成分为多种高分子毒蛋白、多肽、氨基酸和多种酶。这些毒素有心脏毒性的，有细胞毒性的，有皮肤坏死性的和溶血性的。因种类不同，其毒性作用和毒性大小均有差异。许多水母的毒蛋白可引起平滑肌、骨骼肌和心肌的持续性收缩，呈现肌肉痉挛。水母蜇伤引起中毒，其临床症状因水母种类和个体敏感性不同而有差异。霞水母中毒反应较轻，方水母、方指水母和立方水母为剧毒性水母。方水母是最毒的海洋生物之一，致伤后可在 30～60 s 内引起死亡，其死亡率达 15%～20%。海蜇离水后，很快失去毒性，加工后的海蜇无毒。

11.3.5 含酶类物质

菠萝中含有一种致敏物质蛋白酶，过敏体质的人吃后会引发过敏症，俗称"菠萝病"。此外，菠萝中含糖量较高，不利于糖尿病人食用，否则会加重糖尿病症状。

11.3.6 含非蛋白类神经毒素物质

1）河豚

河豚是无鳞鱼的一种，全世界有 200 多种，我国有 70 多种。其鱼肉鲜美，但含有剧毒物质。

河豚毒素为无色针状结晶体，是一种毒性强烈的非蛋白类神经毒素，为氨基全氢喹唑啉型化合物，分子式为 $C_{11}H_{17}O_8N_3$，相对分子质量为 319.27，其化学结构如图 11-3 所示。

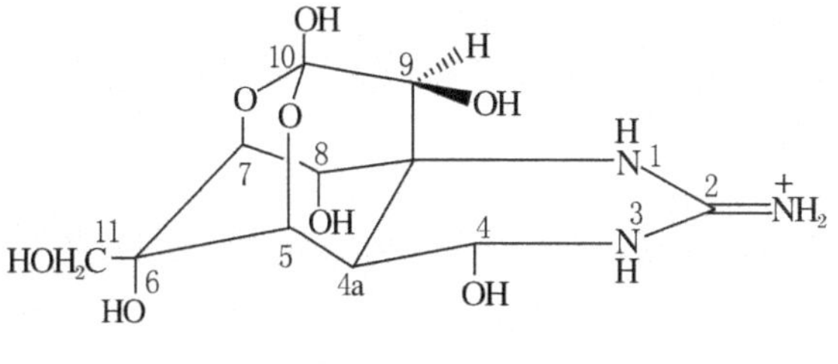

图 11-3　河豚毒素的结构

河豚毒素主要分布在河豚的卵巢、肝脏、肾脏、血液和皮肤中。河豚内脏毒素含量的多少因部位及季节而异。卵巢和肝脏有剧毒，其次为肾脏、血液、眼睛、鳃和皮肤。一般精巢和肉无毒，但个别种类河豚的肠、精巢和肌肉也有毒性，如鱼体死亡时间较长，内脏和血液中的毒素也会慢慢渗入到肌肉中，引起中毒。每年 2～5 月是河豚的卵巢发育期，毒性较强，6～7 月产卵后，卵巢退化，毒性减弱。引起人们中毒的河豚毒素有河豚素、河豚酸、河豚卵巢毒素及河豚肝毒素等。

河豚毒素毒性比氰化钠大 1 000 倍，0.5 mg 即可使人中毒死亡。河豚毒素的理化性质比较稳定，加热和用盐腌制均不能破坏其毒性。

中毒机制：河豚毒素的毒理作用现已证明主要是阻碍神经和肌肉的传导，使骨骼肌、横膈肌及呼吸神经中枢麻痹，引起呼吸停止。

中毒症状：河豚中毒的临床表现分为四个阶段。中毒的初期阶段：首先感到发热，接着便是嘴唇和舌间发麻，头痛、腹痛、步态不稳，同时出现呕吐。第二阶段：出现不完全运动麻痹，运动麻痹是河豚中毒的一个重要特征之一。呕吐后病情的严重程度和发展速度加快，不能运动，知觉麻痹，语言障碍，出现呼吸困难和血压下降。第三阶段：运动中枢完全受到抑制，运动完全麻痹，生理反射降低。由于缺氧，出现紫绀，呼吸困难加剧，各项反射渐渐消失。第四阶段：意识消失。河豚中毒的另一个特征是患者死亡前意识清楚，当意识消失后，呼吸停止，心脏也很快停止跳动。

预防措施：① 掌握河豚鱼的特征，学会识别河豚鱼的方法，不食用河豚。② 发现中毒者，以催吐、洗胃和导泻为主，尽快使食入的有毒食物及时排出体外。

2）肉毒鱼类

肉毒鱼类的主要有毒成分是一种叫作“雪卡”的毒素，它常存在于鱼体肌肉、内脏和生殖腺等组织或器官中，它是不溶于水的脂溶性物质，对热十分稳定，是一种外因性和累积性的神经毒素，它具有胆碱酯酶阻碍作用，类同于有机磷农药中毒的性质。

中毒机制：此种毒素的中毒机制目前还不十分清楚。

中毒症状：初期感觉口渴，唇舌和手指发麻，并伴有恶心、呕吐、头痛、腹痛和肌肉无力等症状，几周后可恢复。很少出现死亡，其死亡原因较复杂，病人大多死于心脏衰竭。

预防措施：肉毒鱼毒素不能在日常烹调、蒸煮中去除，在食用前应以小鼠试验检查是否为毒鱼，确认鱼无毒后才可以食用。

3）蛤类

蛤类含有石房蛤毒素，又名甲藻毒素，为一种相对分子质量较小的非蛋白类神经毒素。该毒素呈白色，可溶于水，易被胃肠道吸收，对热稳定，100℃加热 0.5 h 毒性仅减少一半。若 pH 升高会迅速分解，但对酸稳定。其毒性很强，对人经口的致死量为 0.54～0.90 mg。石房蛤毒素主要存在于石房蛤、文蛤与花蛤等蛤类以及海蟹中。

中毒机制：石房蛤毒素属于麻痹型神经毒，为强神经阻断剂，能阻断神经和肌肉间的神经冲动的传导。

中毒症状：其潜伏期短，仅几分钟，最长不超过 4 h。症状初期为唇、舌、指间麻木，随后四肢、颈部麻木，运动失调，伴有头晕、恶心、胸闷乏力，甚至死亡，其死亡率为 5%～18%。

预防措施：① 目前无有效解毒药，应尽早采取催吐、洗胃、导泻等措施，设法排除毒素。② 在 pH 3 的条件下煮沸 3～4 h 可破坏石房蛤毒素。③ 食用贝类前应彻底清洗，制作时先除去内脏及周围的暗色部分，并采取水煮后捞肉、弃汤的烹调方法，使毒素含量降至最低程度。

4）螺类

螺类已知有 8 万多种，其中少数种类含有毒物质。其有毒部位分别在螺的肝脏或鳃下腺、唾液腺内，误食或过食可引起中毒。螺类毒素属于非蛋白类麻痹型神经毒素，易溶于水，耐热耐酸，且不被消化酶分解破坏。

中毒机制：同蛤类。

预防措施：① 食用螺类食品时，应反复清洗、浸泡，并采取适当的烹饪方法，以清除或减少食品中的毒素。② 定期对海水进行监测，当海水中大量存在有毒的藻类时，应同时监测捕捞的螺类所含的毒素量。③ 发现中毒者，应采取催吐、洗胃、导泻等措施，尽早排除体内毒素。

5）海兔

海兔又名海珠，是生活在浅海中的贝类。它的种类很多，其卵含有丰富的营养，是我国东南沿海地区人们喜爱的食品，并可入药。海兔主要生活在浅海潮流较流畅、海水清澈的海湾，以各种海藻为食，其体色和花纹与栖息环境中的海藻相似。当它们食用某些海藻之后，身体就能很快地变为这种海藻的颜色，并以此来保护自己。

中毒机制：海兔的体内的毒腺又叫蛋白腺，能分泌一种酸性乳状液体，气味难闻。海兔的皮肤组织中含一种有毒性的挥发油，对神经系统有麻痹作用，大量食用会引起头痛，误食或接触海兔将发生中毒。

预防措施：同螺类。

6）海葵

海葵的毒液主要集中在刺丝胞囊中。刺丝胞的形状不一，毒液的质和量也不同。蜇伤取决于刺丝胞的穿透能力，穿透力随种类而异。进食有毒海葵，特别在未煮熟时，会发生中毒。

海葵的毒素复杂，由海葵素、海葵毒、催眠毒素等组成。这些物质具有神经毒、心脏毒、溶血毒和蛋白质酶抑制作用。海葵素经蒸发后呈红色油状物，它的有毒成分为羟基四甲胺，具有耐热性，在水溶液中毒性易被破坏。海葵毒的有毒成分是 5-羟色胺，具有强烈的抗凝血作用，耐热性差。催眠毒素呈蓝色，受热凝结，加热至 55℃左右失去毒性。一般具有致死作用的神经毒，对中枢神经系统、运动神经和感觉神经具有明显的麻痹作用。

11.3.7 含组胺物质

容易形成组胺的动植物主要有青皮红鱼类、蜈蚣和毒蜂等。

1）青皮红鱼类

青皮红鱼的鱼类肌肉中组胺酸含量较高，当受到富含组胺酸脱羧酶的细菌污染，并在适宜的环境条件下（环境温度在 10～30℃，特别是 15～20℃的条件下，鱼体盐分浓度为 3%～5%，pH 为 7 或稍低的中性或偏酸性环境中），组胺酸即被组胺酸脱羧酶脱去羧基而产生组胺，当组胺积蓄一定量时，食后便有中毒危险。大肠埃希菌、产气杆菌、假单孢菌、变形杆菌和无色菌等均能使组胺酸分解产生组胺。青皮红鱼的鱼类主要有金枪鱼、鲐鱼、刺巴鱼、沙丁鱼等。

预防措施：① 在捕到青皮红鱼的鱼类后应及时冷藏，向市场供应的鲜鱼应加冰保质，对体型较厚的鱼类加工时要劈开背部以利盐分渗入使蛋白质较快凝固，用盐量不要低于 25%。② 受到严重污染或脱水受热的鱼类必须作组胺含量检测，对含量超过 100 mg/g 的鱼类要改作盐腌加工，使组胺含量降至允许量以下时才能上市销售。

2）蜈蚣

蜈蚣又名百足虫、金头蜈蚣，为雌雄异体，卵生，并有孵卵和育幼的习性。蜈蚣作为药用时用量过大可引起中毒。另外，人畜被其蜇伤时，毒液注入人畜体内，也会产生毒害作用。

蜈蚣体内的有毒成分主要有组胺、5-羟色胺和溶血蛋白，此外还含有酪氨酸、亮氨酸、蚁酸、游离脂肪酸、胆固醇、甘油酯等。体内含有的酶主要有蛋白酶、酯酶、羧肽酶、碱性磷酸单酯酶、磷酸二酯酶等。

3）毒蜂

蜂蜜浓甜可口，营养丰富，除含有葡萄糖、果糖之外，还含有多种人体必需氨基酸、维生素、酶类、有机酸、微量元素等营养物质，具有延年益寿、润肺、止咳、通便等作用。然而，有些毒蜂如大黄蜂所酿的蜜中含有组胺、乙酰胆碱、磷脂酶A等，可使平滑肌收缩，运动麻痹，血压下降，呼吸困难，局部疼痛、淤血及水肿等。

一般来说，蜂蜜应该是无毒的，但有的蜂蜜却是有毒的，这是一种特殊情况，毒源不是来自蜜蜂本身，而是蜜源有毒。有毒蜂蜜实际上是由于蜜蜂采集了有毒的花粉酿蜜所致。这种蜂蜜称为“毒蜜”或“醉蜜”。通常，蜜蜂采集花粉时，对毒性特强的花是有鉴别能力的，望而避开。但一些有毒却无特殊异味的花，常被误采而酿成有毒的蜂蜜。据目前所知，雷公藤、荞麦、毛地黄、断肠草等植物花粉都有一定毒性，被蜜蜂误采酿成蜂蜜可致人中毒。

11.3.8 其他动植物

1）柿子

柿子是柿科植物柿的果实，又名猴枣、米果等。它不仅含有丰富的维生素C，还有润肺、清肠、止咳等作用。但是，一次食用量不能过大，尤其是未成熟的柿子，否则，容易形成“胃柿石症”，中毒患者恶心、呕吐、心口痛等。如果小块柿石不能排出，会随着胃蠕动而积聚成大的团块，把胃的出口堵住，升高胃内压，引起胃部腹痛，如原来有胃溃疡病可引起出血，甚至穿孔。

“胃柿石症”的形成有多种原因。一是由于柿子中的柿胶酚遇到胃液内的酸液后，产生凝固而沉淀；二是柿子中含有一种可溶性收敛剂红鞣质，红鞣质与胃酸结合也可凝成小块，并逐渐凝聚成大块；三是柿子中含有14%的胶质和7%的果胶，这些物质在胃酸的作用下也可以发生凝固，最终形成胃柿石。

如空腹、多量食用柿子，或食用柿子时同时食用酸性食物（或药物），或是胃酸过多者食用柿子都容易发生“胃柿石症”。因上述几种情况胃内的酸度都很高，有利于胃柿石的形成。因此，为避免胃柿石的形成，不要空腹或多量或与酸性食物同时食用柿子，还要注意不要吃生柿子和柿皮。

2）荔枝

荔枝甘甜味美，营养丰富，100 g鲜荔枝中含蛋白质0.8 g、脂肪0.6 g、糖类13.3 g、粗纤维0.3 g、钙6 mg、磷34 mg、铁1 mg、维生素B_1 0.1 mg、维生素C 30 mg，还含有柠檬酸、苹果酸、果胶、氨基酸等物质和多量游离的精氨酸和色氨酸。因此，荔枝不仅是一种人们喜爱的水果，还可作药用。

荔枝不宜吃得过多。荔枝中含有丰富的果糖，果糖不能直接被人体所利用，它需要在肝脏中经酶的作用转化成为葡萄糖才能被人体所利用。过多食用荔枝影响食欲，使其他食物的摄食量减少。

3）蚕豆

蚕豆对大多数人来说，是一种可以享用的富有营养的豆类食品，但对某些具有红细胞

6-磷酸葡萄糖脱氢酶(G-6-PD)遗传性缺乏的人而言,是有害物质,食后会引起一种变态反应性疾病,即红细胞凝集及急性溶血性贫血症,称为“蚕豆病”,俗称“胡豆黄”。红细胞G-6-PD遗传性缺陷者在我国并不少见,南方各省如广东、广西、四川、江西、安徽、福建等地已屡见不鲜。一般多发生在春、夏蚕豆成熟季节,吃蚕豆或吸入蚕豆花粉,甚至接触其嫩枝、嫩叶也可发病。

4）瓜蒂

瓜蒂又名甜瓜蒂、瓜丁、苦丁香、甜瓜把、甜瓜秧,为葫芦科植物甜瓜的果蒂,全国各地均有栽培,其种子(甜瓜子)可作药用。瓜蒂的主要化学成分为甜瓜素、葫芦素B、葫芦素E等结晶性苦叶质,其中以葫芦素B的含量最高(1.4%)。

瓜蒂的有毒成分为甜瓜蒂毒素,内服能刺激胃黏膜,反射性引起呕吐中枢兴奋,导致剧烈呕吐,最后可使呼吸中枢完全麻痹而致死。内服常用量煎汤每日不超过5 g。有报道用瓜蒂9 g煎水内服中毒致死者。中毒潜伏期未有超过2 h的报道,多为0.5～1.5 h。

5）花粉

在各式各样的花粉中,有一类是属于有毒花粉,如雷公藤、油茶、乌头、狼毒、搜山虎、杜鹃花、南烛花等植物的花粉,主要是由于这些花粉本身含有毒性生物碱或其他有毒成分,故而显示出其毒作用。另一类花粉自身不一定含有某些生物碱等有毒物质,这种致敏性花粉作为变应原(即抗原)可使个体致敏而引发花粉症,实质上,这是一种异常的免疫反应,称为变态反应。我国北方地区的致敏性花粉主要是蒿类植物(黄花蒿、茵陈蒿、艾蒿等)的花粉,另外还有榆、杨、柳、松、蓖麻、藜科、苋科及禾本科等植物的花粉。在南方地区,则主要有松树、构树、桑树、元宝枫、菠菜、羊蹄、蓖麻、车前草、榔榆、梧桐、野苋、木麻黄等植物的花粉。

6）灰菜

灰菜又称灰苋菜、粉菜、沙苋菜、灰条菜、回回菜、野灰草等。灰菜中的含毒成分还不十分明确。根据临床观察只见于暴露部位的皮肤病损,全身症状很少。因此,中毒的原因可能是由于灰菜中的卟啉类感光物质进入人体内,在日光照射后,产生光毒性反应,引起水肿、潮红、皮下出血等,其发生可能与卟啉代谢异常有关。食用或接触灰菜均有中毒的可能。

7）鲍类

鲍鱼的肝、内脏中含有一种有毒化合物,叫鲍鱼毒素。鲍鱼毒素是一种有感光力的有毒色素,这种毒素来源于鲍鱼食饵海藻所含的外源性毒物。皱纹盘鲍毒素很耐热,煮沸30 min不被破坏。冰冻(−20～−15℃)保存10个月不失去活性。这个毒素的提取物呈暗褐色,在紫外光和阳光下呈很强的荧光红色。人和动物食用鲍肝和内脏后不在阳光下暴露是不会致病的,如在阳光下暴露,就会得一种特殊的光过敏症。

8）蟾蜍

蟾蜍又叫癞蛤蟆,主要用作药材。它的形态与青蛙相似,但其背部为黑色,全身有点状突起,蟾蜍的耳后腺及皮肤腺能分泌一种具有毒性的白色浆液,中医称蟾酥。

蟾酥成分复杂,有30多种,主要的毒性成分是蟾蜍毒素,在超剂量使用时将损害心肌。蟾酥为剧毒药,服用过量可导致死亡。蟾蜍中毒的死亡率较高,而且无特效的治疗方法。

预防措施:不食用蟾蜍。如因治疗需要使用蟾酥,应在医生的指导下服用,且服用量不宜过大。

11.4 食品中有害成分的安全性评价

食品安全性评价主要是阐明某种食品是否可以安全食用、食品中有关危害成分或物质的毒性及其风险大小，利用毒理学资料确认该物质的安全剂量，以便通过风险评估进行风险控制。食品安全性评价包括食品安全性的毒理学评价、风险评价等。

11.4.1 食品安全性的毒理学评价

食品安全性的毒理学评价通常包括以下四个阶段的试验，可根据具体情况选择全部或部分试验。

急性毒性试验⟶遗传毒理学试验⟶亚慢性毒性试验和代谢试验⟶慢性毒性试验

在进行食品安全性评价前，需要做一些初步工作：① 对可能进入食品的生物、化学或物理因素进行定量或定性评价，要求受试物必须是能代表人体进食的样品。② 需要估计人体可能的摄入量。

1）试验阶段

(1) 第一阶段——急性毒性试验

急性毒性试验是指一次给予受试物或短期内多次给予受试物所产生的毒性反应，它的结果不能作为某种待测物安全评价的最终依据，只能作为下一阶段试验的参考。

(2) 第二阶段——遗传毒性试验（亚急性毒性试验和致突变试验）

遗传毒性试验是确定被检化学物质诱导供试生物发生突变的可能性。以致突变试验来定性表明受试物是否具有致突变作用或潜在的致癌作用，它为亚慢性毒性试验设计提供理论依据。

(3) 第三阶段——亚慢性毒性试验和代谢试验

亚慢性毒性试验是指人或试验动物较长时间连续接触较大剂量的外来化合物所出现的中毒反应，它包括 90 天喂养试验、致畸试验和繁殖试验。

代谢试验是指利用数学方法研究外来化合物进入机体的生物转运和生物转化随时间变化的规律和过程。目的是了解化合物在体内的吸收、分布和排泄速度，有无蓄积性及在主要器官和组织中的分布。

(4) 第四阶段——慢性毒性试验（包括致癌试验）

慢性毒性试验是指人或试验动物长期反复接触低剂量的外来化合物所出现的中毒效应。目的是预测长期接触可能出现的毒作用，尤其是进行性或不可逆性毒性作用及致癌作用，为确定最大无作用剂量和判断化合物能否应用于实际提供依据。

2）试验原则

(1) 对于我国创新的物质，一般要求进行四个阶段的试验。特别是对其中化学结构提示有慢性毒性、遗传毒性或致癌性可能者或产量大、使用范围广、摄入机会多者，必须进行全部四个阶段的毒性试验。

(2) 对于已知经过安全性评价并允许使用的化学结构基本相同的衍生物或类似物，根据第一、二、三阶段毒性试验结果判断是否需进行第四阶段的毒性试验。

(3) 对于已知的化学物质，世界卫生组织已公布每人每日容许摄入量（ADI），同时又有资料证明我国产品的质量规格与国外产品一致，则可先进行第一、二阶段毒性试验，若试验结果与国外产品的结果一致，一般不要求进行进一步的毒性试验，否则应进行第三阶段毒性试验。

(4) 对于食品新资源及其食品，应进行第一、二、三个阶段毒性试验，以及必要的人群流行病学调查。必要时应进行第四阶段试验。若根据有关文献资料及成分分析，未发现有或虽然有但含量甚少、不致构成对健康有害的物质，以及较大数量人群有长期食用历史而未发现有害作用的天然动植物可以先进行第一、二阶段毒性试验，经初步评价后，决定是否需要进行进一步的毒性试验。

(5) 对于毒理学资料比较完整，世界卫生组织已公布日允许量或不需规定日允许量者，要求进行急性毒性试验和一项致突变试验，首选 Ames 试验或小鼠骨髓微核试验。

(6) 对于在一个国际组织或国家批准使用，但世界卫生组织未公布日允许量，或资料不完整者，在进行第一、二阶段毒性试验后作初步评价，以决定是否需进行进一步的毒性试验。

(7) 对于由天然植物制取的单一组分、高纯度的添加剂，凡属新产品需先进行第一、二、三阶段毒性试验，凡属国外已批准使用的，则进行第一、二阶段毒性试验。

(8) 对于尚无资料可查、国际组织未允许使用的，先进行第一、二阶段毒性试验，经初步评价后，决定是否需进行进一步试验。

3) 试验结果的判定

(1) 急性毒性试验，如 LD_{50} 剂量小于人的可能摄入量的 10 倍，则放弃该受试物用于食品，不再继续其他毒理学试验。如大于 10 倍者，可进入下一阶段毒理学试验。凡 LD_{50} 在人的可能摄入量的 10 倍左右时，应进行重复试验，或用另一种方法进行验证。

(2) 遗传毒性试验，根据受试物的化学结构、理化性质以及对遗传物质作用终点的不同，并兼顾体外和体内试验以及体细胞和生殖细胞的原则进行判定。

(3) 亚慢性毒性试验，根据试验中所采用的最敏感指标所得的最大无作用剂量进行评价，最大无作用剂量小于或等于人的可能摄入量的 100 倍者表示毒性较强，应放弃该受试物用于食品。最大无作用剂量大于 100 倍而小于 300 倍者，应进行毒性试验。大于或等于 300 倍者则不必进行慢性毒性试验，可进行安全性评价。

(4) 慢性毒性(包括致癌)试验，根据慢性毒性试验所得的最大无作用剂量进行评价，最大无作用剂量小于或等于人的可能摄入量的 50 倍者，表示毒性较强，应放弃该受试物用于食品。最大无作用剂量大于 50 倍而小于 100 倍者，经安全性评价后，决定该受试物可否用于食品。最大无作用剂量大于或等于 100 倍者，则可考虑允许使用于食品。

4) 试验的注意事项

(1) 试验设计的合理性

在实际工作中，应根据受试化合物的具体情况，科学设计试验。

(2) 评价结论的综合性

在进行最后评价时，必须在受试物可能对人体健康造成的危害以及其可能的有益作用之间进行权衡。评价的依据不仅是科学试验资料，而且与当时的科学水平、技术条件以及社会因素有关。所以，随着时间的推移，得出的结论可能不同。

(3) 人的可能摄入量

除一般人群的摄入量外，还应考虑特殊和敏感人群。

(4) 人体资料

由于存在着动物与人之间的种族差异,在将动物试验结果推论到人时,应尽可能收集人群接触受试物后反应的资料。

(5) 动物毒性试验和体外试验资料

在试验得到阳性结果,而且结果的判定涉及受试物能否应用于食品时,需要考虑结果的重要性和剂量-反应关系。

(6) 安全系数

由动物毒性试验结果推论到人时,鉴于动物、人的种属和个体之间的生物特性差异,一般采用安全系数的方法,以确保对人的安全性。安全系数通常为100倍,但可根据受试物的理化性质、毒性大小、代谢特点、接触的人群范围、食品中的使用量及使用范围等因素,综合考虑增大或减小安全系数。

(7) 代谢试验的资料

代谢研究是对化学物质进行毒理学评价的一个重要方面,因为不同的化学物质、剂量的大小,在代谢方面的差别往往对毒性作用影响很大。在毒性试验中,原则上应尽量使用与人具有相同代谢途径和模式的动物种系来进行试验。

11.4.2 食品安全性的风险评价

评价食品安全性的最重要方法是对食品进行风险评价。一般来说,引起我们重视的只是那些急性中毒,而慢性中毒、蓄积中毒危害极大。如食源性疾病严重的可导致死亡,轻的可感到不适,当时没有不适感的也不等于没有问题。目前,对食品中危害成分进行风险性控制通常以风险性评价为依据,以风险信息交流为保证。

食品安全性的风险评价是对人体暴露于食源性危害,产生已知或潜在的健康不良作用的可能性及其严重程度所进行的一个系统的科学评价程序,主要包括危害确定、风险暴露评价、风险特征的描述和危害特征的描述。其中,危害特征描述是指对可能存在于食品中的生物、化学和物理性因素所造成的健康危害进行定性和定量评价。通常,过量的食品营养物、食品添加剂、化学污染物、微生物等与食品安全性有关的危害成分均要进行风险评价。

风险评价的进行首先要确定食品中可能有哪些危害成分,然后根据毒理学评价、残留水平和暴露量或摄入量评价,得出供试食品某特定危害物导致风险的性质、大小及其某些不确定性的说明。

思考与练习

1. 简述食品内源性有害成分的分类。
2. 试述食品中内源性有害成分的分布。
3. 食品安全性的毒理学评价主要分为哪几个阶段?
4. 何为食品安全性的风险评价?

参考文献

1 (美)芬内马(Owen R Fennema)著;王璋,许时婴,江波等译. 食品化学. 第3版. 北京:中国轻工业出版社,2003

2 韩雅珊主编. 食品化学. 第2版. 北京:中国农业大学出版社,1998

3 谢笔钧主编. 食品化学. 第2版. 北京:科学出版社,2004

4 阚建全主编. 食品化学. 北京:中国农业大学出版社,2002

5 夏延斌主编. 食品化学. 北京:中国轻工业出版社,2001

6 冯凤琴,叶立扬主编. 食品化学. 北京:化学工业出版社,2005

7 中国食品添加剂生产应用工业协会编. 食品添加剂手册. 北京:中国轻工业出版社,1996

8 项斌,高建荣. 天然色素. 北京:化学工业出版社,2004

9 刘邻渭主编. 食品化学. 北京:中国农业出版社,2000

10 石碧,狄莹. 植物多酚. 北京:科学出版社,2000

11 徐任生. 天然产物化学. 北京:科学出版社,2004

12 赵新淮主编. 食品化学. 北京:化学工业出版社,2006

13 王璋,许时婴,汤坚. 食品化学. 北京:中国轻工业出版社,1999

14 (瑞士)海因利希·左林格著;吴祖望,程侣柏,张壮余译. 色素化学:有机染料和颜料的合成、性能和应用. 第3版. 北京:化学工业出版社,2005

15 钟耀广主编. 食品安全学. 北京:化学工业出版社,2005

16 丁耐克编著. 食品风味化学. 北京:中国轻工业出版社,1996

17 许牡丹,毛跟年编著. 食品安全性与分析检测. 北京:化学工业出版社,2003

18 刘树文编著. 合成香料技术手册. 北京:中国轻工业出版社,2000

19 王亚峰,霍贵成. 乳酸菌胞外多糖的应用. 食品工业科技,2005(5)

20 纪莉莲,范怡梅. 玉米须多糖的提取及其对无蔗糖双歧酸奶品质的影响. 中国乳品工业,1999,27(3)

21 胡国华. 阿拉伯胶在食品工业中的应用. 粮油食品科技,2003,11(2)

22 王雪璐,郑艳菊. 麦芽糊精在食品中的应用. 化学工程师,2004,103(4)

23 王振宇. 淀粉的玻璃化转变及其对食品品质的影响. 粮食与饲料工业,2000(2)

24 贾君,石彦国,任露泉. 高膳食纤维RS饼干的研究. 粮油加工与食品机械,2004(1)

25 詹晓北,韩杰. 热凝胶的性质及其在食品中的应用. 食品工业科技,2001,22(2)

26 徐凤彩. 酶工程. 北京:中国轻工业出版社,2001

27 熊振平等. 酶工程. 北京:化学工业出版社,1994

28 郭勇,郑穗平. 酶学. 广州:华南理工大学出版社,2000

29 罗贵民主编. 酶工程. 北京:化学工业出版社,2002

30 (英)G A Tucker, L F J Woods 著;李雁群,肖功年译. 酶在食品加工中的应用. 北京:中国轻工业出版社,2002

31 刘志诚,于守洋. 营养与食品卫生学. 北京:人民卫生出版社,1987

32 王德峰编著. 食用香味料制备与应用手册. 北京:中国轻工业出版社,2000

33 王璋. 食品酶学. 北京:中国轻工业出版社,1990

34 (日)藤卷正生,服部达彦主编;夏云译. 香料科学. 北京:轻工业出版社,1987

35 马永昆,胡小松,陈计峦. 固相微萃取和同时蒸馏萃取法在库尔勒香梨香气成分分析中的应用. 2003

中国国际饮料科技报告会论文集，2003
36 刘春香，何启伟，刘扬岷．黄瓜香气成分的顶空固相微萃取气质联用分析．园艺学报，2002，29(6)
37 马永昆，周珊，陈计峦等．用 SPME 方法分析不同成熟度哈密瓜香气的研究．食品科学，2004，25(7)
38 张振华．葡萄汁加工中典型芳香成分的形态、变化及增香调控的研究：[博士学位论文]．北京：中国农业大学，2002
39 赵大云，高明清．一种分析检测食品风味物质的新方法——固相微萃取法(SPME)．中国调味品，1999(7)
40 马永昆，魏永义，蒋家奎等．不同年份镇江香醋香气成分分析及其形成机理的研究．食品科学，2006，10(4)
41 Owen R Fennema. Food chemistry. Third Edicton. New York: Marcel Dekker, Inc., 1996
42 Belitz H D and Grosch W. Food chemistry. Second Edition(English Version). New York: Springerverlag, Berlin Heidelberg, 1999
43 J Mann, R S Davidson, J B Hobbs, et al. Natural products: their chemistry and biological significance. Longman Group UK Limited 1994
44 V B Vikram, M N Ramest, S G Prapulla. Thermal degradation kinetics of nutrients in orange juice heated by electromagnetic and conventional methods. Journal of Food Engineering, 2005(69): 31～40
45 Saliha Erenturk, M Sahin Gulaboglu, Selahattin Gultekin. The effects of cutting and drying medium on vitamin C content of rosehip during drying. Journal of Food Engineering, 2005(68): 513～518
46 Thomas Richardson and John W Finley. Chemical changes in food during processing. The AVI Publishing Company, Inc., USA, 1985
47 Simone Bernhardt, Elmar Schlich. Impact of different cooking methods on food quality: retention of lipophilic vitamins in fresh and frozen vegetables. Journal of Food Engineering, 2005: 1～7
48 M A M Khraisheh, W A M McMinn, T R A Magee. Quality and structural changes in starchy foods during microwave and convective drying. Food Research International, 2004 (37): 497～503
49 P J Van Jarsveld, De Wet Marais, E Harmse, et al. Retention of β-carotene in boiled, mashed orange-fleshed sweet potato. Journal of Food Composition and Analysis, 2006 (19): 321～329
50 Butz P, Koller W D, Tauscher B, et al. Ultra high pressure processing of onions: chemical and sensory changes. Lebensmittel Wissensschaft and Technologie, 1994(27): 463～467
51 Jhon C B, Casay C G. Identification of volatile compounds in cantaloupe at various developmental stages using solid phase microextraction. J. Agri. Food Chem., 2001(49): 1345～1352
52 Schieberle P, Ofner S, Grossch W. Evaluation of odorants in cucumber and muskmelons by aroma extract dilution analysis. J. Food Sci., 1990, 55(1): 193～195
53 Seyderhelm I, Boguslawsk S. Pressuer induced inactivation of selected food enzymes. J. Food Sci., 1996(2): 301～308
54 Stone E J, Hall R M, Kazeniac S J. Formation of aldehydes and alcohols in tomato fruit from U-14C-labelled linoleic and lenoleic acids. J. Food Sci., 1975(40): 1138～1140
55 Tressl R, Drawert F J. Biogenesis of banana volatiles. J. Agric. Food Chem, 1973(21): 558～560
56 Yang X, Peppard T. Solid phase microextraction for flavor analysis. J. Agric. Food Chem., 1994(42): 1925～1930
57 Zhang Z, Pawliszyn J. Headspace solid-phase microextraction. Anal. Chem., 1993(65): 1843～1852
58 W Grosch. Evaluation of the key odorants of foods by dilution experiments, aroma models and omission. Chem. Senses, 2001(26): 533～545
59 Acree T H, Barnard J and Cunningham D G. A procedure for the sensory analysis of gas chromatographic effluents. Food Chem., 1984(14): 273～286
60 Guadagni D G, Buttery R G and Harris J. Odour intensities of components. J. Sci. Food Agric., 1966(17): 142～144